AIAA航空航天技术丛书

Combustion Instabilities in Gas Turbine Engines
Operational Experience, Fundamental Mechanisms, and Modeling

燃气涡轮发动机燃烧不稳定性：实践、机理与建模

［美］ 蒂莫西·查尔斯·利乌温（Timothy C. Lieuwen）
杨威迦（Vigor Yang）　编

田晓晶　夏　溪　冯珍珍　徐亮亮　　译
齐　飞　方　宇　　译审

航空工业出版社
北京

内 容 提 要

本书针对燃气涡轮发动机中的燃烧不稳定性问题，以学术论文集的形式，从理论和实践两大方面介绍了燃烧不稳定性问题的现象、机理和解决路径，涵盖了基本概念、案例分析、基本过程、物理机制、建模方法、试验诊断和控制策略等主要内容，并且对未来研究挑战进行了展望。

本书内容全面，分析深入，案例丰富，兼具理论与实际应用价值，既可以作为相关专业高年级本科生和研究生的教科书，也可以为从事燃气轮机和航空发动机燃烧研究人员提供理论基础和工程应用的参考资料。

图书在版编目（C I P）数据

燃气涡轮发动机燃烧不稳定性：实践、机理与建模 /（美）蒂莫西·查尔斯·利乌温（Timothy C. Lieuwen），（美）杨威迦（Vigor Yang）编；田晓晶等译. -- 北京：航空工业出版社，2024.9

（AIAA 航空航天技术丛书）

书名原文：Combustion Instabilities in Gas Turbine Engines：Operational Experience，Fundamental Mechanisms，and Modeling

ISBN 978-7-5165-3640-7

Ⅰ. ①燃… Ⅱ. ①蒂… ②杨… ③田… Ⅲ. ①航空发动机 - 燃气轮机 - 燃烧性能 - 不稳定性 - 研究 Ⅳ. ①V235.1

中国国家版本馆 CIP 数据核字（2024）第 024513 号

北京市版权局著作权合同登记
图字：01-2023-5498

Translated from the English language edition：*Combustion Instabilities in Gas Turbine Engines*：*Operational Experience, Fundamental Mechanisms, and Modeling* edited by Timothy C. Lieuwen and Vigor Yang.

Originally published by the American Institute of Aeronautics and Astronautics, Inc. ISBN 978-1-56347-669-3.

Copyright © 2005 by the American Institute of Aeronautics and Astronautics, Inc. All rights reserved.

燃气涡轮发动机燃烧不稳定性：实践、机理与建模

Ranqi Wolun Fadongji Ranshao Bu Wendingxing：

Shijian、Jili yu Jianmo

航空工业出版社出版发行

（北京市朝阳区京顺路 5 号曙光大厦 C 座四层　100028）

发行部电话：010-85672666　010-85672683　　读者服务热线：010-85672635

北京富泰印刷有限责任公司印刷　　　　　　　　全国各地新华书店经售

2024 年 9 月第 1 版　　　　　　　　　　　　　2024 年 9 月第 1 次印刷

开本：787×1092　1/16　　　　　　　　　　　字数：798 千字

印张：31.25　　　　　　　　　　　　　　　　定价：198.00 元

译者的话

  燃烧不稳定性是燃气涡轮发动机（包括燃气轮机和航空发动机）[①]低排放燃烧室设计和运行过程中所面临的挑战性难题，可能导致发动机性能下降、噪声增加甚至部件损毁。随着发动机性能的不断提高和环保法规的日益严苛，燃烧不稳定性问题日益突出。解决此类问题的关键在于兼顾理论研究和工程实践，深入理解不稳定性原理和热声耦合机制、准确预测热声振荡发生、进而开发有效控制方法。为此，美国工程院院士、佐治亚理工大学蒂莫西·利乌温（Timothy Lieuwen）教授和杨威迦（Vigor Yang）教授合作编辑了《燃气涡轮发动机燃烧不稳定性：实践、机理与建模》一书。该书以学术论文集的形式详细介绍了燃气涡轮发动机燃烧不稳定性问题的实际运行案例和理论研究进展，已成为本领域最重要的著作之一。

  本书包含五个部分，分别为概述、案例研究、基本过程与机制、建模与诊断、燃烧不稳定性控制。各部分主要内容简述如下：

  （1）概述（第1章）：介绍了燃烧不稳定性的基本概念，总结了当前燃烧不稳定性建模研究的现状，指出了预测燃烧不稳定性的频率、振幅及产生条件是当前研究的重点，其中非线性振幅预测是未来工作的关键挑战。

  （2）案例研究（第2～第8章）：分别介绍了索拉透平公司、GE、罗罗、西门子、普惠和NASA、卡尔派恩和德国意昂集团英国分公司在工业燃机、航空发动机和航改型燃机，以及电站燃机中针对燃烧振荡监测和控制等问题的实践案例和经验。

  （3）基本过程与机制（第9～第12章）：深入分析了燃烧室中热声振荡发生的基本过程和物理机制，涵盖流动与火焰的动态特性以及火焰—涡—声相互作用等内容。

  （4）建模与诊断（第13～第16章）：介绍了针对复杂燃烧室结构的热声不稳定性建模计算方法和试验诊断方法。

  （5）燃烧不稳定性控制（第17～第19章）：介绍了燃烧不稳定性的被动和主动控制方法及其相关影响因素，以及如何在设计阶段考虑燃烧不稳定性问题。

  本书既可以作为燃烧不稳定性理论学习的教学参考用书，也是相关基础科学研究的重要参考文献，并且能够直接指导燃气轮机和航空发动机燃烧室设计开发和运行实践。此外，本书对于研究火箭发动机、工业锅炉等其他燃烧系统中的燃烧不稳定性问题也具有一定的参考价值。读者们可以根据自身兴趣和研究方向选读本书的相关章节。

  本书的正式翻译工作由上海交通大学（简称上海交大）齐飞教授组织发起。齐飞教授是燃烧诊断、燃烧反应动力学、燃烧不稳定性等领域的国际知名学者，其团队长期关注燃烧不稳定性问题，深知本书对于本领域基础研究和工程实践的重要价值。鉴于我国在燃

---

  ① gas turbine：英文表达含义是燃气轮机和航空发动机的统称；而中文里所述燃气轮机一般特指除飞机用航空发动机以外的燃气轮机，其类型包括微型、轻型和重型燃气轮机。本书翻译译文中尊重英文含义，除个别地方明确指出航空发动机外，均表示燃气轮机和航空发动机的统称含义。——译者注

气涡轮发动机领域的发展现状和迫切需求，齐飞教授在征得原书作者同意和大力支持后于2021 年 8 月正式启动了本书的翻译工作。

东方电气集团东方汽轮机有限公司（简称东汽）是本书翻译的主要参与单位。东汽是国内首家成功自主研制 F 级 50MW 重型燃气轮机（型号 G50）的主机厂商。自 2017 年至今，东汽田晓晶和冯珍珍领导的 G50 燃机燃烧室设计团队与上海交通大学齐飞教授研究团队围绕燃烧不稳定性问题开展了紧密的学术交流和科研合作。基于两个团队在理论研究和工程实践方面的基础，以及 G50 燃烧室团队对于本书内容的前期学习和初步翻译，双方在齐飞教授的建议下决定合作完成本书的翻译工作。

上海交大齐飞教授总体负责翻译工作的人员组织和全书统稿，同时和东汽方宇副总经理共同负责全书的总体校审工作。田晓晶和冯珍珍共同负责东汽翻译组的分工组织和部分翻译、校对工作。夏溪负责上海交大翻译组的组织分工和主要章节的校核工作，徐亮亮负责部分章节的翻译、审校以及出版协调工作。本书翻译和校对工作正值 2021—2022 年"新冠"疫情，对团队成员之间的交流、讨论及翻译进度造成了一定影响。在此期间，齐飞教授克服疫情封控，毅然带领上海交大团队完成了第 1 版详细校审的统稿，为后续校对工作打下了坚实基础。在初版校稿的基础上，上海交大齐飞、夏溪、徐亮亮与东汽田晓晶和冯珍珍陆续开展了 15 轮的全书详细校对工作，通过线上、线下的交流研讨不断迭代，统一了全文专业术语，并且根据汉语表达习惯对译文进行了优化，于 2024 年 1 月形成了终稿。在此，向为本书翻译校对过程中付出大量辛勤劳动的团队成员表示感谢。主要翻译成员有：田晓晶、夏溪、冯珍珍、徐亮亮、凤云仙、杨安建、黄琅茗、吴伟秋、何应强、黄毅、王倚寒、曾娅、尹柔、代廷楷、靳志鸿、万文瑄；主要校对人员有：彭钰倩、张颖、陈涛、杨溢凡、汪秋笑、白严、褚淳淳、郑建一、张昊东、李林烨、任勇智、陈宏伟。

本书覆盖基础研究和工业应用范畴，内容广泛，专业性较强，翻译难度较大。由于原书以论文集的形式出版，各章节作者不同，写作风格迥异，专业术语用法也存在差别，对翻译工作带来额外的挑战。译者本着忠于原著的态度，共计历经 16 轮讨论、校对和修改，尽力保证翻译质量，力求译文专业、准确、通顺、完整。但因译者水平有限，难免存在不妥之处，望广大读者批评指正，在此表示衷心感谢！

本书的顺利出版需要感谢航空工业出版社资深责任编辑邵箭编审和李金梅副编审，他们严谨的工作态度和优秀的专业素养，对译稿质量的提升带来关键帮助。最后，特别感谢清华大学王兴建老师对译稿进行的细致审阅和提出的宝贵建议。感谢原书作者 Vigor Yang 教授提供书稿图文素材，以及对翻译工作给予的建议和支持。

译者
2024 年 5 月

原书前言

自作为喷气式飞机动力和动力涡轮的首次亮相以来，燃气轮机性能得到了显著提高。对于推进用燃气轮机，其性能、噪声特性和污染物排放仍在不断优化。对于地面应用场景，现代燃气轮机具有更高的运行效率，且污染物排放低于其他主要化学能转换设备。此外，低资本投入、简化的许可流程和快速安装使其对投资者更具有吸引力。因此，燃气轮机已成为美国和全球新建发电装机容量的主导技术。

多种因素促进了燃气轮机技术的普及。经济性考虑是关键的高层次驱动因素，而污染物排放则扮演着另一个重要角色，特别是在过去 10 年中推动特定技术的改进和创新。例如，在美国，1990 年的《清洁空气法》修正案对氮氧化物（NO_x）的控制制定了严格的规定，氮氧化物与二氧化硫（SO_2）一起，是导致酸雨的主要因素。本书关注的是低排放燃气轮机中特别严重的难题：燃烧驱动的振荡。这些不稳定性通常限制了现场设备的操作范围和功率输出，并在某些情况下导致热端部件严重损坏。燃气轮机用户发现，由于振动引起磨损，燃烧室火焰筒、过渡段和燃料喷嘴等部件需要例行检查以防止部分开裂或过度磨损。这些至少都需要停机进行检查和零件维修，从而降低了机器的可用性。在最严重的情况下，开裂的部件可能会脱落掉入高温气体通道中，这样就很有可能需要更换昂贵的涡轮部件。此外，某些地理区域的用户发现，由于环境温度变化引起振荡，发动机必须进行季节性调整以消除振荡。热端部件的维修和更换成本，其中很大一部分原因直接归因于燃烧不稳定性问题，每年超过 10 亿美元，占 F 级燃气轮机非燃料成本的 70%。由于强制停机导致的收入减少，大型发电公司遭受了数亿美元的损失，并引发了大量的诉讼案件。虽然航空发动机非预混燃烧室中的不稳定性问题并不严重，但在少数情况下它们确实出现了，并在开发阶段对发动机研制带来了严重挑战。然而，军用发动机在加力燃烧室中遇到了严重的低频不稳定性问题。目前，美国多家燃气轮机制造商正在与美国空军合作，开展大规模攻关，努力解决这些问题。

在过去的 10 年里，工业、政府和学术界投入了大量精力，以探讨低排放燃气轮机中燃烧不稳定性的独特问题。本书的目的是将这些成果整理成一系列章节，这些章节涵盖了该问题的各个方面。在策划这本书时，我们决定包含一些全面性的章节，而不是大量更具针对性的稿件。鉴于此，尽管我们希望书中能适当涵盖所有相关工作，然而邀请本领域每位贡献者撰稿并不现实。

在概述之后，本书分为四个基本部分：一、案例研究部分汇集了燃气轮机制造商和用户撰写的章节，详细介绍了开发阶段和现场已投运涡轮发动机中燃烧不稳定性的具体经验。这些章节描述了所开发的不稳定性的基本抑制方法，以及在不稳定性和其他性能指标（如 NO_x 排放）之间的权衡方法。二、基本过程和机制部分探讨了预混和非预混燃烧器中燃烧不稳定性的基本现象，以及不稳定的热释放过程可能自我激发的机制和用于表征它们的测量技术。三、建模和诊断部分描述了分析方法和计算方法，用于模拟燃烧器几何形状的复杂声学特性以及火焰与声波之间的相互作用。四、燃烧不稳定性与控制部分讨论了燃

1

烧不稳定性的主动和被动控制，包括将不稳定问题纳入设计过程的方法和行业视角。

　　本书的出版得益于众多人士的巨大贡献。首先感谢作者们分享他们的时间和才华，撰写稿件并认真修订。对美国航空航天学会（AIAA）的 Rodger Williams、Heather Brennan 和 Janice Saylor 在准备出版本书过程中提供的宝贵协助，表示衷心的感谢。最后，也非常重要的是，感谢提供技术制图服务的 Danning You 和 Yanxing Wang。

蒂莫西·查尔斯·利乌温（Timothy C. Lieuwen）

杨威迦（Vigor Yang）

2005 年 6 月

目　录

第 I 部分　概述

第 II 部分　案例研究

第Ⅲ部分　基本过程与机制

第Ⅳ部分　建模与诊断

第 V 部分　燃烧不稳定性与控制

第 I 部分　概　述

第一部分　著述

第1章 燃烧不稳定性：基本概念

Ben T. Zinn and Timothy C. Lieuwen

（Georgia Institute of Technology，Atlanta，Georgia）

1.1 引言

燃烧不稳定性是指燃烧室内存在一个或多个固有声学模态的大幅度振荡。在推进系统（火箭、冲压发动机和加力燃烧室）、发电系统（地面固定式燃气轮机）、锅炉和加热系统，以及工业窑炉等的开发和运行过程中都会遇到这种现象。燃烧不稳定性是由振荡燃烧过程和燃烧室的某个固有声学模态之间形成闭环反馈而自激形成的。通常来说，燃烧不稳定性的危害很大。大幅度的压力和速度振荡会造成以下影响：推力振荡，剧烈的推力振荡会干扰控制系统的运行；强化与燃烧室壁面的换热和热应力；振荡的机械载荷会导致部件低周或者高周疲劳失效；诱发火焰吹熄或回火。这些现象可能会加速部件磨损，导致停机或灾难性的部件失效和 / 或研发失败等，从而付出极大的代价。因此，在过去半个世纪中，进行了大量的研究以期阐明燃烧不稳定的激发过程和预防方法。本章的目的是对燃烧不稳定性产生的原因、特征和控制进行总体概述。

图 1-1 总结了燃烧不稳定自发产生的条件。图 1-1 的顶部为一个不稳定的燃烧室，反应物从左侧进入，燃烧产物从右侧喷口流出。燃烧室的某个声学模态和释热率振荡相互作用，从而向声场传递或从声场带走能量。可以看出，如果图 1-1 中瑞利（Rayleigh）积分为正（负），燃烧过程向当地声场中传递（带走）能量[1]。该积分的正负取决于释热率振

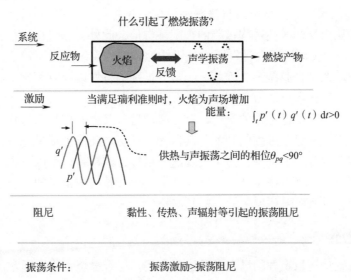

图 1-1 发生燃烧不稳定性所需条件的总结

荡和压力振荡的相位差，当相位差小于 90° 时为正值，大于 90° 时为负值。此外，燃烧不稳定只有在燃烧过程提供给声学模态的能量大于耗散的能量时才会自发发生，耗散过程包括声能经由喷嘴的辐射和对流效应传出燃烧室、黏性耗散和热传递等。因此，只有激励的幅度超过耗散过程，声学模态的能量才会随着时间增加。在这种情况下，振荡幅值开始时随着时间呈指数式增加，直到在某个极限环幅值上实现饱和，此时时均的激励和耗散能量是相等的，没有净能量注入到振荡模态中。

燃烧不稳定通常发生在与燃烧室的固有声学模态相关的频率中，包括体积模态（如亥姆霍兹（Helmholtz）型振荡）、图 1-2 所示的纵向和横向模态（即周向和/或径向模态）。但有一种特殊情况下振荡与纯声学模态无关，而是对流—声学的耦合模态激发，类似于空腔模态[2]，其发生的频率低于纯声学模态的频率。此类振荡发生过程如下：当在火焰区域产生的熵波（如热气团）或涡环朝向喷嘴处传播并撞击时，会激发出一种声波传回火焰[3-4]，这又会激发出另一个对流波，这一过程不断重复，从而造成振荡。此类振荡经常在接近火焰吹熄状态的系统中发生。

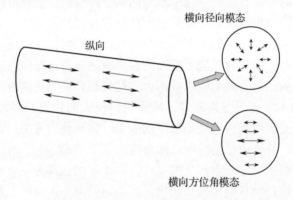

图 1-2 在圆柱形燃烧室中激发的纵向和横向声学模态示例

因为大部分不稳定的初始幅值都非常小，所以它们的特性可以采用线性波动方程进行描述[5]。振荡的频率、振型以及自激振荡发生的条件均可由这些方程的解确定。但是，线性分析不能预测由受非线性过程控制的极限环幅值。此外，非线性过程允许超过某一阈值（threshold）A_T 的大幅扰动去激发原本处于线性稳定的系统产生不稳定，也就是说，小幅扰动不能引起该系统自激振荡。因此，极限环振荡的特性以及有限扰动触发自激振荡的条件只能通过求解描述系统动力学的非线性方程来确定[6-7]。

为了防止有害燃烧不稳定性的发生，首先必须理解其激励和耗散过程。本章综述了目前已有研究对于燃烧不稳定过程的理解，其目标是系统地向读者提供一些背景知识，为理解后续章节的相关内容打下基础。为了实现这一目标，本章将讨论以下主题：燃烧不稳定性问题的发展历史，燃烧不稳定性的激励和耗散，燃气轮机中常见的不稳定机理，振荡的初始增长与饱和，以及极限环振荡的一些基本特征。

1.2 历史概述

本部分将对燃烧不稳定性的已有经验进行综述。尽管燃烧不稳定通常出现在很多燃烧系统中，但在其他涉及传热过程的系统中也发现了相关现象[8]。例如，在玻璃管吹制过程中，将末端加热并封闭时会出现声学振荡的自发激发。此外，声学振荡也会在具有很大温度梯度的管内自激产生，例如，制冷系统[9]。在所有这些案例中，声学振荡均是被热源激发，因此相关现象也被称为热声不稳定。

本章接下来将聚焦讨论由燃烧激励的振荡现象，该现象的首次发现可以追溯到 1777 年（称为"会唱歌的火焰"）[10]，该研究及后续研究均发现：当火焰被放置在一个较大直径的管内时，可以产生大幅度的自激声学振荡，如图 1-3 所示。Le Conte 在 1858 年的一次音乐派对上观察到了火焰对音乐的敏感性，他的描述如下[11]："音乐响起后不久，我观察到火焰的跳动与可听到的节拍完全同步。这种现象使房间里的每个人都感到非常惊奇，特别是当大提琴强烈的节奏传来时……甚至一个耳聋的人都看到了这种协调……。"

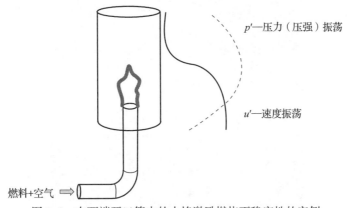

图 1-3 在两端开口管内的火焰激励燃烧不稳定性的实例

燃烧振荡受到学术界的关注是其在高强度燃烧系统中出现以后。目前有害的燃烧振荡在锅炉、高炉、各种其他油、煤和气体燃烧加热系统中均已被观察到[12]。这种不稳定性的出现通常是意料之外的，如最近发生在洛杉矶的国家垃圾填埋场的燃烧振荡（见图 1-4）。该垃圾填埋场配有两个 45ft① 高，直径为 12ft 的喇叭形焚烧炉，用以燃烧多余的垃圾填埋气，单个最高功率可达 50MW。运行时发现，在超过 50% 负荷时，激发了焚烧炉 1/4 波长模态的燃烧不稳定，振荡频率在 10Hz 左右[13]。

图 1-4 垃圾填埋场的气体焚烧炉（产生了低频的燃烧振荡）[13]

---

① 1ft(英尺) ≈ 0.3048m。——编辑注

    燃烧不稳定性也严重地阻碍了各种液体燃料火箭的发展。最显著的是在为"土星"火箭提供动力的 F-1 发动机的开发过程中所遇到的燃烧不稳定性，该火箭用于第一次载人登月任务。F-1 发动机中燃烧不稳定性的振荡幅值高达燃烧室平均压力的 100%（即超过 2000psi[①]），振荡频率在 200~500Hz 范围内。这些不稳定性对燃烧室造成了严重的损坏，为了解决这一问题，制订了约 2000 次的全尺寸试验计划（总试验次数 3200），费用极高。解决方案之一是在燃料喷射器面板上焊接一个挡板系统，以阻止激发喷射器面板附近燃烧激励的横向声学振荡（见图 1-5）。

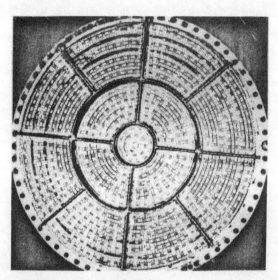

图 1-5　焊接有挡板的火箭喷口图片，在 F-1 发动机开发测试
过程中用以防止横向模态不稳定性发生[26]

    燃烧不稳定性也出现在很多固体燃料火箭中，包括航天飞机固体火箭助推器、"民兵"式洲际弹道导弹和"火星"探路者的降落发动机等[14]。"民兵"式导弹是一个很好的范例，它体现了燃烧不稳定给固体推进剂火箭开发和测试造成的巨大困难。在 1968 年，美国空军在"民兵"Ⅰ型导弹的常规测试中经历了 5 次发射失败，这种高失败率引起了人们对已经部署在发射井中的导弹系统状况的担忧，并最终拆除和修改了许多系统，造成了巨大耗费与损失。

    导弹的冲压发动机同样存在燃烧不稳定性问题，会导致导弹入口扩压器中出现推力振荡和冲击系统振荡，进而导致进气流的稳定裕度降低[15]。类似的问题也出现在加力燃烧室中，其横向不稳定声学模态（通常称为"尖叫"（screech））和轴向不稳定声学模态会损坏火焰稳定器、火焰筒和其他发动机部件[15]。

1.3　燃烧不稳定的诱因

1.3.1　燃烧过程：声学模态能量传递

    该部分讨论燃烧过程激励系统声学模态振动的机理。瑞利首先提出了瑞利准则[1]，该准则描述了在何种条件下周期性的加热过程会向声学振荡中注入能量。根据瑞利准则，

---

    ①　psi（lbf/in^2，磅力／英寸^2）：1lbf ≈ 4.448N；1in ≈ 25.4mm；1in^2 ≈ 6.452cm^2。——编辑注

当气体压力高于（或者低于）其平均值时，向气体中添加（或者耗散）能量，周期性的传热过程将会向声场注入能量。可用图 1-1 中的数学积分进行描述，它表示当压力振荡和释热率振荡之间的相位差 θ_{pq} 小于 90° 时（即 $0<|\theta_{pq}|<90°$），热释放将能量注入到声场中。相反地，当压力振荡和释热率振荡相位差超过 90° 时（即 $90°<|\theta_{pq}|<180°$），热释放将会耗散声场的能量。

这一能量交换的物理成因遵循不稳定的释热对气体做功的条件。恒压下的释热会导致气体膨胀，类似于吹大一个气球。瑞利准则指出在热膨胀与压力振荡同相位时，不稳定的释热才会对气体做功，这种过程可以类比为力学问题，非定常的力（如压力）必须与速度（如气体膨胀速率）同相位时才会有净功输出。

也可以类比燃机的布雷顿（Brayton）循环中燃烧能量转化为功的方式来加强我们对瑞利准则的物理理解。在这个循环中，工质首先在压气机和扩压器中被压缩，并在高压条件下被注入热能，随后在涡轮和喷嘴中膨胀到低压并向外输出功。此时布雷顿循环和瑞利准则的相似性已经很明显，根据瑞利准则，在系统最高压力时用瞬时"加热脉冲"加热气体，并在压力最低时用瞬时"冷却脉冲"冷却气体，就可以制造出声压振荡。这种过程本质上描述了布雷顿循环通过注入和耗散热量进行做功。

瑞利准则描述了在何种条件下非定常释热会向声场注入能量，然而，即使能量从燃烧过程向声场转移，也并不一定意味着发生燃烧不稳定。如图 1-1 中的描述，只有当周期性燃烧过程向声场提供的能量大于声能在燃烧室内耗散和 / 或通过燃烧室边界向外输出的能量时，才能自发激发出声学振荡。可以用下式表示

$$\iint_V\int_T p'(x,t)q'(x,t)\,\mathrm{d}t\mathrm{d}V \geqslant \iint_V\int_T L_i(x,t)\,\mathrm{d}t\mathrm{d}V \qquad (1-1)$$

式中，$p'(x,t)$、$q'(x,t)$、V、T 和 L_i 分别指燃烧室内的压力振荡、释热率振荡、燃烧室容积、振荡周期和第 i 项声学能量损失过程（如黏性耗散、声学能量通过燃烧室边界辐射到外部等）。式（1-1）中的等号描述了达到极限环振荡的条件，即增加和损失的时均能量是相等的。式（1-1）左侧的积分为瑞利积分，在试验或数值研究中经常被用来定量描述由燃烧过程转移到声场的能量。需要指出的是，式（1-1）左侧的内部积分就是图 1-1 中的积分，它描述了释热过程 $q'(x,t)$ 对当地声学振荡的激励或耗散。

1.3.2　不稳定性激励的机制

如前所述，燃烧不稳定性是由燃烧过程和声学振荡之间的反馈所激发，取决于系统特性和运行条件。本节简要概述了常见的不稳定性机制以及其自激的条件。

图 1-6 描述了导致燃烧不稳定性的通用反馈回路。主要包括以下过程：①速度和 / 或热力学状态参量的脉动引起释热率振荡；②释热率振荡激发声学振荡；③声学振荡又引起过程 1 中描述的速度和热力学参量脉动，最后形成闭环反馈。声学振荡中增加和耗散能量的相对大小决定了每一个循环期间振荡幅度是减小、不变或是增加。

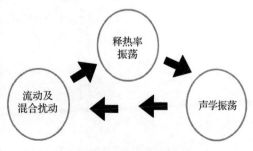

图 1-6　燃烧不稳定的反馈过程示意图

已有多个机理用于描述燃气轮机燃烧不稳定，如图 1-7 所示。将在第 9 章中详细讨论这些机理，本节仅简要介绍每种机理。

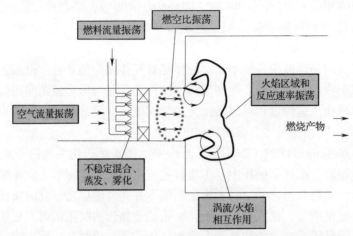

图 1-7　可能导致燃气轮机燃烧不稳定的流动和燃烧过程

（1）燃料供给管线—声耦合[5, 16]。燃烧室内的压力振荡改变非阻塞燃料喷嘴的压降，压降变化又反过来改变燃料喷射速度，导致释热过程振荡，从而激励声学振荡。

（2）当量比振荡[17]。燃烧室的压力振荡传播到预混区域时，会改变混合过程、燃料和 / 或者空气的供给速率，从而导致反应混合物的当量比随着时间呈现出周期性的变化。相应的混合物传输进入火焰，产生释热振荡，从而导致不稳定性。

（3）雾化、蒸发和混合过程振荡[5, 16]。声场和燃料喷雾的相互作用导致燃料喷雾形状、液滴尺寸和蒸发速率，以及燃料蒸气与周围气体混合速率周期性变化。这些变化反过来又会导致传输到火焰的燃料量和 / 或当量比的周期性变化，进而产生释热率振荡，并激励声学振荡。

（4）火焰面积变化振荡[18]。声学速度振荡与火焰相互作用导致周期性的火焰面积变化，并形成能够激励声学振荡的周期性释热。

（5）涡脱落[19-20]。在燃气轮机燃烧室中，流经火焰稳定器的流动分离，以及快速膨胀、旋流中的涡破碎均会产生大尺度、相干的涡结构，如图 1-8 所示。在它们形成的初始

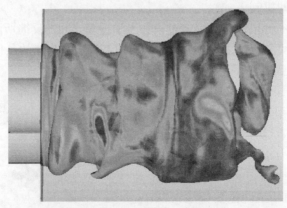

图 1-8　被涡结构扭曲的旋流火焰计算图像，图像来自 Y. Huang 和 V. Yang[40]

阶段，这些涡通常由可燃气体组成。随着它们的形成，这些涡会卷吸高温燃烧产物并点燃涡内的可燃气体。随后，反应物在这些涡内部快速燃烧，因此这些大尺度涡结构会突然破碎成小尺度的湍流涡团。其次，涡结构也可能扭曲火焰面并导致火焰面积振荡，进而导致释热率脉动，如果释热率脉动和压力振荡同相，也将激励声学振荡。本书第 10 章和第 11 章中将详细讨论这些不稳定性机理。

如果释热过程的特征时间尺度是声场周期的整数倍，则释热率振荡将会向声场注入能量。在图 1-9 中展示了周期为 T 的压力脉冲的假设响应：①燃料喷射速率；②液滴粒径分布变化率；③热量传递到燃料的速率；④燃料空气混合速率。以上各种过程中的任一速率脉动都将导致在时间延迟 τ 后的释热率脉动，τ 的大小取决于所分析过程的特征、燃烧室运行范围和设计（见图 1-9）。例如，延迟时间 τ_1 的大小取决于燃料输送系统的几何结构参数（燃料管线长度）和运行参数（燃料温度）。

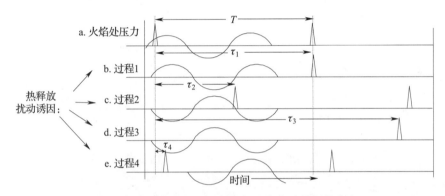

图 1-9　各种燃烧过程对周期性压力扰动的假设响应

根据瑞利准则，当压力和释热率脉动乘积的时均值大于 0 时，图 1-9 所示的释热率振荡会向声场中注入能量。图 1-9 表明过程 1 产生的热释放脉动满足这个准则，而过程 2~4 不满足。过程 1 的释热率脉动和压力脉动正相关，因为该过程的特征时间 τ_1 与声波周期 T 同量级。一旦过程 1 向扰动注入的能量速率超过其耗散速率，将会发生燃烧不稳定。

需要注意的是，燃烧系统中一系列固有声学模态中的任一种都可以被激发。为了说明不同声学模态和不同激励机制之间的关系，假设图 1-9 中周期为 T 的压力扰动是由燃烧室的纵向一阶声学模态的振荡引起。如果我们现在重复前面的分析以确定周期为 $T/2$ 的燃烧室纵向二阶声学模态的激励，则 $\tau_1=2T$ 和 $\tau_2=T$。因此，在图 1-9 的示例中，过程 1 和过程 2 都将给这个模态增加能量。这个例子表明，如果燃烧过程的特征时间等于 T、$2T$ 或者任意 T 的整数倍，都可能会激发不稳定性。

上述例子可以得到以下重要结论：①不同的机制激发不同的振荡模态，例如，激发 100Hz 纵向模态与激发 5000Hz 横向模态的不稳定性激励机制就会有非常大的不同；②不同机制的作用可能随着运行条件的变化而发生变化，例如，假设燃烧室运行条件的变化改变了过程 1 和 2 的时间尺度，这种时间尺度的改变会影响压力和热释放扰动的耦合，从而影响每个过程对不同燃烧室模态的激励作用；③激发燃烧不稳定性过程相关的特征时间必须是声学模态周期的整数倍。

还需要指出的是，燃烧室压力振荡一般并非如图 1-9 中所示的脉冲扰动那样，它通常随时间呈谐波变化。因此，对于向声场增加能量的过程，时间延迟和不同模态的声学周期不必完全相等，满足关系 $T-T/4<n\tau<T+T/4$ 即可，其中 n 是 1，2，…，整数[17]。

图 1-10 中的结果说明了这一点，该图显示了频率为 430Hz 和 630Hz 的振幅与预混喷嘴中反应物平均速度的相关性[17]。这种燃烧室的不稳定激励机制取决于反应物从燃料喷射点传输到火焰筒所需的时间延迟，该时间延迟与预混喷嘴中的气流平均速度成反比[17]。因此，当预混喷嘴中的速度增加，时间延迟减小，低频模态的振幅降低（如 430Hz 需要更长的时间周期 T），而高频模态的振幅增加（如 630Hz 短周期 T）。图 1-10 结果表明，当预混喷嘴中气流速度较低时，激励过程与 430Hz 频率耦合；而当预混喷嘴中气流速度增加后振动频率转换到 630Hz。

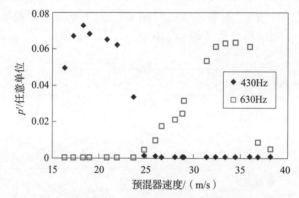

图 1-10　测量的预混喷嘴中气流速度与不稳定性振幅关系[25]

1.3.3　耗散过程

如之前所述，声学耗散过程是决定燃烧不稳定能否发生的重要条件。本节总结了一些重要的耗散机制和影响耗散大小的关键参数。

能量可以通过以下三个过程从不稳定模态中耗散：①通过黏性运动和热传递过程，声能可转移到涡或者熵扰动中；②声能通过对流或者辐射传递到系统之外；③声学模态之间的能量转移。需要指出的是，在所有这些情况下，"耗散过程"指的是声学能量转移到燃烧室、不稳定频率区域或者振荡模态之外，从而降低不稳定模态的声学能量。例如，在第②种机制中，声学能量通过其边界辐射或者对流传输到燃烧室之外，这意味着系统之外能够听到部分噪声，接下来本节将详细描述这些机制。

1.3.3.1　黏性和热传递耗散机制

该机制包括：边界层（曾称附面层）损失和流动分离损失。当声波运动到壁面边界层附近时，黏性和热耗散效应占据主导作用，就会发生边界层损失[21]。假设带有扰动流速和温度的声波倾斜地撞击到刚性壁面上，由于壁面的无滑移边界条件，部分声学能量将会转化为涡的速度脉动。类似地，壁面的温度边界条件（如零幅度温度振荡）会导致部分声学能量转化为熵脉动。因此，从壁面反射出的声波能量要小于入射能量，其中一些能量转化为涡量和 / 或熵的脉动，该过程与在稳定的管内流动中传热和黏性导致总压损失相类似。此耗散随频率以 $(f_{\tau_v})^{1/2}$ 的形式增加，其中，τ_v 是指黏性或者热传递的时间尺度。

在锐边的流动分离或者快速流动的膨胀也能将声能转化为涡能。该耗散机理可以类比于稳定流动的锐边或锐角下游的流动分离造成总压损失，这在很多工程手册和流体力学书籍中已制成了表格[22]。此耗散机制具有非线性特性，将在本章 1.4.3 节中进一步讨论。

1.3.3.2　声能的对流和 / 或辐射

管道内的声能可以通过传播和 / 或流体运动对流传出系统。例如，能够听到来自于管风琴的音乐就是由于管内驻波的部分声学能量通过其末端开口传递到外部。通常这种耗散能与 $(fD/c)^2$ 成比例关系，其中 f、D 和 c 分别指频率、管道直径和声速。声能也可以通过流体运动对流传播至系统之外，传播的能量与平均马赫数（Ma）成正比。典型系统对于声学能量耗散的量级通常是很小的，但低速的平均流动会显著增加声能耗散的水平。为说明这点，图 1-11 中展示了管道开口端的入射波反射系数和流动马赫数的关系。结果表明，在无流动状态下，反射系数等于 0.95，意味着声辐射使得声能减少了 5%。而当马赫数等于 0.05 时，反射系数减小到 0.85，这表明低速流动使得声能耗散增加到之前的 3 倍。

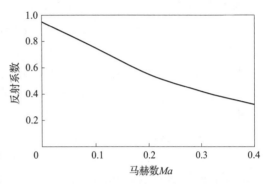

图 1-11　开口管道的反射系数与流动马赫数的关系，取自 Ingard 和 Singhal 的文献[41]

1.3.3.3　声能由固有声学频率转移到其他频率

燃烧室内的不稳定振荡通常由一个或多个几乎纯粹的特定频率组成，这是由于燃烧室通常可看作为具有很小耗散能的声学共振器，仅能在一个比较狭窄的频率范围内响应外部扰动。因此，该机制并不直接耗散声能，而是将声能由激发模态转化为其他模态，而其他模态不会被放大或者能量很快就会被耗散掉，即对于给定的固有声学模态构成了有效的"耗散"机制。这些能量可以转移到与其他频率相干的窄频段脉动，也可以转移到非相干的宽频段脉动。非线性燃烧过程是能量转移到窄频段脉动的关键机制，也就是说，它们将能量由一个确定频率 f_0 转移到高次谐波（$2f_0$，$3f_0$，$\cdots$）或者次谐波（$f_0/2$，$f_0/3$，$\cdots$）。这些在更高频率上的能量通过前面讨论的黏性和辐射机制快速耗散，并且耗散能量的大小随着频率增加而增加。非线性燃烧过程将在本章 1.4 节中进一步讨论。

声能从窄波段、相互耦合的振荡转移成分散的、不相耦合的振荡，这个过程是随机发生的。例如，当声波从湍流涡团[23]或随机摆动[24]的火焰锋面反射或者散射过程时会扩展波谱。这种能量转换机制是纯线性的，其本质是由反射和透射波的随机多普勒转移。例如，当一个 $\sin(\omega t)$ 形式的波冲击到随机扰动的火焰锋面或者随机速度分布的介质中时，会产生 $\sin[\omega t+\phi(t)]$ 形式的随机相移的反射波和散射波，$\phi(t)$ 是随机相位移。该机制将在第 12 章中进行详细讨论。

1.4　不稳定性的增长和饱和

由式（1-1）可知，如果向声场注入能量的速率超过其耗散速率，不稳定的振幅就会增长。随着振幅的增长，能量的注入与耗散过程均与振幅相关。当注入和耗散能量的时均值相等时，振荡幅值达到最大值，即为极限环。本节的目的是详细描述不稳定振幅的增长和饱和过程。

1.4.1 线性和非线性稳定性

正如"原书前言"中所讨论的，引起燃烧不稳定的机制可以分为线性和非线性两类。线性不稳定系统是指无限小的扰动都会导致系统不稳定。在自然界中线性不稳定系统是不可能存在的。此类问题可以类比于在山顶上放置一个完全平衡的球，任何微小的扰动都会导致它偏离不稳定的平衡点，从山顶滚落。

为了进一步阐述极限环与振幅 A 的相关性，假设振幅相关的激励过程 $H(A)$ 和耗散过程 $D(A)$ 为

$$H(A) = \varepsilon_H A + H_n(A)$$
$$D(A) = \varepsilon_D A + D_n(A) \qquad (1-2)$$

式中，下标 n 是指传递函数的非线性部分。

如图 1-12 所示，激励和耗散曲线相交在原点，表明零振幅的振荡是一个潜在的平衡点。但这个平衡点是不稳定的，任何使系统偏离原点的小扰动都会导致 $H(A)$ 大于 $D(A)$，进而引起扰动的进一步增长。随着这两条曲线在逐渐远离原点，二者间的差距随着振幅增加而增加，意味着振幅增长率将随着振幅增加而增加。当振荡的振幅很小时，激励和耗散过程可近似采用线性表达式：$H(A) = \varepsilon_H A$、$D(A) = \varepsilon_D A$。因此，当振动幅值很小时，线性燃烧过程（即这一过程的大小与振幅 A 成正比）控制激励和耗散过程的平衡，从而决定振荡的频率和振幅增长率 $A \sim e^{\alpha t}$。可以看出，在线性区域，不稳定性的初始增长率 α 与激励和耗散过程之间的差值呈正比：$\alpha \sim \varepsilon_H - \varepsilon_D$。正是由于这个原因，线性燃烧稳定模型（如第 13 章所描述的那样）通常用于判定一个给定的运行状态是否稳定。

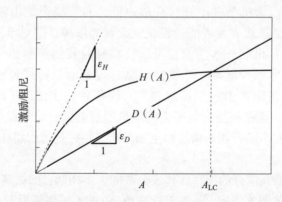

图 1-12　不稳定振幅 A 与声学激励 $H(A)$ 和耗散 $D(A)$ 过程的假定关系

当激励和耗散过程与振幅相关时，非线性燃烧过程开始控制振荡的动力学特性。如图 1-12 所示，$H(A)$ 达到饱和而 $D(A)$ 随着振幅 A 仍线性增加，最终两条曲线会在极限环振幅 A_{LC} 处相交。需要指出的是，极限环振幅是稳定的平衡点，当振幅的扰动位于 A_{LC} 的左侧（右侧），其 $H(A)$ 大于（小于）$D(A)$，将会导致振幅增加（减少），从而重新回到极限环值 A_{LC}。

接下来考虑这样一种情况：燃烧系统内一些参数变化使得 ε_H 增加而 ε_D 维持恒定（见图 1-12）。当 $\varepsilon_H < \varepsilon_D$ 时，施加在系统上的所有扰动均会衰减，$A=0$ 是稳定解，即系统是线性稳定的。然而，当 $\varepsilon_H > \varepsilon_D$ 时，$A=0$ 就变成非稳定解，扰动使系统向新的稳定极限环平衡状态转变。$\varepsilon_H = \varepsilon_D$ 将以上两个不同的动力学过程分开，被称为超临界分岔点（bifurcation point）。图 1-13 中展示了振幅 A_{LC} 与 $\varepsilon_H-\varepsilon_D$ 的关系，当 $\varepsilon_H-\varepsilon_D$ 变为正值时，系统变成线性不稳定。在图 1-13 中，以 $\varepsilon_H-\varepsilon_D$ 为 x 轴，但实际上它可以被任何其他影响系统稳定性的参数所代替，例如，图 1-14 中的空气速度或者温度[25]。图 1-14 显示了振幅对预混喷嘴中气流速度的关系，是上述讨论过的超临界分岔在该燃烧室中的真实表征。

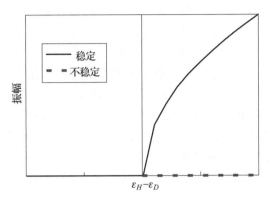

图 1-13　超临界分岔示例

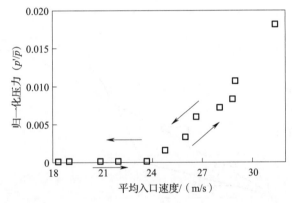

图 1-14　燃烧入口速度在 23.5m/s 时出现超临界分岔点的测试数据[25]

非线性不稳定系统与线性稳定系统的区别在于：非线性系统对于小振幅扰动是稳定的，但是当扰动的幅值超过某个阈值 A_T 后系统就会变得不稳定，这种类型的不稳定被称为亚临界不稳定。图 1-15 是一个非线性不稳定系统的简单示例，小球位于山顶的洼地，当对小球施加扰动时，只要不使其越过洼地的边界，球都将回到平衡点。但对小球施加的扰动足够大时，球将滚出洼地并滚落山坡。正如前面讨论的，这种特性在火箭系统中通常被称作燃烧不稳定性的"触发器"。在非线性不稳定燃烧系统的一个简单情形中，放热过程对流动扰动的响应非线性地依赖于扰动的幅度。压力的小幅扰动可能只会导致释热率略有脉动，但当压力扰动足够大时，可能会导致燃烧过程短暂熄火。瞬时熄火和再点火会导致大幅度的释热率振荡，进而导致燃烧不稳定。火箭更容易出现非线性不稳定，但其原因尚不完全明了。

尽管非线性不稳定系统通常需要大振幅扰动来

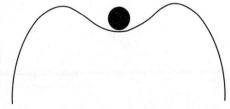

图 1-15　一个非线性不稳定系统的简单示例

引发不稳定振荡，但在某些情况下背景噪声级别的小扰动也可能会导致系统发生非线性不稳定[26]。这种情况类比于流体动力学中的层流泊肃叶流动（Poiseuille flow）[27]，它本身是线性稳定的，但随着雷诺数的增加，系统越来越容易受到非线性扰动的干扰。能够认识到这点很重要，因为这表明很难依据测量数据来分辨燃烧室是线性不稳定还是非线性不稳定。

图 1-16 中展示了前面讨论的激励 $H(A)$ 和耗散 $D(A)$ 与振幅 A 的关系，激励曲线和耗散曲线共有三个交岔点，即系统共有三个平衡点。具体来说，当 $A<A_T$ 时，耗散大于激励，$0<A<A_T$ 范围内的扰动都会衰减到 $A=0$，$A=0$ 是一个稳定点。第二个相交点 $A=A_T$ 是一个不稳定的平衡点，此时任何一个使 A 值偏离此点的扰动都会随着时间不断增加。第三个平衡点 $A=A_{LC}$，是一个稳定的极限环。对于这样的系统，所有幅值 $A<A_T$ 的扰动都会回到稳定解 $A=0$，而幅值 $A>A_T$ 的扰动都会增长，直到达到 $A=A_{LC}$。因此，系统中只存在两个稳定解，系统在任意时刻点的状态取决于其历史状态。这种现象不止会在火箭中出现，在第 12 章所讨论的预混火焰对声学振荡的非线性响应中也会出现，$H(A)$ 曲线与图 1-12 和图 1-16 中所示类似。因此，亚临界分岔和超临界分岔都有可能在燃气轮机中出现。

亚临界分岔示意如图 1-17 所示。如前所述，当 $\varepsilon_H<\varepsilon_D$ 时，$A=0$ 和 $A=A_{LC}$ 是稳定解。当 $\varepsilon_H>\varepsilon_D$ 时，$A=0$ 的解变得不稳定（图中实线变成了虚线），此时仅存在一个稳定解。在这种

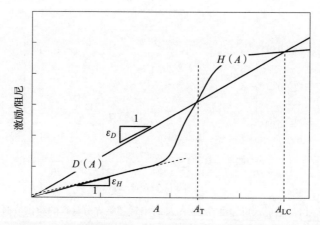

图 1-16　声学激励 $H(A)$ 和耗散 $D(A)$ 过程与振幅 A 的假设关系，A 将诱发不稳定

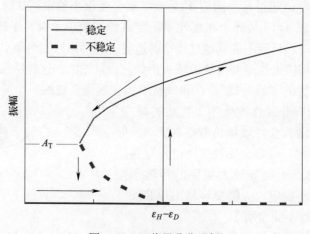

图 1-17　亚临界分岔示例

情况下，如果系统参数增加使得 $\varepsilon_H-\varepsilon_D$ 由负值变为正值，则系统的幅值将在 $\varepsilon_H-\varepsilon_D=0$ 处从 $A=0$ 突变为 $A=A_{LC}$。非线性系统中还存在迟滞效应，当诱发不稳定的系统参数逐渐降低时，系统的幅度会先遵循原有曲线不断降低，而不会突变回 $A=0$，即使是在 $\varepsilon_H<\varepsilon_D$ 的范围内。图 1-18 中的试验数据也说明了这个现象[25]。

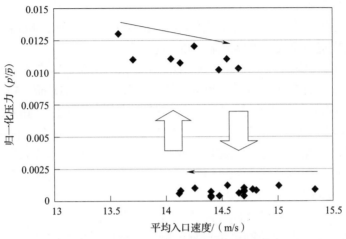

图 1-18　表征亚临界分岔的实测数据[25]

1.4.2　极限环振荡的其他特征

上述讨论表明线性及非线性燃烧和声学过程控制了燃烧室的非稳态动力学。一般来说，小幅度扰动系统中线性过程控制着激励和耗散间的平衡，并决定了自激不稳定性发生的条件。另一方面，非线性燃烧过程决定了有限振荡幅值系统的动力学特性。

非线性过程同样控制着非稳态燃烧中的另外两个现象：谐波的产生并随着某些系统属性平均值的改变而改变；可通过非线性系统对谐波激励的响应来解释此类现象。假设气动非线性满足压力和密度的等熵关系

$$\frac{p(t)}{\bar{p}}=\left(\frac{\rho(t)}{\bar{\rho}}\right)^{\gamma} \tag{1-3}$$

假设密度振荡的幅值为 A，角频率为 ω，即

$$\frac{\rho'(t)}{\bar{\rho}}=A\sin(\omega t) \tag{1-4}$$

将式（1-4）代入式（1-3），并在 $A=0$ 处进行泰勒（Taylor）展开，可得压力振荡的表达式如下

$$\frac{p'(t)}{\gamma\bar{p}}=\frac{(\gamma-1)}{4}A^2+\left(A+\frac{(\gamma-1)(\gamma-2)}{8}A^3\right)\sin(\omega t)-\frac{(\gamma-1)}{4}A^2\cos(2\omega t)-$$
$$\frac{(\gamma-1)(\gamma-2)}{24}A^3\sin(3\omega t)+\cdots \tag{1-5}$$

式（1-5）表明压力变化由线性部分和非线性部分组成，线性部分正比于 A（右边第 2 项），非线性部分为正比于振幅 A 的高阶次方项。后者包括一个与时间无关的项（右边第 1 项），它正比于 A^2，表示由纯密度扰动引起的平均压力变化。此外，该展开式中还包含了频率为 2ω、正比于 A^2 的谐波项，频率为 3ω 和 ω、正比于 A^3 的谐波项。在燃烧室中也可以经常观测到这类不稳定的谐波模态。

在固体火箭发动中可观察到平均压力以高达几百磅力每平方英寸（1bf/in²）的幅值进行变化。而燃气轮机中的不稳定振幅较小，至今并没有出现过有关不稳定造成平均压力幅值显著变化的报道，但是，通常可以观察到平均火焰位置和长度的变化[28-29]。由于静压分布与热释放过程相关，因此平均火焰位置和长度的变化反过来又会影响燃烧室内的静压分布。

1.4.3 非线性产生的原因

非稳态燃烧室中众多激励和耗散振荡的过程都与不稳定的振幅非线性相关，非线性可能是由发生在燃烧室内部或者边界上流动和燃烧过程导致。

燃烧室内部的气体动力学非线性是由纳维-斯托克斯（Navier-Stokes，N-S）方程和能量方程中的非线性项进行描述，例如，N-S方程中的对流项 $\rho u \cdot \nabla u$，或者之前讨论的压力—密度之间的非线性关系。通常，当密度、速度、压力脉动的幅值和平均密度、声速和压力达到相同量级时，这些项就变得非常重要。因此当声学扰动的幅值很低时（如 $p' / \bar{p} < 10\%$），非线性项通常不是很重要。而当系统内出现非常大振幅的振荡时，这些非线性项会强烈地影响系统不稳定的特征。对于这些非线性的处理方法在 Zinn 及其同事[30]、Culick 及其同事[31-32]，以及 Yang 课题组[33]的文献中进行了介绍。

燃烧过程的非线性是由热释放与扰动振幅的非线性相关引起的。此外，当 u' 和 u 量级相当时，流动振荡可能会控制燃烧过程的响应，从而导致非线性[25]。在这种情况下，平均速度是决定非线性的重要因素，而不再是声速（如在气体动力学非线性中）。事实证明，燃烧过程的非线性对贫燃预混燃烧系统的稳定性起着关键作用[34]，详细内容可见本书第12章和第13章。

发生在燃烧室边界或者附近的非线性过程将影响边界条件进而也能够影响燃烧室的非线性。如上述讨论，由尖锐边缘的流动分离或快速膨胀造成总压损失和声能向涡能转换，该非线性耗散正比于 ρu^2，会导致一个正比于 $\bar{\rho}(|u'|^2 + 2|u'| \cdot |\bar{u}|) + \rho'(|u'|^2 + |\bar{u}|^2 + 2|u'| \cdot |\bar{u}|)$[35]的非稳态耗散过程。这个表达式表明平均流动的出现引入了线性和非线性的耗散项，而在没有平均流动时（如 $\bar{u} = 0$），耗散正比于脉动速度值的平方 $|u'|^2$。这种非线性耗散在试验中得到了很好的证实（见参考文献[35]）。

此外，在大幅度振荡系统中，通过阻塞或非阻塞喷嘴的波的反射和透射过程与振幅相关，这些过程对不稳定性的影响都可用非线性边界条件进行描述[36]。

1.5 结论

本节总结当前燃烧不稳定的分析模型。从实践的角度出发，必须预测和理解不稳定性的三个基本特征：①振荡频率；②振荡发生的条件；③极限环幅值。由①到③难度是递增的，频率和模态更容易被预测，因为它们通常只需要求解系统的线性动力学，而极限环振幅的求解则需要了解系统的非线性特性。

首先考虑不稳定频率的预测。尽管仍然存在一些问题，例如，对燃烧室声学边界条件的解析描述，但不稳定频率的预测是相对成熟的。正如将在第13章中所介绍的，燃烧室声学过程的建模已经相当完善，在最近几年的 ASME 年会论文集和 Munjal 的书中也有介绍[37]。仅需获得系统的几何结构特征和温度分布均值，就可以准确预测激发不稳定性的频率和模态振型。尽管释热率振荡对频率的影响有些难以预测，但这种影响通常很小。

预测不稳定发生的条件（即上述第2个问题）要比预测声学模态振型和频率困难得

多，因为这需要对流动和混合扰动与火焰和耗散过程的耦合关系进行理解和建模。近年来，该领域的大部分研究集中在对机理的理解，第 9 章和第 12 章将讨论该方向的研究成果，例如，声波和火焰的相互作用机理以及其他不稳定的激励机理。目前这两方面已经取得了很大进展，许多燃气轮机制造商都声称成功预测了不稳定频率和振型，以及它们发生的条件，这将在本书后续案例介绍的章节中讨论。此外，即使在预测能力不足的情况下，通常也可以通过分析试验数据对燃烧稳定性的趋势有定性理解。

需要指出的是，不稳定性的试验研究通常处于极限环状态（参考文献［38］除外），因此对于线性燃烧室不稳定的动力学模型和机理的直接试验验证非常困难。例如，涡脱落被认为是燃气轮机中重要的不稳定机制，通过对极限环状态下涡脱落的频率研究表明：涡脱落并不一定是初始诱发不稳定的机理。当扰动的振幅足够大，涡可以在外部激励因素下受迫脱落，即使这个频率与涡脱落的固有频率不一致[39]。因此，流动振荡可能是被其他不稳定机理激发，随后迫使涡在不稳定频率下脱落。

线性模型可以预测不稳定特征和发生条件，但预测不稳定极限环的振幅和大振幅扰动触发线性稳定系统不稳定的条件，则需要求解燃烧过程的非线性模型。幅值预测能力至关重要，这将帮助工程师判断是否可以接受振幅不是很大的不稳定，或者是否有必要采取措施降低幅值以防止燃烧室结构损坏。这就需要理解火焰和气动对大幅扰动的响应以及构建非线性模型。该领域的进展很大程度局限于简单的层流火焰，对控制非线性火焰动力学关键参数的定性分析都知之甚少。鉴于此，燃烧不稳定的幅值预测能力是未来工作的主要挑战。

参考文献[①]

［1］Rayleigh, J. S. W., The Theory of Sound, Vol.2, Dover, New York, 1945.

［2］Crighton, D., "Airframe Noise," Aeroacoustics of Flight Vehicles, edited by H. H. Hubbard, Acoustical Society of America, New York, 1995.

［3］Yu, K., Trouve, A., and Daily, J., "Low-Frequency Pressure Oscillations in a Model Ramjet Combustor," Journal of Fluid Mechanics, Vol.232, 1991, pp.47-72.

［4］Marble, F., and Candel, S., "Acoustic Disturbance from Gas Non-uniformity Convected Through a Nozzle," Journal of Sound Vibrations, Vol.55, 1977, pp.225-243.

［5］Crocco, L., and Cheng, S., Theory of Combustion Instability in Liquid Propellant Rocket Motors, Butterworths Scientific Publications, London, 1956.

［6］Yang, V., Kim, S. I., and Culick, F. E. C., "Triggering of Longitudinal Pressure Oscillations in Combustion Chambers: I: Nonlinear Gasdynamics," Combustion Science and Technology, Vol.72, 1990, pp.183-214.

［7］Wicker, J. M., Greene, W. D., Kim, S. L. and Yang, V., "Triggering of Longitudinal Combustion Instabilities in Rocket Motors: Nonlinear Combustion Response," Journal of Propulsion and Power, Vol.12, 1996, pp.1148-1158.

［8］Swift, G., Thermoacoustics, Acoustical Society of America, New York, 2002.

---

① 本书参考文献按原版书排版。——编辑注

[9] Rott, N., "Damped and Thermally Driven Acoustic Oscillations," Zeitschrift fuer Angewaxdte Mathematik und Physik, Vol.20, 1969, p.230.

[10] Jones, A. T., "Singing Flames," Journal of the Acoustical Society of America, Vol.16, No.4, 1945, pp.254–266.

[11] Le Conte, J., Philosophical Magazine HP, 235.

[12] Putnam, A., Combustion Driven Oscillations in Industry, American Elsevier Publishers, New York, 1971.

[13] Pun, W., Ph. D. Thesis, California Inst. of Technology, Pasadena, CA, 1991.

[14] Blomshield, F. S., "Historical Perspective of Combustion Instability in Motors: Case Studies," AIAA Paper 2001–3875, 2001.

[15] Culick, F., "Combustion Instabilities in Liquid–Fueled Propulsion Systems–An Overview," AGARD, 1977.

[16] Kendrick, D. W., Anderson, T. J., and Sowa, W. A., "Acoustic Sensitivities of Lean–Premixed Fuel Injectors in a Single Nozzle Rig," American Society of Mechanical Engineers, Paper 98–GT–382, 1998.

[17] Lieuwen, T., Torres, H., Johnson, C., and Zinn, B. T., "A Mechanism for Combustion Instabilities in Premixed Gas Turbine Combustors," Journal of Engineering for Gas Turbines and Power, Vol.123, No.1, 2001, pp.182–190.

[18] Candel, S., "Combustion Dynamics and Control: Progress and Challenges," Proceedings of the Combustion Institute, Pittsburgh, PA, Vol.29, 2002.

[19] Hegde, U. G., Reuter, D., Daniel, B. R., and Zinn, B. T., "Flame Driving of Longitudinal Instabilities in Dump Type Ramjet Combustors," Combustion Science and Technology, Vol.55, 1987, pp.125–138.

[20] Schadow, K., and Gutmark, E, "Combustion Instability Related to Vortex Shedding in Dump Combustors and Their Passive Control," Progress in Energy and Combustion Science, Vol.18, pp.117–132, 1992.

[21] Temkin, S., Elements of Acoustics, Wiley, New York, 1981.

[22] Roberson, J., and Crowe, C., Engineering Fluid Mechanics, Houghton Miflin, New York, 1993.

[23] Kim, J. S., "Effects of Turbulence on Linear Acoustic Instability: Spatial Inhomogeneity," Liquid Rocket Engine Combustion Instability, edited by V. Yang and W. Anderson, AIAA, Washington, DC, 1994, Chap.16.

[24] Lieuwen, T, Neumeier, Y, and Rajaram, R., "Measurements of Incoherent Acoustic Wave Scattering from Turbulent Premixed Flames," Proceedings of the Combustion Institute, Pittsburgh, PA, Vol.29, 2002.

[25] Lieuwen, T, "Experimental Investigation of Limit Cycle Oscillations in an Unstable Gas Turbine Combustor," Journal of Propulsion and Power, Vol.18, No.1, 2002, pp.61–67.

[26] Oefelein, J. C., and Yang, V., "Comprehensive Review of Liquid–Propellant Combustion Instabilities in F–1 Engines," Journal of Propulsion and Power, Vol.9, 1993, pp.657–677.

[27] Drazin, P. G., and Reid, W. H., Hydrodynamic Stability, Cambridge Univ. Press, Cambridge, England, U. K., 1981.

[28] Polifke, W., Fischer, A., and Sattelmayer, T., "Instability of a Premix Burner with Non-Monotonic Pressure Drop Characteristics," Journal of Engineering for Gas Turbines and Power, Vol.125, No.1, 2003, pp.20–27.

[29] Broda, J. C., Seo, S., Santoro, R. J., Shirhattikar, G., and Yang, V., "An Experimental Investigation of Combustion Dynamics of a Lean, Premixed Swirl Injector," Proceedings of the Combustion Institute, Pittsburgh, PA, Vol.27, 1998, pp.1849–1856.

[30] Zinn, B. T., and Powell, E. A., "Nonlinear Combustion Instability in Liquid-Propellant Rocket Engines," Proceedings of the Combustion Institute, Pittsburgh, PA, Vol.13, 1970.

[31] Culick, F. E. C., Burnley, V., and Swenson, G., "Pulsed Instabilities in Solid-Propellant Rockets," Journal of Propulsion and Power, Vol.11, No.4, 1995, pp.657–665.

[32] Culick, F. E. C., "Nonlinear Growth and Limiting Amplitude of Acoustic Oscillations in Combustion Chambers," Combustion Science and Technology, Vol.3, No.1, 1971.

[33] Wicker, J. M., Greene, W. D., Kim, S.-I, and Yang, V., "Triggering of Longitudinal Combustion Intabilities in Rocket Motors: Nonlinear Combustion Response," Journal of Propulsion and Power, Vol.12, No.6, 1996.

[34] Peracchio, A. A., and Proscia, W. M., "Nonlinear Heat Release/Acoustic Model for Thermo-Acoustic Instability in Lean Premixed Combustors," Journal of Engineering for Gas Turbines and Power, Vol.121, 1999.

[35] Zinn, B. T., "A Theoretical Study of Nonlinear Damping by Helmholtz Resonators," Journal of Sound Vibrations, Vol.13, No.3, pp.347–356, 1970.

[36] Zinn, B. T., and Crocco, L, "Periodic Finite Amplitude Oscillations in Slowly Converging Nozzles," Astronautica Acta, Vol.13, Nos.5 and 6, Aug.1968, pp.481–488.

[37] Munjal, M., Acoustics of Ducts and Mufflers, Wiley, New York, 1987.

[38] Poinsot, T., Veynante, D., Bourienne, F., Candel, S., Esposito, E., and Surget, J., "Initiation and Suppression of Combustion Instabilities by Active Control," Proceedings of the Combustion Institute, Pittsburgh, PA, Vol.22, pp.1363–1370, 1988.

[39] Blevins, "The Effect of Sound on Vortex Shedding from Cylinders," Journal of Fluid Mechanics, Vol.161, 1985, pp.217–237.

[40] Huang, Y., and Yang, V., "Effect of Swirl on Combustion Dynamics in a Lean-Premixed Swirl-Stabilized Combustor," Proceedings of the Combustion Institute, Pittsburgh, PA, Vol.30, 2004, pp.1771–1778.

[41] Ingard and Singhal, "Effect of Flow on the Acoustic Resonances of an Open Ended Duct," Journal of the Acoustical Sociery of America, Vol.58, No.4, 1975, pp.788–793.

第Ⅱ部分　案例研究

第 2 章 工业燃机中的燃烧不稳定性：
索拉透平的经验

Kenneth O. Smith and James Blust
（Solar Turbines，Inc.，San Diego，California）

2.1 引言

为了满足 NO_x、CO 和未燃碳氢化合物（UHC）的排放法规，燃机制造商开发了贫燃预混（LP）燃烧系统并对其不断完善。与典型的"传统"扩散燃烧系统相比，LP 燃烧将大量空气引入燃机燃烧室主燃区（火焰区），形成更贫的燃料—空气混合物，以降低火焰温度。由于 NO_x 的生成速率与温度呈指数函数关系，因此贫燃预混燃烧能够有效地减少 NO_x 的生成。此外，LP 燃烧是将燃料和空气在主燃区上游进行混合（或"预混合"），这使得燃烧更加均匀，进而可以防止局部高温区的形成，这不同于扩散燃烧。

索拉透平公司（Solar Turbines Incorporated，简称索拉公司）从 20 世纪 80 年代中期开始研发 LP 燃烧系列产品[1-2]。对于以天然气为燃料的燃烧室，其两级研发目标的第一阶段是满足 42ppmv（百万分比体积，$15\%O_2$，干基）的 NO_x 排放法规，第二阶段则降低至 25ppmv，CO 和 UHC 的最大允许排放值为 50ppmv；后续再将研发结果扩展至 2 号柴油燃烧室的减排需求。

到 20 世纪 90 年代初，索拉透平公司已经开展了 LP 燃烧室的全尺寸试验，以及内部原型机系统级别的整机试验。1992 年，索拉透平公司首次在"半人马座"H 型和"火星"燃机上配备了 LP 燃烧室并开展了用户现场测试[3]。此后，超过 1100 台配备 LP 燃烧室的索拉透平公司燃机（商标为 SoLoNOx）投入商业运行。

LP 燃烧技术的发展引领了新一代低排放燃气轮机的商业化，但同时也带来了新的技术挑战，其中最困难的就是如何避免可能导致燃机部件损坏的高振幅燃烧室压力振荡（CPO）。

LP 燃机中会出现高幅值 CPO 的原因是为了减少 NO_x 排放而降低了燃烧室火焰温度。当火焰温度较低时，燃烧室的设计点更接近贫燃熄火工况，火焰稳定性会降低，燃空比（FAR）的微小瞬时变化都将显著影响热释放速率，这样就增大了在火焰筒或燃料系统的共振频率上激发 CPO 的可能性。

CPO 现象最初是在索拉透平公司的早期试验台以及"火星"和"半人马座"全尺寸燃烧室的整机测试中发现的。从那时起，SoLoNOx 系列产品开始应用到"金牛座"和"大力神"等燃机上。在以上产品的研发过程中，研发人员都观测到了 CPO，并采取了相应的修正措施以满足客户对产品寿命的要求。

以早期的 SoLoNOx 研发工作为基础，我们已经发展出可以避免破坏性 CPO 发生的有效方法。虽然这些方法总体有效，但并非万无一失，也不一定是避免 CPO 发生的一种低成本手段。当前，CPO 抑制方案主要是基于改型或重新设计，没有一种方法是"万能的解决方案"。即使是在 LP 燃烧系统商业化的 10 年以后，燃气轮机行业仍然缺乏降低 CPO 的鲁棒方法。更重要的是，还没有一种先验的设计方法可以防止高振幅 CPO 发生。对于特定的燃烧室设计而言，在进行测试前，其 CPO 问题的严重程度也是未知的。因此，当燃机进行性能升级或增加燃料灵活性时，由于燃烧系统的改变很有可能再次引起 CPO 问题，并且这种情况并不罕见。

为了满足日益严格的污染物排放法规，燃机制造商始终致力于降低 NO_x，最常见的手段是进一步降低主燃区温度。由于主燃区温度更接近贫燃熄火工况，CPO 问题将变得更为关键。燃气轮机行业需要理解该现象，并提出一套更经济的方法（被动或主动）保证 CPO 可控。理想情况下，业界希望开发一款能够预测 CPO 的工具，在产品研发早期、试验件生产之前就能降低 CPO 发生的概率。尽管目前缺乏这样的设计工具，索拉透平公司天然气机组仍然实现了不超过 25ppm 的污染物排放，CPO 也较少发生于商业燃机中。

下文将讨论索拉透平公司在开发 SoLoNOx 系列产品和首次应对大振幅 CPO 时所采取的措施与方法。

2.2 贫燃预混燃烧系统的结构和运行条件

索拉 LP 燃烧系统具有以下共同特征：标准的环形燃烧室（见图 2-1）、8 ~ 14 个燃料喷嘴从火焰筒锥顶插入燃烧室（见图 2-2）、火焰筒外径尺寸变化范围约 30in（"半人马座"燃机）至 38in（"大力神"燃机）。表 2-1 中展示了索拉透平公司燃机的产品序列。

在 LP 燃烧室发展时期，"半人马座"燃机满负荷工况下的燃烧室入口条件为 100psia 和 600°F①（690kPa 和 590K），内外径分别为 24in 和 30in（61cm 和 76cm），共使用了 12 个燃料喷嘴。相应地，"火星"燃机燃烧室的入口条件为 220psia 和 800°F（1520kPa 和 700K），内外径分别为 28in 和 36in（71cm 和 91cm），共使用了 14 个燃料喷嘴。

图 2-1 典型的环形燃烧室

---

① °F（华氏度）换算公式：t_F（°F）=32+1.8t（℃）。——编辑注

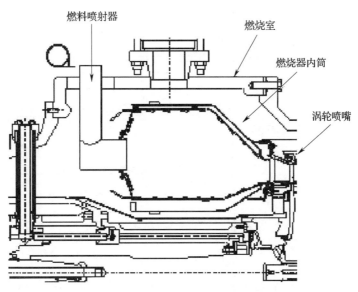

图 2-2　环形火焰筒 / 燃料喷嘴结构

表 2-1　索拉透平公司燃机产品性能

燃气轮机类型	额定马力 /hp[①]	空气流量 /（lb[②]/s）	压比
Centaur 40	4700	41.3	10.3
Centaur 50	6130	40.6	10.3
Taurus 60	7700	47.0	12.2
Taurus 70	10300	57.9	16.0
Mars 90	13200	84.0	16.0
Mars 100	15000	92.0	17.4
Titan 130	19800	105	16.0

　　SoLoNOx 燃料喷嘴的基本结构包括：一个轴向空气旋流器和在旋流器下游布置的一系列径向燃料喷杆（见图 2-3）。燃料喷嘴置于预混段内，天然气和空气在进入燃烧室之前混合达到近似均匀状态。不同产品中轴向旋流器的旋流强度有所不同。例如，"半人马座"燃机的旋流叶片角度约为 48°，而"火星"燃机则接近 60°。

　　值班燃料喷嘴集成于燃料喷嘴的中心体中，将少量燃料和空气（仅部分预混）喷入燃烧室。值班火焰更接近扩散火焰，最初用于启机、低负荷运行瞬态甩负荷阶段提供稳定

---

① 1hp（英马力）≈ 745.7W；

② 1lb（磅）≈ 0.454kg。——编辑注

的火焰。随后证明，值班火焰对抑制 CPO 极为重要。事实上，索拉透平公司的经验表明，降低 CPO 的最有效方法就是优化燃料喷嘴，特别是值班喷嘴。

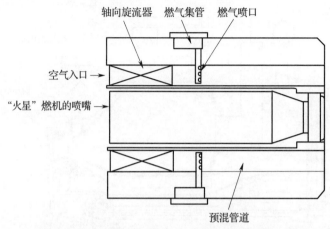

图 2-3　典型的贫燃预混气态燃料喷嘴剖面图

索拉透平公司 LP 火焰筒的最初设计采用传统的气膜冷却来降低火焰筒温度，后来逐渐发展为发散冷却和无冷却空气注入燃烧区的背面对流冷却。在冷却技术发展期间，火焰筒上开孔的数量和尺寸发生了显著的变化。然而到目前为止，还没有发现火焰筒冷却方式与高振幅 CPO 之间的明显关联。

2.3　42ppmv NO$_x$ 排放标准的商业燃机介绍

20 世纪 90 年代初，索拉透平公司首先在"半人马座"H 型燃机和"火星"燃机中使用 SoLoNOx 技术。对于以天然气为燃料的燃机，最初的 NO$_x$ 排放保证值是 42ppmv（@15%O$_2$），随着产品不断成熟 NO$_x$ 排放降为 25ppmv。

在"火星"和"半人马座"H 型燃烧系统的最初研发试验中，CPO 的挑战成为关注的焦点问题。虽然在单喷嘴试验（管形燃烧室）和三喷嘴扇区的一系列试验中没有发生 CPO，但在全环形燃烧室的整机初始测试中出现了高振幅 CPO。

常压、高压以及内部整机试验均验证了上述 CPO 现象，发现"火星"和"半人马座"燃烧系统在某个运行范围内均有不可接受的高幅振荡发生，其幅值通常在 1～3psi（rms），在某种极端工况下观察到的振幅高达 6psi（rms）。该振荡导致燃烧室端部防溅板因高周疲劳而破裂（见图 2-4），并在燃料喷管外部与燃烧室锥顶接触处造成磨损。以上损坏发生在约 30min 以内。CPO 频谱呈现大振幅、窄带尖峰特征。"半人马座"燃机的主频约是 440Hz（存在倍频）（见图 2-5），而功率较大的"火星"燃机的主频约是 350Hz（同样存在倍频）。"半人马座"燃机在满负荷运行时振荡最明显，而"火星"在满负荷和接近满负荷时无振荡，反而在部分负荷时易于振荡。

使用燃烧室平均燃气温度值进行简单的一维频率计算，得到两种机型的 CPO 计算频率值与试验值吻合较好，但这还远不足以描述其不稳定特性。更多的计算表明，对于轴向频率相同的单个火焰筒，还可能发生周向不稳定性。而实际中发现的情况比这些任一场景都更加复杂。索拉公司在"半人马座"燃机上进行详细压力波测量，表明其燃烧不稳定性具有混合模态特性，包含轴向和周向分量。

图 2-4　由高振幅燃烧室压力振荡引起的火焰筒端部防溅板损坏

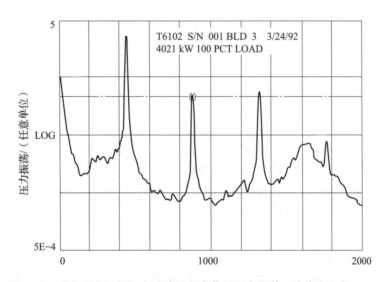

图 2-5　"半人马座"燃机在试验过程中典型压力频谱，峰值发生在 440Hz

　　早期的"半人马座"和"火星"LP 系统的环形燃烧室测试表明，即使值班燃料喷嘴占总燃料流量的百分比很小，仍能非常有效地降低 CPO 的幅值。当值班燃料占比约 10% 时，CPO 幅值会降至远低于 1psi（rms），同时 NO_x 排放量保持在 42ppmv 以下。因此，对于早期的 SoloNOx 机组，这便成了控制 CPO 的重要手段。事实上，采用值班燃料用于 CPO 控制在某种程度上是一种巧合，因为设计值班喷嘴的最初目的是为了增强燃机点火、部分负荷运行和甩负荷响应，而不是控制 CPO。自从第一次认识到值班燃料量是减少 CPO 的手段后，调节值班燃料量一直是索拉透平公司控制 CPO 的主要手段。然而，需要注意的是，值班燃料量增加也会导致 NO_x 排放增加（见图 2-6）。如果要实现更低水平的 NO_x 排放，就需要开发一套不依赖于值班火焰又不容易产生 CPO 的燃烧系统。

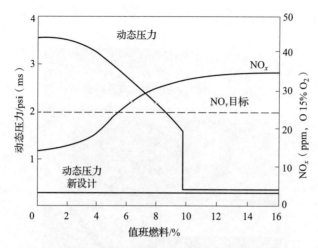

图 2-6　值班燃料对燃烧室压力振荡和 NO_x 排放的影响

2.4　NO_x 排放降低至 25ppmv

随着将氮氧化物排放量降低到 25ppmv 这一长期目标的开发工作不断进行，采用高比例值班燃料控制 CPO 的限制逐渐显现。当前燃料喷嘴需要的值班燃料量无法满足 25ppmNO_x 排放目标，需要对燃烧系统进行改进。索拉公司主要聚焦于燃料喷嘴设计和运行方式对 CPO 的影响。考虑到火焰筒重新设计的时间和费用问题，将火焰筒结构调整作为备选手段。

由于缺少分析指导工具，CPO 控制工作主要涉及燃料喷嘴更改的试验验证。在测试过程中可快速调整燃料喷嘴设计参数，包括燃料喷嘴预混管内径、燃料喷杆到喷嘴出口距离，以量化它们对 CPO 的影响。这些参数影响了燃料喷嘴的出口速度、燃料—空气总体混合均匀度，以及燃料由喷杆到火焰锋面的输运时间。

在保证预混腔不发生回火的前提下，降低出口速度对燃烧稳定是有益的。类似地，将燃料喷杆向下游移动会降低燃料与空气的预混合程度，也能够增强火焰稳定性，但代价是增加 NO_x 排放。同样，改变燃料传输时间可能减弱燃料系统与火焰筒间的耦合，这种耦合过程激励 CPO，后面将对此进行详细论述。

在对"火星"和"半人马座"燃机改进喷嘴后的测试表明，不稳定性与燃料喷杆位置和喷嘴出口速度密切相关。并且发现，燃料喷杆位置或出口流速的小幅变化对 CPO 有显著影响。

喷嘴结构对 CPO 特性的影响可通过两种方式进行评估。如果喷嘴结构改动较小，则对整机上的所有喷嘴进行修改，然后直接在整机或者高压试验台上进行测试，以获得整机环境下的声学特性。如果喷嘴结构改动较大，则需开展单喷嘴试验，单喷嘴试验件中采用管形燃烧室替代整机的环形燃烧室，轴向长度保持不变、管形燃烧室直径为相应的环形火焰筒的径向高度值，试验工况与整机相同，但流量减小为单喷嘴对应的流量值。

为了在单喷嘴试验过程中复现全环形燃烧室的不稳定频率，需要采取一些特殊措施。根据 Richard 等[4] 的方法，在燃烧室上安装一个类似图 2-7 所示的耐热插件，该插件与燃烧区域共同形成亥姆霍兹共振器。插件的尺寸可根据整机运行获得的共振频率进行调整。

显然，单喷嘴装置无法复现环形燃烧室的声学特性，这是因为在环形燃烧室中可能出现周向和混合模态的振荡。但单喷嘴试验可以作为一种有价值的筛选手段。单喷嘴的振荡

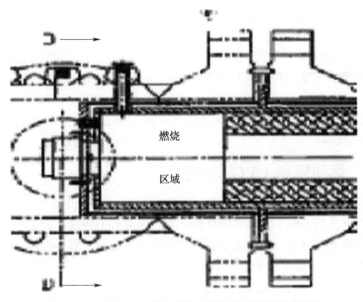

图 2-7　在燃烧室中插入耐热插件形成亥姆霍兹共振器

趋势与整机运行中的趋势相近，如果在单喷嘴试验中未发生高 CPO，那么在燃机运行时通常也是稳定的，但这并非绝对。总之，单喷嘴试验能够帮助识别潜在的最优喷嘴结构，而无须进行整机全部喷嘴的制造和开展昂贵的整机试验。

2.5　燃烧室压力振荡模型

Putnam[5]基于正弦压力波和扰动的热释放（由压力引发的燃料流量变化）描述了高振幅 CPOs。当压力波和热释放波同时达到峰值时，就会发生高振幅 CPO。简单地说，SoLoNOx 喷嘴的热释放脉动频率与燃料由喷杆传输到喷嘴出口（更准确地说是到火焰锋面）的时间 τ 密切相关。因此，按照该模型，如果燃料传输时间与燃烧室声学共振频率不匹配，即 $\tau \neq 1/(2f_c)$，那么频率为 f_c 的 CPO 发生的可能性就很小。虽然该模型比较简单，但对理解 CPOs 的物理机制非常有价值。此外，该模型已经成功应用于 LP 喷嘴系统中燃料喷杆位置的选取，且基本不会引起大振幅 CPO。

事实上，释热率振荡和压力振荡的相位并非仅在完全相等时才会发生 CPO，理论上当释热率超前或者滞后压力脉动 1/4 周期时，都会引起振荡[6]。这至少在机理上可以用于解释"火星"燃机的喷嘴优化结果，即将稳定和不稳定的运行范围绘制为燃料喷杆位置的函数。在该简化模型中，当 $\tau f_c = 0.25 \sim 0.75$ 时，容易发生高幅振荡。但诸如这样的简单一维模型未考虑预混喷嘴出口速度分布和燃料空气分布、流体流出喷嘴后的分布形态变化、多喷嘴间可能的相互影响，以及喷嘴下游火焰锋面的三维和非稳态特性等因素。

2.6　"半人马座"燃机降低 CPO 的举措

"半人马座"燃机的燃料喷嘴是索拉透平公司首次尝试降低 CPO 的重点。在几乎没有分析指导的情况下，决定降低燃机满负荷时喷嘴出口平均流速，使其与"火星"燃机喷嘴出口的速度设定值保持一致，因为"火星"燃机在满负荷运行时没有出现明显的 CPO。虽然目标是降低速度，但燃料由喷杆传输到喷嘴出口的时间 τ、喷嘴的径向速度分布、S_l/U_{ax}

（湍流火焰速度与喷嘴出口轴向速度的比值）、燃料—空气混合均匀度和喷嘴出口截面的燃料—空气分布均会受到影响。

　　燃料喷嘴更改的后续试验结果表明，降低 U_{ax} 是"半人马座"燃烧室抑制 CPO 的一种鲁棒性非常强的解决方案，在机组整个工作包线内的任一工况点都没有出现明显的 CPO。由于值班燃料比例较低，25ppmv 以下的 NO_x 排放目标也可以轻松达到。此次改进的目的是用最小的代价来降低 CPO，因此没有开展进一步工作去评估喷嘴其他设计参数是否比 U_{ax} 具有更显著的影响。

2.7 "火星"燃机降低 CPO 的举措

　　"火星"燃机上未能复制"半人马座"燃机解决 CPO 问题的简单方案。对于"火星"燃机，需要开展更多的工作来降低部分负荷下的高幅值 CPO。这可能是由于在"火星"燃机的喷嘴几何结构更加复杂，因为该喷嘴的结构设计考虑到了部分负荷运行时燃烧室入口空气流量可调（放气）（见图 2-8）。

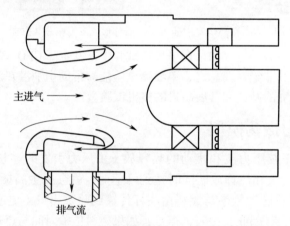

图 2-8　"火星"燃机喷嘴截面图，展示了放气的位置

　　改进后的"半人马座"喷嘴与"火星"喷嘴具有相同的 U_{ax}，并且在满负荷工况下运行稳定，但"火星"燃机在部分负荷时出现大幅值 CPO。因此，参考"半人马座"燃机的成功经验，应首先尝试降低"火星"燃机喷嘴的 U_{ax}。

　　然而在实施过程中，虽然降低"火星"燃机喷嘴 U_{ax} 减弱了 CPO，但同时引起了 CO 排放增加。CO 排放量增加的幅度与燃料喷嘴通流面积增加的轴向位置相关。从旋流器下游到喷嘴流动面积增加的轴向位置距离越大，对 CO 排放的影响越小。因此，最终选在燃料喷嘴出口平面附近处设置面积扩张。

　　"火星"燃机的初始试验结果再次证明：燃料喷嘴面积扩张对 CPO 的影响是复杂的，不仅仅因为 U_{ax} 的变化。例如，几乎可以肯定的是，燃料喷嘴流通面积扩张处设置在喷嘴出口对喷嘴外侧附近流场的影响要大于其对喷嘴中心体附近速度降低的影响。

　　虽然通过改进喷嘴结构，"火星"燃机在部分负荷时的 CPO 得到控制，但还需进一步降低[7]，因此继续分析了燃料喷杆位置对 CPO 的影响。开发的喷嘴从燃料杆到喷嘴出口平面之间被分成了不同的轴向距离。燃料喷杆分布在 7 个不同位置，变化范围从 1.38in（3.85cm）到 3.0in（7.6cm）。首先观察到的现象是，燃料喷杆轴向位置的少量改变都会对

CPO 产生显著的影响。当燃料喷杆被设置在某些位置上时，火焰与燃烧系统无耦合。根据前述的简化模型，燃料喷杆轴向位置的变化会改变 τ 和 f_c 之间的关系，进而避免了 CPO 的发生。"火星"燃机燃料喷嘴的测试结果见表 2-2。

表 2-2　不同燃料喷杆位置对 CPO 幅值的影响

轴向长度 /cm	轴向长度 /in	τ/s	频率 /Hz	噪声	$\tau \times$ 频率
3.5	1.38	0.76×10^{-3}	390	No	0.30
4.1	1.63	0.90×10^{-3}	370	Yes	0.33
4.5	1.75	0.97×10^{-3}	360	Yes	0.35
5.7	2.25	1.25×10^{-3}	333	Yes	0.42
5.8	7.30	1.28×10^{-3}	313	Yes	0.40
6.9	2.70	1.50×10^{-3}	315	Yes	0.47
7.6	3.00	1.67×10^{-3}	290	No	0.48

试验数据表明，这其中存在离散的不稳定区间，该区间可利用无量纲（现称量纲一^①）τf_c 进行表征。如图 2-9 所示，"火星"燃机的燃烧不稳定区间是 $\tau f_c = 0.3 \sim 0.48$。这些数值表明在大约 1/3 的压力振荡循环时间内存在强耦合。这个结论是否具有普遍性，或是仅适用于"火星"燃机燃烧系统还有待后续研究。

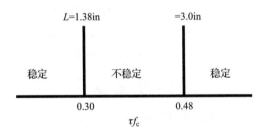

图 2-9　"火星"燃机 CPO 振幅与燃料喷杆的位置和无量纲 τf_c 的关系

基于以上测试结果，开发了一种改进的"火星"燃机燃料喷嘴，其中包括燃料喷嘴预混段横截面积的修改和燃料喷杆位置的重新设计两个方面。随后在"火星"燃机产品上对这些改进进行了验证，当与值班燃料喷嘴共同使用时有效地降低了 CPO，同时实现了 NO_x 排放量 25ppmv 的目标。

2.8　近期经验

在索拉公司 LP 燃烧室推出后的 12 年里，CPO 问题已愈发普遍。随着成熟涡轮机产品的升级，"安静"的燃烧室可能会意外遭遇不可接受的 CPO。任何影响燃烧室空气流量、空气流量分布或者燃烧室主燃区化学当量比的因素，都可能触发 CPO。此类问题的改进措施包括：①增加压气机入口空气流量；②增加主燃区空气流量以降低 NO_x 的产生；③通过改进火焰筒冷却或掺混流量改变燃烧室空气流量分配；④增加燃料流量以增加透平入口温度；⑤优化燃料喷嘴，将液体燃料作为天然气的备用燃料；⑥在不改变喷嘴结构的前提下使用非标准燃料。

产品性能升级与伴随的 CPO 是新产品开发的重要挑战，新的燃烧系统需要新的 CPO

---

① GB 3101—1993《量和单位》第 2.2.6 节 "量的量纲"指出：所有量纲指数都等于零的量，往往称为无量纲量，其量纲积或量纲为 A° B° C° …=1。这种无量纲的量表示为数。——编辑注

解决方案，但这也为应用已有的经验以及不断研发降低 CPO 的工具提供了机会。

在新一代"大力神"燃机研发过程中，研发人员对燃料喷杆结构、旋流叶片结构和喷杆位置的影响进行了细致的研究。结果表明燃料喷杆的结构通过影响燃料—空气的分布显著改变 CPO 幅值，而且燃料喷杆结构的影响比其他因素更显著。虽然当前的结果可能与具体燃机结构相关，还无法广泛应用于其他机型，但这项工作有助于高振幅 CPO 解决方案的进一步发展。

2.9 总结：需求和未来挑战

按照索拉公司的经验，随着新开发和升级的燃机追求更高效率、更大功率、更低排放和更好燃料适用性，CPO 将继续成为燃气轮机行业面临的一大挑战。特别重要的是对更低 NO_x 排放的持续需求，因为这一需求可能需要在成熟燃机产品改变燃烧室的设计。但这会导致燃料燃烧状态更贫燃，也就更有可能出现高振幅 CPO。此外，由于值班燃料产生的 NO_x 排放量较高，未来低排放燃烧室将无法持续依赖值班燃料来稳定火焰，取而代之的应是低 NO_x 排放型的值班喷嘴和更优的燃料喷嘴设计。

更好地理解激励 CPO 的机理和设计特征，有助于从更多角度简化燃气轮机燃烧室的开发过程。目前，急需的是支撑燃烧室设计的有效分析工具。该设计工具的最终需求是能够在设计阶段及燃烧室制造前防止（或者尽可能减弱）CPO 的发生。鉴于 CPO 的复杂性，短期内实现这个目标似乎希望渺茫。更现实的做法或许是发展可以预测 CPO 触发（而不是极限环状态）的模型。类似地，用更严格的方法将部件试验测得的 CPO 数据外推至整机状态，将有利于节约用于解决 CPO 问题所需的时间和成本。

参考文献

［1］Smith, K. O., Angello, L. C., and Kurzynske, F. R., "Design and Testing of an Ultra-Low NO_x Gas Turbine Combustor," American Society of Mechanical Engineers, New York, Paper 86–GT–263, 1986.

［2］Etheridge, C. J., "Mars SoLoNOx: Lean Premix Combustion Technology in Production," American Society of Mechanical Engineers, New York, Paper 94–GT–255, 1994.

［3］Rawlins, D. C., "Dry Low Emissions: Improvements to the SoLoNOx Combustion System," 11th Symposium on Industrial Applications of Gas Turbines, Canadian Gas Association, Banff, Alberta, Canada, Oct., 1995.

［4］Richards, G. A., Gemmen, R. S., and Yip, M. J., "A Test Device for Premixed Gas Turbine Combustion Oscillations," Journal of Engineering for Gas Turbines and Power, Vol.119, 1997, pp.776–782.

［5］Putnam, A., Combustion Driven Oscillations in Industry, Elsevier, New York, 1971.

［6］Richards, G. A., and Janus, M. C., "Characterization of Oscillations During Premix Gas Turbine Combustion," American Society of Mechanical Engineers, New York, Paper 97–GT–244, 1997.

［7］Steele, R. C., Cowell, L. H., Cannon, S. M., and Smith, C. E., "Passive Control of Combustion Instability in Lean Premixed Combustors," Journal of Engineering for Gas Turbines and Power, Vol.122, 2000, pp.412–419.

第3章　在燃烧室设计阶段考虑燃烧不稳定问题：通用电气公司（General Electric Company）在航改燃机和航空发动机设计上的经验

H. C. Mongia，T. J. Held，G. C. Hsiao，and R. P. Pandalai
（GE Transportation，Cincinnati，Ohio）

3.1　引言

航机和航改燃机中的燃烧不稳定问题给设计人员带来了巨大的挑战。燃烧不稳定不仅对发动机和燃烧室的运行有害，而且它的预测和抑制也十分困难，这往往会导致发动机研发的成本和时间增加。

燃烧不稳定性带来两个问题：①在某些情况下，燃烧不稳定带来让人难以接受的噪声；②更普遍的情况是压力脉动可导致机械结构的共振，造成硬件损坏。

燃烧室设计的一个根本问题是燃烧不稳定问题在研发后期才开始凸显。燃烧室的许多关键性能参数可以通过分析或者部件试验与分析相结合的方法进行确定。通过部件试验可以获得燃烧系统对于大幅度压力脉动的敏感性，然而整体特性无法通过分析或部件试验确定。在进行发动机整机试验之前，燃烧不稳定问题的严重性及其特征尚未完全确定。但到这个阶段再对部件设计进行更改的代价非常昂贵，并且可能严重影响项目进度和研发成本。基于此，可以利用多种主动和被动声学控制策略来解决大幅度的不稳定问题。然而，这些策略的应用大多时候需要依赖经验，难以确保其有效性。

解决燃烧不稳定问题的传统方法主要是基于工程中得到的经验关系式和设计经验。一般的做法是先预测热声振荡的频率，然后通过设计使得燃烧室各子系统（燃料喷嘴、隔热板和火焰筒等）的特征频率与热声振荡的频率不耦合。目前，可以准确预测声学模态和频率，但热声振荡幅值却难以预测。

为了降低燃烧—声学耦合现象的不可控风险，在燃烧室设计初期就需要检测和消除燃烧—声学耦合的倾向。可以通过理论分析和试验测试对系统和部件性能以及不同部件间的交互作用分析，预测、抑制和改进燃烧系统中燃烧—声学耦合特性，该方法的基本框架如图 3-1 所示。简单地说，该方法通过半理论分析模型连接燃烧系统各子部件的声学特性及其边界条件。其中，子部件的声学特性可以通过理论模型或者经验测试加以确定，关于这方面更加详细的描述见随后章节。

本章旨在概述在航改燃机和航空发动机中观察到的燃烧不稳定问题，回顾在实际燃气轮机燃烧室中产生燃烧不稳定的本质，并以此来解释所观察到的不稳定性起因；介绍在实验室和发动机产品上控制燃烧不稳定的几种方法，并用两个实际燃机燃烧不稳定性控制进行举例说明；最后，介绍消除燃气轮机燃烧室燃烧不稳定现象的分析和设计框架。

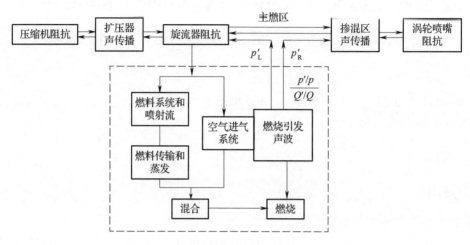

图 3-1　燃烧不稳定性分析模型的框架

3.2　燃烧不稳定的根本诱因

燃烧不稳定来源于压力脉动和释热率振荡的耦合，通常可用瑞利准则进行判断。压力扰动影响当地瞬时释热率，反过来释热率变化又会产生与初始扰动有一定时间（相位）延迟的压力扰动。随后，压力扰动波在火焰筒边界处被反射，最终形成闭环的反馈回路，造成大幅度且具有破坏性的压力脉动。总反馈环路的稳定性主要受到两个关键参数的影响：压力和热释放脉动间的相位差、系统的声能耗散率。这些参数是火焰筒几何和边界条件的函数，也是耦合机制的本质。

第一类耦合机制是压力扰动与火焰瞬时位置和形状的相互作用。由于火焰表面对压力扰动会产生响应进而产生声波。这类扰动机制对燃料系统的细节结构相对不敏感，通常发生在高频（>1kHz）。Lieuwen[1]（也可以参考第 12 章）对预混燃烧—声波相互作用的模拟过程进行了全面的阐述。基于数值分析和试验观察可知，在贫燃预混燃烧中，燃烧过程对当量比的扰动非常敏感。

第二类耦合机制指燃料—空气波耦合。该类机制下还包含几个子机制，但其共同特点是压力振荡和局部燃空比的相互作用。通过改变局部空气流量、燃料流量或者燃料喷雾特性而发生相互作用，通常发生在中等频率范围（100~1000Hz）。

第三类耦合机制是由临近火焰吹熄导致的。该类机制属于发动机系统级别的耦合，并不常见。典型例子就是燃烧室内部分区域燃空比足够低，接近吹熄工况，导致涡轮入口处能量显著降低，发动机转速降低。然而当转速降低后流经发动机的空气流量减少，使得燃空比增加，发生熄火的区域重新点火。该类振荡机制通常发生在低频模式（<30Hz），一般并不将这种现象归为燃烧—声学耦合现象。

3.3　控制策略

在实际的燃气轮机燃烧室中控制燃烧不稳定性的方法基本上分为三类。首先，燃料—空气混合装置的基本设计变化已被证明对燃烧不稳定性有显著影响[2-3]。这些变化可能会同时影响燃料和空气[4]或只影响其中之一，可通过部件和发动机测试确定。

其次，对燃烧不稳定的控制可以通过改变燃烧室运行条件实现，这类操作包括燃料径向分级（改变火焰温度）[5]、燃料轴向分级[6]、燃料非对称分布等方式[7]。但这些燃料分配策略使得火焰温度偏离理想的均匀分布，会增加 NO_x 排放。

最后，通过主动和被动控制装置可以抑制燃烧不稳定。被动控制可采用典型的亥姆霍兹（Helmholtz）共振器[8]或者 1/4 波长管[5]作为脉动系统中的耗散装置。这些装置的声学抑制作用已在燃机燃烧室中得到了成功证实，但仅能在有限频率范围内起作用，并且需要根据经验确定装置的数量和布局。

主动控制可以采用多种形式，最常见的是改变燃料流动的频率和相位以避免与燃烧不稳定脉动耦合，例如，调节主燃料流量[9-10]，或者调整二次燃料注射的位置[11]，直接作用于燃烧室中瑞利指数最大的区域[12]。尽管在实验室小尺度燃烧室中，证实了主动控制可显著抑制燃烧不稳定，但将其用于全尺寸燃气轮机中还存在一些障碍：首先，环形燃烧室的结构远比单筒试验用的燃烧室要复杂得多，用于控制环形燃烧室中复杂声学模态的算法还有待进一步开发和验证；其次，用于主动控制的传感器、激励器和控制系统的可靠性和耐用性还需要进一步提高，以与燃气轮机本身的可靠性和耐用性匹配，以避免引起非预期的维修事件。

3.4　燃烧不稳定举例

3.4.1　传统燃烧室

传统的头部富燃燃烧室中遇到的燃烧不稳定通常发生在 150 ~ 700Hz 范围内，在从起动到全速空载和 / 或从全速空载到较高负荷的过渡期间，燃烧不稳定的典型峰—峰幅值范围为 1 ~ 3psi。目前已经有新扩散火焰燃烧室的设计准则，在设计阶段消除潜在的燃烧不稳定，但这些准则并非是通用的。然而，一旦出现燃烧不稳定问题，通常按照图 3-2 所总结的方法进行简单的修改来减轻不稳定性。这些措施的基本理念是改变燃料喷射系统和燃烧室之间的相互作用，以消除两个系统之间的耦合。

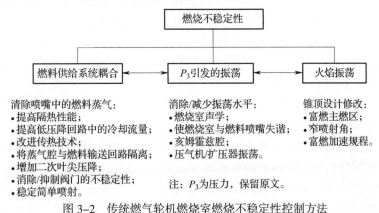

图 3-2　传统燃气轮机燃烧室燃烧不稳定性控制方法

最近在双环形燃烧室（DAC）上出现了两个已经证实的燃烧不稳定问题的案例：在第一个案例中，不稳定性问题表现为在近地面慢车状态的低频"轰鸣"和在高负荷状态下出现的 600~630Hz 振荡。随后通过对发动机试验数据的分析表明，这两种燃烧不稳定性中都出现了两个不同的频率峰值。第一个"轰鸣"不稳定发生在 200Hz 和 300Hz 处，但在发动机外部只能听到 200Hz 振荡的声音。对"轰鸣"不稳定性和潜在原因的详细评估确定了燃烧室—燃料系统耦合是最可能的原因。最后通过改变发动机起动阶段的供油策略消除了噪声。

对于高频不稳定性，安装在燃烧室火焰区附近的压力传感器也监测到两个明显的频率峰值（信号），分别是 580Hz 和约 700Hz。这类声学模态被统称为管道声学模态（organtone），因为它们在频率上接近管道的 1/4 波长轴向模态。这种不稳定仅发生 DAC 外侧火焰区域（值班火焰）的燃料流量接近最大时。由于缺乏可靠的分析设计工具，采用了迭代经验方法处理燃烧不稳定问题。为了便于实施，确定并筛选了几种备用方案，包括改变供油模式、添加亥姆霍兹共振器、调节燃料喷嘴腔以及改变喷雾角度，其中改变供油模式是首选方案。该方案包括调整主燃料喷嘴的周向分配，通过降低值班火焰的局部当量比、增加周向非均匀度，以降低不稳定性。

为了证实发动机燃烧室的不稳定性特性，开展了两次独立的发动机试验。第一次地面发动机试验用于建立管道噪声不稳定的阈值与燃烧室运行条件、核心机转速范围间的函数，数据分析表明值班火焰燃空比会影响不稳定性的幅值。此次地面试验中复现了早期发动机测试的结果：当发动机风扇转速超过 2000rpm（r/min）、仅供给值班燃料时，出现两个振动频率，分别为 600Hz 和 680Hz。随后在飞行试验台上进行了第二次发动机测试，以获得发动机在高空环境下的试验数据，用于绘制仅供给值班燃料时的管道噪声包线。随后，进行了大量的燃料供油模式调整的试验，并确立了使不稳定幅值达到最小的最优供油模式。该最优供油模式主要是调整两个曾发生燃烧不稳定、周向相邻的主燃料喷嘴。随后的发动机试验证实，改变供油模式是消除 DAC 燃烧不稳定最实用、最有效的方法。

3.4.2 干式低排放燃烧室

日益严苛的排放法规，以及使用水或蒸汽喷射降低燃机 NO_x 排放存在的缺点，推动了 LM6000 干式低排放（DLE）贫燃预混燃烧系统的开发[5, 13-14]。燃烧技术的系统性开发是基于已有的经验、分析设计过程以及大量的部件试验，包括单喷嘴、双喷嘴和全尺寸环形燃烧室测试。在发动机最终的台架测试中使用优化改进后的燃烧室。基于 LM6000 的开发经验，通用电气公司快速开发了 LM2500 和 LM1600 两款燃烧室[15]。

图 3-3 中展示了 LM6000 燃烧室的截面，沿着径向平行布置三级燃烧区域。中部和外侧区域各有 30 个预混喷嘴，内部区域有 15 个预混喷嘴。这种布局允许在各区域均采用标准尺寸的预混喷嘴。内侧区域所处的直径约为外侧区域的一半，因此一周的周向空间里仅能容纳 15 个标准喷嘴。为了增加用于燃烧的空气量，通过使用涡轮冷却空气对燃烧室火焰筒进行对流冷却。

75 个预混喷嘴被分为 15 组双头部和 15 组三头部。其中，双头部不包含最内侧预混喷嘴。每一个头部包括一个双环反向旋流器（DACRS）预混喷嘴，其中两个旋转方向相反的轴向旋流器同轴布置，中部利用轮毂分开，后面是一个混合通道[5]。中部和内侧区域的预混喷嘴是相同的，而外侧区域预混喷嘴稍大，从而保证各个区域参考速度相近。

如 Joshi 等所述[5]（见图 3-4），燃料分配系统可对每个区域的燃料独立控制，以便于对污染物排放、燃烧声场和所需的燃料流量（轴功率）进行协同约束。此外，在部分负荷运行时，利用压气机抽气减少进入燃烧室的空气量，以维持火焰温度。当负荷进一步降低时，还可以采用径向和周向分级燃烧模式维持火焰温度在运行范围内（见图 3-5）。

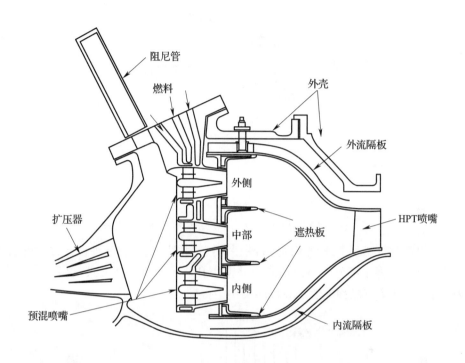

图 3-3　LM6000 DLE 燃烧室

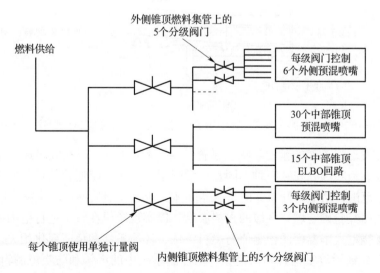

图 3-4　LM2500/6000 DLE 燃烧室燃料输送系统简图

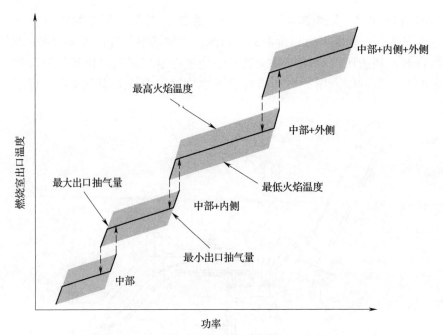

图 3-5　LM2500/6000 DLE 燃烧室燃料分级策略简图

　　燃烧不稳定对贫燃预混燃烧室的运行带来相当大的限制。有三种设计方案可用于拓展运行范围。首先，将小部分燃料由预混段外壁小孔注入（见图 3-6），这种燃料注入方法的有效性已经在几个贫燃预混燃烧装置的实例中得到了验证。

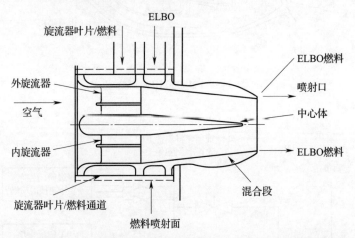

图 3-6　LM6000 DLE 预混喷嘴中用于控制燃烧不稳定的 ELBO 燃料注入系统

　　其次，在发动机外部的预混喷嘴上设置一组 1/4 波长管，以吸收燃烧产生的噪声。如图 3-3 所示在燃料喷嘴处安装三种不同长度的阻尼管，每个阻尼管的长度的选取都是针对一定动态频率范围，阻尼管开口朝向扩压器腔体，通过预混喷嘴与燃烧室相通。

　　最后，按照经验确定燃烧区域的火焰温度，以实现燃机在整个运行范围内的低排放和稳定运行。燃烧室火焰温度的稳定值与燃料特性、环境条件和负荷变化相关，因此，这些参数的变化会导致燃烧室运行不稳定。利用控制系统中的声学和防吹熄逻辑（ABAL）实现燃烧室动态压力的连续测量和监控。一旦系统监测到动态压力在设定的时长内超过工厂设定的极限值，则控制系统根据发动机厂商预设的算法采取措施改变火焰温度，以将动态压力降低到可接受的水平。如果控制系统无法有效地降低动态压力，将会发出指令使得燃机降至全速空载状态。控制系统中的 ABAL 逻辑能够对比实际测量的燃料流量和经循环模型标定的相同工况下计算的燃料流量，以判断初期贫燃吹熄的征兆。一旦检测到初期贫燃吹熄征兆，ABAL 系统便会增加部分燃烧区域的火焰温度。

总之，低排放预混燃烧室已经存在和运行了近 10 年，燃烧不稳定是一个可控但持续存在的问题。当设计改变时可能会引起新的燃烧不稳定现象，这使得 DLE 燃烧系统的进一步发展受到一定限制。随着排放标准的日益严苛，航空发动机燃烧室很可能也会遵循 DLE 燃烧室的发展路线：增加预混合程度，降低火焰温度[16]。因此，迫切需要发展一套能够在设计阶段更加准确地预测和消除燃烧不稳定现象的燃烧室设计方法。

3.5　燃烧—声学模型

图 3–1 展示了建立预测方法的框架图，该方法的基本理念是将试验得到的边界条件和子模型特性与分析模型相结合。声波传播的基本原理是众所周知的，因此一旦通过经验工具或者计算流体力学确定温度场，就可以直接得到可用的声学模态。建模工作还包括确定边界条件和定义子模型特性。值得注意的是，燃烧过程与压力波相互作用的精确建模对于整个方法的准确性至关重要。

3.5.1　燃烧—声学的时间延迟模型

实际燃烧装置的声学建模非常复杂，通常为了便于计算求解需要进行简化近似。一种常用的近似方法是使用对流延迟时间来表征不同燃料团从喷嘴出口到火焰锋面的流动时间。该方法的基本假设是将湍流火焰刷看作稳定、连续的薄火焰区域，且锚定在燃烧室内的固定位置。然而在实际中，由于燃料和空气流量的不稳定性，反应区的位置是非稳态变化的。

即使忽略这种扰动，在恒定对流延迟时间近似中假定不同燃料团运动到火焰锋面的时间相等。火焰锋面位置取决于局部流动速度和湍流火焰传播速度。考虑旋流稳定预混喷嘴后部流场的复杂性，假定同一预混喷嘴喷出的不同燃料团运动到火焰锋面的时间在一个较窄范围内变化是不太可能的。此外，预混喷嘴之间的差异，无论是设计上的还是偶然的，都可能加剧对流时间的分散度。

以 LM6000 DLE 燃烧室某个 24° 扇段的稳态 CFD 计算为例，阐述延迟时间的变化[17]。图 3–7 展示了典型高负荷状态时轴向流动速度、温度和反应过程的变量。在每个环形空间中，角回流区锚定了火焰锋面，预混喷嘴后部的涡破裂程度和随后的回流区在很大程度上取决于预混喷嘴的旋流数和扩张比。相对于中间和内部的预混喷嘴，外部预混喷嘴中较低的旋流数导致火焰表面被拉长，中部和内部预混喷嘴旋流数相当，但由于内部预混喷嘴的间距增大，使得扩张比也大得多。

为了能够通过计算来确定火焰锋面的位置，选择反应过程变量 $G(x, t)$ 作为单位阈值，将火焰锋面定义为局部混合物在 50% 时间内处于已燃状态的点集。最终计算的对流时间尺度如图 3–8 所示。在模型中未考虑燃料和空气的混合过程，而是将试验测得的速度和混合分数分布作为输入边界条件，得到的对流延迟时间仅指燃料由预混喷嘴出口运动到火焰锋面的时间。燃料从喷射点到预混喷嘴出口的运动时间可以使用带有叶片模型的 CFD 模拟确定，但就本例而言，仅燃烧室内的对流时间就足以说明计算单一时间尺度的复杂性。

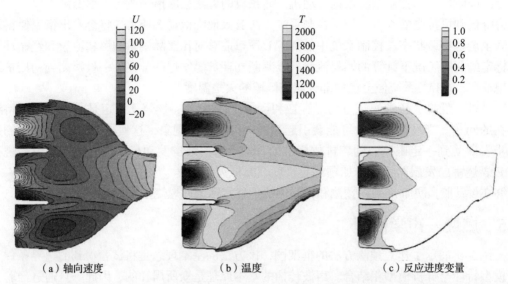

（a）轴向速度　　　　　　　（b）温度　　　　　　　（c）反应进度变量

图 3-7　LM6000 DLE 燃烧室的稳态 CFD 模拟云图。所示视图处在与三杯形预混喷嘴相交的平面上

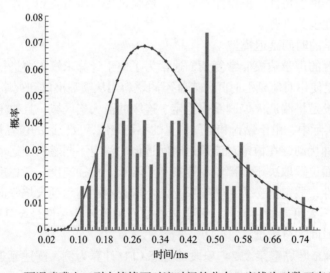

图 3-8　预混喷嘴出口到火焰锋面对流时间的分布，实线为对数正态分布

图 3-8 表明预混喷嘴出口到火焰锋面传输时间范围为 0.1～0.7ms，中值、质量加权均值和标准差分别为 0.4、0.46 和 0.18ms。为了便于比较，燃料—空气混合物在预混喷嘴内的平均停留时间为 0.45ms。不同预混喷嘴间的统计差异明显，中值时间在 0.25～0.47ms 范围内变化，使用正态分布或对数正态分布都不能很好地拟合总体分布（见图 3-14 中的对数正态分布曲线）。这些时间延迟也可以表示为频域中的相位延迟。例如，在频率为 500Hz 时，0.1～0.7ms 延迟时间等同于 18°～126° 的相位延迟，覆盖了瑞利指数的正、负区域。单延迟时间模型过于简单，无法考虑混合器内的多种对流时间尺度，这种模型还需要进一步发展以再现试验或模拟中观察到的现象。最近有学者[18]提出了一种通过稳态 CFD 模拟推导复杂预混喷嘴传递函数的方法。

3.5.2　半经验燃烧—声学模型

鉴于无法利用完全理论分析来描述燃烧—声学的相互作用过程，利用子部件的试验数据可能是克服建模问题的合理选择。单独的部件试验无法复制整机特性（如单个燃料喷嘴与旋流器组件的单头部试验件），这至少有以下三个原因：首先，全尺寸环形燃烧室有多个不同的本征模态（或共振频率），这些模态存在明显的径向和周向分量。而单头部测试仅能得到一阶或二阶模态，仅能获得燃料喷嘴和旋流器相互作用的一个或两个共振频率；其次，燃料系统也可能影响压力扰动和当量比脉动之间的相位，进而增加了压力波的扰动；第三，单头部试验无法准确地复制声学入口和出口边界。虽然可以通过受限制的燃烧室出口模拟涡轮喷嘴的阻塞作用，虽然涡轮喷管的阻塞出口流动边界可以通过受限的燃烧室出口来模拟，但压气机末级的入口流动边界更难模拟。

应用整个燃烧系统作为计算模型可以解决上述问题，包括合适的入口和出口边界条件、燃料系统脉动、气动压力—当量比的相互作用、火焰动力学和声波传播。遗憾的是，现有的计算能力无法实现动力学系统的全模型计算，而且对许多物理现象理解得不够充分也导致无法利用第一性原理建模。特别是声波与火焰锋面、燃料流动和空气流动的相互作用非常复杂，现阶段对其缺乏充分了解。鉴于此，引入传递函数表征燃烧—声学现象，无须明确具体的燃料和空气喷射及混合装置设计细节参数。为了解决建模困难，在相对小尺度的部件上发展测试方法，并将测得的数据作为全尺寸燃烧室模拟的输入参数。测试装置被称为可调燃烧室声学（TCA）试验装置，如图 3-9 所示，已被应用于通用电气公司多个航改燃机的燃烧室部件测试。该试验装置设计的基本原理是提供单燃料喷嘴—旋流器组件和已知边界条件的声学燃烧室，以及能够覆盖典型全环形燃机燃烧室共振模态的连续变化的本征频率。

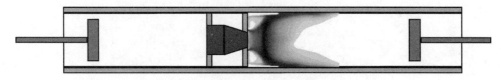

图 3-9　可调燃烧室声学（TCA）试验装置概念图

TCA 由上游腔室、单燃料喷嘴和旋流器组件、下游腔室构成。通过使用多孔活塞和执行机构能够保证两个腔室的空间是连续可调的。空气被预热至典型的压气机出口温度，依次流经上游腔室、旋流器和下游腔室。冷却水仅在背压阀附近引入，否则将会对燃烧声学过程产生影响。沿腔室轴向长度方向在活塞两侧以及燃料系统供给管内布置多个动态压力传感器，以便监测系统的声学响应。当腔室长度连续变化时，收集动态压力数据，以给出一阶轴向声学模态，该模态覆盖发动机的固有频率范围。活塞在两个方向上移动，以表征系统响应的迟滞特性。当声压水平相对较小时（<190dBa），未检测到响应迟滞。在声压水平较高时，会明显出现一定程度的"模式锁定"现象。然而，此时的声压级别已经超过发动机不被损坏的上限，因此并无实际意义。

尽管 TCA 装置设计理念简单，但对测试结果的阐释却并非易事。由于总压损失的限制和机械持久性的问题，流经活塞的气流并未达到阻塞工况。然而，通过测量活塞两侧的动态压力，能够确定活塞的复数阻抗。TCA 燃烧室几何简单，仅能以特定频率产生轴向声学模态。从分析的角度来看，TCA 装置的轴向模态形状也是需要的，但测量和计算结果均表明环形燃烧室内还存在显著的周向模态分量。鉴于最主要的声学耦合机制是压力波诱导的当量比脉动，因此在试验过程中可忽略周向模态分量的影响。压力波的典型波长为1m 量级，而旋流器的长度尺度通常要小一个数量级。从压力脉动角度来看，模态振型并不会显著改变燃料喷嘴—旋流器间的响应。然而，火焰的动态响应还受速度脉动的影响，对方向或振型比较敏感。通过这种类型的测试难以克服这一缺陷，还需寻求不同的解决方案。

图 3-10 展示了 TCA 装置的典型测试结果。纵轴为时间，表示下游活塞由最大长度位置移动到最小长度位置再返回到初始位置的时间。活塞以恒定速度运行，因此纵轴也反映燃烧室的有效长度，横轴为声学频率，色标表示相应频率的幅值，下图展示了最大响应曲线。正如所预料的，系统响应强烈依赖于燃烧室本征共振频率和燃料喷嘴—旋流器响应。由于试验装置相对简单，可以较准确地进行建模。将燃烧室—声学的相互作用仍作为传递函数进行处理，利用试验数据确定传递函数的参数。基于前述的燃烧室响应与振型无关的假设，该传递函数也适用于全环形燃烧室。

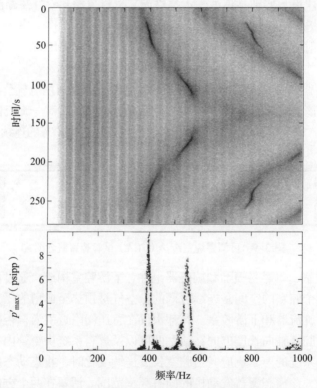

图 3-10 可调燃烧声学测试装置的典型试验结果

这种方法的显著优点是能够评估旋流器和燃料喷嘴设计变量对燃烧声学的影响，减少生产全部发动机硬件和试验相关的费用和时间，还可避免在固定几何形状的单头部试验台上，当更改设计时仅能使燃料喷嘴的最大响应频率向非共振模式转移。如前所述，大尺度环形燃烧室在较宽的频率范围内有多种振型，而固定几何结构的单筒试验装置仅有一阶或二阶本征声学频率。上述设计策略仍在验证之中。考虑到燃烧—声学耦合带来的燃烧室和发动机研发风险，在设计中采用这种策略的价值是显而易见的。

3.5.3　燃烧动力学的 CFD 模拟

燃烧过程的详细 CFD 模拟也有望能够获取燃烧—压力波相互作用。目前采用 LES 获得燃烧过程中产生的流动不稳定性已经取得了重大进展[19~21]。将在第 10 章和第 11 章中详细讨论 CFD 工具以及燃烧声学的关系，此处着重讨论利用 CFD 计算所面临的挑战。

LES 的计算需求是相当高的，因此通常将计算域限制为单燃料喷嘴或预混喷嘴，并简化燃烧室几何结构。在这种方法中所做的妥协与前面讨论的 TAC 测试装置类似，只能模拟到轴向声学模态，以降低全环形燃烧室的模拟代价。入口和出口边界条件与燃机的实际情况近似。可以忽略燃料系统的相互作用和反馈或者根据系统自身的物理耦合机制简化为简单的模型。

尽管存在这些问题，但这些模型的早期结果是令人满意的，如图 3-1 所示，它们能够用于系统级声学模型中的子系统模型模拟。先进的 CFD 当然也可以作为一种分析工具，以获得对激励燃烧声学的物理相互作用的新见解，并确定和评估改进燃烧系统性能的潜在优化策略。

3.6　声学模拟结果

LM6000 DLE 燃烧室声学模型的初步结果一定程度上证实了上述策略。在高负荷运行时，观测到 450Hz 和 600~650Hz 两个典型频率。图 3-11 中对比了使用单时间延迟方法测量和预测的动态响应结果。预测的声学响应是采集每个燃烧区域的最大响应值，并根据试验测量频谱中的参考值（峰值）进行归一化处理。利用 CFD 分析得到火焰位置，来估计每个燃烧区域的特征对流时间。在感兴趣的频率范围内，模型预测得到 500Hz 和 600Hz 两个主频，与在特定条件下发动机测试得到的频率相近。由图可知，500Hz 模态比 600Hz 模态的振幅更大。500Hz 模态的预测到的频率比实测值约高 50Hz，这一偏差可能来源于计算方法本身引起的两个误差：①由于火焰温度对声速的影响，预测火焰温度的准确性是造成频率预测存在偏差的一个关键因素；②由于火焰锋面位置对时间延迟模型至关重要，通过稳态释热等值线确定火焰锋面位置的方法带来的不确定性，可能是导致频率计算差异

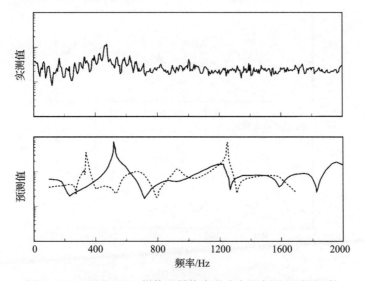

图 3-11　LM6000 DLE 燃烧室燃烧声学响应的实测和预测比较

的另一个因素。此外，与非稳态热释放有关的燃料传输时间分布计算的不确定性会引起不同的相位滞后，从而预测到不同的共振频率。现有分析表明，500Hz附近的动态压力响应主要来源于中部和内部燃烧区域的平面波，600Hz声学模态可能源于外侧燃烧区域的一阶周向模态。

为了研究径向温度不均匀性对燃烧不稳定的影响，对基准工况和均匀温度分布工况进行了声学分析。图3-12（a）和（b）分别为基准工况运行时测量和预测的声学响应，图3-12（c）和（d）分别为均匀温度分布运行工况时三个燃烧区域的测量和预测声学响应。图中的测量频谱数据取至DLE燃烧室火焰锋面下游处的动态压力传感器，预测数据取至三个环形区域中每个区域响应的最大值。数据分析表明存在400Hz和600Hz两个主频，与发动机的测试结果相近，且在两种运行工况下400Hz模式比600Hz模式振幅更大。在基准工况运行时，两个声学模态的测量幅值均相对较小。与之相符，预测得到的稳定因子小于1，均处在声学特性不活跃区域。在非均匀火焰温度工况运行时，所有

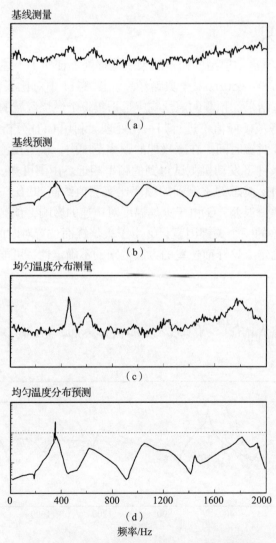

图3-12　径向温度不均匀度对燃烧不稳定性的影响

三个环形燃烧区域中近 400Hz 模态的稳定因子等于 3，属于处在声学特性活跃区域。预测趋势与试验数据吻合较好，进一步说明了现有的模型能够区分声学活跃和非活跃区域。

在建模时考虑添加被动阻尼装置并能够进行预测是首要要求[22-23]。如第Ⅲ部分所述，在预混喷嘴上游设置 22 根阻尼管以吸收发动机燃烧产生的噪声。由于这些装置内的平均流动马赫数非常小（典型值小于 0.05），且 1/4 波长管的直径远小于共振频率的波长，因此阻尼管内的脉动压力和质量流量可利用一维计算进行分析。

阻尼装置采用 1/4 波长管，安装在燃烧室预混喷嘴上游的冷态区域。在分析中使用的阻尼装置安装如图 3-13 所示。在 1/4 波长管安装位置处，入射和反射声波发生了显著变化，某些频率的振荡发生衰减，引起声波传播的不连续从而使燃烧室无法共振，减少损坏。在建模时，将每个 1/4 波长管简化为以其声阻抗为特征的单极子声源。图 3-14 显示了针对 510Hz 设计的阻尼装置对中部值班区域燃烧动力学的影响。通过分析，预计在阻尼装置的作用下稳定因子可下降 7 倍。

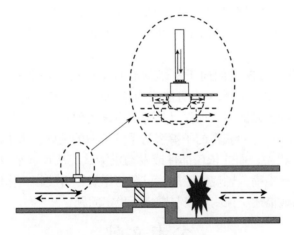

图 3-13　燃烧室内声学阻尼管安装示意图

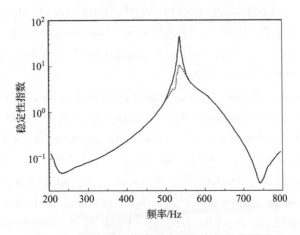

图 3-14　阻尼管对燃烧室声学响应的影响预测

尽管分析技术在过去几年中取得了显著的进展，但准确描述燃烧—压力波相互作用的困难可能仍是完全预测能力的障碍。因此，需要多种方法相结合，例如，试验和高保真非稳态 CFD 模拟相结合，以开发全环燃烧室的声学响应模型，从而在设计方向上提供帮助。

3.7　结论

在传统扩散燃烧的燃气轮机中，通常可以通过简单地更改设计或运行参数消除燃烧不稳定。基于经验的设计指导准则就能够在发动机认证阶段有效地避免不稳定的产生。或者一旦出现不稳定性，结合简单的经验、系统测试和过程分析便能够找到工程解决方案，而不会对关键燃烧系统的设计要求造成负面影响。

DLE 燃烧系统中燃烧不稳定的控制依旧是设计人员面临的挑战。在 DLE 系统中，燃烧状态接近贫燃火焰稳定和／或释热率的极限，使得火焰放热与系统、部件声学特性间存在强非线性耦合。在 LM 系列燃机中，效果显著地控制燃烧不稳定方法包括采用压气机抽气、燃料分级、按照燃烧区域设定不同火焰温度、强化型贫吹熄技术（enhanced lean blow out，ELBO）、声学阻尼器、声学抑制与防熄火控制逻辑（acoustics and blow out avoidance logic，ABAL）。但是，为了进一步促进贫燃预混燃烧室研制，在该领域还需继续研究。

发动机的技术发展方向更倾向于贫燃预混 DLE 燃烧，而非过去的富燃燃烧。随着 DLE 研制的日趋成熟，燃烧不稳定很可能成为这类燃烧室的发展障碍。因此，还需要进一步提高燃烧不稳定的预测能力，加强对其基本原理的理解，制定控制策略。目前主要采用系统组合的方法，通过经验获得的子模型与系统模型的关联，未来的发展趋势是以 LES 作为分析工具构建子模型，而非依赖部件或发动机测试。从长远来看，燃烧系统各部件，例如，燃料系统、燃料喷嘴、燃烧室腔体，以及与燃烧压力波相互作用的直接耦合机制的建立，能够更加准确地描述、预测和控制燃烧不稳定问题。

参 考 文 献

[1] Lieuwen, T. "Analytical Modeling of Combustion-Acoustic Wave Interactions: A Review," Journal of Propulsion and Power, Vol.11, No.22, 2003, pp.222-444.

[2] Steele, R. C., Cowell, L. H., Cannon, S. M., and Smith, C. E., "Passive Control of Combustion Instability in Lean Premixed Combustors," American Society of Mechanical Engineers, Paper 99-GT-52, 1999.

[3] Straub, D. L., and Richards, G. A., "Effect of Axial Swirl Vane Location on Combustion Dynamics," American Society of Mechanical Engineers, Paper 99-GT-109, 1999.

[4] Paschereit, C. O., and Gutmark, E., "Passive Combustion Control for Enhanced Stability and Reduced Emissions in a Swirl-Stabilized Burner," AIAA Paper 2003-1011, 2003.

[5] Joshi, N., Epstein, M., Durlak, S., Marakovits, S., and Sabla, P., "Development of a Fuel Air Premixer for Aero-Derivative Dry Low Emissions Combustors," American Society of Mechanical Engineers, Paper 94-GT-253, 1994.

[6] Scarinci, T., and Halpin, J. L., "Industrial Trent Combustor-Combustion Noise Charac-

teristics," American Society of Mechanical Engineers, Paper 99-GT-9, 1999.

[7] James, D., "A Solution for Noise Associated with a Series Staged DLE Combustion System," Proceedings of the 4th International Pipeline Conference, 29 Sept. to 3 Oct. 2002.

[8] Schlein, B. C., Anderson, D. A., Beukenberg, M., Mohr, K. D., Leiner, H. L., and Träptau, W., "Development History and Field Experiences of the First F T8 Gas Turbine with Dry Low NO$_x$ Combustion System," American Society of Mechanical Engineers, Paper 99-GT-241, 1999.

[9] Johnson, C. E., Neumeier, Y., Lubarsky, E., Lee, J. Y., Neumaier, M., and Zinn, B. T., "Suppression of Combustion Instabilities Using a Fast Adaptive Control Algorithm," AIAA Paper 2000-16365, 2000.

[10] Paschereit, C. O., Gutmark, E., and Weisenstein, W., "Structure and Control of Thermo-acoustic Instabilities in a Gas-Turbine Combustor," Combustion Science and Technology, Vol.138, 1998, pp.213-232.

[11] Magill, J., Bachmann, M., and McManus, K., "Combustion Dynamics and Control in Liquid-Fueled Direct Injection Systems," AIAA Paper 2000-1022, 2000.

[12] Jones, C. M., Lee, J. G., and Santavicca, D. A., "Closed-Loop Active Control of Combustion Instabilities Using Subharmonic Secondary Fuel Injection," Journal of Propulsion and Power, Vol.15, No.2, 1999, pp.1-7.

[13] Leonard, G., and Stegmaier, J., "Development of An Aero-Derivative Gas Turbine Dry Low Emissions Combustion System," American Society of Mechanical Engineers, Paper 93-GT-288, 1993.

[14] Joshi, N. D., Mongia, H. C., Leonard, G., Stegmaier, J. W., and Vickers, E. C., "Dry Low Emissions Combustor Development," American Society of Mechanical Engineers, Paper 98-GT-310, 1998.

[15] Patt, R., "Development and Operating Experience of DLE Combustion Systems," 12th Symposium on Industrial Applications of Gas Turbines, 15-17 Oct. 1997.

[16] Mongia, H. C., "TAPS: A 4th Generation Low Emissions Propulsion Engine Combustion System," The AIAA/ICAS International Air and Space Symposium, 2003, AIAA, Reston, VA, 2003.

[17] Held, T. J., Mueller, M. A., Li, S.-C., and Mongia, H. C., "A Data-Driven Model for NO$_x$, CO and UHC Emissions for a Dry Low Emissions Gas Turbine Combustor," AIAA Paper 2001-3425, 2001.

[18] Flohr, P., Paschereit, C. O., and Belluci, V., "Steady CFD Analysis for Gas Turbine Burner Transfer Functions," AIAA Paper 2003-1346, 2003.

[19] Huang, Y., Sung, H. G., Hsieh, S. Y., and Yang, V., "An LES Study of Combustion Instabilities in Lean-Premixed Gas Turbine Combustors," Journal of Propulsion and Power, Vol.19, 2003, pp.782-794.

[20] Stone, C., and Menon, S., "Open-Loop Control of Combustion Instabilities in a Model Combustor," Journal of Turbulence, Vol.4, 2003, p.20.

［21］Schluter, J. U., "Static Control of Combustion Oscillations by Coaxial Flows：An LES Investigation," Journal of Propulsion and Power, Vol.20, No.3, 2004, pp.460–467.

［22］Hsiao, G. C., Pandalai, R. P., Hura, H. S., and Mongia, H. C., "Investigation of Combustion Dynamics in Dry Low Emission Gas Turbine Engines," AIAA Paper 98–3381, 1998.

［23］Pandalai, R. P., and Mongia, H. C., "Combustion Instability Characteristics of Industrial Engine Dry Low Emission Combustion System," AIAA Paper 98–3379, 1998

第4章 燃烧不稳定性及其被动控制：Rolls-Royce 航改发动机经验

Tomas Scarinci

（Rolls-Royce Canada，Quebec，Canada）

符 号 表

c	声速
d	燃料注射源位置
d_k	第 k 个燃料注射源位置
$\triangle p$	极限环压力振荡幅值
f	频率
$H(f)$	传递函数
K	回归常数
k_i	回归常数
L_c	燃烧室长度
L_m	燃料—空气混合区域长度
Ma	马赫数（原版为 M）
p	瞬态静压
P	平均静压（保留原版）
p'	压力脉动
p_3	压气机排气压力
Re	复数的实部
s	两个燃料注射点距离
s_k	第 k 个燃料注射源的强度
T_3	压气机排气温度
T_i	第 i 个燃烧区域的火焰温度
u	瞬态速度
U	平均速度
u'	速度脉动
α	燃空比—耗散系数（如式（4-5）所定义）
α_i	回归常数（见式（4-2））
γ	热容比
λ	声波波长
ω	角频率

4.1 Trent 60 航改燃机综述

本章节主要介绍罗尔斯－罗伊斯（Rolls-Royce）在使用干式低排放（DLE）燃烧技术的 Trent 60 航改燃气轮机上获得的燃烧不稳定性，或更准确地说是燃烧振荡的相关经验。Trent 60 是一款压比为 35∶1 的三轴发动机，ISO 工况下额定功率为 52MW（即海平面 15℃），简单循环效率为 43.1%。该发动机的横截面以及 DLE 燃烧室的细节（最初于 1997 年成形）如图 4-1 所示，每个发动机有 8 个筒形燃烧室，每个燃烧室直径约为 0.2m，长度约为 0.7m。

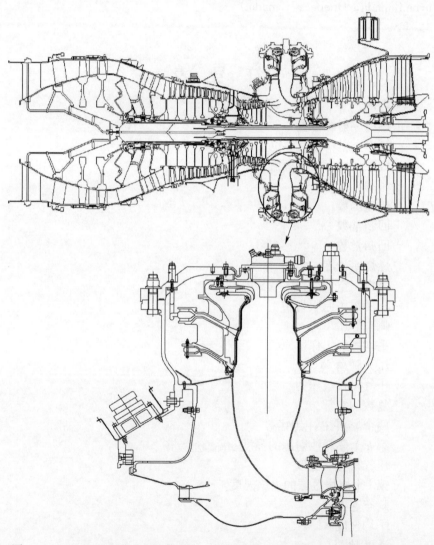

图 4-1 Trent 60 DLE 航改燃机横截面，带有原始 3 级干式低 NO_x 燃烧系统的细节

该燃烧室包含三个预混通道，即第 1、2、3 级预混喷嘴。第 1 级预混系统是唯一能自稳定的预混系统，也就是说第 1 级系统能够独立运行，而第 2、3 级系统不能。此外，第 1 级系统是唯一使用旋流方式注入燃烧室的系统。第 2、3 级预混气流则通过离散射流的方式注入燃烧室（与传统燃气轮机燃烧室常用的稀释射流相似），这些射流随着在燃烧室

内的混合而被上游段燃气点燃。如果第 1 级火焰熄火，则整个燃烧室将熄火。这样设计的实际意义在于可以使第 2、3 级火焰能够在比通常火焰稳定所需的低得多的温度下运行，使得第 2、3 级预混喷嘴具有较大的实用燃空比调节范围。

第 2 级的部分燃料空气混合物被卷吸进入第 1 级区域并与 1 级预混气流混合，一旦第 2 级预混气流的火焰温度达到一定水平，这种卷吸将显著改善第 1 级系统的弱熄火极限。这种改善是因为这两股气流混合后的平均温度决定了第 1 级区域的弱熄火特性。

在一定的功率下，进入燃烧室的燃料总量是确定的，燃烧工程师只能在 3 级预混系统之间分配总燃料。燃料分配方式受到一系列约束条件的限制，如第 1 级的弱熄火温度、因氮氧化物（NO_x）而受限的每级最高温度，以及由于一氧化碳（CO）而受限的第 3 级最低温度。假设第 3 级有足够的高温使得 CO 燃尽，那么第 2 级并不存在最低温度的限制。

在一定的功率下，燃烧室内燃料分配的各种可能方法的集合定义了一个运行包线，其坐标轴可以基于预混喷嘴或预混区域的温度来定义。例如，一旦主燃区温度选定（如 1750K），则第 2 级温度也可以被选定（如 1200 ~ 2000K），分配到第 3 级的燃料量可由发动机所需的燃料总量得到，注意有时也可以完全不向第 3 级分配燃料。图 4-2 显示了 Trent 燃烧室在不同功率下的典型运行包线，y 轴和 x 轴分别表示第 1 级和第 2 级火焰减去参考温度后的温度。运行包线内的任意一点都对应了第 1、2、3 级之间特定的燃料分配方式。容易理解，燃烧室出口的 NO_x 水平取决于所选的燃料分配。通过对燃料进行适当分级，在 50% ~ 100% 的功率下可实现 10 ~ 20ppm 范围的 NO_x 排放。

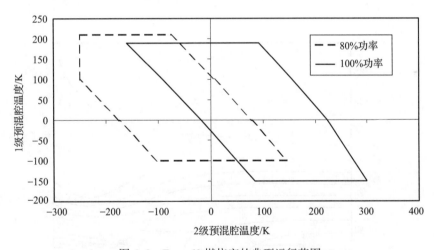

图 4-2　Trent 60 燃烧室的典型运行范围

4.2　Trent 60 DLE 的振荡燃烧

最近，燃烧不稳定性已经成为 DLE 燃烧室设计中的一个核心技术问题。仅 DLE 燃烧室的设计使用了多种技术方法（如环形与筒形燃烧室，并联与串联分级，以及多种火焰稳定策略等），但几乎所有燃机制造商都遇到了这个问题。燃烧前燃料和空气的预混需要在混合管道中进行，意味着燃料注射和燃烧室中的热释放之间存在时间延迟，正是该（燃料与空气混合所需的）时间延迟的存在导致了大多数燃烧不稳定性问题。

一般而言，当给定的发动机运行参数超过某个特定阈值时，燃烧过程的自发振荡就显现出来，并且迅速稳定成为给定频率和振幅下的极限环振荡。这些极限环实际上是非常稳定的，需要付出很大努力才能摆脱这类振荡，也就是说，进入和脱离这些燃烧振荡区域可能会存在显著迟滞。此外，这种极限环的振幅和频率均取决于发动机运行参数（如功率大小、环境温度、燃料分配等）。多年以来，我们逐渐采用"自激振荡燃烧"的术语来更好地描述该现象，而不是通常的"燃烧不稳定性"术语。这里，根本的问题是要确定极限环出现的条件，并且确定在这些条件下极限环的频率和振幅。

这些极限环的振幅通常为燃烧室内静压大小的 1% ~ 2%，而频率大概是从 100Hz 到 1 ~ 2kHz，这些值取决于发动机的结构和大小。这些振幅和频率会导致高交变的机械应力，进而给大多数发动机的机械部件带来很大问题。在没有控制或规避程序（或设计）的情况下，机械部件可能会在这些条件下因高周疲劳而突然失效。

4.2.1 振荡燃烧的基本特性

为了对原始 Trent 燃烧系统的极限环特性进行评估，我们对于不同发动机进行了不同功率以及环境条件下的测试[1]。在不同环境条件下，燃烧室进出口的温度关系可能会出现十分明显的变化。因此，在不同的发动机运行条件下，为实现 NO_x 排放和压力脉动振幅之间的最佳组合，第 1、2、3 级之间的燃料分配比例也将发生变化。

图 4-3 展示了在 100% 功率下对观察到的压力振荡幅值测量的典型结果。在给定功率下，第 1、2 级温度可以独立控制，而第 3 级用来平衡总燃料。压力振荡图中的幅值为 10 ~ 2000Hz 间压电传感器信号的均方根。随后将讨论压力振荡幅值较大区域（也即振荡燃烧区）对应的频率。

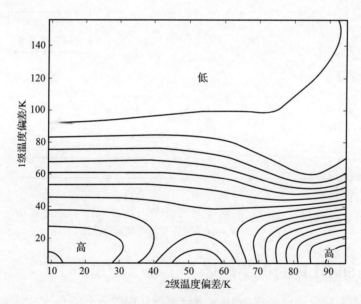

图 4-3 100% 功率下的压力振荡幅值云图

该云图和 50%、80% 负荷下的云图[1]表明，在任何功率下始终可以找到高压和低压振荡幅值的区域。也就是说，压力脉动的均方根值等级显然受燃烧室中热释放分布的影响。通常情况下，压力振荡幅值与燃烧室内的压力成线性关系，因此在高发动机压比时，其结构损坏的可能性要高很多。对于运行压力高达 4.0MPa 的 Trent 发动机来说，出现结构损坏的潜在可能性是一个艰巨的挑战。

　　根据功率水平和环境条件，大压力振荡幅值将位于工作包线的不同区域。图 4-3 中有两个大压力振荡幅值区域，且都位于第 1 级温度较低的区域。但随着第 2 级温度的变化，有可能找到将压力振荡幅值最小化的最佳工况。图 4-3 中这两个明显的大压力振荡幅值区域对应燃烧室中的两种不同的声学模态。在不同的运行条件下总共发现了三种不同的纵向声学模态。这三种模态如图 4-4 所示，聚集了 300 多次的测试结果，绘制了压力幅值与无量纲频率的关系，发现所有的结果都清楚地分为三个定义明确的声学模态。在给定工况下，可能没有大幅值振荡，即不存在可清晰观察到的极限环振荡。即使如此，在压力频谱中总是可以识别出一个主频率，并且这个主频似乎总是对应燃烧室中的一个正常的声学模态。这种情况下，即便没有明显的极限环振荡，压力脉动均方根的量级约为参考压力的 0.1% ~ 0.2%。振荡燃烧一旦发生，它总是首先出现在前三个固有声学模态之一的频率上。根据运行工况的变化，极限环出现所对应的燃料分配及其频率与振幅会随之变化。接下来将对此关系进行更详细的讨论。

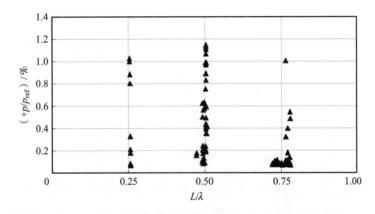

图 4-4　燃烧室纵向声学模态压力振荡幅值和频率的测量

　　图 4-5 是图 4-3 压力振荡幅值图的一个截面，随着第 2 级温度偏差的增加，压力振荡幅度减小，直到达到最小值。在振幅最小处，会发生模态切换现象，极限环振荡的频率从第二声学模态转换到第三声学模态。从图中还可以看出，如果第 1 级温度偏差增加，则可以降低整体压力振荡水平。该图很好地说明了 3 级设计所带来的灵活性。在一定的发动机运行工况下，第 1 级和第 2 级很小的温度变化就可以将燃烧压力振荡幅值降低 50%，并且可以调节极限环的频率。

　　图 4-6 显示了第二纵向模态的振幅（即 $L_c/\lambda=0.5$）对燃烧室燃料工况和发动机功率的依赖性，该模态的振幅总是随着第 1 级温度偏差的增大而变小。当第 1 级温度偏差不变时，数据较为分散，是因为受到第 2 级温度偏差改变的影响。即使用燃烧室参考压力对压力振荡幅值进行无量纲化，所有曲线也不会重合成一条曲线。因此，第二模态的振幅一定程度上取决于燃烧室内总能量的释放。

　　第三不稳定模态（$L_c/\lambda=0.75$）的振幅特性与第二模态中所观察到的完全不同。如图 4-7 所示，所有数据可以重合到单一曲线上。要出现第三模态，第 2 级区域的温度必须要超过第 1 级区域。

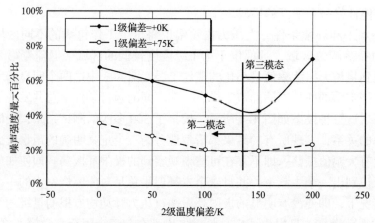

图 4-5　在一个基本负荷发动机稳定运行的条件下，声学模态和
压力脉动幅值随着燃烧室燃料分配的改变而改变

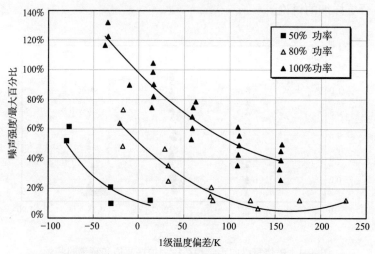

图 4-6　主燃区温度偏差对第二不稳定纵向模态的压力振荡幅度的影响（$L_c/\lambda=0.5$）

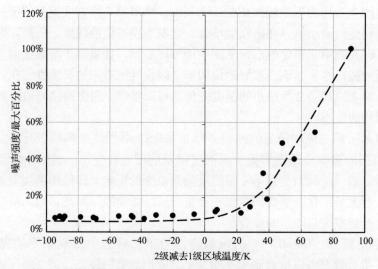

注：此图中的数据是在 30% ~ 100% 的发动机功率范围下获得的。

图 4-7　第三不稳定模态的振幅特性（$L_c/\lambda=0.75$）

在大多数燃烧室运行工况下，第 1 级区域温度略高于第 2 级区域温度，因为第 1 级区域需要在弱熄火极限之上保留一个小的裕度，而第 2 级区域则不需要。但是在高功率时，第 1 级区域在弱熄火极限之上有很大的裕度，因此第 2 级区域的温度将有可能超过第 1 级区域。尽管这是第三模态存在的必要条件，但不是充分条件。根据功率水平和环境温度，不稳定模态可能会出现或不会出现。取决于燃烧室的运行工况，有可能第二模态和第三模态（或第一模态）都不存在。

对于 Trent 60 DLE 发动机振荡燃烧的观察可以追溯到 1997 年或更早之前，主要是在类似图 4-1 所示的燃烧室设计构型下获得的。接下来的部分将讨论一些控制方法，开发这些方法是为了消除极限环的出现，或降低其幅值，或控制（选择）其频率。

4.2.2　不稳定性的控制方法

最简单的振荡燃烧控制方法不需要任何硬件更改，只对软件进行更改，需要考虑 3 级燃料之间的分配随不同发动机运行工况的变化规律。改变燃烧室的燃料分配会导致燃烧室中的热释放分布发生变化，如前所述，这种变化本身就是一个控制极限环幅值的有力手段。这种方法实际上已经使用了多年，之后我们才开始考虑通过更根本的改变有可能完全消除振荡燃烧。在 4.2.2.1 节中描述了基于燃料分级方法控制振荡燃烧振幅的工作。

对共振发生潜在过程更深入的理解大大促进了其他不稳定性消除方法的发展。Richards 和 Janus[2]、Liwuwen 和 Zinn[3-4] 认为贫燃预混和燃烧不稳定之间的关联可能会在系统中引入一个时滞（time delay）。这种机制将在第 9 章中讨论，这种时滞源自燃烧前燃料和空气充分预混的需要，即为了达到所需的预混效果，在预混管道中需要一定的"停留时间"。燃烧区域中的压力波导致预混喷嘴中气流的改变，进而导致燃空比（FAR）的改变。由此产生的燃空比扰动以对流方式通过预混喷嘴进入燃烧区，进而导致释热率振荡。如果燃料供应速率一定，流速振荡和燃空比振荡的近似关系为

$$\frac{\text{FAR}'}{\overline{\text{FAR}}} = -\frac{u'}{\overline{u}} \tag{4-1}$$

Lieuwen 和 Zinn[3] 进一步指出，由于通道中气流的马赫数（Ma）较低（通常约为 0.05），小的压力脉动就会导致显著的燃空比振荡，如下式所示

$$\frac{u'}{U} = \frac{1}{\gamma Ma}\frac{p'}{P} \tag{4-2}$$

因此，燃烧室里 1% 的静压脉动通常会导致预混喷嘴中 15% 的燃空比脉动。换句话说，燃烧室内的压力脉动通常会导致预混喷嘴出口"燃空比波"的出现，并且可以反过来改变燃烧区域的热释放。如果与燃空比振荡相关的热释放与原始压力波同相，则释热率振荡将会增强燃烧室中的原始压力波。我们将这种 DLE 系统中燃烧不稳定的特殊反馈机制称为"Richards-Lieuwen 机制"。这种称法简明扼要，既认可了 Richards 在 1997 年所提出的经验解释，也包括了 Lieuwen 在 1998 年之后提出的理论基础。

尽管如第 9 章所述，即使在没有燃空比振荡的情况下，许多其他潜在的机制也会导致预混系统中的燃烧不稳定性[5-6]，但似乎没有一个像 Richards-Lieuwen 机制这样重要，或者至少如此有效。至少 Richards-Lieuwen 机制似乎在适用于大多数工业燃气轮机的 DLE 燃烧系统中是最有效的。

图 4-8 对存在于大多数实际贫燃预混系统中的关键不稳定性机制进行了简化解释（与本书第Ⅲ部分第 9 ~ 第 12 章中更加根本的讨论相比）。简单来说，大振幅压力波可以由释热振荡产生，也可由密度振荡和阻塞涡轮叶片相关的压力梯度（熵噪声）之间的相互作用产生。应注意，在图 4-8 中，来自预混喷嘴的燃空比振荡会以多种方式导致压力波的产生。首先，振荡的燃空比是释热率振荡的直接来源（Richards-Lieuwen 机制）；其次，来自预混喷嘴的时变燃空比还将导致燃烧室内密度场、火焰面面积和火焰燃烧速率随时间的变化，这些都可以通过熵噪声或释热率振荡导致压力波的产生。在过去几年中，人们已经付出了巨大的努力，特别是使用主动控制来寻求消除 DLE 系统中燃空比振荡的方法。Rolls-Royce 所采用的方法在某种程度上类似于声学阻尼装置，以抑制来自预混喷嘴的燃空比振荡。这在图 4-8 中被称为"燃空比波耗散"，显然这种耗散有可能削弱许多导致振荡燃烧的反馈回路。4.2.2.2 节将介绍发展燃空比波耗散技术的相关工作。

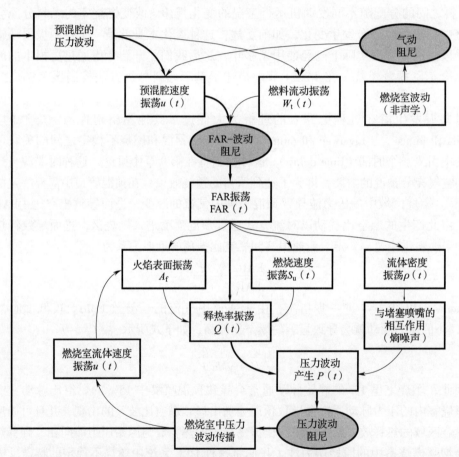

图 4-8　燃烧不稳定性的激励机制和不稳定性抑制的方法。粗线是关于混合引起的振荡（R-L 机制）

注意，图 4-8 中大多数不稳定机制都涉及基于压力波的耦合。任何被动设计方案的目的都是为了降低反馈回路的强度。不论机制如何，消声设备诸如谐振器总可以实现这个目标，因为它可以降低压力波的强度。声学谐振器的应用工作将在 4.2.2.3 节中进行简要描述。

图 4-8 还提及了气动脉动（如宽带湍流脉动），它会干扰火焰并导致在整体宽带范围

上燃烧室压力脉动的增加。减少这些气动脉动来源的工作将在 4.2.2.4 节中进行简要描述。

4.2.2.1　燃料分级

热释放沿燃烧室长度方向分布的变化，为控制燃烧室纵向共振模态幅值提供了一个有效机制。根据已有对极限环行为的一些理解，尝试通过发展可应用于控制器的经验关系式，来预测特定工况下各不稳定模态的幅值。

在发展这种关系式时，假设压力振荡的无量纲幅值主要是整个热释放区域温度比的函数。在 3 级（轴向分级）燃烧室中，有三个热释放区域，因此至少有三个主要的温度比将影响压力振荡幅值。也可以认为，燃烧室中的整体热释放（以及从燃烧室入口到出口的温度比）可能也是一个控制参数。由于这些原因，各不稳定模态的经验关系式采用如下函数形式

$$\frac{\Delta p}{P} = K_1 + K_2 P_3^A \sum_{i=1}^{N} \left[\frac{(T_i - T_3)}{k_i} \right]^{\alpha_i} \tag{4-3}$$

式中，K_1、K_2、A、k_i 和 α_i 都是根据数据拟合的常数，求和指数 i 从 1 到 N 变化，代表燃烧室内的每个燃烧区，包括了燃烧室内的总热量释放。这些任意常数可通过各不稳定模态数据的线性回归获得。

每个纵向共振模态可以得到三个独立的经验公式。相应的假设是在给定的燃烧室运行工况下，所观察到的模态是三种模态中振幅最大的那个。注意这种方法不仅可以预测燃烧共振的幅值，并且可以预测其频率。这些关系式能够相对较好地捕捉发动机循环、环境条件和燃料方案改变（也即燃烧室中燃料分配的变化）所带来的影响，并且能以约 10% 的准确度再现压力振荡幅值图的结果。这些成熟的关系式可以用来设计燃料方案，以最大限度地减少发动机工作范围内的高燃烧压力振荡幅值。应注意，拥有 3 级预混燃烧室是使用这种方法的先决条件。3 级预混燃烧室提供了充分的燃料分配选项，以在满足排放要求的情况下实现压力振荡的控制。

4.2.2.2　燃空比波耗散

如前所述，Richards-Lieuwen 机制被认为是大多数现代 DLE 燃烧室中不稳定性的主要来源。该机制的核心是压力波的产生与相关燃空比脉动之间存在的有限时滞。一旦在燃料喷射点发生气流（或燃料流）扰动，则需要有限时间（毫秒级）将该扰动通过对流方式传递到释热区，该传递时间也是燃料和空气混合发生的时间。分配给燃料—空气混合的时间不能太短，否则将达不到低排放的目标（因为达不到充分的混合效果）。同样地，在预混喷嘴中停留时间也不能太长，否则预混喷嘴内将发生燃料—空气混合物的自燃。

即使在最简单的不稳定物理系统中引入时滞也会导致出现不稳定模态[7]。实际上，系统中不稳定模态的数量通常可能线性正比于系统所引入的时滞。更长的时滞会导致系统各基础不稳定模态数量的翻倍。然而，在 DLE 燃烧室中，如果有足够长的混合时间（暂时忽略自燃问题），那么预混喷嘴的出口则不会出现燃空比脉动，因为其会被混合过程消除。因此，存在相互竞争的问题：随着预混喷嘴中停留时间的增加，会有大量可能的不稳定模态，但不会再有源于预混喷嘴燃空比脉动（时间上的）而导致的不稳定性。

我们做了大量工作来开发和试验校准模型，以获得对流和湍流扩散对燃空比扰动的影响，读者可参考相关的原始出版物来了解更多细节。通过试验、分析和计算检验了一系列备选喷嘴结构，这些结构如图 4-9 所示。实验室试验使用了简单小型化的常压装置，使

用热线风速仪和压力传感器监测不稳定流动条件（u'和p'），专有的快速火焰离子探测器（FID）[8]用于测量燃料浓度的瞬时变化（FAR'），燃料为钢瓶装乙烯。空气通过风机提供，下游变速旋转阀产生预混喷嘴空气流动振荡的峰值幅值（u'/U）为30%。平均空气流量和总燃料流量在所有测试设置下保持不变。

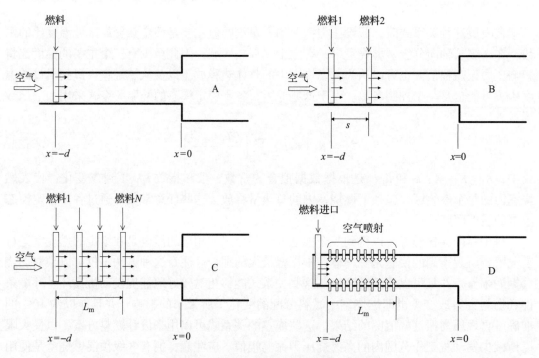

图4-9　被评估的预混喷嘴概念示意图

如第17章所述，通过应用特征时间分析，可以理解预混喷嘴设计参数对燃烧室稳定特性影响的一些关键因素。当混合物从入射点到火焰的时间处于声学周期的整数倍范围内时，源于Richards Licuwen机制的不稳定性会被激发。考虑N个燃料汪射位置，如图4-9中构型C所示，每个位置强度为s_k、且位于d_k。暂且忽略湍流扩散效应，可证明当满足以下不等式时[9]，Lienwen–Richards机制会导致声波的放大

$$\mathrm{Re}\Big[\sum_{k=1}^{N} s_k \mathrm{e}^{-\mathrm{i}\left(\omega d_k\left(\frac{1}{U}+\frac{1}{c}\right)-\frac{\pi}{2}\right)}\Big]\geqslant 0 \tag{4-4}$$

为简单起见，该式假设反应的混合物在$x=0$处被立即消耗。参考式（4-1），我们定义参数α，表示燃空比振荡的变化比例除以速度脉动的变化比例，即

$$\alpha=\left(\frac{\mathrm{FAR}'_{\mathrm{rms}}}{\overline{\mathrm{FAR}}}\right)\bigg/\left(\frac{u'_{\mathrm{rms}}}{\overline{u}}\right) \tag{4-5}$$

式中，参数α是一个有用的品质因数，用于评估不同的混合器设计。对于一个好的预混喷嘴，$\alpha\to 0$，也就是说，预混喷嘴中的速度脉动不会引起出口处的任何燃空比振荡。通常预计α范围为$0<\alpha<1$，且α依赖于频率。

注意，这些燃空比振荡的对流波长由$\lambda_c=U/f$给出。当$\alpha\approx 1$时，意味着预混喷嘴中所有的气流振荡都转化为相应的燃空比振荡（见式（4-1））。这发生在低频时，对流波长相对于混合距离较长，也即$fd/U\ll 1$时，预混喷嘴表现为准稳态的特性。另一方面，随着

fd/U 的增大，$\alpha \to 0$，这是因为随着频率的增加，燃空比振荡的对流波长变得非常小（$\lambda_c \sim U/f \to 0$），并且混合管道中的湍流扩散将在预混喷嘴出口之前消除任何燃空比振荡。因此，在这些高频情况下，Richards-Lieuwen 机制可能是次要的。

　　首先考虑一个喷嘴的情况，即只有一个燃料喷射点（$N=1$ 燃料喷射点），暂时忽略湍流扩散效应。这种情况下，预混喷嘴的关键设计参数是 U 和 d，因为 d/U 之比实际上是预混通道中的停留时间，对于确保良好的混合水平以及避免自燃问题是一个重要的设计参数。图 4-10 显示了随着预混喷嘴内停留时间的变化，在 $0 \sim 1000\text{Hz}$ 频率范围内压力波的放大。对于非常小的停留时间（$d/U<1\text{ms}$），这种机制只能激发一种模态。随着 d/U 的增加（$d/U>4\text{ms}$），在 $0 \sim 1000\text{Hz}$ 范围内最多有 5 个不稳定频率。

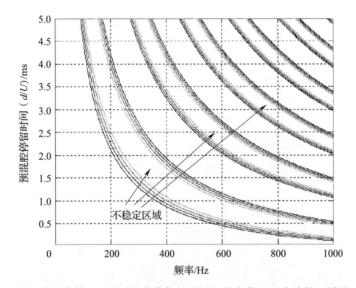

图 4-10　随着参数 d/U（预混喷嘴停留时间）的变化，压力波的正增益区域

　　图 4-10 显示了与单喷嘴位置相关的问题，就是很难设计出一个静态喷嘴位置，可以在一系列燃烧室模态之间稳定运行，尤其是当速度 U 变化时。可能对于只有一个不稳定模态的燃烧室，可以找到这样的位置（参考第 2 章）。然而，在 Trent 60 DLE 中需要处理三种不同的模态（和频率），则更加困难。若使这种构型足够稳定，唯一方式是把燃料入射位置放在足够远的上游，使得燃空比扰动被湍流消除。为确定能代表 Trent 60 DLE 时滞特性的燃空比扰动的湍流扩散等级，对一个典型构型进行了测量（见图 4-9 中的构型）。图 4-11 显示了试验得到的 $u'(t)$ 和 $\text{FAR}'(t)$ 的典型原始数据，图中的水平虚线为 $\alpha=1.0$ 时对应于 u' 的峰—峰幅值，也就是根据式（4-1）推出的气流脉动 u' 预期所产生的燃空比脉动等级。这种情况下，α 大约是 0.95，因此燃空比脉动几乎不会在预混喷嘴中衰减。

　　构型 B 可认为是用来同时处理这两个问题的合理尝试：时滞和湍流扩散。原则上，这种方案可以通过"波消除"法来消除给定频率的燃空比波。其思想包含增加第二个燃料喷射点和在两点之间平均分配燃料。这样的系统可以借助公式（4-4）来确定宽稳定范围下合适的 d_1 和 d_2 取值。图 4-12 所示是一个包括湍流扩散效应的典型结果[9]，喷嘴间距 $s=d_2-d_1$。尽管该方案比单一喷嘴构型更稳定，但仍然存在问题。首先，仍然难以确定在所有运行工况下能稳定所有相关燃烧室模态的最佳喷嘴位置。其次，如图 4-10 中 $N=1$ 时，湍流扩散的影响并没有显著改变其结果，而实际上扩展了放大区域。因此，式（4-4）概括的准则被过于高估。

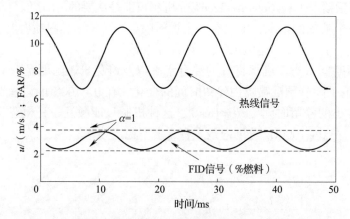

图 4-11　构型 A 的结果显示了预混喷嘴内部空气速度振荡和
预混喷嘴出口处燃空比波动随时间的变化特性

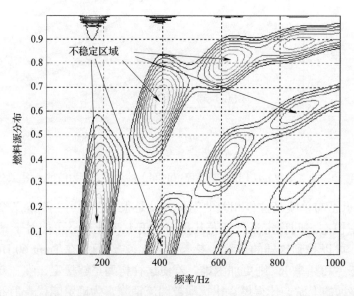

图 4-12　当预混喷嘴中的两种燃料源存在湍流混合（d/U=4 ms）时压力波的正增益区域

如果这种构型无法被适当且稳定地用于对流时滞的确定，以确保稳定燃烧，那么它会对燃空比耗散的有效性参数 α 产生什么影响？如图 4-13 所示[9]，很少出现小于 α=0.5 的情况，并且只出现在几个离散频率下。尽管在没有混合的情况下 α 在某些离散频率下会变为零，但湍流扩散效应会导致意想不到的问题，出现这些问题是因为来自下游燃料源的燃料没有时间像来自上游燃料源的燃料那样有效地混合。

拓宽构型 B 频率范围的合理方法是在更多喷射位置之间分配燃料，这个方法如图 4-9 中的构型 C 所示。在该构型中，N 个燃料喷射位置均匀分布在距离 L_m 上。显然，使用该方法可以在更广泛的频率范围内抑制燃空比振荡。构型 C 的一个基本工程问题是实现有效燃空比波耗散需要大量燃料喷射孔。孔的数量不能任意增加，因为总流量相同时，孔数的

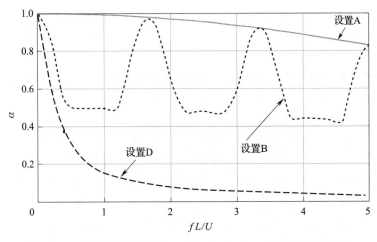

图 4-13　构型 B 的结果是在 d/U=4ms 和 s/d=0.25 的条件获得的

增加需要孔尺寸相应减小。但制造中存在一个物理尺寸限制，低于该直径尺寸的孔难以被可靠地加工出来。此外，低于一定临界尺寸的孔也容易被燃料中的颗粒物所阻塞。构型 C 的另外一个实际限制是前面所提到的下游喷射点混合时间的减少，燃料喷射点越靠近预混喷嘴出口，燃烧前的混合效果越差。构型 C 虽然在理论上更进步，但因效果不理想而被放弃。

　　构型 D 的设计与构型 A-C 有本质的区别，其中大量空气喷嘴等距分布在预混合器的外壁上，如构型 C 一样在距离 L_m 上均匀分布。所有的燃料在混合器头部注入，并逐渐引入空气以稀释燃料，最终达到与前面情况同样的燃空比。从体积容量的角度来说，流过预混喷嘴的空气比燃料要多，因此通过多个小孔提供空气、而通过单一燃料源提供燃料是合理的。与构型 C 不同，这种设计对空气喷射孔的数量几乎没有实际（或者制造上）的限制。与将燃料喷射到空气中的传统方法相反，该方案本质上是将空气喷射到燃料中。

　　这种方法相对于构型 A 和 B 的优越性如图 4-13 所示，其有效性得到了实验室数据的进一步证实（见图 4-14）。这些数据表明，构型 D 在预混喷嘴出口处几乎没有任何燃空比振荡，即 α<0.1。其气流振荡与源于混合管道的燃空比振荡解耦，这刚好是理想情况，并且似乎是在宽频率范围内实现的（见图 4-13）。

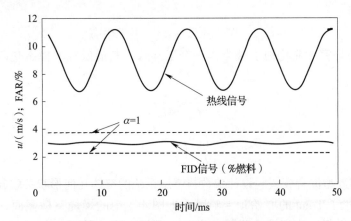

图 4-14　构型 D 的结果显示了预混喷嘴内部空气速度振荡和
预混喷嘴出口处燃空比波动随时间的变化特性

燃空比和气流振荡的解耦过程并不像在逐渐增加更多燃料喷射点的情况下所描绘的那样简单。下面将会看到，燃料—空气混合过程及其动力学随着新的设计会发生根本性的变化。

首先，考虑预混合器中的空气流动发生振荡的情况，例如，为响应燃烧室中的压力振荡，这种混合布置可以认为是一种"空气射流的相控阵列"，即在距离 L_m 上有 N 排空气喷嘴，但不一定等距，混合通道的上游端只包含纯燃料。在第一排空气喷嘴处，因为空气射流受到调制，因此会产生局部的燃空比振荡。这种燃空比振荡通过对流方式传播到下一排空气射流。取决于振荡的频率，第二排空气射流的空气将削弱或者维持从第一排空气射流接收到的燃空比振荡。该过程在剩余的 $N-2$ 排空气射流中不断重复。由于有很多排孔，在任意两排孔间都存在大量的对流延迟，因此在燃料向混合管道出口行进的过程中会产生多种相位关系。因此，燃空比振荡沿着预混喷嘴长度方向不断被平滑。通过量级估计，如果混合过程经历了足够多的循环，可以预计燃空比振荡将会成功地被"积分消除"，也即速度脉动的波长小于空气射流分布的距离 L_m

$$\frac{fL_m}{U} \geqslant 1 \tag{4-6}$$

对构型 D 进行更详细的分析[10]，可认为其是具有良好搅拌效果的混合器，导致了呈指数分布的时间延迟。通过对停留时间分布进行傅里叶变换，可以得到传递函数幅值 $H(f)$（注意其频率相关性）。该传递函数幅值 $H(f)$ 代表了燃空比扰动被抑制的程度

$$|H(f)| = \frac{1}{\sqrt{1 + 4\pi^2 \left(\frac{fL_m}{U}\right)^2}} \tag{4-7}$$

将数值代入等式可得，当 $fL_m/D=1$ 时，燃空比振荡衰减 85%；当 $fL_m/D=2$ 时的燃空比振荡衰减 92%。这些燃空比的衰减水平比仅使用被动湍流扩散所能达到的水平高出将近一个数量级。

这种混合管道技术已在 Trent 60 DLE 航改机上进行了应用和测试。为了使新型混合管道有效工作，需要确保当频率低于燃烧室最低声学模态频率时燃空比耗散过程可以起作用。为实现有效的耗散，预混喷嘴的燃空比波的截止频率必须比燃烧室最低声学模态的固有频率更低，即

$$f_{截止}（燃空比波） < f（声学模态） \tag{4-8}$$

如果筒形燃烧室（简化地）被当作一个半开管，其最低驻波模态是四分之一波，这表明

$$\frac{U}{L_m} < \frac{c}{4L_c} \tag{4-9}$$

$$\left(\frac{L_m}{L_c}\right)\left(\frac{c}{U}\right) > 4 \tag{4-10}$$

方程（4-10）将新型混合管道的设计参数与燃烧系统的整体几何形状关联起来。

图 4-15 显示了 Trent 的原始预混喷嘴（即图 4-1 中的燃烧室横截面，采用类似于图 4-9 中构型 A 的燃料—空气混合设计）和改进预混喷嘴（见图 4-9 中构型 D 的设计）之间的压力振荡水平的比较。在发动机稳定运行时测量得到了原始 Trent 预混喷嘴的压力振

荡，也即通过选择第 1、2、3 级预混喷嘴之间燃料分配方案来避开燃烧室中所有严重的不稳定性。因此，在不存在可观察的极限环燃烧振荡的情况下，这条线代表了原始设计的"背景"工作压力脉动。即使在没有特意选择燃料分配方案的情况下，采用图 4-9 中构型 D 预混喷嘴的新型 Trent 60 DLE 的压力脉动水平也要低得多。如果两个燃烧室的声学特性相似，那么这两条线之间的差距可看作是衡量新型预混喷嘴稳定性的标准。显然，新型预混喷嘴提供了更低的压力脉动水平并且改进了稳定性裕度。

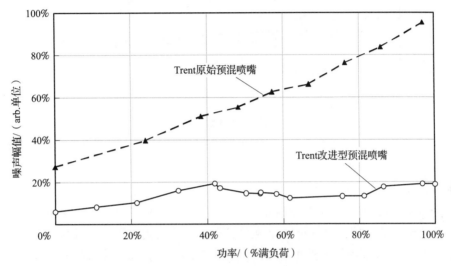

图 4-15　对比原始和改进后的 Trent 预混喷嘴，
压力波动水平随发动机功率变化的情况

压力脉动水平的一个更重要的特征是它们抵抗燃料分配变化的鲁棒性。即使我们可以设计一个名义上的或优化的燃料方案，实际运行的发动机也会面临许多不确定性因素（如传感器和燃料阀的精度及气体成分的变化、发动机随时间的劣化、制造公差等），这会导致名义上的（或理想的）燃料方案永远无法准确实现。因此，发动机的燃料分配（或火焰温度）自然会发生变化。为了探索燃烧不稳定性的裕度，我们研究了不同发动机功率水平下的多种燃料分配方案。在采用 3 级预混燃烧室的工业用 Trent 燃机中，可以在维持发动机恒定功率的条件下独立改变三个预混喷嘴中两个的火焰温度（或燃空比）。图 4-16 将新型预混喷嘴的满负荷压力脉动幅值图测量结果与之前在原始预混喷嘴上得到的结果进行了比较。这两种情况的发动机都运行在稳态满负荷条件下，我们对燃料第 1 级和第 2 级预混合器的分配方案进行了系统的研究。同上所述，采用与名义（参考）火焰温度的偏差来表示燃料分配。同样，图 4-16 清楚地表明，新型预混喷嘴（具有燃空比波耗散）的总压力脉动水平大约比原始燃烧室的低一个数量级。此外，压力脉动幅值对燃料分配的依赖性显著降低。因此，有理由认为，Trent 燃烧室中存在的燃空比波耗散从根本上抑制了不稳定性的可能主导机制，即 Richards-Lieuwen 机制。

鉴于该新型混合管道令人满意的构型，并且已经在原型机上得到了验证，该混合管道概念也在实际的发电站中进行了测试。在超过 3500h 的现场试验中，该发动机始终符合电站 25ppmv 法规的要求，并且能保持与研发测试发动机上相同的低压脉动水平，试验结果的详情见参考文献［10］。

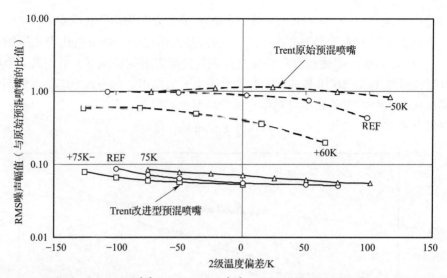

图 4-16　Trent 预混喷嘴的原始型 [1] 与改进型对比 [10]，图中显示了燃料分配对压力波动幅值的影响，这些数据是通过在发动机基本负荷下开展的一种数据映射过程获得的

4.2.2.3　声学共振器

因为共振器在其他几章中有详细介绍（如第 13 和第 17 章），所以该小节简要讨论其在 Trent 发动机上的应用。对于可能导致燃烧不稳定性的大多数反馈机制，经过合理设计和适当定位的压力波衰减器显然可以显著降低反馈耦合的强度。尽管我们已经非常注意消除源于预混喷嘴的燃空比振荡，但仍然在燃烧室结构中设置了几个压力波衰减器，作为对 Richards-Lieuwen 机制以外不稳定机制的潜在保护措施（见图 4-8）。

开发压力波衰减器需要一些对受激声学模态的理解。模态的频率会影响衰减器的尺寸（尺寸越大频率越低），而模态振型决定了衰减器的最佳位置。Trent 60 DLE 燃烧室的模态振型和频率比较容易预测，因为其几何形状可以合理地近似为圆柱形腔体，其直径约为长度的 20%。因此，可使用简单的声学扬声器装置来开发和优化相应的环形共振器，然后在燃烧装置上进行验证，最后再在研发测试发动机上进行验证。注意应确保将共振器埋入燃烧室外壳腔内，该位置将保证谐振器内的空气温度不受发动机周围环境条件的影响。此外，所有的共振器都直接连在火焰筒上，也就是说，它们的位置应尽可能靠近燃烧区。通过在燃烧室结构中自然地集成多个谐振腔，使其能够覆盖大量的频率。这些共振器如图 4-17 所示，后续将进一步讨论。

4.2.2.4　气动阻尼装置

参考图 4-8，可注意到导致燃烧室压力振荡的机制之一是上游速度脉动，其从供气腔以对流方式通过预混合器，然后到达燃烧区。供气腔速度脉动的潜在来源是燃烧室周围的湍流结构。对流到预混喷嘴的大尺度涡流会引起明显的速度脉动，从而对燃烧过程产生扰动。

虽然很难评估这种不稳定机制相对于其他机制的重要性，但还是采取了预防方法，去尽可能地抑制燃烧系统内的这些压力脉动。我们测试了一些气流阻尼装置并对它们的结构进行了优化，并将它们安装于预混喷嘴的上游（见图 4-17）。测试的配置包括一些网状材料，如蜂窝和泡沫金属，都经过了多种厚度、孔隙率和压损特性的测试。这些装置可在宽频率范围内将气动压力脉动减少 20dB 以上[11]。因此，预混合器和火焰的速度脉动水平得到了降低，导致了更安静的燃烧过程。注意阻尼装置引起的压力损失通常小于 0.2%。

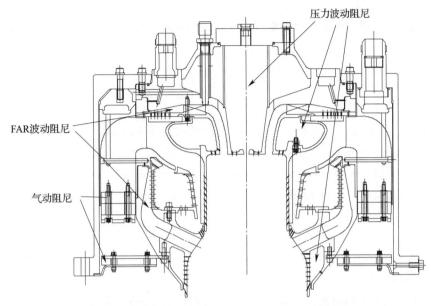

图 4-17　改进的两级 Trent 60 DLE 燃烧系统的横截面

4.3　燃烧系统设计的修改

基于对 4.2.2.2、4.2.2.3、4.2.2.4 节中讨论的控制方法的理解，所得出的设计准则可用于图 4-1 中原始 Trent 60 DLE 燃烧室燃烧振荡的被动控制。设计出在宽频率范围内能够自然抑制燃烧振荡的系统，其最重要的结果之一是不再需要通过燃料分级方法来控制压力振荡。这种系统有两个重要的好处。首先，不再需要通过第 3 级来实现燃料分配的灵活性。也就是说，在 4.2.2.1 节中解释的控制方法不再是必要的，这意味着可以取消第 3 级，使得整个系统更简单、更便宜。其次，因为没有不稳定性范围对于燃料优化分配的约束，燃料分配方案的优化可以完全以实现低排放为目标。

如图 4-17 所示，两级 Trent 60 DLE 燃烧室结合了前面介绍的燃空比波耗散、压力波耗散和气动耗散的控制方法，该示例可以帮助读者理解前面章节中描述的基本原则是如何融入实际设计的。

致　　谢

本章总结的关于燃烧不稳定性或燃烧振荡的研究工作，以及相关的物理和实践理解，是很多人经过多年积累的结晶。尽管如此，需要对一些个人进行单独感谢。自从我们寻求 DLE 系统燃烧不稳定性的被动设计解决方案开始，现已从 Rolls-Royce 退休的 Chris Freeman 和来自剑桥大学 Whittle 实验室的 Ivor Day 就成为我们长期以来惺惺相惜的伙伴。面临一系列混乱参数关联的时候，Chris 总能拨云见日，准确找出问题的突破口。Ivor 通过他的"1 美元核心问题试验"，展现了解读常识背后真正含义的独特能力。我从这两个亲密朋友那里学到很多，谨以此章献给我们从整个项目中收获的乐趣。

我过去的和现在的同事，主要来自 Montreal，但也有来自 Derby、Ansty 和 Indianapolis 等地，他们经常能够将研究理念转化为真正的发动机硬件和成果，给予了本项目始终如一的支持，与他们合作是一种荣幸。

Rolls-Royce 工程的重要高级成员 Chris Barkey、Vic Szewczyk、Mike Howse 和 Phil Ruffles（已退休）是本章节中所提观点的关键支持者，他们为相关技术的革新提供并创造了适宜的环境。

参 考 文 献

［1］Scarinci, T., and Halpin, J. H., "Industrial Trent Combustor-Combustion Noise Characteristics," Journal of Engineering for Gas Turbines and Power, Vol.122, No.2, 2000, pp.280-286.

［2］Richards, G., and Janus, M. C. "Characterization of Oscillations During Premix Gas Turbine Combustion," Journal of Engineering for Gas Turbines and Power, Vol.120, No.2, 1998, pp.294-302.

［3］Lieuwen, T., and Zinn, B. T., "A Mechanism for Combustion Instabilities in Premixed Gas Turbine Engines," Journal of Engineering for Gas Turbines and Power, Vol.242, No.5, 2001, pp.893-905.

［4］Lieuwen, T., and Zinn, B. T., "The Role of Equivalence Ratio Oscillations in Driving Combustion Instabilities in Low NO_x Gas Turbines," Proceedings of the Combustion Institute, Pittsburgh, PA, Vol.27, 1998, pp.1809-1816.

［5］Poinsot, T., Trouvé, A., Veynante, D., Candel, S., and Esposito, E., "Vortex Driven Acoustically Coupled Combustion Instabilities," Journal of Fluid Mechanics, Vol.177, 1987, pp.265-292.

［6］McManus, K. R., Poinsot, T., and Candel, S. M., "A Review of Active Control of Combustion Instabilities," Progress in Energy and Combustion Science, Vol.19, No.1, 1993, pp.1-30.

［7］Manneville, P., "Dissipative Structures and Weak Turbulence," Perspective in Physics, edited by H. Araki, A. Libchaber, and G. Parisi, Academic Press, San Diego, 1990, Chap.1.

［8］Cheng, W. K., Summers, T., and Collings, N., "The Fast-Response Flame Ionization Detector," Progress in Energy Combustion Science, Vol.24, 1998, pp.89-124.

［9］Scarinci, T., and Freeman, C., "The Propagation of a Fuel-Air Ratio Disturbance in a Simple Premixer and its Influence on Pressure Wave Amplification," American Society of Mechanical Engineers, Paper 2000-GT-0106, May 2000.

［10］Scarinci, T., Freeman, C., and Day I., "Passive Control of Combustion Instability in a Low Emissions Aeroderivative Gas Turbine," American Society of Mechanical Engineers, Paper 2004-53767, June 2004.

［11］Scarinci, T., and Barkey, C., "Dry Low Emmisions Technology for the Trend 50 Gas Turbine," Proceedings of Power Gen Europe, Pennwell, U.K. 2004.

第5章 热声设计工具和被动控制：
西门子发电公司的对策

Werner Krebs，Sven Bethke，Joachim Lepers，Patrick Flohr，and Bernd Prade
（Siemens AG，Mülheim，Germany）
and Cliff Johnson and Stan Sattinger
（Siemens AG，Orlando，Florida）

5.1 引言

本章概述了工业燃气轮机中减轻燃烧不稳定性面临的设计挑战和方法，同时展示了几种设计工具改善燃烧稳定性的应用案例。

5.2 西门子燃机产品

西门子发电公司提供包含 4MW~278MW 完整的燃机产品线。详细的燃机产品信息可以在 www.powergeneration.siemens.com 网站获得。表 5-1 包含了本章中提到的燃机性能数据。

表 5-1　已大规模应用的几款西门子燃机性能数据

参数		燃机型号			
		SGT-1000F	SGT5-4000F	SGT6-5000F	SGT6-6000G
通用/边界条件	电网频率	50/60	50	60	60
	转速 /rpm	5400	3000	3600	3600
单循环性能数据	总输出功率 /MW	68	278	198	266
	总效率 /%	35.1	39.0	38.0	39.3
单轴联合循环性能数据	净输出功率 /MW	101	407	293	391
	净效率 /%	52.6	57.7	57.0	58.4

表中给出了 ISO（International Organization for Standardization，国际标准化组织）工况下简单循环运行的总输出功率和总效率，这些数值取自发电机端。表中也列出了联合循环电厂中单轴布置机组的净输出功率和净效率，这些值取自联合循环终端。在单轴联合循环电厂中，一台燃气轮机、一台发电机和一台蒸汽轮机沿一根轴布置。图 5-1 所示为 SGT5-4000F 型燃机，运行频率 50Hz，采用环形燃烧室，安装有 24 个混合燃烧喷嘴，总输出功率 278MW。SGT-1000F 是 SGT5-4000F 的缩比版，转速为 5400rpm，采用变速箱后可在

50Hz 和 60Hz 频率运行。SGT6-6000G 总输出功率为 266MW，是 60Hz 频段的最大燃机，其剖面如图 5-2 所示。该燃机采用 16 个管形燃烧系统，过渡段采用蒸气冷却。SGT6-5000F 的总输出功率为 198MW，其燃烧系统也是由 16 个管形燃烧室组成，但采用空气冷却。在基本负荷状态下，燃机燃烧室均以预混模式运行，以实现低 NO_x 排放。

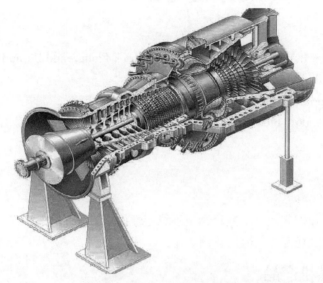

图 5-1　SGT5-4000F 剖面图

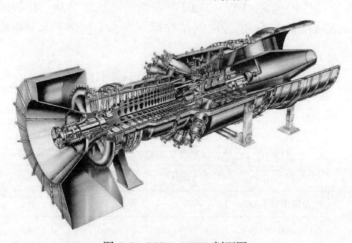

图 5-2　SGT6-6000G 剖面图

5.3　现象描述

燃烧激励振荡或热声诱导振荡也称为燃烧不稳定性，可以用反馈循环来表征，以 10^{-4} 的速率将化学能转化为声能。热声振荡的典型特征就是在燃烧系统的共振频率处观察到明显的峰值。

可以定义三个频率范围来描述燃烧不稳定性：①频率小于 50Hz 的低频不稳定性（LFD），这些不稳定性常常称为"呼吸"模态、"体积"模态，或者"亥姆霍兹"模态。②频率在 50～1000Hz 之间的中频不稳定性（IFD），通常工业燃机燃烧室的第一固有模态在 50～300Hz 之间，具体取决于几何结构和火焰温度。热声学领域的研究工作就是要处理这种燃烧不稳定的反馈循环问题。第 1 章和第 14 章给出了这些反馈循环的描述。③频率大于 1000Hz 的高频不稳定性（HFD），通常指的是三维声学模态。到目前为止，相关研究尚未能揭示激发这类燃烧不稳定性的反馈循环。需要注意的是，此处定义的三个频率范围只是为了便于描述可能观察到的各种不稳定性，并不代表严格的物理边界。

图 5-3 是动态压力频谱图，该频谱是单喷嘴高压试验时将运行条件调整到"不稳定"工况时得到的。需要注意的是，虽然"不稳定"一词在技术上并不准确，但它常用来描述动态压力振荡达到极限环或超过允许动态极限。图 5-3 给出了上述三种频率范围的示例。该案例中，在 0～50Hz 的 LFD、50～1000Hz 的 IFD 和大于 1000Hz 的 HFD 范围内都激发出了不稳定性。虽然 LFD、IFD 和 HFD 均涉及燃烧过程热释放和声压场的耦合，但它们的激励机制有所不同。

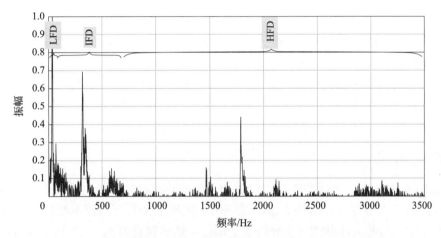

图 5-3　单喷嘴高压试验件发生不稳定情况的动态压力频谱

需要注意的是，不同频率的不稳定性对运行条件变化的响应是不同的。虽然可以通过增加某一个燃料级中的燃料—气体分数来抑制某一 IFD 模态，但另一个模态的振幅可能会因此而增大。同样地，优化燃烧系统的动态响应时，燃烧室的设计更改也存在类似的折中考虑。

热声诱导的压力脉动会引起火焰筒振动，而火焰筒只能承受一定程度的振动。对于一个设计结构而言，最大允许压力是唯一的，而且一般是频率的函数。过量传热会使火焰筒表面产生软化或疲劳，耦合过大的压力振荡时就会产生灾难性的后果。

通常，燃烧激励振荡的反馈循环描述了与热声稳定性分析相关的所有现象。如图 5-4 所示，各种影响参数相互作用使得反馈循环非常复杂。与燃烧系统的尺寸相比，我们关注的声波波长较长，可能会跨越多个燃机部件，包括压气机、燃烧室缸体和涡轮。因此，所有部件在燃烧不稳定性分析中都起着至关重要的作用。燃烧室缸体的尺寸和声学特性影响燃烧室头部出口的阻抗，进而影响压力诱导空气体积流量脉动的幅值。燃料管道的声学特性决定了燃料喷嘴处燃料流量脉动的幅值。燃料流动和空气流动的相互作用会引起当量比振荡，从而产生热释放的振荡。燃烧室声学模态的形状由其声学几何结构决定，也会受燃烧室出口声学边界条件的影响。扰动的火焰是不稳定性的源头，因此，理解并量化"动态压力扰动诱发的热释放脉动"至关重要。

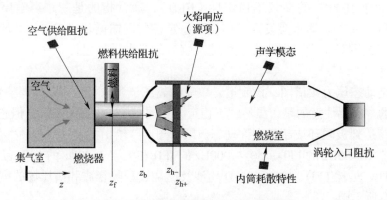

图 5-4　反馈循环的热声相关影响参数

热声设计的技术目标是：①确定热声反馈循环的性质和研究不同部件的相互作用。②优化热声设计流程：确定热声的相关设计参数，并评估设计更改对热声的影响。③优化试验台的预测能力，发展基于试验结果的计算模型，用于预测整机性能。对于声能平衡，需要注意的是，声能（因火焰而产生的）损失主要发生在所关注燃烧系统的入口和出口处。由于试验台架与整机设计有差异，尤其是在入口和出口处，因此掌握这些损失对于燃气轮机燃烧室的成功设计至关重要。④发展抑制热声振荡的主动和被动方法。

5.4　解决方法

在过去的 10 年中，为研究燃气轮机燃烧系统的热声特性，西门子公司已经发展了大量的解析和数值求解方法。这些方法已经应用于实现上文所列的技术目标 1～4，具体列举在表 5-2 中。这些方法既能用于分析单个部件（如燃料管道），又能用于分析所有相关部件的相互作用（如全局稳定性分析方法，见图 5-4）。

表 5-2　西门子公司在燃机燃烧系统设计中使用的解决办法

类型	方法	功能
预测方法		
燃烧室部件声学特性	传输线法	共振器设计
一维声学分析	传递矩阵网络	评估燃机部件的声学特性，如阻抗
三维声学分析	有限元方法（Sysnoise 软件）	评估声压分布，用于（a）监测和（b）开发共振器等
火焰响应	时间延迟模型	评估设计更改对火焰响应的影响
火焰响应	非稳态计算流体力学	评估设计更改对火焰响应的影响
全局稳定性分析	传递矩阵方法（Galerkin 法）	评估设计更改对稳定性的影响 部件间的相互作用
部件试验		
具有可变排气通道阻抗的可调试验台		评估设计更改对稳定性的影响 部件间的相互作用

5.4.1　一维声学分析

对于大部分部件，特别是单喷嘴试验台，可以假设为一个一维压力场，这是因为所考虑的频率范围远低于多维模态的截止频率。对于某些特殊目的，诸如共振器的设计，则开发了传输线模型[1]，其中考虑了串联子部件之间的声学特性。对于必须考虑声道分岔的系统，可以应用传递矩阵网络（见图 5-5），该方法在多本书籍中都有描述（见参考文献［2］）。

图 5-5 中显示了 SGT-1000F 型燃机中使用的混合喷嘴的结构简图。它由两个同心的空气通道组成[3]。大约 10% 的总空气流量通过中心轴向旋流器通道流出，其余 90% 的空气通过对角旋流器通道流出。在模型中采用一个分支单元来表示这种空气分配，两个通道中都包括了燃料喷射的处理单元。在简单模型中，燃料孔由燃料喷嘴的阻抗表示；在更精细的模型中，整个燃料管路都明确包括在内。

该方法的主要优点是每个声学相关元件（如管道）的声学特性由单独的传递矩阵表示。连接这些传递矩阵，形成传递矩阵网络，可以得到整个系统的声学特性。Krüger 等描述了传递矩阵方法在燃气轮机燃烧系统中的应用[4]。传递矩阵方法已被成功应用于识别燃机燃烧系统特定部件的声学特性，例如，试验台的燃料管道或排气道，对于这些部件，一维声传播是有效的。

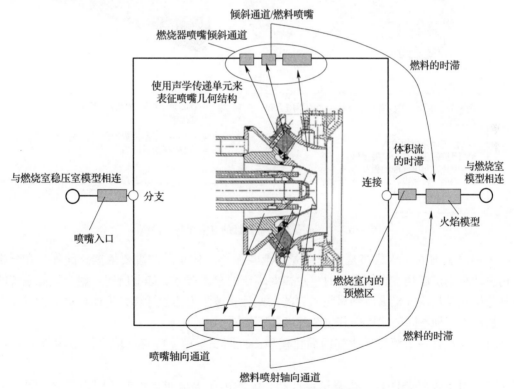

图 5-5　声学传递网络中的燃机喷嘴，分别代表喷嘴入口、轴向和
对角喷嘴通道、燃料喷射位置和火焰

5.4.2　三维声学分析

燃烧室和燃烧室缸体中普遍存在三维声场，这就需要开发和应用三维代码来研究声压

分布。西门子公司应用了三维有限元代码求解非黏性流动中的三维声学方程，Bethke 等描述了这些控制方程[5]。

图5-6概述了三维有限元声学分析的主要任务。有限元分析得到的声学模态振型是三维热声稳定性分析中的源项。图5-6中模态振型以动态压力模量的分布形式显示。

动态压力波腹位于中灰色区域，而深灰色区域则表示动态压力的波节。图5-6左侧显示了一个环形燃烧室的一阶周向模态振型，其中包含两个压力波腹和两个压力波节，该模态振型的频率在100Hz以内。燃烧室内诱发的热声不稳定也会使喷嘴上游的供气腔中出现压力振荡。如图5-6所示，周向分量也主导着供气腔中的压力波。因此，燃烧室和供气腔内的压力振荡存在直接关系，该关系由燃烧室的相应传递矩阵给出。连续在线监测中已经利用了这种传递关系，即通过在供气腔中安装监测装置来代替在燃烧室内进行直接测量。最右侧的图显示了环管形燃烧室的高频不稳定性模态，其特点是组合了轴向和周向模态，对应的频率大于2000Hz。

确定低、中频下的固有频率及相关的声学压力和速度模态	估算高频下的固有频率及相关的声压和速度模态
●→稳定性分析的输入 ●→阻抗的确定（如喷嘴出口） ●→燃烧室与供气腔的相互作用 ●→燃烧室机械设计的激励因素设计 ●→中频共振器评估	●→高频共振器位置优化 ●→高频共振器评估

图5-6　用于燃机燃烧室设计的有限元声学模型

火焰筒表面的声压分布是燃烧室壳体上共振器优化布局的重要依据。此外，在分析结构振动和确定燃烧室壳体寿命时，也需要声压的模态振型。如前所述，整个燃烧系统的声学分析涵盖从压气机出口到涡轮入口的大型计算域。为便于计算，下面概述一种灵活方法，选择了三种不同的配置，其复杂程度各不相同。

（1）仅包含一个喷嘴的火焰筒简化模型（见图5-7（b）），在边界面上设置阻抗边界条件。

（2）阻抗边界条件对于最终稳定性和系统的声压等级非常重要，因为声学边界面上的阻抗决定了该表面上的声能损失[7]。因此，为了提高预测精度，可以拓展计算域，如图5-7（a）所示。计算域包括燃烧室头部上游的供气腔、燃烧室、涡轮静叶或静叶模拟部件和排气道。

（3）最复杂的（和成本最高的）模型覆盖整个环形和环管形燃烧系统，包括了整机的所有喷嘴。

由于试验件和整机的声学环境不同，因此基于有限元程序的三维声学分析本质上是评估试验件的结果。此外，这些程序也被用于揭示整机和试验件的声学特性差异。

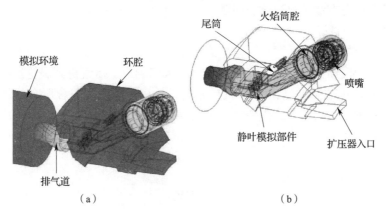

图 5-7　有限元声学分析典型计算域，覆盖从扩压器入口 / 压气机出口到排气段

5.4.3　火焰响应

Poinsot 和 Veynante 认为火焰响应分析是评估燃气轮机燃烧系统热声稳定性的关键[7]，因为它决定了声能输运方程中的源项。通常，火焰响应函数表示声学压力波引起的热释放脉动。声学扰动引起的火焰瞬态响应通过压力耦合响应函数和速度耦合响应函数给出，分别为式（5-1）和式（5-2）

$$F_1(t) = \frac{q'(t)/\overline{q}}{p'(t)/\overline{p}} \tag{5-1}$$

$$F_2(t) = \frac{q'(t)/\overline{q}}{u'(t)\big|_{\text{喷嘴出口面}}/\overline{u}_{\text{喷嘴出口面}}} \tag{5-2}$$

式中，q' 是热释放扰动对火焰表面的积分，定义为

$$q'(t) = \int_{\text{释热区}} Q'(\boldsymbol{r},t)\mathrm{d}V[w]$$

p' 和 u' 分别表示声压脉动和声速脉动。两个火焰响应函数分别通过各自的平均值进行了无量纲化。F_1 表示热释放脉动和压力脉动的瞬态关系，适用于所有类型的火焰—声学的相互作用。F_2 表示喷嘴出口的热释放脉动和声速脉动之间的瞬态关系，大多数火焰响应函数的测量都参考了 F_2 函数类型（如 Buchner 等的工作[8]）。

为了更加深入地了解设计更改带来的影响，必须把火焰响应与气动设计参数关联起来。已有相当多的工作致力于火焰声波相互作用模型的发展。Cho 和 Lieuwen 在第 9 章和第 14 章进行了全面的综述[9]，Krebs 等就技术方面和设计参数对火焰响应的影响[10]进行了讨论。

总的来说，火焰的动态特性主要采用时间延迟来表征，因此可以通过时间延迟分布来比较不同的燃烧设计。而时间延迟分布可以在稳态计算流体力学（CFD）分析的后处理中得到。

基于稳态分析的方法有个明显的缺点，也就是无法描述压力波对应变率的影响，以及火焰—涡之间的相互作用。此外，该方法假设扰动产生后，在其向火焰锋面传播的过程中

其幅值就不再改变，而是保持一个定值。最后，这种稳态方法假设火焰是静态的；然而，在某些情况下，燃烧不稳定性的发生伴随着平均火焰位置的变化。借助非定常 CFD 方法，如能够求解大尺度涡的大涡模拟（LES），可以更深入地了解这些详细过程。西门子公司目前正在开发非稳态方法来解决这类问题。

5.4.4 全局稳定性分析

全局稳定性分析的目的是预测声学模态的激励和耗散，该过程涉及如何表征火焰响应与声环境之间的声反馈循环。热声稳定性是热声火焰响应、压气机到涡轮出口之间所有部件声学特性共同作用的结果。相比于 CFD 方法，计算区域必须包含所有部件，一种拓展的求解方法可以满足这一要求，即传递矩阵网络。这种方法将在随后进行解释，并以环形燃烧室试验台架为例进行分析，图 5-8 显示了环形燃烧室的剖面图。

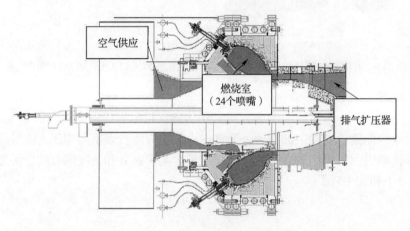

图 5-8　环形燃烧室试验件几何结构

空气从试验台的入口（左侧）进入，流经压气机出口的扩压器，通过 24 个喷嘴流出，在环形燃烧室中进行燃烧，高温燃气最后通过排气扩压段排出。环形燃烧室在大气环境下运行，因此假设试验件的进出口均为声学软边界（即低阻抗）。

表征该试验台的声学网络如图 5-9 所示。在本案例中，环形燃烧室由两层环以及将环连接在一起的一维管道元件代表。外环表示进气腔，内环表示环形燃烧室。所选取的管道元件长度代表平均声学通道长度，取值为"与有限宽度的环面具有相同的周向本征频率时对应的周长"。燃烧室的特征频率可以通过三维有限元模型分析得到。这种方法是有效的，因为在西门子环形燃烧系统的产品家族中（SGT-1000F、SGT6-4000F、SGT5-4000F），纯周向模态振型起主导作用。图 5-9 所示的各个元素均是子模型，这些子模型由表征图 5-5 所示实际几何形状的更细节元素构成。

总之，整个系统可以包括超过 1000 个不同的传递矩阵元素。传递矩阵表达式可以说是一种数学框架，能够集成不同部件的声学特性信息，模型的质量取决于这些元素的质量。另外，除了环形管道的模型，西门子公司还开发了针对扩压器和喷嘴，甚至包含高马赫数流动的燃料供应系统的模型，用以生成传递矩阵。例如，Hubbard 和 Dowling 描述了由网络模型推导的矩阵方程[11]，可以求解该矩阵方程获得系统的复数特征频率（$\omega_n = \omega_f + i*\alpha$）。

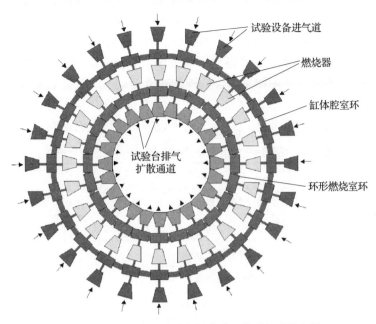

图 5–9 表示环形试验设备的声学"传递矩阵"网络

为了确定系统的稳定性，可利用合适的边界条件计算传递矩阵行列式。通过前期定义的分解方法，如果复数特征频率的虚部为负，那么压力振荡的振幅将增大，我们将这部分称为耗散系数。表 5–3 列出了环形燃烧室在标称条件下的复数特征频率，其中不稳定的特征模态在 196Hz 处，这与试验中发现的 200Hz 左右的单一不稳定性模态一致。

表 5–3 环形燃烧室试验件检测到的复本征频率

编号	振荡频率 /Hz	耗散系数 /（1/s）	注释
1	93.4	10.2	稳定
2	169	6.4	稳定
3	196	–3.1	不稳定
4	214	0.1	处于不稳定边界

5.5 应用

由于热声稳定性是由几个不同部件的相互作用产生的，因此提高热声稳定范围的设计方法也是多重的。如前所述，我们需要计算方法和设计工具来确定有希望的设计更改，并定量研究其影响。每项设计更改的目的都是扩大机组的运行范围，以改善性能、降低排放，并延长机组部件的运行寿命。

表 5–4 中列出了一些设计选项。大多数设计方案都涉及燃烧室设计的更改，因为他们主导了火焰响应。第一种方法是通过改变时间延迟分布以减小热声源与压力场的相互作用；第二种选项是应用不同类型的共振器，通过吸收一定频率范围内被放大的声波来提高系统的耗散，其效果极大地依赖于施加耗散的频率带宽；第三种方法是采用控制方法。主动不稳定控制（AIC）是通过在燃烧不稳定频率或者在该频率附近（通常 100～200Hz）扰

动燃烧过程，抑制发生在毫秒量级的压力振荡循环。Hoffmann 和 Hermann（第 19 章）描述了在西门子产品 SGT6-4000F 和 SGT5-4000F 中使用的这种系统；另一种控制策略是使用低带宽控制（低于 2Hz，如工业燃料控制阀）来调节平均运行工况（空气流量、燃气流量和燃料分配）。这些方法被称作主动燃烧控制或自动调整系统。高带宽和低带宽控制方法都需要燃烧振荡过程的可靠实时测量，工业应用中诵常采用动态压力传感器和加速度传感器实现。是否需要对机组采取控制措施，必须根据具体情况确定。

表 5-4　拓展燃气轮机燃烧系统安全运行范围的设计选项

编号	设计选项	影响
	喷嘴方面	
1	改变喷嘴出口结构（圆柱喷嘴，出口）来改变火焰锋面位置	火焰响应
2	改变燃料浓度分布	火焰响应
3	燃料分级技术	火焰响应
4	自适应燃料喷嘴阻抗	火焰响应
5	改变释热分布	
	燃烧室方面	
6	共振器	耗散
	控制方面	
7	主动不稳定控制	火焰响应
8	主动燃烧控制	火焰响应

5.5.1　环形和环管形燃烧系统的模态振型分析

在 5.4 节中介绍过，声压分布的三维分析本质上是为了理解燃烧系统声学现象和设计被动方法，以扩展运行包线。

图 5-10 是某个环形燃烧系统的声压分布，动态压力模量以灰度表示。中灰表示压力波腹，深灰表示压力波节。在中频区域，周向模态振型在大型燃机环形燃烧系统中占主导地位，如西门子产品 SGT6-4000F 和 SGT5-4000F。如图 5-10 所示，周向模态振型的特征在于动态压力幅值主要依赖周向坐标。两个压力波腹和两个压力波节的存在表明该 100Hz 左右的频率对应一阶周向模态。图 5-11 是环管形燃烧系统的热声分布，轴向模态振型占主导地位。在燃机中，很可能出现两种类型的模态。图中左侧，所有环管形燃烧室的动态压力在声学上是同相的；而右图中相邻环管形燃烧室的压力在声学上是异相的，在这种情况下，不同燃烧室通过涡轮前通道产生声学连接。

图 5-12 显示了筒—筒之间的相互作用，通过涡轮入口环形通道对环管形燃烧系统声学特性产生影响。除了单筒结构中存在的声学模态外（实线），还有其他介于两者之间的模态（虚线），后者主要由相邻燃烧室间的环形连通区域的高声速表征。为包含试验阶段的所有现象，必须对试验台的排气段进行相应的更改，以获得所需的模态振型。分析表明环管燃烧系统的声学现象还分布于相邻火焰筒之间，而不仅局限于单个火焰筒。

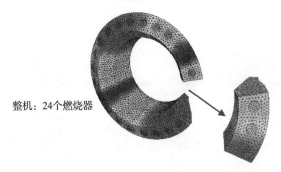

图 5-10　动态压力分布模型：环形燃烧室一阶周向模态

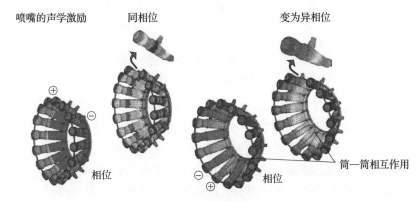

图 5-11　环管形燃烧室的轴向模量

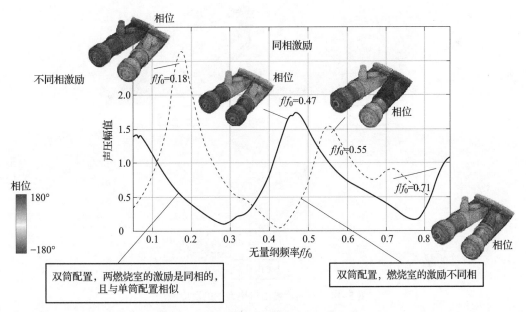

图 5-12　环管形燃烧室的筒—筒相互作用

5.5.2　火焰响应

　　一种基于改变火焰响应的设计方法已经成功应用于 V-frame，如图 5-13 所示，在喷嘴出口位置安装不同长度的圆环，实现火焰锋面拉伸。

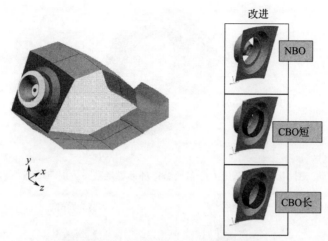

图 5-13　通过改变圆柱体长度来调整喷嘴出口，
（NBO= 正常喷嘴出口；CBO= 圆柱喷嘴出口）

不同设计结构的温度分布如图 5-14 所示，图中还标出了零速度等值线，以显示回流区的大小。SGT-1000T 的喷嘴即是图 5-5 中所谓的混合喷嘴。旋流诱导了一个中心回流区，保障了整个燃机运行包线范围内的火焰稳定性。此外，外回流区的形成也有助于稳定火焰。对于典型的旋流稳定喷嘴，热释放的位置主要受控于回流区的尺寸。可以利用圆柱喷嘴出口（CBO）对回流区尺寸进行调节，进而改变具有较大温度梯度特征的火焰锋面的位置。

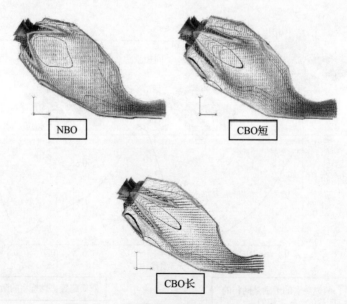

图 5-14　不同喷嘴出口构型下的反应流场

如图 5-15 所示，流场的变化会影响时间延迟分布，图 5-15 中利用燃烧室的停留时间对时间延迟分布进行了归一化处理。时间延迟分布是在 CFD 后处理中通过统计分析粒子由喷嘴出口面传播到火焰锋面时所需的时间而得到的。在该过程中，以粒子向燃烧室内运动的轨迹中遇到的最大释热率来表征火焰锋面。火焰的有限延伸使得可对延伸时间分布进行统计评估。对于没有 CBO 的调整方案，时间延迟最小，分布最窄；较长的 CBO 会导致时间延迟数值显著增加，且分布更宽。瑞利准则表明增加时间延迟可以改善热声稳定性，现场测试中也验证了这一点[5]。这一设计概念的效果很好，因为调整 CBO 仅改变了带化学反应的流场分布，核心是改变了时间延迟。

影响火焰响应时间延迟分布的其他设计选项包括改变喷嘴出口的燃料浓度分布、改变燃料喷嘴阻抗，以及通过调节喷嘴直径或旋流数改变燃料在燃烧室中的停留时间。这些设计选项也可能改变其他受火焰—涡相互作用影响的稳定性参数，目前这部分还没有得到充分的理解，因此简单的时间延迟概念不能被用来评估这些设计更改。西门子目前正在研究火焰—涡相互作用，以改进这方面的设计方法。另一种被广泛采用的设计方法是采用燃料分级概念，该方法允许在燃机运行过程中通过调节火焰响应来应对燃烧不稳定。

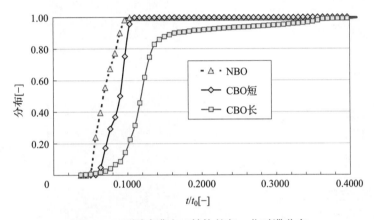

图 5-15 不同喷嘴出口结构的归一化时滞分布

5.5.3 共振器

5.5.3.1 高频共振器

到目前为止，高频不稳定性的解析或数值分析研究相对较少，这是因为研究该现象需要高时间分辨率。激发脉动的反馈循环时间常数一般为 0.2～0.6ms，这也是燃烧过程本身的时间常数。因此，应该在反应剪切层中去寻找高频不稳定性的起源。虽然该现象的起因尚不清楚，但共振器可以很好地抑制高频不稳定性。图 5-16 显示了一个亥姆霍兹共振器，其腔室通过一个小孔与火焰筒内部形成声学连接。

下列公式给出了典型亥姆霍兹共振器结构的特征频率

$$f_{亥姆霍兹} = \frac{c}{2\pi}\sqrt{\frac{S_{颈部}}{V(l+\Delta l)}} \qquad (5-3)$$

其特征频率由共振管的小孔面积 S 与共振器体积 V 乘以共振管长度 l 的比值确定；Δl 表示考虑辐射效应导致共振管的伸长，近似计算为 $0.85D_{tube}$；c 表示声速。

为了提升高频共振器的耗散性能，共振器的吸声面积必须足够大。实际布置中，常采用多根共振管并行连接到一个较大共振器上的结构。为保证共振器的温度恒定，利用压气机排气吹扫共振器。图 5-17 显示了西门子 SGT6-5000F 型燃机中沿火焰筒筒体一周布置的共振器组。为了抑制 2～4kHz 间的不同高频模态，火焰筒上安装了不同尺寸的共振器。在共振器的实际设计中，高频振荡的耗散需求要与吹扫空气的需求和共振器的物理尺寸相平衡。共振器的布局对其整体性能至关重要，共振器应布置在靠近压力波腹的位置，可以采用前述的三维分析技术来测量或预测。由于高频不稳定性是多维度的，需要同时考虑轴向、周向和径向的压力分布来优化共振器布局。因为火焰是声能的来源，所以将共振器布置在最大热释放的轴向位置是一个很好的选择；但是，在某些情况下，由于几何结构的限制很难做到这一点，不过依然可以布置在其他合适位置以抑制特定模态。

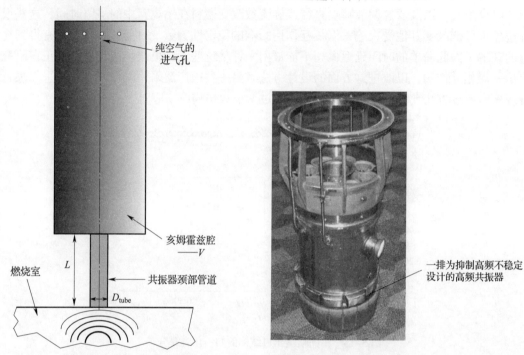

图 5-16　典型的亥姆霍兹共振器结构　　　　图 5-17　用于抑制高频不稳定性的高频共振器阵列

5.5.3.2　中频共振器

亥姆霍兹共振器也可用于抑制中频不稳定性。为了设计针对环形燃烧室的中频亥姆霍兹共振器，开展了相应试验研究，试验台如图 5-18 所示。

图 5-18　环形燃烧室试验台

　　图 5-8 显示了试验台的横截面，试验台配有一个排气扩压器，与一个大排气腔相连。试验件在常压条件下运行时，观察到了强烈的 200Hz 周向和轴向混合模态。试验中，在燃烧室外壁面上布置了 14 个亥姆霍兹共振器来抑制这个模态，共振器的布置如图 5-19 所示，周向非对称布置方式是为了提供最佳的声波耗散。

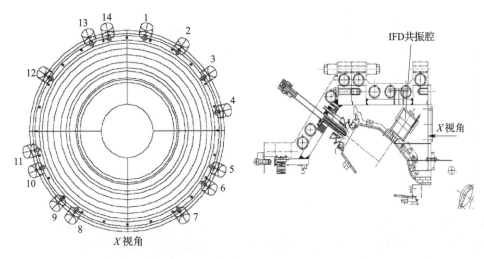

图 5-19　在燃烧室试验件周向上布置的 14 个亥姆霍兹共振器

　　图 5-20 显示了试验中测试的两种典型的共振器，其中，较小的共振器对稳定极限略有改善，而较大的共振器使稳定边界发生了重大改变（见图 5-21）。

　　图 5-21 绘制了动态压力的均方根值与空燃比的关系图。燃烧室的空气质量流量维持在 8kg/s 不变，值班燃料的质量流量设置为 48g/s。在没有共振器的基准试验中，增加燃料质量流量可使空燃比（AFR）达到 35；如果燃料质量流量进一步增加，会突然激发 200Hz 振荡模态。只有降低燃料质量流量直至燃空比接近 38 时，才可以抑制这个模态。在其他运行工况（不同空气质量流量和值班燃料质量流量的配置）下也观察到了这种迟滞现象。然而，使用大共振器时，在激发振荡之前，可持续增加燃料量直至燃空比为 30.5。

图 5-20　环形燃烧室试验台上安装的共振器

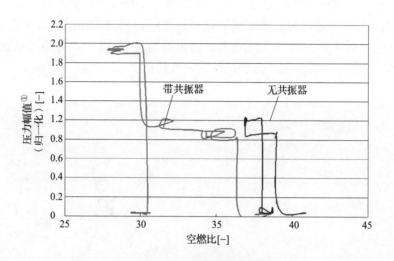

图 5-21　环形燃烧室试验台运行包线

同样，只有降低燃料质量流量使燃空比为 38 时，这种模态才能被完全抑制。不过，当燃空比增加到 31 以上时，振幅已快速衰减。因此，共振器的应用显著拓宽了燃机的无振荡运行包线。

为了在实际应用前评估该布局的耗散效果，使用前文描述的网络方法建立了热声模型。图 5-22 所示的模型对应于图 5-9 中的燃烧室试验件模型，同时已在计划位置安装了多个共振器[12]。这种亥姆霍兹共振器的传递矩阵模型已经在单阻抗试验中进行了验证，它连通了代表燃烧室供气腔的外环和表征环形燃烧室的内环。计算分析显示这种结构有充分的耗散效果。图 5-23 比较了有、无共振器时试验台的特征频率，可以看出，原来的临界特征频率被大量强耗散特征频率所取代。因此，可以认为试验件在设计条件下能够稳定运行。

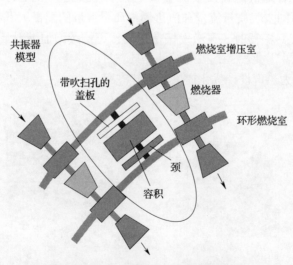

图 5-22　"传递矩阵"中的共振器模型

① 图 5-21 纵坐标与原文一致，可能有误。——译者注

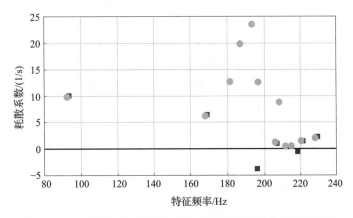

图 5-23　有（圆点）、无（方点）共振器的试验台架固有频率

5.6　结论

热声诱导的燃烧振荡是一种非常复杂的现象，它起源于火焰与声环境的相互作用，在所有类型的燃烧系统都会存在。工程处理的复杂性源于该现象相关的长波长，包含压气机下游和涡轮上游的所有部件。尽管这种现象使工程设计方法变得复杂，但无论是理论上还是试验上，它也使大量的设计方法成为可能。主要的设计更改会影响喷嘴设计，从而影响火焰响应。更改喷嘴设计的动机是：火焰响应主导了热声来源，而喷嘴是已有设计中最容易更换的部件。安装在西门子混合喷嘴上的圆环段使火焰伸长并因此拓宽了时间延迟分布。其他的选择是使用共振器，一般会提高燃烧系统的耗散性能。高频共振器已被成功开发应用于 SGT6-5000F 和 SGT6-6000G 的环管形燃烧系统。

为了改善燃烧系统热声稳定性，未来必须进一步发展理论和试验设计工具。网络模型工具用于理解火焰与燃烧环境的相互作用，并用于设计试验装置以满足特殊的热声设计参数，主要挑战仍然是对火焰的理解。尽管时间延迟模型已被用于表征火焰的动态时间常数，但相干结构对火焰动态行为的影响尚未得到理解。非稳态 CFD 是进一步了解涡与火焰锋面动态相互作用的最好办法之一。然而，非稳态 CFD 的计算所需资源使得该方法仍然无法实际用作全尺寸工业燃气轮机的设计工具。目前，将一维和三维分析工具与稳态分析相结合的混合方法为热声设计优化提供了最佳方案。

参考文献

［1］Szabo，T. L.，"Lumped-Element Transmission-Line Analog of Sound in a Viscous Medium，"Journal of the Acoustical Society of America，Vol.45，1969，pp.124-130.

［2］Munjal，M. L.，Acoustics of Ducts and Mufflers with Application to Exhaust and Ventilation System Design，Wiley，New York，1987.

［3］Prade，B.，Gruschka，U.，Hermsmeyer，H.，Hoffmann，S.，Krebs，W.，and Schmitz，U.，"V64.3A Gas Turbine Natural Gas Burner Development，"American Society of Mechanical Engineers，Paper GT-2002-30106，2002.

［4］Kriger，U.，Hiren，J.，Hoffmann，S.，Krebs，W.，Flohr，P.，and Bohn，D.，"Prediction and Measurment of Thermoacoustic Improvements in Gas Turbines with Annular Combustion

Systems," Journal of Engineering for Gas Turbines and Power, Vol.123, 2001, pp.557.

[5] Bethke, S., Krebs, W, Flohr P, and Prade, B., "Thermoacoustic Properties of Can Annular Combustors," AIAA Paper 2002-2570, May 2002.

[6] Morse, P. M., and Ingard, K. U., Theoretical Acoustics, McGraw-Hill, New York, 1968.

[7] Poinsot, T., and Veynante, D., Theoretical and Numerical Combustion, R. T. Edwards, Flourtown, PA, 2001.

[8] Bichner, H., Lohrmann, M., Zarzalis, N., and Krebs, W., "Flame Transfer Function Characteristics of Swirl Flames for Gas Turbine Applications," American Society of Mechanical Engineers, Paper GT-2003-38113, June 2003.

[9] Cho, J. H., and Lieuwen, T., "Laminar Premixed Flame Response to Equivalence Ratio Oscillations," Combustion and Flame, Vol.140, No.1-2. pp.116--129, Jan. 2005.

[10] Krebs, W., Flohr, P., Prade, B., and Hoffmann, S., "Thermoacoustic Stability Chart for High Intense Gas Turbine Combustion Systems," Combustion, Science and Technology, Vol.174, 2003, pp.99-128.

[11] Hubbard, S., and Dowling, A. P., "Acoustic Instabilities in Premix Burners," AIAA Paper 98-2272, 1998.

[12] Lepers, J., Krebs, W., Prade, B., Flohr, P., Pollarolo, G., and Ferrante, A., "Investigation of Thermoacoustic Stability Limits of an Annular Gas Turbine Combustor Test Rig with and without Helmholtz Resonators," American Society of Mechanical Engineers, Paper GT-2005-68246, 2005.

第6章 航空发动机燃烧不稳定性特征和控制：普惠和 NASA 案例

Jeffrey M. Cohen and William Proscia

（Pratt & Whitney，East Hartford Connecticut）

and John DeLaat

（NASA Glenn Research Center，Cleveland，Ohio）

6.1 引言

航空发动机燃烧室性能提升与污染减排的宏伟目标，促进了燃烧室的发展，使其运行在更接近静态和动态稳定性边界。燃烧室设计者对更高性能、更低排放要求的回应通常是设计结构更紧凑、预混更高效的燃烧室。相比于传统燃烧室，先进燃烧室有更高的单位体积放热量且具有环形结构，这些特点使得热声不稳定与燃烧室的纵向、切向，以及径向声学模态发生耦合成为可能。此外，正在开发的贫燃直喷燃烧室与地面燃气轮机中使用的贫燃预混燃烧室具有许多相同的特征。在地面燃气轮机中，燃烧不稳定现象普遍存在。

为了将开发成本和时间降到最低，具备在燃烧室部件设计阶段评估燃烧室动态特性的能力至关重要，这样可以在研制周期后期昂贵的全尺寸发动机试验期间减少对设计变更的需求。通过解析方法和实验室研究，可以更快地主动评估和开发解决方案，从而更快地将技术转化到发动机产品中。

燃烧不稳定性的解决方法可以分为被动控制和主动控制技术两类。被动控制方法通过改变燃烧室声学特征（改变共振频率或者增加耗散）和非稳态热释放（改变火焰对声学压力脉动的响应）来实现。主动控制方法采用反馈控制来削弱不稳定性，一般需要使用非稳态压力传感器和高速燃料流量控制。这两种控制方法都要求理解热声耦合过程背后的物理本质。然而，被动解决方法比较成熟，如采用"高频"声衬和共振器，而主动不稳定控制方法仍然不成熟，尤其是在使用液体燃料的航空发动机上。提高主动不稳定控制技术成熟度的其中一步是在实验室规模上对发动机相关的实际问题进行技术评估。鉴于燃烧不稳定问题的复杂性、控制方法中存在的不确定性，以及在发动机运行中进行详细测量的难度，有必要使用解析和试验工具来捕捉和衡量相关的动力学特性。

航空发动机业界的标准做法是在试验尺度或者部件尺度下对拟开发燃烧室进行测试，如采用单喷嘴火焰筒，单个或者多个喷嘴扇形模块以及全尺寸环形燃烧室试验台。这种试验台必须具有复现发动机设计细节的保真度，以表征发动机燃烧室的排放和运行特性，对此，燃气轮机领域已经积累了一定的经验基础。然而，如何将动力学边界条件和声学边界条件，以及测试技术耦合到这些试验装置上仍然需要进一步发展。

绝大多数现成的声学分析工具没有包含考虑以下因素的影响：平均流、非均匀温度分布、质量增加和复杂的边界条件，所有这些都是燃烧不稳定性研究的重要内容。然而，还需要进一步理解如何将动态边界条件、声学边界条件，以及测量技术纳入这些类型的测试台架。

这项工作的主要目的是识别发动机工作环境下的燃烧不稳定性，并演示这种发动机不稳定性能够在单喷嘴试验台中进行复现，这为燃烧不稳定性控制研究提供了可追溯发动机试验平台。这些步骤就构成了设计早期阶段燃烧不稳定性控制问题研究的基本模块。这里描述的方法仅适用于燃烧不稳定性中声学模态为纵向或者亥姆霍兹模态，不适用于横向模态。

本章将讨论早期设计阶段燃烧不稳定问题的解决过程，并给出了一个燃烧不稳定问题的案例，从可追溯发动机的不稳定性分析开始，通过设计模化试验台，比较其与实际发动机的结果，识别降低不稳定的潜在被动控制方法，并展示主动控制技术。该过程包含以下几个步骤，具体的细节部分将在本章相应小节进行讨论：

（1）目标发动机的动态数据分析，确定不稳定性的特征：频率、幅值，以及对硬件结构和运行条件变化的敏感性（见 6.2 节）。

（2）发动机声学分析，确定与不稳定相关的声学模态（见 6.3 节）。

（3）子部件的动态响应测量，比如燃料喷嘴和空气旋流器，确定其对非定常热释放的临界 / 耦合情况（见 6.4 节）。

（4）单喷嘴试验台的概念设计，复现发动机的声学环境和复现步骤（1）、（2）和（3）中确立的相关动态过程（见 6.5 节）。

（5）模化试验台声学分析，确定其基本声学模态，确认这些模态与发动机运行中观察到的声学模态具有相似性（见 6.5 节）。

（6）开展最终的实验室尺度下的试验，对比解析数据与发动机数据（见 6.5 节）。

（7）在模化试验台演示主动控制技术，展示在类似真实发动机环境下通过燃料调整的主动控制方式的可行性（见 6.6 节）。

该过程的示范效用将为其在燃烧室设计和开发过程中的预先使用增加可信度。

对这一过程的有效性证明，将增加其在燃烧室设计和开发过程中进行先验应用的可信度。

6.2 发动机燃烧不稳定性

本工作研究的问题是高性能航空发动机开发阶段观测到的燃烧不稳定性，该发动机采用了带有 24 个燃料喷嘴的全环形燃烧室。不稳定的频率从低功率下的 420Hz 变化到高功率下的 580Hz，如图 6-1 所示。本研究在分析阶段选择中等功率工况，其不稳定频率为 525Hz。由不稳定性引起的压力脉动幅值足以导致发动机涡轮部件出现不可接受的振动应力。

尽管发动机测试过程中获得了燃烧室压力的快速响应数据，但是获得数据的位置点是有限的。鉴于这个原因，纯粹基于发动机测试数据很难得出关于不稳定性本质的任何重要结论。6.3 节所述的分析用于补充和说明发动机运行数据。发动机数据、声学分析以及无反应旋流—射流特性的结合为在单喷嘴燃烧室试验台中复现前述问题提供了基础。

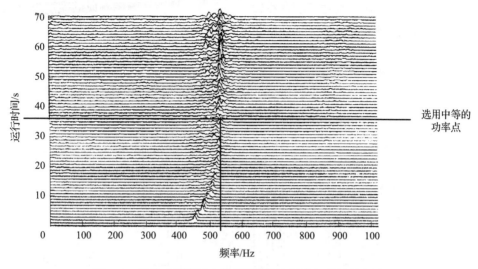

图 6-1　从发动机测试中得到的燃烧室压力频谱的瀑布图，
显示了在一次发动机加速过程中不稳定性的演变过程

6.3　发动机声学分析

采用准一维非稳态欧拉分析方法对发动机燃烧室的整体模态和纵向声学模态进行了预测[1]。基于面积变化和考虑质量增加、热量增加以及压损作用的模化源相，对一维欧拉方程进行了求解。通过求解系统的非稳态时间精确响应和监测某一特定位置的脉动压力，确定了燃烧室的声学共振频率。这一分析可以用于考察频率和压力幅值对系统参数的敏感性，比如物理尺寸、温度分布、马赫数、流量和压降。

这种分析方法对于确定声学模态的预期作用是有用的，但是没有尝试将流体力学 / 声学与热释放（火焰形状变化、当地燃空比变化等）相互作用的物理关系考虑进来，因此无法预测压力响应的绝对幅值。然而，所述方法在发动机声学特征评估和用于复现燃烧动态特性试验相关声模态的试验台设计方面表现出了令人满意的效果。

该求解程序首先用于计算稳态结果，然后通过对系统施加激励的方式获得非稳态结果。外部激励通过向热释放中加入非稳态项来实现，采用了两种类型的激励信号：①宽带白噪声分布的激励；②一定适当频率范围内的正弦扫描激励。最终的压力响应会显示燃烧系统的频率依赖性。

对发动机中间功率的运行工况（771°F 或 684K，200psia 或 1.2MPa）进行了准一维欧拉计算。将发动机几何结构转化为面积对轴向位置关系的一维描述，如图 6-2 中的虚线所示，图中同时显示了发动机和试验台（后面将讨论）的这种关系的分布情况。这里用到的几何结构包括一个供气腔、发动机预扩压器、扩压器缸体、整流罩、旋流器、燃烧室火焰筒以及涡轮叶片。燃烧室位于 $x=0$ 和 9.25in（23.5cm）之间。在涡轮叶片阻塞孔后，截面积迅速扩大以形成排气腔室。边界条件设为进气室恒定总压和排气室恒定静压。

通过正弦扫描作用于整体热释放分布来获得系统的声学响应。对热释放施加的脉动激励幅值为其平均值的 10%。使用燃烧室中 $x=3$in（7.6cm）（燃烧室突扩平面下游 3in）处的非稳态压力幅值来表示压力响应。正弦扫描响应如图 6-3 所示，该图表明共振频率约为

575Hz。振幅响应曲线峰的宽度表示存在较大的耗散。然而，频率响应的宽度也反映了该系统在一个较宽的频率范围内容易出现燃烧不稳定。

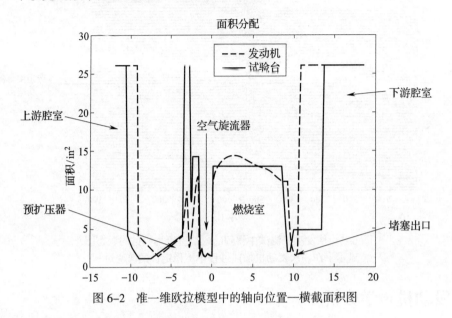

图6-2　准一维欧拉模型中的轴向位置—横截面积图

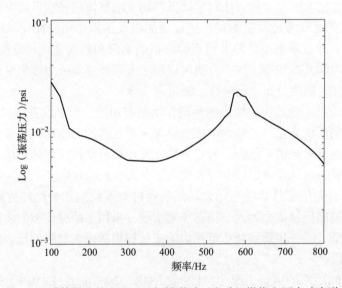

图6-3　计算得出的应用正弦扫描激励下发动机燃烧室压力功率谱

　　这些结果显示在燃烧室中存在一个频率为575Hz的纵向模态，这很接近发动机中检测到频率约为525Hz的不稳定模态。575Hz模态下的压力模态形状如图6-4所示。该模态表示的是考虑两端不稳定压力为0的系统方程的全波段求解结果。考虑到高马赫数在两端边界引起的高阻抗，这种模态振型也可看作是一个半波，该半波横跨扩压器至燃烧室的两侧封闭端面。注意，在空气旋流器—燃料喷嘴处（$x=0$）存在一个明显的压力波节。计算所得扩压器中的脉动压力与燃烧室中的脉动压力相位相差180°，可以认为这是在发动机构型下发生不稳定性时的基本声学模态。尽管，切向声学模态存在于发动机的全环形燃烧室中，但是对发动机运行数据和二维欧拉计算结果的分析显示这些声学模态与检测到的不稳定性并无关联。

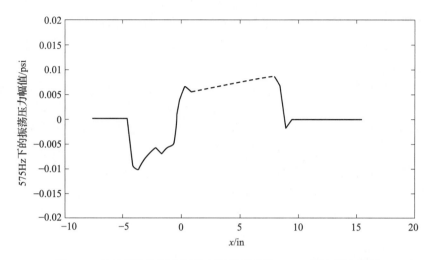

图 6-4　发动机结构下在评估点计算得到的 575Hz 模态压力振型

6.4　燃料喷嘴—空气旋流器的动态响应

因为燃料喷射对主燃区化学计量比和流体动力学具有非常大的影响，燃料喷嘴可能对热声耦合水平起决定性作用。本节讨论的是燃气轮机燃料喷嘴上的空气旋流器对实际燃气轮机燃烧室中热声耦合过程影响。这里总共讲述了三个独立的研究内容，补充的细节可参见参考文献［2］和［3］。这些研究的目的是识别和区分导致热声耦合的根本原因，以评估削弱耦合机制候选解决方案。

在研究的燃料喷嘴—空气旋流器中，空气通过入口进入一个多通道的旋流器。在旋流器的出口，高度旋转的空气流之间夹着一股薄片状燃料流，燃料被剪切成小液滴。首先，考察燃料喷嘴—空气旋流器的纯声学模态（不含流动），进而识别目标频率范围内潜在的声学共振，这在 6.4.1 节进行讨论。其次，测量流动对旋流器阻抗和非稳态流体力学的影响，进而辨识潜在的非稳态流体力学耦合，将在 6.4.2 节进行讨论。再次，采用一种新型测量技术来评估燃料喷雾是如何被声学压力脉动所调制的，将在 6.4.3 节进行讨论。

6.4.1　声阻抗测量

对空气旋流器进行声阻抗测量的目的有两点：第一，声阻抗测量将揭示空气旋流器声学响应在所关注的 300 ~ 600Hz 范围内的所有有趣的衰减或放大特征。所有观测到的共振和反共振态将有助于解释燃烧室测试数据，指导设计声学—流体力学关联测试的有效策略。第二，试验测得的空气旋流器声阻抗特性是燃烧室声学模型的必要输入。

声阻抗定义为某一表面上声压除以声体积速度的一个复数[4]。声阻抗可以被看作是和频率相关的传递函数，表示装置对某一入射声波的响应。声阻抗包括与压损相关的声阻效应，以及与装置声惯性和声顺性相关的声抗效应。

采用一种试验用的阻抗管测量空气旋流器的声阻抗。试验台主要的设计要素为总管长、管内径和声学传感器的轴向位置[5]。总管长建议至少为 5*L/D*（长度 / 直径），以保证到达管子出口平面的波为平面波，试验中使用的管长为约 0.3m（1ft）和约 0.91m（3ft）。管子的截面形状和直径与用于阻抗测量的旋流器大致相同。采用双传感器传递函数方法测量空气旋流器的声阻抗[5]。为了验证测量方法，对开口的声阻抗管进行了测量，并且与长开口辐射管的理论分析进行对比[6]。在 100Hz 至近 1000Hz 频率范围内，测量的阻抗值与理论值吻合较好。

空气旋流器阻抗的试验测量结果如图 6-5 所示，图中还显示了测量的开口管和封闭管的阻抗结果。不同旋流器的阻抗曲线本质上是基于分立部件的有效流通面积进行分类的。这些不同的旋流器代表了旋流角度、有效面积和流量分配的设计矩阵。空气旋流器的频率响应与一种开放管的频率响应类似，且其阻抗值要高出约 10dB。空气旋流器在感兴趣的频率范围内没有显示显著的低或者高阻抗峰值，表明没有出现共振或者反共振。因此，无流动的声阻抗测量不能在感兴趣的频率范围内识别出任何特定的共振。

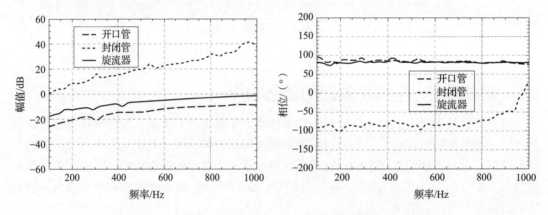

图 6-5 旋流器声阻抗测量结果与开口管和封闭管的对比

6.4.2 流体力学响应测量

采用一种类似的试验装置测量空气旋流器出口速度和声激振之间可能的相互作用。空气从 2.7MPa（400psi）的气源流经调压器和阻塞的文丘里（Venturi）管进行节流，然后进入凌式电动气压激励器（型号 EPT94B）。该装置是一种具有高容量和高响应性（响应频率高达 1kHz）的阀门，由正弦电压驱动，以产生脉动气流进入集气腔。集气腔将这种声学激励的气流输送至安装在出口法兰上的空气旋流器，旋流器下游为非受限的开放环境。为了使纵向和亥姆霍兹声学共振频率超过 700Hz，对供气腔的内部尺寸进行了精心设计。为了防止出口法兰因声波激励而产生膜状振动，选用了非常厚的法兰（12.5mm/0.5in）。因此，较大的法兰厚度限制了从热线到空气旋流器出口平面的轴向距离，使其超过 9.5mm（0.375in）。

集气腔内的压力计用于测量空气旋流器的压损 $\Delta p/p$ 紧邻旋流器入口，安装在集气腔中的交流耦合声学传感器用于采集集气腔内的声压振荡。此外，采用一个安装在可移动支架上的热线风速仪来测定空气旋流器出口处不同径向位置的速度波动。热线探头按径向方向布置，以便测量轴向和周向速度分量的矢量和。热线探针方向与径向保持一致，以测量轴向和切向速度分量的合成速度。声学传感器和热线风速仪的测量信号均使用惠普动态信号分析仪记录。声学传感器的固有频率为 13kHz，热线的响应频率经测量为 20kHz。

采用一个喉部直径 5.5mm（0.215in）的阻塞文丘里器在凌式激励器的上游测量通过试验台的平均流量。选择一个冷态试验下的流量，以确保与全尺寸燃烧室的动力学相似，这样试验数据就能和发动机数据进行直接对比。由于高湍流下的非定常流体力学行为通常以一种无量纲频率的形式进行描述，因此可以选用斯特劳哈尔数[①]（Strouhal number，Sr）进行模化

$$Sr = \frac{fD}{U} \qquad\qquad (6-1)$$

式中，f 代表特征频率；D 代表特征长度；U 代表速度。冷态声—流体动态相互作用试验采用与热态燃烧室测试相同的全尺寸空气旋流器（也即特征长度相同），只剩下速度 U 需要进行模化以保证相似性。通过调整空气流量使 $\Delta p/p$ 达到 15.5%，实现了全尺寸热态燃烧室试验和冷态流动声学测试的动态相似性。由于冷却因素的影响，凌式激励器不能在很低的流量下运行。

空气旋流器出口空气速度对入口压力的相干性和传递函数（U/p）经过测量并表示成激励频率的一个函数，以确定是否存在任何声—流动相互作用。离散音频记录首先用于测量两种信号的相干性，然后将正弦扫描技术用于获得传递函数数据。先前使用过的宽频白噪声激励方法其信噪比不够高。

相干性可以定义为两个信号之间线性度的度量。基于线性假设的前提，传递函数仅在高相干性的案例中有效。相干函数的最大值为 1，表示两个信号之间理想的线性关系；相干函数的最小值是 0，表明两个信号之间没有线性关系。关于相干性更多的细节讨论及其重要性可以参考 Bendat 和 Piersol 文献[7]。

沿径向横扫过旋流器出口面，并观察速度—压力的相干性，发现对声激励的敏感度最大的点位于靠近两个旋流器通道间壁面的一个径向位置。这个径向位置同样测出具有最大的平均流速，且直接紧邻燃料液膜表面。图 6-6 展示了一个案例中的压力频谱，其中激励频率（500Hz）下的相干性较高（0.85）。

在 350~550Hz 之间，旋流器表现出较强的速度—压力相干性。这种相干性趋势表明速度振荡和压力振荡之间存在一种强线性关系，这在其他的旋流器试验中并没有出现。基于这些相干数据的结果，采用正弦扫频方法开展了进一步的试验。

正弦扫频数据采集集成了动态激励和采集过程，以实现离散音频激励和波特图（幅值和相位与频率的关系）的构建，波特图表示的是出口速度与供气腔压力的关系。通过程序控制惠普信号分析仪（型号 35665A）来进行激励以使得系统处于一系列离散音频中，在 200~600Hz 频率范围内按分辨率 2Hz 收集响应数据并取其均值。正弦扫频试验的结果如图 6-7 所示。经多次试验证明其有较好的重复性。需要注意的是，旋流器在 300~500Hz 频率范围内出现了较高的速度脉动—压力脉动增益。在此频率范围以外，入射压力脉动很少或者不会引起测量位置的速度脉动。在另外一组提高旋流器压降的试验中，空气速度增大 1 倍，结果显示这些敏感性出现的频率范围直接与速度呈比例关系，证明了基于斯特劳哈尔数 Sr 模化方法的有效性。传递函数的形式表明旋流器在某种意义上可以等同于一个带通滤波器。从这些结果可以得出结论：旋流器内部空气流的非定常流体力学与不稳定

---

① Strouhal number 为斯特劳哈尔数，英文文献多用 St 简写，本书按国标规范翻译采用 Sr 简写。——译者注

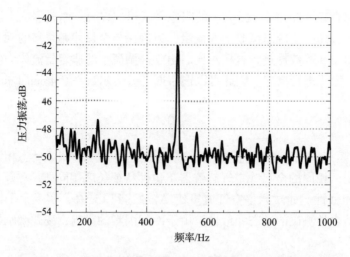

图 6-6　500Hz 激励下的供气腔压力振荡频谱，相干系数为 0.85

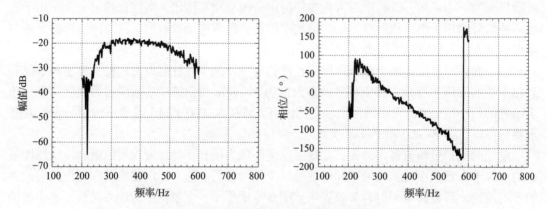

图 6-7　采用正弦扫频方法获得的旋流器出口速度/供气腔压力传递函数

性的根本成因是相关的。接下来采用类似的方法测量燃料喷雾响应，来评估这种流体力学响应对非稳态热释放的影响程度。

6.4.3　燃料喷雾响应测量

建立了一种测量燃料喷嘴出口不同横截面燃料量脉动的试验装置，以确定使用的声学激励与燃料流脉动之间耦合的水平。该装置用在测量旋流器流体动力学响应的同一试验设备中，其中旋流器空气流量是可以调节的。连续监测喷嘴上游的空气压力脉动和液体燃料喷雾产生的荧光信号，以表征它们之间的关联程度。

该试验装置还用于表征设计矩阵中的 4 组燃料喷嘴——空气旋流器动态特性。需要特别指出的是，本研究是为了确定燃料喷嘴响应是否发生在任意选择的频率范围内，在该范围内雾化燃料喷雾的运动可能与声学共振诱导的气流脉动发生耦合，从而形成一种导致燃烧不稳定性产生的反馈机制。

该测量技术利用了典型航空燃料如航空煤油 Jet A 的固有特性，即燃料在被蓝/绿频段的可见光激发后会发出荧光，荧光是由添加剂和芳香成分发出的[8]。一个常压喷雾试验台为该装置的使用提供了框架结构。该装置提供了能使一个燃料喷嘴运行所需的空气和燃料，如图 6-8 所示。采用凌式声学激励器在一定频率范围内扰动气流，使得作用在喷雾上的影响能被观察到。供气腔中布置了一个交流耦合声学传感器，用于精确测量进入系统的能量。供气腔声共振频率的设计值（>1kHz）远大于试验中关注的频率范围。透过喷雾的均匀激光片所激发的荧光强度与光片内燃料的质量成正比。其发光强度正比于激光片包含燃料的质量。采用单一探测器对荧光强度进行持续监测，可实现质量及其脉动激光片。质量脉动与声压信号测量值的相关性为考察耦合水平提供了一种手段。激光片可以沿喷雾的轴向移动以确定耦合过程的空间特性，有关这种光学方法的详细讨论参见参考文献［2］。

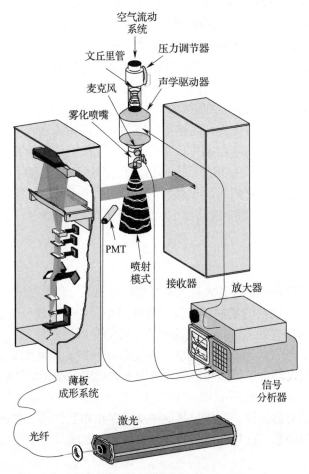

图 6-8　燃料质量流脉动荧光测量的试验设置，空气流系统包含一个扰动气流的声激励器，麦克风测量喷雾的声激励

　　该光学技术用于表征 4 组燃料喷嘴—旋流器组合部件的动态特性。它们将按照喷嘴 A 到喷嘴 D 分别进行编号，其中喷嘴 A 在发动机上进行测试。喷嘴利用低速的片状液体燃料与周围高速空气流的相对运动，有效地将片状液体破碎成不稳定的液柱和大液滴［9］。该液体燃料（航空煤油 Jet A）喷射到一个薄膜表面，然后被内外层具有相同旋转方向的空气流的共同作用所雾化。

　　以校准的形式对该技术进行了初步评估。这就意味着要测量多组不同燃料流量下的光电倍增管（PMT）信号。燃料流量通过一个阻塞的文丘里管进行调节，使得通过空气旋流器的压降为 172kPa（2.5psi），然而燃料的质量流量变化范围为 0 ~ 113kg/h（250lb/h）。这两个量都涵盖了该设备的正常工作范围（按比例模化到大气压力下）。对于这一系列的试验，激光片的位置距离喷嘴出口截面 100mm。对该技术的校验结果大致是线性的[2]。

采用入射激光强度 I_0 对测量的光电倍增管信号进行无量纲化。两组数据的线性拟合关系表明该方法的可重复性。曲线的线性度是显而易见的：增加燃料质量流量会增加荧光强度和相应的 PMT 信号，这和预期结果一致。

为了量化脉动空气（扰动函数）和燃料喷雾（输出）之前的相关度，在一系列流动条件下测量了声压信号和 PMT 信号之间的相干性。采用 1 台惠普信号分析仪提供激励阀门的输入，并且记录供气腔中测量的声压信号和 PMT 信号，以表示喷雾的响应。通过不断改变激励函数的频率，得到一个输出的响应图谱，图谱中详细地给出了两个信号发生相互作用的频带。因此该测量中提供了有望使用的喷嘴动态特性的基本信息。图 6-9 给出了喷嘴 A 在若干轴向位置的相干性测量结果，激励器的激励频率在 0～900Hz 之间。图中显示了存在一个声扰动对喷雾作用最大的位置。这一发现与对雾化过程演变的理解是一致的。当液体燃料从喷嘴喷出时，首先受到高速空气流和低速液体流之间出现的动量比影响而雾化。在初步雾化过程形成大而不稳定片状和液滴后，二次雾化开始并进一步减小液滴颗粒的尺寸，这个过程通常和韦伯数相关[10]。只有当液滴达到特定尺寸时，它们才能更容易地被周围气流所影响；如果它们的尺寸太大，主要作用力不足以使它们加速。这个过程通常依赖于斯托克斯（Stokes）数并使其远小于 1。斯托克斯数（St）一般定义为颗粒响应时间 τ_p 除以涡转动时间 τ_e。

$$St = \frac{\tau_p}{\tau_e} \tag{6-2}$$

如果颗粒太大，雾滴将在湍流或者大尺度的结构中被甩高，以至于它们对流场变化的响应可以忽略不计。随轴向距离的增加颗粒尺寸逐渐减小，就会出现一个轴向最佳激励位置。然而，对于更大轴向位置处（＞4in）液滴响应下降的原因尚不清楚。一种可能的解释是：随着下游位置增加，液雾的面积持续增大，声能逐渐衰减，因此削弱了其对液滴的影响。另外一个原因可能仅仅是由于扩散和拖曳效应带来的喷雾运动耗散作用导致的。

还有一点很清楚的是，在所有轴向距离内，在 300～700Hz 频率范围存在强耦合，主峰的两侧都有一定的对称延伸，暗指与其他频率带存在相互作用。接近零频率时的相干性持续增加一般是零频函数，其具有很强的线性关系且仅随增益因子变化[3]。

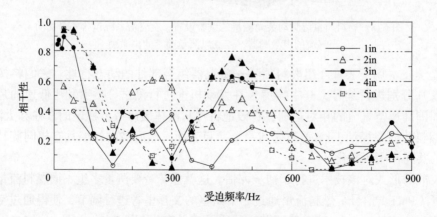

图 6-9　喷嘴在若干轴向位置的相干性测量

　　图 6-10 总结了喷嘴出口 4in 处测得的所有 4 个喷嘴的相干性结果。除了喷嘴 D，其他所有喷嘴在我们感兴趣的频率范围内（350～700Hz）均出现了喷雾—声耦合。这个结果非常重要，因为这反映了液滴对外部激励的响应能力，这样就可能引起脉动的热释放轨迹，从而可能引发不稳定燃烧。在感兴趣的频率范围内，喷嘴 C 出现的相干性最高。该旋流器在 400～650Hz 范围内相干性基本保持不变，其值约等于 0.85。即使是在低频段（150～350Hz），其相关性也能保持较大值，甚至和喷嘴 A 的最大相干性相当（比较喷嘴 C 在 250Hz 的相关性和喷嘴 A 的最大相干性）。相干曲线也显示喷嘴 B 出现最明显的尖峰状相干性图谱，中心频率大约为 550Hz，因此它具有更窄的或者说选择性更强的相互作用区域。相反，与喷嘴 C 和 D 相比，喷嘴 A 更靠近中间的相互作用区域。因为声学激励对喷嘴 D 的喷雾行为的影响是可以忽略的，该喷嘴似乎可以为所观测到的不稳定性提供一种潜在的被动控制解决方案。实际上，在发动机安装后发现不稳定的幅值已经衰减到可接受的水平，所有这些改进的喷嘴都被纳入到了发动机产品的设计中。

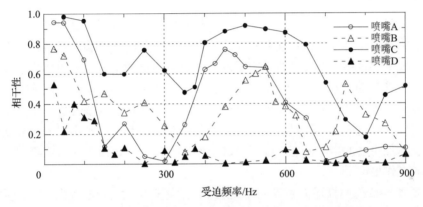

图 6-10　所有喷嘴的相干性测量结果，距离出口截面为 4in

　　通过在 350～600Hz 频率范围内使用的正弦扫频方法，测量喷雾质量流量和声压传递函数对声学耦合作用做了进一步的评估。由于该项工作的目的是识别并复现发动机中观察到的不稳定的过程，选择喷嘴 A 继续作为这些研究的对象。对于喷嘴 A，选择该频率范围是因为喷嘴 A 在该范围内具有较高的相干性。图 6-11 显示了喷嘴 A 出口截面下游 100mm（4in）平面处的测量结果。该曲线显示了由于上游声压扰动（p'）引起的该平面质量脉动的传递函数。采集了随时间变化的质量浓度的原始数据，并且在分析仪上以频域形式保存。为了避免放大噪声中的信号，在频域中推导了被测平面的质量的时间导数。结果显示了带通滤波器中的常见特性。燃料喷嘴起到带通放大器的作用，仅允许喷雾和声波在一定的频率范围内产生显著的相互作用，最大的相互作用频率大约位于 450Hz 处。对喷嘴的这一特性进行估算，并且将该频率范围与燃烧系统的主要声学模态进行对比，可以使设计者在开发过程中能更早地处理燃烧不稳定性问题。

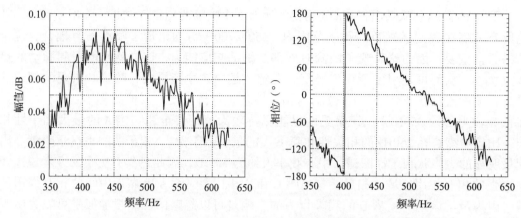

图 6-11　在喷嘴 A 下游 4in 处，质量波动 / 压力波动传递函数的幅值和相位。
质量波动传递函数是由质量波动 / 压力波动传递函数乘以频率倍数得出

6.5　缩比燃烧室试验

当前，还没有一个经过验证的有效方法可以在实验室尺度下的试验台上复现发动机尺度下的燃烧室动力学特性。设计实验室尺度下的燃烧不稳定性试验的挑战是要在尽可能简单的（费用低）装置中复现发动机动力学环境。近期报道的工作表明整体模态和纵向模态不稳定性可以在单喷嘴试验台中复现。Cohen 等[11] 和 Hibshman 等[12] 在单喷嘴和扇形燃烧室中开展了不稳定性主动控制试验，试验中再现了工业贫燃预混燃烧室中观察到的整体模态不稳定性。Paschereit 等[13] 开发了一个缩尺燃烧室，其入口和出口的边界条件是可变的，以便于施加想要的声学模态。除了全环形燃烧室以外，还没有在多喷嘴扇形段中复现切向模态的工作报道。

为了复现本章前面描述的发动机中观察到的不稳定特性，设计了一个单喷嘴试验装置，试验台设计方法包含以下指导准则[14]。

6.5.1　采用全尺寸的燃料配置子部件（燃料喷嘴、空气旋流器）

燃料喷嘴动态响应测量结果显示，与发动机测试中观察到的数据一致，原型喷嘴—旋流器（旋流器 A）在 500Hz 不稳定频率附近出现了响应增强，因此采用这一原型设计是非常重要的。尽管采用缩尺的硬件可能对于尽量降低试验设备的要求是有利的，但是当前试验没有采用这种方法，因为减小尺寸后的流动会带来一些不确定因素。

6.5.2　燃烧室与空气管道的声学隔离

使用文丘里管来进行节流并测量入口空气流量。在喉部处达到声速提供一定程度的隔离作用，所以文丘里管被设计成不完全膨胀的形式，从而在文丘里管喉部下游 1.38in（3.5cm）处形成一个正激波。上游的边界主要由该激波以及前置扩压器腔室中流动突然膨胀进行建立。下游边界通过在第一级涡轮机入口导叶的位置布置一个阻塞的喷嘴来建立。

6.5.3　纵向声学模态的重构

阻塞排气喷嘴在提供了声学隔离边界的同时也确定了测量段的声学长度。其他与此相关的关键因素有燃烧室、扩压器、前置扩压器，以及引导扩压空气进入燃料喷嘴的整流罩。表 6-1 所示的是发动机环形燃烧室与试验台燃烧室在几何特征方面的对比，横截面积的选择是为了复制相关容积及膨胀 / 收缩比。

表 6-1　发动机和试验台的声学特征对比

特　性	发动机	试验台
单个喷嘴的燃烧室容积 /（in³/cc①）	13/851	08/770
燃烧室长度 /（in/cm）	0.5/21.3	0.5/1.3
单个喷嘴的整流罩容积 /（in³/cc）	29.3/119	3.4/695
标称整流罩高度 /（in/cm）	0.3/3.0	0.80/00
扩压器长度 /（in/cm）	0.7/6.9	0.7/6.9
预扩压器长度 /（in/cm）	09/9.9	0.9/9.9

6.5.4　气流分布、压降以及流动耗散特征的重构

对发动机中使用的压降和气流分配进行了复制，即重现了分别用于火焰筒冷却、主燃区以及掺混的空气比例。等效耗散的设计对实现发动机和试验台中具有相似不稳定振幅是非常重要的。通过复制系统的压降来维持系统的阻性耗散。不同气流间流量分配的相同复制了燃烧室内的化学当量比和热释放率的分布。

6.5.5　发动机运行工况下的试验设计

在一系列发动机测试工况下都检测到不稳定性。选择燃烧室压力 200psi（1.2MPa）、入口温度 771°F（684K）、燃烧室燃空比约 0.03 作为一个试验评估点，所有的分析都在这些条件下展开。全尺寸硬件下的低参数工况运行会改变部件的运行特征（压降、雾化等）。

最后要考虑的是，使用简单圆柱形横截面燃烧室装置还是选择能代表发动机燃烧室的 1/24 横截面的装置，即单个扇形段燃烧室。最终选择了圆形横截面燃烧室，因为该方法的造价更低、强度更高。调整了参与燃烧和掺混空气孔的数量和尺寸以提供合适的空气射流深度。

该单喷嘴燃烧室试验台的设计是为了维持发动机构型下单喷嘴对应的火焰筒轴向长度和横截面积，保持了基本相同的面积—轴向位置分布（见图 6-2），但是也存在一些变化，因为发动机硬件和用于单燃料喷嘴燃烧室试验台的轴对称圆柱形横截面燃烧室有所不同。空气流量分配和压损（旋流器、隔板、火焰筒、主燃区和掺混射流）也通过设计保持相等。前面已经提到，试验装置入口和出口是阻塞的，以确保实现系统声学隔离。试验段的构造如图 6-12 所示。

在测试段中，我们加入了高响应压力传感器和气体取样（未在此报告中报道）的布置措施。在主燃区沿圆周方向均匀布置了三个传感器在二次燃烧中掺混区各布置了一个传感器。

对主燃区和掺混孔外侧的非稳态来流压力进行了测量，同时，对燃烧室上游扩压器中的非稳态压力也进行了测量。

在 771°F（684K）、200psi（1.2MPa）的评估点运行条件下，对基准测试平台开展了准一维欧拉声学分析。声学分析包括阻塞点上游的进气腔和阻塞点下游的出气腔，并分别

---

　① 1cc（旧用毫升）=1mL。——编辑注

指定恒定总压和恒定静压作为欧拉代码求解中的边界条件。在 100 ~ 800Hz 的频率范围内，对热释放施加正弦扫频激励。产生的压力响应功率谱如图 6–13 所示，表明在 115Hz 和 550Hz 频率存在共振。分析中的激励幅值是在线性响应范围内任意指定的，因此图 6–13 和图 6–14 中坐标数值的绝对大小没有确切意义。

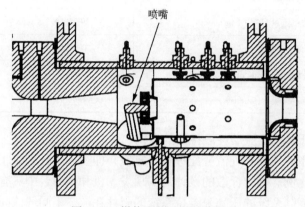

图 6–12　燃烧室测试段的装配图

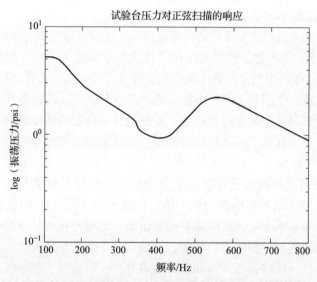

图 6–13　试验台配置中 x=3in 时燃烧室压力的计算功率谱。
100 ~ 800Hz 正弦扫频激励放热的准一维 Euler 程序结果

　　对这些共振相关的振型做进一步分析，显示低频 115Hz 模态是一阶纵向模态，该模态中扩压器和燃烧室是同相位的。我们关注的主要模态是 550Hz 模态，因为在发动机中观察到的不稳定频率是 525Hz，其压力模态如图 6–14 所示。考虑到扩压器入口至燃烧室出口是封闭/封闭型声学边界条件，因此该 550Hz 模态实质上是一个纵向半波模态，且在空气旋流器—燃料喷嘴处存在一个压力节点。扩压器中的压力与燃烧室中的压力是反相的，相位相差 180°。需要注意的是，燃烧室出口的下游出现了一些变化，但是计算结果表明，改变出口腔室长度对共振频率没有显著影响。通过发动机和试验台的声学分析（图 6–3 对图 6–13 和图 6–4 对图 6–14）对比显示：和设计的预期一样，发动机和试验台的声学响应吻合很好。

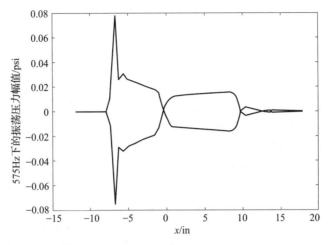

图 6-14 在试验配置为评估点工况时计算得到的 550Hz 模态压力振型

根据分析结果和所述的设计准则，完成了试验测试平台的设计。试验台经标定后安装在一个高压高温的燃烧试验舱中。燃烧室的运行工况可以完全用下列参数来表示：扩压器空气压力（p_3）、扩压器空气温度（T_3）以及燃烧室燃空比（FAR）。所选择的参数值对应三个不同的发动机运行工况，如表 6-2 所示。这里提及的燃空比是燃烧室出口的估算值，它考虑了所有流入燃烧室的空气，包括通过空气旋流器、主燃区和掺混孔，以及内筒和隔板冷却通道的空气。因为燃烧室出口是一个固定面积的阻塞出口，所以不能对测试参数进行独立变更。

表 6-2 对应发动机工作点的试验参数

入口空气压力 p_3/（psia/MPa）	入口空气温度 T_3/（°F/K）	燃空比
70/0.48	500/553	0.016
110/0.76	600/589	0.024
175/1.21	771/684	0.030

该试验选用了 PCB 压电式压力传感器（P/N 124A21）。该传感器能在高平均压力下测量频率范围为 $0.5 \sim 10\text{kHz}$ 的压力脉动。采用一体化的水冷装置可以使传感器周围温度维持在可接受范围内，从而实现令人满意的耐久性能。压力传感器通过一个直径 0.062in（1.6mm）、长 0.83in（21mm）的引压管与燃烧室相连。使用氮气吹扫该引压管，且吹扫的流量忽略不计。该管道腔室的 1/4 波长共振频率远高于本试验关注的频率范围。使用同步采样保持数据采集系统对模拟量数据以 2kHz 进行低通滤波处理，并以 5kHz 采样率进行数字采样。

对于评估点的运行工况，观察到频率为 566Hz 的不稳定性（见图 6-15）。在这些工况下该模态的幅值为 ±0.39psi（2.7kPa）。这里显示的非稳态压力结果来自燃烧室隔板下游 1.9in（4.7cm）处的传感器。对于固定的 p_3 和 T_3，不稳定的幅值随燃空比的增大而增大。在更高的燃空比下，总体的压力脉动均方根都由该单一频率所控制。$100 \sim 300\text{Hz}$ 范围内存在显著的噪声，尽管该频率范围内没有任何特定的相干性。

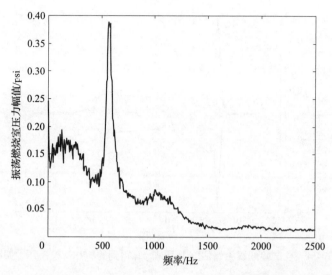

图 6-15 评估点运行工况下（*x*=1.9in），测得的非稳态燃烧室压力功率谱，
显示在 566Hz 处发生共振，振幅为 0.39psi（峰 – 峰振幅值 *p–p*）

图 6-16 显示了非稳态压力在燃烧室三个位置和扩压器上游一个位置上的空间分布。在燃烧室内，不同轴向位置测量值没有相位差，仅在振幅上有小幅偏差。在燃烧室上游也出现了明显的 566Hz 信号，其相位角滞后燃烧室压力 92°，且幅值为 1/2。在相同轴向但是不同周向位置上压力测量值没有相位或者幅值差（566Hz 信号），表明这是纵向声学模态。紧邻掺混孔外侧腔体中的动态压力比燃烧室中的小 2 倍，相位角大约比燃烧室压力滞后 40°。

在其他两个低功率运行工况下也观察到该模态，尽管振幅和频率较低，如图 6-17 所示。

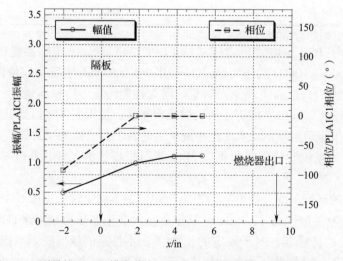

图 6-16 测量的 566Hz 模态分布，显示了相对于燃烧室隔板下游 *x*=1.9in
处压力测点 PLA1C1 的振幅和相位

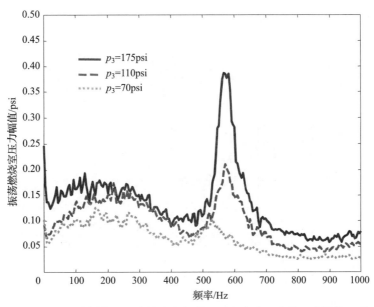

图 6-17　非稳态燃烧室压力的功率频谱，对应表 6-2 中的三个操作工况，
显示 566Hz 模态的振幅随功率水平的降低而降低

　　试验结果可以和图 6-13 显示的预测压力频谱及图 6-15 显示的测量压力频谱进行比较。回想一下，欧拉模型预测的声学共振大约在 575Hz 和 115Hz。试验中，观察到显著的不稳定集中在 570Hz 附近，并且在 100 ~ 200Hz 附近出现一些非相干现象，因此，吻合度看起来较好。试验中测量的模态振型，其空间分辨率有限，几乎显示不出 566Hz 模态对应的燃烧室内部非稳态压力幅值或者相位的空间变化（见图 6-16）。该模态振型和欧拉模型预测的 575Hz 模态是一致的（见图 6-14）。请注意，两个结果都表明，在燃烧室上游末端方向上，振幅略有下降。欧拉模型的预测结果预示燃烧室上游扩压器中的非稳态压力与燃烧室压力存在 180° 的相位差。试验结果显示扩压器段存在显著的相位漂移，在 566Hz 处大约滞后燃烧室压力 90°。这种偏差可能与模型的一维局限性有关。例如，燃烧室可能与外部腔体发生某种程度的耦合，也可能会通过空气掺混孔与燃烧室产生耦合。所以，从燃烧室掺混孔外的同相转变到扩压段的异相的相位转移在三维问题中是可能存在的，使得在扩压器相位移在 0° ~180° 之间。

　　注意，欧拉模型本质上是一种声学计算，如果不增加燃烧—声学耦合模型，它在计算压力振荡的幅值的能力基本上是有限的。在使用恒定相对激励水平的发动机计算中，欧拉模型计算表明，不稳定性的频率和幅值均应随发动机功率水平的提高而提高。这种趋势在发动机数据中得到了验证，并且在单喷嘴试验中也得到了复现（见图 6-1 和图 6-17）。同样令人鼓舞的是，计算中存在的耗散机制在 575Hz 处产生了一个宽峰值，这和试验中观察到的峰非常相似（见图 6-17）。

　　图 6-18 所示的是发动机和单个喷嘴燃烧室在相对应的运行工况下的脉动压力图谱对比。这两个数据集都包括 10 组以上的数据并且采用了相同的处理方法。目标模态频率复现误差在 12% 以内，模态振幅的复现误差在 3% 以内。发动机频谱中的峰明显较窄，表明其不稳定的相干性更强。单喷嘴燃烧室数据中也出现了整体水平更高的噪声，尤其是在 350Hz 以下的频率。

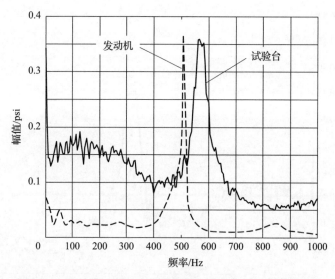

图 6-18　评估点工况下发动机和燃烧室试验台压力频谱对比

6.6　主动控制验证

　　主动燃烧控制（ACC），提供基于反馈的燃料喷射、燃料空气混合过程以及燃料分级控制，为获得合适的燃烧室动态特性提供一种可选方案，从而使得燃烧室的设计过程具有一定的灵活性。主动型不稳定控制已经在全尺寸工业燃气轮机（燃用气体燃料）中得到验证[15]，但在燃用液体燃料的航空发动机燃烧室中还有待验证。本研究中开发的单喷嘴燃烧室试验台就是用于研究实际航空发动机燃烧室中基于调整燃料的不稳定主动控制方法的可行性。该研究要求开发：①一个能按照既定流量和频率进行燃料调节的激励器；②用于控制设计的降阶模型；③能够识别和抑制不稳定的控制方法。如下文所述，这些技术发展的最终目标是验证其对单喷嘴试验台不稳定性的主动抑制。

6.6.1　激励器特性

　　验证不稳定性控制需要一个合适的燃料激励器。表 6-3 所示燃料阀的规格，是根据试验台燃料流量的要求和以前的经验得到的。研究了几种不同的燃料激励器设计构型，选择了其中的两个开展进一步研究。试验测试中选择了佐治亚理工学院研制的高频燃料阀，因为其概念较为成熟（见图 6-19）。该单一阀门装置中同时包括了一个高频流量调节部件和一个平均流量控制部件。

表 6-3　高频燃料阀规格

最大平均燃料流量	500lb/h
最大入口压力	600psi
注入喷嘴的最小压力	300psi
最大调节流量	平均流量 ±40%
执行机构带宽	最小，600Hz
流动介质	JP-8 航空燃料

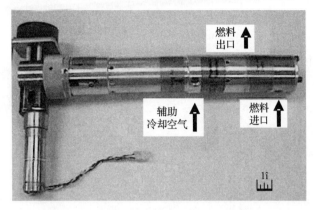

图 6-19　佐治亚理工学院开发的高频燃料阀

为了对燃料阀门能力的稳态和动态特性进行表征，研制了一种标定装置，该试验台能在 600psia 下持续提供高达 2USgal[①]/min 的水流量。该设计是为了给阀门提供一个隔离测试段，来模拟燃烧室试验测试中的阀门 / 燃料管线 / 喷射器（VFI）环境。阀门入口处的蓄能器将其与燃料供应的不稳定性隔离开。在阀门的下游，使用一个孔板来模拟燃料喷射器，用一个加压的充气腔室模拟燃烧室。

首先，研究了稳态的阀门流量特性，这一步主要包括绘制流体流量与阀体位移的关系图，以量化阀门的平均流量控制能力。稳态阀门流量特性也会在随后用于优化阀位，以使高频燃料调整的幅度最大化。

该阀门表现出良好的性能，流量随阀门开度的增大而单调增大。另外，一旦阀位达到大约 0.015in 时阀门全开，这时就不再进行流量调节。为了控制平均流量和调节动态流量，阀位必须保持在 0.005 ~ 0.015in 范围内。

对于阀门动态特性测试，在阀门的上、下游和燃料喷射器的下游安装了动态压力传感器。首先，在阀门和燃料喷嘴之间采用最短的供料管（其长度刚好可安装传感器），该最短供料管可以直接测量阀门压差 Δp 的频率响应，同时使该响应与供料管的相互作用最小化。

将一个 ±1V 的正弦波输入信号发送至阀门，分析阀门前后压降与输入信号的关系。分别在阀门和模拟的喷嘴孔板之间插入 1ft 和 2ft 长的管线以模拟真实管线长度的影响，这种情况在燃烧室试验台或者在发动机安装管线时会遇到。

图 6-20 所示为阀门指令和阀门压降之间的传递函数。从传递函数可以看出，增加阀门和燃料喷嘴之间的管线长度减小了燃料系统的共振频率。当管线长度从 0 增加到 2ft 时，共振频率朝 500 ~ 600Hz 的燃烧室共振频率方向下降。应该避免在所关注的控制器频率或附近频率出现这种响应奇异点，因为这种相近频率会阻碍主动不定性控制对不稳定燃料流量进行控制的尝试。因此，在燃料阀和喷嘴之间存在一个最大的燃料管线安装长度，当大于这个长度时，燃料系统和燃烧室不稳定性之间的相互作用会变得极其复杂。

---

① 1USgal（美加仑）≈ 3.785L。——编辑注

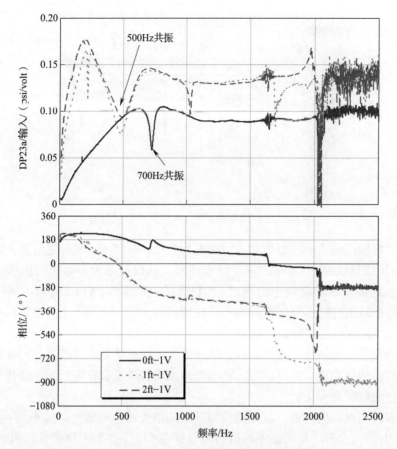

图 6-20　动态阀门响应显示了在三个不同供油管线长度下阀门指令电压（输入）
与阀门压差（DP23）的传递函数

　　因此，阀门的控制能力，也即阀门能够扰动燃料流量进而影响燃烧室压力的水平，最终在燃烧室试验台中通过试验得以确定。根据标定试验结果，将阀门设定为标称稳定开度，对阀门施加开环的正弦脉动电压信号。单喷嘴燃烧室试验台的运行工况与表 6-2 中的条件相近，出现了 530Hz 的燃烧不稳定现象。试验中改变了阀门指令电压的频率和幅值，并用隔板下游 1.9in 处的压力传感器来监测燃烧室压力，典型试验结果如图 6-21 所示。对于 300Hz、±2.5V（允许的最大幅值）的阀门指令，燃烧室动态压力对阀门扰动存在一个尖峰响应。该压力响应叠加到燃烧不稳定压力之上，600Hz 的阀门指令也显示类似的结果。最初担心的是尽管该阀门有能力施加大的燃料质量流量变化，但燃料喷射器的预成膜特性可能会降低执行机构的能力。总之，这些测试证明了其能力是足够的（在不稳定振幅的数量级上）。

6.6.2　控制方法的开发与验证

　　要实现燃烧不稳定性的闭环控制，控制器必须能感知燃烧压力振荡，并以干扰燃烧不稳定性的频率和相位激励燃料。另外，为了避免对燃烧室造成损坏，控制器最好能够在不稳定性较弱时，即与燃烧室噪声水平处于同一量级时就将其隔离并加以抑制。为了提高成功抑制不稳定的概率，开发了两种备选控制方法。这些控制方法的制定是为了应对与燃烧室热声振荡相关的大带宽燃烧室噪声、严重的时间延迟，以及相位的随机变化。第一种控

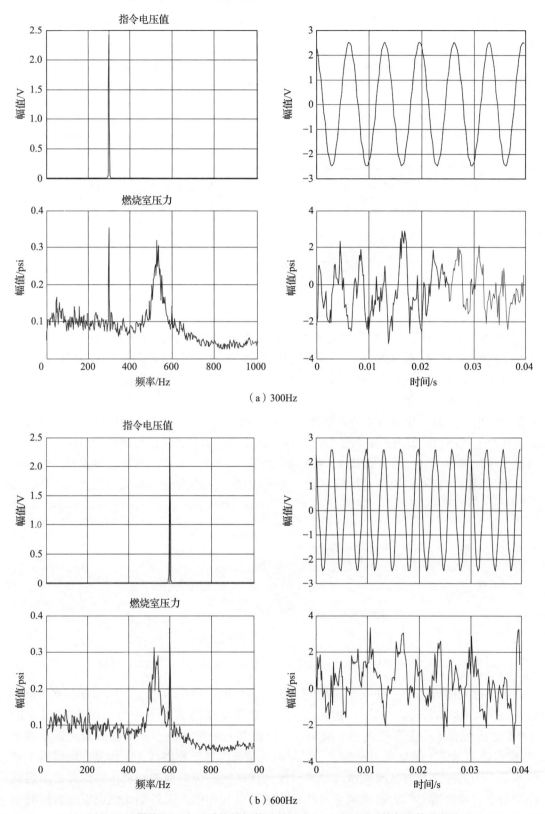

（a）300Hz

（b）600Hz

图 6-21　燃烧室压力对受控阀门扰动的响应，显示了开环执行机构的能力

制方法是基于自适应相移策略。图 6-22 所示的自适应滑移平均相位控制（adaptive sliding phasor averaged control，ASPAC）方法先探测燃烧室压力，然后将该信号进行过滤以识别不稳定性的频率，进而计算压力振荡的平均功率，最后调节燃料脉动的相位来降低压力振荡的功率。

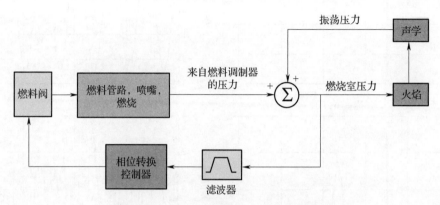

图 6-22　自适应滑移平均相位控制方法

ASPAC 方法假设燃烧室总压力为不稳定压力与调整燃料产生的压力振荡之和（见图 6-22 和图 6-23）。快速相位自适应算法首先采用较大的相位步长来寻找功率降低的相位区域（见图 6-23，受限控制区域的边界），然后相位以更小的步长变化，直到功率增加，随后反向动作（见图 6-23，有限稳定区域的边界）。有效稳定边界随着不稳定性的抑制而缩小，然而，如果功率持续增加（失去有效控制），一个新的受限控制区域就会形成。在产生抵消的区域内不断调整相位，该算法能快速适应不稳定压力的随机性，尤其是由燃烧室背景噪声引起的压力脉动。控制器的取样频率为 10kHz。该算法也提供一个更慢的、更加渐进的控制器增益自适应。有关 ASPAC 方法的更多细节参见参考文献［16］和［17］。

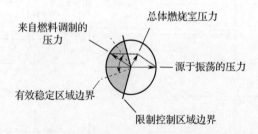

图 6-23　ASPAC 控制方法找到一个可降低燃烧室总体压力的相位区域

第二种控制方法是一种基于模型的方法。多尺度扩展的卡尔曼（Multiscale Extended Kalman，MSEK）方法，与第一种方法类似，也需要探测燃烧室压力。图 6-24 所示的 MSEK 方法包含了一个多尺度（小波类似）分析和一个扩展的卡尔曼滤波观测器来预测（建模）热声振荡（燃烧压力振荡）的时间延迟状态。基于预测状态的预测（阻尼器）动作和基于压力振荡与其他瞬态扰动的多尺度估计的自适应声调抑制动作，计算得出燃料控制指令。控制器尝试去自动调节这些动作的增益和相位，以最小化燃烧室压力的时间尺度平均变化。控制器运行的采样频率为 5kHz。关于 MSEK 控制策略的更多信息参见参考文献［18］。这两种控制方法最初都在燃烧室压力的降阶谐振子模型中进行了评估以验证其基本功能。为了在台架测试前对控制器的性能进行更高保真度的验证，最后在燃烧室的准一维模型中对两种控制器都进行了测试[19]。除了质量、动量和能量方程外，也有相关的一种或多种组分传输方程，相对简单的反应和热释放方程。燃烧室被近似分成有限数量的一维区段（定常面积），这样产生的模拟和相关的边界条件本质上是一种一维多模块方法。这种建模方法为试验前的控制方法评估提供了仿真试验平台。非受控和受控模拟结果如图 6-25 所示。模拟结果预测控制器能够实现将非稳态压力振幅的峰值降低大约 60%。

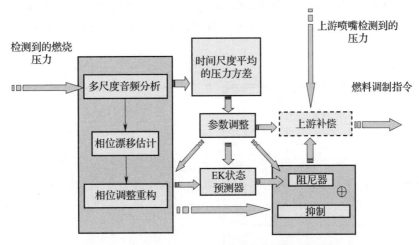

图 6-24　多尺度扩展的卡尔曼燃烧不稳定控制策略

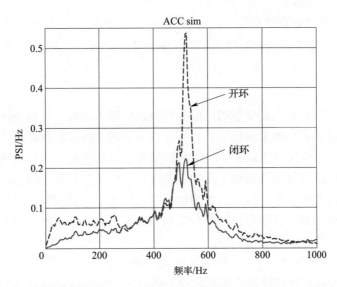

图 6-25　压力振幅频谱显示基于模型的控制方法预测不稳定振幅大约可减小 60%

高频燃料阀和开发的控制方法用于在单喷嘴燃烧室试验台中验证闭环不稳定抑制方法。试验运行工况如表 6-2 所示，该工况下出现大致如图 6-15 所示的不稳定行为。在喷油器下游 1.9in（4.8cm）处测量燃烧室压力。该控制算法嵌入到一个数字空间公司

（dSpace）实时处理器上，燃料流量通过快速响应燃料阀进行动态控制。

为了评估每个控制器，首先确立了基准运行工况，并且施加了开环扰动来验证激励器的运作状况和能力。随后开始验证闭环控制器。运行了两组测试，每组测试对两个控制器均进行了评估。在第一个试验中，两种方法都观察到不稳定振幅有所降低。然而对于两种方法，燃烧室压力频谱中发现了低频（<30Hz）振荡。这些低频振荡可能是由于不稳定控制器和阀门平均流量控制之间的相互作用或者一些其他的低频现象。

对于第二组试验，在控制器中增加了额外的滤波以减少这种相互作用，图 6-26 显示的结果表明该方法能有效降低系统的低频振荡。可以看出，两种控制方法都能识别出不稳定频率并将振幅降低大约30%。与其他燃烧不稳定性控制研究不同，这种降低没有在相邻频率上产生二次峰[12, 20~22]。本书第 23 章将详细讨论影响控制器抑制不稳定性能力的几种因素。

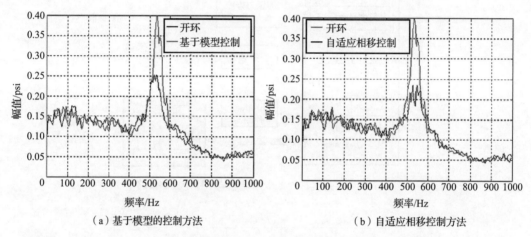

（a）基于模型的控制方法　　　　　　　　　　（b）自适应相移控制方法

图 6-26　燃烧不稳定主动控制试验的燃烧室压力振幅谱，显示了两种方法对不稳定性的闭环抑制

6.7　结论

综上所述，航空发动机燃烧室的性能和排放目标越来越高，导致所研发的燃烧室对燃烧不稳定性愈加敏感。在本文工作中，我们开发了一种方法来解决燃烧不稳定的预测和抑制难题，该方法已经应用于实际发动机中观察到的燃烧不稳定性实例问题。

采用准一维欧拉计算方法开展了发动机燃烧室结构声学分析，以帮助解释发动机的不稳定行为。该分析表明，在观察到的 525Hz 不稳定频率下，燃烧室容易发生声共振。基于有限可用的发动机动态运行数据，分析的结果似乎表明发动机中出现的是纵向声学模态频率和模态振型。

开展了发动机喷油器—空气旋流器的动态响应试验。声阻抗测试表明，在 400～600Hz 范围内，没有与该旋流器几何形状相关的特定声学参数会导致压力脉动的优先放大（和不稳定耦合）。然而流体动力激励测试显示，旋流器成膜附近的空气速度在此频率范围内是高度敏感的。该旋流器从 300～500Hz 范围内出现了优先放大，大约在 350Hz 出现峰值。观察到的流体力学不稳定频率与速度直接成比例，表明这种不稳定性可能和周期性的涡脱落或者其他对速度敏感的现象有关。利用燃料中添加剂和芳香成分的荧光特性，设计了一种新颖的光学方法来监测声学激励喷雾中燃料流的脉动。在 4 个航空发动机燃料喷嘴上应用了该方法，并且在 350～650Hz 范围内识别出脉动空气流和燃料喷雾质量流量之间存在强声学耦合。基于动态喷雾和流体力学响应试验修改了燃料喷嘴—空气旋流器设计，结果使不稳定的振幅显著降低到可以接受的水平，这些改进后的喷嘴被整合到发动机产品的设计中。

　　基于准一维声学分析、关键硬件的子部件试验数据以及一些简单的模化准则，设计了一个小尺寸燃烧室试验。声学分析预测出一个大约 550Hz 的纵向声共振模态，这和从发动机数据中观测到的模态和发动机声学分析的预测结果非常相似。试验测试中，目标模态的频率复现误差在 12% 以内，模态的振幅复现误差在 3% 以内。发动机数据中的谱峰越窄，表明不稳定性的相干性越高。

　　最后，在实验室尺度下的燃烧室试验台中，使用非稳态燃烧室压力传感器和高速燃料激励器验证了主动控制方法。开发了一种能设定平均流量和扰动平均燃料质量流量的高速燃料流量激励器，并且对该激励器进行了特性研究。通过对试验台失稳行为的降阶和物理模拟，开发了两种控制方法，一种是基于自适应相移，另一种是基于模型的控制。在试验台的演示中，这些主动控制方法实现了将频率为 530Hz 的不稳定性振幅减小 30% 左右。

致　　谢

　　许多杰出的工程师和技术人员为我们所述项目的概念和执行做出了非常重要的贡献。在 NASA，他们是 Clarence Chang，Joseph Saus，Daniel Paxson，George Kopasakis，Dzu Le，Daniel Vrnak，Kevin Breisacher 和 James May。在普拉特－惠特尼，他们是 Jeffery Lovett，Michael Ondas，Saumil Shah，Donald Kendrick 和 Saadat Syed。在联合技术研究中心，他们是 Brian Wake，Thomas rosfjord，John McVey，Torger Anderson，Randy Hibshman，Karen Teerlinck，Michael Carey，Jeffrey Walker 和 Walter Borst。在佐治亚理工学院，他们是 Yedidia Neumeier，Eugene Lubarsky，Ben Zinn。

参 考 文 献

[1] Wake, B. E., Choi, D., and Hendricks, G. J., "Numerical Investigation of Pre-Mixed Step-Combustor Instabilities," AIAA Paper 96-0816, Jan. 1996.

[2] Anderson, T. J., Kendrick, D. W., and Cohen, J. M., "Measurement of Spray/Acoustic Coupling in Gas Turbine Fuel Injectors," AIAA Paper 98-0718, Jan. 1998.

[3] Cohen, J. M., and Hibshman, J. R., "An Experimental Study of Combustor Air Swirler Acoustic and Fluid Dynamic Sensitivities," Propulsion Engineering Research Center 9th Annual Symposium on Propulsion, 1-2 Oct. 1997.

[4] Kinsler, L. E., Frey, A. R., Coppens, A. B., and Sanders, J. V., Fundamentals of Acoustics, 3rd ed., Wiley, New York, 1982, pp. 230-243.

[5] Munjal, M. L., Acoustics of Ducts and Mufflers with Application to Exhaust and Ventilation System Design, Wiley, New York, 1987, pp. 201-207.

[6] Beranek, L. L., Acoustics, Acoustical Society of America, Melville, NY, 1993, pp.

123–128.

[7] Bendat, J. S., and Piersol, A. G., Random Data, 2nd ed., Wiley, New York, 1986, p. 172.

[8] Arnold, A., Dinkelacker, F., Heitzmann, T., Monkhouse, P., Schafer, M., Sick, V., and Wolfrum, J., "DI Diesel Engine Combustion Visualized by Combined Laser Techniques," Twenty-fourth Symposium (International) on Combustion, The Combustion Institute, Pittsburgh PA, 1992, pp. 1605–1609.

[9] Castleman, R. A., "The Mechanism of the Atomisation of Liquids," Journal of Research of the National Bureau of Standards, Vol 6, No. 281, 1931, pp. 369–376.

[10] Hopfinger, E., and Lasheras, J., "Breakup of a Water Jet in High Velocity Co-flowing Air," 6th International Symposium on Liquid Atomization, Spray Systems, 1994, Institute for Liquid Atomization and Spray Systems, Irvine, CA, pp. 110–117.

[11] Cohen, J. M., Rey, N. M., Jacobson, C. A., and Anderson, T. J., "Active Control of Combustion Instability in a Liquid-Fueled Low-NO_x Combustor," Journal of Engineering for Gas Turbines and Power, Vol. 121, No. 2, April 1999, pp. 281–284.

[12] Hibshman, J. R., Cohen, J. M., Banaszuk, A., Anderson, T. J., and Alholm, H. A., "Active Control of Combustion Instability in a Liquid-Fueled Sector Combustor," American Society of Mechanical Engineers, Paper 99-GT-215, June 1999.

[13] Paschereit, C. O., Gutmark, E., and Weisenstein, W., "Control of Combustion Driven Oscillations by Equivalence Ratio Modulations," American Society of Mechanical Engineers, Paper 99-GT-118, June 1999.

[14] Peracchio, A. A., Rosfjord, T., McVey, J., Anderson, T., Banaszuk, A., Cohen, J., Hibshman, J., Jacobson, C., Khibnik, A., Proscia, W., and Rey, N., "Active Control for Marine and Land-Based Aeroderivative Gas Turbine Engines," Vol. 1, Defense Advanced Research Projects Agency Final Contractor Rept., United Technologies Research Center Rept. 98-16, December 1998.

[15] Hoffman, S., Weber, G., Judith, H., Herrmann, J., and Orthmann, J., "Application of Active Combustion Instability Control To Siemens Heavy Duty Gas Turbines," Symposium of the AVT Panel on Gas Turbine Engine Combustion, Emissions and Alternative Fuels, RTO-MP-14, AGARD, NATO Research & Technology Organization, Oct. 1998.

[16] Kopasakis, G., and DeLaat, J., "Adaptive Instability Suppression Controls in a Liquid-Fueled Combustor," 38th Joint Propulsion Conference and Exhibit, AIAA Paper 2002-4075, NASA TM-2002-21805, July 2002.

[17] Kopasakis, G., "High-Frequency Instability Suppression Controls in a Liquid-Fueled Combustor," 39th Joint Propulsion Conference and Exhibit, AIAA Paper 2003-1458, July 2003.

[18] Le, D., DeLaat, J., and Chang, C., "Control of Thermo-Acoustic Instabilities: The Multi-Scale Extended Kalman Approach," 39th Joint Propulsion Conference and Exhibit, AIAA Paper 2003-4934, July 2003.

［19］Paxson, D., "A Sectored–One–Dimenstional Model for Simulating Combustion Instabilities in Premix Combustors," 38th Aerospace Sciences Meeting & Exhibit, AIAA Paper 2000–0313, NASA TM–1999–209771, Jan. 2000.

［20］Murugappan, S., Acharya, S., Gutmark, E., and Messina, T., "Characteristics and Control of Combustion Instabilities in a Swirl–Stabilized Spray Combustor," 35th Joint Propulsion Conference and Exhibit, AIAA Paper 99–31259, June 1999.

［21］McManus, K. R., Magill, J. C., Miller, M. F., and Allen, M. G., "Closed–Loop System for Stability Control in Gas Turbine Combustors," AIAA Paper 97–0463, Jan. 1997.

［22］Barooah, P., Anderson, T. J., and Cohen, J. M., "Active Combustion Instability Control with Spinning Valve Actuator," American Society of Mechanical Engineers, Paper GT–2002–30042, June 2002.

第7章 燃烧不稳定性监测：卡尔派（**Calpine**）的经验

Jesse B. Sewell and Peter A. Sobieski
（Calpine Turbine Maitenance Group，Pasadena，Texas）

7.1 引言

本章重点介绍了卡尔派（Calpine）透平维修公司在燃烧不稳定监测方面的经验。Calpine 是一家致力于自用发电的电力公司，在北美的 21 个州和 3 个省均有在运行电厂。Calpine 机组包括干式低 NO_x（DLN）燃烧系统和传统燃烧系统，机型主要有西门子－西屋（S/W）的 251B12、501D5、501D5A、501FC/FD1/FD2 和 501G 燃机，以及通用电气公司的 6B、7EA、7FA、LM2500、LM5000 和 LM6000 燃机。

尽管在过去几年里，关于燃烧不稳定的基础研究日渐增多，但主要集中在设计、基础分析以及小型燃烧室的实验室测试，对于实际燃机中的燃烧不稳定的研究则鲜有公开。当前，燃烧脉动监测（CDM）已成为诸多电厂的标准配置，既可用于监测燃烧不稳定，还可用于调整燃机的排放、稳定性、输出功率甚至热耗。很多大型发电集团，如 Calpine，都已实现专业人员通过远程监视 CDM 系统进行安装、维护、监测和调节机组运行。7.2 节将介绍 Calpine 的一种典型 CDM 系统。

连续运行的 CDM 系统能够快速收回高昂的安装费用，同时实现连续监测。首先，通过直接监测燃烧不稳定的幅值，在系统开始振荡时就采取有效的措施，避免因破坏性后果发生而付出惨痛的代价。否则燃烧室部件的裂纹和其他组件失效产生的碎片将会对下游部件造成巨大的损坏。7.3 节将描述 Calpine 电厂由于燃烧不稳定问题所导致的部件损坏情况。其次，CDM 还可作为通用的燃烧室状态监测工具，比如可以通过其频谱特征变化识别部件失效、流动阻塞和燃料—空气分配等问题。7.4 节将介绍利用 CDM 系统检测燃烧室问题的案例。

7.2 燃烧脉动监测系统

因原始设备制造商（OEM）、机组等级和用户需求的不同，CDM 系统的硬件配置也会相应地进行调整。通常情况下，CDM 系统中压力脉动测量精度的重要性低于温度和静压测量，其原因是 OEM 无法预先确定系统在给定频率下不可接受的压力脉动幅值阈值，该阈值需要根据部件寿命或失效分析确定。更准确地说，这些信息通常是由用户的经验决定的。因此，通过在线监测了解系统的允许幅值，以及持续时间就显得至关重要。

7.2.1 压力测量装置

通常，装置配置受限于传感器的耐温极限。由于缺乏合适的高温压力传感器，传感器常被放置在远离火焰的位置，因此需要引入传递函数关联燃烧室中的实际压力与传感器的测量压力。测量到的压力幅值可能存在显著衰减，取决于引压管（stand-off tube）和传感器的布置位置。

本章后续讨论用的数据通过以下两种装置测量。在西门子－西屋（S/W）燃机中，用一根齐平安装在燃烧室火焰筒上的 3/8in 波导管或者导管，实现直接从主燃区采样（见图 7-1）。波导管通过压力密封装置安装在燃烧室端盖上，再经过一个隔离阀连接到动态压力传感器。这种配置下动态压力传感器距离火焰区域 12～14in。波导管上还连接一段 3/4in 的衰减管，其内部包含直径为 1/16in 的毛细管，用于抑制信号、减小反射；由于管内存在冷凝，需要定期使用干燥氮气进行吹扫。图 7-2 是系统的总体布置图，其中传感器是快速响应型压电式晶体压力传感器，自带密封、电子绝缘和振动补偿功能。在多管形燃烧室中，每个传感器与各个燃烧室内筒一一对应。

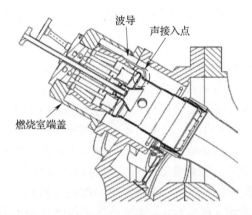

图 7-1 西门子－西屋 F 级机组的燃烧器主燃区的声接入点

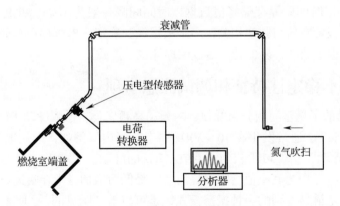

图 7-2 S/W 燃机通用系统布置图

通用电气公司燃机采用一个 1/4in 管子进行压力取样，一端嵌在燃烧室火焰筒壁面处，另一端连接到燃机罩壳外的仪表／吹扫盘（见图 7-3）。采样点到动态压力传感器之间的典型距离不宜超过 27ft。通过长约 125ft、内径为 1/4in 的传统无限线圈管实现耗散或衰减。该系统也需使用干燥的氮气吹扫防止冷凝，采用内置电荷放大器的压电型传感器。

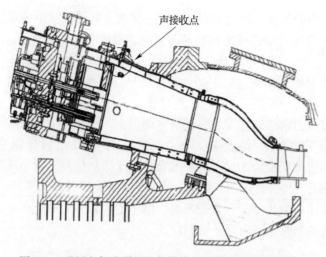

图 7-3　通用电气公司机组的燃烧室主燃区的声学取样口

7.2.2　数据采集系统和频谱分析

数据采集系统（简称数采系统）负责记录和存储频谱数据，同时接入电厂历史数据库，与电厂监测测量数据同步开展分析。燃烧动态分析通常基于频域结果开展，频域数据源于对每个燃烧室的时域压力信号进行快速傅里叶变换（FFT）。尽管 FFT 有严格定义，但当需要对比不同机组脉动幅值以及不同 OEM 之间脉动情况时，FFT 的设定方式还是会带来一些关键问题。例如，脉动幅值的设定，一些 OEM 选取零—峰值作为幅值，但其他 OEM 则采用峰—峰值。此外，燃烧脉动是不确定的和"嘈杂的"，在给定频率带下采样时间间隔对幅值也会有显著影响。例如，当采样时间较长（约 6s）时，频率分辨率可达到约 0.3Hz。而当采样时间非常短（0.2s）时，频率分辨率仅能达到 10Hz，且幅值会被放大。

存储每个燃烧室在全部频谱段内连续频率和幅值的数据是不现实的。常用的做法是在每个频段内以一定时间间隔存储峰值数据，时间间隔一般为 1min，并将峰值数据与报警阈值进行比较。报警阈值与频率相关，多是根据经验确定，提醒存在有危害性的或者非正常的运行。从数据可获知，幅值越大造成的损坏也越严重。

7.3　常见的不稳定性特征和调试注意事项

Calpine 燃机的不稳定问题分为低频、中频和高频三类。低频脉动（LFD）也常被称作"轰隆声"（rumble），通常发生在 10～50Hz 频率范围内。例如，通用电气公司 7FA 机组中存在 17Hz 的脉动，S/W 501F 机组中存在 25Hz 的脉动。工业上，此类振荡被称为"冷声调"（cold tones），因为其幅值会随火焰温度的降低而增加，常在临近熄火的贫燃状态下被观测到。LFD 是最易鉴别的一种振荡模式，是可以被"听见的"，听上去就像一辆货运列车驶过电厂。大多数具有 LFD 特性的燃机都需要在春季和秋季开展季节性的调试。在秋季时，大气温度降低、密度变大，燃机在更加贫燃的状态下运行。需要调试的代表性征兆是 NO_x 排放降低、LFD 增加。图 7-4 展示了燃机贫燃运行下的典型低频脉动特性。季节性问题在频谱图中的关键表征是所有燃烧室都能监测到 LFD。如果仅是个别问题，如某个燃烧室的部件失效，仅能在有限区域内观测到脉动。在春季时，大气温度升高，将会出现相反现象。

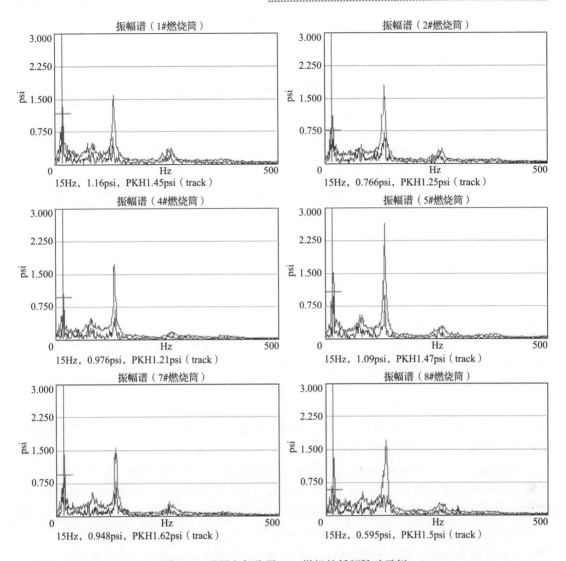

图 7-4 通用电气公司 7FA 燃机的低频脉动示例

中频脉动（MFD）通常发生在 100 ~ 250Hz 频段。例如，通用电气公司 7FA 燃机存在 130 ~ 150Hz 的脉动，S/W 501F 燃机存在 120 ~ 140Hz 的脉动。工业上，此类振荡被称为"热声调"（hot tones），因其幅值随火焰温度、燃机功率增大而增加。S/W 燃机在高负荷时的中频主要发生在 135 ~ 145Hz 区间，但是受燃气加热程度和燃料分配比例的影响，315Hz 模态会被激发。此外，当满负荷运行时，燃料分配比例变化也会造成冷、热声调同时存在的情况。当燃机负荷小于 85% 时，只要值班燃料比例足够高，机组就能稳定运行。如非结构发生损坏，冷、热声调几乎不会同时存在。与 S/W 燃机不同，通用电气公司 7FA 燃机在全部负荷范围内都处于略贫的状态，当燃料分配比例变化会出现冷、热声调共存现象，还有可能激发出多个主频。

高频脉动（HFD），有时被称为"尖叫"，在工业燃机中偶尔会被观测到。虽然 HFD 不常见，但高幅值 HFD 在几分钟内就能造成部件失效，对燃机危害巨大。S/W501F 和 501G 燃机中曾监测到 1600Hz 及以上的高频脉动，在通用电气公司 F 级燃机上也曾监测到

260Hz 及以上的高频脉动。

脉动监测常用于燃机调试。DLN 燃烧室调试内容包括调节分级燃料的比例，以及调节入口导叶（IGV）角度改变空气量。如果燃机进入闭环排气温度控制，控制系统将调节 IGV 以维持设定曲线下的排气温度，或者保证排气温度距实际排气温度限值（即燃烧曲线）留有一定的裕度。开环控制则是基于输出功率或者功率百分比进行 IGV 的调节。对于任一种控制策略，调试人员均可以在全部负荷范围调节 IGV 设定值。但需要注意的是，不能运行到压气机失速和喘振边界，OEM 通常不会公布或提供这些边界值。

在线进行小步长的调整可以优化机组的排放和稳定性。例如，在某一负荷状态，调试人员选定某级燃料，逐步增加其比例直至脉动和排放发生显著变化。如果燃烧调整能够改善状态，则继续进行。然后，将燃料比例恢复至初始值并与初始状态参数进行比较。再逐步减小燃料比例直至脉动和排放发生显著变化。通过调整能够得到对应负荷下此级燃料的最佳运行包线。

针对多级燃料中的每一级开展上述调试，有时也会调整空气流量，直到获得机组稳定运行所需的燃料分数或分配比例。由于不同燃料级间存在耦合，可能需要多次迭代。

改变燃料分配比例是控制 NO_x 排放和稳定性的常见手段，在某一负荷下能够满足排放和稳定运行要求的燃料分配比例有多种组合。在部分负荷时，IGV 角度将会显著影响 CO 排放，IGV 每变化 0.5°~1°，CO 可能增加超过 100ppm。

与 DLN 燃烧室相比，传统燃烧系统仅有一级燃料，其燃烧调整要简单得多，主要通过注入水或水蒸气降低 NO_x 排放。对于喷水系统，水直接从燃料喷嘴喷进主燃区。对于喷水蒸气系统，水蒸气通过布置在主燃区、主燃区下游，或者燃烧室缸体上的喷嘴喷进相应的区域。常用的水蒸气和燃料喷射比例为 1.2~1.5。

通常无法根据大气温度、湿度和压力等环境参数变化开展实时调整。有些机组在一天中经历多次极端的温度或湿度变化，从而影响运行负荷。例如，当环境温度下降时，燃机出力增加，同时可以监测到脉动幅值增长 50%~100%。如果没有连续监测，运行人员判断机组是否存在问题的唯一方法是听到机组发出压力脉动引起的轰隆声或跳机[4]。其他运行故障的表征还包括排放增加和运行不稳定，如负荷摆动。此时，燃机负荷将会受到限制，以防止造成结构损坏，直至机组可以重新调整。不断调整燃机的运行状态以适应环境和特殊运行变化，可延长部件寿命并显著增加维护周期[2, 5]。

7.4 燃烧脉动的有害影响

燃烧不稳定能够造成多个硬件损坏，包括燃料喷嘴、燃烧室内筒和过渡段等，极端情况下，受损部件会掉入气流流道并最终进入涡轮。尽管当前关于声学不稳定以及其与燃烧室热通道部件寿命之间的关联研究有限，但有一点是明确的，即在进行部件设计时必须保证其结构固有频率与燃烧不稳定频率间有一定的裕度。

燃烧系统中的"冷声调"振荡是轴向模态，当幅值超过一定限值时对涡轮和燃烧室部件均有影响。例如，造成燃烧室部件表面磨损，造成涡轮排气段、余热回收蒸汽发生器或烟囱磨损或损坏。因此，"冷声调"的限值幅值通常小于"热声调"。

当"热声调"持续超过运行限值时，也会对燃烧室硬件造成损坏。但根据我们的经验，其破坏程度要小于"冷声调"或"尖叫声"。在不清楚材料特性、结构固有频率等参数情况下，很难准确判断出具体的部件更易受"热声调"或"冷声调"影响。与不稳定相关的燃烧脉动或燃烧振荡导致的部件失效，多数是源于热应力或机械应力引起的低周疲劳失效（LCF），随后裂纹在声学、机械或热共同引起的高周疲劳（HCF）作用下扩展。通常，裂纹源于与材料、结构、焊接甚至冷却孔等相关的高应力集中区域。

"尖叫声"可导致部件因高周疲劳在短时间内损坏，因此通过燃烧调整解决此类问题比较困难。假设某部件正承受频率为 2000Hz、幅值为 1.0psi 及以上的振荡，那么 500s 内将会经历 100 万个振荡循环。当某一部件与声学脉动形成共振时，"尖叫声"造成的破坏将是最大的。图 7-5 展示了 S/W 机组燃烧室部件因 HFD 发生损坏。其中，燃烧筒前端多个掺混孔附近的损坏非常明显，并且联焰管组件也发生了彻底的损毁。正常运行时，火焰筒部件的热应力和机械应力水平在一个寿命周期内是可以承受的。然而当 HFD 存在时，部件会很快失效，特别是使用焊缝的结构或通过焊缝连接的小零件，以及应力集中区域。从图 7-6 中可以看到燃烧室内筒上的明显裂纹。

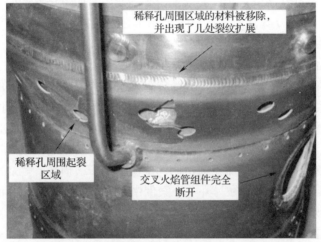

图 7-5　高频脉动导致燃烧室损坏的图片

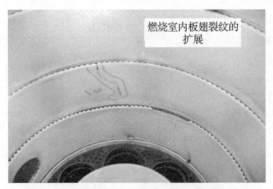

图 7-6　高频脉动导致的燃烧室损坏图片

7.5　用于燃烧室健康监测的 CDM：案例研究

本节讲述了压力脉动分析用于问题监测的案例。支撑该分析的关键经验之一是：某个燃烧室及其相邻燃烧室的燃烧脉动特性是一致的。尽管燃机的频谱特性随燃料分配比例和负荷变化而不同，但是不同燃烧室间的脉动特征非常一致，这一观点可用于问题识别。局部部件失效或气流扰动等通常被限定在特定燃烧室及其临近位置。反之，需要燃烧调整的问题在大多数燃烧室中都是可见的，并且可以通过电厂监视数据进一步筛查、确认。

然而，无法总是在检查之前就确定哪个具体的部件出现了故障。但通过分析燃烧脉动数据和电厂监测数据，在专业人员和设备到达电厂前，可用于快速判断出是继续正常运行、停机或仅能阻碍负荷运行。

7.5.1 流动阻塞

在本节中，燃机在近满负荷时发生了约 25Hz 的低频脉动，周期性超出报警限值。图 7-7 展示了燃烧室的低频脉动 23.75Hz、0.837psi，实线是软件计算得到的幅值阈值，10～50Hz 低频段脉动的报警阈值为 0.5psi（零—峰值）。需要指出的是，在 120～140Hz 范围内还有更高幅值的中频脉动，但从图可以看出该模态的幅值低于其报警阈值。通过检查所有脉动测点的数据发现，仅单个燃烧室存在该问题，而其他燃烧室的幅值始终低于阈值。在对电厂历史数据开展进一步研究发现，脉动发生时此燃烧室的回火监测热电偶发生了 20～60°F 温升，如图 7-8 所示。图 7-8 展示了在运行控制下燃机加载、维持满负荷和降载时燃烧室温度和压力幅值的变化情况。

回火监测热电偶 T_fb 布置在燃烧室的高速区域，位于预混喷嘴下游、主燃区之前，与动态压力测点处于同一平面。其当前的温升尚未触发报警，因为该型机组的报警阈值一般为 200°F，并且当温度持续超过限定值 30s 后机组才会自动降载。在这个案例中，除了燃烧脉动报警外，控制系统没有提示其他问题，燃机的排放、排气温度和叶片通道温度没有发生变化。

类似情况在机组中出现过很多次，表明燃烧室内存在贫燃熄火或者流动阻碍。通过检查发现锁线和其他碎片散落在旋流器通道内，旋流器销子被损坏，燃烧室壁面上的孔被烧蚀，部分检查结果可见图 7-9。在另外一个案例中，用于安装燃烧室旁通阀连杆组件的花键脱落，导致该燃烧室旁通阀开度比其他大 15%。此时进入该燃烧室的空气流量减少、流速降低，造成真正的回火。需要明确的是，温度增加并不代表真正的回火，正如之前的案例中所述，这也可能是由于预混喷嘴中空气流道被阻碍而引起局部流动扰动和回流。

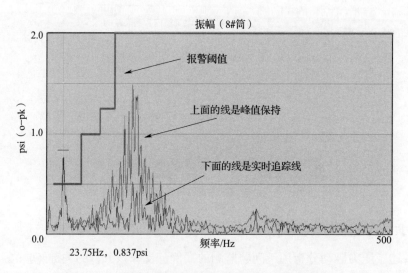

图 7-7　23.75Hz 时触发报警的脉动频谱，幅值单位为 psi

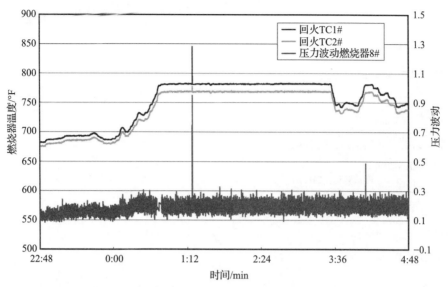

图 7-8　燃机加载时压力波动与低水平回火之间的关系

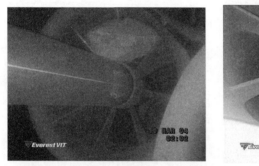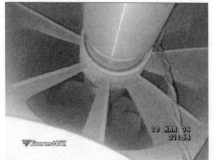

图 7-9　燃烧室预混喷嘴内窥镜图片，表明旋流器叶片间的流动阻碍

7.5.2　值班喷嘴的裂纹

在这个案例中，运行人员收到的第一个报警信号是 16# 燃烧室发生 100～500Hz 频段脉动。图 7-10 展示了 11#～16# 燃烧室的压力脉动频谱分布，16# 在 156Hz 附近存在明显尖峰，略超出系统正常频率范围 125～135Hz。通过进一步观察发现，15# 燃烧室也存在 156Hz 脉动，但是另一侧相邻的 1# 燃烧室，以及 11#～14# 燃烧室中则未发现 156Hz 脉动。这一细节表明，不同燃烧室可以通过联焰管发生声学耦合，能够在临近的燃烧室中听到并监测到噪声。这项观察对于检测部件失效是非常重要的，而不仅仅是通过测量元件或运行调整去识别局部问题。

查看燃机数据时发现 NO_x 排放增加了 3～5ppm，叶片通道温度 BPT 偏差逐渐增加了 45℃，其中 BPT 偏差的定义为最高 BPT 值与平均值的差。然而此时 BPT 偏差仍小于报警值，直至发生进一步结构损坏时才被控制系统识别。基于 CDM 报警和随后的燃机数据分析，分别对 1#、16# 和 15# 燃烧室进行了内窥镜检查，发现 16# 燃烧室值班喷嘴已经发生损坏（见图 7-11），有额外燃料通过焊缝处的裂纹进入燃烧室。如果这种情况持续下去，损坏的部件极有可能掉入下游流道引起灾难性破坏。图 7-12 的内窥镜检查显示值班喷嘴已经掉入涡轮通流中，卡在第一级静叶之间。

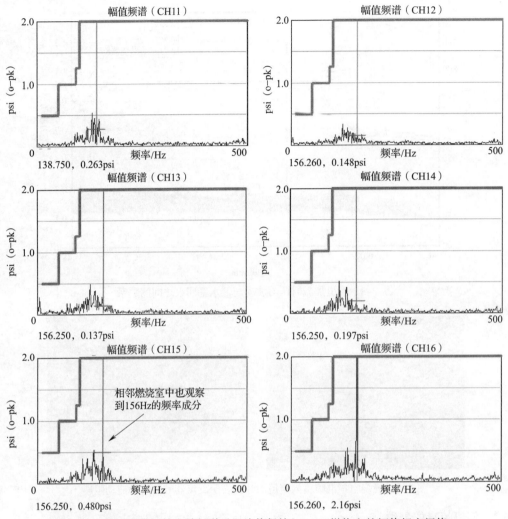

图 7-10　值班喷嘴初始失效频谱（无峰值保持），16# 燃烧室的幅值超出阈值，
相邻燃烧室脉动频率相同

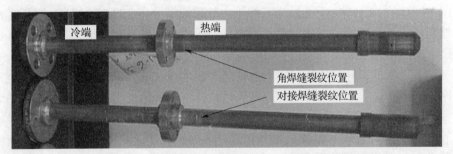

图 7-11　值班喷嘴在螺栓连接法兰处的断裂位置

　　失效发生在喷嘴热端区域，通过法兰与燃机本体相连，易受悬臂振动和应力影响，裂纹起始出现在热端悬臂根部。一些研究表明失效模态为 125Hz，与燃烧室的主要运行频率范围非常接近，失效源于燃机运行期间的高振动。这种失效形式在两种不同类型的值班喷嘴（见图 7-11）上均发生过，一类发生在冷端—热端连接法兰的角焊缝处，另一类发生在冷端—热端连接法兰的对接焊缝处，两种结构的失效形式相似，发生原因相同。

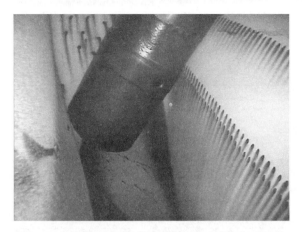

图 7-12   内窥镜照片：值班喷嘴卡塞在第 1 级静叶中

故障导致的总停机时间约为 12h，更换值班喷嘴后，燃机重新运行。

7.5.3   过渡段失效

该燃烧室的典型主频为 135 ~ 145Hz，在所有燃烧室中均存在（见图 7-13）。但需注意的是，4#、5# 和 6# 燃烧室还额外存在 225Hz 的脉动，其中 5# 的脉动幅值大于相邻 4# 和 6# 燃烧室，相比前述值班喷嘴失效的案例此处更为明显。

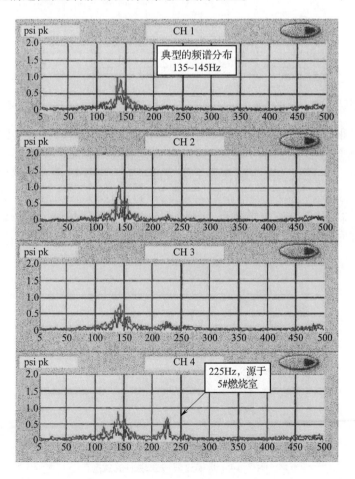

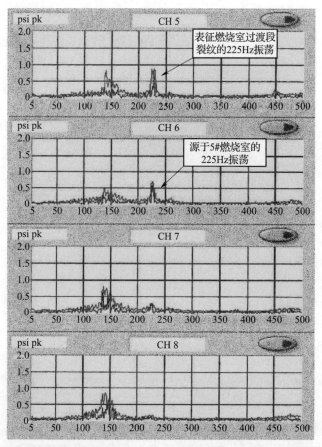

图 7-13　过渡段故障的早期迹象（5# 燃烧室），线条表示脉动峰值与变化轨迹：5# ~ 8# 燃烧室

　　从这个角度很难确定过渡段上的裂纹有多大。随着时间推移，即使已经从 100% 负荷开始降载，脉动幅值依然增加。在这个脉动被识别后的短时间内，由于一支 BPT 温度偏低触发了高 BPT 偏差跳机。随着过渡段上裂纹的扩展，压气机排气旁路掉入燃烧室头部而直接进到过渡段内，冷却过渡段出口，表征在排气温度上就是排气温度低或 BPT 偏差大。图 7-14 展示了过渡段的损毁状态，属于典型的源于低周疲劳、随后因高周疲劳而扩展的裂纹，高静应力与大幅值动应力耦合造成的快速失效。

图 7-14　受损过渡段发现时的状态

参 考 文 献

［1］Lieuwen, T., Tones, H., Johnson. C., and Zinn, B. T., "A Mechanism for Combustion Instabilities in Premixed Gas Turbine Combustors," Journal of Engineering for Gas Turbines and Power, Vol. l23, 2001, pp. 182-189.

［2］Stuttaford, P., Martling, V., Green, A., and Lieuwen, T., "Combustion Noise Measurement System for Low Emissions Combustor Performance Optimization and Health Monitoring," American Society of Mechanical Engineers, Paper GT2003-38255, 2003.

［3］Richards, G., and Straub, D., "Passive Control of Combustion Dynamics in Stationary Gas Turbines," Journal of Propulsion and Power, Vol. 19, No. 5, 2003, pp.795-810.

［4］Mongia, C., Held, T., Hsiao, G., and Pandalai, R., "Challenges and Progress in Controlling Dynamics in Gas Turbine Combustors," Journal of Propulsion and Power, Vol. 19, No.5, 2003, pp. 822-829.

［5］Hobson, D., Fackrell, J., and Hewitt, G., "Combustion Instabilities in Industrial Gas Turbines-Measurements on Operating Plant and Thermo acoustic Modeling," Journal of Engineering for Gas Turbines and Power, Vol. 122, 2000, pp.420-428.

［6］McManus, K., and Lieuwen, T., "That Elusive Hum," Mechanical Engineering Power, June 2002.

第8章 燃烧不稳定性监测：德国意昂集团英国分公司（E. ON UK）经验

Catherine J. Goy, Stuart R. James, and Suzanne Rea
（E. ON UK, Nottingham, England, United Kingdom）

8.1 引言

电力技术公司（Power Technology）是 E. ON UK 的核心工程和科学咨询公司，为广大客户提供电厂运行的支持，其状态监测设备为包括燃气轮机电厂在内的许多电厂提供日常的发动机健康监测服务。该工作的一个重要部分集中在燃烧动力学监测，因为燃烧动力学对机器的可靠性和可用性有决定性的影响。本章将介绍用于燃烧动力学监测的设备和方法，包括几个能够突出这些监测系统价值的案例研究。

8.2 为什么要监测燃烧不稳定性

燃气轮机电厂运行商的目的是实现设备使用的成本效益最大化。为了满足日益严格的排放法规，燃机制造商已采用贫燃预混燃烧方式[1]，目前所有的现代燃机都装有这种干式低排放（DLE）燃烧系统，而它对燃烧动力学很敏感[2-6]。如果任其发展，由此产生的压力脉动会对燃烧室硬件和下游热端部件造成灾难性的破坏。因此，燃烧故障的代价非常高昂，这不仅是因更换硬件所带来的高额成本，也是因为故障导致发电损失。此外，意外的停机还会招致动态能源交易市场中额外的经济惩罚，因为停机造成的电力差额必须由其他的电厂来提供补偿。

结合 DLE 燃烧室对燃烧动力学的固有敏感性，如今电力市场对设备灵活性的要求更高，进一步增加了遇到燃烧动力学相关问题的可能性[7]。因此，持续监测燃气轮机及其燃烧系统的健康状况，对于及时获得运行恶化或故障的迹象都是有益的。及时发现异常情况，就能够从商业上制订合适的行动计划，如设备检查或者对燃烧系统重新优化。

如果一个重大的燃烧故障能够通过日常的健康监测进行预防，所节省的资金会远远超过安装这些设备所需要的费用。

8.3 在线燃烧监测系统介绍

即使制造商没有提供燃烧动力学的监测系统，通常也需要安装一些必要的设备来进行监测。该安装主要包括将数据采集系统与现有动态压力传感器的缓冲电压输出连接。如果传感器无法使用，则需要安装一个完整的系统[8]，如图 8-1 所示。

一个完整的在线燃烧动力学健康监测和筛查系统包括以下内容：

（1）动态压力传感器。传感器记录燃烧系统内的压力脉动，对燃烧动力学进行直接测量。传感器理想的安装位置要尽量靠近燃烧区域，以尽量减少信号的衰减。因此，传感器必须能够承受高温。动态压力传感器的一种典型安装方式如图 8-2 所示。

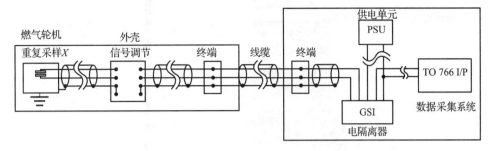

图 8-1　在线燃烧不稳定监测系统原理图

图 8-2　已安装的动态压力传感器

（2）信号调节器。如使用压电传感器时，测量得到的压力脉动在传感头中将被转换为电荷，但这些电荷只能进行短距离传输。信号调节器则可将采集到的电荷信号转换为电压信号，使其能够进行远距离传输。

（3）信号处理器。电压信号在进入数据采集系统之前需要被进一步处理，信号处理器将获取原始时变数据，并在将结果传输给数据库之前对其进行快速傅里叶变换和平均运算。

（4）数据压缩。如果已知燃烧系统的主要动力学模态，则可通过只记录峰值来进一步减少数据量，这显著地降低了数据采集系统的存储需求。

（5）远程数据分析。采集的数据能够通过网络或者调制解调器从发电站传输到内部开发的发动机健康监测软件集成系统。

（6）自动数据监测。将燃烧动力学信息与电厂运行数据合并，可以使燃烧动力学响应分析成为机器运行状态的函数。监测系统还可以提供振动、温度、性能和碎片等补充数据（见图 8-3）。对所有可用数据源进行整合，可以提高对系统运行的理解，从而在评估燃气轮机是否正常运行时，增强操作人员的自信。当系统获得足够表征运行特性的历史数据时，就能够实现自动分析。

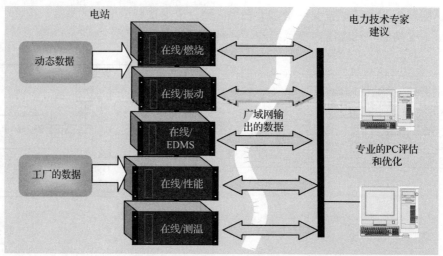

EDMS—发动机故障监测系统

图 8-3　燃烧不稳定和其他监测系统的集成

8.4　燃烧不稳定性监测的好处

　　燃烧动力学在线监测在 3 年前就已经被实现并发挥了重大作用。安装了监测系统设备的燃烧故障次数明显下降，监测系统的可信度也因此大大提高。现在，可对具体燃烧室的问题区域做到具体定位，所以孔镜检查可以更加集中，从而减少机组的停运时间。由于临时停机对于发电公司来说代价昂贵，持续的监测便可用于让运行工况已经出现恶化的机组运行至从经济上来说最合适的时间再停机。在这段运行期间，可以通过添加载荷限制和配置额外警报来进一步保护系统，以使其安全运行直到停机。

　　在机组大修时会对燃烧室部件进行检查，并对燃烧室的状态进行详细记录。基于这些检查，可发展不稳定模态与特定燃烧室部件间的损伤关系，随后将该关系反馈到机组的日常监测活动中，以便聚焦于对燃烧室损害最大的模态并修正报警值。

8.5　案例分析

　　一旦机组的运行情况被表征，就可以很快识别出与常规动力学响应的偏差。这种表征工作需在一段较长的时间周期内进行，以采集到大量环境条件和运行模态所引起的变化。后续讨论将以联合循环电厂重型燃机环管形燃烧系统为例，聚焦此类不稳定响应敏感性。

　　燃烧动力学监测也能够用于全面调查已经发生过的故障，这里给出的例子说明了如何利用这一经验来避免这些故障模式的重现。

8.6　环境条件对动态响应的影响

　　为了能在一年中任何时间优化机组，理解燃烧系统对环境条件变化可能产生的响应是非常有价值的。例如，图 8-4 显示的是两个不同动力学燃烧模态随燃机负荷和大气温度的变化函数。两者代表了燃烧室内部和进气腔室的轴向不稳定模态。在如图 8-4 所示的 33 个低周期中，两模态中的低频模态（实线）本质上对于运行工况变化的反应并不敏感，中频模态（虚线）在部分负荷时对于工况变化的反应较为敏感，特别是在大气温度较低时。如图 8-4 所示，不稳定峰值的幅值出现在第一天的 3：00～6：00 之间，比第二天 3：00～6：00 之间的峰值大 3 倍以上。在这两天运行负荷是一样的，唯一不同之处是第一天这一时段的大气温度明显更低。这两个动力学模态的响应差异是环境条件的变化对预混火焰和燃烧室声学耦合作用的结果，有文献已经对此进行了研究[9]。因此，如果在温暖的天气进行燃烧优化时，一定要牢记这种敏感性，因为在温暖的环境条件下，在发动机的整体运行范围内所记录的压力脉动水平将是最小的。因此，必须根据动力学模态的损害水平和设备运行期间所有预期环境条件来确定安全裕度。全年不间断的燃烧动力学监测可以帮助理解每个不稳定模态对环境温度改变的响应，从而可以优化燃烧系统以使其始终保持稳定运行。

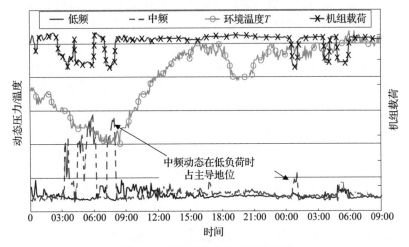

图 8-4　燃烧不稳定性监测的好处

8.7　运行范围对动态响应的影响

如今充满活力的市场要求增加设备的灵活性，因此了解不同的运行模式可能对燃烧系统的结构完整性产生很重要的影响。图 8-5 展示的是以频率响应模式运行的燃气轮机

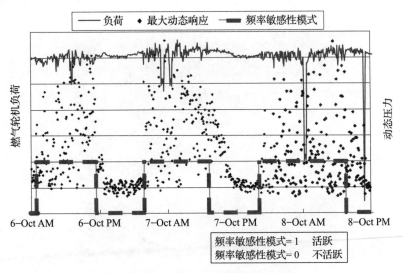

图 8-5　燃烧不稳定与负荷和频率响应的关系

的动态响应，它描述了燃机机组运行的瞬态模式，燃机在此模式中持续响应，通过增减负荷来抵消电网频率脉动。这种响应通过持续改变负荷修正燃机转速来获得，因此机组的运行状态不是稳定不变的。当以这种更加瞬态的频率敏感性（frequency-sensitive，FS）模式（图 8-5 中的"频率敏感性模式 =1 开启"）运行时，压力脉动水平会显著升高，然后在每次返回稳态运行时逐渐衰减。

8.8　燃烧室故障

当燃烧室出现损坏时（例如，燃烧室火焰筒出现裂纹），其动态信号也会发生改变。裂纹的增长会导致压缩空气通过壁面裂纹处进入燃烧室，而不是经过预混喷嘴进入，这会使得燃烧室内燃料和空气的分布与混合状态发生改变，进而导致动态响应发生改变。在许多案例中，在损坏刚开始出现时信号功率水平会增加（尽管在某些情况下故障会对燃烧室的动态信号产生衰减作用）。此外，气流分布的变化会改变燃烧室内的温度，进而影响燃烧室的主频和幅值。通过连续监测这些量的变化，能够尽早发现裂纹的增长和潜在的严重事故。当损坏已经发生时，监测可以提供故障预警。图 8-6 形象地展示了一个燃烧室的严重事故，图 8-7 和图 8-8 所展示的是这期间收集到的数据。在这个确切案例中，燃烧压力脉动水平在故障前的一周升高了 1 倍。可认为裂缝在这一周内在持续增长，并在最后一天午夜前后裂开，因为此刻的不稳定水平突然发生阶跃。

在这期间，燃烧室的排气温度降低，表明受损燃烧室的有效面积由于裂纹的存在已经开始增加。最终，在 14：00 时，一氧化二氮（N_2O）水平从大约 $20mg/m^3$ 上升到 $180mg/m^3$，这个变化导致机组决定停机。当这个燃烧室被从燃机里取出时，发现裂纹最初从焊缝尾部开始发展，沿着焊缝蔓延，直到前端，从而形成了局部分离的瓣状材料（见图 8-6）。

这表明，通过参考排气温度数据来确认燃烧室组件的恶化情况，是一种合理的检测手段。追溯每个燃烧室的温度分布变化，找到问题的根源，有助于减少停机维修的时间。燃烧室裂纹增长的进一步的迹象能够从排放的变化中被发现。低 NO_x 依赖于燃料和空气的良好混合和分布，而这两者均会受到燃烧室损坏程度的影响，进而导致 NO_x 排放发生明显变化。

图 8-6　环境条件对动态响应的影响

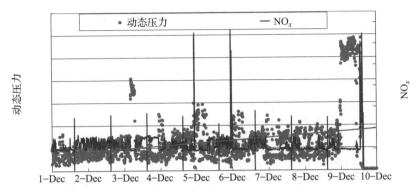

图 8-7　燃烧火焰筒发生故障前一周的 NO_x 和动态压力水平（注意：NO_x 排放的周期性峰值与监测设备的校准情况相互对应）

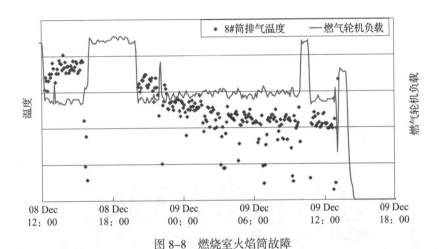

图 8-8　燃烧室火焰筒故障

8.9　喷嘴组件故障

在两个喷嘴组件上发生了一次非常不一样的严重事故，其中受影响最大的部件损害如图 8-9 所示。这再次表明燃烧动态数据对事故调查研究是非常有用的。图 8-10 展示了燃烧室发生故障前 6 个月的数据，数据的时间间隔为 20min。事故发生前 4~6 个月的数据里面有零星的高频压力脉动（由燃烧室内部的径向不稳定模态激发）。这被认为是一个值得关注的问题，然而当时没有数据能够将此不稳定模态与特定部件的故障联系起来。图 8-10 中没有展示其他燃烧模态的幅值，为了清楚起见它们被忽略了，因为这些低频段动态幅值在可接受范围内。

图 8-11 展示的是故障发生前 1 个月的动态数据，跟前面一样，为了呈现更加清晰的图片，只

图 8-9　发生故障的喷嘴组件

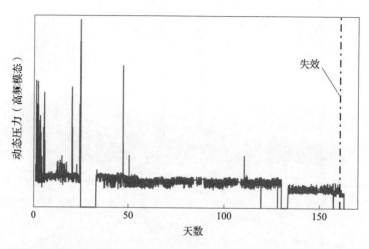

图 8-10　故障前 6 个月燃烧室的不稳定性数据（这里显示的是高频径向声波模态）

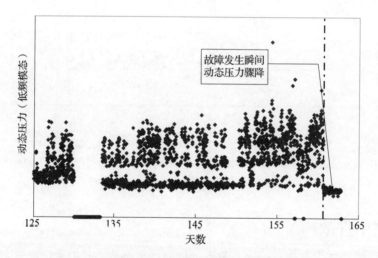

图 8-11　燃烧室发生故障前 1 个月的动态压力数据

选择了感兴趣的压力脉动数据进行绘图。在故障发生前 1 个月里，并未发现高频的不稳定性。然而，低频的不稳定性水平在故障发生时突然降低，这一情况可见图 8-11。如果检查燃烧室的故障情况，就可以清楚地看出降低的原因。如图 8-12 所示是无故障的喷嘴组件，可与图 8-9 中已经发生故障的喷嘴进行比较。喷嘴故障导致预混喷嘴管道损失，进而导致预混火焰变为扩散火焰。因为扩散火焰易于保持低水平的燃烧不稳定性，突然的转变才导致了低频不稳定性的减弱。尽管图中没有展示出来，但是其他模态的不稳定性水平也降低了。

　　扩散火焰的形成预计会导致 NO_x 排放的增加，图 8-13 显示了这种情况，尽管增加的量很小。这是 18 个燃烧室中只有其中一个转变为扩散火焰的结果，因此，故障燃烧室所产生的高 NO_x 排放被其余 17 个燃烧室的低排放掩盖掉了。由于不稳定性的测量是针对单个燃烧室的，所以通过这些测量会更容易确定故障燃烧室。

图 8-12　新的喷嘴组件

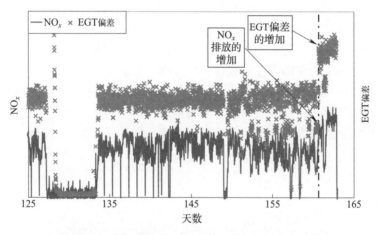

图 8-13　故障发生前 6 个月的 NO_x 水平和 EGT 偏差

　　图 8-13 中展示了排气温度（exhaust gas temperature，EGT）的偏差，EGT 偏差是燃机排气段中圆周分布的热电偶测得温度最大值与最小值之间的差值。故障发生时，EGT 偏差产生阶跃，其原因是故障燃烧室对应的热电偶所测得的温度出现下降。而温度的下降是由于故障燃烧室中空气流量的增加，这本身也是故障时材料损失使得有效面积增加时的后果。尽管故障燃烧室在发生故障时整体温度降低，但这一降低并未导致 NO_x 排放的降低，因为扩散火焰的出现会导致局部峰值温度更高。大部分过量空气并不会直接参与燃烧过程，而是将在扩散火焰周围经过。

　　对故障燃烧室受影响的相关组件进行检查，发现多条连接预混管道和喷嘴组件的焊缝已经失效。失效的焊缝出现在高频压力脉动水平最高的两个燃烧室上。基于这一证据，调查团队推断预混管道故障是燃烧室内出现不理想的高频不稳定的直接原因。

在另一个案例中，连续监测系统监测到了燃烧室内异常高的高频压力脉动。经过孔镜检查发现，喷嘴组件中出现了约拳头大小的碎片分离脱落，增加了损坏涡轮的风险（见图8-14）。

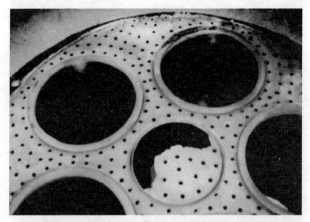

图8-14 由高频不稳定性导致喷嘴组件损坏

根据调查结果，一旦出现的高频不稳定性超过预定值，运行人员就会检查燃机燃烧室组件的损坏情况，并采取任何必要的补救措施。此外，调查还可以得出一个结论：即应采用一种不同的燃烧优化策略，以避开出现高频不稳定的运行区域。

由于这一特殊的高频动态模态对燃烧室预混段有很强的破坏性，因此在连续监测的过程中，对它的出现有了更多的关注和兴趣。随后的经验表明，高频模态会在环境温度较低和部分负荷运行时占主导地位（见图8-15）。在图8-15示例中，一旦检查到高频不稳定，运行人员立即得到指示，将燃机负荷限制在稳定运行的范围内，并尽快安排燃烧系统的再次优化调整。因此，运行人员能够使燃机安全稳定运行直到下次定期检查。

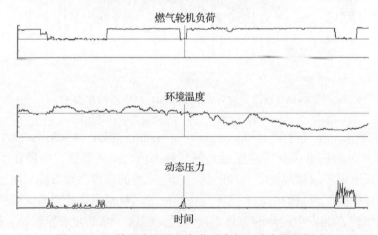

图8-15 环境温度和燃机负荷对高频不稳定性的影响

8.10 总结

在线燃烧动力学监测为发电机提供了巨大的商业优势，它提供了一种工具，可使得燃气轮机实现更高的可靠性和可用性。这一举措的主要目的是使运行人员意识到，在一些情况下，燃机正以带有潜在损伤的情况下运行，这个目的已经达到。尽管安装监测设备的费用可能很高，但操作弹性的提高和灾难性故障的规避所带来的潜在收益远远大于其成本。因此，燃烧监测已经成为机组健康检测活动中很重要的组成部分。

除以之外，动态数据已用于帮助进行故障回溯调查，关于理解特定燃烧模态对独立部件的影响研究也得到了发展。未来，我们会不断重新审视这一点，以尽可能提供最新的理解。

参 考 文 献

［1］Lefebvre, A. H., "Gas Turbine Combustion," Taylor & Francis, Washington, DC, 1998.

［2］Lieuwen, T., and Yang, V., "Combustion Instability in LPP Combustors," Journal of Propulsion and Power, Vol. 19, No. 5, 2003.

［3］Willis, J. D., and Moran, A. J., "Industrial RB211 DLE Gas Turbine Combustion Update," American Society of Mechanical Engineers, Paper 2000-GT-109, May 2000.

［4］Scarinci, T., and Halpin, J. L., "Industrial Trent Combustor-Combustion Noise Characteristics," Journal of Engineering of Gas Turbines and Power, Vol. 122, April 2000, pp. 280-286.

［5］Berenbrink, P., and Hoffmann, S., "Suppression of Dynamic Combustion Instabilities by Passive and Active Means," American Society of Mechanical Engineers, Paper 2000-GT-079, May 2000.

［6］Pandalai, R., and Mongia, H., "Combustion Instability Characteristics of Industrial Engine Dry Low Emissions Combustion Systems," AIAA Joint Propulsion Conference, AIAA, Cleveland, OH, Paper AIAA 98-3379, July 1998.

［7］Colechin, M., Rea, S., Goy, C., and James, S., "On-line Combustion Monitoring on Dry Low NO$_x$ Industrial Gas Turbines," Institution of Mechanical Engineers Seminar, London, Jan. 2003.

［8］Rea, S., James, S., Goy, C., and Colechin, M., "On-line Combustion Monitoring on Dry Low NO$_x$ Industrial Gas Turbines," Measurement Science and Technology, Vol. 14, 2003, pp. 1123-1130.

［9］Janus, M., Richards, G., Yip, M., and Robey, E., "Effects of Ambient Conditions and Fuel Composition on Combustion Stability," American Society of Mechanical Engineers, Paper 97-GT-266, June 1997.

第Ⅲ部分　基本过程与机制

第9章 预混燃烧中的不稳定机理

Sébastien Ducruix，Thierry Schuller，Daniel Durox，and Sébastien Candel
（CNRS and Ecole Centrale Paris，Châtenay-Malabry，France）

9.1 引言

燃烧不稳定是很多应用领域的核心问题：航空航天推进、预混燃烧的燃气轮机运行、家用锅炉和辐射加热器。起源于共振相互作用的不稳定导致流动振荡，产生了很多不希望发生的影响：大幅度的结构振动、系统壁面上热通量的增加、回火和火焰脱落。在一些极端案例中，将产生严重的故障。该领域最近的许多工作都依赖于先进光学诊断和数值模拟工具开展的详细试验。总的来说，本章节的目标就是揭示不稳定现象和开发燃烧不稳定性现象的预测模型。简而言之，激励过程产生了流动扰动，反馈过程将这些扰动耦合到激励机理，并产生了可能导致振荡的共振相互作用。反馈（或耦合）过程将下游流动与开始出现扰动的上游区域联系起来。结果，声波传播一般是产生反馈路径的原因。这类耦合过程也可能涉及对流模态，如与燃烧过程产生的温度脉动相关的熵波。通过流动对流传播的涡也可能是耦合过程的一部分，当这些熵或涡的脉动传递到下游系统末端的喷嘴时，会以压力波的形式被反射并向上游传播。

燃烧不稳定的发展包含多种复杂物理过程，依赖于系统特性、运行工况等。图9-1总结了一些参与其中的相互作用。广泛的试验和理论研究已经揭示了一些基本机理并以此设计出分析模型。一些早期的观察结果来自于 Mallard 和 Le Châtelier 的经典研究[1]。Rayleigh 的一篇常被引用的论文中确立了一个标准[2]：当热释放和压力脉动同相时振荡就会维持。这个标准可以用来分析不稳定工况，但是不能预测燃烧不稳定的发生。在许多情

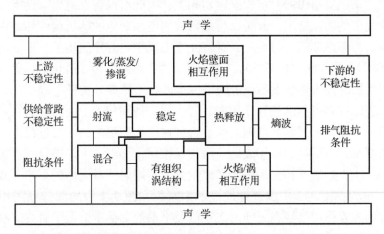

图9-1 引起燃烧不稳定的基本相互作用（见参考文献［7］）

况下，我们既不知道由热释放引起声学脉动的激励路径，也不知道由声波导致热释放脉动的耦合路径。激励路径和耦合路径对于预测系统中初始扰动的放大或衰减很关键。此外，声波和燃烧之间的相位（或时间延迟）在燃烧不稳定中起着关键的作用，但是此参数在实际情况中往往难以预测，甚至很难测量。

易受耦合影响的不同机制涉及时间延迟，因为在某一时刻进入燃烧室的反应物在稍后的时间才能转变为燃烧后的气体。具有延迟的系统更容易变得不稳定性。可以通过对一个包含线性耗散（第二项）和延迟恢复力（第三项）的二阶动态模型进行分析，来直观地验证这一点。

$$\frac{d^2x}{dt^2} + 2\zeta\omega_0 \frac{dx}{dt} + \omega_0^2 x(t-\tau) = 0 \qquad (9-1)$$

将式（9-1）用泰勒级数展开至一阶得到

$$\frac{d^2x}{dt^2} + \omega_0(2\zeta - \omega_0\tau)\frac{dx}{dt} + \omega_0^2 x(t) = 0 \qquad (9-2)$$

当 $\omega_0\tau > 2\zeta$ 时，耗散系数小于 0。如果延迟时间 τ 相比周期 $T=2\pi/\omega_0$ 足够大，任何扰动的振幅都会呈指数型增长。一般地，当流动的自然共振时间和燃烧过程的特征时间相当时，就会发生燃烧不稳定。

所以理解燃烧和波或者流动扰动（声学、对流模态、喷射的不均匀性等）之间相互作用的基本过程非常重要。这些过程可能会发展为不稳定的状态下的激励过程或耦合过程。文献中已经对燃烧不稳定的所有过程做了充分的综述[3-8]，因此本文在此方面不再赘述。这里我们主要讨论燃气轮机燃烧室的典型过程。本章着重于气体燃料预混的系统，并且选取简单易于控制的工况，从而对其中的基本过程进行详细的分析。

在实际的系统中由于相互作用过程发生在复杂的结构中，并且在大多数情况下流动为湍流及旋流，这增加了分析的复杂性。很多不同的研究机构花了很大的精力开发复杂结构燃烧不稳定性数值计算工具，这些工具一般都基于大涡模拟（LES）（如参考文献［9］~［15］的最新计算结果）。本书中的燃烧动力学数值计算工具由 Yang 提供和评述，可参见参考文献［7］和［16］。综合数值计算工具中应该考虑随后描述的基本过程；本章中回顾的一些试验可以用作数值计算工具的验证案例。注意到在许多情况下，不稳定的发生与大尺度的运动或有组织的对流模态密切相关，因此可以将在简单算例下开发的理想模型应用于更为复杂的湍流情况。此时，与细颗粒湍流相对应的随机湍流脉动作为不稳定振荡的噪声背景。当考虑非稳态过程时，可将注意力集中在有序流动上。这些流动在层流试验中已经得到很好的阐明。本书中的其他章节，如 Lieuwen 或 Dowling 的章节，提供了燃气轮机系统中使用的湍流燃烧室不稳定的进一步信息（见参考文献［17］~［19］）。

在需要研究的许多可能的相互作用中，有一些是特别相关，因为它们直接引起热释放脉动或产生压力扰动。依照瑞利准则，以下机理在燃烧不稳定的发展过程中产生了重要作用。本章将主要阐述以下过程：①火焰—涡相互作用；②声—火焰耦合；③扰动火焰和边界的相互作用；④火焰的互相湮灭；⑤来流组分的不均匀性对火焰的影响；⑥非定常拉伸率效应。这些过程在图 9-2 中示意性地显示出来，和图 9-1 中的部分框图相对应。很多其他应该关注的相互作用已经在之前的文章以及本书的其他章节做了研究。对于每一个基本过程，都分别以激励路径或耦合路径为例，在前一个例子中将热释放与声学变量（如压力、速度）联系起来，或在另外一个例子中从声学变量引入热释放。这些联系通过简单的计算和 / 或来源于易控试验的数据来说明。

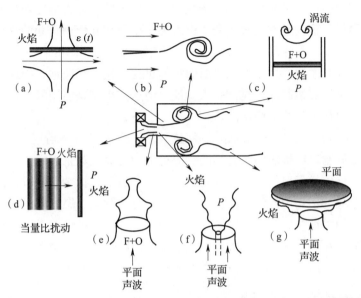

图 9-2　基本过程：（a）非稳态应变扩散火焰；（b）旋涡中的火焰卷曲；（c）预混火焰和涡的相互作用；
（d）当量比扰动与预混火焰相互作用；（e）声学调制锥形火焰；（f）声学调制 V 形火焰；
（g）扰动火焰和平板的相互作用（参考文献 [7]）

　　如上所述，与基本过程相关的特征时间和延迟与燃烧不稳定性密切相关。例如，对流过程常常引起系统中最长的时间延迟，因此是问题分析时的中心（例子见参考文献 [20] 或 [21]）。图 9-3 中以对流过程为例（来自参考文献 [20]），表明了涡激励不稳定中的瑞利准则。特征时间延迟构成了燃烧不稳定的一般特征，结合图示予以介绍。

　　为了方便，我们从一个反应流的波动方程开始（见 9.2 节）。系统压力脉动的波动方程具有一个不稳定的热释放源项。在这一点上，问题还没有完全解决，因为并没关联热释放脉动和声学变量（如压力、速度）的简单表达式存在。基于 $n-\tau$ 模型的经典表达式又一次展示了特征时间延迟的重要性。研究进展表明，准确地描述压力脉动影响下热释放的激励路径是至关重要的。

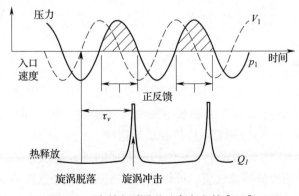

图 9-3　瑞利准则图示（参考文献 [20]）

在 9.3 节热释放被考虑为压力源，并分析了三种不同情况。第一种为涡激励脉动，考虑涡与火焰相互作用产生热释放脉动。因为构成了一个强大的激励过程，这种机制已在许多层流和湍流结构中进行了研究。本节研究的第二个案例中，火焰撞击在平板上的自持振荡产生较强声辐射。这一基本过程代表了由火焰—壁面相互作用引起的热释放脉动。从这个例子中也可以推断，在流动的核心区，由了火焰自身相互作用的结果，可能发生类似的过程。第三种过程有效地产生了火焰表面面积的迅速变化，相应地，导致较大的热释放脉动。这些过程是由较好控制的模化试验来验证，但这些机制是通用的，并且可能激励许多在大尺度燃烧室中观察到的不稳定性。

9.4 节处理由波或流动扰动激励的热释放脉动。设想了三种情况。在第一种情况下，锥形火焰由声波调制。结果表明，火焰的响应可以用传递函数来表示，以此来描述燃烧室的稳定性图。将该传递函数的试验测量与解析计算和数值模拟结果进行了比较。在第二种情况下，上游形成的不均匀性流动撞击火焰产生热释放脉动，燃料入射和燃烧之间的时间延迟是该过程中的关键参数，并决定了振荡的程度。在第三种情况下，热释放扰动是由时变拉伸率引起的，在该情况下发现火焰的低通滤波器特性。这三个例子代表了在实际系统中可能发生的相互作用，其他案例请见本书和本章末尾的参考文献。

9.2 反应流中的声学特性

燃烧不稳定性的分析可以从波动方程着手，该方程关联了热量释放和湍流相关的压力场和源项。本文简要推导了这一方程，以强调声学与燃烧之间的相互关系。不稳定性的更详尽理论描述可以通过多种不同的方法进行发展，本书或相关文献中均有示例（详见参考文献［22］的综述）。

9.2.1 热释放脉动的作用

下面的分析为燃烧振荡的理论研究提供了一个简化的框架，但作用有限。设定低速（低马赫数）的反应流，符合大多数燃烧室中的情况，以使压损最小。框架忽略了气动声源，参考文献［23］中可以找到反应流中声源的更完整的描述。我们的目标是强调热释放脉动的作用，并证明这些脉动的变化率作为源项激励了系统中的压力波。从 N 种组分[24]的化学反应混合物平衡方程出发，运用各种简化方法，可以推导出对数形式压力的波动方程[16]

$$\nabla \cdot \frac{c^2}{\gamma} \nabla \ln p - \frac{\mathrm{d}}{\mathrm{d}t}\left(\frac{1}{\gamma}\frac{\mathrm{d}}{\mathrm{d}t}\ln p\right) = \nabla \cdot (\rho^{-1}\nabla \cdot \tau) - \frac{\mathrm{d}}{\mathrm{d}t}\left\{\frac{1}{\rho c_p T}\left[\nabla \cdot \lambda \nabla T + \Phi - \right.\right.$$

$$\left.\left.\sum_{k=1}^{N} h_k \dot{\omega}_k - \sum_{k=1}^{N}(\rho Y_k c_{pk} v_k^D \cdot \nabla T)\right]\right\} - \frac{\mathrm{d}^2}{\mathrm{d}t^2}(\ln R) - \nabla v : \nabla v \qquad (9-3)$$

式中，c 代表声速；ρ、p、T、Y_k、v 和 v_k^D 分别表示密度、压力、温度、组分质量分数、速度和扩散速率；Φ、c_{pk}、γ、λ 和 R 分别表示黏性耗散函数、比定压热容、比热［容］比、热导率和气体常数；h_k 和 $\dot{\omega}_k$ 分别表示比焓和反应速率。

在类似于式（9-3）的表达式中，左侧和右侧项的划分是任意的，因为右侧的一些项描述了声音在介质中的传播特征，应该可以包含在左侧。这一点在 Doak[25] 的气动声学和 Kotake[26] 的燃烧噪声的研究中有所讨论。然而，将方程（9-3）右侧的项作为反应混合物中产生压力波的源项是有用的。在湍流反应混合物中，数量级分析表明在低速燃烧室中，主要源项与化学释热率振荡有关[26]。忽略所有其他项可得到

$$\nabla \cdot \frac{c^2}{\gamma} \nabla \ln p - \frac{\mathrm{d}}{\mathrm{d}t}\left(\frac{1}{\gamma}\frac{\mathrm{d}}{\mathrm{d}t}\ln p\right) = \frac{\mathrm{d}}{\mathrm{d}t}\left(\frac{1}{\rho c_p T}\sum_{k=1}^{N} h_k \dot{\omega}_k\right) \tag{9-4}$$

考虑低速反应流，物质导数中的对流项可以忽略，$\mathrm{d}/\mathrm{d}t \sim \partial/\partial t$。进一步假定比热[容]比为常数，式（9-4）变为

$$\nabla \cdot c^2 \nabla \ln p - \frac{\partial^2}{\partial t^2}\ln p = \frac{\partial}{\partial t}\left(\frac{1}{\rho c_V T}\sum_{k=1}^{N} h_k \dot{\omega}_k\right) \tag{9-5}$$

式中，c_V 为比定容热容。

这个方程是非线性的，它可以用来描述有限振幅波。然而在许多情况中，波的振幅往往很小，是近似线性的。可以将压力表示为平均值和脉动分量的总和 $p=p_0+p_1$，$p_1/p_0 \ll 1$，得到 $\ln p \approx p_1/p_0$，式（9-5）变为

$$\nabla \cdot c^2 \nabla\left(\frac{p_1}{p_0}\right) - \frac{\partial^2}{\partial t^2}\left(\frac{p_1}{p_0}\right) = \frac{\partial}{\partial t}\left(\frac{1}{\rho c_V T}\sum_{k=1}^{N} h_k \dot{\omega}_k\right) \tag{9-6}$$

在实际的连续燃烧设备中，平均压力的变化不会超过几个百分点，p_0 的空间的导数可以忽略不计，因此，方程（9-6）可以写为

$$\nabla \cdot c^2 \nabla p_1 - \frac{\partial^2}{\partial t^2}p_1 = \frac{\partial}{\partial t}\left[(\gamma - 1)\sum_{k=1}^{N} h_k \dot{\omega}_k\right] \tag{9-7}$$

除式（9-7）外，我们需要声速的表达式，这个表达式可以通过线性化动量方程，以及忽略黏性应力得到

$$\frac{\partial v_1}{\partial t} = -\frac{1}{\rho_0}\nabla p_1 \tag{9-8}$$

式中，v_1 表示速度脉动。方程（9-7）和方程（9-8）描述了小扰动在反应混合物中的传播和生成。如上所述，问题并没有得到完全解决，由于热释放（$\sum h_k \dot{\omega}_k$）和声学脉动（p_1，v_1）之间的关系是封闭方程所必需的，可以从试验、理论或者模拟中得到，9.2.2 节给出了一个采用 n–τ 模型的解析模型的例子。

再次考虑与非稳态热释放相对应的源项，可以简单地假设化学变化是由一步反应产生的。然后，如果 Δh_f^0 代表单位质量混合物生成焓的变化，并且如果 $\dot{\omega}$ 代表反应速率，则化学源项变为 $(\partial/\partial t)(\gamma-1)(-\Delta h_f^0)\dot{\omega}$。在大多数情况下，该表达式中唯一依赖时间的是非稳态反应速率，因此，与化学反应相关的声源项可以写成下面的形式

$$(\gamma - 1)\frac{\partial Q_{1m}}{\partial t} \tag{9-9}$$

式中，Q_{1m} 代表单位质量混合物的非稳态释热率。波动方程（9-7）和源项（9-9）表明压力场是由不稳定的热释放激励的。如果最后一个量受到声变量、压力或速度的影响，则可以发生耦合。

9.2.2　管道中的无限薄火焰示例

为了理解热释放脉动与声扰动之间的关系，考虑如下情景：可燃混合物通过长管道（声谐振器），在轴向位置 $x=a$ 处有一个稳定的火焰，如图 9-4 所示（改自参考文献[4]）。

在此模型的分析中，做了以下假设：①声波的频率低于管道截止频率，扰动运动对应

于沿轴向传播的平面波；②火焰厚度与声波的波长相比是很小的，所以热释放区域可视作在 $x=a$ 处的一个薄片。火焰驻定的上游管道部分表示为区域1，此处未燃气体密度 ρ_f 和声速 c_f。区域2相应于火焰驻定的下游部分，此处已燃气体密度 ρ_b 和声速 c_b。声速 v 可以很容易用上游和下游传播波表示。由于与放热相关的强烈膨胀，燃烧充当了速度源项。可以通过在包含火焰的薄控制容积上积分波动方程（9-7）来量化这种效应可以得到（详见参考文献［16］）。

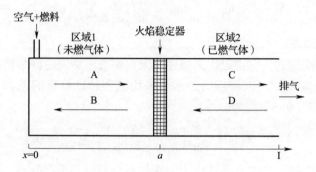

图 9-4　紧凑的模型火焰几何形状示意图。与声学波长相比，火焰区域很薄。
箭头 A、B、C 和 D 表示在系统中传播的声波。假定火焰位于 $x=a$（见参考文献［4］）

$$v_b(a_+,t) - v_f(a_-,t) = (\gamma-1)\frac{Q_{1a}}{\rho_f c_f^2} \tag{9-10}$$

式中，Q_{1a} 代表单位面积上的瞬间释热率。对于非常薄的火焰，非稳态释热率决定声速的跃变。

确立 Q_{1a} 与扰动运动的函数关系绝非易事。必须关联随时间变化的流动变量和火焰的动态响应。一种方法[27-29]是利用时间延迟假设，根据上游速度扰动的时间延迟来确定 Q_{1a}

$$(\gamma-1)\frac{Q_{1a}}{\rho_f c_f^2} = n v_f(a_-,t-\tau) \tag{9-11}$$

式中，n 是相互作用因子；τ 是时间延迟。热释放项被建模为单独的声波变量的函数。这种方法明显是复杂过程的简化表示，涉及流动、湍流动力学和大尺度运动、火焰与相邻火焰以及壁面的相互作用、边界处的传热等。后续描述了其中的一部分过程中。

和频率相关的时间延迟值 τ 通常用于定义不稳定范围[30-31]。这个值是从早期关于火箭发动机不稳定性的研究[29]（参见参考文献［22］中的综述）和很多最近的研究中认识到的。表达式（9-11）一个可能的应用是主动控制的简化建模。如参考文献［4］中所示，该模型为不稳定的发展和控制提供了简单的时滞条件。在下文中，将分析在各种实验室规模的情况下的时间延迟。

9.3　热释放作为压力源

热释放作为压力源项的基本过程是值得研究的。如前所述，这可以阐明更加复杂的燃气轮机燃烧不稳定性。涡结构激励各种类型的燃烧不稳定，在许多预混系统中，这些结构的点火和延迟燃烧构成了将能量输入振荡的机制，本章将分析该机制并给出说明。9.3.2 节致力于火焰与壁面的相互作用，这种机制对于燃气轮机燃烧室来说可能不是很重要，但它表明火焰表面积的快速变化会引起热释放脉动，进而又可以将能量输入压力场。这个过程，用火焰—壁面相互作用来说明，也可能是由于流动核心区相邻火焰单元之间的相互作用造成的，这在燃气轮机燃烧室中当然可能会出现，第三小节将简要分析这种相互作用。

9.3.1　火焰—涡相互作用

在许多不稳定燃烧系统中已经观察到了火焰—涡相互作用，通常涉及两种不同的机制：第一，因为涡卷曲导致火焰面积迅速变化[20, 32]；第二，涡与壁面或另一结构相互作用，导致未燃空气突然点燃[21]。

涡卷曲控制了新鲜气体进入燃烧区域的混合。卷曲决定了流动中反应物的非稳态转化率和由涡燃尽引起的压力脉冲的幅度。当火焰面卷曲，火焰面积快速增加。然而由于相邻单元的相互作用，以及由涡流夹带的反应物消耗造成火焰缩短，限制了火焰面积的增长。火焰表面的这种快速变化对应于第一种机理。火焰涡动力学已被广泛研究（见参考文献[33]的综述）。许多试验工作关注环形涡或者反向旋转的涡对，研究这些涡碰到传播中的预混火焰[34]或者固定的拉伸扩散火焰后的相互作用[35]，但这些研究并不完全对应于燃烧不稳定性的情形。

对燃烧振荡的观察表明，火焰发展时会发生涡卷起。涡卷吸了未燃反应物和高温燃烧产物，点燃后会导致脉冲的产生，进而为燃烧室的某个谐振模态注入能量[36-37]。这一过程更难进行试验研究，而且文献报道较少。相邻的反应涡之间的相互作用也可能发生，导致细颗粒湍流的形成。

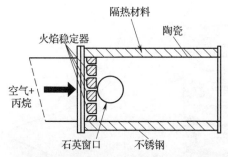

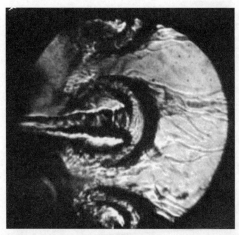

图 9-5　在参考文献[36]中研究的具有多个火焰稳定器的突扩式燃烧室中，不稳定频率为 530Hz 时中央射流的火花纹影照片

许多研究还集中在尾流和射流的自然不稳定性[38-41]。事实上，涉及火焰—涡相互作用的涡结构通常是自然产生的，并在突扩平面上脱落。当射流的固有频率之一匹配声共振频率之一时，即当特征时间接近时，声与燃烧之间的耦合更容易。另外一种替代的研究方式是使用激励装置或活塞来激励流动，来分析射流或尾流对激励的响应灵敏度[42-46]。涡和声之间的能量转换也非常重要，并且在非反应工况[47-48]和反应工况[33]下均得到了研究。

参考文献[36]报道了由涡控制的自持振荡的一个例子。多入口燃烧室采用空气和丙烷的混合气供给，并具有突扩平面（见图9-5）。在这种情况下观察到的低频不稳定性是声学耦合的，并且发生在系统的一个本征频率上。图9-5的火焰可视化清楚地表明最大幅度振荡是涡激励的，包括以下过程：①当速度扰动达到最大值时（在激励路径中 $v_1 \to \Omega_1$，

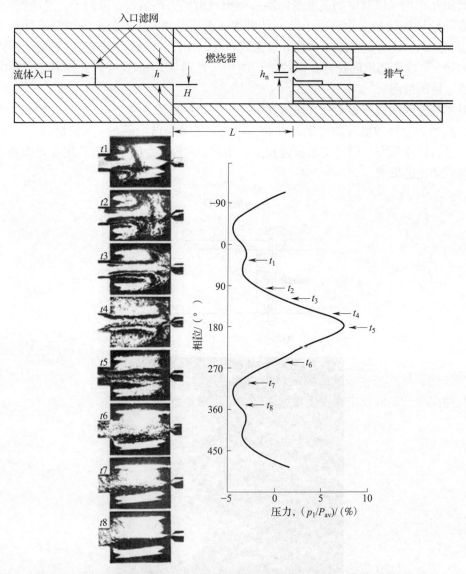

图9-6　针对参考文献[20]中研究的二维燃烧风洞设备，展示了某一不稳定模态的运行状态下
燃烧室的一系列锁相纹影照片。图中所示的轨迹是一次不稳定周期内的压力
变化记录，这些照片拍摄于轨迹曲线上标出的对应相位

其中 Ω_1 表示涡脉动），涡从突扩平面脱落；②涡被对流、加速，并从周围夹带热气体，当两个相邻的涡相互作用时会产生大量的小尺度湍流，增加火焰表面积，发生燃烧脉动；③突然的热释放是将能量馈送到扰动的声学运动中的源，自持振荡只能在过程正确同相时发生，即当对流时间延迟相对于运动周期处于适当范围时，如图 9-7 所示。参考文献 [20]、[36] 及 [49] 中分析了层流 V 形火焰与涡相互作用的自持振荡现象。

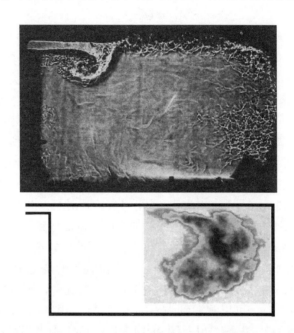

图 9-7　纹影照片显示了一个涡旋结构进入突扩平面燃烧室，同时化学发光
图像代表了不稳定性周期中稍后时刻的释热率分布

反应涡流与边界的碰撞研究较少，但在预混燃烧装置中经常观察到 [21, 50-51]。这种类型的机制在参考文献 [50] 中有所描述。一个涡流从单个入口脱落进入突扩燃烧室（见图 9-7，摘自参考文献 [51]）。这些旋涡被系统的某个纵向模态所同步。图 9-7 展示了一个典型的涡流脱落事件及其随后时刻的释放分布。降低燃烧室的高度可增强涡与侧面之间的相互作用，从而产生较长的轴向燃烧区域，并增强涡的整体拉伸。当涡流与壁碰撞时，由该结构夹带的新鲜反应物发生快速燃烧。下一节将详细描述火焰与边界相互作用的一般过程，因为即使在没有涡流脱落的情况下，也可以构成释热率脉动的来源。

在本节所描述的第一种情况中，这种机制涉及产生涡的流动扰动，它导致火焰面积的快速变化，从而引起热释放脉动。在第二种情况下，涡直接导致体积膨胀，导致释热率脉动，这可以通过以下表达式表示

$$\Omega_1 \rightarrow Q_1 \rightarrow p_1$$

很多其他研究 [21, 37] 也揭示了涡结构的重要性。回到 9.2 节的理论表达式，可以清楚地看到，将 Q_1 作为 Ω_1 函数的模型将使得求解完整的方程组成为可能。因为这个过程涉及对流、点火和燃烧延迟，所以可以尝试一个 $n-\tau$ 公式。然而，这需要进一步分析从涡脱落到涡燃烧的基本步骤。

9.3.2 火焰和边界的相互作用

火焰与固体壁面的相互作用构成热释放脉动的来源[52-54]。在一定的条件下，这样的相互作用会导致自持振荡，这在下面简要描述。试验表明，火焰面积的快速变化会引起大振幅的释热脉动，这些脉动产生强烈的声场。在激励路径中，表面积脉动产生非稳态热释放，从而引起声压辐射，可以示意性地表示为

$$A_1 \rightarrow Q_1 \rightarrow p_1$$

该路径可用于模拟不稳定性机制。它要求对火焰和壁面之间的相互作用进行解析性描述，以及火焰产生的噪声的表达式。最终，相关时间延迟的确定定义了不稳定区域。

在参考文献［52］报道的试验中，锚定在圆柱形燃烧室上的层流预混火焰撞击水平板，并且用激励单元来调节上游的流动，该激励产生火焰表面面积和热释放的扰动（耦合路径，通常为$(p_1, v_1 \rightarrow Q_1)$）。激励路径（通常为$Q_1 \rightarrow (p_1, v_1)$）也很容易表征，因为系统产生的声音比相同调制下的自由火焰发出的声音高 10～20dB，所谓自由火焰是指没有平板的限制。火焰与平板的相互作用导致火焰表面的快速变化，构成了在这种情况下的主要声源。这种控制良好的试验典型地描述了更复杂的情况，其中火焰在燃烧室内（如在燃气轮机燃烧室中）传播，并且当撞击墙壁或相邻火焰片时可产生压力振荡。当相位适当时，并且当增益超过损耗时，振荡可能达到大的幅度，从而导致不稳定性。

也有可能观察到火焰撞击在平板上的自持振荡，试验装置类似于参考文献［52］中所使用的，但是没有激励器单元（见图 9-8）[53]。在圆柱形燃烧室上方放置一个 10mm 厚、可垂直移动的水冷板，如果激励和耦合路径都存在于系统中，则振荡自然发展，当平板距燃烧室有特定的距离时，可以观察到强烈的声发射。如图 9-9 所示，图 9-9（a）显示了没有观察到声发射的稳定火焰，以及图 9-9（b）～（e）中当不稳定性被触发时就出现振荡的一个完整周期。火焰锋面因从燃烧室边缘向板对流的扰动而摆动。这些可视化与在前面描述的外部调制情况中获得的结果接近，发出的声音具有许多谐波，基频在大约200Hz。

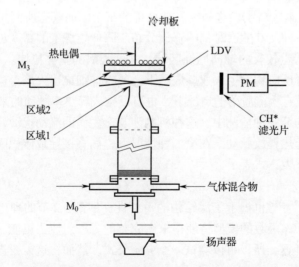

图 9-8　用于研究扰动火焰与冷却壁面相互作用的试验装置的示意图，
这种结构辐射出强烈的声场（来自参考文献［53］）

　　燃烧室的这种性能类似于具有 200Hz 共振频率的亥姆霍兹谐振器，系统的共振行为可以通过结合火焰与平板相互作用的模型和燃烧室声学的表示来解析地描述。燃烧室出口处的声速 v_1 和压力 p_1 的关系可由下面的二阶微分方程决定[53]

$$M \frac{\mathrm{d}^2 v_1}{\mathrm{d}t^2} + R \frac{\mathrm{d}v_1}{\mathrm{d}t} + kv_1 = -S_1 \frac{\mathrm{d}p_1}{\mathrm{d}t} \qquad (9\text{-}12)$$

式中，R 是系统耗散；k 是气体体积的刚度，表征空气有效质量 M 的恢复力。根据式（9-12），共振器由燃烧室出口处的外部压力脉动 p_1 所激励。为了进行分析，有必要对式（9-12）右侧的激励项进行建模。

　　该公式是基于以下考虑的：首先，式（9-12）右侧的源项来源于火焰表面的快速变化和随后的噪声辐射。当大部分火焰由于和平板的相互作用以及猝熄而萎缩时，就会产生噪声，紧凑非稳态热释放源所辐射的压力场采用下式描述[55-57]

$$p_\infty(r,t) = \frac{\rho_\infty}{4\pi r}\left(\frac{\rho_\mathrm{f}}{\rho_\mathrm{b}} - 1\right)\left[\frac{\mathrm{d}Q}{\mathrm{d}t}\right]_{t-\tau_a} \qquad (9\text{-}13)$$

式中，ρ_∞、ρ_f 和 ρ_b 分别表示远场空气密度、未燃气体密度和已燃气体密度；τ_a 是声波从源到探测器的距离 r 上传播所需的时间。在气体燃料预混火焰中，远场辐射压力与火焰表面积 A 的时间变化速率相关

$$p_\infty(r,t) = \frac{\rho_\infty}{4\pi r}\left(\frac{\rho_\mathrm{f}}{\rho_\mathrm{b}} - 1\right)S_\mathrm{L}\left[\frac{\mathrm{d}A}{\mathrm{d}t}\right]_{t-\tau_a} \qquad (9\text{-}14)$$

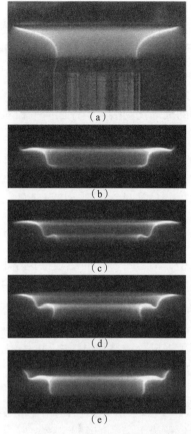

图 9-9　火焰与壁面相互作用的不同视图：（a）稳态；（b）～（e）不稳定循环期间火焰的瞬时图像（见参考文献 [53]）

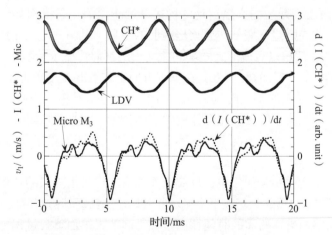

图 9-10　与板相互作用的自激振荡火焰，同时测量燃烧室出口处的速度 v_1、CH^* 发光强度和压力 p_∞ 信号（见参考文献 [53]）

式中，S_L 是层流燃烧速度。冷边界处火焰区域的快速熄灭速率引起显著的声压辐射，如图 9-10 所示，其中 p_∞ 由麦克风测量。热释放信号的时间导数显示在图的底部，该信号与麦克风检测到的压力信号几乎一致。

接下来，重要的是将火焰表面积 A 与燃烧室出口处的速度扰动联系起来。这种耦合（或反馈）机制在逻辑上属于下一节的内容，这节首先完成方程（9-12）的稳定性分析。火焰表面面积 A 的脉动是由燃烧室排气速度扰动引起的，由燃烧室出口的速度脉动 V_1 引起的火焰扰动沿火焰锋面向平板对流，可以描述为

$$A(t) = n [v_1]_{t-\tau_c} \tag{9-15}$$

式中，n 表征火焰面脉动与速度扰动之间的耦合；τ_c 是从燃烧室边缘到平板对流所需的时间，参考文献［52］中进行的详细试验支持这个 n–τ 型的表达式，表达式（9-12）和式（9-15）联立得到速度脉动的二阶微分方程

$$\frac{d^2 v_1}{dt^2} + 2\delta \frac{d v_1}{dt} + \omega_0^2 v_1 = -N \left[\frac{d^2 v_1}{dt^2} \right]_{t-\tau} \tag{9-16}$$

式中，N 是归一化的燃烧—声学相互作用因子，τ 是全局延迟（$\tau = \tau_a + \tau_c$）。参考文献［53］表明，该模型正确地描述了各种信号之间的相位关系，并再现了试验中观察到的当燃烧室到板的距离变化时的频率偏移。这一示例证实了火焰与壁面相互作用产生较高的表面变化速率，从而产生强烈压力场的机制的存在。系统的稳定性图可以通过考虑过程中涉及的时间延迟以及增益和损耗之间的详细平衡来确定。

9.3.3　火焰相互湮灭

两个相邻火焰之间的反应物的快速消耗也可能产生放热脉动和随后出现的压力波［58］，如果这种相互作用刚好与声波固有模态同相位，将激励不稳定的发生。在另一个层流试验中［59］也说明了这一点，在燃烧室中放置一个中心棒，火焰锚定在燃烧室边缘和中心棒上，火焰呈现出"M"形状（也可以说是一种喷泉状的火焰，见图 9-11）。这种结构非常适合于相邻火焰锋面的相互作用研究，这种相互作用可能发生在"M"形的相邻分支之间［59-60］。

本试验中当量比 $\phi = 1.04$，混合流动速度 $\bar{v} = 1.89\text{m/s}$，调制幅度 $v_{rms} = 0.5\text{m/s}$，调制频率 $f = 150\text{Hz}$，在一个激发周期上的火焰运动的描述开始于火焰—平板相互作用。速度扰动起源于燃烧室边缘，并在燃烧室底部产生火焰锋面的变形（见图 9-11（a）），扰动主要影响"M"火焰的外分支，然后以对流形式随平均流向火焰顶部传播（见图 9-11（b））。当形变沿着火焰锋面移动时，"M"的两个分支在垂直方向上伸展并变得更近（见图 9-11（c）），直到火焰—表面面积最大的某一时刻，此时两个火焰面单元相互作用（见图 9-11（d））。这种相互湮灭的结果取决于第一次相互作用的空间位置，在某些情况下，部分新鲜反应物可能被困在环面中，但在其他情况下，这不会发生［59］。对于这里未示出的一些试验工况，可以产生多达两个火焰环面。

在这些火焰面单元的相互作用中，反应锋面的形状经历了强烈的变化，与火焰—平板情况一样，在相互作用之后，火焰在下个循环的开始快速恢复其初始形状（见图 9-11（a））。在这个周期中，火焰面破坏所需的时间比由拉伸引起的火焰面增长过程更短，因此其导致的火焰面积变化率也更快。与火焰—平板相互作用中的机理是相同的，除了火焰—表面破坏是由相邻前沿火焰单元之间的相互湮灭而不是由热损失产生的以外，路径也是相似的整体

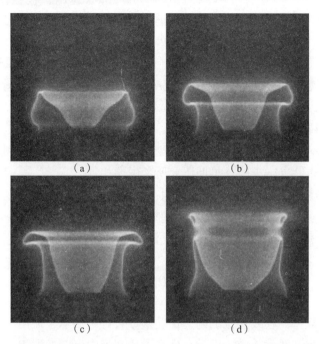

图 9-11　可视化的火焰—火焰相互作用，一个循环中的 4 个不同瞬间（顺时针次序）。其中 $\Phi=1.04$、$\bar{v}=1.89\text{m/s}$、$f=150\text{Hz}$、$v_{\text{rms}}=0.5\text{m/s}$（参考文献［59］）

$$A_1 \rightarrow Q_1 \rightarrow p_1$$

声压级显著提高，压力谱与火焰—板相互作用的压力谱非常相似，基频的许多谐波表明压力信号是周期性的，但波形是具有丰富谐波含量的非线性，这些含能的谐波显示了在噪声起因的物理过程中包括释热率的快速变化。

由于相互火焰湮灭被认为控制和限制湍流燃烧中的火焰—表面积，先前的发现表明，这种机制也可能是湍流燃烧室中的重要噪声源。

9.4　声波激励的热释放脉动

压力、温度、拉伸率、诱导曲率和化学组分的非稳态脉动直接影响火焰中的反应速率。当然，压力、温度或组分对系统的反应动力学有直接影响，但是这些通常产生微弱的影响。例如，McIntosh[61-62] 和 Edwards 等[63] 考虑了压力和温度效应，而 Park 等[64] 研究了分布式反应区对入射波的响应。然而，局部火焰单元或可用火焰表面积的转化率的不稳定变化可能更相关。这些不稳定的变化是在这里考虑为是通过各种扰动引起的热释放脉动来说明；依次讨论声波、当量比的不均匀性和非定常拉伸率，这些扰动不是激励热释放脉动引起耦合（或反馈）唯一的可能来源，但它们是最显著的。

9.4.1　调制锥形火焰

耦合过程可以示意性地表示为

$$p_1 \rightarrow v_1 \rightarrow A_1 \rightarrow Q_1$$

该路径可以通过声波调制初始稳定的火焰来研究，正如在 9.3 节中提到的，激励技术被用来研究耦合机制的存在。如果几何结构足够简单，则可以确定火焰对入射扰动的响应，早期对这种类型的研究是由 Markstein[65]、Blackshear[66] 和 De Soete[67] 等提出的。

如果过程保持在线性状态，则可以定义入射速度脉动和非稳态热释放之间的传递函数，这将取决于燃烧室几何形状、运行参数和稳态火焰结构。

参考文献［68］~［71］中提出的传递函数表明火焰通常表现为低通滤波器，提供了火焰响应的定性表示。Blackshear[66]、De Soete[67]，以及最近 Baillot 等[72]研究了层流锥形火焰，Fleifil 等[73]的进一步理论分析以及 Ducruix 等[74]的理论分析和详细测量相结合推进了这一基本问题的进展。Schuller 等[75]更多的最新研究提供了关于高频范围火焰响应的额外信息。Dowling[76]使用类似的方法推导出管道 V 形火焰的低频非线性响应的模型，其几何结构与 Marble 和 Candel[77]早期研究所考虑的相近。

现在进一步详细地考虑锥形火焰的调制，我们的目标是描述不稳定的释热率作为声学变量的函数。层流预混火焰锚定在圆柱形燃烧室上，并被置于燃烧室底部的扬声器产生的声波所影响，火焰响应是由声速激励的，目的是找到释热脉动和速度调制之间的传递函数

$$F(\omega) = \frac{Q_1(\omega)/Q_0}{v_1(\omega)/v_0} \qquad (9-17)$$

式中，ω 是调制角频率。在线性范围内，传递函数较好地展示了从声学变量到热释放脉动的关系。这里不考虑非线性效应，但是在许多参考文献中可以找到相关的研究[76, 78-79]。F 的模量代表了热释放脉动的幅度随速度调制的函数，而它的相位表征了速度和热释放脉动之间存在的时间延迟。这个问题的完整分析可以在参考文献［74］和［78］中找到，随后将选定的结果突出显示。

燃烧室由水冷的收敛喷嘴和 120mm 长的圆柱形管组成，该圆柱形管位于喷嘴的上游，并包含各种网格和蜂窝结构以产生层流流动。锥形火焰稳定在 22mm 直径的燃烧室边缘上。放置在燃烧室底部的激励单元产生扰动，使火焰锋面产生褶皱。扰动火焰的形状取决于调制的频率和振幅。图 9-12 中显示的典型火焰形状用四色纹影技术进行可视化。现代诊断技术（粒子成像测速（PIV）、使用增强相机的瞬时可视化等）的使用提供了关于火焰锋面的几何形状、局部和全局放热速率[74]和燃烧室排气处和流场中的速度场的新信息[80]，这允许直接测量由式（9-17）定义的火焰传递函数，这些测量可以与理论和数值预测进行比较。

可以通过分解流动中的平均分量和扰动分量来推导解析传递函数。在图 9-13 中勾画了该问题的几何结构，用 G 方程描述火焰位置

$$\frac{\partial G}{\partial t} + \boldsymbol{v} \cdot \nabla G = -S_D |\nabla G| \qquad (9-18)$$

式中，$\boldsymbol{v} = (u, v)$ 是速度矢量，S_D 是火焰位移速度。在接下来的分析中，认为 S_D 是一个常数并且等于层流火焰传播速度 S_L。

随着气流从未燃混合物变为已燃气体，变量 G 逐渐增大，轮廓 $G=G_0$ 处表示火焰位置。在最简单的速度—扰动模型中，假定速度的垂直分量 v_1 是均匀且呈正弦规律变化，即 $v_1 = v_1\cos\omega t$，相对而言速度的径向分量 u_1 则可以忽略，这相当于未燃气流的整体运动。图 9-13 显示，G 可以被 $\eta-y$ 代替，其中 η 表示火焰位置。式（9-18）中代入 $\eta=\eta_0+\eta_1$，η_0 代表了稳态火焰的形状，η_1 表示微小的扰动（见图 9-13（b），可以将方程进行一阶展开，并得到

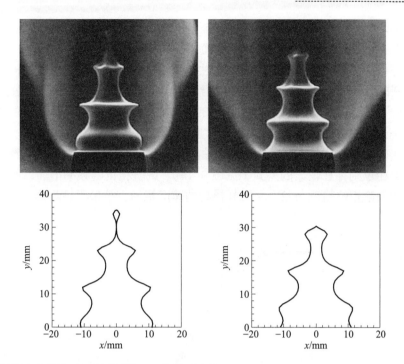

图 9-12　被纵向声学扰动调制的甲烷—空气锥形火焰，f_e=150.5Hz、$\omega_* \simeq 28$、$\bar{v}$=1.44 m/s、$v'/\bar{v}$=0.13、Φ=1.05。上图：两个不同时刻的纹影图像；下图：相应的数值模拟（选自参考文献［80］）

$$\frac{\partial \eta_1}{\partial t} = S_L \cos\alpha_0 \frac{\partial \eta_1}{\partial r} + v_1 \qquad (9\text{-}19)$$

式中，α_0 表示锥形火焰的半锥角。

热释放脉动可以从火焰面积的变化来评价

$$A_1 = 2\pi\cos\alpha_0 \int_0^R \eta_1 \mathrm{d}r \qquad (9\text{-}20)$$

释热率脉动 Q_1 与火焰表面积的脉动直接相关：$Q_1=\rho_f S_L q A_1$，其中 ρ_f 是未燃气体密度，q 表示单位质量混合物的热释放，对于相应的热释放脉动，得到下面的表达式[74]

$$\frac{Q_1}{Q_0} = \frac{v_1}{v_0}\frac{2}{\omega_*^2}\big[\,(1-\cos\omega_*)\cos\omega t +$$

$$(\omega_* - \sin\omega_*)\sin\omega t\,\big] \qquad (9\text{-}21)$$

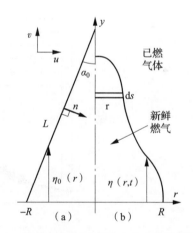

图 9-13　锥形火焰几何结构：（a）在稳定的情况下；（b）在扰动的情况下（来自参考文献［74］）

很容易由此推导出传递函数。表达式的最终结果取决于折合频率 $\omega_*=\omega R/(S_L \cos\alpha_0)$，$R$ 是燃烧室的半径。式（9-21）可以用作波动方程（9-7）中的源项，提供了初始锥形火焰的系统完整动态描述。

在这种方式下获得的声学调制的分析火焰响应依赖于许多简化的假设，假定扰动速度是轴向和均匀的。用 PIV 得到的数据表明[80]，对于具有小速度径向分量的弱褶皱火焰，即在低频范围（ω_*<2），这个假设是可接受的，在这种情况下，火焰的响应就好像它被调制而整体拉伸和压缩，同时保持基本圆锥形状。相反，这些假设对于较大的频率来说太

强，不能正确地表示声—火焰相互作用，在该范围内，速度场对流结构有重要的梯度，燃烧室尾部附近存在径向分量，这清楚地表明简化的低阶模型存在局限性。

另一种替代的模型表示扰动运动的对流性质和相关的相位差，这个替代模型是参考文献［80］发展的，其中提出了一种修正的入射到火焰上的速度调制公式，该公式与 G 方程（9-18）相结合，然后在该方程的数值积分中使用水平集方法。图 9-12 所示的典型计算结果与试验火焰形状非常接近，在图 9-12 中，扰动速度在模型 A（整体扰动模型）中是轴向均匀的，在模型 B（对流扰动模型）中沿轴向对流。试验和模型 A 传递函数振幅基本上是一致的，但相位则存在较大的差异（见图 9-14）。试验相位随频率增加，而对应于表达式（9-21）的理论相位趋于 $\pi/2$。采用 B 模型的速度扰动，结果明显改善。

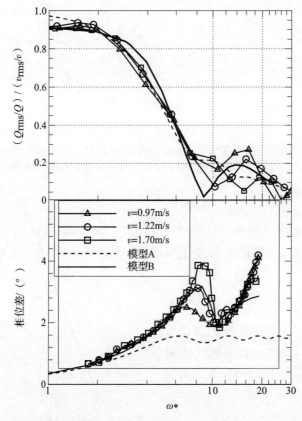

图 9-14　锥形火焰传递函数的计算（实线）、解析结果（虚线和实线）和
测量（符号）之间的比较（见参考文献［80］）

利用扰动倾斜火焰的早期分析也可以导出传递函数的新表达式[81]，Schuller 等[75]表明该函数依赖于两个参数 ω_* 和 $S_L/\bar{v}$，并得到了与试验结果更好的一致性，传递函数的相位从细长火焰的纯对流行为转变为扁平火焰的饱和值。

9.4.2　火焰对组分不均匀性的响应

试验和理论分析表明，贫燃预混燃烧室中的某些类型的不稳定性可能由燃料空气比的扰动所激励[82-85]，如同 Lieuwen 和 Zinn 所提出的[82]，本节通过假设燃烧室中的压力振荡与燃料供应管路相互作用并改变燃料流速来说明这种情况。

压力的增大会导致稍后的燃料供应减少，导致当量比 ϕ_1 的减小，并通过流动对流到火焰区。这种相互作用也可能发生在空气供应中，这也会影响当量比。这两种类型的相互作用将产生热释放扰动，如果与压力的相位正好相同，热释放将为过程中涉及的共振声模态提供能量，这个相互作用可以表示为

$$p_1 \rightarrow \phi_1 \rightarrow 对流 \rightarrow Q_1$$

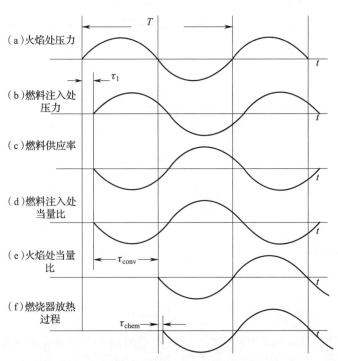

图 9-15　由当量比脉动激励的不稳定性，火焰中压力、
当量比和放热的时间序列（来自参考文献［82］）

该机理在图 9-15 中示出，首先在系统中产生压力振荡，这将改变燃料流量并改变当量比，三个延迟时间定义了这个过程。第一个延迟时间 τ_i 对应于喷嘴中的压力与燃料质量流量 $\dot{m}_{F1}$ 之间的相位偏移，此流量的振荡引起当量比 Φ_1 的脉动。然后不均匀的混合物以延迟 τ_{conv} 对流到反应区，火焰对当量比扰动 Φ_1 的响应发生在燃烧延迟 τ_{chem} 之后。如果压力和释热脉动是同相的，则该过程将维持振荡（瑞利准则），则总延迟时间如下

$$\tau_i + \tau_{conv} + \tau_{chem} = (2n-1)\frac{T}{2} \tag{9-22}$$

其中，T 是燃烧不稳定的周期；n 是一个整数（$n>0$）。在大多数情况下，对流所引起的延迟时间占主导地位，式（9-22）就变为 $\tau_{conv} \approx (2n-1)T/2$。

这个过程的一个基本方面是火焰对入射的当量比扰动的响应[86]，另一个也会影响这种机制的是在喷嘴和火焰之间发生的混合程度[87]。如果这种混合是充分的，那么通过减少放热的脉动将大大降低脉动的初始程度。非均匀性的影响也在本书的其他部分更详细地阐述（也可见参考文献［8］）。

9.4.3　非定常火焰拉伸率效应

作用于流动的共振声学运动可以产生不稳定的拉伸率场，该场可能会以两种主要方式

改变热释放的速率。第一种方法包括火焰表面面积的扰动，为了分析第一种可能性，我们考虑火焰表面密度的模型方程

$$\frac{\mathrm{d}\Sigma}{\mathrm{d}t} = \varepsilon\Sigma - \beta\Sigma^2 \tag{9-23}$$

这种平衡方程广泛应用于湍流燃烧，在等式（9-23）中，右侧的第一项表示通过拉伸率产生表面密度，而第二项描述火焰表面密度的相互湮灭（火焰缩短）。在平衡状态，$\mathrm{d}\Sigma_0/\mathrm{d}t=0$，$\varepsilon_0\Sigma_0-\beta\Sigma_0^2=0$。假定一个以正弦形式扰动的拉伸率 $\varepsilon=\varepsilon_0+\varepsilon_1\cos\omega t$，由此产生表面密度的扰动，为 $\Sigma=\Sigma_0+\Sigma_1$，在平衡方程（9-23）中代入这个表达式，并且只保留一阶项，得到表达式[7]

$$\frac{\mathrm{d}\Sigma_1}{\mathrm{d}t} + \varepsilon_0\Sigma_1 = (\varepsilon_1\cos\omega t)\Sigma_0 \tag{9-24}$$

Σ_1 的响应是低通滤波器，稳态解具有一般形式

$$\frac{\Sigma_1}{\Sigma_0} = \frac{\varepsilon_1}{\varepsilon_0^2 + \omega^2}(\varepsilon_0\cos\omega t + \omega\sin\omega t) \tag{9-25}$$

在低频极限情况下，$\omega \ll \varepsilon_0$，火焰表面密度的相对扰动与拉伸率是同相的

$$\frac{\Sigma_1}{\Sigma_0} = \frac{\varepsilon_1}{\varepsilon_0}\cos\omega t \tag{9-26}$$

在高频极限情况下，$\omega \gg \varepsilon_0$，火焰表面密度的相对扰动与拉伸率相位正交，且随频率降低

$$\frac{\Sigma_1}{\Sigma_0} = \frac{\varepsilon_1}{\omega}\sin\omega t \tag{9-27}$$

这种机制同样适用于预混和非预混火焰，这种类型的相互作用调节火焰表面密度，并且可以示意性地表示为

$$p_1 \rightarrow v_1 \rightarrow 流动 \rightarrow \varepsilon_1 \rightarrow A_1$$

第二种相互作用涉及对单位火焰表面的反应速率的直接影响，可以表示为

$$p_1 \rightarrow v_1 \rightarrow 流动 \rightarrow \varepsilon_1 \rightarrow \dot{\omega}_1$$

第二种效应在非预混合情况下是有效的，因为反应速率与火焰中的组分梯度直接相关，而组分梯度由拉伸率决定的，在预混情况下，除了接近熄火条件外，反应率受拉伸率的影响较小。

在湍流燃烧中，火焰对拉伸率的响应已经得到了广泛的研究[88-89]，其他的研究涉及火焰对外部拉伸率调制的响应。这个问题可以通过设想试验来研究[90]，并且通常通过使用具有复杂化学性质的拉伸火焰的时间相关解直接计算来处理[91-92]，用渐近法确定火焰响应的解析表达式[93]。发现当扰动拉伸率脉动不超过熄火值时，火焰表现得像低通滤波器。考虑非预混火焰并假设无限快的化学极限，火焰传递函数在频域中定义为相对反应速率调制与相对拉伸率扰动的比率[7]

$$F(\omega) = \left(\frac{\tilde{m}(\omega) - \dot{m}_0}{\dot{m}_0}\right) \Big/ \left(\frac{\tilde{\varepsilon}(\omega) - \varepsilon_0}{\varepsilon_0}\right) \tag{9-28}$$

该传递函数具有低通滤波器的形式

$$F(\omega) = \frac{1}{2} \frac{1}{1 + i(\omega / 2\varepsilon_0)} \qquad (9-29)$$

非稳态拉伸对预混火焰的影响不能用这样简单的术语来描述，Im 和 Chen[94] 的数值计算表明，火焰对调制拉伸率的响应在稳态线附近呈循环形式，周期的大小随着频率的增加而减小。

当作用于反应微元上的拉伸率低于熄火值时，火焰表面面积增大；相反，火焰区域受到相邻反应微元相互作用机制的限制。这种机制已被确认是为减少火焰表面积的基本过程（参见如 Echekki 等[95] 或 Chen 等[96] 的文章和图 9-16），这种机制也可能影响湍流火焰的动力学。现在拉伸火焰之间的相互作用在火焰微元趋向于相互远离的情况下被很好地理解，拉伸单元相互靠近并导致火焰缩短的情况不易进行试验研究。通常不考虑同步相互作用导致不稳定的可能性，这种类型的耦合过程至少在 Schuller 等[59] 最近的试验中已经观察到，相应的激励过程在 9.3 节中做了简单描述。

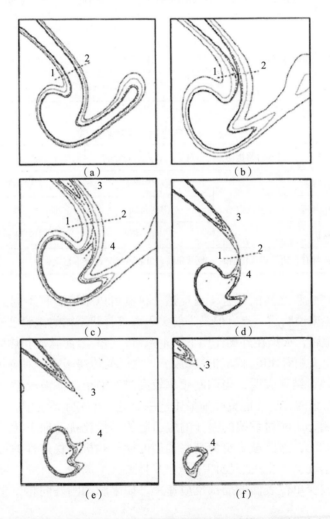

图 9-16　相互火焰湮灭作为火焰表面产生的限制机理的 DNS 计算，不同的线表示 CH_4、O_2、H_2、CO 的消耗峰值（a）0.61 t_f，（b）0.72 t_f，（c）0.75 t_f，（d）0.78 t_f，（e）0.81 t_f，（f）1.1 t_f，t_f 表示火焰时间（来自参考文献 [96]）

9.5 结论

燃烧不稳定性预测方法的发展是一个重要的技术目标，这一预测对于发展燃气轮机先进的燃烧室至关重要。该方向已经取得了相当大的进展，试验和详细分析已经产生了有关所涉及的基本过程的大量信息。本章说明了其中的一些过程，重点放在热释放脉动和声学变量之间存在的激励和耦合关系，表9-1和表9-2总结了本章涉及的不同路径。结果表明，通过良好控制的试验，火焰表面的快速变化产生强烈的声辐射。在实际情况中，存在许多可能快速产生或破坏火焰面积的机制，例如，相邻火焰之间或相邻流动结构（如涡或反应射流）之间的火焰—壁面相互作用和碰撞，如果这些过程和压力同相，那么将馈送能量到共振模态，火焰表面面积的快速变化是燃烧不稳定性的重要激励过程。

表9-1　本章所描述激励过程汇总

	初始扰动	对流动和火焰的影响	主要结果	影响	诱发的流场变化
火焰—涡相互作用		涡的产生	火焰卷曲		
火焰—边界相互作用	流动扰动	火焰褶皱	火焰表面面积变化	热释放脉动	压力波辐射
火焰之间的相互作用		火焰褶皱	火焰锋面消失		

表9-2　本章所描述耦合过程汇总[a]

	初始扰动	对流动和火焰的影响	主要结果	影响
火焰对上游变化的响应		流动的变化	火焰表面褶皱	
火焰对组分不均匀的响应	声波激励	喷射扰动	当量比脉动	非稳态热释放
火焰对拉伸率的响应		流动的变化	拉伸率场脉动	

注：[a] 当相互作用具有合适的相位滞后时，激励和耦合机制可导致燃烧不稳定性。

压力场和燃烧过程之间的耦合（或反馈）机制可以采取多种不同的形式。这里用一组层流火焰的试验来说明这一点，但是先前关于湍流管状结构的试验已经表明，预混火焰对这种调制非常敏感，火焰在外场作用下严重褶皱，引起表面脉动和热释放脉动，在简单的情况下，可以定义相对速度脉动和热释放脉动之间的传递函数。对解析模型、数值模拟和试验进行了比较，结果表明，当调制频率较高时，简单的滤波模型不能很好地描述相位，必须采用更精细的方法才能更好地描述这一变量。在实际系统中，火焰也可以通过许多其他方式来调制，由喷射系统的差异响应引起的当量比扰动向下游对流到达火焰时也可能引起热释放脉动，这已被确定为某些类型的燃气轮机不稳定性的可能激励过程。燃烧室中的非定常运动会产生可变拉伸率场，并导致火焰调制，可变拉伸率可产生或减小火焰表面积，并改变单位表面的局部反应速率，如果脉动刚好同相，它们将为声波提供能量。

虽然经过多年的研究积累了相当丰富的信息，但仍需要额外的基础试验和中等规模的研究，需要进一步的建模，尤其是耦合和激励过程以及详细的模拟，最近收集的结果可以用来修正数值工具和验证燃烧不稳定性模拟。本章所考察的相互作用只描述了一部分涉及燃气轮机燃烧室复杂动力学的机制，本书对此主题做了更详细的介绍。

参 考 文 献

［1］ Mallard, E., and Le Châtelier, H., "Recherches Expérimentales et Théoriques sur la Combustion de Mélanges Gazeux Explosifs," *Annales des Mines*, *Paris Series*, Vol. 8, 1883, pp. 274–377.

［2］ Lord Rayleigh, "The Explanation of Certain Acoustic Phenomena," *Nature*, Vol. 18, 1878, pp. 319–321.

［3］ Candel, S., "Combustion Instabilities Coupled by Pressure Waves and Their Active Control," *Proceedings of the Combustion Institute*, Vol. 24, The Combustion Inst., Pittsburgh, PA, 1992, pp. 1277–1296.

［4］ McManus, K., Poinsot, T., and Candel, S., "A Review of Active Control of Combustion Instabilities," *Progress in Energy and Combustion Science*, Vol. 19, No. 1, 1993, pp. 1–29.

［5］ Yang, V., and Anderson, W. E. (eds.), *Liquid Rocket Engines Combustion Instabilities*, Vol. 169, Progress in Astronautics and Aeronautics, AIAA, Reston, VA, 1995.

［6］ De Luca, D., Price, E. W., and Summerfield, M. (eds.), *Nosteady Burning and Combustion Stability of Solid Propellants*, Vol. 143, Progress in Astronautics and Aeronautics, AIAA, Reston, VA, 1992.

［7］ Candel, S., "Combustion Dynamics and Control: Progress and Challenges," *Proceedings of the Combustion Institute*, Vol. 29, The Combustion Inst., Pittsburgh, PA, 2002, pp. 1–28.

［8］ Lieuwen, T., and McManus, K. (eds.), "Combustion Dynamics in Lean-Premixed Revalorized (LPP) Gas Turbines," Journal of Propulsion and Power, Vol. 19, No. 5, 2003, pp. 721–829.

［9］ Poinsot, T. (ed.), "Large Eddy Simulation of Reacting Flows," Flow Turbulence and Combustion, Vol. 65, No. 2, 2000, pp. 111–244.

［10］ Desjardins, P. E., and Frankel, S. H., "Two-dimensional Large Eddy Simulation of Soot Formation in the Near-field of a Strongly Radiating Nonpremixed Acetylene-Air Turbulent Jet Flame," Combustion and Flame, Vol. 119, No. 1–2, 1999, pp. 121–133.

［11］ Kim, W. W., Menon, S., and Mongia, H. C., "Large Eddy Simulation of a Gas Turbine Combustor Flow," Combustion Science and Technology, Vol. 143, No.1–6, 1999, pp.25–62.

［12］ Fureby, C., "A Computational Study of Combustion Instabilities due to Vortex Shedding," Proceedings of the Combustion Institute, Vol. 28, The Combustion Inst., Pittsburgh, PA, 2000, pp. 783–791.

［13］ Pitsch, H., and Duchamp de Lageneste, L., "Large-Eddy Simulation of Premixed Turbulent Combustion Using a Level-Set Approach," Proceedings of the Combustion Institute, Vol. 29, The Combustion Inst., Pittsburgh, PA, 2002, pp. 2001–2008.

［14］Huang, Y., Sung, H.-G., Hsieh, S.-Y., and Yang, V., "Large-Eddy Simulation of Combustion Dynamics of Lean-Premixed Swirl-Stabilized Combustor," Journal of Propulsion and Power, Vol. 19, No. 5, 2003, pp. 782-794.

［15］Selle, L., Lartigue, G., Poinsot, T., Koch, R., Schildmacher, K.-U., Krebs, W., Prade, B., Kaufmann, P., and Veynante, D., "Compressible Large Eddy Simulation of Turbulent Combustion in Complex Geometry on Unstructured Meshes," Combustion and Flame, Vol. 137, No.3, 2004, pp. 489-505.

［16］Poinsot, T., and Veynante, D., Theoretical and Numerical Combustion, Edwards, Philadelphia, 2001, 473 pp.

［17］Ducruix, S., Schuller, T., Durox, D., and Candel, S., "Combustion Dynamics and Instabilities: Elementary Coupling and Driving Mechanisms," Journal of Propulsion and Power, Vol. 19, No. 5, 2003, pp. 722-734.

［18］Lieuwen, T., "Modeling Premixed Combustion-Acoustic Wave Interactions: A Review," Journal of Propulsion and Power, Vol. 19, No. 5, 2003, pp. 765-781.

［19］Dowling, A. P., and Stow, S. R., "Modal Analysis of Gas Turbine Combustor Acoustics," Journal of Propulsion and Power, Vol. 19, No. 5, 2003, pp. 751-764.

［20］Yu, K. H., Trouve, A., and Daily, J. W., "Low-Frequency Pressure Oscillations in a Model Ramjet Combustor," Journal of Fluid Mechanics, Vol. 232, Nov. 1991, pp. 47-72.

［21］Smith, D. A., and Zukoski, E. E., "Combustion Instability Sustained by Unsteady Vortex Combustion," AIAA-SAE-ASME-ASEE Twenty-First Joint Propulsion Conference, AIAA Paper 85-1248, July 1985.

［22］Culick, F. E. C., and Yang, V., "Overview of Combustion Instabilities in Liquid Propellant Rocket Engines," Liquid Rocket Engines Combustion Instability, Vol. 169, Progress in Astronautics and Aeronautics, AIAA, Reston, VA, 1995, pp. 3-37.

［23］Strahle, W. C., "Duality, Dilatation, Diffusion, and Dissipation in Reacting Turbulent Flows," Proceedings of the Combustion Institute, Vol. 19, The Combustion Inst., Pittsburgh, PA, 1982, pp. 337-347.

［24］Williams, F. A., Combustion Theory, Benjamin Cummings, Menlo Park, CA, 1985.

［25］Doak, P. E., "Fundamentals of Aerodynamic Sound Theory and Flow Duct Acoustics," Journal of Sound and Vibration, Vol. 28, No. 3, 1973, pp. 527-561.

［26］Kotake, S., "On Combustion Noise Related to Chemical Reactions," Journal of Sound and Vibration, Vol. 42, No. 3, 1975, pp. 399-410.

［27］Crocco, L., "Aspects of Combustion Instability in Liquid Propellant Rocket Motors," Journal of the Aeronautical Research Society, Vols. 21 and 22, 1952.

［28］Tsien, H. S., "Servo-stabilization of Combustion in Rocket Motors," American Rocket Society Journal, Vol. 22, 1952, pp. 256-263.

［29］Crocco, L., and Cheng, S. L., Theory of Combustion Instability in Liquid Propellant Rocket Motors, Agardograph No. 8, Butterworths Science Publication, Butterworths,

London, 1956.

[30] Lang, W., Poinsot, T., and Candel, S., "Active Control of Combustion Instability," Combustion and Flame, Vol. 70, No. 3, 1987, pp. 281–289.

[31] Gulati, A., and Mani, R., "Active Control of Unsteady Combustion–Induced Oscillations," Journal of Propulsion and Power, Vol. 8, No. 5, 1992, pp. 1109–1115.

[32] Hedge, U. G., Reuter, D., and Zinn, B. T., "Sound Generation by Ducted Flames," AIAA Journal, Vol. 26, No. 5, 1988, pp. 532–537.

[33] Renard, P. H., Thevenin, D., Rolon, J. C., and Candel, S., "Dynamics of Flame–Vortex Interactions," Progress in Energy and Combustion Science, Vol. 26, No. 3, 2000, pp. 225–282.

[34] Sinibaldi, J. O., Mueller, C. J., and Driscoll, J. F., "Local Flame Propagation Speeds Along Wrinkled, Unsteady, Stretched Flames," Proceedings of the Combustion Institute, Vol. 27, The Combustion Inst., Pittsburgh, PA, 1998, pp. 827–832.

[35] Renard, P. H., Rolon, J. C., Thévenin, D., and Candel, S., "Investigation of Heat Release, Extinction and Time Evolution of the Flame Surface, for a Nonpremixed Flame Interacting with a Vortex," Combustion and Flame, Vol. 117, No. 1, 1999, pp. 189–205.

[36] Poinsot, T., Trouvé, A., Veynante, D., Candel, S., and Esposito, E., "Vortex–Driven Acoustically Coupled Combustion Instabilities," Journal of Fluid Mechanics, Vol. 177, April 1987, pp. 265–292.

[37] Schadow, K. C., Gutmark, E. J., Parr, T. P., Parr, D. M., Wilson, K. J., and Crump, J. E., "Large–Scale Coherent Structures as Drivers of Combustion Instability," Combustion Science and Technology, Vol. 64, No. 4–6, 1989, pp. 167–186.

[38] Crow, S. C., and Champagne, F. H., "Orderly Structure in Jet Turbulence," Journal of Fluid Mechanics, Vol. 48, No. 3, 1971, pp. 547–591.

[39] Ho, C. M., and Nosseir, N. S., "Dynamics of an Impinging Jet. Part 1: The Feedback Phenomenon," Journal of Fluid Mechanics, Vol. 105, April 1981, pp. 119–142.

[40] Ho, C.–M., and Huerre, P., "Perturbed Free Shear Layers," Annual Review of Fluid Mechanics, Vol. 16, 1984, pp. 365–424.

[41] Kaiktsis, L., Karniadakis, G. E., and Orszag, S., "Unsteadiness and Convective Instabilities in Two–Dimensional Flow over a Backward–Facing Step," Journal of Fluid Mechanics, Vol. 321, August 1996, pp. 157–187.

[42] Hussain, A. K., and Zaman, K. B., "Vortex Pairing in a Circular Jet under Controlled Excitation. Part 1. General Jet Response," Journal of Fluid Mechanics , Vol. 101, Dec. 1980, pp. 449–491.

[43] Hussain, A. K., and Zaman, K. B., "Vortex Pairing in a Circular Jet under Controlled Excitation. Part 2. Coherent Structure Dynamics," Journal of Fluid Mechanics, Vol. 101, Dec. 1980, pp. 493–544.

[44] Oster, D., and Wygnanski, I., "The Forced Mixing Layer Between Parallel Streams," Journal

of Fluid Mechanics, Vol. 123, Oct. 1982, pp. 91-130.

[45] Gaster, M., Kit, E., and Wygnanski, I., "Large-Scale Structures in a Forced Turbulent Mixing Layer," Journal of Fluid Mechanics, Vol. 150, Jan. 1985, pp. 23-39.

[46] Ghoniem, A. F., and Ng, K. K., "Numerical Study of the Dynamics of a Forced Shear Layer," Physics of Fluids, Vol. 30, No. 3, 1987, pp. 706-723.

[47] Mitchell, B. E., Lele, S. K., and Moin, P., "Direct Computation of the Sound Generated by Vortex Pairing in an Axsymmetric Jet," Journal of Fluid Mechanics, Vol. 383, March 1999, pp. 113-142.

[48] Bogey, C., Bailly, C., and Juvé, D., "Numerical Simulation of Sound Generated by Vortex Pairing in a Mixing Layer," AIAA Journal, Vol. 38, No. 12, 1999, pp. 2210-2218.

[49] Durox, D., Schuller, T., and Candel, S., "Combustion Dynamics of Inverted Conical Flames," Proceedings of the Combustion Institute, Vol. 30, The Combustion Inst., Pittsburgh, PA, 2004, pp. 1717-1724.

[50] Kendrick, D. W., Zsak, T. W., and Zukoski, E. E., "An Experimental and Numerical Investigation of Premixed Combustion in a Vortex in a Laboratory Dump Combustor," Unsteady Combustion, NATO ASI Series, Vol. 306, Kluwer, Dordrecht 1996, pp. 33-69.

[51] Zsak, T. W., "An Investigation of the Reacting Vortex Structures Associated with Pulse Combustion," Ph. D. Dissertation, California Inst. of Technology, Pasadena, CA, April 1993.

[52] Schuller, T., Durox, D., and Candel, S., "Dynamics of and Noise Radiated by a Perturbed Impinging Premixed Jet Flame," Combustion and Flame, Vol. 128, No. 1-2, 2002, pp. 88-110

[53] Durox, D., Schuller, T., and Candel, S., "Self-induced Instability of a Premixed Jet Flame Impinging on a Plate," Proceedings of the Combustion Institute, Vol. 29, The Combustion Inst., Pittsburgh, PA, 2002, pp. 69-75.

[54] Schäfer, O., Koch, R., and Wittig, S., "Measurement of the Periodic Flow of an Enclosed Lean Premixed Prevaporized Stagnation Flame," Tenth International Symposium on Applications of Laser Techniques to Fluid Mechanics, Lisbon, 2000.

[55] Bragg, S. L., "Combustion Noise," Journal of the Institute of Fuel, Vol. 36, 1963, pp. 12-16.

[56] Abugov, D. I., and Obrezkov, O. I., "Acoustic Noise in Turbulent Flames," Combustion, Explosions and Shock Waves, Vol. 14, 1978, pp. 606-612.

[57] Clavin, P., and Siggia, E., "Turbulent Premixed Flames and Sound Generation," Combustion Science and Technology, Vol. 78, No. 1-3, 1991, pp. 147-155.

[58] Kidin, N., Librovich, V., Roberts, J., and Vuillermoz, M., "On Sound Sources in Turbulent Combustion," Dynamics of Flames and Reactive Systems, Vol. 95, Progress in Astronautics and Aeronautics, AIAA, New York, 1984, pp. 343-355.

[59] Schuller, T., Durox, D., and Candel, S., "Self-induced Combustion Oscillations of

Laminar Premixed Flames Stabilized on Annular Burners," Combustion and Flame, Vol. 135, No. 4, 2003, pp. 525–538.

[60] Candel, S., Durox, D., and Schuller, T., "Flame Interactions as a Source of Noise and Combustion Instabilities," AIAA Paper 2004–2928, AIAA/CEAS Aeroacoustics Conference, Manchester, England, U.K., 2004.

[61] McIntosh, A. C., "On Flame Resonance in Tubes," Combustion Science and Technology, Vol. 69, No. 4–6, 1990, pp. 147–152.

[62] McIntosh, A. C., "The Linearised Response of the Mass Burning Rate of a Premixed Flame to Rapid Pressure Changes," Combustion Science and Technology, Vol. 91, No. 4–6, 1993, pp. 329–346.

[63] Edwards, N. R., McIntosh, A. C., and Brindley, J., "The Development of Pressure Induced Instabilities in Premixed Flames," Combustion Science and Technology, Vol. 99, No. 1–3, 1996, pp. 373–386.

[64] Park, S., Annaswamy, A. M., and Ghoniem, A. F., "Heat Release Dynamics Modeling of Kinetically Controlled Burning," Combustion and Flame, Vol. 128, No. 3, 2002, pp. 217–231.

[65] Markstein, G. H., Non Steady Flame Propagation, Pergamon Press, Elmsford, NY, 1964.

[66] Blackshear, P. L., "Driving Standing Waves by Heat Addition," Proceedings of the Combustion Institute, Vol. 4, The Combustion Inst., Pittsburgh, PA, 1953, pp. 553–566.

[67] De Soete, G., "Etude des Flammes Vibrantes. Application à la Combustion Turbulente," Revue de l'Institut Francais du Pétrole et Annales des Combustibles Liquides, Vol. 19, No.6, 1964, pp.766–785

[68] Merk, H. J., "An Analysis of Unstable Combustion of Premixed Gases," Proceedings of the Combustion Institute, Vol. 6, The Combustion Inst., Pittsburgh, PA, 1956, pp. 500–512.

[69] Becker, R., and Gunther, R., "The Transfer Function of Premixed Turbulent Jet Flames," Proceedings of the Combustion Institute, Vol. 13, The Combustion Inst., Pittsburgh, PA, 1971, pp. 517–526.

[70] Baade, P. K., "Design Criteria and Modes for Preventing Combustion Oscillations," ASHRAE Transactions, Vol. 1, 1978, pp. 449–465.

[71] Matsui, Y., "An Experimental Study on Pyro–acoustic Amplification of Premixed Laminar Flames," Combustion and Flame, Vol. 43, No. 2, 1981, pp. 199–209.

[72] Baillot, F., Durox, D., and Prud'homme, R., "Experimental and Theoretical Study of a Premixed Vibrating Flame," Combustion and Flame, Vol. 88, No. 2, 1992, pp. 149–168.

[73] Fleifil, M., Annaswamy, A. M., Ghoneim, Z. A., and Ghoniem, A. F., "Response of a Laminar Premixed Flame to Flow Oscillations: A Kinematic Model and Thermoacoustic

Instability Results," Combustion and Flame, Vol. 106, No. 4, 1996, pp. 487–510.

[74] Ducruix, S., Durox, D., and Candel, S., "Theoretical and Experimental Determinations of the Transfer Function of a Laminar Premixed Flame," Proceedings of the Combustion Institute, Vol. 28, The Combustion Inst., Pittsburgh, PA, 2000, pp. 765–773.

[75] Schuller, T., Durox, D., and Candel, S., "A Unified Model for the Prediction of Flame Transfer Functions: Comparison Between Conical and V–flame Dynamics," Combustion and Flame, Vol. 134, No. 1-2, 2003, pp. 21–34.

[76] Dowling, A. P., "A Kinematic Model of a Ducted Flame," Journal of Fluid Mechanics, Vol. 394, September 1999, pp. 51–72.

[77] Marble, F. E., and Candel, S., "An Analytical Study of the Non–steady Behavior of Large Combustors ," Proceedings of the Combustion Institute, Vol. 17, The Combustion Inst., Pittsburgh, PA, 1978, pp. 761–769.

[78] Bourehla, A., and Baillot, F., "Appearance and Stability of a Laminar Conical Premixed Flame Subjected to an Acoustic Perturbation ,"Combustion and Flame, Vol. 114, No. 3-4, 1998, pp. 303–318.

[79] Lieuwen, T., and Neumeier, Y., "Nonlinear Pressure–Heat Release Transfer Function Measurements in a Premixed Combustor," Proceedings of the Combustion Institute, Vol. 29, The Combustion Inst., Pittsburgh, PA, 2002, pp. 99–105.

[80] Schuller, T., Ducruix, S., Durox, D., and Candel S., "Modeling Tools for the Prediction of Premixed Flame Transfer Functions," Proceedings of the Combustion Institute, Vol. 29, The Combustion Inst., Pittsburgh, PA, 2002, pp. 107–113.

[81] Boyer, L., and Quinard, J., "On the Dynamics of Anchored Flames," Combustion and Flame, Vol. 82, No. 1, 1990, pp. 51–65.

[82] Lieuwen, T., and Zinn, B. T., "The Role of Equivalence Ratio Oscillations in Driving Combustion Instabilities in Low NO_x Gas Turbines," Proceedings of the Combustion Institute, Vol. 27, The Combustion Inst., Pittsburgh, PA, 1998, pp. 1809–1816.

[83] Lee, J. G., Kwanwoo, K., and Santavicca, D. A., "Measurement of Equivalence Ratio Fluctuation and Its Effect on Heat Release during Unstable Combustion," Proceedings of the Combustion Institute, Vol. 28, The Combustion Inst., Pittsburgh, PA, 2000, pp.415–421.

[84] Hathout, J. P., Fleifil, M., Annaswamy, A. M., and Ghoniem, A. F., "Heat–Release Actuation for Control of Mixture–Inhomogeneity–Driven Combustion Instability," Proceedings of the Combustion Institute, Vol. 28, The Combustion Inst., Pittsburgh, PA, 2000, pp. 721–730.

[85] Lieuwen, T., Torres, H., Johnson, C., and Zinn, B. T., "A Mechanism for Combustion Instabilities in Premixed Gas Turbine Combustors," Journal of Engineering for Gas Turbines and Power, Vol. 123, No. 1, 2001, pp. 182–190.

[86] Marzouk, Y. M., Ghoniem, A. F., and Najm, H. N., "Dynamic Response of Strained Premixed Flames to Equivalence Ratio Gradients," Proceedings of the Combustion Institute,

Vol. 28, The Combustion Inst., Pittsburgh, PA, 2000, pp. 1859–1866.

[87] Lieuwen, T., Neumeier, Y., and Zinn, B. T., "The Role of Unmixedness and Chemical Kinetics in Driving Combustion Instabilities in Lean Premixed Combustors," Combustion Science and Technology, Vol. 135, No. 1–6, 1998, pp. 193–211.

[88] Law, C. K., "Dynamics of Stretched Flames," Proceedings of the Combustion Institute, Vol. 22, The Combustion Inst., Pittsburgh, PA, 1988, pp. 1381–1402.

[89] Peters, N., Turbulent Combustion, Cambridge University Press, Cambridge, U.K., 2000.

[90] Welle, E. J., Roberts, W. L., Decroix, M. E., Carter, C. D., and Donbar, J. M., "Simultaneous Particle-Imaging Velocimetry and OH Planar Laser Induced Fluorescence Measurements in an Unsteady Counterflow Propane Diffusion Flame," Proceedings of the Combustion Institute, Vol. 28, The Combustion Inst., Pittsburgh, PA, 2000, pp. 2021–2027.

[91] Darabiha, N., "Transient Behaviour of Laminar Counter Flow Hydrogen–Air Flames with Complex Chemistry," Combustion Science and Technology, Vol. 86, No. 1–6, 1992, pp. 163–181.

[92] Egolfopoulos, F. N. and Campbell, C. S., "Unsteady Counter Flowing Strained Diffusion Flames: Diffusion-Limited Frequency Response," Journal of Fluid Mechanics, Vol. 318, July 1996, pp. 1–29.

[93] Joulin, G., "On the Response of Premixed Flames to Time-Dependent Stretch and Curvature," Combustion Science and Technology, Vol. 97, No. 1–3, 1994, pp. 219–229.

[94] Im, H. G., and Chen, J. H., "Effects of Flow Transients on the Burning Velocity of Laminar Hydrogen–Air Premixed Flames," Proceedings of the Combustion Institute, Vol. 28, The Combustion Institute, Pittsburgh, 2000, pp. 1833–1840.

[95] Echekki, T., Chen, J., and Gran, I., "The Mechanism of Mutual Annihilation of Stoichiometric Premixed Methane–Air Flames," Proceedings of the Combustion Institute, Vol. 26, The Combustion Inst., Pittsburgh, PA, 1996, pp. 855–863.

[96] Chen, J., Echekki, T., and Kollman, W., "The Mechanism of Two-Dimensional Pocket Formation in Lean Premixed Methane–Air Flames with Implication to Turbulent Combustion," Combustion and Flame, Vol. 116, No. 1–2, 1999, pp. 15–48.

第10章 贫预混旋流喷嘴中的流体和火焰不稳定性

Ying Huang, Shanwu Wang, and Vigor Yang
（Pennsylvania State University, University Park, Pennsylvania）

10.1 引言

在现代燃气轮机中，无论是基于气体燃料还是液体燃料，燃料喷射和混合对实现高效清洁燃烧都至关重要。对于气体燃料，关键在于优化空气、燃料以及燃烧产物在燃烧区的混合程度。而使用液体燃料时，必须在其进入燃烧区前将其雾化成小液滴再分布于气流中[1]。大多数燃气轮机喷嘴采用旋流结构来产生中心环形回流区（CTRZs），以此提供主要的火焰稳定机制，该区域流动通常伴随由涡破裂引起的高剪切率和强湍流度。

目前已开展了许多针对旋流喷嘴的流体及火焰动力学的试验研究。Bazarov 等[2]近期发表了关于液体火箭发动机中旋流喷嘴应用的综述。Lefebrve[3]对典型燃气轮机的燃料喷嘴进行了很好的描述，并且介绍了其在现代干式低排放（DLE）燃烧室中的应用。Wang 等[4-5]试验研究了 CFM56 同轴旋流杯的 3 倍缩比模型，并采用相位多普勒干涉法表征液滴动力学特性。Jeng 和同事[6-8]研究了 CFM56 旋流杯产生的反向旋流结构，以及在无反应和反应条件下空气温度、流体性质和当量比对喷雾特性的影响。Cowell 和 Smith[9]在小型管形燃烧室中测试了液体燃料喷嘴，以评估排放特性的关键设计和运行参数，通过对轴向和径向旋流器的研究，他们发现旋流器回流区的大小和形状会强烈影响燃烧室性能。Snyder 等[10]开发了一种液体燃料切向进气喷嘴，并在高压单喷管试验台上评估了其燃烧性能，之后，在真实发动机（如 FT-8）工况下的主动燃烧控制系统的研发中，Cohen 等[11]也研究了类似的喷嘴结构。

相当多的试验工作是针对实验室中研究型旋流喷嘴而开展的。Richards 等[12-13]研究了天然气预混喷嘴的火焰动力学特性，并提出了一种简单的时间迟滞模型来表征试验观察到的燃烧振荡现象。Broda 等[14]、Lee 等[15]、Venkataraman 等[16]和 Lee 等[17-18]研究了单头部气体燃料旋流喷嘴的燃烧动力学特性，探究了当量比、进气速度、温度、燃料分布、旋流数，以及中心钝体的存在对燃烧稳定性的影响。Mordaunt 等[19]开展了一系列试验，利用不同燃料研究单头部喷嘴的燃烧动力学特性，所用燃料包括乙烯气体燃料和三种不同液体碳氢燃料：正庚烷、JP-8 和一种煤基燃料。Cohen 和 Rosfjord[20]，[21]、Chin 等[22-23]和 Hardalupas 等[24-25]通过测量旋流喷嘴下游的雾化特性来提高对液体燃料雾化过程的理解。Presser 等[26-27]利用压力喷嘴雾化器研究了旋流雾化火焰的空气动力学特性，研究了无反应和反应条件下旋流对液滴运输的影响，以及液滴与空气流场的相互作用。Paschereit 等[28-29]、Acharya 等[30-31]、Murugappan 等[32]、Lee 等[33]、Richards 等[34-35]和 Zinn 等[36-39]研究了旋流稳定燃烧室的燃烧不稳定性特性及其控制。Belnier 等[40]利用同向和反向旋转的旋流喷嘴，分析了液体燃料预混预蒸发燃烧室的燃烧动力学特性。Li 和 Gutmark[41] 研究了旋流器方向和排气喷管的几何形状对双燃料多级旋流燃烧系统的流动和火焰特性的影响。

　　学者们在燃气轮机燃烧数值模拟研究方面也开展了广泛的研究工作。Brewster 等[42] 对基于雷诺平均 N-S 方程（RANS）的地面燃气轮机的数值模拟进行了全面的综述。RANS 模拟可能适用于解析时间平均的湍流特性，但其对非定常流动演化的有效性仍有待确认，特别是对于涉及如旋流喷嘴等复杂结构的问题。最近大涡模拟（LES）的进展展现了其在旋流喷嘴动力学研究方面的前景，该技术可以明确计算出大尺度载能结构对流场的质量、动量和能量输运的贡献，并且通过解析或经验的方式对未解析的小尺度湍流作用进行建模。虽然 RANS 方法仍是燃气轮机燃烧室设计分析中的主要工具，但 LES 被认为是下一代分析型设计工具。例如，GE 航空发动机部门利用 RANS 和 LES 技术进行了一系列的数值研究[43-51]，以提高对 CFM56 航空发动机旋流器内部流动和火焰现象的理解。LES 方法也被应用于推进罗罗[52] 和普惠发动机[53-54] 的燃烧室设计。

　　2003 年，Huang 等撰写综述，回顾了采用 LES 研究气体燃料旋流喷嘴贫燃预混燃烧的文献[55]，自此之后，出现了许多相关研究。Stone 和 Menon[56-57] 使用 LES 模型研究了旋流稳定燃烧室的流动特性，以及旋流和当量比对火焰动力学的影响。Pierce 和 Moin[58] 对同轴射流燃烧室进行了数值模拟研究，提出了一种处理非预混湍流燃烧的火焰面 / 过程变量方法。Selle 等[59] 运用 LES 计算了无反应和反应条件下全尺寸预混燃气轮机的燃烧特性，并观察到无反应流动中存在强旋进涡核，但在燃烧发生时却消失了。Grinstein 等[60] 对气体旋流燃烧室内的流场进行了仿真，重点研究了燃烧室壁面约束对流动和火焰演化的影响。Sommerer 等[61] 运用 LES 方法研究了部分预混旋流燃烧室的回火和吹熄特性。Wang 等[62-63] 考查了有、无外部激励条件下径向旋流喷嘴的涡动力学特性，详细研究了包括 Kelvin-Helmholtz、螺旋和离心不稳定性在内的多种流动不稳定性机制，以及它们之间的相互作用。Huang 和 Yang[64-66] 研究了进气流动条件对贫燃预混旋流燃烧室燃烧动力学的影响，以及火焰分岔现象和稳定性边界随燃烧室运行工况的变化规律。

　　与气体燃料燃烧相比，液雾燃烧涉及一系列额外复杂因素[67-68]，如雾化、液滴分散和蒸发、混合以及燃烧，其准确预测需要考虑所有这些过程。但大多数过程都处于典型燃气轮机燃烧室的高湍流环境中，还没有被充分理解或有效建模。用 LES 研究液体燃料旋流喷嘴的研究鲜有报道[69-72]。Sankaran 和 Menon[70] 利用 LES 进行了旋流喷雾燃烧研究，并采用了忽略液滴破碎和融合过程的稀释喷雾近似，其结构包括一个带有中心喷射锥体的进气段和一个圆柱形突扩烧室，类似于航空发动机的双环形反向旋转旋流喷嘴（DACRS）。Apte 等[71] 模拟了同轴射流燃烧室中含粒子的旋流，重点研究了粒子的分散特性，计算出的平均速度场、湍流特性和颗粒分布结果与试验数据对比较好。Wang 等[72] 近期进行了横向流动中喷雾场动力学的 LES 模拟，并在其中考虑了液体燃料射流破碎和液滴输运。

　　本章概述了与贫燃预混旋流喷嘴相关的各种主要过程，并重点关注气相系统的流动演化和火焰动力学特性。Menon[73] 将在第 11 章中讨论液雾燃烧动力学的情况。本章其余部分安排如下：在 10.2 节中，将探究三种不同类型的轴向和径向进气旋流喷嘴的冷态流动特性，系统地研究单旋流器对比多旋流器以及同向旋转对比反向旋转构型的影响；在 10.3

节中，将研究宽流动范围内的轴向进气旋流喷嘴的火焰动力学特性；最后，将在 10.4 节中进行总结。

10.2 旋流喷嘴的冷态流动特性

本节涉及三种不同类型旋流喷嘴的冷态流动特性，包括现代燃气轮机喷嘴的代表性轴向和径向进气构型。本节的大部分讨论都是基于大涡模拟的计算结果[62-63, 74-75]，并在适当的地方给出了试验观察结果，以全面了解在各种运行工况下的喷嘴流动特性。计算公式包含三维 Favre 滤波守恒方程，使用基于密度的有限体积法进行数值求解。求解代码还具有多块区域分解特征，以利用信息传递接口（MPI）库去提升分布式计算环境下的并行计算速度，该数值方法的详细描述见 Wang 的博士论文[76]。

10.2.1 同轴旋流喷嘴流体动力学

图 10-1 所示为装有同轴旋流喷嘴的突扩燃烧室。Favaloro 等[77]利用该装置进行了试验研究，其中，旋流器具有 12 个圆形入口导叶，位于突扩平面上游 50.8mm 处。每个叶片的前缘都与气流方向相切，并且垂直于腔体的中心线。该腔体由直径为 152.4mm、长 1850mm 的有机玻璃管组成。入口温度为 300K、压力 1atm（标准大气压，101.325kPa），基于入口尺寸的雷诺数为 1.25×10^5。流动特性归一化的参考量为入口管道的中心流速 U=19.2m/s 和后向台阶高度 H=24.5mm。该试验台的详细设置可参见参考文献[77]。

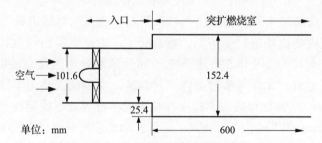

图 10-1　同轴旋流突扩燃烧室示意图

考虑两个不同的旋流数（S=0.2、0.5），其定义是角动量的轴向通量与轴向动量通量和特征半径乘积的比值，公式如下

$$S = \int_{R_h}^{R_n} \bar{u} \cdot \bar{w} r^2 \mathrm{d}r / \int_{R_h}^{R_n} R_n \bar{u}^2 r \mathrm{d}r \qquad (10-1)$$

式中，R_h 和 R_n 分别为中心体和入口管道的半径。假设均匀分布的轴向和周向速度，且叶片很薄，则旋流数可以写成

$$S = \frac{2}{3}\left[\frac{1 - (R_h / R_n)^3}{1 - (R_h / R_n)^2}\right]\tan\varphi \qquad (10-2)$$

式中，φ 为旋流叶片攻角。目前的讨论主要聚焦于出现涡破裂高旋流数（S=0.5）情况，并且和未发现涡破裂情况（S=0.3）进行对比。

10.2.1.1　涡流演化

图 10-2 为基于轴向、径向速度下的时间平均流场的流线图，可以在后向台阶下游看到一次和二次分离泡。对于高旋流数情况（S=0.5），角回流区（CRZ）的长度较短，这主

要是因为主流在更高的离心力作用下产生强烈的膨胀。中心体后方存在一个小分离泡，且流动快速沿中心线汇合。

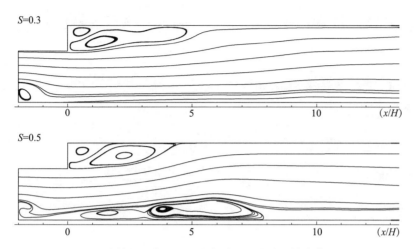

图 10-2　基于平均轴向速度和径向速度分量的流线，旋流数 S=0.3 和 S=0.5

简化的动量方程表明径向压力梯度是由旋流效应产生的离心力引起的

$$\frac{\partial p}{\partial r} = \frac{\rho U_\theta^2}{r} \qquad (10\text{-}3)$$

最小压力趋于出现在强烈旋流发生的位置，也即中心体尾流中。随着流动扩张，周向速度随轴向距离衰减，下游区域的压力逐渐恢复。由此产生的轴向正压梯度可能会导致强旋流中回流区的形成，该现象通常被称为涡破裂。在目前的设置及流动条件下，涡破裂仅在高旋流数时发生，如图 10-2 所示。中心环形回流区（central toroidal recirculation zone，CTRZ）在旋流数 S=0.5 的中心区域形成，其位置从 $x/H \approx 0.36$ 延伸至 7.8。

　　研究随时间演化的流场可以探究涡破裂现象。图 10-3 展示了一个典型流动演化周期下不同时刻的、经过周向空间平均后的 x–r 平面瞬态流线分布。相邻图片之间的时间间隔为 0.6ms，而 t=0 为数据采集开始的时刻，此时流动达到稳定状态。在 t=37.7ms 时，在一串涡泡的前方又产生了新的涡泡，这些涡泡在 t=39.0ms 时融为一体。位于涡串下游侧的涡泡在 t=39.6ms 时分裂成两个涡结构：一个基本上停留在原来的位置，另一个通过对流向下游运动，并且由于湍流扩散和黏性耗散而最终在 t=41.1ms 时消失。在此过程中，融合后的涡泡出现分离，而另一个新的涡泡在 t=42.0ms 时出现在上游区域。这些瞬态图片展现了中心区域非常复杂的涡演化过程。

　　图 10-4 为旋流数 S=0.3 和 0.5 的瞬态轴向速度场。由于轴向和周向上的 Kelvin-Helmholtz 不稳定性，在中心体的后缘和后向台阶上产生了剪切层。图中给出了在 x/H=0.36 和 1.54 两个截面上的周向流动的演化情况。源于后向台阶的剪切层在紧邻突扩平面（x/H=0.36）的下游几乎保持对称，之后由于周向上的强剪切力在 x/H=1.54 处卷起并形成大尺度不对称结构。

　　高旋流数（S=0.5）情况在周向上存在很大的速度差，特别是在 CTRZ 边界附近显著增加了剪切层强度。由于回流导致腔室内的有效流通面积减小，使得轴向速度差增加并进一步增强了轴向剪切层。大尺度结构由于湍流扩散和黏性耗散作用最终在对流到下游后消失。

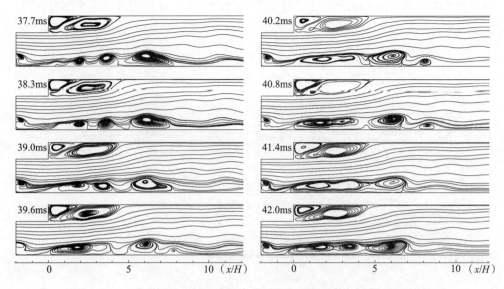

图 10-3　基于周向空间平均的轴向和径向速度分量的流线随时间的演变
（时间递增量为 0.6ms），旋流数 S=0.5

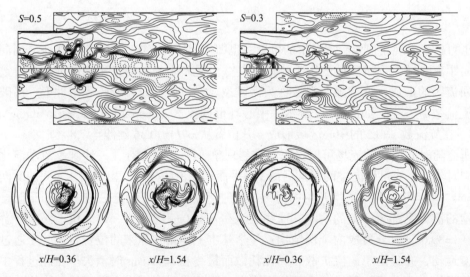

图 10-4　x-r 平面和 x/H=0.36 和 1.54 的两个截面上的瞬态轴向速度场，旋流数 S=0.3 和 0.5；等值线
为 $-12 \sim 33$m/s，递增量为 3m/s；实线表示正值，虚线表示负值

　　图 10-5 所示为旋流数 S=0.3 和 0.5 时涡量值为 $|\Omega|=1.5U/H$（即 11331/s）的瞬态涡量
等值面。尽管由入口发展出来的螺旋涡管结构整体仍随主流运动，但其行进方向与主旋流
方向是相反的。旋流数对于决定流场演化及其潜在机理起重要作用，S=0.5 时的螺旋结构
源于涡破裂并在下游区域膨胀，但低旋流数时的情况有所不同，其涡管螺旋结构在下游区
域发生了萎缩。这种现象可以归因于中心线附近涡核进动，从而引起间歇性涡破裂，进而
导致从中心体产生的螺旋结构在向下游发展过程中迅速消失。而高旋流数显然有助于维持
流动的连贯性并且导致强烈的回流。

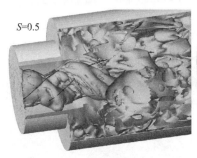
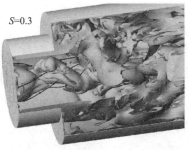

图 10-5　涡量为 $1.5 \times U/H$ 处的等值面瞬态分布图。黑线表示流线；旋流数 $S=0.3$ 和 0.5

10.2.1.2　涡—声相互作用

燃烧室中强烈的涡运动常常会产生声波，并在全场中传播。如果声激励带来的扰动发生在合适的位置和频率，剪切层就容易受其影响，由此，可根据涡场和声场相互耦合作用建立反馈回路。为研究涡—声相互作用，可用瞬态压力减去长时平均压力来获得脉动压力场。

图 10-6 所示为高旋流数工况（旋流数 $S=0.5$）下若干截面上的瞬态脉动压力场。紧靠中心体的下游区域存在强涡量，并发生了相当强的压力脉动。整个流场展现出宽范围的流动尺度，上游区域宽波段的湍流运动在下游区域发展成大尺度相干声学运动。为识别波的特性，尤其是纵向波的相关特性，可对图 10-6 中的复杂三维流场进行周向上的空间平均，得到准二维流场的时间序列如图 10-7 所示。对轴向各截面进行空间平均可以进一步简化数据，得到如图 10-8 所示的准一维平均脉动压力场，展示了负压力波峰周期性地形成并以声速向下游传播，而正压力波峰紧随其后。在 $t=35.9\text{ms}$ 时，在燃烧室内可观察到两个负压力波峰。由于这两个脉动的演化模式基本相同，根据在 $t=35.9\text{ms}$ 时两个压力波峰之间的距离和波传播速度，得到压力波的频率约为 655Hz。

压力脉动频谱可以用来定量表征声流的演化特性。图 10-9 展示了 $y/H=0.06$ 和 $z/H=0.07$ 处的结果，其中三个不同的轴向位置 $x/H=0.56$、2.19 和 7.2 分别位于中心回流区的上游、中游和下游区域。主频为 1380Hz，其余特征频率包括 660、2040 和 3420Hz，由于耗散和弥散效应，主频所对应的声波振幅在下游区域减小，这些频率代表燃烧室中的不同声学模态，并且由平均流动特性和腔室的几何形状决定。

在不考虑平均流动效应的情况下，简单的声学模态分析表明，突扩燃烧室和进气道中的一阶切向（1T）模态的特征频率分别为 $f_c=1350\text{Hz}$ 和 $f_i=2000\text{Hz}$，几乎和图 10-9 中所观察到的谐波频率相同。该分析假设大气环境下的声速为 340m/s，进气道和腔室的半径分别为 50.8mm 和 76.2mm。两个横向声学模态通过非线性气体动力学相互作用，分别产生频率为 $f_{s1}=f_i-f_c=650\text{Hz}$ 的次谐波和频率为 $f_{s2}=f_i+f_c=3350\text{Hz}$ 的超谐波，如图 10-8 所示，该次谐波以纵向行波的形式传播。

为找到声波产生的机理及其与剪切层演化的关联，需要进一步研究涡流的动力学特性。众所周知，源于中心体的剪切层对外部激励很敏感[78-80]，例如，腔体内的声学运动。因此，我们可以采用剪切层不稳定性理论来解释涡和声运动之间的相互耦合作用，遵循惯例[78]，斯特劳哈尔数 Sr 的定义如下

$$Sr = \frac{f_s \delta}{\bar{U}} \quad , \quad \bar{U} = \frac{1}{2}(U_1 + U_2) \tag{10-4}$$

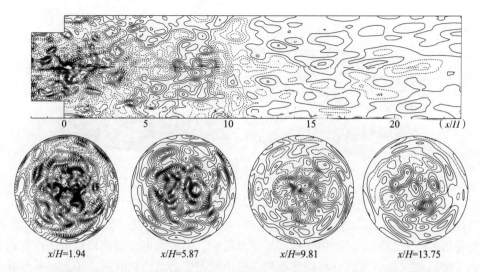

图 10-6　x-r 平面和 x/H=1.94、5.87、9.81 和 13.75 截面处的瞬态脉动压力场，等值线为 -600 ~ 600Pa，递增量为 50Pa。实线表示正值，虚线表示负值；旋流数 S=0.5

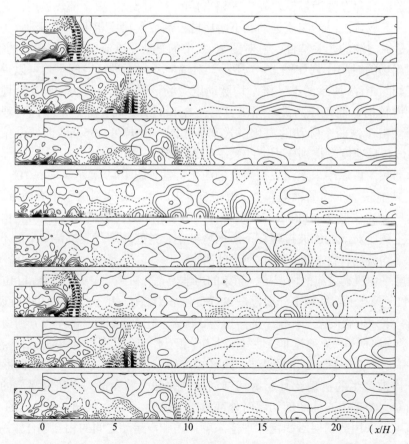

图 10-7　周向空间平均脉动压力场的时间演变，等值线为 -600 ~ 600Pa，递增量为 50Pa（时间递增量为 0.3ms）。实线表示正值，虚线表示负值；旋流数 S=0.5

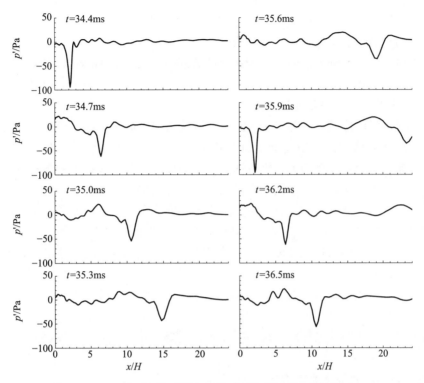

图 10-8　r-θ 截面上脉动压力场随时间演化过程，旋流数 S=0.5

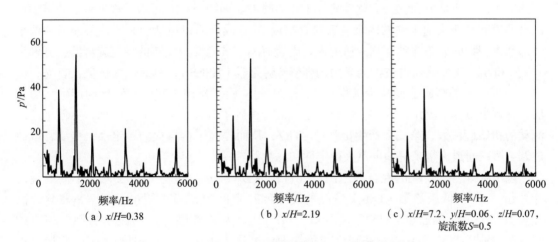

（a）x/H=0.38　　　　（b）x/H=2.19　　　　（c）x/H=7.2、y/H=0.06、z/H=0.07，
旋流数 S=0.5

图 10-9　中心线附近不同轴向位置的压力脉动频谱

式中，δ 为剪切层的初始动量厚度；U_1 和 U_2 分别为剪切层两侧的自由流速度。中心体尾缘附近的平均轴向速度 $\bar{u}$ 约为 10m/s。对于湍流，非受迫平面剪切层的最不稳定模态发生在 $Sr \approx 0.044 \sim 0.048$ [78]。动量厚度 δ 约为涡量厚度的四分之一 [79]，可通过径向上的轴向速度分布来计算。根据式（10-4），中心体下游区域剪切层不稳定性的最不稳定模态频率 f_s^0 近似在 10^3Hz 量级。

对于旋流数为 0.5 的情况，图 10-9 中最主流声学模态的频率为 1380Hz，这与最不稳定的剪切不稳定模态的频率一致。因此，源自中心体的剪切层可以轻易锁定至腔体中声振荡的一阶切向模态。在该响应频率 f_S^R 上，剪切层会卷起形成离散涡，并加强腔体中的声振荡。声学脉动与剪切层不稳定性之间会因此建立了反馈回路，导致流动较大地偏离原有运动状态。当离散涡对流到下游时，会与相邻的涡配对形成更大的结构，其对应的特征频率为 $f_S^R/2=690Hz$。由图 10-8 中简化的一维压力分布可确定出腔体中纵向声学模态的频率为655Hz，和该次谐波的频率较为接近。

旋流数对声场的影响可通过 $S=0.3$ 的低旋流数情况来研究。整个流场的主导频率变为3900Hz，对应于腔体中的一阶切向（1T）和一阶径向（1R）的混合声学模态。对脉动压力流场的本征正交分解（POD）分析也证实了 1T/1R 混合声学模态的普遍存在。如前文所述，源自中心体尾缘和后向台阶的两个剪切层可对振荡的流动特性产生显著影响。它们的具体效果取决于旋流数和腔体几何，在 $S=0.5$ 的高旋流数下，与中心回流关联的大涡结构掩盖了源自角落区的剪切层，并主导了腔体内的流动发展，由此产生的声波具有 1380Hz的特征频率，与中心体剪切层不稳定性频率相匹配；在低旋流数 $S=0.3$ 时，没有发生涡破裂，中心体下游流场对声振荡激励作用的重要性降低。相反，角落区中的剪切层对决定声学流动演化起到至关重要的作用，其 3900Hz 的特征频率与腔体内 1T/1R 混合声学模态的特征频率相匹配。

简而言之，腔体中的主导声学模态对非定常涡量演化非常敏感，而涡演化反过来又强烈地依赖于旋流数。

10.2.2　径向进气旋流喷嘴流体力学

本节研究径向进气的气爆旋流喷嘴的流体力学，这种喷嘴在现代燃气轮机中得到了广泛的应用，主要是因为它的雾化性能优于压力喷嘴。如图 10-10 所示，这里考虑的模型由混合通道和位于头部末端的同轴燃料喷管组成[82]。混合通道包括中心圆柱形通道和两个环形通道，径向分布在轴外侧。通道入口处置有三个彼此反向旋转的径向旋流器，分别为 S_1、S_2 和 S_3。这种喷嘴也被称为高剪切喷管/旋流器（HSNS），具有四大优势：首先，由第一通道引入的高旋流能减少碳烟；第二，中间的旋流器用于在轴向和周向产生强剪切层，并减小整体旋流角，因此，燃料—空气混合得到了改善，第二通道的加入更便于控制流动的初始旋流数；第三，产生更强的 CTRZ，从而提高了再点火的稳定性；最后，可通过调节第三通道流量来解耦再点火稳定性和总流量[82]。

图 10-10 所示喷嘴的混合通道出口处直径为 $D_0=32mm$。这里研究了两套不同的旋流叶片组[62-63]：低旋流数（LSN）情况的旋流叶片角度为 $S_1=30°$、$S_2=-45°$、$S_3=50°$；高旋流数（HSN）情况为 $S_1=45°$、$S_2=-60°$、$S_3=70°$。基于喷嘴出口的流动特性，相应的旋流数分别为 0.35 和 0.49。基础流动条件为环境压力 1atm、入口温度 293K、质量流量0.077kg/s，基于出口直径和整体轴向速度的雷诺数为 2×10^5。

10.2.2.1　涡流演化

图 10-11 所示为高、低旋流数下两个截面上的瞬态涡量场分布图。流动演化呈现出几个不同的特征：第一，沿中心体向下游流动时，强烈的涡运动及其伴随的离心力会产生较大的径向压力梯度，从而在中心线周围诱导出低压核心。随着流动的扩展以及周向速度随轴向距离的衰减，压力得到了恢复。结果在轴向上产生了正压力梯度，并导致中心回流的形成，这种现象通常称为涡破裂。这导致了中心体边缘的流动分离，所产生的涡

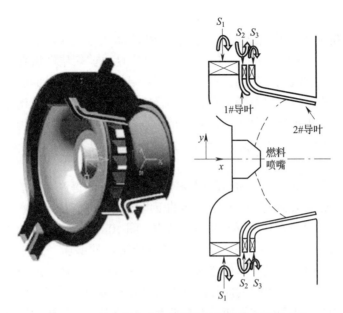

图 10-10 具有径向入口的燃气轮机旋流喷嘴示意图

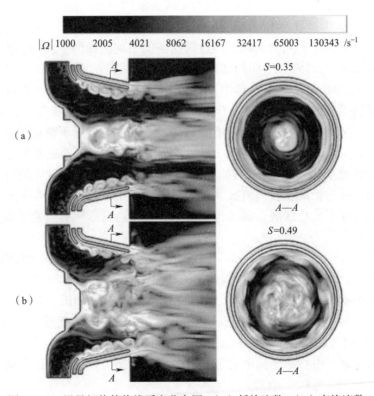

图 10-11 涡量幅值等值线瞬态分布图：（a）低旋流数；（b）高旋流数

层随后卷起、倾斜、拉伸并分解成小的涡。这些较小的泡状涡量结构会在对流到下游的过程中与周围的流动结构相互作用并且融合。整个过程是高度不稳定的，并涉及宽范围的长度和时间尺度。

其次，由于旋流器叶片角度相反，在流向和周向上具有不同速度的两股反向旋转气流在导叶后缘处合并。由于 Kelvin-Helmholtz 不稳定性，剪切层区域会产生涡，并依次向下游脱落。与涡破裂引起的中心回流相比，外围区域中伴随周期性涡脱落的流动结构较小且有序。剪切层不稳定性，以及螺旋和离心不稳定性，在横向平面上诱导出大尺度不对称结构。最后，处于喷嘴不同部分的上述流动结构及其根本机制相互作用和竞争。当旋流数变化时，主导的不稳定模态可能发生相应的切换，这些现象的详细分析在随后的部分中给出。

（1）涡破裂。从如图 10-12 所示的周向速度等值面可获得许多对核心流动区域涡破裂的深入理解。在低旋流数情况下，在中心体的下游区域可以清楚地观察到稳定的泡状涡破裂，而在高旋流数时则普遍存在更为复杂的结构。图 10-13 给出了平均流场的流线图，定量地揭示了该区域中心环形回流区的形成。随着旋流数的增加，回流区的大小也随之增大，涡破裂的滞止点向上游的平衡位置移动，并最终到达中心体。局部流动发展取决于来流向下的动量惯性和离心力引起的向外流动之间的相对量级。由于采用了固定的入口质量流量，向下的动量惯性几乎保持不变，但在低旋流数情况下，较弱的离心力导致来流一直贯穿到核心区域，如图 10-13 所示。随后的流动结构与地面附近的龙卷风非常相似，在中心区域发生大量的涡量聚集，是一种旋流的塌缩现象[83]。

流场的时间演化过程有利于理解涡破裂现象，图 10-14 所示在高旋流数下，一个典型的流动演化周期下不同时刻的、经过周向空间平均的纵向平面瞬态流线图。不同帧之间时间间隔是不均匀的，这样的选择是为了显示振荡的重要相位。显然，流动结构经过空间平均后比在原始三维流场中更容易分辨，后者过于复杂，难以进行有效的分析。中心体下游存在两个大涡，它们以两种不同的形式演化。首先，在 14.45~14.85ms 之间，一个小涡从其母结构分离，向下游移动，并最终与位于下游区域的大涡合并。随后，在 15.25~15.85ms 之间，在这列涡的前面产生一个小涡，而通常驻定在中心体的大涡被剥离，导致流动拓扑结构的转换。15.85ms 的瞬时流型与其对应的时间平均流型有相当大的不同，这与低旋流数的情况非常相似，此时中心体尾流存在强壁面射流，并且来流可以深入贯穿至核心区域，涡结构随时间的变化通过影响有效流道面积而影响喷嘴特性。

（2）外剪切层不稳定性。由 Kelvin-Helmholtz 不稳定性引起的轴向和周向的涡脱落发生在导叶的尾缘处，如图 10-15 所示，周向的流动演化清楚表明：存在着由于反向旋转流过第一和第二通道而引起的外剪切层，以及由涡破裂引起的中心回流。对于低旋流数的情况，尽管入口流动中含有小尺度湍流，但直到 $x=11mm$ 处，周向速度仍然几乎保持均匀。当来流汇聚时，大型有序结构在 Kelvin-Helmholtz 不稳定性的作用下发展。对于高旋流数情形，这种情况更加明显，中心回流甚至会与外部剪切层相交，导致喷嘴出口附近更为复杂的流场。

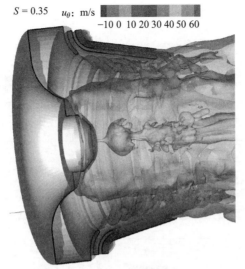

（a）低旋流数

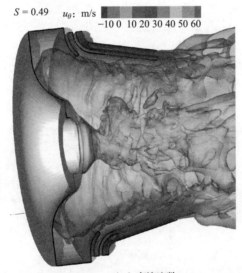

（b）高旋流数

图 10-12　周向速度 u_θ=10 和 50m/s 时的瞬时等值面

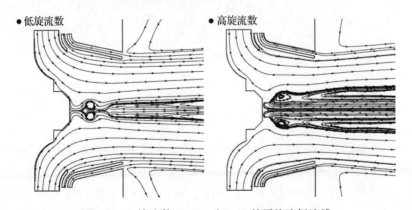

图 10-13　旋流数 S=0.35 和 0.49 的平均流场流线

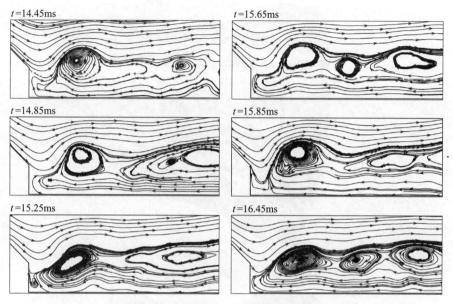

图 10-14 在 S=0.49 的高旋流数情况下中心线下游流线的放大视图，流场经过了
周向上的空间平均，图片之间的时间间隔不是常数

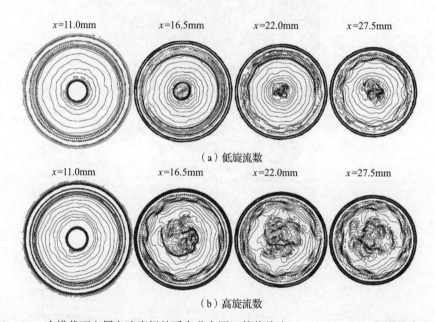

（a）低旋流数

（b）高旋流数

图 10-15 4 个横截面上周向速度场的瞬态分布图，等值线为 $-70 \sim 120\text{m/s}$，递增量为 10m/s。
实线表示正值，虚线表示负值

由流向上 Kelvin-Helmholtz 不稳定性引起的涡脱落的主频率可以用公式（10-4）估算。在目前的设置中，平均速度 $\bar{U}$ 约为 50m/s，在两种旋流数下剪切层动量厚度 θ 约 0.2mm，最不稳定模态频率 f_n 估计为 $1 \times 10^4\text{Hz}$，这个数值与数值计算出的 13000Hz 的不稳定频率比较接近，进一步证明了在低旋流数情况下，外剪切流体力学是由流向的 Kelvin-

Helmholtz 不稳定性决定的。

高旋流数的情况大不相同，由于强烈的剪切力以及相关的 Kelvin–Helmholtz、螺旋和周向的离心不稳定性，来流在导叶下游的区域汇聚后，流动变得高度无序，外剪切层与中心环形回流之间的相互作用也有助于涡破裂和混合过程。

（3）不稳定模态的相互作用与竞争。如前所述，喷嘴中存在三种主要的流动机制，即涡破裂、Kelvin–Helmholtz 不稳定性和螺旋不稳定性，并且它们彼此相互作用。具体的耦合类型取决于旋流数，可分为两类：第一，如图 10–11 所示，当旋流数超过一定阈值时，外剪切层可与中心回流演化引起的、大型无序结构相互作用。相互作用通常随着旋流数的增加而增强，并且会随各流动演化周期而变化。涡脱落在中心回流区收缩时趋于更加有序，在中心回流区增大时趋于更无序。中心回流区和导叶尾流中的湍动能远大于其余区域中的湍流动能，因为这些区域中存在剧烈的涡运动。两个剪切层在低旋流数情况下明显分离，但在高旋流数情况下汇合。由于液体燃料从中心体被输送到喷嘴中，该区域的高湍流强度可以显著增强喷射燃料的雾化程度。同时，第二导叶下游区域的强切应力会促进空气与撞击并聚集于导叶上燃料之间的快速混合。

在第二类流动耦合中，外剪切层轴向和周向的不稳定性波彼此竞争，在低旋流数的情况下，流向不稳定性主导剪切层演化；因此，波状结构和随后的发夹涡在流场中占主导地位。在高旋流数的情况下，波状结构发展受到抑制，流动结构在周向流动不稳定性作用下发生严重扭曲。

流场中还可能存在其他几种竞争机制，例如涉及 Kelvin–Helmholtz 和离心不稳定性的机制。旋流通常会导致不稳定的径向分层，从而导致离心不稳定性。而离心不稳定性不仅会再更高的周向速度梯度作用下增强，并且会进一步影响外剪切层中的流向 Kelvin–Helmholtz 不稳定性。

10.2.2.2　频谱特性

喷嘴动力学涉及一系列复杂的流动过程，其特征是宽范围的时间和长度尺度。对于低旋流数情况，利用光谱和本征正交分解分析可得到定量信息，主流通道压力振荡的主频为 13000Hz，对应于一级导叶下游剪切层不稳定性的最大放大模态。在中心回流区的外部区域，5783Hz 的主要频率对应于涡核的进动（PVC），该现象可通过观察流动演化数据得以证实。

如图 10–16 所示，对于高旋流数情形，情况有质的不同。由于外剪切层和中心回流区强相互作用，流场的频谱特征变得非常丰富，并且在不同区域具有若干不同频率的特征。500Hz 的低频模态主导入口附近的流动振荡（探针 1–1 和 1–2），而 4000Hz 的高频模态则在下游区域占优势（探针 1–4）。前者可归因于中心回流区的流动位移效应。通过考虑图 10–17 中沿着中心回流区边界的流动发展，可以解释喷嘴出口处 4000Hz 振荡的发生，图中展示了对应于 4000Hz 频率的三维 POD 模态形状，揭示了中心回流区外部旋进涡运动的存在。图 10–18 给出了流场不同区域的特征频率，不同区域由不同特征频率主导。这表明，不同区域的流动不稳定性机制不同，这一现象与 Martin 和 Meiburg 的预测一致[84]。

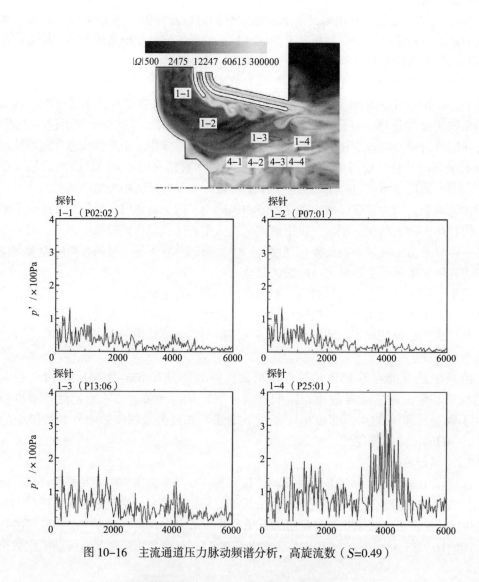

图 10-16　主流通道压力脉动频谱分析，高旋流数（S=0.49）

图 10-17　压力场的 POD 模态形状，展示了旋进涡的存在，f=4.0kHz

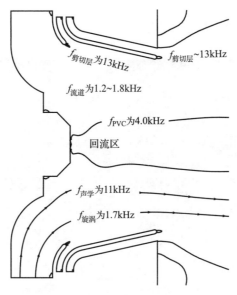

图 10-18　高旋流数喷嘴的特征频率

10.2.2.3　喷嘴对外部激励的响应

以往对燃气轮机燃烧不稳定性的研究主要集中在燃烧室中的热声相互作用上。喷嘴的动态特性可大致利用喷嘴出口处的声导纳（admittance）函数进行模拟，并将该函数的具体值作为经验系数。研究喷嘴内部流动演化及其对外界激励响应的工作比较有限，本节研究旋流喷嘴的响应，通过在离散的正弦频率上激励系统来实现[63]。在喷嘴入口处施加质量流量为$\dot{m}$的周期振荡，类似于 Cohen 和 Hibshman 进行的试验[85]

$$\dot{m} = \dot{m}_0 \left[1 + \alpha \sin \left(2\pi f_{\mathrm{F}} t \right) \right] \tag{10-5}$$

式中，$\dot{m}_0$ 和 f_{F} 分别表示平均质量流量和激励频率，振荡的振幅 α 固定在 10%。激励频率覆盖范围为 400～13000Hz，这与喷嘴流体力学的宽带特性相一致，这里仅考虑 $S_1=45°$、$S_2=60°$、$S_3=70°$ 的高旋流数情况。

喷嘴中的涡场和声场总体上可以用两个频率 f_{v} 和 f_{a} 来表征，分别通过测量对流和声学运动获得，前者可以通过平均流动停留时间来估计，其值为 1.7kHz，后者是根据下游声波通过喷嘴所需的时间获得的，其值约 11kHz。喷嘴入口与出口间的声波传播相位差 θ 可表示为

$$\theta \approx 2\pi L/l_{\mathrm{F}} = 2\pi f_{\mathrm{F}}/f_{\mathrm{a}} \tag{10-6}$$

式中，L 为主流通道长度；l_{F} 为激励频率上的声波波长。

（1）瞬态流动结构。图 10-19 展示了瞬态的脉动涡量场 $|\Omega'|$，在不同的激励频率下，该场可通过从其瞬态值中减去长时平均值而获得。当频率高于 f_{v} 时，在喷嘴的前段可观察到很清晰的涡结构。由入口处流动振荡产生的波以当地流速向下游对流。由于流动转向效应（即流动在该区域转向，垂直于波前的速度分量减小），波长与激励频率成反比，且在喷嘴的中部区域变短。中心体下游的强烈湍流脉动掩盖了有序的涡波，最终在湍流扩散与黏性耗散作用下衰减。当激励频率小于 f_{v} 时，由于与低频振荡相关的涡波长较长，在喷嘴内部很难清楚地观察到有序的涡波。

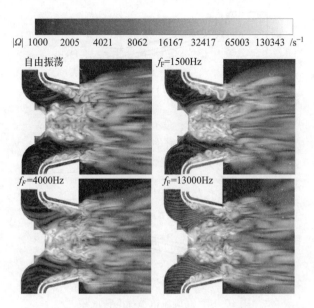

图 10-19　在有、无激励条件下纵向截面上的瞬态脉动涡量幅值。
等值线为 $10^3 \sim 10^5$ 1/s，具有指数分布

图 10-20 展示了在 13kHz 频率的外部激励下的瞬态脉动速度和压力场。选择该条件是因为其存在充分发展的涡波，有助于识别扰动传播机制。涡波主要与脉动周向速度保持一致，而声波主要与压力振荡紧密关联。喷嘴入口处外加的激励可以分解为周向和径向两个分量，对于前者，沿周向的流动振荡会导致剪切力，进而产生涡波，其动力学过程由角动量守恒控制；后者会产生无旋的、行进的声波，并且可以通过质量守恒由压力和流向速度脉动来表征。

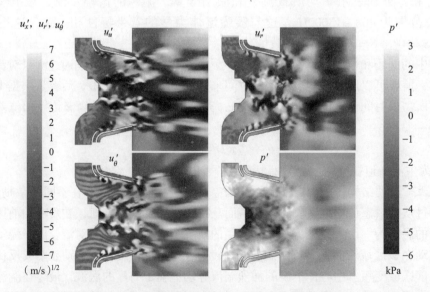

图 10-20　f_F=13kHz 激励频率下瞬态的速度和压力脉动。速度等值线范围为 $-49 \sim 49$m/s，以速度大小的平方根 $0.2\sqrt{\text{m/s}}$ 递增；压力等值线范围为 $-6 \sim 3$kPa，递增量为 0.1kPa

为了进一步阐明波传播机制，还研究了喷嘴不同区域的脉动速度分量。图 10-21 显示了从入口中点开始的流线上三个不同位置的流向和周向的速度脉动随时间的变化关系。这些测量点都位于喷嘴的前段，到入口的相应距离为 0、5.9 和 12.2mm。当流体颗粒向下游运动时，由于质量守恒和角动量守恒，流向和周向的速度脉动会分别增加，可以通过滤除背景湍流来平滑流体颗粒的轨迹。特别有趣的是，流向扰动以声波的形式传播，其相速度等于当地声波的传播速度；然而，周向的流动扰动以对流涡波的形式传播，其相速度等于当地流速。两个相速度之间的巨大差异表明，流向扰动到达下游区域要远早于周向扰动。这种分解的振荡现象类似于地震中的波传播：在地面上，垂直振荡总是比水平振荡更早被检测到，因为垂直振荡的传播速度更快。

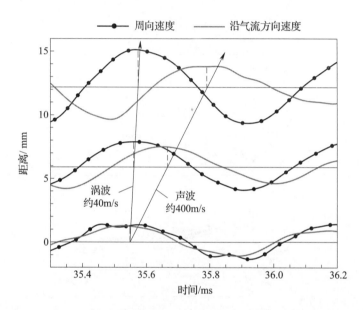

图 10-21　从入口中点开始沿流线方向三种不同位置处的流向和周向速度的脉动曲线

因为振荡流场在不同空间方向上的发展可能是不同的，所以两个速度振荡之间的解耦很重要。由于两个脉动具有相同的频率，但速度不同，所以涡波波长比声波波长小近一个数量级。在所考虑的喷嘴尺寸和激励频率的情况下，有序涡运动的波长更接近喷嘴不同区域中的大尺度，并且小于主流通道的特征长度。由于相似尺度流动之间的相互作用通常会强于高度不同尺度流动之间的相互作用，所以频率高于 f_v（即波长小于流道长度）的涡波会对涉及不同尺度的能量传递过程产生更显著的影响。

外加的周期激励提供了一个额外的通道，通过有序的运动在平均流场和湍流流场之间传递能量[63, 66, 86-87]，这种能量再分配过程表现为流场中涡团的出现，其中脉动涡量大于预设的阈值 $|\Omega|_T$。图 10-19 表明，那些具有强烈涡量脉动的涡团在较低激励频率（如 500Hz 和 1500Hz）下得到了增强，但在较高的激励频率（如 4000Hz 和 1300Hz）下被抑制。

图 10-22 显示了瞬态轴向速度场的演化，其在激励频率为 1500Hz 的一个振荡周期内沿周向进行了空间平均，图中还包括喷嘴出口处质量流量的时间轨迹，其通过滤除湍流脉

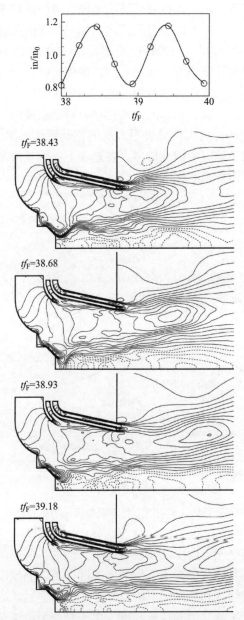

图 10–22　一个振荡周期内轴向速度场的时间演化，激励频率为 1500Hz，周向空间平均。
等值线范围为 –50～100m/s，递增量为 6m/s，实线表示正值，虚线表示负值

动而获得。当质量流量在 tf_F=38.43 达到最大值时，第二导叶下游区域出现了具有较大正向速度的环状结构，此处的平均轴向流速也达到最大值；在质量流量减小时，环状结构在下游随之脱落。在新的周期中，新的环状结构会随质量流量增加而产生。该区域强烈的流动振荡会潜在影响第二导叶表面处所积聚液膜的雾化过程。然而，在其他激励频率下观察不到这种演化模式。这种差异可能是由于在此流动条件下，1500Hz 比所研究的其他频率更接近流动的对流特征频率 f_v，在该频率下，流动趋于在流向上与外部激励发生共振。

（2）平均流动特性。图 10-23 显示了在 f_F=1500、4000 和 13000Hz 时的长时平均周向速度场，除了在 f_F=13000Hz 时流经旋流器 S_1 和 S_2 的反向旋转流动汇合的区域外，其他区域没有观察到有、无外部激励流动的明显差异。混合区可以用零周向速度线来表征，在该激励频率下收缩了将近一半。当两个频率相互匹配，甚至引起周向流动反向时，外加振荡与局部剪切层不稳定性（即 13000Hz）会产生共振。图 10-24 进一步显示了外部激励对流动发展的影响，显示了周向相空间（θ=0°～360°）中周向速度在 u_θ=−2~2m/s 范围的瞬态等值面图。该流场呈螺旋结构，起源于无外部激励条件下第一导叶的尾缘，然而，该螺旋结构被喷嘴入口处的外加轴对称扰动破坏并破裂成小碎泡。如前所述，除了外部激励，有两种机制导致了这种现象：周向 Kelvin-Helmholtz 不稳定性和离心不稳定性，二者都强烈地依赖于旋流数大小，随后周向流动不稳定性的增强显著加强了局部湍流混合。

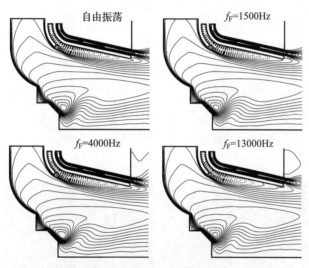

图 10-23　激励频率对长时间平均周向速度场的影响，等值线为 −90~150m/s，
递增量为 10m/s，实线表示正值，虚线表示负值

需要注意的是，在运行的喷嘴中，从中心体喷射的液体燃料撞击到第二导叶的内表面并形成液膜，然后通过第二导叶边缘附近的局部剪切流将其雾化成由细小液滴组成的液雾。外部激励对液膜破裂的潜在影响出现在两个相互冲突的区域：一方面，周向的强烈脉动促进了燃料成膜表面上不稳定波的发展以及随后的雾化过程[88]；另一方面，如图 10-23 所示，特别是当激励频率接近剪切层特征频率（即 13kHz）时，外部激励可以显著改变燃料成膜表面附近的平均周向速度场。第二导叶下游附近的流动方向甚至会从与主通道和第三通道（S_3）中的流动反向旋转变为同向旋转。从燃料雾化的角度来看，这种流动模式的定性转换是不希望出现的特性。

尽管第一和第二导叶之间的流场在 f_F=13kHz 时发生了变化，但湍动能的分布对整体流场中的外部激励并不敏感，这可能是因为激励与固有的高强度流动相比较弱。在喷嘴出口处，周期运动的动能远小于湍流运动的动能。喷嘴流动的宽频带本质也阻碍了通过单谐波激励对平均流动的调谐，除非激励在适当的频率下与局部流动结构共振[89]。

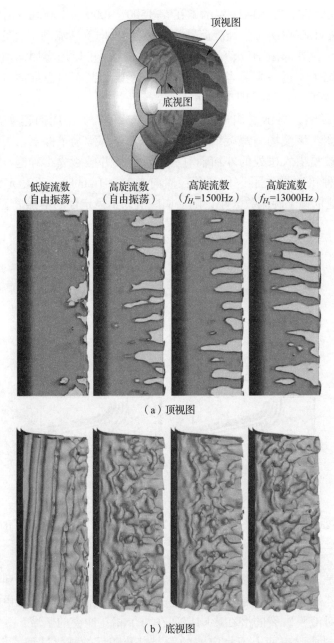

图 10-24　在周向相空间中（$\theta=0°\sim360°$）周向速度在 $u_\theta=-2$ 和 2m/s 的瞬态等值面图，剪切层产生于第一导叶尾缘

（3）喷嘴出口处的声导纳。喷嘴的全局响应可以通过出口处的声导来描述，所获得信息可以有效用作上游边界条件[90]，来分析燃烧室中的非定常流动。导纳函数，也是阻抗函数的倒数，测量速度脉动对入射压力脉动的响应，按照惯例，声导纳函数 A_d 被定义为

$$A_d(f) = \frac{\hat{u}^a/\bar{c}}{\hat{p}^a/\gamma\bar{p}} \qquad (10-7)$$

式中，$\bar{p}$ 和 $\bar{c}$ 分别表示平均压力和声速；$\bar{c}$ 为声速（曾用 a 表示）；上标 a 表示激励频率下振荡的傅里叶分量。由于无激励情况下的背景噪声太强，难以获得有意义的结果，因此需要外部激励来决定所关注频率下的声导纳。

图 10-25 所示为喷嘴出口处导纳函数的径向分布，针对 4 个不同的激励频率：500、900、1500 和 4000Hz，最大响应发生在 500Hz 时，特别是在第二导叶的边缘附近。500、900、1500Hz 的激励呈现相同的趋势，并且导纳在接近外边界 $r=R_0$ 时达到最大值，这一结果可能归因于相对较低的压力振荡和上边界附近的较高的速度脉动。在该区域，500Hz 激励下的压力响应小于 300Pa，小于其他激励频率（>1000Pa）下的压力响应；当外加振荡为 4000Hz 时，外部区域（$0.8<r/R_0<1$）的速度响应变得非常小。由于液膜在第二导叶的尾缘处破裂，该区域内的流动响应对于控制液体燃料的动态行为起重要作用[85]。在 500Hz 处较小的压力振荡可能导致较大的速度脉动，从而对该位置处的喷雾形成产生强烈的影响。

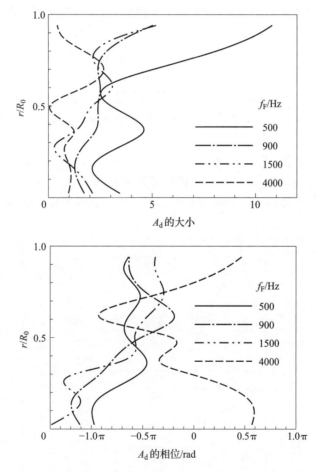

图 10-25　喷嘴出口处不同激励频率下声导纳函数的径向分布

导纳函数的相位分布表明主流道内（$0.3<r/R_0<0.8$）的速度和压力脉动之间存在 90° 左右的延迟，这种情况与简单行波的行为一致，受剪切层影响较小。4000Hz 情况下的相位特性展现出明显区别于其他情况的趋势，尤其在中心回流区，造成这种现象的主要因素是该激励频率与中心回流的特征频率接近。在流向和周向施加的轴对称激励不会促进旋进涡

沿中心回流区边界的演化。4000Hz 时的压力和速度耦合与其他频率不同，这是由于外部激励引起的振荡和固有流动不稳定性之间的相位差导致。

（4）质量传质函数。喷嘴动态响应的另一个重要的衡量参数是喷嘴入口和出口之间的总质量流量的传递函数，定义为

$$\Pi_m(f) = \frac{\hat{m}_{cx}^a}{\hat{m}_{in}^a} \qquad (10-8)$$

式中，$\hat{m}^a$ 是激励频率下质量流量的傅里叶分量，是通过在所关注的整个表面上进行质量通量积分获得的。图 10-26 显示了 Π_m 的幅值和相位随激励频率变化的规律，正如此前研究预测，在 f_f=1500Hz 时激励幅值达到最大。可以清楚看出质量流量在喷嘴入口和出口间的巨大差距。乍一看，这一观察结果似乎违反了这种声学紧凑喷嘴的质量守恒定律。由于激励频率远低于喷嘴的声学特征频率 f_a，这种情况下，喷嘴内的流场可以视为不可压缩的，入口和出口处的瞬时总质量流量应该相等。为研究图 10-26 所示现象背后的物理机制，并确保数值精度，可计算喷嘴入口和出口的时间平均质量流量。结果证实了在本文中考虑的所有激励频率下总质量流量是守恒的。1500Hz 的激励确实激发了流场，但代价是抑制了在其他频率处的脉动，4000Hz 激励下的质量流传递函数小于 1。除了在不同傅里叶分量之间引导质量流量之外，流动可压缩性在高频激励下起了作用，使得喷嘴内部暂时可能存在相对较大的质量变化。总之，激励频率不仅影响质量通量脉动的空间分布，而且会影响总体质量流量的时间变化。

由于可压缩效应，图 10-26 呈现了相移与激励频率之间的线性分布关系。这种现象可以用声学特性频率 f_a 和式（10-6）中的相位差 θ 来研究。式（10-6）的解析值与数值模拟结果符合较好，进一步证实了质量流量的振荡是以声波的形式传播的。

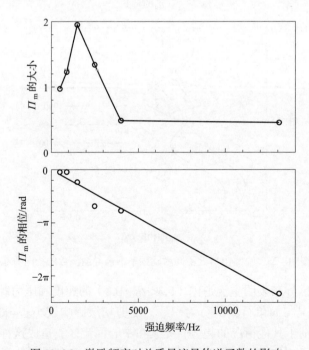

图 10-26　激励频率对总质量流量传递函数的影响

10.2.3　轴向进气旋流喷嘴流体力学

本节关于轴向进气喷嘴的流体力学，图 10-27 所示为 GE 航空发动机的 CFM56 涡流喷嘴，是一种预膜式气爆喷嘴，因为其具有高燃烧效率、低功率下宽范围贫燃熄火（LBO）极限、大功率运行时低 NO_x 和低碳烟排放等优点，已在航空发动机上得到应用[43]。

喷嘴由 8 个逆时针方向的椭圆形主射流入口、10 个顺时针方向的副叶片、一个文丘里管和一个突扩段组成。燃料喷嘴位于主射流平面的中心，而空气旋流器在燃料喷嘴出口周围产生了强烈的旋流流场。结果在燃料喷嘴附近建立起具有高强度湍流和强切应力的区域，并在该区域产生了精细雾化的喷雾。逆时针旋转的主气流所携带的燃料液滴与反向旋转的副气流混合，进一步促进了燃料—空气快速混合。同时，部分从中心体喷射出的液体燃料撞击到文丘里管的内表面并形成液膜，然后被次级旋流器入口附近的局部剪切流雾化，形成细小液滴的喷雾。为了优化燃烧室的设计，旋流喷嘴内部流场的表征变得至关重要[43, 75]。

利用激光多普勒测速法（LDV），在 3in × 3in 的突扩燃烧室中对喷嘴流动开展了研究，在 1atm 和 291K 时，入口空气在通过喷嘴时会产生 4% 的压降，参考长度和速度分别取二级旋流叶片下游的直径 D_0=27mm 和平均轴向速度 U_0=30m/s，相应的雷诺数为 5.4×10^4。

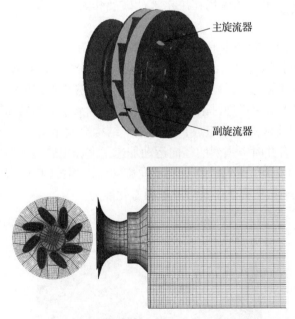

主旋流器

副旋流器

图 10-27　CFM56 燃气轮机径向射流进气旋流杯的装配示意图

10.2.3.1　平均流动特性

图 10-28 显示了时均轴向速度场，可以清楚观察到中心回流区。由于主旋流器引起的强旋流，在径向上产生了陡峭的压力梯度和离心力相平衡，并导致中心线附近形成低压核心区。然后，随着流动扩展以及周向速度随轴向距离而衰减，压力在下游区域恢复。结果沿轴向形成正（逆）压力梯度，并且导致流动反转。回流起源于 x=0.15D_0 处文丘里管中部，延伸到燃烧腔室中 x=4.89D_0 处，计算出的回流区长度与试验测量值非常接近[43]。

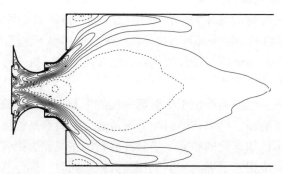

图 10-28　归一化平均轴向速度云图，等值线在 –0.6～2.2 之间，
递增量为 0.2，实线表示正值，虚线表示负值

中心回流区会在两个方面影响喷嘴的性能：首先，流动提供了具有高湍流强度的低速区域，促进了燃料与空气的混合，并稳定燃烧、减少排放；其次，回流区会施加阻塞效应，减小喷嘴中的有效流道面积，进而增加外部区域的流速。在壁面尤其是文丘里管表面附近产生的强切应力，会促进喷射燃料的雾化。值得注意的是，在运行的喷嘴中，从喷嘴喷射的液体燃料撞击到文丘里管表面并形成薄膜，该薄膜需要通过局部剪切流雾化成细小液滴的喷雾。喷嘴壁面附近的流场在决定液片破裂和液滴形成的过程中起着至关重要的作用。

图 10-29 所示的湍动能场中有三个不同的具有高湍流强度的区域。区域 1 由 8 个旋流射流合并形成，包括靠近中心线的头部末端区域，是液体燃料释放之处，剧烈的流动运动促进了液体破碎和雾化。区域 2 覆盖了中心回流的滞止点，可以观察到起源于该区域的旋进涡核，这将在下节中详细讨论，涡的旋进和回流都增强了局部流动振荡。区域 3 由主流道中围绕中心回流区的区域组成，大型相干结构会发生演化，尤其是当主流和次级旋流器中的反向旋流合并时，强烈的径向运动加速了文丘里管后缘所发出液膜的 Kelvin－Helmholtz 不稳定性的发展，同时，与周向反向旋转流动相关的剪切力也加强了雾化过程，因此，该喷嘴中的流动结构提供了有效的液膜雾化能力。

图 10-29　归一化湍动能（TKE）分布

10.2.3.2 非定常流动演化：旋进涡

当前喷嘴最重要的流动特性之一是回流围绕轴线作频率明确的进动，这种现象可以经常在高雷诺数流动出现涡破裂时被观察到，如旋流燃烧室和燃烧装置中的湍流旋流[91-92]。图 10-30 所示为 p=99.5kPa 的瞬态等压面图，显示了 PVC 结构的存在，低压核心最初在燃料喷嘴下游区域中与轴线对齐，然后在回流滞止点处被驱离中心线，尽管整个结构遵循主流的运动，但其螺旋沿着主流旋转的反方向向下游延伸。图 10-31 显示了不同时间纵向平面上瞬时流线和压力场图，聚集的流线表明，低压核心周围的大涡被推向外面，而且，诱导的低压核心位于零轴向速度包围的区域之外，这种情况与 Syred 和 Beer 的观测一致[92]，共同点在于：PVC 位于零轴向速度和回流区外部区域的间断面之间，当涡核在喷嘴内旋转时，大尺度结构会周期性地从涡核上剥落，并通过局部流动向下游对流。

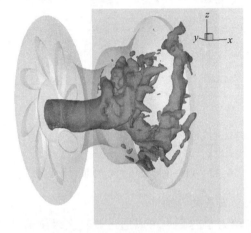

图 10-30 p=99500Pa 等压面

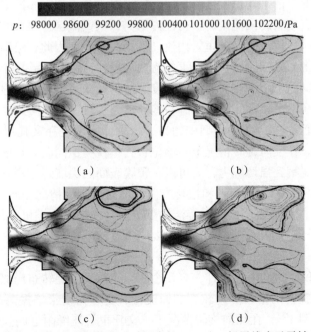

p: 98000 98600 99200 99800 100400 101000 101600 102200/Pa

（a）   （b）

（c）   （d）

图 10-31 流线和压力场的时间演化（时间步长 0.1ms），粗黑线表示零轴向速度的轮廓

Novak 和 Sarpkaya[93]发现，在高雷诺数下湍流旋流的试验研究中，螺旋缠绕的方向会随机变化，Lucca-Negro 和 O'Doherty[91]回顾了关于涡破裂螺旋形式的扭转方向的研究，但没有得出明确的结论。尽管低雷诺数下的涡进动与涡破裂的螺旋形式不同，但旋进过程可以看作是 Novak 和 Sapkaya 观测到的锥形湍流涡破裂的周期性螺旋运动[93]。

图 10-32 显示了脉动压力场的前两个 POD 模态，其占总能量场的 30% 以上。模态形状和相关的时变系数证明了螺旋旋转运动（即涡破裂）出现在 1266Hz，这一结果进一步证实旋进涡是冷流演化的主导机制。

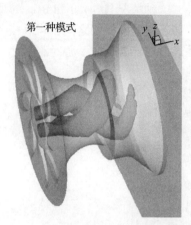
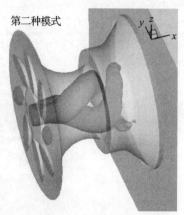

图 10-32　归一化脉动压力场的前两种 POD 模态

10.2.3.3　旋流器方向对流动发展的影响

入口流动方向对喷嘴动力学的影响可以通过调转次级旋流叶片的方向来研究，因此，主级旋流器和次级旋流器都产生逆时针旋流。图 10-33 显示了喷嘴中三个速度分量的径向分布，同向旋转情况下的平均速度场与反向旋转情况十分近似，不同之处在于，前者因为更强的涡运动而具有更大的回流区。值得注意的是，大回流区往往会减少喷嘴中的有效流动通道，从而削弱次级旋流对文丘里管内流动发展的影响。因此，喷嘴的流动演化主要是由主旋流器的流动来激励的。两种情况下的流向和展向流动模式差异不大，在突扩段和燃烧室中，同向旋转情况下由于较高的涡流强度，使得周向速度场存在显著差别，而且沿中心线的轴向速度存在不足，除此以外的流动差异较为有限。

除了中心回流区之外，两种构型中的另一个主要区别是在文丘里管出口附近的湍动能和切应力的分布。在反向旋转情况下，该位置处不仅类似同向旋转的情况，可以在中心回流区的边界附近观察到强切应力，还可以在预膜表面的尖端附近观察到强切应力。同向旋转的结构也呈现出 PVC，其旋转和扭转方向与反向旋转的情况相同，但频率稍低一些，为 1100Hz。这一共同特征表明，两种旋流构型下流动演化的关键机制是相同的。事实上，PVC 的起源位于文丘里管内，其中的流动主要受主旋流器旋流控制，这进一步支持了上述发现。

总之，对于这种特定的喷嘴设计，有几个原因使得反向旋转布局似乎比同向旋转更加可取：首先，同向旋转构型会产生较大的回流区，更容易受火焰振荡的影响[93]；第二，Chin 等通过试验表明[23]，在反向旋转情况下，文丘里管尾缘附近的强剪切层和高强度湍流促进了液膜中 Kelvin-Helmholtz 不稳定性的发展以及随后细小液滴的形成；第三，反向旋转流动会加速下游区域的压力恢复，并导致沿中心线的逆压力梯度增高，该过程进一步增强了燃料喷嘴下游的湍流运动，并且会促进液体燃料的破碎，因此，反向旋转设计有望产生更细的液滴和更加稳定的火焰。

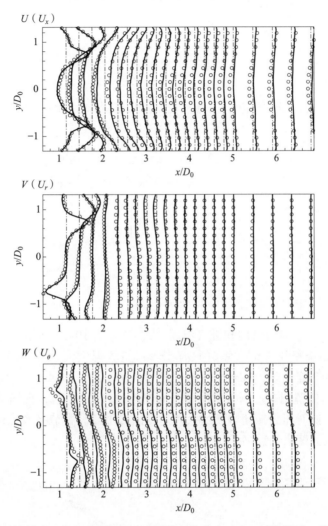

图 10-33　平均流轴向、径向和周向速度分量的径向分布（点：同向旋转；线：反向旋转）

10.3　轴向进气旋流喷嘴的火焰动力学

本节讨论应用于典型工业燃气轮机燃烧室的轴向进气旋流喷嘴的火焰动力学。如图 10-34 所示，为了模拟参考文献［14］和［94］中的试验设置，所关注的物理模型由单旋流喷嘴、轴对称燃烧室以及节流喷管组成。图 10-35 为平直叶片旋流器的俯视和截面示意图。天然气通过紧邻旋流器叶片下游的 10 个孔从中心体径向射入，假设燃料—空气混合物在进入燃烧室之前完全预混，该燃烧室直径 45mm、长 235mm，出口处的节流喷管可防止任何下游扰动向上游传播，并保持所需的腔室压力，入口处还安装有节流文丘里管，将测试段与供气管路进行声学隔离。基本条件包括：当量比为 0.57，腔室压力为

0.46MPa。天然气和空气的质量流量分别为 1.7g/s 和 50.7g/s，入口流速为 86.6m/s，基于入口环管的高度，其对应的雷诺数为 35000。

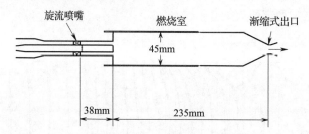

图 10-34　旋流稳定燃气轮机模型燃烧室示意图（Broda 等，1998，参考文献［14］）

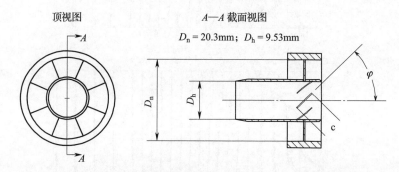

图 10-35　平面叶片旋流器的顶部和横截面示意图（Seo，1999，参考文献［94］）

　　试验中考虑了宽范围当量比和进气温度[14-15, 94]。图 10-36 展示了稳定性与入口空气温度、当量比和燃烧室压力的关系，只有当入口空气温度大于 660K 左右的阈值 T_{in}^* 时，当量比降至 0.5～0.7 之间时，才会发生不稳定性。图 10-37 显示了当量比为 0.6 的稳定火焰和不稳定火焰的典型图像，当入口温度升高并超过阈值 T_{in}^* 时，火焰结构从稳定状态转变为不稳定状态，同时压力振荡幅度增大并达到了极限环。本节将系统讨论这种火焰结构中的分岔现象以及振荡火焰动力学。

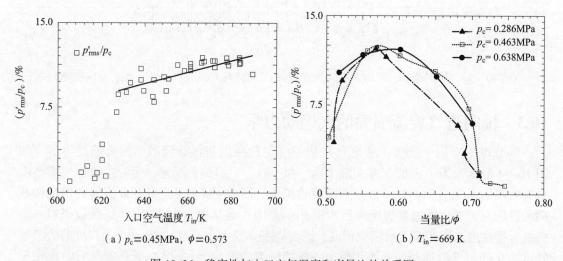

（a）p_c=0.45MPa，ϕ=0.573

（b）T_{in}=669 K

图 10-36　稳定性与入口空气温度和当量比的关系图
（Seo，1999，参考文献［94］）

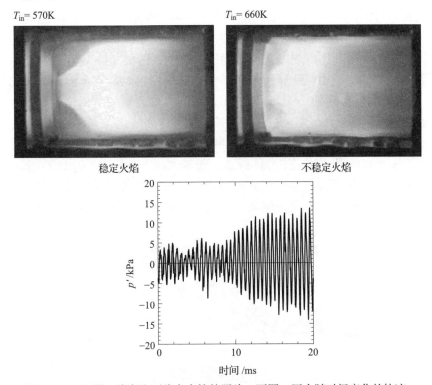

$T_{in}= 570K$　　　　　　　　$T_{in}= 660K$

稳定火焰　　　　　　　　　　　不稳定火焰

图 10-37　上图：稳定和不稳定火焰的照片；下图：压力随时间变化的轨迹，
p_c=0.483MPa，ϕ =0.573（Seo，1999）

　　分析的基础是专门发展的 LES 技术，用于研究旋流稳定燃烧室中的贫燃预混燃烧不稳定性[55, 64-65]。公式采用三维 Fave-filtered 守恒方程以及合适的亚网格尺度（SGS）模型，还采用了水平集小火焰库方法，该方法已成功地应用于模拟预混湍流燃烧。此方法利用水平集 G 方程对滤波后的火焰面演化进行建模，其中 G 被定义为火焰锋面外的距离函数，可利用预设的概率密度函数（PDF）和层流小火焰库来获得热物性。

10.3.1　稳定火焰动力学

　　首先获得了入口混合温度 600K 时稳定火焰的演化（低于燃烧振荡发生的阈值 T_{in}^*），由式（10-2）定义的入口旋流数为 0.76，然后，通过将入口温度从 600K 增加到 660K 来研究火焰分岔现象。基于稳定火焰的平均轴向和径向速度分量，图 10-38 显示了 x-r 平面上的平均温度等值线和伪流线，中心体尾流在旋流作用下形成了 CTRZ。作为涡破裂的一

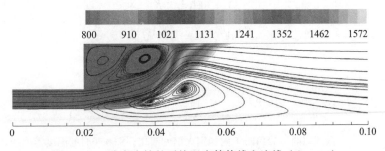

图 10-38　稳定火焰的平均温度等值线和流线（S=0.76）

种形式，CTRZ 可用作火焰稳定区域，其中高温产物与来流中的空气和燃料混合物混合。此外，由于燃烧室面积的突然增加，CTRZ 在后向台阶的下游形成。

计算得到的压力场和速度场呈现出小幅度的脉动，谐波主频率为 3214Hz，对应于从中心体涡脱落的频率。图 10-39 显示了在一个振荡周期内燃烧室上游区域的火焰演化和涡脱落过程，压力和速度是在入口环管的出口中间点处测量的，相位角 θ 以入口和燃烧室间界面处的声速作为参考。整个过程由火焰锋面的时间演化和空间分布决定，而火焰锋面在燃烧室内涡运动（表现为聚集的流线）的影响下前后移动。在 $\theta=90°$ 时，伴随着更高的局部流速，一个新的涡开始从中心体脱落。随着涡向下游移动（$\theta=180°\sim270°$）时，它会使火焰锋面变形，甚至会产生分离的火焰袋，同时，较高速度的混合物将火焰推向下游。当涡远离火焰（$\theta=360°$）并分解成小尺度结构时，火焰锋面会向上游传播（因为高

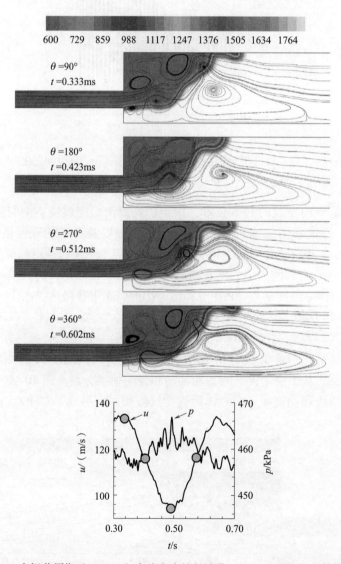

图 10-39　一个振荡周期（3214Hz）内稳定火焰的演化，$S=0.76$ 时的温度等值线和流线

速混合物向下游对流），并与另一个来流涡相互作用。在这个过程中，一个新的涡会出现在中心体的角落，并开始重复循环。

10.3.2　火焰结构的分岔

入口温度对系统的火焰动力学有很大影响：一方面，当入口温度升高时，对于固定的质量流量，流速也将增加，并推动火焰向下游移动；另一方面，入口温度升高导致火焰速度增加，从而导致火焰向上游传播。此外，由于局部流速小，壁面附近可能发生回火现象，流动加速、火焰速度增强和回火的综合作用决定了火焰结构的最终形态。

在本研究中，随着入口温度从 600K 增加到 660K，火焰分岔发生，最初驻定在中心回流区的火焰贯穿到角回流区并发生回火。因此，火焰在角回流区和中心回流作用下稳定下来，并形成紧凑的包络结构。火焰作动态拍动，并通过其对非定常释热的影响来激励流动振荡。同时，压力振荡增加并达到另一个振幅更大的极限环。如图 10-40 所示，整个分岔过程可分为三个阶段：高温混合物填充过程、火焰捕获过程以及涡—回火过程，其中 $t=0$ms 表示入口混合物温度开始从 600K 升高到 660K 的时刻。

图 10-40（a）~ 图 10-40（c）显示了高温混合物填充过程，随着入口混合物温度升高，固定质量流量下密度降低，流速增加，因此，初始的低温混合物被推向下游的火焰。虽然在壁面附近观察到回火现象，但是高温混合物尚未到达壁面附近的火焰锋面，此时火焰速度保持不变。

图 10-40（d）和图 10-40（e）展示了火焰捕获过程，一旦高温混合物到达火焰锋面，借助于增加的火焰速度，近壁面回火效应会超过流动加速效应，结果，火焰锋面贯穿到角回流区并被局部涡流运动所捕获。

在如图 10-40（f）~ 图 10-40（h）所示的涡—回火过程中，火焰在涡运动的影响下向上游传播，逆时针旋转的涡最初从后向台阶边缘处脱落，向角回流区的火焰锋面靠近，然后将其推向突扩平面，同时产生了一个小火焰袋，并从主流分离。在涡向下游对流并穿过火焰之后，另一个涡到达并与火焰相互作用，这个过程持续进行，最终角回流区中的新鲜反应物被完全燃烧。火焰在角回流和中心回流作用下稳定，并且其总长度显著减小。根据瑞利准则[95]，这种情况使得燃烧室更容易出现不稳定性，因为在靠近燃烧室头部（即声波波腹）的短距离内释放了大量热量。

一旦入口流动温度超过临界值 T_{in}^* 时，火焰将变得不稳定（振荡），除非入口温度降低到显著低于 T_{in}^* 的水平，否则很难恢复稳定运行，这种现象通常被称为迟滞现象，并已被许多研究者通过试验观察到[14, 64]。当前情况下迟滞现象的发生可做如下解释：在不稳定燃烧过程中，角回流区充满高温产物，该区域的燃烧室壁面被加热至局部火焰温度，为了恢复稳定运行，冷流不仅需要通过卷吸或火焰托举来熄灭被角回流稳定的火焰，而且还需要抵消高温壁面的影响，该影响往往会增加局部气体温度并抑制熄火和近壁回火，因此，需要低得多的入口温度才能恢复稳定运行。

根据前面的观测结果，我们认为回火现象决定了火焰分岔过程，预混燃烧中的回火一直是过去一些试验、分析和数值模拟研究的主要内容，其出现通常归因于两种机制：第一种涉及火焰在沿固体壁面边界层中传播，其中局部速度随着靠近固壁而减小；第二种机制与回流有关通常由涡运动或者声振荡引起，这两种机制在目前的情况下都能观察到。

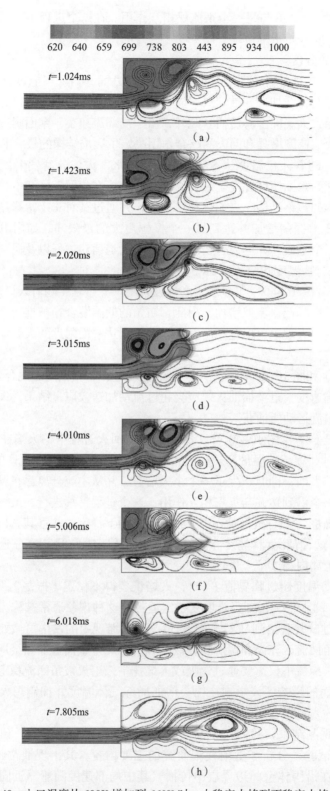

图 10-40　入口温度从 600K 增加到 660K 时，由稳定火焰到不稳定火焰的转变

对于贫燃预混燃烧，层流火焰速度 S_L 随当量比 ϕ 的增加而增大。因此，当量比和入口温度的增加对火焰的演化起着类似的作用。然而，在贫燃条件下，化学反应速率和放热对当量比的变化比在化学当量条件下更敏感。此外，在贫燃熄火极限附近，当量比 φ 的扰动可引起火焰的周期性熄灭。因此，在贫燃条件下，当量比扰动容易引起流动振荡[96]，并随之增大湍流速度脉动 v'。该结果表明，贫燃预混湍流火焰更容易受回火影响，因为湍流火焰速度 S_T 不仅会随层流火焰速度 S_L 而增大，而且会随湍流速度脉动 v' 而增大[97]，这一结果有助于解释在当量比介于 0.5～0.7 之间时，火焰如参考文献［14］和［94］中所述从稳定转变到不稳定状态。由于在目前的情况下，火焰分岔主要由角回流区的回火现象决定的，避免其发生的一个有效方法是向该区域内注入冷流，该处理方式抑制了局部火焰向上游传播，结果导致了更加稳定的系统。

10.3.3 振荡火焰动力学

当入口流动温度超过阈值时，可以清楚地观察到不稳定（振荡）火焰，并且伴随着较大偏移幅度的流动振荡，其频率对应于燃烧室的各种特征尺度。本节研究了三种不同的旋流数（S=0.44、0.76 和 1.10）的振荡火焰动力学特性。对于 S=0.44，在 1761、10367 和 17618Hz 的频率处存在三种主要模态，分别对应于燃烧室内声学运动的一阶纵向（1L）、一阶切向（1T）和二阶切向（2T）模态。对于 S=0.76，由于温度场的变化，这三种模态的频率略微偏移到 1795、10970 和 17356Hz。对于 S=1.10，纵波消失，而 1T 和 2T 模态的频率变为 10795 和 18133Hz。

10.3.3.1 平均流动结构

平均流动特性是通过对瞬时量进行长时间平均来获得的，尽管周向上存在着显著的流动，平均流场仍然是完全轴对称的。图 10-41 显示了 x–r 平面上的流线图和平均温度场，在 S=0.44 的低旋流数情况下，观察到三个不同的回流区，包括中心体后面的尾流回流区（WRZ）、燃烧室结构突扩引起的角回流区和涡破裂引起的中心环形回流区（CTR），然而，WRZ 在 S=1.10 的高旋流数时消失。流动随入口旋流数变化的总体发展趋势可作如下描述：如果没有旋流，则只有尾流回流区和角回流区存在；当旋流数增加并超过临界值时，会发生涡破裂，并导致中心回流区的形成；随着旋流数的进一步增加，中心回流区向上游移动并与尾流回流区合并，角回流区也相应减小。Chao[98] 在同轴旋流燃烧室回流结构的试验研究中，也报道了类似的结果，平均温度场清晰显示。包络状火焰锚定在中心体边缘和后向台阶的拐角处。对于 S=1.10 的高旋流数情况，火焰更加紧凑，这是由于湍流强度增强导致的火焰速度增加引起的，相关结果将在下文中展示。

图 10-42 显示了 S=0.44 和 S=1.10 时不同轴向位置处的平均速度分量和湍动能的径向分布，其中 r=0 对应于燃烧室的中心线，中心区域和角落区域中的负轴向速度表明了回流区的存在。在离心力作用下，从入口环管进入的来流从腔体中心向外扩散，在主流道内产生了正的径向速度。旋流强度越强，主流向壁面运动的速度越快，结果，在 S=1.10 的高旋流数下，角回流区的尺寸显著减小。平均周向速度场表明，中心区域的流动与固体转动十分相似。湍动能的分布表明，在中心体下游和后向台阶处发展出了高湍流度区域，由于来流和回流之间的剪切层中强烈的湍流混合，在该区域内产生了较大的速度脉动，湍动能的演化由下面的方程确定

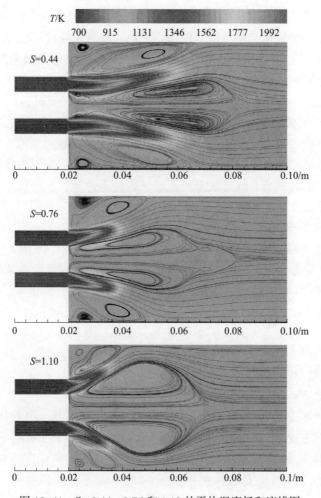

图 10-41　$S=0.44$、0.76 和 1.10 的平均温度场和流线图

$$D(\overline{u_i^2}/2)/Dt = \partial(\overline{u_jp}/\rho_0 - \overline{u_i^2 u_j}/2 + 2\overline{vu_ie_{ij}})/\partial x_j -$$
$$\overline{u_iu_j}\partial U_i/\partial x_j - 2\overline{ve_{ij}e_{ij}}$$

（10-9）

这里，$e_{ij}=(\partial u_i/\partial x_j + \partial u_j/\partial x_i)/2$。由于高旋流数下强烈的旋流和回流，导致存在极大的速度梯度 $\partial u_i/\partial x_j$，有利于产生湍动能 $-\overline{u_iu_j}\partial U_i/\partial U_j$。结果，在高旋流数 $S=1.10$ 的情况下观察到了更加强的湍动能。

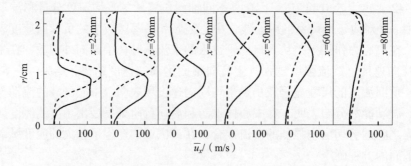

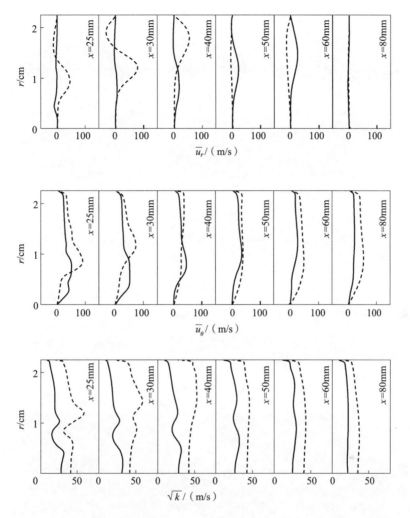

图 10-42　$S=0.44$（实线）和 1.10（虚线）时，不同轴向位置的平均速度分量和湍动能的径向分布

10.3.3.2　瞬态流场

　　关注涡量是因为其对决定反应区中的流动卷吸和随后的火焰演化具有主导影响，图 10-43 显示了 x-r 平面上的涡量场。对于 $S=0.44$ 的低旋流数情况，由突扩平面和中心体下游的剪切层产生的大涡结构向下游对流，然后耗散成小尺度涡。高旋流数情况也能观察到同样的现象，其中有序的涡从后向台阶的边缘脱落。然而，中心体下游的涡运动变得相当混乱，这是由于存在较强的中心回流区。在这两种情况下，涡脱落频率都接近于燃烧室中声波一阶切向模态的频率。

　　图 10-44 显示了 $\omega=75000$（1/s）的瞬时涡量等值面，为了显示涡结构的清晰图像，$r>2$cm 区域内的流场被隐去。对于 $S=0.44$ 的低旋流数情况，由于轴向和周向上的 Kelvin-Helmholtz 不稳定性，后向台阶产生的剪切层演化出了一个螺旋涡，该涡结构围绕中心线旋转，并在分裂成小碎片之前持续数圈。对于 $S=1.10$ 的高旋流数情况，也可以观察到螺旋涡结构，然而，由于离心力较强，其结构要复杂得多，它迅速向外扩散，并很快分解成小尺度结构。

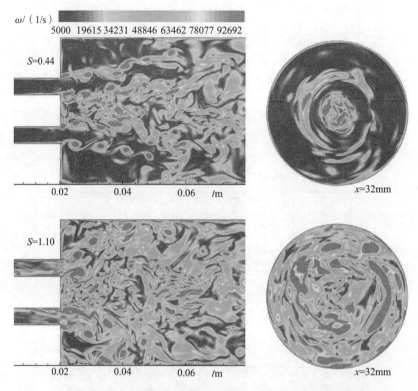

图 10-43　S=0.44 和 1.10 时，x-r 和 x-θ 平面上的瞬态涡量场

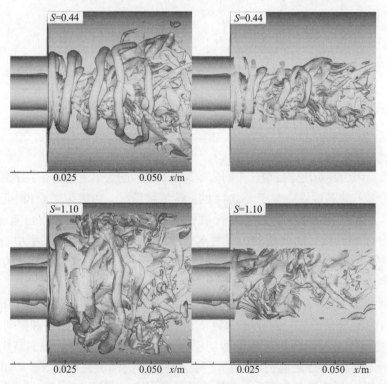

图 10-44　ω=75000（1/s）（左：r>0.02m 被隐去，右：r>0.01m 被隐去）时
S=0.44 和 1.10 的瞬态涡量等值面图

如前所述，这些螺旋涡结构的演化可以看作一种确定频率的涡脱落过程，可以推测[55]，剪切层中的涡运动会与燃烧室中的声学振荡发生共振。在目前的流型中，后向台阶和中心体的下游存在两个剪切层，根据计算所得的平均速度分布，对于低旋流数情况，每个剪切层的轴向动量厚度 θ_0 估计为 0.1mm 左右。对于高旋流数的情况，由于更强的旋流强度，其内剪切层的动量厚度（≈0.25mm）与其外部厚度（≈0.05mm）相差 5 倍。这里通过线性稳定性分析[99]，来更深入地理解开放环境下环形旋流的剪切层不稳定现象，几何参数的选择需要与当前物理模型相匹配。对于不同的周向波数，系统地研究了动量厚度、旋流强度、密度和速度比的影响。对于此处考虑的两个旋流数，预测的最大增长率的频率有所不同，主要是因为这两种情况之间轴向动量厚度的差异。此外，预测值远高于涡脱落频率，该频率对应于当前腔室中声学运动的一阶切向（1T）模态。这一观察结果表明，声学振荡对系统起到了强制激励的作用，剪切层通过将其脱落频率锁定在受迫频率附近来响应激励。

10.3.3.3　火焰面与释热的演化

为理解火焰动态与流动振荡之间的相互耦合作用，可在频域中对火焰总释热和火焰表面积进行分析，燃烧室中的总释热率可通过下式求解

$$\dot{Q} = \rho_u \Delta h_f^0 S_T A \qquad (10\text{-}10)$$

式中，ρ_u 为未燃气体密度；S_T 为亚网格湍流火焰速度；Δh_f^0 是反应热；A 是总滤波火焰表面积。

图 10-45 显示了总滤波火焰表面积和释热脉动的功率谱密度。在 $S=0.44$ 时，火焰表面积振荡的主模态出现在 1761Hz，对应于燃烧室的 1L 声学模态。还发现了 3320Hz 的高次谐波，大约是 1L 模态频率的 2 倍。尽管观察到包括 1T 和 2T 模态的横向声学运动，但火焰表面积振荡并没有表现出这样的高频行为。在 $S=1.10$ 时，在 1T 声学模态附近出现了 11712Hz 的小峰，但没有发现相应的 1L 模态振荡。总释热率脉动的频率分布与火焰表面积变化的频率分布非常接近。

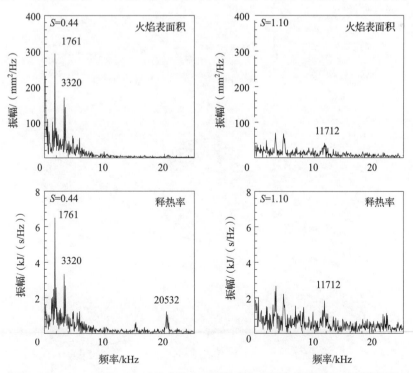

图 10-45　$S=0.44$ 和 1.10 时总火焰表面积脉动和总释热率脉动的功率谱密度

然而，对于 $S=0.44$，在 20532Hz 的频率附近观察到一个小尖峰，是由亚网格湍流火焰速度 S_T 的脉动引起的[55]。根据前面的观察可以得出结论，低频声学扰动对火焰总表面积脉动和总热量释放脉动有很强的影响。相比之下，高频声波振荡穿过火焰区，而没有显著影响火焰表面积和释热变化，尽管它们可能对局部火焰传播造成显著影响。定性来看，该结果与火焰响应伴生分析的预测是一致的[100]。高旋流数情况下，计算得到的火焰平均表面积和脉动量的均方根远小于低旋流数下的相应值。然而，由于高旋流数下湍流强度的增加和随之而来的火焰速度的提高，两种情况下的平均释热率以及相应的脉动值都非常接近。

10.3.3.4 声与火焰相互作用

图 10-46 显示了 $S=0.44$ 时 1L 声振荡模态的燃烧室上游温度场在一个周期内的时间演化，相位角 θ 以腔室头部末端处 1L 模态的声压为参考。整个过程是由火焰区涡旋结构中的冷流与高温燃气之间的掺入和混合所控制。图 10-47 显示了紧邻突扩平面下游的压力（上图）、总火焰表面积（中部）和热释放速率（下图）的时间演变过程。这些信号包含了与湍流流动和声学振荡相关的一系列频率。为了清晰呈现，图中还画出了由这些量所提取的 1L 振荡模态（由加粗黑线表示）。火焰表面面积的变化可以通过考虑其与局部振荡流场的相互作用来解释，它相比压力振荡滞后了 76°。在 $\theta=-166°$（$t=24.09$ms）至 14°（$t=24.38$ms）

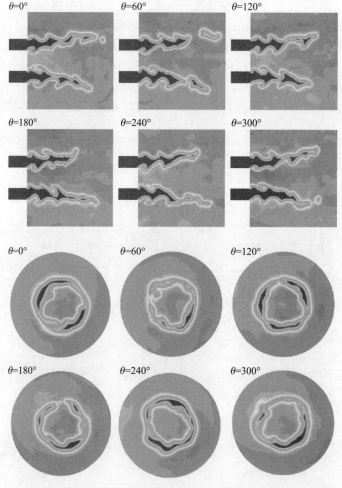

图 10-46　$S=0.44$ 时 1L 振荡模态在一个周期内温度场的时间演化

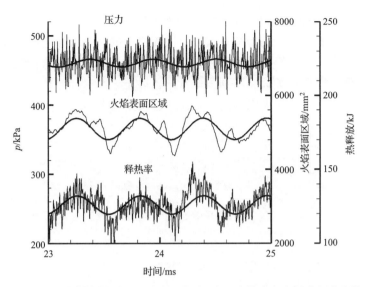

图 10-47　$S=0.44$ 时，紧邻突扩平面下游的压力（上）、火焰表面积（中）和释热率（下）的时间演变过程，粗黑线表示所提取的 1L 振荡模态

期间，突扩平面附近存在相对较低的压力场，促进了新鲜反应物向燃烧室内的输送，然后，在短暂的流体混合和化学诱导时间之后发生强烈的热释放，由此产生的流动膨胀将火焰面向外推出，并使得火焰表面积由谷值增长到峰值。未燃混合物碎片可能在主流之外破碎，并且可能在向下游对流的过程中产生局部热斑。在 $\theta=14°$（$t=24.38ms$）~ 194°（$t=24.66ms$）期间，突扩平面附近的压力相对较高，阻止了新鲜反应物向下游运动进入燃烧室，火焰区域因此缩小并且变得更紧凑，此后，在下一个振荡周期中重复着相同的过程。图 10-47 还表明，热释放脉动和火焰表面积脉动几乎是同相位的，前者较后者仅滞后 4°。对于 $S=1.10$ 的高旋流数情况，如图 10-48 所示，没有观察到明显的 1L 振荡模态。

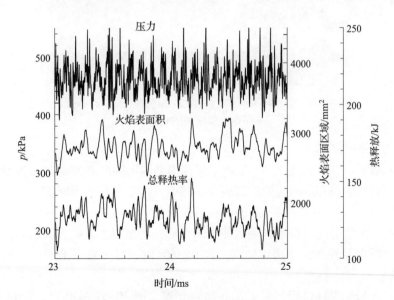

图 10-48　$S=1.10$ 时，紧邻中心体边缘下游的压力（上）、火焰表面积（中）和释热率（下）的时间演变过程

图 10-49 展示了燃烧室上游部分的 $x-r$ 平面温度场在一个 1T 声学振荡模态周期内随时间演化的过程，随着旋流数的增加，被中心回流稳定的火焰可能会周期性地向上游传播并引起回火。如前所述，已经确定了两种机制会导致回火发生，在这种情况下，回火与中心回流区的强烈回流密切相关。旋流强度非常高，以至于有时会导致中心回流进入入口环管。结果，附着在中心体上的火焰会向上游移动，发生回火。

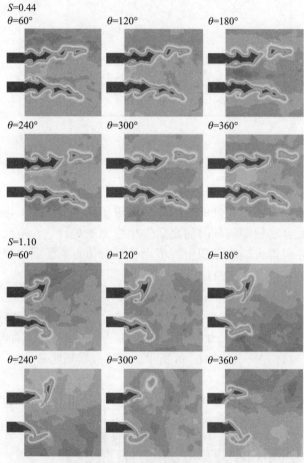

图 10-49　S=0.44 和 1.10 时，在 1T 振荡模态的一个周期内，
$x-r$ 平面上温度场的时间演化

10.3.3.5　涡与火焰相互作用

图 10-50 展示了 S=0.76 的一个 1T 声学振荡周期内不同时刻的瞬时涡量场，粗黑线表示火焰锋面，有序的涡在后向台阶边缘脱落。然而，由于存在环形回流，该过程在中心体下游变得更加复杂。在 θ=72° 时，新的涡在后向台阶的尖端处产生，并使火焰锋面产生凸起，它们在向下游运动的过程中，继续使火焰变形，甚至产生分离的火焰袋。最后，这些涡离开火焰区域并且耗散成小尺度结构。在 θ=360° 时，另一组涡出现在突扩平面上，循环开始重复。

为了进一步研究上述过程，对于 S=0.76 的情况，图 10-51 显示了一个 1T 声振荡模态周期内涡量、温度和释热分布的时间演化过程，螺旋涡围绕燃烧室中心线旋转，并向下游传播，而涡脱落在该涡的演化过程中清晰可见。火焰表面的波状结构的特征频率对应于 1T 声波模态。由于涡脱落会影响火焰锋面的形状，它也会改变释热分布，结果导致了燃烧室中声运动与释热脉动紧密耦合。

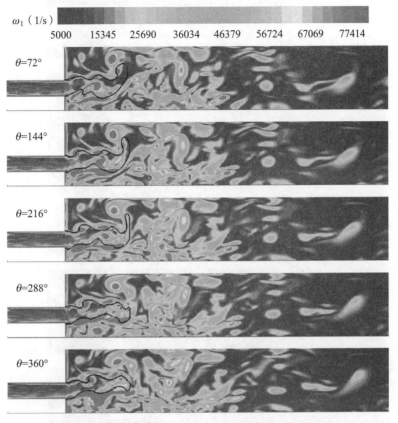

图 10-50　在 S=0.76 情况下，在一个 1T 振荡模态周期内涡和火焰锋面的相互作用

10.4　结论

本章研究了现代燃气轮机几种不同类型旋流喷嘴的流动和火焰动力学，在宽范围的流动条件下研究了轴向和径向进气构型，系统地探究了单级、多级旋流器和同向、反向旋转布局的影响。本文的大部分结果都是在有无激励条件下通过对详细流动结构进行大涡模拟得到的，为了完整性，在适当的地方也给出了试验结果。

在喷嘴动力学的冷态流动特性方面，发现了旋流喷嘴中主导流动演化的多种基本机制，包括涡破裂、涡核旋进、Kelvin-Helmholtz 不稳定性、螺旋不稳定性和离心不稳定性。从声导纳和质量传递函数的角度研究了宽频率范围内喷嘴对外部激励的响应。低频激励通常会促进流动脉动，但高频激励的趋势是相反的。当激励与喷嘴流动发生共振时，在一定频率分量下的质量流量在喷嘴出口处的脉动幅值可能会显著大于入口处，此类结果可以有效用于燃气轮机燃烧不稳定性的分析中。还通过考虑同向及反向旋转的来流条件，考察了旋流器方向对喷嘴流动发展的影响。反向旋转构型更加理想，因为其液体燃料雾化的区域中回流区更小，而切应力和湍流强度更强。

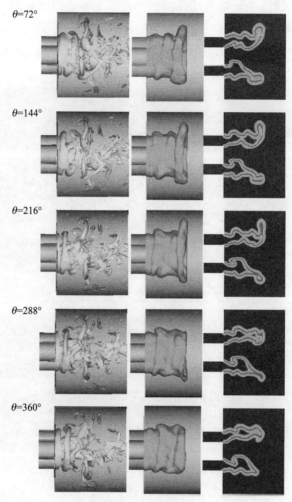

图 10 51　$S-0.76$ 吋，在　个 1T 振荡周期内 $\omega=75000$（1/s）（$r>0.02$m）的涡量等值面、$T=1700$K 的等温面以及归一化释热等值线的时间演化过程

本章的第二部分涉及旋流喷嘴的火焰动力学，研究了各种运行条件下详细流动结构和火焰的演化，发现进气温度和当量比是决定贫燃预混旋流稳定燃烧室稳定性的两个关键参数，当入口气流温度略微增加，穿过稳定性边界时，会导致燃烧室流动振荡的骤增。最后，还确认了激励燃烧振荡以及火焰从稳定向不稳定过渡的潜在机制。

致　谢

本章报告的工作部分由海军研究办公室资助，资助号为 N00014-96-1-0405；部分由美国国家航空航天局格伦研究中心资助，资助号为 NAG 3-2151；部分由空军科学研究办公室资助，资助号为 F49620-99-0290。在此特别感谢 Gabriel Roy 和 Kevin Breisacher 的支持和鼓励。

参 考 文 献

［1］ Lefebvre, A. H., "The Role of Fuel Preparation in Low-emission Combustion," Journal of Engineering for Gas Turbines and Power, Vol. 117, 1995, pp. 617-654.

［2］ Bazarov, V., Yang, V., and Puri, P., "Design and Dynamics of Jet and Swirl Injectors," Chapter 2, *Liquid Rocket Thrust Chambers: Aspects of Modeling*, *Analysis*, *and Design*, edited by V., Yang, M. Habiballah, J. Hulka, and M., Popp, Progress in Astronautics and Aeronautics, Vol. 200, AIAA, Reston VA, 2004, pp. 19-103.

［3］ Lefebvre, A. H., *Gas Turbine Combustion*, Taylor & Francis, Philadelphia, 1998.

［4］ Wang, H., McDonell, V. G., Sowa, W. A., and Samuelsen, S., "Experimental Study of a Model Gas Turbine Combustor Swirl Cup, Part I: Two-Phase Characterization," Journal of Propulsion and Power, Vol. 10, No. 4, 1994, pp. 441-445.

［5］ Wang, H., McDonell, V. G., Sowa, W. A., and Samuelsen, S., "Experimental Study of a Model Gas Turbine Combustor Swirl Cup, Part II: Droplet Dynamics," Journal of Propulsion and Power, Vol. 10, No. 4, 1994, pp. 446-452.

［6］ Fu, Y., Cai, J., Elkady, M., Jeng, S. M., and Mongia, H. C., "Fuel and Equivalence Ratio Effects on Spray Combustion of a Counter-Rotating Swirler," AIAA Paper 2005-0354, 2005.

［7］ Jeng, S. M., Flohre, N. M., and Mongia, H. C., "Air Temperature Effects on Non-Reacting Spray Characteristics Issued from a Counter-Rotating Swirler," AIAA Paper 2005-0355, 2005.

［8］ Jeng, S. M., Flohre, N. M., and Mongia, H. C., "Fluid Property Effects on Non-Reacting Spray Characteristics Issued from a Counter-Rotating Swirler," AIAA Paper 2005-0356, 2005.

［9］ Cowell, L. H., and Smith, K. O., "Development of a Liquid-Fueled, Lean-Premixed Gas Turbine Combustor," Journal of Engineering for Gas Turbines and Power, Vol. 115, 1993, pp. 554-562.

［10］ Snyder, T. S., Rosfjord, T. J., McVey, J. B., and Chiappetta, L. M., "Comparison of Liquid/Air Mixing and NO_x Emission for a Tangential Entry Nozzle," American Society of Mechanical Engineers, Paper 94-GT-283, 1994.

［11］ Cohen, J. M., Rey, N. M., Jacobson, C. A., and Anderson, T. J., "Active Control of Combustion Instability in a Liquid-Fueled Low-NO_x Combustor," Journal of Engineering for Gas Turbines and Power, Vol. 121, 1999, pp. 281-284.

［12］ Richards, G. A., Gemmen, R. S., and Yip, M. J., "A Test Device for Premixed Gas Turbine Combustion Oscillations," Journal of Engineering for Gas Turbines and Power, Vol. 120, 1998, pp. 294-302.

［13］ Richards, G. A., and Janus, M. C., "Characterization of Oscillations During Premixed Gas Turbine Combustion," Journal of Engineering for Gas Turbines and Power, Vol. 119, 1997, pp. 776-782.

［14］Broda, J. C., Seo, S., Santoro, R. J., Shirhattikar, G., and Yang, V., "An Experimental Study of Combustion Dynamics of a Premixed Swirl Injector," Proceedings of the Combustion Institute, Pittsburgh, PA, Vol. 27, 1998, pp. 1849–1856.

［15］Lee, S. Y., Seo, S., Broda, J. C., Pal, S., and Santoro, R. J., "An Experimental Estimation of Mean Reaction Rate and Flame Structure During Combustion Instability in a Lean Premixed Gas Turbine Combustor," Proceedings of the Combustion Institute, Pittsburgh, PA, Vol. 28, 2000, pp. 775–782.

［16］Venkataraman, K. K., Preston, L. H., Simons, D. W., Lee, B. J., Lee, J. G., and Santavicca, D. A., "Mechanism of Combustion Instability in a Lean Premixed Dump Combustor," Journal of Propulsion and Power, Vol. 15, No. 6, 1999, pp. 909–918.

［17］Lee, J. G., Kim, K., and Santavicca, D. A., "Measurement of Equivalence Ratio Fluctuation and Its Effect on Heat Release During Unstable Combustion," Proceedings of the Combustion Institute, Pittsburgh, PA, Vol. 28, 2000, pp. 415–421.

［18］Lee, J. G., and Santavicca, D. A., "Experimental Diagnostics for the Study of Combustion Instabilities in Lean-Premixed Combustors," Journal of Propulsion and Power, Vol.19, No. 5, 2003, pp.735–749.

［19］Mordaunt, C., Brossard, C., Lee, S. Y., and Santoro, R. J., "Combustion Instability Studies in a High-Pressure Lean-Premixed Model Combustor Under Liquid Fuel Operation," Proceedings of International Joint Power Generation Conference, JPG C2001/FACT-19089, June 2001.

［20］Cohen, J. M., and Rosfjord, T. J., "Spray Pattern at High Pressure," Journal of Propulsion and Power, Vol. 7, No.4, 1991, pp. 1481–1487.

［21］Cohen, J. M., and Rosfjord, T. J., "Influence on the Sprays Formed by High-Shear Fuel-Nozzle/Swirler Assemblies," Journal of Propulsion and Power, Vol. 9, No. 1, 1993, pp. 16–27.

［22］Chin, J. S., Rizk, N. K., Razdan, M. K., "Study on Hybrid Airblast Atomization," Journal of Propulsion and Power, Vol. 15, No. 2, 1999, pp. 241–247.

［23］Chin, J., Rizk, N., and Razdan, M., "Effect of Inner and Outer Airflow Characteristics on High Liquid Pressure Prefilming Airblast Atomization," Journal of Propulsion and Power, Vol. 16, 2000, pp. 297–301.

［24］Hardalupas, Y., and Whitelaw, J. H., "Interaction Between Sprays from Multiple Coaxial Airblast Atomizers," Journal of Engineering for Gas Turbines and Power, Vol. 118, 1996, pp. 762–771.

［25］Hardalupas, Y., Pantelides, K., and Whitelaw, J. H., "Particle Tracking Velocimetry in Swirl-Stabilized Burners," Experiments in Fluids, ［Suppl.］, Vol. 29, 2000, pp. S220–S226.

［26］Presser, C., Gupta, A. K., and Semerjian, H. G., "Aerodynamic Characteristics of Swirling Spray Flame: Pressure-Jet Atomizer," Combustion and Flame, Vol. 92, 1993, pp. 25–44.

[27] Presser, C., Gupta, A. K., Semerjian, H. G., and Avedisian, C. T., "Droplet Transport in a Swirl–Stabilized Spray Flames," Journal of Propulsion and Power, Vol. 10, No. 5, 1994, pp. 631–638.

[28] Paschereit, C. O., Gutmark, E., and Weisenstein, W., "Control of Thermoacoustic Instabilities and Emissions in an Industrial–Type Gas Turbine Combustor," Proceedings of the Combustion Institute, Pittsburgh, PA, Vol. 27, 1998, pp. 1817–1824.

[29] Paschereit, C. O., and Gutmark, E., "Proportional Control of Combustion Instabilities in a Simulated Gas Turbine Combustor," Journal of Propulsion and Power, Vol. 18, 2002, pp. 1298–1304.

[30] Acharya, S., Murugappan, S., O'Donnel, M., and Gutmark, E. J., "Characteristics and Control of Combustion Instabilities in a Swirl–Stabilized Spray Combustor," Journal of Propulsion and Power, Vol.19, No. 3, 2003, pp. 484 – 496.

[31] Uhm, J. H., Acharya, S., "Control of Combustion Instability with a High–Momentum Air–Jet," Combustion and Flame , Vol. 139, 2004, pp. 106–125.

[32] Murugappan, S., Acharya, S., Allgood, D. C., Park, S., Anaswamy, A. M., and Ghoniem, A. F., "Optimal Control of a Swirl–Stabilized Spray Combustion Using System Identification Approach," Combustion Science and Technology, Vol. 175, 2003, pp. 55–81.

[33] Lee, J. G., Kim, K., Santavicca, D. A., "Effect of Injection Location on the Effectiveness of an Active Control System Using Secondary Fuel Injection," Proceedings of the Combustion Institute, Pittsburgh, PA, Vol. 28, 2000, pp. 739–746.

[34] Richards, G. A., Janus, M., and Robey, E. H., "Control of Flame Oscillation with Equivalence Ratio Modulation ," Journal of Propulsion and Power, Vol. 15, No. 2, 1999, pp. 232–240.

[35] Richards, G. A., Straub, D. L., and Robey, E. H., "Passive Control of Combustion Dynamics in Stationary Gas Turbines," Journal of Propulsion and Power, Vol. 19, No. 5, 2003, pp. 795–809.

[36] Sattinger, S. S., Neumeier Y., Nabi, A., Zinn, B. T., Amos, D. J., and Darling, D. D., "Sub–Scale Demonstration of the Active Feedback Control of Gas–Turbine Combustion Instabilities," Journal of Engineering for Gas Turbines and Power, Vol. 122, 2000, pp. 262–268.

[37] Johnson, C. E., Neumeier, Y., Neumaier, M., Zinn, B. T., Darling, D. D., and Sattinger, S. S., "Demonstration of Active Control of Combustion Instabilities on a Full–Scale Gas Turbine Combustor," ASME 2001–GT–519, 2001.

[38] Conrad, T., Bibik, A., Shcherbik, D., Lubarsky, E., and Zinn, B. T., "Slow Control of Combustion Instabilities by Fuel Spray Modification Using Smart Fuel Injector," AIAA Paper 2004–1034, 2004.

[39] Conrad, T., Bibik, A., Shcherbik, D ., Lubarsky, E., and Zinn, B. T., "Control of Instabilities in Liquid Fueled Combustor by Modification of the Reaction Zone Using Smart

Fuel Injector," AIAA Paper 2004-4029, 2004.

[40] Bernier, D., Lacas, F., and Candel, S., "Instability Mechanisms in a Premixed Prevaporized Combustor," Journal of Propulsion and Power, Vol. 20, No. 4, 2004, pp. 648-656.

[41] Li, G., and Gutmark, E. J., "Effect of Exhaust Nozzle Geometry on Combustor Flow Field and Combustion Characteristics," Proceedings of the Combustion Institute, Pittsburgh, PA, Vol. 30, 2004.

[42] Brewster, B. S., Cannon, S. M., Farmer, J. R., and Meng, F., "Modeling of Lean Premixed Combustion in Stationary Gas Turbines," Progress in Energy and Combustion Science, Vol. 25, 1999, pp. 353-385.

[43] Mongia, H. C., Al-Roub, M., Danis, A., Elliott-Lewis, D., Jeng, S. M., John, A., McDonell, V. G., Samuelsen, G. S., and Vise, S., "Swirl Cup Modeling, Part I," AIAA Paper 2001-3576, 2001.

[44] Hsiao, G., Mongia, H. C., Vij, A., "Swirl Cup Modeling Part II: Inlet Boundary Conditions," AIAA Paper 2001-1350, 2001.

[45] Hsiao, G., and Mongia, H. C., "Swirl Cup Modeling Part III: Grid Independent Solution with Different Turbulence Models," AIAA Paper 2001-1349, 2001.

[46] Cai, J., Fu, Y., Jeng, S. and Mongia, H. C., "Swirl Cup Modeling Part IV: Effect of Confinement on Flow Characteristics," AIAA Paper 2003-0486, 2003.

[47] Wang, S., Yang, V., and Mongia, H. C., "Swirl Cup Modeling Part V: Large Eddy Simulation of Cold Flow," AIAA Paper 2001-0485, 2003.

[48] Giridharan, M. G., Mongia, H. C., and Singh, G., "Swirl Cup Modeling Part VI: Dilution Jet Modeling," AIAA Paper 2003-1203, 2003.

[49] Stevens, E. J., Held, T. J., and Mongia, H. C., "Swirl Cup Modeling Part VII: Premixed Laminar Flamelet Model Validation and Simulation of a Single-Cup Combustor with Gaseous N-Heptane," AIAA Paper 2003-0488, 2003.

[50] Giridharan, M. G., Mongia, H. C., and Jeng, S. M., "Swirl Cup Modeling Part VIII: Spary Combustion in CFM56 Single Cup Flame Tube," AIAA Paper 2003-0319, 2003.

[51] Jeng, S. M., Flohre, N. M., and Mongia, H. C., "Swirl Cup Modeling Part IX: Atomization," AIAA Paper 2004-0137, 2004.

[52] James, S., Zhu, J., and Anand, M. S., "Large-Eddy Simulation of Gas Turbine Combustors," AIAA Paper 2004-0552, 2004.

[53] Kim, W. W., and Syed, S., "Large-Eddy Simulation Needs for Gas Turbine Combustor Design," AIAA Paper 2004-0331, 2004.

[54] Kim, W. W., Lienau, J. J., Van Slooten, P. R., Colket, M. B., Malecki, R.E., and Syed, S., "Towards Modeling Lean Blow Out in Gas Turbine Flameholder Applications," American Society of Mechanical Engineers, 2004-GT-53967, 2004.

[55] Huang, Y., Sung, H. G., Hsieh, S. Y. and Yang, V., "Large Eddy Simulation of Combustion Dynamics of Lean-Premixed Swirl-Stabilized Combustor," Journal of Propulsion

and Power，Vol. 19，2003，pp. 782–794

[56] Stone，C.，and Menon，S.，"Swirl Control of Combustion Instabilities in a Gas Turbine Combustor，" Proceedings of the Combustion Institute，Pittsburgh，PA，Vol. 29，2002，pp. 155–160.

[57] Stone，C.，and Menon，S.，"Open Loop Control Combustion Instabilities in a Model Gas Turbine Combustor，" Journal of Turbulence，Vol.4，020，2003.

[58] Pierce，C. D.，and Moin，P.，"Progress–Variable Approach for Large–Eddy Simulation of Non–Premixed Turbulent Combustion，" Journal of Fluid Mechanics，Vol. 504，2004，pp. 73–97.

[59] Selle，L.，Lartigue，G.，Poinsot，T.，Koch，R.，Schildmacher，K. U.，Kerbs，W.，Kaufmann，P.，and Veynante，D.，"Compressible Large Eddy Simulation of Turbulent Combustion in Complex Geometry on Unstructured Meshes，" Combustion and Flame，Vol. 137，2004，pp. 489–505.

[60] Grinstein，F. F.，and Fureby，C.，"LES Studies of the Row in a Swirl Combustor，" Proceedings of the Combustion Institute，Pittsburgh，PA，Vol. 30，2005，pp. 1791–1798.

[61] Sommerer，Y.，Galley，D.，Poinsot，T.，Ducruix，S.，Lacas，F.，and Veynante，D.，"Large Eddy Simulation and Experimental Study of Flashback and Blow–Off in a Lean Partially Premixed Swirled Burner，" Journal of Turbulence，Vol.5，037，2004.

[62] Wang，S. W.，Hsieh，S. Y.，and Yang，V.，"Unsteady Flow Evolution in Swirl Injector with Radial Entry，Part 1：Stationary Conditions，" Physics of Fluids，Vol. 17，No. 4，2005，p. 045106.

[63] Wang，S. W.，and Yang，V.，"Unsteady Flow Evolution in Swirl Injector with Radial Entry，Part 2：External Excitations，" Physics of Fluids，Vol. 17，No. 4，2005，p. 045107.

[64] Huang，Y.，and Yang，V.，"Bifurcation of Flame Structure in a Lean–Premixed Swirl Stabilized Combustor：Transition from Stable to Unstable Flame，" Combustion and Flame，Vol. 136，2004，pp. 383–389.

[65] Huang，Y.，and Yang，V.，"Effect of Swirl on Combustion Dynamics in a Lean–Premixed Swirl–Stabilized Combustor，" Proceedings of the Combustion Institute，Pittsburgh，PA，Vol. 30，2005，pp. 1775–1782.

[66] Huang，Y.，Wang，S.，and Yang，V.，"A Systematic Analysis of Combustion Dynamics in a Lean–Premixed Swirl–Stabilized Combustor，" AIAA Journal（accepted for publication），2005.

[67] Oefelein，J. C.，and Yang，V.，"Simulation of High–Pressure Spray Field Dynamics，" Chapter 11，Recent Advances in Spray Combustion，Vol. 2，edited by K. K. Kuo Progress in Astronautics and Aeronautics，Vol. 171，AIAA，Reston，VA，1996，pp. 263–304.

[68] Chiu，H. H.，and Oefelein，J. C.，"Modeling Liquid–Propellant Spray Combustion Processes ，" Chapter 6，Liquid Rocket Thrust Chambers：Aspects of Modeling ，Analysis，and Design，Vol. 200，edited by V. Yang，M. Habiballah，J. Hulka，and M. Popp，

Progress in Astronautics and Aeronautics, AIAA, Reston, VA, 2004, pp. 251–293.

[69] Caraeni, D., Bergstrom, C., and Fuchs, L., "Modeling of Liquid Fuel Injection, Evaporation and Mixing in a Gas Turbine Burner Using Large Eddy Simulation ," Flow, Turbulence and Combustion, Vol. 65, 2000, pp. 223–244.

[70] Sankaran, V., and Menon, S., "LES of Spray Combustion in Swirling Flows," Journal of Turbulence, Vol. 3, 011, 2001.

[71] Apte, S. V., Mahesh, K., Moin P., and Oefelein, J. C., "Large-Eddy Simulation of Swirling Particle-Laden Flows in a Coaxial-Jet Combustor," International Journal of Multiphase Flow, Vol. 29, 2003, pp. 1311–1333.

[72] Wang, S., Yang, V. and Koo, J. Y., "Large-Eddy Simulation of Spray-Field Dynamics in Cross Flows," AIAA Paper 2005–0729, 2005.

[73] Menon, S., "Acoustic-Vortex-Flame Interactions in Gas Turbines," Combustion Instabilities in Gas Turbine Engines: Operational Experience, Fundamental Mechanisms, and Modeling, edited by T. Lieuwen and V. Yang, Progress in Astronautics and Aeronautics, AIAA, Reston, VA, 2005, pp. 277–314.

[74] Lu, X. Y., Wang, S., Sung, H. G., Hsieh, S. Y., and Yang, V., "Large Eddy Simulation of Turbulent Swirling Flows Injected into a Dump Chamber," Journal of Fluid Mechanics, Vol. 527, 2005, pp. 171–195.

[75] Wang, S., Yang, V., Hsiao G., Hsieh, S. Y., and Mongia, H., "Large Eddy Simulation of Gas-Turbine Swirl Injector Flow Dynamics," to be submitted to Journal of Fluid Mechanics, 2005.

[76] Wang, S., "Vortical Flow Dynamics and Acoustic Response of Gas-Turbine Swirl Stabilized Injectors," Ph. D. Thesis, Pennsylvania State Univ., University Park, PA, 2002.

[77] Favaloro, S. C., Nejad, A. S., Ahmed, S. A., Vanka, S. P., and Miller, T. J., "An Experimental and Computational Investigation of Isothermal Swirling Flow in an Axsymmetric Dump Combustor," AIAA Paper 89–0620, 1989.

[78] Wu, J. Z., Lu, X. Y., Denny, A. G., Fan, M., and Wu, J. M., "Post-Stall Flow Control on an Airfoil by Local Unsteady Forcing," Journal of Fluid Mechanics, Vol. 371, 1998, pp. 21–58.

[79] Ho, C.-M., and Huerre, P., "Perturbed Free Shear Layers," Annual Review of Fluid Mechanics, Vol. 16, 1984, pp. 365–424.

[80] Panda, J., and McLaughlin, D. K., "Experiments on the Instabilities of a Swirling Jet," Physics of Fluids, Vol. 6, 1994, pp. 263–276.

[81] Berkooz, G., Holmes P., and Lumley J. L., "The Proper Orthogonal Decomposition in the Analysis of Turbulent Flows," Annual Review of Fluid Mechanics, Vol. 25, 1993, pp. 539–575.

[82] Graves, C. B., "Outer Shear Layer Swirl Mixer for a Combustor," U. S. Patent 5–603–211, 1997.

[83] Shtem, V., and Hussain, F., "Collapse, Symmetry, Breaking, and Hysteresis in Swirling Flows," Annual Review of Fluid Mechanics, Vol. 31, 1999, pp. 537–566.

[84] Martin, J. E., and Meiburg, E., "Nonlinear Axisymmetric and Three-Dimensional Vorticity Dynamics in a Swirling Jet Model," Physics of Fluids, Vol. 8, 1996, pp. 1917–1928.

[85] Cohen, J., and Hibshman, J., "An Experimental Study of Combustor Air Swirler Acoustic and Fluid Dynamic Sensitivities," Proceedings of Propulsion Engineering Research Center, Pennsylvania State Univ., University Park, PA, 1997.

[86] Hussain, A., and Reynolds, W., "The Mechanics of Organized Wave in Turbulent Shear Floy," Journal of Fluid Mechanics, Vol. 41, 1970, pp. 241–258.

[87] Huang, Y., "Modeling and Simulation of Combustion Dynamics in Lean-Premixed Swirl-Stabilized Gas Turbine Engines," Ph. D. Thesis, Dept. of Mechanical Engineering, Pennsylvania State Univ., University Park, PA, 2003.

[88] Lasheras, J., and Hopfinger, E., "Liquid Jet Instability and Atomization in a Coaxial Gas Stream," Annual Review of Fluid Mechanics, Vol. 32, 2000, pp. 275–308.

[89] Brereton, G., Reynolds, W., and Jayaraman, R., "Response of a Turbulent Boundary Layer to Sinusoidal Free-Stream Unsteadiness," Journal of Fluid Mechanics, Vol. 221, 1990, pp. 131–159.

[90] Culick, F. E. C., and Yang, V., "Overview of Combustion Instabilities in Liquid-Propellant Rocket Engines," Chapter 1, Liquid Rocket Engine Combustion Instability, edited by V. Yang and W. E. Anderson, Progress in Astronautics and Aeronautics, Vol. 169, AIAA, Washington, DC, 1995, pp. 3–37.

[91] Gupta, A. K., Lilley, D. G., and Syred, N., Swirl Flows, Abacus Press, London, 1984.

[92] Lucca-Negro, O., and O'Doherty, T., "Vortex Breakdown: A Review," Progress in Energy and Combustion Science, Vol. 27, 2001, pp. 431–481.

[93] Syred, N., and Beer, J., "The Damping of Precessing Vortex Cores by Combustion in Swirl Generators," Astronautica Acta, Vol. 17, 1972, pp. 783–801.

[94] Novak, F., and Sarpkaya, T., "Turbulent Vortex Breakdown at High Reynolds Number," AIAA Journal, Vol. 38, No.5, 2000, pp. 287–296.

[95] Seo, S., "Parametric Study of Lean Premixed Combustion Instability in a Pressured Model Gas Turbine Combustor," Ph. D. Thesis, Dept. of Mechanical Engineering, Pennsylvania State Univ., University Park, PA, 1999.

[96] Rayleigh, J. W. S., The Theory of Sound, Vol. 2, Dover, New York, 1945.

[97] Lieuwen, T., Torres, H., Johnson, C. and Zinn, B. T., "A Mechanism of Combustion Instability in Lean-Premixed Gas-Turbine Combustor," Journal of Engineering for Gas Turbine and Power, Vol. 123, 2001, pp. 182–189.

[98] Lipatnikov, A. N., and Chomiak, J., "Turbulent Flame Speed and Thickness: Phenomenology, Evaluation and Application in Multi-Dimensional Simulations," Progress

in Energy and Combustion Science, Vol. 28, 2000, pp. 1–74.

[99] Chao, Y. C., Leu, J. H., and Huang, Y. F., "Downstream Boundary Effects on the Spectral Characteristics of a Swirling Flowfield," Experiments in Fluids, Vol. 10, 1991, pp. 341–348.

[100] Liu, T., Huang, Y., and Yang, V., "Linear Stability Analysis of Annular Swirling Jets," Physics of Fluids (submitted for publication).

[101] You, D. N., Huang, Y., and Yang, V., "A Generalized Model of Acoustic Response of Turbulent Premixed Flame and Its Application to Gas-Turbine Combustion Instability Analysis," Combustion Science and Technology, Vol. 177, No. 5–6, 2005, pp. 1109–1150.

第11章　燃气轮机中的声—涡—火焰相互作用

Suresh Menon

（Georgia Institute of Technology，Atlanta，Georgia）

11.1　引言

大多数实际的燃烧系统，例如，燃气轮机、内燃机、冲压发动机和火箭发动机都属于受限系统，其中运行设计、尺寸和重量限制界定了装置的规模。受限燃烧系统会具有非受限系统中不明显的动态特征。例如，许多装置中具有阻塞出口，并且涡结构和热斑经过阻塞喷管会导致声波的产生，该声波向上游传播并与来流和火焰区相互作用。这些装置中的声衬腔、二次射流孔和复杂管道等几何特征都会影响涡流、声学运动，以及非稳态热释放间的耦合作用。

本章所聚焦的燃气轮机燃烧室，还具有其他独特的特点，燃烧室入口通常包括一个复杂的旋流叶片结构，将来自压气机的热空气诱导成旋流。气流可以被分成多个支流，并且每个支流独立地反向或同向旋转[1]。燃料（液体或气体）可在旋流器叶片上游、叶片之间或叶片下游喷入，并且燃料—空气混合发生在高度湍流化的旋流中。很多推进系统的燃气轮机燃烧室都有主燃区和次燃区，燃料也会依据运行条件在它们之间进行分配[1-2]。实用燃烧室中具有多个燃料喷嘴，带来了额外的复杂性，因此，多喷嘴间的相互作用会在动力学层面上引入额外的复杂度，使得数据的分析和解释非常困难。

在前面提到的所有现象中，有三种物理机理以高度非线性和非稳态方式相互作用，这三种机制是声脉动、涡运动和非稳态燃烧释热。早期的研究将这三种机制描述为声波、涡波和熵波[3]，尽管只有声场表现为波，而涡波和熵波都是当地流速下的对流运动。在燃烧系统中，熵的脉动可归因于非稳态火焰传播。

本章中我们主要讨论燃气轮机燃烧室中声—涡—火焰（AVF）的相互作用。AVF相互作用可发生于很多装置中，例如，液体推进剂和固体推进剂火箭发动机[4-6]、冲压发动机[7-9]和突扩燃烧室[10]中，但这里不讨论这些装置，除非是为了突出与燃气轮机工况相关的观察结果。本章我们讨论燃气轮机燃烧室中涡运动是如何与受限空间中非稳态燃烧释热相互作用的，以及该相互作用是如何激发或增强声学扰动。第10章和第13章解决了燃气轮机中与AVF和燃烧动态特性相关的具体建模和分析问题，因此本章将不再赘述。注意，利用实验室规模装置，过去已经进行了大量的声—涡—火焰相互作用的研究[11-15]，然而，除了少量案例，大多数研究聚焦于常压条件下的低雷诺数流动。本章，我们重点关注预混和液体燃料燃气轮机，它们在具有真实工况特征的高压下运行。早期的试验和数值研究已经涉及了该类燃烧室中的动力学问题。

本章安排如下，11.2节简要介绍典型燃气轮机中的不同长度和时间尺度，以及这些尺度是如何影响 AVF 相互作用过程的。之后，通过对 AVF 相互作用控制方程的理论分析，来识别具体体现每种模态贡献的关键项。最后，利用模拟的结果来讨论 AVF 相互作用的模态及其对不同系统参数的敏感性。

11.2　长度和时间尺度

声波、涡运动和非稳态火焰运动的相互作用涉及宽范围的时间和长度尺度，该尺度不仅依赖于实际源项（如可压缩性、剪切层分离和卷曲，或者热释放），也与几何相关。在受限空间内，边界反射会将其他尺度引入相互作用的过程中，这些必须加以考虑[11, 26-27]。

这些模态若要相互作用，它们各自的时间和长度尺度必须有一些重叠。因此，对于典型燃气轮机燃烧室的这些时间和长度尺度进行数量级估计是有益的。根据几何数据[1, 20]，在典型条件下（如燃烧室压力 12atm、入口空气温度 670K、入口总体轴向速度 U 为 100m/s、入口直径 D 为 0.05m），燃气轮机燃烧室的特征长度是在 0.1~1m 的范围内，入口雷诺数近似估算为 500000。若假设积分长度尺度 $l \approx D$，则其处于 0.01 ~ 0.1m 的范围内，积分长度表征了特征含能涡，其在剪切流中的能量和标量输运过程中起主要作用。

对于上述长度尺度，可以估算湍流雷诺数 $Re_l = u'l/v$ 在 $10^2 \sim 10^4$ 的范围内，其中 u' 为湍流强度。较高的值反映了燃气轮机中高剪切区域（即剪切层）的高湍流度。使用惯性范围标度 $l/\eta \approx Re_l^{3/4}$，可估算 Kolmogorov 尺度 η 在 $10^{-4} \sim 10^{-5}$m 之间。因此，涡运动的特征流体力学长度尺度的范围为 $10^{-5} \sim 10^{-1}$m，所感兴趣的长度尺度涉及 4 个数量级范围（$O(4)$）。

对于反应流，需考虑额外的长度尺度，例如，在两相流系统中，液滴尺度在 $10^{-4} \sim 10^{-6}$m 的范围内，而分子混合和燃烧发生在 $10^{-8} \sim 10^{-9}$m 的区间，后者的估算是基于对反应区厚度 δ_{RR} 的观察，其至少为 10 ~ 100 个碳氢分子宽度，而典型碳氢分子尺寸约为 1.09 $\mathring{A}$（1 $\mathring{A}$（埃）$=10^{-10}$m）。由于混合和火焰区在宽范围内变化，因此这个数字只是个估计值。此外，反应区厚度远小于有效火焰厚度 δ_f，尤其是在预混系统中，火焰厚度会远大于反应区厚度，特别是对于薄反应区的情形[21, 28-30]。尽管如此，很显然组分蒸发（液体燃料情况下）、混合和燃烧发生在 $10^{-4} \sim 10^{-9}$m 范围内，即 $O(5)$ 的尺度范围。

声学时间尺度也可以基于燃气轮机中已知会被激发的频率范围来估计，其典型频率范围是 100 ~ 1000Hz，在标准条件下波长范围是 0.03 ~ 0.3m[31-32]（热态条件下这些值会更大），因此，所关注的典型声学长度尺度在 $10^{-2} \sim 10^0$m 的范围。

综上所述，实际条件下湍流反应流中的相互作用发生在相差 $O(7-9)$ 量级的尺度范围中，这些相互作用以时间精确的方式发生（自然界中没有其他方式），因此，时间尺度的范围同样很大。

这些估算表明，尽管涡运动、声学脉动和热释放各自主导的特征尺度之间存在显著差异，但也有一些重叠的区域，例如，湍流剪切层内的含能涡与 100 ~ 10000Hz 范围内的声波波长之间的耦合是可能的。然而，在另一个极端，处于惯性—耗散尺度范围的涡更可能在分子水平上与非稳态热释放相互作用。

以上的讨论是一个相当简化的观点，因为在实际中，各种尺度的涡同时存在，并且以高度非线性的方式在湍流中相互作用。无论如何，这些估计表明，湍流中声学脉动与非稳态热释放耦合的机制是高雷诺数（Re）湍流运动中固有的动态尺度范围。在层流中，声—涡相互作用依然可以发生[32-34]，这是因为除长度尺度外，相互作用的时间尺度具有相同的量级。例如，预混火焰响应时间尺度 $\tau_f = \delta_f / S_L$ 处于 $10^{-3} \sim 10^{-2}$s 的范围，与频率在 $100 \sim 1000$Hz 范围的声学时间尺度在同一量级，这里 δ_f 和 S_L 分别是层流火焰的厚度与速度。因此，即使没有湍流长度尺度的级联，声场仍然可能与热释放发生耦合。

如此宽范围的尺度对试验和理论模型研究者都提出了严重的挑战，试验诊断工具以及数值模型都必须足够精细，以准确捕捉这样宽范围的尺度，这事说起来容易，做起来很难。

上述讨论使用了时间和长度尺度的量级估算方法，其独立于所关注的问题以及与这些尺度相关的物理本质。正如前人研究所述[28]，所关注的特征长度尺度也基于物理意义来定义，例如，在预混燃烧中，众所周知的 Borghi 图[35] 在过去曾用于识别预混系统的火焰类型（以及相关的长度尺度）[31, 36]。基于预混和非预混系统的试验和数值模拟结果[31, 36]，也提出了其他分类图，也可用于识别所关注的特征时间和长度尺度。

11.3 理论分析

分析三者耦合机制的一种方法是考虑每个模态下流动中的多种源和汇。因此，（任何类型的）剪切流是涡产生和涡对流的来源，在燃气轮机燃烧室中，壁面剪切流和自由剪切流都会发生，其中自由剪切流是主要关注点，因为来自进气道的气流在燃烧室中形成了复杂的三维旋流剪切流，并包含大尺度的相干结构，这些结构在下游增长并最终分解为细小尺度的三维湍流。由于燃料在入口处被引入空气中，这些旋流涡结构可能包含部分预混或充分预混的燃料—空气混合物，在喷雾中，还可能包含燃料液滴。此外，在反应流中，火焰位于这些涡产生的区域，因此火焰—涡耦合是这类流动中所固有的。

与燃烧相关的非稳态热释放是"熵"模态的源项，其通常以温度脉动为特征。燃烧发生在紧凑空间内，因为来流中的旋流产生了一个回流泡，使得火焰稳定在其上游区域，因此，熵扰动发生在三维、瞬变的紧凑空间内。

可压缩性（也即密度变化导致压力脉动）是声波运动的源项，由于燃气轮机中的多个管道和通道，燃烧室中可能存在多个声学模态。从压气机出口到涡轮入口边界的整个空间都会对声波运动起到重要作用（见第 13 章）。一般来说，人们已经了解到，纵向声学模态在 AVF 相互作用中非常重要，然而，由于燃烧室的结构特性以及旋流火焰的结构，径向和周向声学模态也会存在[16, 27]。这些声学模态可由突扩燃烧室中的周期性涡脱落所激励[7, 37]，特别是因为火焰可以被大尺度涡结构卷吸或调制[23]。

为了从理论角度研究这种三者耦合机制，有必要从非定常、可压缩反应流的守恒方程出发。尽管将声波从控制方程中消除的低马赫数运动方程已经在许多低速反应流的研究中得到应用[38]，但是这些方程并不适用于描述 AVF 相互作用。即使只关注极低频声学模态的情形，11.2 节中所讨论的尺度分析也表明，特别是在受限区域中，由于时间和长度尺度的重叠，需要考虑完全可压缩系统。人们已知晓，燃烧不稳定是声学、涡运动和非稳态热释放之间耦合的结果，并且这种耦合只能在可压缩方程中被解析。

在下一节中，我们将讨论相关的运动方程，从而突出可以在方程中明确体现这些模态的各项。所有这些方程都是为人熟知的，并已在所引用的文献中被报道；因此，为简洁起见，将省略这些方程的部分推导细节。

11.3.1 控制方程

为了当前讨论，我们假设无外部激励、无黏性、无导热、多组分、无扩散反应混合物，用于声学分析的更一般的黏性方程，以及无黏形式的线性化将在第 13 章中介绍，控制方程为

$$\nabla \cdot v = -\frac{1}{\rho}\frac{\mathrm{D}\rho}{\mathrm{D}t} \tag{11-1}$$

$$\frac{\mathrm{D}v}{\mathrm{D}t} = -\frac{\nabla p}{\rho} \tag{11-2}$$

$$\frac{\mathrm{D}e}{\mathrm{D}t} = -\frac{p}{\rho}(\nabla \cdot v) \tag{11-3}$$

$$\frac{\mathrm{D}Y_k}{\mathrm{D}t} = \frac{\dot{\omega}_k}{\rho} \qquad k = 1, \cdots, N \tag{11-4}$$

式中，物质导数 $\mathrm{D}/\mathrm{D}t = \partial/\partial t + v \cdot \nabla$，其中 v 是速度矢量；ρ 是混合物密度；p 是压力；e 是单位质量内能；定义为 $e = \sum_k e_k Y_k$，其中 e_k 为第 k 种组分的内能（平移、旋转和生成热之和），Y_k 是第 k 种组分的质量分数，$\dot{\omega}_k$ 是第 k 种组分的生成/消耗项。这些方程通常通过理想气体状态方程 $p = \rho RT$ 来封闭，其中 T 为温度、$R = \sum_k R_k Y_k$ 是混合物气体常数，这里，R_k 为第 k 种组分气体常数，定义为 $R_k = R_u/M_k$，M_k 是第 k 种组分的分子量。

将上述方程改写成新的形式，突出所讨论的三者相互作用的本质，这样是有好处的。表示这些方程有很多种方式[31]，但这里目的并不是去讨论所有的替代方法，这里我们聚焦于一个具体的形式，基于熵来定义多组分混合物的内能，可以将方程（11-3）改写如下[39]（为简洁起见忽略了详细推导）

$$\frac{\mathrm{D}S}{\mathrm{D}t} = -\frac{1}{\rho T}\sum_{k=1}^{N}\left(\frac{\mu_k}{M_k}\right)\dot{\omega}_k \tag{11-5}$$

式中，S 是熵；μ_k 是化学势能[39]。由方程可知，流体运动可以导致熵的对流，并且熵可以通过热释放产生。

为了识别声学模态，质量守恒方程（11-1）可以根据压力来改写。过去已经推导出许多形式的压力方程，其中一种形式常被称为波动方程[31]。这里，结合方程（11-1）、方程（11-5）和状态方程，可得[39]

$$\nabla \cdot v = -\frac{1}{\gamma p}\frac{\mathrm{D}p}{\mathrm{D}t} - \frac{1}{\rho}\sum_{k=1}^{N}\sigma_k \dot{\omega}_k \tag{11-6}$$

式中，$\sigma_k = h_k/(c_p T)$ 针对的是平均分子量为常数的理想气体混合物，其中 c_p 是理想气体混合物的比定压热容。

方程（11-6）显示，压力波运动和热释放能够影响体积膨胀率（$\nabla \cdot v$），对该方程进行额外处理可以得到压力对数的一般方程[31, 40-41]，可以用来模化声波运动。

通过对动量方程（11-2）求旋度，可推导出涡量 Ω 的方程

$$\frac{\mathrm{D}\Omega}{\mathrm{D}t} = (\Omega \cdot \nabla)v - \Omega(\nabla \cdot v) + \frac{\nabla\rho \times \nabla p}{\rho^2} \tag{11-7}$$

为了便于分析，经常联立方程（11-7）和方程（11-1）来得到

$$\frac{\mathrm{D}}{\mathrm{D}t}\left(\frac{\Omega}{\rho}\right) = \left(\frac{\Omega}{\rho}\right) \cdot \nabla v + \frac{1}{\rho^3}\nabla\rho \times \nabla p \tag{11-8}$$

涡量方程的两种形式都呈现了与当前讨论相关的重要特征，方程（11-7）和方程（11-8）右侧的第一项为大家熟知的涡拉伸项，其他项是可压缩流和反应流所特有的。$\Omega(\nabla \cdot v)$，是热膨胀项，其值只有在可压缩流和反应流中非零，在方程（11-8）中，这一项被吸收到左侧的对流项中，因此，方程（11-8）左侧同时包含了水动力学和声速的对流。如随后所示，这种形式可用于确定声学和水动力学扰动是如何相互作用并促进涡运动。

最后一项 $\nabla\rho \times \nabla p / \rho^3$，通常称为斜压扭矩，是压力梯度和密度梯度方向不一致的结果，该项在可压缩流和反应流中都很重要。例如，已经表明，由于涡量场中引起的变化，斜压扭矩会间接影响火焰褶皱[42]。由火焰导致的垂直于密度梯度的压力脉动也有助于涡量的产生。在燃气轮机燃烧室中，火焰（以及密度梯度）是高度三维化的，因此，燃烧室中的纵向和横向声波都会引起局部涡量场的变化。而且，取决于局部条件，该项能够导致燃烧室中涡量的增加或抑制，这种行为将在最后一节讨论。

方程（11-5）~ 方程（11-7）（方程（11-4）为组分守恒）可认为是基于熵、压力和涡量的一组替代控制方程，用于代替传统的守恒方程。除了忽略了输运特性（如耗散效应）和外部作用力（这些假设可轻易放宽），这些方程是精确的、非线性的，并且定义了流场。

尽管这些方程包含了丰富的信息量，但由于非线性，对它们的求解并不容易。然而，这些方程对于线性分析和解释结果是有用的（参考第 13 章和第 10 章）。此外，也可以利用直接数值模拟（DNS）或大涡模拟（LES）的数据库来显式提取其中某些项。

11.3.2　基于场分解的分析方法

由 Chu 和 Kovaznay 开展的最早的经典模态分解仍然是理解 AVF 相互作用的有用的起点[3]，第 13 章给出了该分解的细节及其在线性化分析中的应用，所以此处不再重复，任何流动变量 $\Phi(x, t)$ 可分解为

$$\Phi = \Phi_p + \Phi_\Omega + \Phi_S \tag{11-9}$$

式中，下标 p、Ω 和 S 分别代表声、涡和熵（常用热斑标识）的分量。如其他基于线性化分析的研究所示[3]，所有三种模态不仅可独立存在，而且它们还能相互作用并相互产生，特别是在受限域中。研究者已经注意到，即使在没有压力脉动的情况下，涡量和熵模态也可以存在，但如果没有平均流动，则不能存在。基于一阶近似，弱涡量脉动不会产生相同量级的压力或熵脉动。

利用上述的分解方法对线性化的一维守恒方程进行稳定性分析[11, 27]，在识别燃烧室中的典型振荡频率以及确定随时间呈指数增长的频率方面相当成功。在大多数这些研究中，线性化的运动方程是基于适当的边界条件和火焰前后的跳跃条件求解的，并假设初始扰动由声波、熵波和涡量扰动在某一特征频率下的总和构成，而该特征频率作为解的一部分被确定。

在一些分析中[11]，通过探索更复杂的边界条件来揭示声—涡耦合的本质。例如，在突扩燃烧室中，由于平均流动，声波和涡运动之间可能存在混合模态耦合，其部分是由边界处的耦合触发[9]。结果表明，从突扩平面后向台阶脱落的大尺度涡向下游传播（特征速度与平均轴向速度量级相当），并冲击下游扩压器壁面或者与节流喷管的边界条件相互作用。该相互作用会产生反向传播的声波（以 $u-c$ 的速度向上游传播），与台阶处的剪切

层相互作用，进而触发下一个大尺度涡的形成，形成反馈回路。取决于燃烧室的尺寸，这种耦合作用的特征频率可能是声和涡两种模态的结合。

对这些声涡耦合模态进行建模，边界条件必须要能反映这种耦合的本质。例如，入口边界层在后向台阶处分离并形成自由剪切层，为了模拟声学扰动速度 u' 对涡模态的触发，涡模态的边界条件可设为 $\Omega = \beta u'$，其中 β 是指定的传递函数。为模拟由于涡冲击而在 $x=x_n$ 处产生的反向传播声学脉动（也即膨胀场 $\Delta = \nabla \cdot v$ 的非稳态部分），过去采用了诸如 $\Delta' = -\alpha \Omega \partial \delta(x-x_n)/\partial x$ 的条件[11]，其中 $\delta(x-x_n)$ 是狄拉克（Dirac）δ 函数，α 是另一个（复数）传递函数，需要针对特定问题来确定（根据 DNS/LES 或试验数据）。前人对于冲压式突扩燃烧室的研究表明，通过这种耦合模态方法预测的频率与观测结果吻合较好。

这种耦合模态分析尚未应用于燃气轮机燃烧室中，特别是对于存在非定常热释放的情况。由于燃气轮机几何结构的复杂性、旋流效应、平均流速和温度的三维变化，以及多管道耦合与流道之间的合适边界条件，这些难以用一维简化公式来处理，因此需要进行一些（大幅的）简化，以获得易于处理的公式。尽管如此，在这些研究中已经（并且可以）获得一些对不稳定机制和耦合性质的有用见解，见本书其他章节。

Hussain[43] 提出的分解方法可用于进一步理解 AVF 相互作用，特别是在包含大尺度相干结构（CS）的高度湍流中。这些 CS 可以显著地改变火焰结构，由于其确定性的特征和准周期性的运动，可以显著促进燃烧室中噪声的产生。前人研究表明，这些结构在突扩燃烧室的燃烧不稳定中起主要作用。

在该分解方法中，任一流动变量 Φ 可拆分为

$$\Phi(x,\ t) = \overline{\Phi}(x) + \tilde{\Phi}(x,\ t;\ \tau) + \hat{\Phi}(x,\ t) \tag{11-10}$$

式中，$\overline{\Phi}$ 是平均值，$\tilde{\Phi}$ 是非稳态"相干"分量（在一个特征时间周期 τ 内），$\hat{\Phi}$ 是非稳态"非相干"分量。该分解类似于经典的 Reynolds 分解，区别在于，后者方法中 $\Phi'' = \tilde{\Phi} + \hat{\Phi}$ 代表流动中的所有非稳态脉动。

研究表明[43]，通过在控制方程中应用公式（11-10）可以推导出每种类型运动的控制方程。对这些方程中的各项进行分析，可以确定平均运动、相干运动和非相干运动如何在湍流介质中相互作用。

将式（11-10）代入式（11-9）中，也可以进一步把 AVF 相互作用分解为来自于平均流动、相干运动和非相干运动的具体分量（尽管很复杂）。进而，有可能去识别声激励的控制源项，如通过相干结构输运所激励出的声场等。现有研究表明[44]，可以对 DNS 数据库进行后处理来获得剪切流动中的 CS 信息。通过使用类似的三重分解技术[45]，也可以对试验数据进行后处理以提取 CS 信息。还可以使用 LES 数据库进行类似的分析，来研究燃气轮机燃烧室中大尺度相干结构的重要性。

11.3.3 场方程中的源和汇

声场有两种表征的方式：①无流动的声场和②有流动的声场。在前一种情况下，由于在静止或定常平均流之上叠加的小扰动，波的产生和运动可以通过线性化分析来研究。在后一种情况下，特别对于燃气轮机燃烧室，流动更加复杂，并且包括三维旋流剪切层、边界层分离，以及由非稳态热释放引起的温度变化。在此情形下，声场不仅可以通过边界条件（这些条件可能涉及非定常源或汇），还可以通过燃烧室中流动本身的特性来激发或维

持。下面，我们将识别非线性控制方程中的一些项，来明确展示每个模态的源和汇。为理解 AVF 相互作用的物理机制，其中一些项可从数值模拟（DNS 或 LES）数据中提取。

考虑动量方程，可通过对其求散度来获得声学方程的一种形式，式（11-2）

$$\frac{\partial}{\partial t}(\nabla \cdot \boldsymbol{v}) + \boldsymbol{v} \cdot \nabla(\nabla \cdot \boldsymbol{v}) + \nabla \boldsymbol{v} : \nabla \boldsymbol{v} = - \nabla \cdot \left[\frac{1}{\rho} \nabla p \right] \tag{11-11}$$

联合式（11-1），可得

$$\frac{D}{Dt} \left[\frac{1}{\rho} \frac{D\rho}{Dt} \right] - \frac{1}{\rho} \nabla^2 p = \nabla \boldsymbol{v} : \nabla \boldsymbol{v} - \frac{1}{\rho^2} \nabla \rho \cdot \nabla p \tag{11-12}$$

考虑状态方程 $\rho = \rho(p, S)$，则

$$\frac{D\rho}{Dt} = \left(\frac{\partial \rho}{\partial p} \right)_S \frac{Dp}{Dt} + \left(\frac{\partial \rho}{\partial S} \right)_P \frac{DS}{Dt} \tag{11-13}$$

把式（11-13）代入式（11-12），并注意为等熵声速，可得

$$\frac{D}{Dt} \left[\frac{1}{\rho c_S^2} \frac{Dp}{Dt} \right] - \frac{1}{\rho} \nabla^2 p = \nabla \boldsymbol{v} : \nabla \boldsymbol{v} - \frac{1}{\rho^2} \nabla \rho \cdot \nabla p - \frac{D}{Dt} \left[\frac{1}{\rho} \left(\frac{\partial \rho}{\partial S} \right)_P \frac{DS}{Dt} \right] \tag{11-14}$$

由此方程可知：①此阶段未进行线性化，②方程两侧都存在非线性声学项，③右边第一项是由水动力学扰动和一些非线性声学导致的声产生项，④右边最后一项是由熵扰动导致的声产生项。利用式（11-5），这最后一项可用热释放项替代，该项导致燃烧噪声和不稳定性，特别是当其脉动相位与压力脉动相同时。

$\nabla \boldsymbol{v} : \nabla \boldsymbol{v}$ 项在无反应流中也是存在的，可进一步表达为（利用速度 q_i 的张量表示）

$$\frac{\partial q_j}{\partial x_i} \frac{\partial q_i}{\partial x_j} = \frac{\partial^2}{\partial x_i \partial x_j} q_i q_j - \frac{\partial}{\partial x_i} \left(q_i \frac{\partial q_j}{\partial x_j} \right) - q_j \frac{\partial}{\partial x_i} \left(\frac{\partial q_i}{\partial x_j} \right) \tag{11-15}$$

该方程右边第一项为经典的 Lighthill 雷诺应力声产生项，右边其他项仅在可压缩反应流中为非零项。

因此，声学方程（11-14）中显含了水动力学和燃烧释热的显式项，可以增强或者抑制压力扰动。对这些项的分析能够促进对 AVF 相互作用的理解，并且只能通过使用数值模拟的数据来完成。对于在空间和时间分辨上受限的试验观察结果，此类分析提供了一种利用 DNS 或 LES 数据库来帮助理解的可能途径。

同样可以对涡量方程中的源和汇进行分析，考虑将速度场分解为水动力学和声学分量，例如，$v = v_\Omega + v_p$，则式（11-8）的左边可写为

$$\frac{D}{Dt} \left(\frac{\Omega}{\rho} \right) = \left(\frac{D}{Dt} \right)_\Omega \left(\frac{\Omega}{\rho_0} \right) + \left(\frac{D}{Dt} \right)_P \left(\frac{\Omega}{\rho} \right) + \left(\frac{D}{Dt} \right)_\Omega \left[\Omega \left(\frac{1}{\rho} - \frac{1}{\rho_0} \right) \right] \tag{11-16}$$

该分解的含义是，右边第一项为 Orr-Sommerfield 算子（在线性极限下），第二项可改写为

$$\left(\frac{D}{Dt} \right)_P \left(\frac{\Omega}{\rho} \right) \approx \boldsymbol{v}_P \cdot \nabla \left(\frac{\Omega}{\rho} \right) \tag{11-17}$$

该项代表声学扰动导致的涡量输运，是 Orr-Sommerfield 算子的源项。这在物理上表明，如果声扰动的频率与最不稳定的水动力学模态（由线性稳定性分析所确定）一致，则该源项可以驱动不稳定性成为大幅扰动。

可以看出，声扰动可以与剪切层中的水动力学扰动相互作用，并且在一定条件下（甚至是线性极限下）可以增强不稳定性。因此，为理解湍流中声—涡相互作用的物理机制，需要分析源项$v_p \cdot \nabla(\Omega/\rho)$的频率成分和空间分布，特别是在剪切层区域。

火焰区的声场和涡量场也存在源和汇。火焰区域燃烧引起的温度上升会增加黏性，而黏性又反过来导致小尺度湍流结构的耗散。然而，声场中非稳态火焰运动可以通过涡量方程中的斜压扭矩项$(\nabla\rho \times \nabla p/\rho^2)$来增强或抑制湍流。火焰运动也可通过声学方程（11–14）中的热释放源项来影响压力场。

11.4 影响 AVF 相互作用的因素

燃气轮机中 AVF 相互作用发生的原因很多，然而，一些关键系统参数或运行特征尤为重要。下面，我们将讨论其中的一些参数。

11.4.1 旋流

旋流是所有燃气轮机发动机中的一个关键要素，用于为燃料—空气混合物创造一个高度卷吸和混合的区域。旋流还提供了一种有效的、在紧凑区域内稳定火焰的机制，并且不需要实体的火焰稳定器。通常来说，旋流的程度由旋流数S_i来定义，其代表了角动量的轴向通量与轴向动量的轴向通量和入口半径乘积之间的比值。其他参数，如入口旋流叶片的几何参数、雷诺数、受限空间几何参数以及入口速度（平均和脉动）分布，都会影响旋流效应。

无论是否受限，下游流动的性质都会随着旋流数S_i的变化而显著改变。只要S_i低于某一临界值（对于突扩燃烧室通常为0.6[46]），来自进气道的剪切层就会从突扩平面分离，卷起成涡，并最终合并成大尺度相干涡结构，这些涡结构以平均速度相同量级的相速度向下游传播，并在一定距离内保持相干性，之后再分解成更不规则的三维涡结构。

经典线性稳定性理论的结果可用于理解低旋流数的涡运动。例如，稳定性分析表明，剪切层中最不稳定模态的特征斯特劳哈尔数（$Sr_\theta = f_\theta\theta/U$）是0.032，其中，$\theta$为剪切层动量厚度，$U$为来流特征平均速度；$f_\theta$是模态的特征频率。对于典型的燃气轮机燃烧室，采用$U$=100 m/s、$\theta$=0.1mm进行数量级估算，可得$f_\theta$=32kHz。然而，这种高频不稳定模态在典型"噪声嘈杂"的燃烧室中很难分辨，因此很难知道在实际燃烧室中是否存在这种经典的不稳定模态。

这种初始不稳定模态导致剪切层中的涡量卷起成涡，这些涡可以经历多次配对和合并过程，直到在等速核末端形成最终的大尺度结构[43]。在实际装置中，由于来流高度湍流化和旋流化，卷起或合并过程可能会相当突然，不像之前描述的经典过程。不管初始过程是如何开始的，最终的大尺度结构都存在于离入口突扩平面上剪切层分离点较短的距离内。在更远的下游，这些大尺度结构分解成更小的三维不规则结构，属于典型的三维湍流。在配对和合并过程的每一步，特征频率会逐渐降低，最终结构的频率称为射流优选模态。前期试验研究表明，此模态的典型斯特劳哈尔数$Sr=fD/U$处于0.1～1的范围[49]，该射流首选模态的频率范围在0.1～1kHz，并且很容易在测量中分辨出来。需要注意的是，这些频率也正好处于燃气轮机燃烧室的声学频率范围内，因此，大尺度结构和声学模态之间易发生耦合。

在反应流中，这些从突扩平面脱落的周期性大尺度结构会与火焰发生相互作用。试验和数值模拟中都观察到了处于某一特征频率的周期性涡脱落现象[10, 50]。已经表明，突扩燃烧室中的这些结构能够调制火焰，使得火焰随这些结构一起运动，而只有当这些结构在更远的下游分解的时候，耦合才会被破坏。如果此频率与燃烧室中某个关键声学模态的频率相同，那么涡—火焰运动则有可能会给压力脉动增加能量，从而导致燃烧不稳定性。

在下文中，我们将简要描述在通用电气（GE）LM6000 燃烧室单喷嘴试验台上获得的预混燃烧的一些特征结果[23, 50]。该构型中，旋流预混气体从单一进气管道流入突扩式燃烧室。该研究未对预混喷嘴本身进行建模，预混喷嘴下游的入口条件和分布是根据 GE 早期研究的数据进行设定的。其入口温度为 673K，燃烧室压力为 11.8atm，基于入口流速和入口直径的整体流动雷诺数约为 527000。

数值模拟使用的是有限体积代码，时间为二阶精度，空间为四阶精度，采用了针对亚网格动能的输运模型进行动量和能量 LES 滤波方程的亚网格封闭。利用了局部动力学封闭来获得局部空间和时间的亚网格模型系数[20-21]，从而避免了平均或平滑处理。针对当量比为 0.52 的预混甲烷火焰，使用了薄火焰模型结合动态湍流火焰速度模型进行模拟，所用网格为 $181 \times 73 \times 81$，并对于高剪切区加密。

对于类似的单头部试验件，前期研究[20-21]将 LES 预测结果与试验数据进行了对比，两者的一致性非常好。此处，我们更多讨论从模拟结果中提取的定性特征，来突出 AVF 相互作用的本质。图 11-1 展示了低旋流数（S_i=0.56）情形下典型的瞬态火焰—涡结构，这里的参考旋流数 S_i 定义在入口边界处（突扩平面处的 S_i 降至 0.42）。图中火焰由等值标量面来标识，而相干结构由 λ_2 等值面标识[51]。由图可见，低旋流产生大尺度、相干环状结构，与无旋受迫射流剪切层中看到的结构类似。这些结构经历旋转并展现出周向扰动，该周向扰动随着结构向下游运动而旋转和增长。火焰与这些涡结构呈同相位运动，直至不稳定性导致了涡结构的破碎。此时，火焰与涡环解耦，并且向入口回撤。之后，它又被下一个大尺度结构推向下游。因此，涡—火焰结构经历着周期性的脉动。

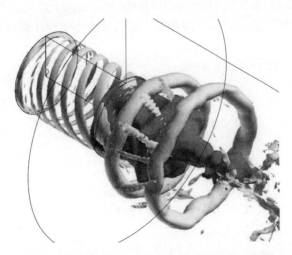

图 11-1　入口旋流数 S_i=0.56 时燃烧室中的火焰和涡结构

低旋流数下的火焰形状和脉动会使人联想到声耦合层流火焰中的"郁金香"火焰[40]。尽管这里是高度湍流化的条件，但相干结构对火焰的调制似乎导致了所观察到的形状。

在第 10 章中也讨论了其他的火焰—涡相互作用效应，差别在于，在那种情况下，燃烧室的进气道中带有中心体，并且由环形旋流组成。虽然一些差异可归因于两种装置的几何性质，但显著的相似性表明，观察到的许多特征都是旋流燃烧的基本要素。

当旋流数 S_i 增加到临界值以上时，可以观测到流动发生了重要的物理变化。在临界值附近，旋流引起的逆轴向压力梯度超过来流的正向动量驱动力，流动发生逆转。这种回流通常在单旋流射流入口的中心线区域首先出现。在同轴旋流燃烧室或带有中心体的燃烧室中，回流的位置会偏离中心，但在轴向上依然位于旋流进入燃烧室的区域。

入口强旋流会导致涡破裂泡（vortex breakdown bubble，VBB）或者回流泡的形成。根据入口条件、入口和突扩燃烧室设计的不同，VBB 可能是中心线上的单个泡或者呈环形结构。在多头部、多旋流器的扇形台架中，VBB 的形状甚至更加复杂，可能同时包括核心回流区和偏心的环形结构[52-53]。根据几何特性和运行条件的不同，VBB 的前缘还可能运动到入口内部。

在任何情况下，VBB 都会起到气动阻塞的作用，从而抑制剪切层中典型的涡增长和卷起—配对的过程。初始的卷起—融合过程和大尺度结构的形成仍然可以发生。然而，由于 VBB 的存在，剪切层会在径向上偏离中心线，因而大尺度涡结构在径向和周向上都会发生剧烈的拉伸。该拉伸作用导致涡结构快速破碎为三维的较小尺度结构，但这些小尺度结构仍然具有涡的相干性。当剪切流动向下游传播时，这种涡破裂过程诱发了轴向取向趋势更强的流向涡的形成。这些涡形成了围绕中心涡破裂泡（VBB）旋转的进动涡核（PVC）。

强旋流和回流泡形成对火焰结构的作用是显著的。对于与前文中相同的燃烧室（除了旋流数增加之外，模拟采用相同的条件），图 11-2 显示了强入口旋流（S_i=1.12，在突扩平面减少到 0.74 左右）情况下的瞬态火焰—涡结构。随着旋流强度的增加，涡环结构快速破碎，火焰与涡的耦合被破坏，结果导致火焰变得紧凑，并且驻定在 VBB 上游紧靠突扩平面的位置。

图 11-3（a）和图 11-3（b）分别展示了弱旋流和强旋流下燃烧室中代表性的粒子轨迹。流线是采用时均速度场计算出来的，因此并不能代表流动中流体微元的实际瞬时运动。然

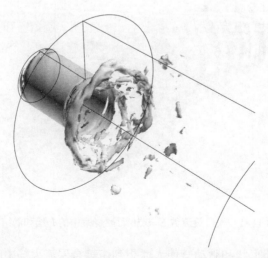

图 11-2　入口旋流数 S_i=1.12 时燃烧室内火焰和涡结构

而，这些粒子轨迹仍然有助于对燃烧室中复杂流动的理解。每种情况下，在入口处释放两个示踪粒子，一个在中心线附近，另一个在入口壁面的边界层中。在图 11-3（a）中（低旋流情况），在中心线处注入的粒子几乎未被扰动推动便穿过了整个燃烧室，而在进气道壁面附近注入的粒子显示出更强的旋流效应。在燃烧室内部，流体颗粒最初减速，然后在进入突扩平面根部的流动分离区之后开始向上游移动。

图 11-3（b）表明，在强旋流情况下，沿中心线注入的粒子可以被卷入 VBB 中，并且在射出之前经历多次旋转。外部粒子未进入 VBB，而是围绕 VBB 向回流区尾部快速加速，之后，粒子速度迅速下降，并开始缓慢转动，最终粒子被射入主流中并加速离开燃烧室。瞬时粒子轨迹分析表明，剪切层中的粒子更多倾向于在 PVC 中出现，而不是 VBB。

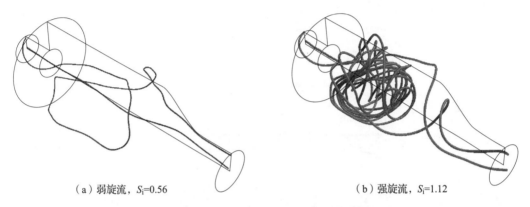

（a）弱旋流，S_i=0.56　　　　　　　　　　（b）强旋流，S_i=1.12

图 11-3　燃烧室中不同入口旋流数下的粒子轨迹

VBB 内部流动主要包含高温燃烧产物，其高度湍流化，具有较强的三维变化的湍动能，并且雷诺应力分量具有显著的各向异性[46]。对于中心燃料射流和外围同轴空气旋流的燃烧室，研究表明[56]，火焰基本上围绕在环形 VBB 之外。此外，研究还表明，VBB 尺寸、混合速率和火焰长度取决于回流强弱，以及燃料射流动量与回流区动量之比。这些结果表明，在火焰稳定的过程中，VBB 起到一个大涡的作用，而不仅仅是一个被动的结构。

对于受限和非受限的强旋流射流的稳定性分析表明，旋流剪切层中会出现多种不稳定性模态[46]。对于中低雷诺数 Re（≈1200）下非受限旋转水射流的研究表明[57]，除了经典的 VBB 外，还形成了锥形涡层结构。随着雷诺数增加，这两种结构都变得不对称，展现出了螺旋不稳定性模态。

在 Re 高得多的旋转自由射流和尾流中[54, 58]，发现了更加复杂的不稳定性。特别是在斯特劳哈尔数 Sr=0.75～1.5 的范围内，轴对称和螺旋不稳定性波都存在。这种情况下，VBB 周围涡结构的相干性较低，并且不规则。但是，即使在微弱的声学激励下，涡结构的相干性和周期性也会显著提高。该观察结果对燃气轮机燃烧室非常重要，因为受限空间会激发燃烧室中的声学模态。因此，在这些燃烧室中观察到的大尺度结构的相干性可能源于小幅度声学脉动的强迫激励（当然，这要求声脉动的频率处于射流首选模态）。

图 11-4（a）和图 11-4（b）分别展示了弱旋流和强旋流情况下中心平面的时均轴向速度等值线。黑色实线表示台阶根部附近以及燃烧室内部的回流区，等值线也被用来识

别典型的火焰结构。在弱旋流情况下，没有 VBB；然而，在强旋流情况下，较大的 VBB 在燃烧室中清晰可见。在两幅图中，均可以看到突扩平面底部回流泡（base recirculation bubble，BRB）。对于弱旋流，BRB 相对较大；而对于强旋流，BRB 非常小（但流动更强），并且驻定于台阶角落处。

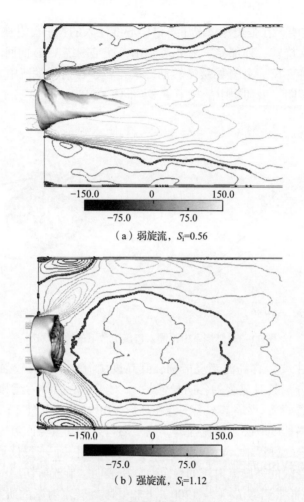

（a）弱旋流，S_i=0.56

（b）强旋流，S_i=1.12

图 11-4　不同旋流数下轴向速度等值线和火焰结构，黑色实线用来标记
燃烧室中的回流区

　　在燃气轮机燃烧室中，受限空间的几何会产生新的特征，可能影响剪切流和火焰稳定。对于上文所讨论的构型，突扩平面处的后向台阶会产生一个底部回流泡（BRB），其中含有的高温燃烧产物为再点火和稳焰提供了另一种机制。利用后向台阶来稳焰是众所周知的方法，并且被用于无旋流冲压发动机的燃烧室。现有结果表明，BRB 的尺寸依赖于旋流强度和装置的几何形状，弱旋流会产生易辨识的 BRB，因为流动核心中没有 VBB（见图 11-4（a））；然而，当旋流很强时，VBB 非常靠近突扩平面，而剪切层的横向发散会对 BRB 起到压缩的作用，使其进入接近台阶角落的狭小区域中。因此，在强旋流情况下，BRB 可能不会对火焰稳定起主要作用。

　　上述观察仅适用于具有单个入口的突扩燃烧室，在带有同轴流动或者中心体的燃烧室中，可能会形成多个 BRB[53, 59]，然而，它们会比主要 VBB 小得多，在稳焰中仅起到次要的作用。在大多数实际的燃气轮机燃烧室中，VBB 是主要的气动火焰稳定机制。

燃烧释热和系统参数（如旋流数、轴向速度和几何构型）也会显著改变 PVC 的行为。前人研究表明，燃烧类型（即预混或非预混）能够影响 PVC 的频率和强度[46, 60]。几何结构和系统特征，如用于冷却的二次空气注入以及燃料的非轴向喷射，也会导致 PVC 和火焰稳定过程的显著变化。

VBB、PVC 和火焰结构的非定常运动都会导致燃烧室中的非稳态压力脉动。如前所述，同相位的扰动会导致不稳定性。然而，在一定条件下，由于旋流增强实际上会导致剪切层中相干涡的快速破碎，因此它有助于将涡运动与声脉动以及非稳态热释放解耦，结果导致不稳定性实际上可能会被避免。

燃烧过程的稳定性可以通过瑞利准则来确定，该准则指出，当不稳定热释放与不稳定压力脉动同相位时，热释放会增加振荡的能量。当增加的能量超过系统损失的能量（由黏性耗散和向外流动引起）时，会导致燃烧不稳定性的产生。在随空间不断演变的非稳态反应流中，如在燃烧室中，非稳态热释放与非稳态压力间的相位差可以同时在空间和时间上发生局部改变。因此，在燃烧室中的某些区域，不稳定性有可能被抑制，而在其他区域，不稳定性可能会增强。为量化燃烧的状态，可定义体积平均的瑞利参数 $R(t) = \int_V p' \, q' \mathrm{d}V$。这里的积分域包括整个燃烧室，$q'$ 和 p' 分别为非稳态热释放和压力，正的 $R(t)$ 对应于声模态中净能量的增加（即不稳定性增长），而负值表示能量损失或衰减。

图 11-5（a）显示了弱旋流下 $R^* = R(t)/\bar{R}$ 的时间序列，其中 $\bar{R}$ 是 $R(t)$ 的时均值。图中也显示了相同周期内的压力脉动（突扩面台阶根部处），这里，p' 表示平均压力百分比的无量纲压力脉动。对于弱旋流的情况，可以观察到与突扩面处压力信号同相位的放大现象（即正的 R^*）。在放大阶段，新的涡环从火焰底部脱落，而火焰区附近的压力高于平均值。由于这个高压区域，轴向速度较低，火焰能够向上游传播，在此过程中消耗更多的燃料，在这种条件下，非稳态热释放发生的相位与压力脉动相同，导致 $R^* > 0$。

对于强旋流情况，如图 11-5（b）所示，火焰非常紧凑，涡结构不再是弱旋流情况下的相干环形。流动在 VBB 周围加速，并且在突扩面附近，热释放不再与压力脉动耦合。结果，瑞利参数和压力脉动不再同相，而燃烧更加稳定。对压力均方根脉动强度的估算表明，当燃烧过程变得更加稳定时，p_{rms} 几乎降低了 100%。

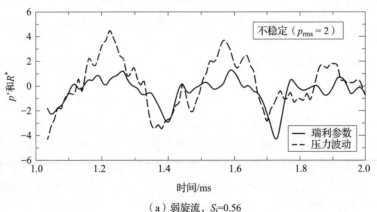

（a）弱旋流，$S_i = 0.56$

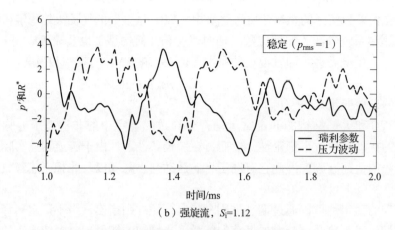

（b）强旋流，S_i=1.12

图 11-5 燃烧室中瑞利参数和压力脉动

在上述讨论中，主要介绍了预混火焰中的旋流效应。然而，旋流对于使用液体燃料推进的所有燃气涡轮发动机都很重要。燃料喷射系统通过雾化过程产生各种尺寸的液滴。燃烧室中液滴的输运、蒸发、燃料—空气混合以及燃烧部分取决于这些液滴是如何被卷吸和散布在旋流空气流中，这些问题将在接下来的两节中讨论。

11.4.2　液滴—涡耦合

在讨论燃气轮机燃烧室中喷雾散布和燃烧之前，有必要对剪切层中液滴散布的基础研究结果进行总结。前人利用直接数值模拟（DNS）对充满液滴的时变混合层进行了研究[22, 61]，获得了对液滴—涡相互作用的深入理解，一些结果将在随后进行讨论。

两相流模拟采用的是前面提到的基于欧拉－拉格朗日（Eulerian–Lagrangian）方法的有限体积法，该方法采用常规的有限体积法来模拟气相，而粒子运动则使用拉格朗日方法进行模拟。这种方法包含了完整的双向耦合，使用此求解器还可以模拟液滴蒸发，气态燃料与空气的混合，以及随后的燃烧过程，具体内容将在下节进行介绍。

这里展示了瞬态混合层中液滴运动的一些结果。这里使用的算例条件与此前使用伪谱代码的 DNS 研究的条件一致[61]，使用了 $64 \times 64 \times 64$ 的均匀网格来离散立方形计算域。所模拟的时间混合层通过正切双曲平均轮廓线进行了初始化，并受到前两个最不稳定的二维模态的扰动。为了模拟一个涡对，需要选择合适的计算域。

我们研究了斯托克斯（Stokes）数 St_0 对粒子散布的作用，此处，St_0 定义式为 $St_0=\tau_d/\tau_f$，表征了粒子响应时间 τ_d 和特征流动时间 τ_f 之比，其中，$\tau_d=\rho_d D^2/18\mu$ 是粒子响应时间；ρ_d 是粒子密度；D 是粒子直径；μ 是气相分子黏度；特征流动时间 $\tau_f=L/U_0$，L 和 U_0 分别是流动的特征长度和速度。

根据前文定义，$St_0 \ll 1$ 表明粒子能够轻易响应流动中的变化，因此，粒子和流速会达到平衡。然而，$St_0 \gg 1$ 时，粒子来不及响应流速的变化，并且粒子运动不会受到明显影响。当流动时间一定时，St_0 的变化与粒子直径直接相关。下文中比较了在混合层中 St_0 为 0.1、1、4 和 100 的粒子行为，液滴的初始条件是在整个区域内均匀分布，并且与气相达到动态平衡。模拟开始时，每个单元格只放一个粒子，所有模拟采用相同尺寸的液滴（即固定 St_0），并且不考虑蒸发。

　　图 11-6 显示了在无量纲时间 $T=28$ 时的液滴分布，当 St_0 非常小时，液滴被流体裹挟在一起，因此其至可以对流进入展向涡结构的核心中。当液滴 Stokes 数接近 1 时，液滴开始在大涡结构周围积聚，导致液滴在侧面散布的增加，大量液滴显示出卷起涡结构的侧面边界。随着 St_0 的进一步增加，液滴响应时间进一步增加，流动对液滴的影响随之下降。可以观测到一些液滴穿过这些涡结构的核心，并积聚在大涡结构之间的辫状区域，该趋势与早期 DNS 研究中所观察到的结果高度一致[61]。

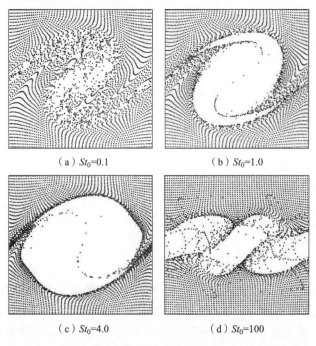

（a）St_0=0.1　　　　　　　　（b）St_0=1.0

（c）St_0=4.0　　　　　　　　（d）St_0=100

图 11-6　混合层内的液滴散布随 Stokes 数的变化规律

　　图 11-7 展示了 St_0=4 时，两个无量纲时刻的液滴散布行为，图 11-8 展示了相同时刻下展向涡量和液滴分布，液滴趋于积聚在由卷起而形成的大涡结构的周围。主要展向涡结构中基本上没有液滴，因为在展向涡核处存在的强涡量通过离心效应使得液滴远离中心，这些液滴聚集在流动的高应变区附近，例如，大涡间的辫状区域。这些结果与前人研究的

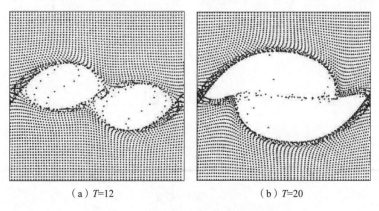

（a）T=12　　　　　　　　（b）T=20

图 11-7　St_0=4 时混合层内的液滴散布

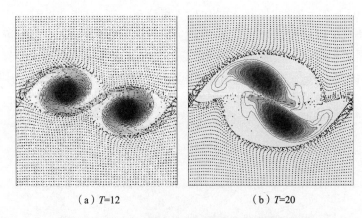

（a）$T=12$　　　　　　　　（b）$T=20$

图 11-8　$St_0=4$ 时混合层内的液滴分布和展向涡量

观察相符合[61-63]：液滴倾向于聚集在低涡量和高拉伸率区域。在液体燃料燃烧室中，液滴的这种选择性聚集会产生重要的影响，可能导致混合物当量比发生较大的空间变化，反过来可能导致不完全燃烧。

图 11-9 显示了全场各单元格中液滴数量（N_{RMS}）的均方根（RMS），该数量可用于表征流场中液滴的总体聚集趋势，N_{RMS} 定义为

$$N_{RMS} = \sqrt{\sum_{i=1}^{N_c} \frac{N_i^2}{N_c}} \qquad (11-18)$$

式中，N_c 是计算网格总数；N_i 是第 i 个单元格中液滴的数量。N_{RMS} 随着时间推进而增加，表明了混合层增长与液滴散布之间的关联。Stokes 数量级为 1 的液滴与较轻（$St_0 \ll 1$）和较重（$St_0 \gg 1$）的液滴相比，具有更高的 N_{RMS}。如前所述，较轻的液滴具有较强的跟随载体（气）相的倾向性，因而变得更加分散；但较重的液滴会跟随自身的惯性，不会因为流动而变得太分散。然而，Stokes 数为 1 量级（$St_0=1 \sim 4$）的液滴会选择性地被流动分散，因此即使它们的初始分布是均匀的，之后的分布也会变得不均匀。对于全范围的 St_0，该结果与谱方法的 DNS 数据都非常吻合[61]。

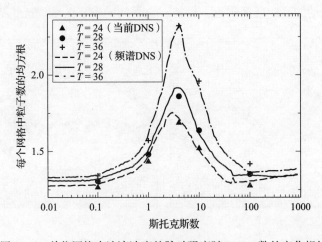

图 11-9　单位网格中液滴浓度的脉动强度随 Stokes 数的变化规律

量化不同 St_0 液滴散布还有另一种方法，就是针对初始分布在横向（y）上中间平面上的液滴，评估其在该方向上的散布函数，此散布函数定义为

$$D_y(t) = \sqrt{\left(\frac{1}{N_p} \sum_{i=1}^{N_p} [Y_i(t) - Y_m(t)]^2 \right)} \qquad (11-19)$$

式中，N_p 为液滴总数；$Y_m(t)$ 是 t 时刻液滴在垂直方向上的平均位移；$Y_i(t)$ 是 t 时刻第 i 个液滴在垂直方向上的位移。

图 11-10 显示了液滴在不同 St_0 下散布函数随时间的变化关系，在非常早的时刻，$St_0=0.1$ 的液滴展现出更高的散布性；然而，在更迟的时刻，St_0 量级为 1 的液滴展现出更高的散布性。与较轻的液滴相比，具有很大 Stokes 数的液滴的散布性也低得多。

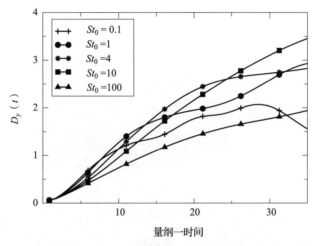

图 11-10　Stokes 数对液滴横向散布的影响

在液体燃料燃烧室中也可观察到涡—液滴耦合[22, 64]。图 11-11 显示了在最近研究中用来理解旋流中液滴散布的 GE 双环反向旋流（DACRS）燃烧室。计算网格在轴向、径向和周向上分别用 145×75×81 作为网格点，并在高剪切区域局部加密。计算中追踪了大量的粒子，通常包括了 100000 个以上的粒子包，每个粒子包中平均包含 150 个单

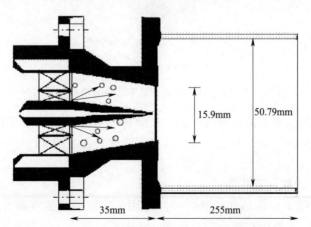

图 11-11　GE-DACRS 燃气轮机燃烧室构造图

独的液滴，因此，目前的计算中平均有 1500 万个液滴。入口条件为单分散分布的、尺寸为 $40\mu m$（近似为 DACRS 中液滴的 Sauter 平均直径）的球形液滴，其通过中心轴且与气流成 $10°$ 的半角进入系统，模拟算例的入口压力为 13.8atm，全局雷诺数 Re 是 260000。

图 11-12（a）和图 11-12（b）分别展示了弱旋流（S_i =0.75）和强旋流（S_i =1.5）的工况。由于入口的几何形状，导致入口处流动松弛和衰减，突扩面处的实际旋流数分别约为 0.5 和 0.8。和预混燃烧室中所观察到的类似，涡结构会发生螺旋不稳定性，并随着旋流的增加而迅速破碎。进一步研究表明，与展向涡量 Ω_z 相关的片状结构会形成管状圆环，而与流向涡量 Ω_x 相关的结构则形成了环之间的管辫状连接。然而，在更远的下游，随着环的破碎，出现了更多方向随机排列的管状结构。另有研究分析表明[22]，应力场的大小控制了这种破碎。

（a）弱旋流，S_i=0.75

（b）强旋流，S_i=1.5

图 11-12　GE-DACRS 燃烧室中的喷雾散布和涡结构

随着旋流的增加，液滴散布显著增加。正如在时间混合层中所观察到的，液滴倾向于聚集在低涡量、高拉伸区域；并且一旦大尺度环结构失去了相干性，液滴散布就会显著增强。

11.4.3　液滴—涡—火焰相互作用

在喷雾燃烧系统中，火焰和液滴的相互作用会导致额外的复杂性。液滴蒸发伴随着燃料—空气的混合，并发生在旋流中。然而，大多数情况下，混合并非处处均匀，通常来说，预混、部分预混和非预混区域会同时存在于混合区域中，因此，这些区域中的火焰结构相当复杂。在喷雾燃烧模拟中，可以同时观察到围绕液滴的孤立火焰和液滴群燃烧（液滴聚集在一起，导致了只有边缘区域含有蒸发的燃料）[22]。

这些观察结果表明，燃烧室中非稳态热释放区域的位置和结构可能会发生显著变化，这取决于入口旋流的混合能力及其对已混合流体再分布的能力。对于实用燃气轮机，很少有试验数据来描述当运行工况点发生系统性变化时，火焰结构在实际上是如何与涡结构以及声学脉动相关联的。

然而，我们有可能从模拟数据中获得一些对火焰结构的深入理解。喷雾燃烧系统和预混燃烧系统似乎具有极其相似的物理特性[22, 65]，这些结果也与低雷诺数下、更简单流动的经典 DNS 研究相一致，表明这些特征具有某种普适性。最可能的应变状态应该是轴对称拉伸，涡量倾向于和中等大小的应变率同方向，而标量梯度则沿着最大压缩应变率的方向。在液滴存在的情况下，并且伴随着释热或涡流的增强，这些方向的对齐程度会下降。分析表明，管状和片状结构可同时存在于燃烧室中，它们的相对丰度（或乏度）是燃烧室中空间位置以及旋流数的函数。例如，管状结构更易于出现在强涡量梯度的区域，而标量梯度增大的区域则会形成片状结构，并且会反过来缠绕管状涡结构。应变率和涡量场之间的相互作用增加了这些片层中的标量梯度，进而增强了这些区域中的混合和反应。

作为喷雾燃烧的最后一个例子，图 11-13 展示了一个扇形试验段，其中包含两个旋流杯，每个旋流杯中包含多个环形旋流器，围绕在主燃料喷嘴四周[52]，该燃烧室在下文中称作 GE-1[53]。尽管两个旋流杯完全相同，但扇形段的形状不同。因此，两个旋流杯下游的区域并不同，并且二者间会发生强烈的三维相互作用。燃料（航空煤油）从每个旋流杯中心的主喷嘴以及等距布置于主旋流杯四周边缘的 20 个喷嘴喷入，总燃料流量在两个旋流杯之间平均分配。喷雾是通过液滴包来实现的，每个液滴包代表了一群具有相似属性的液滴。通常来说，当模拟达到稳定状态时，平均会存在大约 350000 个液滴包（每组包含 10 ~ 15 个液滴）。考虑满负荷运行工况，其中燃烧室压力约 24atm、预热的入口空气温度约 900K，该条件下的全局雷诺数约 2.2×10^{6}。模拟时采用了约 690 万个网格，并在许多高剪切区域进行了局部加密。

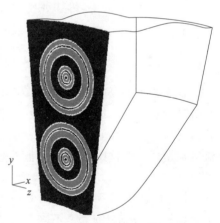

图 11-13　GE-1 燃烧室双旋流杯扇形
试验段示意图

为了模拟标量输运和燃烧，这些仿真采用了基于线性涡混合（linear-eddy mixing, LEM）的亚网格混合模型[53, 66-70]。在这种方法中，通过在嵌入每个 LES 单元格内的一维网格中使用 LEM 模型，来模拟每个 LES 单元格内的标量场。该一维网格沿着标量梯度方向，在网格中可局部准确模拟反应—扩散过程。化学反应动力学采用 3 步、8 组分航空煤油—空气机理（包含 CO 和 NO）。该亚格子方法还包括了液滴的散布和蒸发，具体细节在引用参考文献中给出，此处不再赘述。

图 11-14（a）所示为 $x-y$ 中心平面上产物 CO_2 的平均质量分数云图以及典型的瞬时

油雾分布。燃料同时由主旋流杯和外部旋流器喷入，但只有外部旋流器的喷雾是可见的，绝大多数液滴会被快速蒸发。由于燃料从多处喷入，燃料和空气混合得更加均匀，因而来自两个旋流杯的燃烧区域能较快地融为一体。

进一步观察表明，火焰结构实际上是部分抬升的。这个现象可以在图 11-14（b）中看到，其显示了从模拟数据中提取的平均煤油反应速率云图。结果分析表明，在非常靠近主喷嘴的区域，局部应变率非常高，并且汽化后燃料和空气的混合并不完全。然而，更下游区域的应变效应快速减弱。可以观察到，仅有下旋流杯会出现火焰一直从突扩面抬升的现象。燃烧室的形状使得流动从下旋流杯区域向上方运动，导致了这种效应。

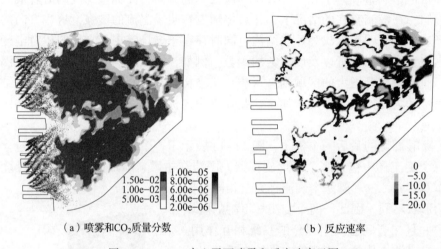

（a）喷雾和CO_2质量分数　　　　　　　（b）反应速率

图 11-14　$x-y$ 中心平面喷雾和反应速率云图

该平面上的反应速率云图呈高度褶皱的特征。进一步研究表明，燃烧室中同时存在薄且分散的热释放区域。由于某些局部区域反应速率非常低，反应速率结构是不连续的。对比反应速率分布和 CO_2 分布云图可知，反应速率云图内的区域由并存的完全燃烧和部分燃烧区域组成。对这些场的全三维可视化结果表明，火焰结构和已燃区存在明显的三维变化特征。

图 11-15（a）和图 11-15（b）分别展示了平均轴向速度云图和流线图。可以看出两个旋流杯的涡破裂泡完全不同，主要是由于燃烧室形状的不同，上旋流杯 VBB 发展得更加充分，而且要明显得多。两个旋流杯 VBB 均延伸至主入口处，且展现了复杂的三维非稳态形状（图中未显示）。在突扩面处的局部后向台阶和中心体区域中，可以看到更小的局部 BRB 区域。与反应速率云图的比较显示，该燃烧室中的喷雾火焰在当前构型的 BRB 和 VBB 的作用下驻定于多个位置。

图 11-15（b）所示为 $x-y$ 中心平面流线图和 1300K 等温面图。来自两个旋流杯的流线快速相互作用，并且已燃区域被限制在旋流外部流线之间。分析表明，每个旋流杯的经典 PVC 仅能维持在 VBB 周围较短的区域内。在更远的下游，来自两个旋流杯的涡结构破碎并融合为局部相干性极低的单股流动。因为该扇形段的出口流动实际上比单喷嘴情况下的更均匀，这个结果很可能非常接近真实情况（也是设计策略的一部分）。

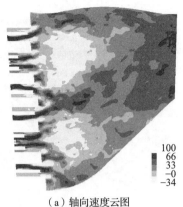
（a）轴向速度云图

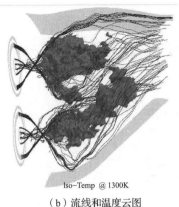
（b）流线和温度云图

图 11-15　x-y 中心平面轴向速度云图和流线图

为了理解此装置中涡—火焰相互作用是如何发生的以及该过程如何影响声学脉动，需要对结果做额外的后处理。对时变流场数据的分析也可以用于理解 AVF 相互作用是如何发生的。例如，图 11-16 显示了前面讨论的斜压扭矩项在中心平面上的瞬时 z 方向分量，该流动中同时存在该分量的正、负值。注意到，正值代表涡量增强，而负值代表抑制。总的来说，其分布紧随火焰锋面，但在液滴蒸发和混合区域，该分量也是非零的。

图 11-17（a）和图 11-17（b）分别显示了中间平面上的平均压力和非定常膨胀率。尽管该平面内平均压力的三维变化似乎很小，但依然会发生局部变化，特别是在突扩面附近。平均膨胀场（图中未显示）也显示了类似的特性，当接近出口平面时，其附近的三维变化会迅速趋于平滑。

另一方面，非定常膨胀率展现出明显的三维结构以及由入口传播的周期性波状结构。非定常压力的波谷（图中未显示）与非定常膨胀的波峰密切相关。通过时序分析可知，这些场展现了由入口处形成的轴向运动、半球状的波状结构。然而，行至燃烧室中间时，来自两个旋流杯的扰动开始相互干扰，而逐渐失去相干性。燃烧室几何形状的收缩形成了径向的横流，从而产生了横向扰动，与轴向移动的波相互作用，使得非定常压力和膨胀场在更远的下游区域都表现出更多沿轴向的扰动。

对这些场的分析表明，在当前测试条件下，整个燃烧室中的非定常膨胀率和非定常压力场仅与涡—火焰结构存在弱相关性。因此，声场脉动并没有加强，且燃烧过程是稳定的。鉴于原本选取的是稳定工况条件，该模拟结果是比较积极的。

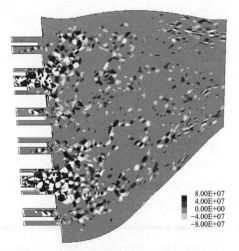

图 11-16　在 x-y 中心平面的瞬时斜压扭矩的 z 方向分量

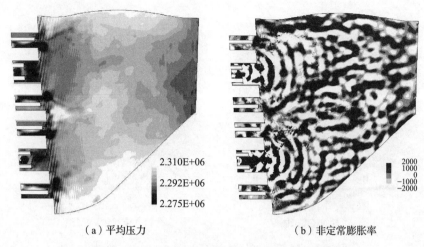

（a）平均压力   （b）非定常膨胀率

图 11-17　x-y 中心平面的平均压力和非定常膨胀场

11.5　结论

本章总结了燃气轮机中 AVF 相互作用的一些相关结果。因为旋流是所有实用燃气轮机燃烧室的关键特征，所有在这些燃烧室中观察到的 AVF 现象在某种程度上都受到入口旋流类型和强度的影响。此外，燃料喷射方式、燃料—空气混合（尤其是在液体燃料系统中）、火焰稳定、燃烧室几何形状（多点喷射）也是燃气轮机系统中的重要参数。要理解燃烧室性能对于这些参数的敏感性，需要一个全面和综合的试验和模拟策略，这些只有在最近才得以实现。

致　　谢

本章结果是在美国陆军研究室、通用电气电力系统公司和通用电气飞机发动机公司的支持下获得的。本章的数值模拟由 C. Stone，V. Sankaran 和 N. Patel 完成。

参 考 文 献

［1］Mongia, H. C., Held, T. J., Hsiao, G. C., and Pandalai, R. P., "Challenges and Progress in Controlling Dynamics in Gas Turbine Combustors," Proceedings of the Combustion Institute, Vol. 19, The Combustion Inst., Pittsburgh, PA, 2003, pp. 822–829.

［2］Correa, S. M., "Power Generation and Aeropropulsion Gas Turbines：From Combustion Science to Combustion Technology," Proceedings of the Combustion Institute, Vol. 27, The Combustion Inst., Pittsburgh, PA, 1998, pp.1793–1807.

［3］Chu, B. T., and Kovasznay, L. S. G., "Non-Linear Interactions in a Viscous Heat-Conducting Compressible Gas," Journal of Fluid Mechanics, Vol. 3, 1958, pp. 494–514.

［4］Culick, F. E. C., and Yang, V., "Overview of Combustion Instabilities in Liquid Propellant Rocket Engines,"Liquid Rocket Engine Combustion Instability, edited by V. Yang and W. E. Anderson, Progress in Astronautics and Aeronautics, AIAA, Washington, DC1995, pp. 3–37.

［5］ Vuillot, F., "Vortex-Shedding Phenomena in Solid Rocket Motors," Journal of Propulsion and Power, Vol. 11, No. 4, 1995, pp. 626-639.

［6］ Apte, S., and Yang, V., "Unsteady Flow Evolution and Combustion Dynamics of Homogeneous Solid Propellant in a Rocket Motor," Combustion and Flame, Vol. 131, No. 1-2, 2002, pp. 110-146.

［7］ Schadow, K. C., and Gutmark, E., "Combustion Instability Related to Vortex Shedding in Dump Combustors and their Passive Control," Progress in Energy and Combustion Science, Vol. 18, No. 2, 1992, pp. 117-132.

［8］ Menon, S., and Jon, W.-H., "Large-Eddy Simulations of Combustion Instability in an Axisymetric Ramjet Combustor," Combustion Science and Technology, Vol. 75, No. 1, 1991, pp. 53-72.

［9］ Yu, K. H., Trouve, A., and Daily, J. W., "Low-Frequency Pressure Oscillations in Model Ramjet Combustor," Journal of Fluid Mechanics, Vol. 232, No. 11, 1991, pp. 47-72.

［10］ Poinsot, T., Trouve, A. C., Veynante, D., Candel, S. M., and Esposito, E. J., "Vortex-Driven Acoustically Coupled Combustion Instabilities," Journal of Fluid Mechanics, Vol. 177, No. 4, 1987, pp. 265-292.

［11］ Jou, W.-H., and Menon, S., "Modes of Oscillation in a Nonreacting Ramjet Combustor Flow," Journal of Propulsion and Power, Vol. 6, No.5, 1990, pp 535-543.

［12］ Takahashi, F., Schmoll, W. J., Trump, D. D., and Goss, L. P., "Vortex-Flame Interactions and Extinction in Turbulent Jet Diffusion Flames," Proceedings of the Combustion Institute, Vol. 26, The Combustion Inst., Pittsburgh, PA, 1996, pp. 145-152.

［13］ Santoro, V. S., Kyritsis, D. C., and Gomez, A., "An Experimental Study of Vortex Flame Interactions in Counterflow Spray Diffusion Flames," Proceedings of the Combustion Institute, Vol. 28, The Combustion Inst., Pittsburgh, PA, 2000, pp. 1023-1030.

［14］ Renard, P.-H., Thevenin, D., Rolon, J. C., and Candel, S., "Dynamics of Flame/Vortex Interactions," Progress in Energy and Combustion Science, Vol. 26, No. 3, 2000, pp. 225- 282.

［15］ Dowling, A. P., "Vortex, Sound and Flames—A Damaging Combination," Aeronautical Journal, Vol. 104, No. 1033, 2000, pp. 105-116.

［16］ Paschereit, O. C., Gutmark, E., and Weisenstein, W., "Excitation of Thermoacoustic Instabilities by Interaction of Acoustics and Unstable Swirling Flow," AIAA Journal, Vol.38, No. 6, 2000, pp. 1025-1034.

［17］ Lieuwen, T., and Zinn, B. T., "The Role of Equivalence Ratio Oscillations in Driving Combustion Instabilities in Low NO Gas Turbines," Proceedings of the Combustion Institute, Vol. 27, The Combustion Inst., Pittsburgh, PA, 1998, pp. 1809-1816.

［18］ Lee, T. W., and Santavicca, D. A., "Experimental Diagnostics for the Study of Combustion Instabilities in Lean Premixed Combustors," Journal of Propulsion and Power,

Vol. 19, No. 5, 2003, pp. 735–750.

[19] Cohen, J. M., Wake, B. E., and Choi, D., "Investigation of Instabilities in a Lean Premixed Step Combustor," Journal of Propulsion and Power, Vol. 19, No. 11, 2003, pp. 81–88.

[20] Kim, W.-W., Menon, S., and Mongia, H. C., "Large-Eddy Simulation of a Gas Turbine Combustor Flow," Combustion Science and Technology, Vol. 143, No. 1, 1999, pp. 25–62.

[21] Kim, W.-W., and Menon, S., "Numerical Simulations of Turbulent Premixed Flames in the Thin-Reaction-Zones Regime," Combustion Science and Technology, Vol. 160, No. 1, 2000, pp. 119–150.

[22] Sankaran, V., and Menon, S., "LES of Spray Combustion in Swirling Flows," Journal of Turbulence, Vol. 3, No. 11, 2002.

[23] Stone, C., and Menon, S., "Open Loop Control of Combustion Instabilities in a Model Gas Turbine Combustor," Journal of Turbulence, Vol. 4, No. 1, 2003.

[24] Huang, Y., Sung, H.-G., Hsieh, S.-Y., and Yang, V., "Large Eddy Simulation of Combustion Dynamics of Lean Premixed Swirl-Stabilized Combustors," Journal of Propulsion and Power, Vol. 19, No. 5, 2003, pp. 782–794.

[25] Sommerer, Y., Galley, D., Poinsot, T., Ducruix, S., Lacas, F., and Veynante, D., "Large Eddy Simulation and Experimental Study on Flashback and Blow-Off in a Lean Partially Premixed Swirled Burner," Journal of Turbulence, Vol. 5, No. 1, 2004.

[26] Rockwell, D., and Naudascher, E., "Self-Sustained Oscillations of Impinging Shear Layers," Annual Review of Fluid Mechanics, Vol. 11, 1979, pp. 67–94.

[27] Stow, S. R., Dowling, A. P., and Hynes, T. P., "Reflection of Circumferential Modes in a Choked Nozzle," Journal of Fluid Mechanics, Vol. 467, 2002, pp. 215–239.

[28] Peters, N., Turbulent Combustion, Cambridge Monographs on Mechanics, Cambridge Univ. Press, U.K., 2000.

[29] Sankaran, V., and Menon, S., "Structure of Premixed Turbulent Flames in the Thin Reaction-Zones Regime," Proceedings of the Combustion Institute, Vol. 28, The Combustion Inst., Pittsburgh, PA, 2000, pp. 203–209.

[30] Sankaran, V., and Menon, S., "Subgrid Combustion Modeling of 3-D Premixed Flames in the Thin-Reaction-Zone Regime," Proceedings of the Combustion Institute, Vol. 30, The Combustion Inst., Pittsburgh, PA, 2005, pp. 575–582.

[31] Poinsot, T., and Veynante, D., Theoretical and Numerical Combustion, R. T. Edwards, Philadelphia, 2001.

[32] Lieuwen, T., "Modeling Premixed Combustion-Acoustic Wave Interactions: A Review," Journal of Propulsion and Power, Vol. 19, No. 5, 2003, pp. 765–776.

[33] Clanet, C., Searby, G., and Clavin, P., "Primary Acoustic Instability of Flames Propagation in Tubes: Cases of Spray and Premixed Combustion," Journal of Fluid Mechanics, Vol. 385, No. 4, 1999, pp. 157–197.

［34］Ducruix, S., Durox, D., and Candel, S., "Theoretical and Experimental Determination of the Transfer Function of a Laminar Premixed Flame," Proceedings of the Combustion Institute, Vol. 28, The Combustion Inst., Pittsburgh, PA, 2000, pp. 765–772.

［35］Borghi, R., "Turbulent Combustion Modeling," Progress in Energy and Combustion Science, Vol. 14, No. 4, 1988, pp. 245–292.

［36］Poinsot, T., Veynante, D., and Candel, S., "Quenching Processes and Premixed Turbulent Combustion Diagrams," Journal of Fluid Mechanics, Vol. 228, No. 8, 1991, pp. 561–606.

［37］Dunlap, R., and Brown, R. S., "Exploratory Experiments on Acoustic Oscillations Driven by Periodic Vortex Shedding," AlAA Journal , Vol. 19, No. 3, 1981, pp. 408–409.

［38］McMurtry, P. A., Riley, J. J., and Metcalfe, R. W., " Effects of Heat Release on the Large–Scale Structure in Turbulent Mixing Layers," Journal of Fluid Mechanics, Vol. 199, No. 2, 1989, pp. 297–332.

［39］Williams, F. A., Combustion Theory, 2nd ed., Benjamin/Cummings Publishing Company, Metro Park, CA 1985.

［40］Candel, S. M., "Combustion Dynamics and Control: Progress and Challenges," Proceedings of the Combustion Institute, Vol. 29, The Combustion Inst., Pittsburgh, PA, 2002, pp41 . 1–28.

［41］Ducruix, S., Schuller, T., Durox, D., and Candel, S., "Combustion Dynamics and Instabilities: Elementary Coupling and Driving Mechanisms," Journal of Propulsion and Power, Vol.19, No. 5, 2003, pp. 722–734.

［42］Sinibaldi, J. O., Mueller, C. J., and Driscoll, J. F., "Local Flame Propagation Speeds Along Wrinkled Unsteady Stretched Premixed Flames," Proceedings of the Combustion Institute, Vol. 27, The Combustion Inst., Pittsburgh, PA, 1998, pp. 827–832.

［43］Hussain, A. K. M. F., "Coherent Structures–Reality and Myth," Physics of Fluids , Vol. 26, No. 10, 1983, pp. 2816–2850.

［44］Metcalfe, R. W., Hussain, A. K. M. F., Menon, S., and Hayakawa, M., "Coherent Structures in a Turbulent Mixing Layer: A Comparison Between Direct Numerical Simulations and Experiments," Turbulent Shear Flows, Vol. 5, 1987, pp. 110–123.

［45］Rivero, A., Ferre, J. A., and Giralt, F., "Organized Motions in a Jet in Crossflow," Journal of Fluid Mechanics, Vol. 444, No. 10, 2001, pp. 117–149.

［46］Lilley, D. G., "Swirl Flows in Combustion: A Review," AIAA Journal, Vol. 15, No. 8, 1977, pp. 1063–1078.

［47］Michalke, A., "On the Inviscid Instability of the Hyperbolic Tangent Profile," Journal of Fluid Mechanics, Vol. 19, No. 4, 1964, pp. 543–556.

［48］Ho, C.–M., and Huerre, P., "Perturbed Free Shear Layers," Annual Review of Fluid Mechanics, Vol. 16, 1984, pp. 365–424.

［49］Gutmark, E., and Ho, C.–M., "Preferred Modes and the Spreading Rate of Jets," Physics of Fluids, Vol. 26, No. 10, 1983, pp. 2932–2938.

[50] Stone, C., and Menon, S., "Adaptive Swirl Control of Combustion Instability in Gas Turbine Combustors," Proceedings of the Combustion Institute, Vol. 29, The Combustion Inst., Pittsburgh, PA, 2002, pp. 155-160.

[51] Jeong, J., and Hussain, F., "On the Identification of a Vortex," Journal of Fluid Mechanics, Vol. 285, 1995, pp. 69-94.

[52] Mongia, H. C., "TAPS – A 4th Generation Propulsion Combustor Technology for Low Emissions," AIAA Paper 03-2657, Jan. 2003.

[53] Menon, S., "CO Emission and Combustion Dynamics Near Lean Blow-Out in Gas Turbine Engines," ASME GT2004-53290, June 2004.

[54] Panda, J., and McLaughlin, D. K., "Experiments on the Instabilities of a Swirling Jet," Physics of Fluids, Vol. 6, No. 1, 1994, pp. 263-276.

[55] Lucca-Negro, O., and O'doherty, T., "Vortex Breakdown: A Review," Progress in Energy and Combustion Science, Vol. 27, No. 4, 2001, pp. 431-481.

[56] Chen, R.-H., and Driscoll, J. F., "The Role of the Recirculation Vortex in Improving Fuel-Air Mixing within Swirling Flames," Proceedings of the Combustion Institute, Vol. 22, The Combustion Inst., Pittsburgh, PA, 1988, pp. 531-540.

[57] Billant, P., Chomaz, J.-M., and Huerre, P., "Experimental Study of Vortex Breakdown in Swirling Jets," Journal of Fluid Mechanics, Vol. 376, No. 12, 1998, pp. 183-219.

[58] Ruith, M. R., Chen, P., Meiburg, E., and Maxworthy, T., "Three-Dimensional Vortex Breakdown in Swirling Jets and Wakes: Direct Numerical Simulation," Journal of Fluid Mechanics, Vol. 486, No. 8, 2003, pp. 331-378.

[59] Eggenspieler, G., and Menon, S., "LES of Premixed Combustion and Pollutant Emission in a DOE-HAT Combustor," Journal of Propulsion and Power, Vol. 20, No.6, 2004, pp. 1076-1086.

[60] Syred, N., and Beer, J. M., "Combustion in Swilling Flows: A Review," Combustion and Flame, Vol. 23, No. 2, 1974, pp. 143-201.

[61] Ling, W., Troutt, J. N., and Crowe, C. T., "Direct Numerical Simulation of a Three Dimensional Temporal Mixing Layer with Particle Dispersion," Journal of Fluid Mechanics, Vol. 358, No. 3, 1998, pp. 61-85

[62] Lazaro, B. J., and Lasheras, J. C., "Particle Dispersion in the Developing Free Shear Layer, Part 1: Unforced Flow Turbulent Channel Flow," Journal of Fluid Mechanics, Vol. 235, 1992, pp. 143-178.

[63] Eaton, J. K., and Fessler, J. R., "Preferential Concentration of Particles by Turbulence," International Journal of Multiphase Flow, Vol. 20, No. 1, 1994, pp. 169-209.

[64] Sankaran, V., and Menon, S., "Vorticity-Scalar Alignments and Small-Scale Structures in Swirling Spray Combustion," Proceedings of the Combustion Institute , Vol. 29, The Combustion Inst., Pittsburg, PA, 2002, pp. 577-584.

[65] Smith, T. M., and Menon, S., "The Structure of Premixed Flames in a Spatially Evolving Turbulent Flow," Combustion Science and Technology, Vol. 119, No. 1-6, 1996,

pp.77-106.

[66] Menon, S., Stone, C., and Patel, N., "Multi-Scale Modeling for LES of Engineering Designs of Large-Scale Combustors," AIAA Paper 2004-0157, Jan. 2004.

[67] Menon, S., McMurtry, P., and Kerstein, A. R., "A Linear Eddy Mixing Model for Large Eddy Simulation of Turbulent Combustion," LES of Complex Engineering and Geophysical Flows, edited by B. Galperin and S. Orszag, Cambridge Univ. Press, Cambridge, U.K., 1993.

[68] Menon, S., and Calhoon, W., "Subgrid Mixing and Molecular Transport Modeling for Large-Eddy Simulations of Turbulent Reacting Flows," Proceedings of the Combustion Institute, Vol. 26, The Combustion Inst., Pittsburgh, PA, 1996, pp. 59-66.

[69] Menon, S., and Pannala, S., "Subgrid Combustion Simulations of Reacting Two-Phase Shear Layers," AIAA Paper No. 98-3318, July 1998.

[70] Chakravarthy, V., and Menon, S., "Large-Eddy Simulations of Turbulent Premixed Flames in the Flamelet Regime," Combustion Science and Technology, Vol. 162, No. 1, 2001, pp. 1-48.

第12章 预混燃烧和声波相互作用的物理过程

Timothy C. Lieuwen

（Georgia Institute of Technology，Atlanta，Georgia）

符 号 表

术语

A_{FL}	flame-surface area	火焰表面面积
A_{LC}	limit-cycle amplitude	极限环幅值
c	speed of sound	声速
d	flame thickness	火焰厚度
E	energy	能量
Ea	overall activation energy	全局活化能
f	frequency	频率
F	flame-transfer function	火焰传递函数
G	flame-area-transfer function	火焰面传递函数
h	enthalpy	焓值
Ka	Karlovitz number	卡洛维茨数
Le	Lewis number	刘易斯数
L_F	flame length	火焰尺度
m	mass flow rate	质量流速
Ma	Mach number（原版为 M）	马赫数
$\mathscr{M}$	total mass	总质量
Ma	Markstein number	马克斯坦数
N	dimensionless length scale defined in Eq.（12-34）	式（12-34）定义的无量纲长度标度
p	pressure	压力（压强）
Q	heat-release rate	释热率
r	radial coordinate	径向坐标
R	jet or flame radius	射流或火焰半径

术语（续）

$\mathfrak{R}$	reflection coefficient	反射系数
s	flame coordinate along the nominal flame surface	沿标称火焰锋面的火焰坐标
S_c	stretched flame speed	拉伸火焰速度
S_1，S_L	laminar flame speed	层流火焰速度
Sr	Strouhal number（$=fL_f/u_0$）（原文为 St）	斯特劳哈尔数
Sr_2	modified Strouhal number defined in Eq.（12-23）	式（12-23）定义的修正斯特劳哈尔数
Sr_c	convective Strouhal number（$=wL_f/u_c$）	对流斯特劳哈尔数
t	time	时间
T	temperature	温度
$\mathfrak{T}$	transmission coefficient	透射系数
T_b	burned-gas temperature	燃气温度
u	velocity	速度
u_c	phase speed	相速度（简称相速）
u_0	mean flow velocity	平均流速
V	volume	体积
W_k	consumption rate of the kth species	第 k 种组分的消耗速率
x	axial coordinate	轴向坐标
Y	mass fraction	质量分数

希腊字母

β	ratio of the flame length to radius，$\beta=L_f/R$	火焰长度与半径之比
ε	normalized amplitude of velocity disturbance，$\varepsilon=u/u_0$	归一化速度扰动振幅（幅值）
ε_f	disturbance amplitude for flashback defined in Eq.（12.33）	式（12-33）中定义的回火扰动幅值
ϕ	equivalence ratio oscillation	当量比振荡
γ	specific heats ratio	比热［容］比
κ	stretch rate	拉伸率
η	nondimensional disturbance convection velocity defined in Eq.（12.24）	式（12-24）中定义的无量纲扰动对流速度

希腊字母（续）

λ	wavelength	波长
Λ	mean temperature ratio across the flame	火焰平均温度比
υ	normalized mass burning rate response to acoustic pressure perturbations	对声压扰动的归一化质量燃烧速率响应
θ	momentum thickness	动量厚度
θ_E	dimensionless overall activation energy	无量纲总活化能
Θ	incident angle of acoustic waves	声波入射角
ρ	density	密度
σ	flame−brush thickness	火焰刷厚度
τ	retarded time	迟滞时间
τ_M	dimensionless timescale defined in Eq.（12−34）	式（12−34）中定义的无量纲时间尺度
ω	angular frequency	角频率
$\dot{\omega}$	volumetric reactant consumption rate	反应物体积消耗率
ξ	axial flame position	轴向火焰位置

上　标

( )′	fluctuating quantities	脉动量
(‾)	mean quantities	平均量

下　标

1	upstream side of the flame	火焰上游
2	downstream side of the flame	火焰下游
a	acoustic disturbances	声扰动
b	flame base, burned gas	火焰根部，燃烧气体
c	conical flames	锥形火焰
F	flame, fuel	火焰、燃料
in	inlet value	入口参数
v	vortical disturbances	涡扰动
s	entropy disturbances	熵扰动
o	mean quantities	平均量

下　标（续）

ox	oxidizer	氧化剂
w	wedge flames	楔形火焰

12.1　引言

本章概述了声波与预混燃烧过程相互作用的物理机制，这种相互作用在大多数燃烧、发电和推进系统中发现的湍流燃烧系统的特征不稳定中起着重要的作用。图 12-1 展示了广受关注的基本问题。例如，由值班或钝体稳定的具有特征尺寸 L 的预混燃烧过程受到频率为 f 和相速度为 u_c 的声学或流体力学扰动的干扰。

本章讨论的几个关键问题如下：①火焰是如何对声波或涡扰动做出响应的，特别是由扰动导致的热释放脉动呈现怎样的特征？②这种响应和火焰尺度 L_F、频率 f、扰动相速度 u_c、火焰稳定方式、扰动幅值 ε 之间的比例关系是怎样的？③层流火焰和湍流火焰与声波相互作用有何不同？④声波扰动对于火焰固有的不稳定性有何影响？⑤化学动力学和火焰位置的大尺度调整对整体热释放的相对作用是怎样的？

本章讨论的重点是这些相互作用本身而不是这些相互作用发生的尺度更大的燃烧系统。因此，许多其他重要的问题没有在此讨论，包括：①整个燃烧系统的声学特性；②火焰—声波相互作用与整个系统耦合形成自激的机理；③声波与固体燃料[1]、液体喷雾[2]、非预混气体燃料和液体燃料火焰之间的相互作用[3]。

本章按以下结构进行组织，背景部分简要介绍预混燃烧的不同机理（12.2.1 节），干扰火焰的流动和热力学扰动的特征（12.2.2 节），火焰产生这些扰动的机理（12.2.3 节），12.3.1 节和 12.3.2 节分别重点关注流动扰动对火焰面和均匀搅拌反应器内预混火焰的影响。

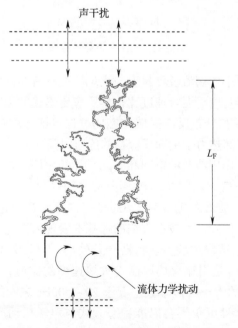

图 12-1　流动扰动与湍流预混火焰的相互作用

12.2 背景

12.2.1 燃烧机理

声波—火焰相互作用涉及大范围时间尺度上的非定常动力学、流体力学和声学过程。根据不同时空尺度的相对大小，不同的基本物理过程可能在相关参数空间的不同区域占据主导地位。声波、燃烧过程、宽频湍流脉动之间的相互作用的不同机理可以用图 12-2[4] 的燃烧分区图直观地显示出来。具有褶皱和波纹状小火焰的区域对应于维持层流结构的反应带，伴随着 u'/S_L 数值增加（u' 是脉动速度，S_L 是层流火焰速度），这些反应带越来越皱，连接越来越多。声或涡流扰动会推开这些反应带，在明确定义的空间和时间尺度上造成额外的褶皱火焰。此外，反应物中反应带的局部传播速度受到声波中的局部应变率、压力和温度脉动的共同影响。

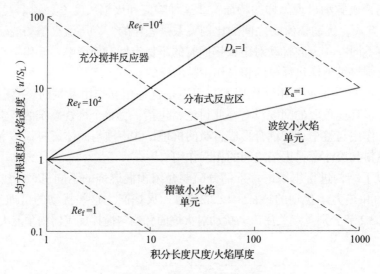

图 12-2　湍流—燃烧示意图

在分布反应区中，最小的湍流长度尺度与火焰厚度具有相同的量级，从而改变层流火焰结构。充分搅拌反应器对应于混合速度比化学反应更迅速的极限情况，反应在分布范围内均匀发生。均匀反应区和分布反应区域在燃烧过程特征方面存在着一些争议[5]。声波扰动改变了均匀反应区局部热力学量和反应物的停留时间。

考虑声波—火焰相互作用涉及的空间和时间尺寸的比例。首先注意以下长度尺度：标准工况下的层流甲烷—空气火焰厚度在 0.1～1cm 之间变化[6]。另一方面，标准工况下的 100、1000、10000Hz 的声波波长为 3.3m、33cm、3.3cm，温度越高，波长越长。鉴于火焰和声波在长度尺度上的差异，声波在火焰前缘基本表现为不连续性。因此，火焰上下游的流体动力学可以与火焰结构的动力学特性分开处理。就相关的时间尺度而言，情况完全不同。火焰响应时间 τ_M 是层流火焰厚度与火焰速度的比值，甲烷—空气火焰的 τ_M 值为 0.002～0.07s，这些值的大小类似于频率介于 20～500Hz 之间的声波扰动。因此，火焰内部结构和量值（如火焰速度）不会以准稳态方式对声学扰动产生响应。这个问题将在 12.3.1.4 节中进一步阐述。

12.2.2　扰动场特征

这部分描述流动和热力学振荡特性（如 p'、T'、ρ'、u' 等），火焰对于给定幅值的声学或者涡速度扰动的响应是完全不同的，这对后续分析火焰特性非常重要。

将任意扰动场分解为三类典型扰动是有用的[7-9]：涡、熵和声波。换句话说，每一个脉动量都可以分解为：$p' = p'_a + p'_v + p'_s$、$\rho' = \rho'_a + \rho'_v + \rho'_s$ 和 $u' = u'_a + u'_v + u'_s$，下标 a、v、s 分别代表声、涡和熵扰动，应该注意这些扰动模式的若干特征。

第一，声扰动的特征传播速度与声传播速度相同。在均匀流动中，涡扰动和熵扰动以整体流速 u_0 进行对流传播。因此，在低马赫数流动中，这些扰动具有不同的长度尺度。声学特征在声学长度尺度 $\lambda_a = c/f$ 上变化，而熵和涡模态随对流长度尺度 $\lambda_c = u/f$ 变化。因此，熵和涡模态波长比声波波长短，等于平均马赫数（Ma）$\lambda_c/\lambda_a = u_0/c = Ma$。这可能与声波—火焰相互作用有着重要的关系。例如，火焰长度 L_f 相对于声波波长较短，$L_f \ll \lambda_a$，可能与对流波长相同数量级或者更长。因此，对流扰动（如当量比振荡）可能沿着火焰锋面具有显著的空间变化，导致在火焰的不同位置产生彼此异相的热释放扰动。研究发现，定义为 $Sr = wL_f/u_0$ 的斯特劳哈尔数是影响火焰对扰动响应的关键参数。值得注意的是，Sr 正比于火焰长度和对流波长的比值 $Sr = 2\pi L_f/\lambda_c$，长度小于声波或者对流波长的火焰被称为声学或者对流紧凑型火焰。

第二，熵和涡扰动会随平均流从高浓度向低浓度扩散。相反，声波是真实的波，会在边界处发生反射，物态变化时折射，在障碍物处衍射。通常多维火焰的声波反射会导致在火焰附近出现一个复杂的多维声场。而在分析研究时通常假设声场是一维的，尽管在特定工况或者特定区域可能是合理的近似，但事实上并非如此。平面入射波撞击在火焰前缘不仅会产生平面（即一维）的反射波和透射波，也会经常产生时间或空间衰减的多维扰动。图 12-3 来自参考文献 [10]，展示了轴对称锥形火焰受到一个频率低于管道截止模态的平面声波扰动后的计算速度矢量。注意，火焰根部附近的声场具有很强的二维特性，但是在火焰的上游和下游恢复成一维结构，试验也观察到了类似的表现[11]。

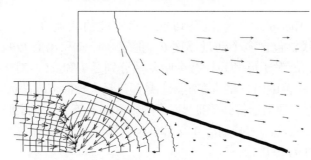

图 12-3　受上游激发的稳态燃烧室中火焰的瞬态压力等值线（实线）和速度矢量，粗实线表示平均火焰位置，改编自 Lee 和 Lieuwen[10]

第三，在均匀流中，这三种扰动模式在线性近似中独立传播。有限幅值扰动之间会有相互作用。例如，两个涡扰动之间的相互作用会产生声扰动[7]。小振幅扰动之间的耦合发生在边界处（如通过无滑移条件）或不均匀区域。

试验强调了涡模态与火焰锋面相互作用的意义[12-13]。图 12-4 展示了这种相互作用的模拟结果，其中火焰被周期性迅速膨胀脱离的涡结构干扰。通常，这些涡振荡表现为由内在流动不稳定性增长引起的大尺度相干结构。流动不稳定的相速度和增长率主要受到激励振幅和声学频率与本征流动不稳定性关系的影响。声激励通常使得涡脱落频率锁定到激励频率或其谐波上。当激励频率远低于自然脱落频率时，会发生集体相互作用（collective-interaction）现象，其中流动不稳定性在其自然速率下形成，但是随后合并形成涡，其形成频率与激励频率一致[15]。例如，如果激励主频为固有不稳定频率的1/10，将离散形成10个涡流，但随后合并形成一个大涡。

这些大尺度结构的形成是由不稳定性波动的增长与合并导致的，这些波动的特性取决于燃烧室出口剪切层的特性属性，如同向流动速度，尤其是该剪切层对外部扰动的敏感性。例如，对流涡不稳定波的相速度不一定等于流速，而是随着频率和剪切层特性变化。类似地，不稳定波的增长率也随着频率和剪切层特性变化。

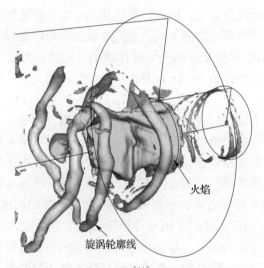

图 12-4　涡结构扰动火焰的模拟计算[14]，图片由 S. Menon 和 C. Stone 提供

图 12-5 给出了 Michalke[16] 射流剪切层不稳定波的相速度 u_c 与斯特劳哈尔数 $Sr = f\theta/u_0$ 关系的理论曲线，包含多个动量厚度 θ、射流半径 R 和比值 R/θ。图中显示，对于所有 R/θ 值，比例 u_c/u_0 对于低和高斯特劳哈尔数分别是 1 和 0.5。对于薄边界层，例如，$R/\theta = 100$，在一定的 Sr 范围内，相速度实际上是超过最大轴向流动速度。不稳定波对流速度的色散特性已通过多种测量得到了证实。例如，Baillot 等[17] 在圆锥形本生火焰上测量了频率为 35 和 70Hz 的 u_c/u_0 值分别为 0.88 和 0.98。同样地，Durox 等[18] 在轴对称楔形火焰上测量了 150Hz 的 $u_c/u_0 = 0.5$。

通常来说，扰动场既有声分量又有涡分量，其相对大小依赖于燃烧室剪切层上的涡脱落动力学特性。例如，Richards 等[11] 发现扰动场从低频时的对流特征转换为高频（$f > 100$Hz）时的声学特性。

即使在没有对流涡波的情况下，脉动火焰位置对声场的影响也会使声扰动场具有对流特性。这一对流特性是因为火焰对声场的响应和声扰动火焰之间的耦合。对于大振幅扰动，火焰产生大波纹（见图 12-7），其相位速度与轴流速度成正比。这些火焰褶皱的对流会对内部声场产生影响。

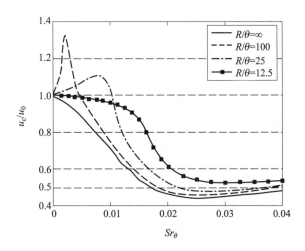

图 12-5　射流剪切波对流速度和增长率与斯特劳哈尔数和边界层厚度与
射流半径之比的关系

12.2.3　非稳态热释放下声、涡和熵的产生

释热率振荡产生声、涡和熵扰动。声的产生，在湍流火焰中表现为宽带的燃烧轰鸣声[19-20]，而在燃烧不稳定的情况下表现为离散的音调。依据声产生的原因，火焰可以被认为是单峰分布，其局部源项强度与不稳定的热释放成正比，这种声音产生的基本机理是混合物反应过程中不稳定的气体膨胀。

不稳定热释放也会导致熵和涡扰动，这些扰动是否会显著影响燃烧室的脉动取决于下游结构。如果燃烧室的面积保持相对恒定，使得流体可以不受限制地流过系统，例如，开口管，那么扰动会从系统中流出并在大气中耗散掉。这种情况与相同边界层条件下强烈反射的声学扰动形成了对比。但是，如果流体是在被加速（如通过喷嘴），熵扰动会产生声音[21]。

即使在没有热释放扰动的情况下，稳定的热释放也会引起声、涡和熵模态之间的强烈耦合。首先，入射到火焰上的声扰动会引起熵和涡扰动[22]，涡扰动是通过多种机理共同产生的。如果波倾斜入射火焰，那么斜压机理可能是机理中最重要的。这是由于平均密度梯度和脉动压力梯度不平行所引起的（$\nabla \bar{\rho} \times \nabla p' \neq 0$）。此外，由声扰动引起的火焰锋面不稳定褶皱和弯曲还会产生附加的非定常涡[23]。

如果沿火焰锋面上的相速度（不是流速）是超声速，入射到火焰上的熵和涡扰动会激发声波[24]。在低马赫数流动中，如果火焰几乎垂直于流动方向，也可能发生这种情况。

12.3　流动与混合扰动下的热释放响应

对于一个给定的扰动，火焰是如何响应的，特别是局部和全局释热率的最终脉动如何响应？本节的目的是解决这个问题。图 12-6 描绘了旋流预混火焰 CH^* 化学发光振荡（假设与热释放有关）幅值与扰动速度 u' 之间的关系。图中显示了在扰动幅值 $u'/u_0<0.2$ 时，CH 和速度振荡幅值之间的关系是线性的。线性分析的目的是确定比例常数或传递函数 $G=CH^*/u'$，从而关联这些扰动与几何、频率和混合物特性的关系。

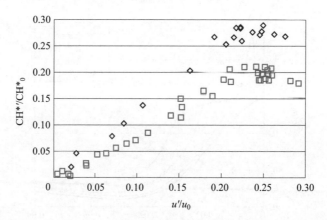

图 12-6　ϕ=0.9（◇）和 ϕ=0.87（□）时测量的 CH*—速度振幅关系与干扰振幅的关系

当 u'/u_0>0.2，$CH^{*'}/u'$ 关系不再独立于振幅，建模和理解这些大振幅动力学需要了解火焰的非线性动力学。

本节的其余部分描述了目前对这些线性和非线性火焰动力学建模的理解和分析方法，12.3.1 节和 12.3.2 节分别聚焦于火焰片和均匀反应区中的动力学特性。

12.3.1　火焰片

12.3.1.1　基本概念与解析框架

我们从推导描述火焰片动力学的基本方程开始分析。这种处理不稳定火焰问题的方法首先是由 Markstein[24]、Marble 和 Candel[25] 提出，随后由许多其他作者发展[17, 26-33]，在参考文献［24］和［34］中可以发现更加详细的处理方法。

考虑任意形状火焰锋面的瞬时表面由参数方程 $f(\vec{x}, t)$=0 描述，假设表面是连续的，在表面上每个点都有唯一一对应的法线。Markstein 得到了下列运动学方程，将火焰表面位置和局部流动及火焰燃烧速度联系起来[24]

$$\frac{\partial f}{\partial t}+\boldsymbol{u}_1 \cdot \nabla f - S_1 \,|\, \nabla f| = 0 \qquad\qquad (12\text{-}1)$$

$$\frac{\partial f}{\partial t}+\boldsymbol{u}_2 \cdot \nabla f - S_2 \,|\, \nabla f| = 0 \qquad\qquad (12\text{-}2)$$

式中，S 和 $\boldsymbol{u}$ 分别是相当于气体的火焰速度和流动速度，下标 1 和 2 分别表示火焰上游和下游的参数。前面两个表达式在火焰动力学文献中称为 G 方程，火焰上下游的流场通过两者之间的关系耦合[24]：

质量	$\rho_1 S_1 = \rho_2 S_2$	（12-3）
法向动量	$p_1 + \rho_1 S_1^2 = p_2 + \rho_2 S_2^2$	（12-4）
切向动量	$(\boldsymbol{u}_1 - \boldsymbol{u}_2) \times \nabla f = 0$	（12-5）
能量	$\rho_1 S_1 \left(h_1 + \dfrac{\boldsymbol{u}_1 \cdot \boldsymbol{u}_1}{2} \right) = \rho_2 S_2 \left(h_2 + \dfrac{\boldsymbol{u}_2 \cdot \boldsymbol{u}_2}{2} \right)$	（12-6）

其中，ρ 和 h 分别代表密度和焓，通过质量、动量和能量守恒方程描述了火焰上下游的热力学和流动变量的动力学。

在多数情况下，主要关注点是总的热释放量（对于声学紧凑的火焰，重要的是空间积

分的总热释放。然而，对于高频振荡，其火焰不是声学紧凑的，热释放在空间的分布也很重要）。火焰的全局释热率由下式给出

$$Q_{(t)} = \int_S \rho_1 S_1 \Delta h_R \mathrm{d} A_{FL} \tag{12-7}$$

这里对火焰表面 A_{FL} 积分，Δh_R 是单位质量反应物的热释放。公式（12-7）表明预混火焰产生热释放扰动的 4 种基本方式：密度、火焰速度、反应热或火焰面积的脉动。正如 Clanet 等[35] 指出，可以基于此对火焰的局部内部结构（如局部燃烧速率）或其整体几何形状（如火焰面积）进行分类。

进入火焰的反应物质量流量脉动（对应公式（12-7）中的 $\rho_1 S_1$）是热释放扰动的最基本机理，密度脉动可能是由声波和熵扰动引起的。火焰燃烧速率 S_1 对于声波中的压力、温度、应变率或混合物成分的扰动很敏感。压力和温度脉动通常由声扰动产生，而应变率脉动通常与声或涡流速度脉动相关。

火焰面积脉动与扰动在火焰中的位置和方向有关，火焰扰动位置和方向又是由燃烧速率或流动速度脉动产生的。为了说明声速扰动引起的火焰扰动，图 12-7 展示了一个简单的本生火焰[36]。图片清楚地显示了火焰锋面的巨大变形，尤其是火焰中心出现了明显的尖端。这种火焰扰动随流动向下游对流传播，因此它呈现的是对流波在空间上的变化[37]。

最后，反应物组分变化激励热值 Δh_R 的扰动。

图 12-7　由声速振荡产生的火焰扰动照片[36]，照片由法国国家科学研究中心和巴黎中央理工学院的 S. Ducruix、D. Durox 和 S. Candel 提供

12.3.1.2　火焰对扰动场的影响

由于火焰对干扰它的声扰动的值有很大的影响，所以声—火焰相互作用是高度耦合的。尽管这一点在 12.2.2 节中被简要地提到，本节将详细地考虑它们的影响。

考虑一个低马赫数流动中扁平垂直的火焰锋面，用方程 $x = \zeta(y, t)$ 描述其瞬时位置（见图 12-8）。以入射角度 Θ、波长远大于火焰厚度的平面波干扰该火焰。这个问题最先由 Manson[38] 报道，他计算了温度不连续性的简单平面火焰模型的反射系数和透射系数，Chu[38] 进行推广，他还考虑了来流混合物 S_1、Δh_r、γ 和熵的扰动造成的声音放大。处理这个问题是通过方程（12-1）~方程（12-6）中的每一项都分解为平均项和脉动项的综合，并仅保留脉动项的线性项，例如

$$\rho_1 S_1 = (\bar{\rho}_1 + \rho_1')(\bar{S}_1 + S_1') \approx \bar{\rho}_1 \bar{S}_1 + \bar{\rho}_1 S_1' + \rho_1' \bar{S}_1 \tag{12-8}$$

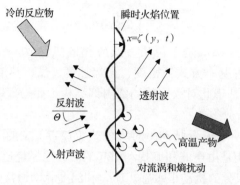

图 12-8　平面火焰受入射声波干扰示意图

如参考文献［22］所示，这一处理导致以下近似表达式，将火焰上下游轴向速度 u' 和压力 p' 耦合到一起

$$\frac{u_2'}{\bar{c}_1} - \frac{u_1'}{\bar{c}_1} = (\varLambda - 1) Ma_S \left(\frac{S_1'}{\bar{S}_1} - \frac{\gamma - 1}{\gamma} \frac{p_1'}{\bar{p}_1} \right) \tag{12-9}$$

$$p_2' = p_1' \tag{12-10}$$

式中，Ma_S 是层流火焰速度马赫数，$Ma_S = \bar{S}_1 / \bar{c}_1$（声速），$\gamma$ 是比热［容］比，$\varLambda$ 是火焰上下游平均温度比。这个方程忽略了 γ 的变量和 $O(Ma_S^2)$ 项。按这个顺序，不稳定的压力在火焰中是连续的。但是，在火焰上下游的非定常速度存在阶跃；也就是说，火焰看起来像声源或单极子。用公式（12-9）右边的项量化这个阶跃，阶跃与火焰不稳定放热速率有关，并导致声波的放大。这种阶跃与火焰的温度阶跃 $\varLambda$（或更本质上是气体膨胀比）成正比，火焰速度马赫数 Ma_S 通常很小（对于化学当量的甲烷—空气火焰为约0.001）。假设一个典型的声学标度 $p' \sim \overline{\rho c} u'$，可以看出，右侧的 S_1' 第二个脉动项导致火焰上的速度增量是 Ma_S 的量级，因此相当小。方程（12-9）右侧的项的相对大小和左侧的脉动速度扰动量取决于引起火焰速度扰动的具体过程。更详细的分析在 12.3.1.4 节，由压力和/或温度脉动引起的火焰速度扰动具有相似的量级 $S_1' / \bar{S}_1 \sim O(p'/\bar{p})$。因此，由火焰速度的压力或温度敏感性引起的声波放大是非零的，但是其量级为 $O(Ma_S)$，所以相当弱。

　　假设方程（12-9）右侧的源项很小，可以通过忽略它们来精确地计算声场。因此，声场的前阶计算相当于用被动温度不连续性代替火焰锋面，如 Mason[38] 所假设的那样。忽略这些项不能用于计算火焰中声波的微量放大或衰减，但它可以对干扰火焰的声场进行精确的计算。我们按照顺序进行，首先考虑一阶问题，然后考虑计算火焰引起的声放大和耗散所需的高阶效应。

　　首先考虑压力振幅为 P_1 的声波垂直撞击火焰的问题（即 $\varTheta = 0$）。声压和速度由下面的平面波方程给出

$$p_1'(x, t) = P_1(e^{ik_1 x} + \mathfrak{R} e^{ik_1 x}) \qquad p_2'(x, t) = P_1 \mathfrak{T} e^{ik_1 x} \tag{12-11}$$

$$u_1'(x, t) = \frac{P_1}{\bar{\rho}_1 \bar{c}_1} (e^{ik_1 x} - \mathfrak{R} e^{ik_1 x}) \qquad u_2'(x, t) = \frac{P_1 \mathfrak{T}}{\bar{\rho}_1 \bar{c}_1} e^{ik_1 x} \tag{12-12}$$

式中，$\mathfrak{R}$ 是反射系数，表示声波被火焰反射的幅度；$\mathfrak{I}$ 是透射系数，表示声波透射过火焰的幅度。利用方程（12-9）和方程（12-10）的（$p'_2 = p'_1$ 和 $u'_2 = u'_1$）一阶近似，对火焰的压力和轴向速度进行匹配，给出下面 $\mathfrak{R}$ 和 $\mathfrak{I}$ 的解

$$\mathfrak{R} = \frac{(\bar{\rho}_2 \bar{c}_2 / \bar{\rho}_1 \bar{c}_1) - 1}{(\bar{\rho}_2 \bar{c}_2 / \bar{\rho}_1 \bar{c}_1) + 1} \qquad \mathfrak{I} = \frac{2(\bar{\rho}_2 \bar{c}_2 / \bar{\rho}_1 \bar{c}_1)}{(\bar{\rho}_2 \bar{c}_2 / \bar{\rho}_1 \bar{c}_1) + 1} \qquad (12\text{-}13)$$

忽略火焰中分子量和 γ 的变化，记为 $\bar{\rho}_2 \bar{c}_2 / \bar{\rho}_1 \bar{c}_1 \approx \sqrt{T_1 / T_2} = \sqrt{1/\Lambda}$。结果表明，火焰对声场的影响（如 $\mathfrak{R}$ 和 $\mathfrak{I}$ 所示）随火焰的气体阻抗的增加而单调增加，与温升的平方根密切相关。举例说明，假设火焰中 $\Lambda = \bar{T}_2 / \bar{T}_1 = 4$，则 $\mathfrak{R} = -1/3$（负号表示反射波与入射波相位不一致）。这意味着火焰的声压和速度分别比入射波的声压和速度低和高，分别为 $p'_{flame}/P_1 = 2/3$ 和 $u'_{flame}/(P_1/\bar{\rho}_1 \bar{c}_1) = 4/3$。如果声波从下游入射到同一火焰上，则压力和速度分别比入射波高和低，为 $p'_{flame}/P_1 = 4/3$ 和 $u'_{flame}/(P_1/\bar{\rho}_1 \bar{c}_1) = 2/3$。这意味着火焰改变了干扰火焰的声波的量，并使其热释放率发生振荡。虽然这里没有计算，如果声波斜入射，$\Theta \neq 0$，火焰对局部声场的影响会更大[22]。

接下来考虑公式（12-9）右侧包括声源项在内的影响。这样考虑的结果是非稳态热释放过程向声场注入能量。在声波斜入射火焰的情况下，由于脉动压力和平均密度梯度的错位，通过斜压机理也会产生涡。这些涡脉动中的能量来自于声场本身，并会成为声耗散的来源。这种情况类似于刚性表面上的声波衰减，涡振荡通过无滑移边界条件被激发。火焰声能净通量 ΔI_a 由其声能产生和耗散过程决定。公式（12-14）来源于参考文献[22]，说明了这些生成项（前两项）和耗散项（第三项）

$$\frac{\Delta I_a}{\bar{p}_1 \bar{c}_1} = (\Lambda - 1) Ma_S \left[(2-\gamma)\left(\frac{p'}{\bar{p}}\right)^2 + \left(\frac{p'}{\bar{p}}\right)\left(\frac{S'_1}{\bar{S}_1}\right) \right] - \sqrt{\Lambda}\left(\frac{p'}{\bar{p}}\right)\left(\frac{u'_{2u}}{c_2}\right) \qquad (12\text{-}14)$$

根据火焰上下游的温度比，火焰燃烧速度响应的幅值和相位，火焰与声波之间的入射角不同，声场扰动可以被抑制或放大。典型结果可以在参考文献[22]中找到。

公式（12-14）仅描述了声场能量平衡，能量也同样注入到了涡和熵场。尽管没有在这里展示，参考文献[22]中有这些对流波的表达式。在尺度为 $O(Ma_S)$ 时，涡波与声波发生耦合（导致声场衰减，涡场放大），此时熵波发生被迫扰动，对声场和涡场没有影响，在尺度为 $O(Ma_S^2)$ 时三个场互相发生耦合。

值得注意的是，这个方程中所有的能量衰减和放大过程都很小，是 $O(Ma_S)$ 量级。下一节中讨论的火焰面积脉动是一个强得多的声能源。

12.3.1.3　火焰面积对流动扰动的响应

本节描述火焰表面积动力学，其构成了一种释热放脉动的机理，如式（12-7）所示。火焰面积扰动是由火焰锋面方向变化导致的，而火焰锋面方向的扰动是流体速度或火焰速度扰动产生。在本节中，我们关注的是仅由流速扰动引起的火焰面积扰动；火焰速度扰动是通过火焰面积和消耗速率扰动造成热释放扰动，将在12.3.1.4节中考虑。考虑图12-9的火焰形状，左边展示的是一个稳定在管上的锥形火焰，如本生灯火焰；右边是一个在钝体上稳定燃烧的轴对称楔形火焰，火焰具有轴向长度和径向尺寸，火焰长度为 L_f，半径为 R。

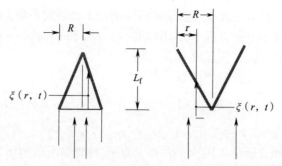

图 12-9　锥形（左）和楔形（右）火焰几何形状示意图

瞬时火焰片在径向位置 r 处用 $\xi(r,t)$ 表示，假定为 r 的单值函数，因此，火焰位置表示为 $f(\boldsymbol{x},t)$（见式（12-1）～式（12-3）），定义为 $f(\boldsymbol{x},t)=y-\xi(r,t)$。这个假设必然限制可以处理的幅值范围，考虑方程（12-1），描述火焰动力学特性方程如下

$$\frac{\partial \xi}{\partial t}=u-v\frac{\partial \xi}{\partial r}-S_1\sqrt{\left(\frac{\partial \xi}{\partial r}\right)^2+1}\qquad（12-15）$$

式中，u 和 v 分别是轴向速度和径向速度。注意：火焰面的微分单元与火焰位置有关

$$\mathrm{d}A_{\mathrm{FL}}=\sqrt{1+\left(\frac{\partial \xi}{\partial r}\right)^2}\,\mathrm{d}r\qquad（12-16）$$

我们假定平均速度是轴向均匀的（即 $\bar{v}=0$），因而 $v'=0$，火焰的平均速度是恒定的。虽然这些假设并不需要进行分析，但它们确实产生了更容易理解的结果，同时保留了许多基本的感兴趣的现象。

我们下一步重点关注火焰面积的线性动力学，随后是非线性动力学。如下面方程所示，线性方程的解 $\partial \xi'/\partial r$ 或者火焰表面积可以分解为两个正则的分量：包含边界条件影响的齐次解（右侧第二项）和由受迫流动（或火焰速度）的空间非均匀性引起的特定解。为了简化方程，引入沿着火焰面位置 s 的火焰坐标

$$\frac{\partial \xi(s,t)}{\partial s}=\frac{1}{u_0}\int_0^s\frac{\partial}{\partial s}\left[u'\left(x',t-\frac{s-x'}{u_0}\right)\right]\mathrm{d}x'+\frac{1}{u_0}\left[u'\left(s=0,t-\frac{s}{u_0}\right)-u'_{\mathrm{base}}\right]\qquad（12-17）$$

式中，u'_{base} 是在附着点处火焰末端的速度，空间均匀速度扰动 $\partial u'/\partial s=0$ 只激发齐次解，这种扰动可以通过假设火焰边缘与粒子速度 $u'(s=0)=u'_{\mathrm{base}}$ 精确同步来理解。在这种情况下，整个火焰在一定范围内上下移动而不改变火焰方向和面积。然而，如果施加火焰锚定边界条件，例如，$u'_{\mathrm{base}}=0$，使火焰固定在某一个点，流动扰动激发火焰锋面扰动，从边缘开始并沿着火焰锋面传播。

如果扰动流场在空间上是不均匀的，$\partial u'/\partial s\neq 0$，则存在特解，这导致在不均匀的空间位置上产生波，并大致以平均流动速度沿着火焰传播。

如下文所示，对于流动扰动来说，火焰面积是一个低通滤波器，两个正则解的振幅随频率大概以 $1/f$ 进行衰减，一般来说不会衰减至零。因此，传递函数表示火焰面积对空间均匀流动速度扰动（只有齐次解）的响应，$(A'/A_0)/(u'/u_0)$ 在 0 频率下值为 1，并随频率进行衰减。相反，当火焰受到空间非均匀性扰动时（有齐次解和特解），火焰面积由两个解叠加而成。所以，虽然每个解都随着频率衰减，但在互相干涉促进的情况下，它

们的总和具有振荡特性并导致传递函数（A' / A_0）/（u' / u_0）甚至超过 1。这一结果分别被 Schuller 等[40]和 Durox 等[18]首先预测和试验验证。另外，这两个解会干涉相消，在某些情况下相互抵消，使得传递函数（A' / A_0）/（u' / u_0）=0。

我们考虑把方程式（12-15）的线性解无量纲化

$$\frac{\partial \xi}{\partial t} + \sqrt{\frac{1+\beta^2 \left(\frac{\partial \xi}{\partial r}\right)^2}{1+\beta^2}} = u(\xi,t) \tag{12-18}$$

对于时间谐波速度扰动

$$u(\xi,t) = u_0 + u' \cos(k_c \xi - \omega_0 t) \tag{12-19}$$

式中，$k_c = \omega_0 / u_c$，u_c 是扰动的相速度。变量 t、r、u、ξ 由 u_0/L_f、R、u_0、L_F 无量纲化（注意 L_F 和 R 表示其没有施加振荡的标称值），这里 u_0 是轴向平均速度，进而得到三个无量纲参数：斯特劳哈尔数 $Sr=（\omega_0 L_F）/u_0$，速度扰动 $\varepsilon = u'/u_0$，火焰长径比 $\beta = L_F/R$。

假设火焰锚定在底部，$u'_{base} = 0$

$$\xi(r=1,t) = 0 \tag{12-20}$$

非稳态火焰锚定点的影响将在 12.3.1.7 节介绍。

考虑瞬时火焰表面面积，对于锥形火焰

$$\frac{A_c(t)}{A_{c,0}} = 2 \frac{\int_0^1 r \sqrt{1 + \beta^2 \left(\frac{\partial \xi}{\partial r}\right)^2} \, dr}{\sqrt{1 + \beta^2}} \tag{12-21}$$

式中，下标 c 和 w（原文如此）分别表示轴对称圆锥和楔形火焰，参考文献[41]展示了锥形火焰面积传递函数的解，$G_c = (A'_c/A_{c,0})/(u'/u_0)$

$$G_c(St_2, \eta) = G_{c,BC} + G_{c,Flow} = 2\left(\frac{\exp(iSr_2) - 1 - iSr_2}{(\eta-1)Sr_2^2}\right) + 2\left(\frac{1 - \exp(i\eta Sr_2) + i\eta Sr_2}{\eta(\eta-1)Sr_2^2}\right) =$$
$$\frac{2}{Sr_2^2(1-\eta)}\left[1 - \exp(iSr_2) + \frac{\exp(i\eta Sr_2) - 1}{\eta}\right] \tag{12-22}$$

其中

$$Sr_2 = \frac{Sr(1+\beta^2)}{\beta^2} \tag{12-23}$$

$$\eta = \frac{u_0}{u_c} \frac{\beta^2}{1+\beta^2} \tag{12-24}$$

注意，在讨论方程（12-7）时，流动不均匀性和边界条件的作用是明确分开的。

楔形火焰传递函数的求解 $G_w = (A'_w/A_{w,0})/(u'/u_0)$

$$G_w(Sr_2, \eta) = G_{w,BC} + G_{w,Flow} =$$
$$2\left(\frac{1 - (1-iSr_2)\exp(iSr_2)}{\eta(\eta-1)Sr_2^2}\right) + 2\left(\frac{(1-i\eta Sr_2)\exp(i\eta Sr_2) - 1}{\eta(\eta-1)Sr_2^2}\right) =$$

$$\left(\frac{2}{\eta(\eta-1)Sr_2^2}\right) \times \left[\eta-1+\mathrm{i}(\mathrm{i}+Sr_2)\eta\exp(\mathrm{i}\omega)\right]+$$

$$\left(1-\mathrm{i}\eta\omega\right)\exp\left(\mathrm{i}\eta\omega\right)\Big] \qquad (12-25)$$

因此，锥形火焰和楔形火焰的线性火焰传递函数（方程（12-22）和方程（12-25））均只取决于两个参数，Sr_2和η。η耦合了火焰角与扰动相速度影响，η的作用可以通过定义另一个基于流动扰动的对流扰动速度 u_c 的斯特劳哈尔数 Sr_c 来确定。Sr_c 自然出现在两个传递函数中，即方程（12-22）和方程（12-25），等于 ηSr_2。这两个斯特劳哈尔数与按声波周期归一后沿着火焰长度方向的流动时间（Sr_c）和火焰锋面（Sr_2）扰动（也由流动扰动产生）有关。

在了解总的火焰传递函数前，了解它的两个贡献项——受迫流动项和边界条件项，是有必要的。它们的比值为

$$\frac{G_{\mathrm{c,Flow}}}{G_{\mathrm{c,BC}}} = \frac{1-\exp(\mathrm{i}\eta Sr_2)+\mathrm{i}\eta Sr_2}{\eta\left[\exp(\mathrm{i}Sr_2)-1-\mathrm{i}Sr_2\right]} \qquad (12-26)$$

$$\frac{G_{\mathrm{w,Flow}}}{G_{\mathrm{w,BC}}} = \frac{(1-\mathrm{i}\eta Sr_2)\exp(\mathrm{i}\eta Sr_2)-1}{\eta\left[1-(1-\mathrm{i}Sr_2)\exp(\mathrm{i}Sr_2)\right]} \qquad (12-27)$$

比值的量级对于楔形和锥形火焰都是相同（见图 12-10），但是比值的相位不同，如图 12-11 所示。

分析 η 和 Sr_2 处于极限值情况下的该比值的特性有一定的指导意义。首先，$\eta \to 0$ 极限（即空间均匀干扰），楔形和锥形火焰的动力学仅由边界条件项控制，不考虑斯特劳哈尔数

$$\mathrm{Lim}_{\eta\to 0}\left(\frac{G_{\mathrm{c,Flow}}}{G_{\mathrm{c,BC}}}\right) = \mathrm{Lim}_{\eta\to 0}\left(\frac{G_{\mathrm{w,Flow}}}{G_{\mathrm{w,BC}}}\right) = 0 \qquad (12-28)$$

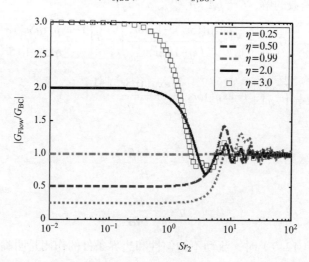

图 12-10　不同 η 值下斯特劳哈尔数 Sr 对受迫流动和边界条件项引起的传递函数之比量级的影响

这个结果可从前面的论述中得到，反映了当流动扰动均匀时只有齐次解的事实。

当 $Sr_2 \to 0$，这两部分的相对贡献是由 η 决定的

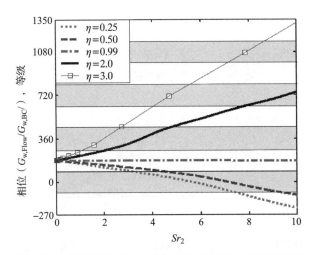

图 12-11　楔形火焰不同 η 值下斯特劳哈尔数对受迫流动和边界条件项引起的传递函数之比
相位的影响，阴影区域表示边界条件和受迫流动项同相位

$$\mathop{\mathrm{Lim}}\limits_{Sr_2 \to 0}\left(\frac{G_{\mathrm{c,Flow}}}{G_{\mathrm{c,BC}}}\right) = \mathop{\mathrm{Lim}}\limits_{Sr_2 \to 0}\left(\frac{G_{\mathrm{w,Flow}}}{G_{\mathrm{w,BC}}}\right) = -\eta \tag{12-29}$$

当 $\eta<1$ 和 $\eta>1$ 时，分别对应边界条件和受迫流动占主导作用。对于长火焰，（$\beta \gg 1$）在物理上对应于扰动相速度大于或小于平均流速。当 $\eta=1$ 时，两项的大小趋于相等，这些结论在图 12-10 中可以清晰地看到。从图 12-11 中可以看到，对于低 Sr_2 值，流动扰动和边界条件项相位相差 180°。

当 $Sr_2 \gg 1$ 极限时，边界条件和受迫流动项的作用是相等的，见图 12-10 和式（12-30）

$$\mathop{\mathrm{Lim}}\limits_{Sr_2 \to \infty} = \left(\frac{G_{\mathrm{w,Flow}}}{G_{\mathrm{w,BC}}}\right) = -1$$

$$\mathop{\mathrm{Lim}}\limits_{Sr_2 \to \infty}\left(\frac{G_{\mathrm{w,Flow}}}{G_{\mathrm{w,BC}}}\right) = -\exp\left[\mathrm{i}(\eta-1)Sr_2\right] \tag{12-30}$$

方程（12-30）也表明，在这个极限条件下，两项作用的相对大小与 η 无关（假设 ηSr_2 乘积不同时为零）。此外，对于锥形火焰，无论斯特劳哈尔数 Sr_2 和 η 如何，这两项总是不同相的，相位范围在 140°～220° 之间。相反，对于楔形火焰，两项的相位差随 Sr_2 单调增加，如图 12-11 所示（图中阴影表示促进干涉的区域）。

锥形火焰传递函数 $G_{\mathrm{c}}(Sr_2, \eta)$ 的幅值和相位对 Sr_2 的关系分别在图 12-12 和图 12-13 中展示。首先考虑幅值的结果，传递函数的增益在 $\eta=0$ 或 1 的情况下是相同的。从物理上看，对应于扰动速度是均匀的（$\eta=0$）或其相速度与火焰锋面扰动速度相匹配（$\eta=1$）的情况。其他的扰动相速度工况下增益传递函数都是不同的。还需要注意的是，增益值总是小于 1 的，并随 Sr_2 单调递减，尽管由于 $G_{\mathrm{c,Flow}}$ 和 $G_{\mathrm{c,BC}}$ 的相长干涉和相消干涉相互作用，在高 Sr_2 时会出现一些波纹，在低 Sr_2 时，传递函数相位从 0 开始，并在最初随着 Sr_2 单调增加。

对于楔形火焰，传递函数增益 $G_{\mathrm{w}}(Sr_2, \eta)$ 见图 12-14。在低 Sr_2 时，所有的增益一致趋于 1。然而仅在均匀速度下，$\eta=0$，增益随 Sr_2 单调递减。在所有其他情况下，由于 $G_{\mathrm{c,Flow}}$ 和 $G_{\mathrm{c,BC}}$ 之间的相长干涉使得增益值大于 1。

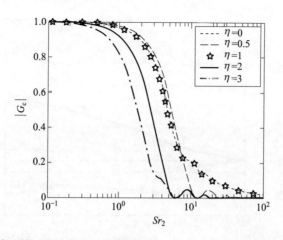

图 12-12　不同 η 值下轴对称锥形线性传递函数 $G_c(Sr_2, \eta)$ 幅值与斯特劳哈尔数 Sr_2 的关系

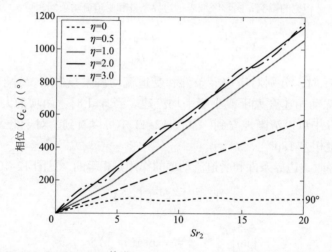

图 12-13　不同 η 值下轴对称锥形线性传递函数 $G_c(Sr_2, \eta)$ 相位与归一化斯特劳哈尔数 Sr_2 的关系

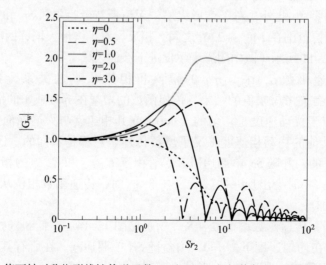

图 12-14　不同 η 值下轴对称楔形线性传递函数 $G_w(Sr_2, \eta)$ 幅值与归一化斯特劳哈尔数 Sr_2 的关系

另一个显著特征是在 $\eta=1$ 时发生的共振行为，楔形火焰不随 Sr_2 降低而是趋向于恒定值 2。这种情况对应于火焰锋面和流动扰动速度的精确同步。在实际分析中，忽略了火焰速度的曲率效应，其随着 Sr_2 而增加，导致传递函数在 Sr_2 较高时减小。

通常，非稳态热释放率与速度之间的关系具有复杂的动力学特性。然而，对于 $Sr<<1$（对流紧凑型火焰），$A'(t)$ 关系可以用简单的 $n-\tau$ 模型来描述

$$A'(t)/A_0 = n_u u'(t-\tau) \tag{12-31}$$

式中，$n_u = 1/\bar{S}_1$，$\tau_{conical} = [(\eta+1)L_F]/3u_0$ 以及 $\tau_{wedge} = [2(\eta+1)L_F]/3u_0$。方程（12-31）表明，火焰面积对于声速扰动的时间响应按延迟时间 τ 延迟。该延迟时间等于平均流对流火焰长度的某个分数距离所花费的时间，相当于在该位置用集中源代替分布火焰；例如，对于锥形火焰，集中热释放的有效位置为 $L_{eff} \approx (\eta+1)L_F/3$。

我们下面讨论火焰面积在非线性工况下的响应。注意，在线性情况下，传递函数仅由两个参数来描述，$G_{Lin}=G(Sr_2, \eta)$。然而，对于一般非线性工况，增益 G 还依赖于 ε 和 β，即 $G=S(Gr_2, \eta, \beta, \varepsilon)$。在考虑具体结果之前，先考虑从分析中得到几个结论。图 12-15 展示了非线性的关键机理，该图中，火焰扰动形成褶皱状的锋面，随后恢复到稳态—平面位置。火焰自身的传播平滑了皱纹，最终使其面积及时地恢复到恒定值，如示意图中底部的虚线所示，相反的火焰分支合并形成尖角并向前传播破坏火焰面积，具有长度尺度 λ_f 的褶皱火焰面形成时间 τ_{cusp} 与 λ_f/S_1 成正比。

火焰面积破坏速度与火焰前缘扰动幅值呈非线性关系。大振幅波纹以比小振幅扰动相对快的速度平滑；同样，短尺度的褶皱结构比长尺度的褶皱结构平滑得更快。如下文进一步讨论的，波纹平滑是在较高扰动频率下非线性增强的原因，并产生较短的火焰波纹。

图 12-15　最初起皱的火焰示意图（顶部），显示了运动恢复过程对火焰区域的破坏（底部）

考虑这些非线性对在流动不均匀的边界和区域产生的火焰扰动的影响，如式（12-17）讨论。如果式（12-17）只有齐次解，比如在空间均匀速度扰动场中，非线性效应总是引起与火焰面积（扰动频率）和速度扰动有关的非线性传递函数，$(A'/A_0)/(u'/u_0)$，扰动幅值单调递减。换言之，线性传递函数总是大于非线性传递函数。

如果速度场是不均匀的，则非线性特性对特解和齐次解的影响导致整体解的特性取决于两个解是否位于促进或破坏干涉的区域。如果它们在促进区域，则与先前的结论类似：传递函数 $(A'/A_0)/(u'/u_0)$ 随扰动幅值递减。相反的行为可能会发生，如果两个解互相抑制，因为它们受到非线性不同程度的影响。与沿火焰的每个点激发的流动非均匀项相反，非线性具有更长的时间来破坏用于传播火焰的边界条件项的火焰面积。如随后所示，非线性传递函数的结果实际上可以超过其线性值。

下面考虑影响火焰区域非线性的主要因素，这些非线性源于三个方面。首要因素是式（12-18）中的非线性火焰动力学项 $\sqrt{1+\beta^2(\partial\xi/\partial r)^2}$。第二个因素是由火焰面积对火焰位置梯度的依赖关系引入的静态非线性方程（12-21）中的 $\sqrt{1+\beta^2(\partial\xi/\partial r)^2}$。在这两种情况下，非线性源自于几何，由瞬时火焰锋面和火焰位置梯度之间的关系引入。第三个非线性是由受迫流动本身引起的，依赖于火焰锋面扰动速度与火焰位置 $u(\xi, t)$ 的影响。

　　因为前两个非线性源是相同的，可以用一个最终表达式（12-21）来表示火焰面积。将式（12-18）代入式（12-21），注意到在区域积分中均出现的 $\sqrt{1+\beta^2\,(\partial\xi/\partial r)^2}/(1+\beta^2)$ 项可以写成

$$\sqrt{\frac{1+\beta^2\,(\partial\xi/\partial r)^2}{1+\beta^2}}=u(\xi,t)-\frac{\partial\xi}{\partial t} \tag{12-32}$$

　　因此，非线性的显性形式消失了。火焰锋面动力学中的非线性项包括在 $\partial\xi/\partial r$ 中，由前面提到的受迫流动非线性包括在 $u(\xi,t)$ 和 $\partial\xi/\partial r$ 项中。基于式（12-32），可以观察到在火焰对于流动扰动响应中各种参数对非线性的影响。

　　（1）斯特劳哈尔数。斯特劳哈尔数 Sr 较低时，式（12-32）中的非稳态项是可以忽略的。此外，ξ 对于速度场 $u(\xi,t)$ 的关系在低 Sr_c 极限时是很微弱的，至少对于这里考虑的速度场是这样的，因此，火焰面积的速度响应在低斯特劳哈尔数时保持线性。该点表明火焰的非线性面积响应是一种本质上的动态现象，其准稳态响应是线性的。鉴于斯特劳哈尔数与火焰根部生成扰动以对流传播到整个火焰长度所需的时间 L_F/u_0，以及火焰前缘形成尖角的时间 τ_{cusp} 与 λ_F/S_1 之比有关，可用另一种方法陈述该观点，如果这个比值很小，火焰褶皱将没有足够的时间形成尖角，这与非线性密切相关。

　　（2）流动不均匀性。$u(\xi,t)$ 项中的非线性是由流动扰动的非均匀性直接引起的，因此，$\eta\to0$ 极限下，该项对火焰面积非线性的影响被抑制。

　　（3）边界条件。如果火焰仍然固定在附着点上，如本节所述，$\partial\xi/\partial r$ 在这个点一直为零。因此，附着点附近的火焰面积扰动［此时 $\xi\approx0\Rightarrow u\approx u(0,t)$］与速度幅值呈现线性关系，非线性仅出现在从附着点移开的火焰点处。因此，在 ε 值相当时，轴对称锥形火焰比轴对称楔形火焰具有更为线性的速度响应，因为其大部分火焰面积集中在附着点附近，而楔形火焰只有很少部分火焰面积在附着点附近。

　　（4）火焰纵横比。当 $\beta\gg1$，火焰很长时，火焰脉动可以用下面的方程描述

$$\frac{\partial\xi}{\partial t}+\frac{\partial\xi}{\partial r}=u(\xi,t)$$

在这种情况下，火焰动力学是线性的，尽管受迫流动项不需要是线性的。因此，β 对于这个问题来说是一个重要的非线性项；也就是说，可以预期在较大的 β 值下，对于更大的 ε 值、火焰面积的影响将显示出对扰动速度的线性依赖性。

　　本节其余部分给出了比较线性和非线性火焰传递函数的典型结果，这些结果是通过对控制方程（12-18）数值积分得到的[41]。非线性火焰传递函数通过傅里叶变换计算仅在受迫频率下的火焰面积（因为高频谐波也被激发）来确定的。

　　方程式（12-20）所描述的边界条件不适用于瞬时流速低于火焰传播速度时的扰动速度幅值计算。在这种情况下，火焰会发生回火，因此需要用其他条件来替代方程式（12-20）（见 12.3.1.7 节）。下文将显示在扰动幅值达到回火点时，扰动幅值 $\varepsilon=\varepsilon_f$，其中

$$\varepsilon_f=1-\frac{1}{\sqrt{1+\beta^2}} \tag{12-33}$$

图 12-16 展示了楔形火焰非线性传递函数增益与 Sr_2 的关系。增益传递函数通过线性值 G/G_{Lin} 归一化处理，结果显示的是均匀速度场 $\eta=0$ 和 $\beta=1$。如先前所预测的，在所有低 Sr_2 情况下，响应是趋于线性值。注意，火焰面积相对其线性值大幅度减小，也就是增益饱

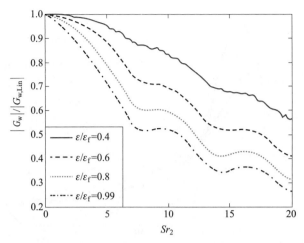

图 12-16　轴对称楔形火焰，火焰面积—速度传递函数幅度与其线性值比值对
斯特劳哈尔数的依赖关系，$\beta=1$，$\eta=0$

和。与斯特劳哈尔数一样（见 12.3.1.3（1）），非线性度随 Sr_2 的增加而增大。对于目前情况，当 $\varepsilon=\varepsilon_f$ 时，楔形火焰的增益降低了约 75%。尽管这里没有显示出火焰面积响应的相位，但是表现出很弱的振幅关系，在 $\varepsilon=\varepsilon_f$ 时总共变化了大概 8° 。

图 12-17 显示了在一定 η 范围内给定速度振幅的楔形火焰和锥形火焰非线性传递函数增益和相位的 Sr_2 关系。结果展示了速度幅值为 $\varepsilon/\varepsilon_f=0.99$ 时的结果，注意，与讨论的边界条件一致（见 12.3.1.3（3）），楔形比锥形具有更强的非线性响应。

在 $\eta=0$ 的情况下，非线性导致传递函数随扰动幅值单调递减。一般情况下，这个结果不是真实的，因为前面提到的边界条件和受迫流动均匀性解之间的相互作用。图 12-18 展示的是楔形火焰在 $\eta=2$ 时的响应（扰动以平均流速的一半流动），注意增益结果没有根据线性值进行归一化处理。结果表明，在 $6<Sr_2<8$ 范围内，非线性函数实际上超过了其线性值。我们可以通过观察在线性传递函数达到最小值的区域附近会出现这种行为来

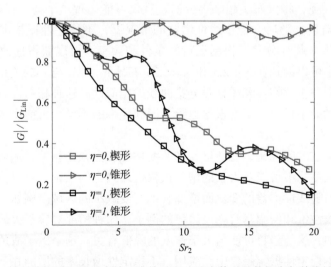

图 12-17　轴对称楔形和锥形火焰，火焰面积—速度传递函数幅度与其线性值比值对
斯特劳哈尔数的依赖关系，$\beta=1$，$\varepsilon/\varepsilon_f=0.99$

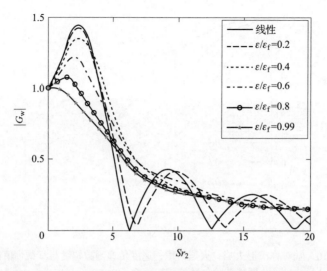

图 12-18　轴对称楔形火焰，火焰面积—速度传递函数对斯特劳哈尔数的依赖关系，$\beta=2$，$\eta=2$

理解这一结果。在这些 Sr_2 值处，边界条件和受迫流动项彼此互相抵消，导致增益为零。随着速度幅值的增大，非线性引起了边界条件和受迫流动项所致的增益减小。在 $\varepsilon=0.2\varepsilon_f$ 情况下，由于个体增益减少的量不同，总增益不为零，线性增益为零实际上是转为更大的 Sr_2 值。在较高的扰动水平下，这两个项永远不会完全相互抵消，增益不为零。相反，传递函数的增益随速度振幅的增加而单调递减。这些结果与 Durox 等[18]的测量结果一致；虽然不太显著，但类似的情况也发生在锥形火焰中。此外，不同于 $\eta=0$ 的情况，相位表现出更强的振幅依赖性。

尽管这些结果都集中在理论预测，但是如果在模型中使用了正确的速度特性，通常发现它们与试验结果符合得很好。

这些结果对于不稳定燃烧室中可能观察到的分岔类型具有重要意义，特别是在热释放的非线性是主要非线性源的情况下（参见第 1 章的讨论）。增益曲线类似于图 12-16 中定性显示的那些情况下，将仅发生超临界分岔，且仅可能出现一个稳定极限环振幅 A_{LC}。在增益超过线性增益后，随后又低于线性增益的情况下，不稳定性振幅可能存在多个稳定解，并且可能发生亚临界分岔。根据运行的条件和频率，可以获得这两种类型的增益曲线。在图 12-19 中可以看到在 $Sr_2=2.5$ 和 $Sr_2=6.25$ 工况下 A'/A_0 与 ε 的关系。注意这些曲线的形状与第 1 章中关于亚临界和超临界分岔曲线的相似性。这种相似性意味着由这些火焰面积脉动机理激励的不稳定燃烧室根据运行工况和频率的不同，可能出现迟滞和触发，也可能不出现。

另一个令人关注的问题是，线性增益和非线性饱和振幅不相关，例如，基于火焰对低振幅脉动的响应强度，不可能对火焰的饱和振幅得出确定的结论。可以找到其中特定参数变化导致饱和幅值随线性增益的变化而增加、不变或减小的区域。例如，图 12-20 展示出了线性增益和非线性饱和振幅具有相反趋势的例子，这种情况对应于火焰长度以恒定频率加倍的情况，例如，这种趋势可能与火焰速度的降低有关。这个例子清楚地说明了线性稳定性分析在推断不稳定性振幅趋势中的应用；不稳定性增长率的增加并不一定意味着燃烧不稳定性振幅的增加，振幅也可以保持不变，或者正如刚才所讨论的，实际上可以减少。

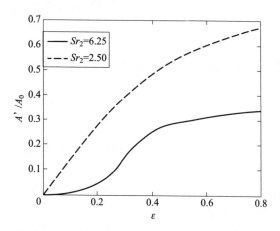

图 12-19　当 $\eta=2$ 时楔形火焰面积脉动 A'/A_0 与火焰速度振幅 ε 的关系

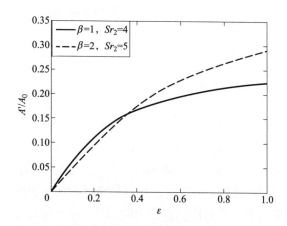

图 12-20　当 $\eta=0$ 时两种不同工况下楔形火焰面积脉动 A'/A_0 与火焰速度振幅 ε 的关系

12.3.1.4　火焰速度对扰动的响应

本节描述火焰速度扰动的各种机理，如方程（$Q(t)=\int_S \rho_1 S_1 \Delta h_R \mathrm{d}A_{FL}$）中所指出的，它们构成了热释放脉动的机理，它考虑了脉动压力和温度、拉伸率以及最终混合物成分的影响。

首先考虑火焰速度对声波中非定常压力和温度变化的响应。若干分析用高活化能渐近法和单步动力学机理研究了受声波扰动的平面火焰的内部结构[42-46]。McIntosh[47]总结了许多这些结果，他强调了相互作用的不同特征取决于声波和火焰预热和反应区的长度和时间的相对大小，McIntosh[47]定义这些长度和时间尺度比例

$$\tau_M = \frac{扩散时间}{声学周期} \qquad N \equiv \frac{声学波长}{扩散长度} \qquad （12-34）$$

这些比例与火焰燃烧速度的马赫数 Ma 有关

$$Ma_S = \frac{S_L}{c_u} = \frac{1}{\tau_M N} \qquad （12-35）$$

此外，定义无量纲的整体活化能

$$\theta_E = \frac{E_a}{R_g t_b} \qquad (12-36)$$

式中，E_a 是整体活化能；R_g 是气体常数；T_b 是已燃气体温度。根据这些参数的相对大小，存在 4 种不同的组织形式。

（1）$N \gg 1/Ma_S$（即 $\tau_M \ll 1$）。声波波长远大于火焰的厚度，火焰对声波干扰以准稳态方式响应。

（2）$N \sim O(1/Ma_S)$（即 $\tau_M \sim O(1)$）。声波波长远大于火焰厚度，但声学和火焰响应时间是相称的。

（3）$N \sim O(1/\theta_E^2 Ma_S)$（即 $\tau_M \sim O(\theta_E^2)$）。快速时间尺度声振荡影响内部反应区，在燃烧区中，空间压力梯度并不重要。

（4）$N \sim O(1)$（即 $\tau_M \sim O(1/Ma_S)$）压力梯度发生在与火焰厚度相同的长度尺度上。

不稳定燃烧最可能的状态可能是形式 1 和 2，例如，400Hz 的频率大致相当于 $\tau \sim 1$ 的化学当量甲烷—空气火焰。对于这些情况，McIntosh 推导出了关于质量燃烧率和声压扰动的表达式[42]

$$\left(\frac{m'}{\overline{m}}\right) \Big/ \left(\frac{p'}{\overline{p}}\right) \equiv v = \frac{2\,\theta_E(\gamma-1)}{\gamma} \frac{(-i\,\tau_M)(s-1+1/\Lambda)}{\dfrac{\theta_E(\Lambda-1)}{\Lambda}[Le(s-1)+(1-r)]-2s(1-r)} \qquad (12-37)$$

我们假设一个 $\exp(iwt)$ 的时间依赖，Le 是刘易斯（Lewis）数

$$s = \sqrt{1-4i\,\tau_M/Le} \quad \text{和} \quad r = \sqrt{1-4i\,\tau_M} \qquad (12-38)$$

图 12-21 绘出了火焰速度响应 v 的依赖性。它大致是随着 θ_E、无量纲频率 τ_M 和火焰温度跃变 Λ 而增加。当 Le 值在 1 附近时，与刘易斯数的关系很弱。这个结果说明在物理上有趣的 $\tau \sim O(1)$ 情况下，质量燃烧速率响应明显大于其准稳态值。虽然这些分析与小火焰燃烧区关系最大，McIntosh 建议它们也可以应用于分布反应区，其中层流火焰的厚度被加厚反应区的厚度所代替。

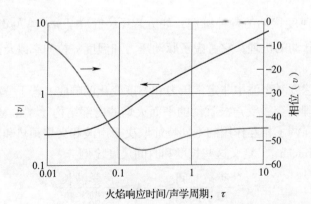

图 12-21　归一化质量燃烧率对声压扰动 v 的响应（摘取自 McIntosh[42]）

显然，没有互补的试验研究来批判性地评估这些预测。

接下来考虑拉伸率脉动对火焰速度的影响[48]，也是由声速或涡速扰动引入的。火焰拉伸能增加或降低火焰速度，这种敏感性由马克斯坦（Markstein）数 Ma 量化。对于弱拉

伸火焰，这种关系的线性化表达式是

$$S_c/S_L = 1 - MaKa \tag{12-39}$$

式中，S_c 是拉伸火焰速度；S_L 是非拉伸火焰速度，$Ka = \kappa/S_L d$ 是卡洛维茨（Karlovitz）数，d 是火焰厚度，κ 是拉伸率

$$\kappa = \nabla_t \cdot \boldsymbol{u} - S_c/\mathfrak{R} \tag{12-40}$$

式中，∇_t 是火焰表面速度场的切向散度；$\mathfrak{R}$ 是火焰表面速度场的曲率半径。

　　方程（$\kappa = \nabla_t \cdot \boldsymbol{u} - S_c/\mathfrak{R}$）表明，在稳态情况下，燃烧速度与曲率（第二项）和流动拉伸（第一项）的依赖性合并为一项[49]。准稳态应变扰动引起基于标称幅值为马克斯坦数值范围的火焰速度振荡，然而，在一般不稳定的情况下，Joulin[50]分析预测，方程（$\kappa = \nabla_t \cdot \boldsymbol{u} - S_c/\mathfrak{R}$）中两个项的火焰传播灵敏度具有不同的频率响应特性。非定常拉伸效应随频率而减小，而非定常曲率项与频率无关。后者的预测没有被试验或计算评估，前者的预测与 Im 和 Chen[51]的计算一致，他们预测了火焰速度对应应变率脉动的响应随着频率的增加而衰减（参见图 12-22）。该图绘制瞬时火焰消耗速度作为瞬时拉伸率的函数。横跨整个 y 轴值范围的非闭合线对应于稳态结果，并显示消耗速度随拉伸而增加。填充圆对应于当拉伸速率正弦振荡时消耗速度和拉伸速率之间的瞬时对应，10Hz 工况与稳定线很接近，随着频率的增加，消耗速度振荡的幅度单调减小，并且在 1000Hz 时变得相当小。这一结果强调了动态效应的重要性，并强调了 12.2.1 节的观点，即火焰响应即使在相对低的频率也不是准稳态。

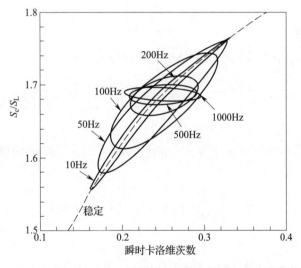

图 12-22　几种振荡频率下瞬时火焰消耗速度 S_c 与瞬时卡洛维茨数的关系，
计算工况为 $\phi = 0.4$ 的氢—空气火焰（图片摘取自 H. Im.[51]）

　　尽管非定常拉伸效应在声强迫火焰中尚未得到系统的评价，但它们可能是 Baillot 和同事[52-54]在试验中观察到过滤现象的原因。当本生灯火焰受到高频、低振幅干扰时，他们观察到火焰只在火焰基部明显起皱，并随着轴向位置在较远的下游处迅速衰减，这种现象可能是由于在较高频率下，火焰曲率相关的燃烧速度和扰动的极短对流波长的重要性增加所导致。

最后，考虑混合物成分（当量比）振荡对火焰速度的影响，从火焰速度对当量比的稳态关系可以看出这种敏感性。首先，在近化学计量比条件下，火焰速度有一个最大值（$\partial S_1 / \partial \phi = 0$），这意味着在这种条件下火焰速度对当量比振荡不敏感。二是火焰速度对当量比的敏感性 $\partial S_1 / \partial \phi$ 随着 ϕ 从 1 减少而增大。由固定的 ϕ 扰动产生的火焰速度振荡的振幅随着平均当量比的减小而增大。

与脉动拉伸情况类似，火焰对混合物组成动态脉动的响应随频率的增加而减小。Sankaran 和 Im 研究了贫燃甲烷—空气预混火焰对这种脉动的动态响应，并且发现在相位上存在显著的动态效应[55]。例如，在 400Hz 处，他们分析预测了瞬时当量比和火焰速度之间的较大相移，其效果是火焰速度实际上随着当量比的减小或增加而增加或减少。

火焰热释放 $Q(t)$ 对火焰速度扰动的总体响应是复杂的，因为火焰的位置以及表面积也受到影响。正如后面将要显示的，火焰速度和火焰面积扰动的相互影响是相互增强还是减弱取决于振荡频率。接下来，我们讨论一个锥形火焰对于对流 ϕ 扰动的响应分析[56]，来描述这些耦合动力学。这个分析类似于 12.3.1.3 节，除了这里保留了火焰传播速度脉动项，以及忽略了流速扰动项。为了简化参考文献[56]的表达式，假定 $\beta \gg 1$，因此 $(1+\beta^2)/\beta^2 \approx 1$ 和 $Sr_2 \approx Sr$。

假设当量比扰动以平均流速对流，从而具有如下给出的轴向分布

$$\phi'(x,t) = \phi_b' \exp[-i\omega(t-x/\bar{u})] = \phi_b' \exp(-i\omega t)\exp[iSr(1-r/R)] \quad (12\text{-}41)$$

式中，ϕ_b' 是火焰根部当量比脉动，火焰速度扰动与混合化学计量学中的扰动有关

$$S_1' = \left(\frac{dS_1}{d\phi}\right)_\phi \cdot \phi' \quad (12\text{-}42)$$

从等式 $Q(t) = \int_S \rho_1 S_1 \Delta h_R dA_{FL}$，给出总的热释放扰动

$$\frac{Q'}{\bar{Q}} = \frac{\int \rho_1' \overline{dA_{FL}}}{\int \bar{\rho}_1 \overline{dA_{FL}}} + \frac{\int S_1' \overline{dA_{FL}}}{\int S_1 \overline{dA_{FL}}} + \frac{\int \Delta h_R' \overline{dA_{FL}}}{\int \Delta \bar{h}_R \overline{dA_{FL}}} + \frac{A_{FL}'}{\bar{A}_{FL}} \quad (12\text{-}43)$$

假设当量比扰动在恒定密度下发生，$\rho_1' = 0$，将下列火焰传递函数定义为当量比扰动的函数 F_ϕ

$$F_\phi = \frac{Q_\phi'/\bar{Q}}{\phi_b'/\bar{\phi}} = F_H + F_S = F_H + (F_{S,\text{dir}} + F_A) \quad (12\text{-}44)$$

其中

$$F_H = \frac{d(\Delta h_R/\Delta \bar{h}_R)}{d(\phi/\bar{\phi})}\bigg|_{\bar{\phi}} \frac{2}{Sr^2}\{1 + iSr - \exp(iSr)\}$$

$$F_{S,\text{dir}} = \frac{d(S_1/\bar{S}_1)}{d(\phi/\bar{\phi})}\bigg|_{\bar{\phi}} \frac{2}{Sr^2}\{1 + iSr - \exp(iSr)\} \quad (12\text{-}45)$$

$$F_A = \frac{d(S_1/\bar{S}_1)}{d(\phi/\bar{\phi})}\bigg|_{\bar{\phi}} \frac{2}{Sr^2}\{1 - (1-iSr)\exp(iSr)\}$$

式中，Q_ϕ' 是当量比脉动的热释放响应。这些传递函数只是斯特劳哈尔数与反应热和火焰速

度对当量比灵敏度的函数。图 12-23 中绘制了公式（12-45）中传递函数的振幅和相位关系，这些特性随后将进行更详细的描述。

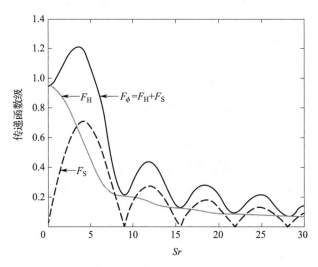

图 12-23　火焰传递函数增益与斯特劳哈尔数的关系（$\phi=1$）

当量比传递函数 F_ϕ 包含三个贡献项（见方程（12-44））。其中，第一项 F_H 是由反应热的扰动所引起的；第二项 F_S 是由火焰速度变化引起的。特别地，火焰速度的变化可以进一步分解为两个因素：一部分是直接由火焰速度对当量比的灵敏性 $F_{S, dir}$ 所导致；另一部分则是由火焰表面积的波动 F_A 所引起的。这些计算基于一个假设，即当量比与火焰速度之间存在一种准稳态关系，即 $\mathrm{d}(S_1/\overline{S}_1)/\mathrm{d}(\phi/\overline{\phi})$ 与频率无关。然而，这种关系的附加动态特性可以通过一种简单直接的方法加以考虑。

与速度扰动的情况一样，研究当量比与放热扰动之间的时域关系是有用的。与速度扰动情况相反，即使 $Sr\ll1$ 极限条件下，Q'_ϕ 的脉动不能用 n-τ 模式描述。这种关系可能是由于当 $Sr\ll1$ 时，F_ϕ 与 Sr 的反相位关系，即火焰在当量比扰动到达之前不能做出响应。低 Sr 时 Q'_ϕ 的动态响应特性由下式给出

$$Q'_\phi(t)/\overline{Q} = n_H \phi'_b(t-\tau_H) + n_S \frac{\mathrm{d}\phi'_b(t)}{\mathrm{d}t} \quad\quad （12-46）$$

其中

$$n_H = \frac{\mathrm{d}(\Delta h_R/\Delta \overline{h}_R)}{\mathrm{d}\phi}\bigg|_{\overline{\phi}}, \quad \tau_H = \frac{L_F}{3\overline{u}}, \quad n_S = \frac{1}{3}\frac{L_F}{\overline{u}}\frac{\mathrm{d}(S_1/\overline{S}_1)}{\mathrm{d}\phi}\bigg|_{\overline{\phi}}$$

如公式（12-46）中所示，τ_H 和火焰—速度扰动的时间变化率的组合效应，延迟或提前。

为了量化反应热和火焰速度与当量比的关系，使用 Abu-Off 和 Cant[57] 对甲烷的关系：$S_1(\phi)=A\phi^B\exp[-C(\phi-D)^2]$，$\Delta h_R(\phi)=[2.9125\times10^6\min(1, \phi)]/(1+\phi 0.05825)$，其中系数 A=0.6079、B=-2.554、C=7.31、D=1.230。

这些关系式用于生成图 12-23 ~ 图 12-25 中的结果。注意，F_H 在 Sr=0 时从其最大响应单调递减。相反，火焰速度扰动 F_S 的放热响应在 Sr=0 时消失。这种消失是由于火焰速度和面积扰动项的完全抵消造成的，这两个项具有相同的量级但相位相反。这种在 Sr=0

时的零响应可以从准稳态自变量中理解，也就是说，火焰面积脉动的大小相同，相位相反。零响应也可以理解是因为火焰传播和面积扰动项引起了火焰对具有恒定反应热的混合物的响应。例如，对于两个燃料当量比不足的火焰，如果燃料流量相同但空气流量不同，在准稳态下两者释放相同数量的热量，尽管两个火焰的面积有所不同。因此，慢时间尺度的扰动可能影响火焰的局部消耗率，但是最终的热释放扰动被最终的火焰面积变化精确地平衡。

传递函数 F_S 随着斯特劳哈尔数从 0 开始增加，是由于 $F_{S,dir}$ 和 F_A 相对相位的变化。如图 12-24 所示，在 $Sr \approx 4.5$ 时达到整体最大值，两个扰动项相互增强。随着斯特劳哈尔数的进一步增加，F_S 在 $F_{S,dir}$ 和 F_A 的交替相位关系引起的振荡模式中减小，总释热率响应 F_ϕ 增加直到 $Sr \approx 4$，并以振荡的方式减小。

图 12-25 绘出了平均当量比对火焰传递函数的影响。结果表明，混合物的化学计量对 $Sr \ll 1$ 和随后的最小值的传递函数幅度影响不大。然而，在大多数情况下，火焰响应随着当量比的减小而增加，因为火焰速度对前面提到的贫混合物的当量比的敏感性增加。虽然未显示出来，但放热响应可领先或滞后于φ扰动，取决于平均φ值。

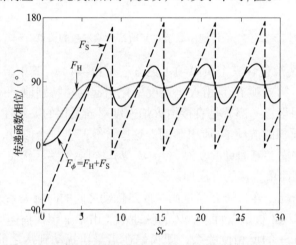

图 12-24　火焰传递函数相位与斯特劳哈尔数的关系（φ=1）

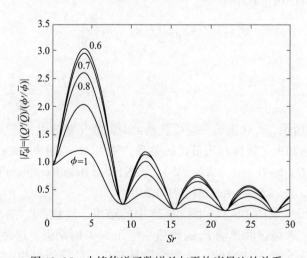

图 12-25　火焰传递函数增益与平均当量比的关系

　　从这些结果中得出的一个重要结论是局部或全局的扰动对整体火焰响应的重要性。例如，火焰速度扰动不仅引起单位面积放热率的局部变化，还引起整个火焰面积的变化。前面说明的传递函数结果表明，包含这两种效应对于模拟整体火焰响应至关重要。

　　Peracchio 和 Proscia 采用准稳态模型，就 ϕ 扰动对声场的非线性影响进行了部分评估。对于离开喷嘴出口的瞬时混合物组成对速度扰动的响应，他们假定以下关系

$$\phi(t) = \frac{\overline{\phi}}{1 + ku'(t)/u} \qquad (12-47)$$

式中，k 是接近 1 的常数。类似于前文的推导，他们还利用了每单位质量混合物的热释放与瞬时当量比之间的非线性关系式。

12.3.1.5　皱焰效应

　　必须解决的一个重要问题是，前面从平滑的层流火焰锋面推导出的结论多少可以推广到高度褶皱的湍流火焰。尽管许多湍流火焰效应至今尚未记录处理，但几个关键特征已经在一系列的试验和理论论文中被提出。

　　我们首先考虑火焰对声场的影响。对于该问题的解析处理，将火焰模化为具有压力敏感型火焰速度的动态变化的温度不连续性[59-60]，这些研究固定了火焰位置，因此没有考虑完全耦合的火焰—波动力学。它们表明声波散射与层流和湍流前缘之间的关键差异如下：在线性近似中，入射到层流火焰上的相干单色波作为相同频率的单色干扰而散射；在湍流火焰中，同一入射波产生散射相干和非相干扰动，非相干扰动有一个大致对称于入射波频率 f_i 的分布谱，由于火焰锋面的随机运动，使得散射场的频谱变宽，从而产生多普勒频移的散射波。图 12-26 中绘制的数据清楚地说明了这些特性，这些数据显示了从湍流火焰散射出的 7.5kHz 和 15kHz 声波的频谱，在入射波频率上的窄带、相干峰和分布边带在图中明显可见[46]，注意 15kHz 声波的非相干边带具有更宽的带宽。这个结果可以理解为入射到以马赫数 Ma 移动的反射表面上的谐波振荡声波产生以多普勒移位频率振荡的反射波。

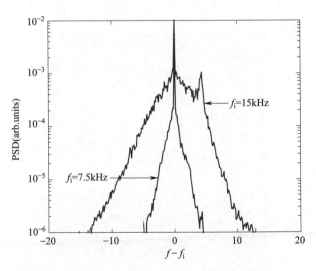

图 12-26　7.5kHz 和 15kHz 入射波激发的散射声场的测量谱（选自 Lieuwen[61]）

$$f_{\text{refl}} = f_{\text{drive}} \frac{(1 + Ma \cdot \boldsymbol{n})}{(1 - Ma \cdot \boldsymbol{n})} \tag{12-48}$$

式中，$\boldsymbol{n}$ 表示入射波的单位法向方向。注意到火焰前部运动的马赫数 Ma 非常小，这个表达式可以写成

$$\langle (f - f_{\text{drive}})^2 \rangle^{1/2} = \langle (\Delta f)^2 \rangle^{1/2} \approx 2 f_{\text{drive}} \langle (Ma \cdot \boldsymbol{n})^2 \rangle^{1/2} \tag{12-49}$$

该方程表明散射波的带宽 Δf 随 rms 火焰锋面速度和入射波频率的增大而增大。

如果火焰不向声场增加能量，则非相干边带中的能量来自相干波。因此，火焰的褶皱特性作为相干声能耗散的潜在来源。在火焰放大声波的情况下，相干场的总体能量平衡由这些激励过程和耗散过程之间的竞争决定。虽然这里没有提供，但在参考文献［62］中给出了计算实例。

这种耗散机理在本质上主要是运动性的，因为散射波的相位沿火焰锋面的位置不同，因为波在撞击火焰和反射之前传播的距离不同。来自火焰不同点的扰动之间的相位不一致导致这些不同波之间的破坏性干扰。图 12-27 计算结果可以清楚地看到由起皱火焰锋面引起的声场畸变，它描绘了初始平面声波撞击起皱火焰后的空间压力场分布。

一般来说，散射场的特性取决于火焰锋面的平均位置的统计学分布。在火焰皱褶的尺度远小于波长的范围内，只有湍流火焰刷厚度是重要的，相干散射场以 $1-2(k\sigma\cos\Theta_i)^2$ 衰减，这里 $k=\omega/c$、σ 和 Θ_i 是声波波数、火焰刷厚度和入射波与平均火焰位置之间的相对夹角。除了振幅减小之外，如果火焰位置相对其平均位置不是对称分布，则相干场相对于其光滑表面值具有相位偏移。通过这些表达式可以预测，湍流火焰效应随着频率或湍流火焰刷厚度的增加而增长。

从图 12-28 中的数据可以看出非相干场中的能量关于频率的增加。由于散射场中的总能量受入射波中能量以及火焰微小增益的限制，非相干场中的能量在高频下饱和。高频饱和对应于在散射相干场中没有能量残留，并且全部驻留在非相干边带的情况。

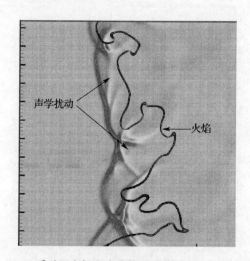

图 12-27　瞬时压力场和火焰锋面图像（经 A. Laverdant 和
D. Thevenin 许可重新绘制[63]）

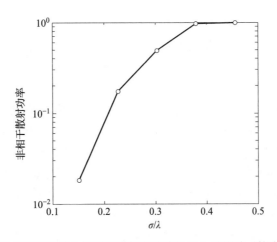

图 12-28　散射非相干能量对火焰刷厚度与声波波长比 λ 的影响（摘自 Lieuwen[61]）

回到本节开头提出的问题，即从层流研究中得到的结果对湍流火焰的通用性问题。显然，这个问题的答案在于扰动波长（无论是声波还是对流）与湍流火焰刷厚度的比值。对于典型的纵向模态不稳定性，σ/λ 通常很小，这意味着对于层流火焰来说，褶皱火焰效应仅需提供很小的修正。然而，在相同的频率下，对流波长可能具有与 σ 相同的量级。这种潜在的相似性意味着对于 12.3.1.3 节和 12.3.1.4 节的结论，在对流扰动或火焰褶皱在对流尺度变化的情况下，可以在湍流情况下进行修正。同样，火焰对高频声波的响应，例如，在尖啸不稳定性期间，也与层流火焰分析所预期的响应大不相同。

12.3.1.6　声场与固有火焰不稳定性的相互作用

即使在没有声振荡的情况下，由于固有的不稳定性，预混火焰常常是不稳定的。这些不稳定性是显著的，因为它们与外加声振荡的相互作用导致火焰动力学的定性变化。下面我们将简要地介绍这些不稳定性，可以在 Williams[77] 和 Clavin[49] 文献中发现详细的讨论和分析。

我们关注预混火焰固有不稳定性的三种基本类型：体积力效应、流体动力学效应和热扩散效应。本章未涉及多步化学反应效应，这些效应也可能引入纯动力学性质的附加不稳定性出现在通过狭窄通道传播的火焰中。

体积力不稳定性类似于经典的浮力机理，静置在较轻流体之上的重流体在重力的作用下是不稳定的。同样地，火焰向上传播划分高密度区域和低密度区域，因此是不稳定的。通过燃烧速度的变化或外部施加的流动扰动，可以通过火焰片的加速引起类似的不稳定性。如下一节中进一步讨论的，后一种机理在某些声—火焰相互作用现象中起着重要作用，其中加速度是由声速场提供的。

流体力学，或达里乌斯—朗道不稳定性，本质上是一种纯粹流体力学的基本机理。对于所有扰动波长，任何将密度不同的两种气体分开、以相对于密度较大的气体垂直的恒定速度传播的锋面都是不稳定的[77]。这种机理是由穿过火焰的气体膨胀引起的，由于存在凸向和 / 或凹向未燃气体的扰动，该膨胀导致入射流线在扰动前发散和 / 或聚拢。所得到的流动分散或汇聚分别导致流动局部减速或加速，引起扰动进一步增加。局部燃烧速度依赖于火焰曲率半径稳定短波扰动。对于向下传播的火焰，较长的波长扰动是由重力稳定的。

扩散热不稳定性是由于火焰锋面曲率对热扩散和反应物扩散速率的影响而引起的。例如，扰动引起火焰锋面向未燃气体外凸，导致加热来流混合物的对流热通量散焦。类似地，扰动导致不充分的反应物的扩散通量聚焦到火焰中。如果热导率和极限反应物扩散系数相等（即刘易斯数为 1，$Le-D_T/D_M$），然后这些效果平衡使燃烧速度保持不变。对于刘易斯数略小于 1 的混合物，这种机制是不稳定的。此外，在多个反应物系统中，反应物相对扩散速率的变化会引起火焰处混合物组成的变化，也导致不稳定性。

已经注意到声波与火焰不稳定性的两个关键相互作用[35, 64-69]，这些相互作用是声学扰动引起的达里乌斯—朗道不稳定性，以及在高速度振荡中发生的一种新的参数不稳定性。

这两种不稳定性都可以在沿着充满反应混合物的管道传播的火焰中观察到。由 R. C. Aldredge 拍摄的火焰特性系列照片如图 12-29 所示，当火焰沿管向下传播时，它发展成由达里乌斯—朗道不稳定性引起的胞状形状（见图 12-29（a））。由于声波与火焰锋面的相互作用，也可能出现管道固有频率的自激声振荡。这些振荡增长并可导致火焰锋面的重新稳定，其中胞状结构消失，火焰恢复为几乎平面的锋面（见图 12-29（b））。测量表明火焰的传播速度由于表面积的减小而显著减慢，其值接近层流燃烧速度[64]，此外，振荡的增长率明显下降。分析表明，这种现象是由于声场引起的振荡加速度使达里乌斯—朗道火焰不稳定所致[66-69]。

如果声振幅进一步增大，则可能发生剧烈的二次不稳定性（见图 12-29（c））。近平面火焰产生小的脉动胞状结构，其振幅迅速增加。这些胞状结构在声波振荡的半个周期内振荡，这种参数不稳定性是由于将两个密度不同的区域分开的非定常速度场对火焰锋面的周期性加速造成的。随着振幅的增加，这些有组织的胞状结构分解成高度无序的湍流前缘。在环境流场高度湍流的情况下，Vaezi 和 Aldredge[70]发现参数不稳定性仍然存在。此外，他们指出，对于足够高的湍流水平，参数不稳定性的出现不会导致火焰锋面的额外加速。这一发现与周围流场静止的情况形成对比，在这种情况下参数不稳定性导致大量的火焰加速。

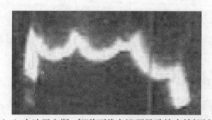 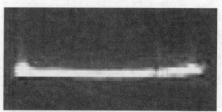

（a）由达里乌斯–朗道不稳定机理导致的火焰褶皱　　　（b）低振幅速度振荡使导致的火焰平面化

（c）大振幅声振荡引起参数不稳定

图 12-29　火焰在管内传播时的火焰锋面特性[68]演化的系列图像（图片由 R. C. Aldredge 提供）

Markstein 首先认识到，在参数不稳定性期间发生的周期倍增行为表示一种参数泵浦振荡器，其中参数激励由振荡加速度场引起，火焰锋面动力学可以用参量振荡方程的形式来描述[66]

$$A\frac{d^2y(k,t)}{dt^2}+B\frac{dy(k,t)}{dt}+\left[C_0-C_1\cos(wt)\right]y(k,t)=0 \qquad (12-50)$$

式中，A、B、C 是参考文献［66］中定义的系数；k 是扰动波数；ω 是施加振荡的频率。耗散系数 B 总是正的，如果平面火焰锋面名义上不稳定，则系数 C_0 是负的。在 C_0 为负的情况下，该方程具有如下性质：在没有强加振荡（即 $C_1=0$）时解是不稳定的，在小但有限振幅扰动时是稳定的，而在大振幅参数振荡时解是不稳定的。

12.3.1.7　火焰锚定、回火和熄火

火焰附着点的动力学特性对整个火焰运动学特性有显著影响。这一点可以从 12.3.1.3 节的讨论中理解，火焰区域的解由边界条件（即火焰附着条件）和流动火焰速度不均匀性共同控制。在附着点处产生的火焰扰动幅度直接受到该点与气体—颗粒速度同相或不同相运动程度的影响。

火焰附着点在振荡流场中的动力学特性尚不清楚，大多数对层流火焰动力学特性的研究均假设火焰基部保持静止（即 $\zeta_{附着点}(t)=0$），这些模型和试验之间的良好一致性间接表明这样的假设是合理的。然而，对于不附着在固定几何点的火焰，例如在远离燃烧室并附着在流动停滞点的旋流火焰中，适当的边界条件是什么尚不清楚。

已知火焰锚定边界条件在高激励幅度下与幅度和频率有关。Baillot[52] 发现，在高振幅、低频速度扰动下，层流、锥形本生火焰表现出多种瞬态火焰行为，如回火、不对称吹脱、不稳定升力和火焰重新驻定。另外，他们注意到，火焰反应是不对称的和极度混乱的。然而，在高频率和高振幅激励下，火焰仍然牢固地附着，但其整体形状急剧变化。他们发现，火焰会随着尖端区域变圆时而塌陷，对于足够高的激励强度（$u'/\bar{u}>1$），火焰的平均形状会变成半球形[54]。

当瞬时流速低于火焰速度时发生的不稳定回火现象，可以用在这里考虑的火焰片方法解释。例如，Dowling[71] 用非线性边界条件对此进行建模，该边界条件假定火焰保持锚定（即 $\zeta_{附着点}(t)=0$），并且当总气体速度分别超过或低于火焰速度时向上游传播。

流动振荡和由此产生的振荡拉伸率也会导致局部或全局火焰熄灭。非定常流动中的这种熄灭事件已经在一些基本几何结构的研究中得到证实，例如，对流火焰[[72]]。此外，火焰可能在曲率尖锐的位置熄灭，例如在尖点处，这种熄灭现象通常是在湍流火焰中观察到的。

火焰的局部或全局区域的非稳定熄灭和重新点燃的声学—热释放关系是非线性的，这一点在 PooSot 等[73] 测量不稳定性振幅中被强调，观察到振幅的饱和点对应于周期内瞬时化学发光发射为零的点。熄火模型需要处理内部火焰结构，比本章中介绍的简单锋面跟踪方法要复杂得多，由于这个原因，现有的模型以现象学的方式处理熄火，例如，Dowling[74] 观察到瞬时热释放不能变为负值，因此将其幅度限制在其平均值的 100%，她把这些观测值结合到一个现象学模型中，用于火焰对速度扰动的有限幅值响应，其中在瞬时放热值达到零的幅值处发生放热饱和。

12.3.2 均匀搅拌反应器

12.3.2.1 基本分析框架

回到图 12-2 中的燃烧示意图，接下来考虑与火焰区相反的极端，"均匀搅拌反应器"（WSR）状态。有人提出，在这种情况下火焰—声相互作用可以通过推论包含非稳态效应的稳态 WSR 方程进行模化。非稳态反应器模型也经常用于研究多步化学反应机理中的动力学驱动不稳定性，以及熄火与点火现象[75-76]。这些非稳态反应器方程可以通过假设所有空间量都是均匀的，然后通过对 WSR 区域的守恒方程进行直接的空间积分来进行推导[77]

$$\frac{dM}{dt} = \dot{m}_{in} - \dot{m} \tag{12-51}$$

$$\frac{dE}{dt} = \dot{m}_{in} h_{in} - \dot{m} h \tag{12-52}$$

$$\frac{dM_k}{dt} = \dot{m}_{in} Y_{k,in} - \dot{m} Y_k - \dot{W}_k \tag{12-53}$$

式中，$\dot{m}$ 和 $\dot{W}_k$ 分别是第 k 种组分的质量流量和消耗率，M、E 和 M_k 分别是反应器中的总质量、总能量和第 k 种组分的总质量，下标 in 表示入口值。均匀搅拌反应器的稳态特性由化学反应动力学时间与反应器停留时间的比值控制，该比值由质量流速与反应器容积的比值给出 $\tau_{res} = \dot{m}/V$。一般来说，反应器的体积或停留时间不能通过简化分析来规定，因为它是由反应和混合速率决定的。先前的研究已经使用试验和计算分析来确定这些量，这些量被用作简化模型的输入[78]。

注意前面的方程假设扰动在空间上是均匀的，如果火焰区是声学紧凑的，这样的近似可能足以描述声扰动。熵和涡脉动的长度尺度比反应器的尺寸更短，然而，表明扰动变量和流动应变场在反应器内是空间分布的。

由体积积分给出反应器的总放热量

$$Q(t) = \int_v \dot{\omega} \Delta h_r dV \tag{12-54}$$

式中，$\dot{\omega}$ 和 dV 分别表示反应物的体积消耗率和反应器体积，这个表达式类似于等式（12-7），除了它是在体积上，而不是表面积的基础上，项 $\rho_1 S_1$ 和 dA 分别由 $\dot{\omega}$ 和 dV 代替。注意，热释放脉动是由反应速率、反应器体积和反应热脉动产生的。

12.3.2.2 WSR 对流动扰动的响应

首先考虑影响反应速率 $\rho_1 S_1$ 的因素，$\rho_1 S_1$ 对流动和混合物扰动的敏感性可以从以下通用的全局反应速率表达式中获得一些理解

$$\dot{\omega} = A Y_F^a Y_{OX}^b p^c e^{-E_u/RT} \tag{12-55}$$

式中，A 是指前因子；Y_F 和 Y_{OX} 分别是燃料质量分数和氧化剂质量分数；a、b、c 是灵敏度系数。等式（12-55）中任何量对 $\dot{\omega}$ 干扰的敏感性可由指数系数的值确定，但必须强调的是，任何干扰都不是孤立发生的。例如，温度的脉动对停留时间或反应器燃料和氧化剂浓度有影响。参考文献 [79]、[80] 和 [81] 讨论了 $\dot{\omega}$ 对压力、质量流量、入口温度、当量比等扰动的灵敏度，随后总结其结果。

由于 Arrhenius 项 $e^{-E_u/RT}$ 对温度变化的敏感性随温度而增加，入口反应流温度扰动对 $\dot{\omega}$ 的影响随平均反应器温度的增加而增加，例如，随着平均当量比的增加，当量比振荡可以

得到相反的灵敏度，对$\dot{\omega}$振荡的影响随着当量比的减小而增大。这点类似于 12.3.1.4 节所讨论的火焰速度对当量比的关系，注意$\dot{\omega}$在$\phi=1$达到最大值（即它对ϕ扰动不敏感），并随着ϕ变贫燃而减小。对$\dot{\omega}$这两个灵敏度的确定是在假设反应器停留时间是固定的，即反应混合物组成或温度的振荡不影响停留时间的基础上进行的。然而，忽略这些变化的影响可能是实质性的，如下面将要讨论的。

此外，虽然在方程（12-55）中没有明确示出，但是反应器停留时间对反应速率有强烈的影响，停留时间的减少降低了燃料和氧化剂反应的百分比，降低了温度。Park 等[82-83]分析了这种敏感性，结果表明，在反应器最大放热点上下，反应器停留时间与放热振荡之间的相位和增益关系发生本质的变化。他们提出了一种直观的方法来解释这个结果（见图 12-30）。稳态反应器条件由化学反应放热速率等于反应器向外能量对流净速率的某一个值确定。这两个速率对反应器温度的关系分别由图中的实线和虚线表示。在几个停留时间绘制能量对流速率曲线。注意，最大反应速率发生在某一固定的停留时间值。

分别在平均停留时间高于和低于最大值时，考虑微小停留时间变化的影响。如图所示，这些扰动导致反应速率振荡，它们分别与停留时间和扰动异相和同相。因此，当燃烧过程接近吹熄点时，它将通过这个相位反转点。此外，从最高反应器温度开始，要注意反应速率振荡对停留时间扰动的敏感性随着反应器温度升高而减小，直到达到最大反应速率点，此时敏感性为零，反应器温度的进一步降低伴随着对吹熄灵敏度的相应上升。

返回方程（12-55），考虑反应器体积和热值变化的影响。热值是反应物组成的函数，因此受到当量比振荡的影响，$Q(t)$对反应器体积V的灵敏度是线性相关的。然而，请记住，任一数量级的扰动都会影响反应速率，在Δhr的情况下，也影响反应器的体积（即较高热含量的反应物可能导致更快的化学反应，减少反应器的体积）。

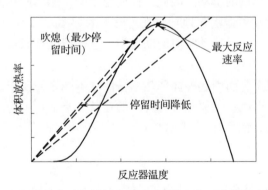

图 12-30　反应速率（实线）和对流（虚线）与反应器温度的关系，
稳态反应器的解存在于曲线的两个高温交汇点处（Park 等[82]）

为了将反应器方法扩展到火焰对流不紧凑、火焰区域内流动扰动显著变化的情况。Lieuwen 等[84]将燃烧区看作分布的无穷小、独立的反应器，其输入条件由关联位置处的局部流动给出。尽管这种启发式处理允许考虑重要的非紧凑性效应，但它对反应器独立性的基本假设是值得怀疑的（如 12.2.1.3 节，在火焰一个点产生的扰动向下游对流传播，并影响其他点的动力学）。然而，正如这些基于反应器的方法更普遍的问题一样，不清楚如何以合理的方式结合这些相互作用效应。

将有限振幅效应纳入非定常、充分搅拌反应器计算是直接的，尽管它可能需要通过方程式（12-51）~式（12-53）的时间步进的数值方法[79-81]。由于 WSR 方程具有复杂的、甚至混沌动力学[85]性质，因此在非线性动力学研究中常用于模型问题。

12.3.2.3　当前 WSR 模型的概念性问题

与反应器模型相关的两个主要概念问题应予以强调。首先，基于非稳态燃烧系统关联某些稳态燃烧特性（如吹熄条件或污染物排放）方面的效用，提出了非稳态燃烧系统的反应器模型。这并不一定意味着它们有助于预测其动态特性，原因如下：很可能是稳定许多高强度火焰的回流区域具有类似的反应特性；因此，反应器模型在揭示吹熄行为方面表现良好。但在很多情况下，火焰的其他部分也可能具有"类似小火焰"特性。在这些情况下，仅在燃烧过程的小范围内有效的模型可以非常精确地描述其吹熄特性，但不能描述其他非定常动力学特性。

其次，很难合理地模拟在空间中看到不同干扰值（如混合物组成）的不同反应器区域之间的相互作用，以及反应速率与反应器停留时间之间的相互关系。第二点似乎特别严重，可以通过以下几点来说明。考虑两个相同的反应器，在相同的燃料流量下，但在不同的压力 p_1 和 p_2 下，假设所有的燃料都反应形成产物，很显然两个反应器的总放热也是一样的。现在，假设任一反应器中的压力在两个值之间的时间振荡，也就是，$p(t) = p_1 + (p_2 - p_1) \sin\omega t$。假设频率足够低，反应器将以准稳态方式响应，这意味着总释热率保持恒定。类似的论证可以为反应器受到其他脉动的干扰，比如温度。只有入口燃料流的热含量的脉动会导致反应器放热的准稳态脉动，那到底发生了什么？显然，压力或温度的变化影响反应速率 $\dot{\omega}$。然而，在准稳态的情况下，反应速率的增加必须伴随着总反应体积的减少；也就是说，释放的热量相同，但体积较小。这种讨论表明，不影响入口流热含量的准稳态扰动不会引起总释热量的脉动。因此，任何发生的释热率振荡都是动态效应。也就是说，先前提到的压力扰动可能潜在地导致在足够大的频率 ω 下的释热率振荡。在这种情况下，有必要模拟全局反应区对扰动响应的动力学。这种情况类似于小火焰研究中所遇到的情况（见 12.3.1.4 节），其中火焰速度和面积脉动耦合；例如，火焰速度的准稳态脉动不会由于伴随的火焰面积振荡而引起整体释热率振荡。不同之处在于，这些耦合的不稳定性在小火焰情况下可以根据第一性原理进行合理的建模。鉴于它们的现象学性质，目前如何在 WSR 模型耦合这些动力学特性尚不清楚。

12.4　结论

这项工作的最终目标是开发能够预测实际燃烧室中火焰响应对几何和燃料成分参数的定性（最好是定量）依赖性的模型。对于一些简单的结构，如 Ducruix 等[36]或 Baillot 等[53]的层流本生燃烧室或 Searby 和 Rochwerger 的平面火焰[66]，已经证实了对火焰—声相互作用现象的合理、定量的预测。这些成功说明了在火焰—声学相互作用中对运动学过程建模的快速进展。此外，在开发混合模型方面正在取得进展，该混合模型使用计算机模拟来确定燃烧室系统的各种组件—火焰相互作用[86]。然而，针对真实（即湍流）配置的精确的、可预测的燃烧—响应模型的开发尚未实现，并且仍然是一个关键的挑战。随后的讨论表明了实现这种能力所需的一些要求。

首先且最重要的是，我们需要在模型和试验之间实现更有效的一致性。然而目前，相关的研究文献在很大程度上仍然是理论模型和试验研究相互脱节，即便在一些非常基础的构型中也是如此。例如，大量的基础研究从理论上研究了平面层流火焰对压力扰动的响应[42-47]，至今，似乎还没有人认真地努力把这些预测进行试验审查。类似地，虽然已知当量比振荡在激发释热率振荡中起着重要作用，但对于那些将当量比波动与热释放振荡联系起来的模型，目前还没有试验研究来验证其准确性。尽管这些基础的研究可能远离实际的火焰，但它们是实现系统建模的先决条件。

第二，需要开发涡—火焰相互作用的简化模型。关于这个问题的现有理论工作大部分是基于数值模拟的。已经发展了用于模拟不稳定、反应剪切流的分析方法[87]，并且需要扩展以考虑不稳定流动对火焰的影响。

第三，预测火焰对有限振幅波的响应是不成熟的。通过一系列试验，来明确分离出模型构建者需要特别关注的那些关键非线性过程，将有望取得显著进展。这些结果的解释性指导可以通过对潜在非线性的并行系统研究来实现。此外，诸如 12.3.1.6 节中讨论的火焰的稳定或参数不稳定性等效应可能导致有限振幅的声振荡，从而显著地改变与其相互作用的湍流火焰的"平均"特性。这些效果值得进一步研究。

第四，真实环境中的火焰—声波相互作用发生在非常嘈杂的气氛中，其中火焰是高度扰动的锋面，甚至在没有相干声振荡的情况下，也会围绕其平均位置进行大振幅的振荡。任何层流火焰对速度波动、当量比波动或涡扰动的响应模型，都必须加以泛化，以包括平均火焰高度不稳定的实际情况。例如，迄今为止在层流、本生火焰上进行的成功工作应该扩展到湍流情况。需要解决一些基本问题，例如，Ducruix 等[36]测量的传递函数如何随着湍流强度的增加而变化。

第五，需要考虑火焰与增厚小火焰、分布反应区或充分搅拌反应的相互作用。如前文所强调的，目前的充分搅拌反应器模型在很大程度上是基于现象的，存在许多重要的概念问题，要在这个领域取得进展，燃烧学界需要对湍流燃烧条件下的燃烧过程本质有更清晰的理解。

参考文献

[1] Dc Luca, L., Price, E., and Summerfield, M., Nonsteady Burning and Combustion Stability of Solid Propellants, Progress in Aeronautics and Astronautics, Vol. 143, AIAA, Washington, DC, 1992.

[2] Sirignano, W., Fluid Dynamics and Transport of Droplets and Sprays, Cambridge Univ. Press, Cambridge, England, U.K., 1999.

[3] Harrje, D., Reardon, F. (eds.) Liquid Propellant Rocket Instability, SP-194, NASA, 1972.

[4] Peters, N., "Laminar Flamelet Concepts in Turbulent Combustion," Proceedings of the Combustion Institute, Pittsburgh, PA, Vol. 21, 1986, pp. 1231-120.

[5] Poinsot, T., and Veynante, D., Theoretical and Numerical Combustion, Edwards, Philadelphia, PA, 2001.

[6] Tums, S., An Introduction to Combustion, McGraw-Hill, New York, 2000.

[7] Chu, B. T., and Kovasnay, L. S. G., "Nonlinear Interactions in a Viscous, Heat

Conducting; Compressible Gas, " Journal of Fluid Mechanics, Vol. 3, 1958, pp. 494-514.

[8] Kovaszay, L. S. G., "Turbulence in Supersonic Flow," Journal of the Aeronautical Sciences, Vol. 20, No. 10, 1953, pp. 657-674.

[9] Jou, W. H., and Menon, S., "Modes of Oscillation in a Nonreacting Ramjet Combustor Flow," Journal of Propulsion and Power, Vol. 6, No. 5, 1990, pp. 535-543.

[10] Lee, D. H., and Lieuwen, T., "Acoustic Nearfield Characteristics of a Conical, Premixed Flame," Journal of the Acoustical Society of America, Vol. 113, No. 1, 2003, pp. 167-177.

[11] Ferguson, D., Richards, G., Woodruff, S., Bernal, S., and Gautam, M., Proceedings of the 2nd Joint Meeting U.S. Sections of the Combustion Institute, Pittsburgh, PA, 2001.

[12] Schadow, K., and Gutmark, E., "Combustion Instability Related to Vortex Shedding in Dump Combustors and Their Passive Control," Progress in Energy and Combustion Science, Vol. 18, 1992, pp. 117-132.

[13] Coats, C., "Coherent Structures in Combustion," Progress in Energy and Combustion Science, Vol. 22, 1996, pp. 427-509.

[14] Stone, C., and Menon, C., "Swirl Control of Combustion Instabilities in a Gas Turbine Combustor," Proceedings of the Combustion Institute, Pittsburgh, PA, Vol. 29, 2002.

[15] Ho, C. H., Nosseir, N. S., "Dynamics of an Impinging Jet. Part 1. The Feedback Phenomenon," Journal of Fluid Mechanics, Vol. 105, 1981, pp. 119-142.

[16] Michalke, A., Zeitschrift für Flugwissenschaften (in German), Vol. 19, 1971.

[17] Baillot, F., Durox, D., and Prud'homme, R., "Experimental and Theoretical Study of a Premixed Vibrating Flame," Combustion and Flame, Vol. 88, 1992, pp. 149-168.

[18] Durox, D., Schuller, T., and Candel, S., "Combustion Dynamics of Inverted Conical Flames," Proceedings of the Combustion Institute, Pittsburgh, PA, Vol. 30, 2004.

[19] Strahle, W., "On Combustion Generated Noise," Journal of Fluid Mechanics, Vol. 49, No. 2, 1971.

[20] Putnam, A. A, "Combustion Roar of Seven Industrial Burners," Journal of the Institute of Fuel, Vol. 49, 1976, pp. 135-138.

[21] Marble, F., and Candel, S., "Acoustic Disturbance from Gas Non-uniformity Converted Through a Nozzle," Journal of Sound and Vibration, Vol. 55, 1977, pp. 225-243.

[22] Lieuwen, T., "Theoretical Investigation of Unsteady Flow Interactions with a Premixed Planar Flame," Journal of Fluid Mechanics, Vol. 435, 2001, pp. 289-303.

[23] Emmons, H. W., "Flow Discontinuities Associated with Combustion," Fundamentals of Gas Dynamics, Vol. III. High Speed Aerodynamics and Jet Propulsion, edited by H. W., Emmons, Princeton Univ. Press, Princeton, NJ, 1958, p. 584.

[24] Markstein, G. H., Nonsteady Flame Propagation, Pergamon Press, New York, 1964.

[25] Marble, F. E., and Candel, S. M., "An Analytical Study of the Non-Steady Behavior of Large Combustors," Proceedings of the Combustion Institute, Pittsburgh, PA, Vol. 17, 1978, pp. 761-769.

[26] Subbaiah, M. V., "Nonsteady Flame Spreading in Two Dimensional Ducts," AIAA Journal, Vol., 21, No. 11, 1983, pp. 1557–1564.

[27] Poinsot, T., and Candel, S. M., "A Nonlinear Model for Ducted Flame Combustion Instabilities ," Combustion Science and Technology, Vol. 61, 1988.

[28] Yang, V., and Culick F. E. C., "Analysis of Low Frequency Combustion Instabilities in a Laboratory Ramjet Combustor," Combustion Science and Technology, Vol. 45, pp. 1–25.

[29] Boyer, L., and Quinard, J., "On the Dynamics of Anchored Flames," Combustion and Flame, Vol. 82, 1990, pp. 51–65.

[30] Fleifel, M., Annaswamy, A. M., Ghoniem, Z. A., and Ghoniem, A. F., "Response of a Laminar Premixed Flame to Flow Oscillations: A Kinematic Model and Thermoacoustic Instability Results," Combustion and Flame , Vol. 106, 1996, pp. 487–510.

[31] Ashurst, W., and Sivashinsky, G., "On Flame Propagation through Periodic Flow Fields," Combustion Science and Technology, Vol. 80, 1991, pp. 159–164.

[32] Joulin, G., Sivashinsky, G., Pockets in Premixed Flames and Combustion Rate, Combustion Science and Technology, Vol. 77, 1991, pp. 329–335.

[33] Aldredge, R., "The Propagation of Wrinkled, Premixed Flames in Spatially Periodic Shear Flow," Combustion and Flame, Vol. 90, No. 2, 1992, pp. 121–133.

[34] Matalon, M., and Matkowsky, B., "Flames as Gas Dynamic Discontinuities," Journal of Fluid Mechanics, Vol. 124, 1982, pp. 239–260.

[35] Clanet, C., Searby, G., and Clavin, P., "Primary Acoustic Instability of Flames Propagating in Tubes: Cases of Spray and Premixed Combustion," Journal of Fluid Mechanics , Vol. 385, 1999, pp. 157–197.

[36] Ducruix, S., Durox, D., and Candel, S., "Theoretical and Experimental Determinations of the Transfer Function of a Laminar Premixed Flame," Proceeding of the Combustion Institute, Vol. 28, 2000.

[37] Blackshear, P., "Driving Standing Waves by Heat Addition," Proceedings of Combustion Symposium, Vol. 4, 1953, pp. 553–566.

[38] Mason, N., "Contribution to the Hydrodynamical Theory of Flame Vibration," Proceedings of the Seventh International Congress on Applied Mechanics, Vol. 2, 1948, pp. 187–199.

[39] Chu, B. T., "On the Generation of Pressure Waves at a Plane Flame Front," Proceedings of the Combustion Institute , Pittsburgh, PA, Vol. 4, 1953, pp. 603–612.

[40] Schuller, T., Durox, D., and Candel, S., "A Unified Model for the Prediction of Laminar Flame Transfer Functions: Comparisons between Conical and V–Flame Dynamics," Combustion and Flame , Vol. 134, 2003, pp. 21–34.

[41] Preetham, and Lieuwen, T., "Nonlinear Flame–Flow Transfer Function Calculations: Flow Disturbance Celerity Effects," AIAA Paper 2004–4035.

[42] McIntosh, A. C., "Pressure Disturbances of Different Length Scales Interacting with Conventional Flames," Combustion Science and Technology, Vol. 75, 1991, pp. 287–309.

[43] Peters, N., and Ludford, G. S. S., "The Effect of Pressure Variations on Premixed Flames," Combustion Science and Technology, Vol. 34, 1983, pp. 331–344.

[44] Van Harten, A., Kapila, A., and Matkowsky, B. J., "Acoustic Coupling of Flames," SIAM Journal of Applied Mathematics, Vol. 44, No. 5, 1984, pp. 982–995.

[45] Keller, D., and Peters, N., "Transient Pressure Effects in the Evolution Equation for Premixed Flame Fronts," Theoretical and Computational Fluid Dynamics, Vol. 6, 1994, pp. 141–159.

[46] Ledder, G., and Kapila, A. K., "The Response of Premixed Flames to Pressure Perturbations," Combustion Science and Technology, Vol. 76, 1991, pp. 21–44.

[47] McIntosh, A. C., "Deflagration Fronts and Compressibility," Philosophical Transactions of the Royal Society of London, Series A: Mathematical and Physical Sciences, Vol. 357, 1999, pp. 3523–3538.

[48] Huang, Z., Bechtold, J., and Matalon, M., "Weakly Stretched Premixed Flames in Oscillating Flows," Combustion Theory Modeling, Vol. 2, 1998, pp. 115–133.

[49] Clavin, P., "Dynamic Behavior of Premixed Flame Fronts in Laminar and Turbulent Flows," Progress in Energy and Combustion Science, Vol. 11, 1985.

[50] Joulin, G., "On the Response of Premixed Flames to Time Dependent Stretch and Curvature," Combustion Science and Technology, Vol. 97, 1994, pp. 219–229.

[51] Im, H. G., and Chen, J. H., "Effects of Flow Transients on the Burning Velocity of Laminar Hydrogen/Air Premixed Flames," Proceedings of the Combustion Institute, Pittsburgh, PA, Vol. 28, 2000, pp. 1833–1840.

[52] Bourehla, A., and Baillot, F., "Appearance and Stability of a Laminar Conical Premixed Flame Subjected to an Acoustic Perturbation," Combustion and Flame, Vol. 114, 1998, pp. 303–318.

[53] Baillot, F., Bourehla, A., and Durox, D., "The Characteristic Method and Cusped Flame Fronts," Combustion Science and Technology, Vol. 112, 1996, pp. 327–350.

[54] Durox, D., Baillot, F., Searby, G., and Boyer, L., "On the Shape of Flames Under Strong Acoustic Forcing: A Mean Flow Controlled by an Oscillating Flow," Journal of Fluid Mechanics, Vol. 350, 1997, pp. 295–310.

[55] Sankaran, R., and Im, H., "Dynamic Flammability Limits of Methane/air Premixed Flames with Mixture Composition Fluctuations," Proceedings of the Combustion Institute, Pittsburgh, PA, Vol. 29, 2002, pp. 77–84.

[56] Cho, J. H., and Lieuwen, T., "Laminar Premixed Flame Response to Equivalence Ratio Oscillations," Combustion and Flame, Vol. 140, No. 1–2, pp. 116–129.

[57] Abu-Off, G. M., and Cant, R. S., "Reaction Rate Modeling for Premixed Turbulent Methane-air Flames," Proceedings of the Joint Meeting of Spanish, Portuguese, Swedish and British Sections of the Combustion Institute, Madeira, 1996.

[58] Peracchio, A. A., and Proscia, W. M., "Nonlinear Heat Release/Acoustic Model for Thermo-Acoustic Instability in Lean Premixed Combustors," American Society of

Mechanical Engineers, Paper 98–GT–269.

［59］Lieuwen, T., "Theory of High Frequency Acoustic Wave Scattering by Turbulent Flames," Combustion and Flame , Vol. 126, No. 1–2, 2001, pp. 1489–1505.

［60］Lieuwen, T., "Analysis of Acoustic Wave Interactions with Turbulent Premixed Flames," Proceedings of the Combustion Institute, Pittsburgh, PA, Vol. 29, 2002.

［61］Lieuwen, T., Neumeier, Y., and Rajaram, R., "Measurements of Incoherent Acoustic Wave Scattering from Turbulent Premixed Flames," Proceedings of the Combustion Institute, Pittsburgh, PA, Vol. 29, 2002.

［62］Lieuwen T., and Cho., J. H., "Coherent Acoustic Wave Amplification/Damping by Wrinkled Flames," Journal of Sound and Vibration (to be published).

［63］Laverdanl, A., and Thevenin, D., "Interaction of a Gaussian Acoustic Wave with a Turbulent Premixed Flame," Combustion and Flame , Vol. 134, 2003, pp. 11–19.

［64］Searby, G., "Acoustic Instability in Premixed Flames," Combustion Science and Technology, Vol. 81, 1992, pp. 221–231.

［65］Markstein, G., "Flames as Amplifiers of Fluid Mechanical Disturbances," Proceedings of the Sixth National Congress on Applied Mechanics , 1970, pp. 11–33.

［66］Searby, G., and Rochwerger, D., "A Parametric Acoustic Instability in Premixed Flames," Journal of Fluid Mechanics, Vol. 231, 1991, pp. 529–543.

［67］Pelce, P., and Rochwerger, D., "Vibratory Instability of Cellular Flames Propagating in Tubes," Journal of Fluid Mechanics, Vol. 239, 1992, pp. 293–307.

［68］Vaezi, V., and Aldredge, R., "Laminar Flame Instabilities in a Taylor–Couette Combustor," Combustion and Flame, Vol. 121, 2000, pp. 356–366.

［69］Bychkov, V., "Analytical Scalings for Flame Interaction with Sound Waves," Physics of Fluids, Vol. 11, No. 10, 1999, pp. 3168–3173.

［70］Vaezi, V., and Aldredge, R. C., "Influences of Acoustic Instabilities on Turbulent–Flame Propagation," Experimental Thermal and Fluid Science, Vol. 20, 2000, pp. 162–169.

［71］Dowling, A. P., "A Kinematic Model of a Ducted Flame," Journal of Fluid Mechanics, Vol. 394, 1999, pp. 51–72.

［72］Sung, C. J., and Law, C. K., Combustion and Flame, Vol. 123, 2000, pp. 375–388.

［73］Poinsot, T., Veynante, D., Bourienne, F., Candel, S., Esposito, E., and Surget, J., Proceedings of the Combustion Institute, Pittsburgh, PA, Vol. 22, 1988.

［74］Dowling, A. P., "Nonlinear Self–Excited Oscillations of a Ducted Flame," Journal of Fluid Mechanics, Vol. 346, 1997, pp. 271–290.

［75］Park, Y., and Vlachos, D., "Isothermal Chain–Branching, Reaction Exothermicity, and Transport Interactions in the Stability of Methane/Air Mixtures," Combustion and Flame, Vol. 114, 1998, pp. 214–230.

［76］Kalamatianos, S., Park, Y., and Vlachos, D., "Two–Parameter Continuation Algorithms for Sensitivity Analysis, Parametric Dependence, Reduced Mechanisms, and Stability Criteria of Ignition and Extinction," Combustion and Flame , Vol. 112, 1998, pp. 45-61.

[77] Williams, F., Combustion Theory, Addison Wesley, Redwood City, CA, 1985.

[78] Sturgess, G., Hedman, P., Sloan, D., and Shouse, D., "Aspects of Flame Stability in a Research Dump Combustor," American Society of Mechanical Engineers, Paper 94-GT-49.

[79] Richards, G. A., Morris, G. J., Shaw, D. W., Keely, S. A., and Welter, M. J., "Thermal Pulse Combustion," Combustion Science and Technology, Vol. 94, 1993, pp. 75-85.

[80] Janus, M. C., and Richards, G., "Results of a Model for Premixed Combustion Oscillations," Proceedings of the 1996 AFRC International Symposium, 1996.

[81] Lieuwen, T., Neumeier, Y., and Zinn, B. T., "The Role of Unmixedness and Chemical Kinetics in Driving Combustion Instabilities in Lean Premixed Combustors," Combustion Science and Technology, Vol. 135, 1998, pp. 193-211.

[82] Park, S., Annaswamy, A., and Ghoniem, A., "Heat Release Dynamics Modeling of Kinetically Controlled Burning," Combustion and Flame, Vol. 128, 2002, pp. 217-231.

[83] Park, S., Annaswamy, A., and Ghoniem, A., "Dynamic Characteristics of Kinetically Controlled Combustion and their Impact on Thermoacoustic Instability," Proceedings of ICDERS 2001

[84] Lieuwen, T., Torres, H., Johnson, C., and Zinn, B. T., "A Mechanism for Combustion Instabilities in Premixed Gas Turbine Combustors," Journal of Engineering for Gas Turbines and Power, Vol. 123, No. 1, 2001, pp. 182-190.

[85] Rhode, M. A., Rollins, R. W., Markworth, A. J., Edwards, K. D., Nguyen, K., Daw, C. S., Thomas, J. F., "Controlling Chaos in a Model of Thermal Pulse Combustion," Applied Physics, Vol. 78, No. 4, 1995, p. 2224.

[86] Polifke, W., Poncet, A., Paschereit, C. O., Dobbeling, K., "Reconstruction of Acoustic Transfer Matrices by Instationary Computational Fluid Dynamics," Journal of Sound Vibration, Vol. 245, No. 3, 2001, pp. 483-510.

[87] Wee, D., Park, S., Annaswamy, A., and Ghoniem, A., "Reduced Order Modeling of Reacting Shear Flow," AIAA Paper 2002-0478, 2002.

[88] Bellows, B., and Lieuwen T., "Nonlinear Response of a Premixed Combustor to Forced Acoustic Oscillations," AIAA Paper 2004-0455.

第IV部分　建模与诊断

第13章 燃气轮机燃烧室声学分析

Ann P. Dowling and Simon R. Stow
（University of Cambridge，Cambridge，England，United Kingdom）

13.1 引言

燃烧不稳定已经成为航空发动机及燃机制造商的一个主要难题。更严格的排放法规，特别是对氮氧化物的排放规定，导致了新型燃烧方法的发展，如贫燃预混预蒸发（LPP）燃烧，以取代传统的扩散燃烧。然而，LPP 燃烧更容易产生强烈的振荡，从而损坏设备并限制运行条件。本章将综述燃烧不稳定的研究方法（也可参见 Dowling 和 Stow 的文献[1]），聚焦在于燃机应用和 LPP 燃烧，假设流动是一维的，扰动是线性的，计算通常在频域进行。利用所述方法可以预测振荡频率以及不稳定的敏感性，这里线性扰动随时间呈指数增长。将讨论在一维线性流动计算中的合适边界条件。很多关键概念通过一维扰动模型首次引入，随后将引入更高阶模态，特别是周向波，并讨论模态耦合，描述简化燃烧系统（从压气机出口到涡轮入口）的建模方法，以及声学吸收器控制不稳定的可能性，这些方法既简洁又快速，满足设计阶段要求，还将讨论非线性的影响以及燃烧不稳定振幅的预测技术。

LPP 燃烧室在降低 NO_x 排放方面具有极大的优势，但是对燃烧不稳定非常敏感。不稳定涉及燃烧室内部燃烧速率与声波的耦合。非稳态燃烧产生的声波，改变了来流燃料和空气的流量。在贫燃预混条件下，燃空比变化会导致显著的非稳态燃烧。如果相位关系合适，自激振荡就会增长[2]。由于声波在该过程中起到核心作用，所以燃烧振荡的频率倾向接近燃烧系统的声学共振频率。虽然燃烧和声学的耦合会改变振荡的频率，但是许多情况下频率的变化是很小的。对这种现象进行全面分析，需要具备对燃烧系统声学模态的模化和理解能力，以及把这些与火焰模型相耦合的能力，其中火焰模型要阐明非稳态燃烧与声学扰动之间的响应关系。虽然低排放要求使得燃气轮机燃烧室对不稳定极其敏感，但其实在其他燃烧系统中，比如火箭发动机中，这种振荡是长久以来的问题[3-4]。

我们从运动方程入手，研究线性扰动的形式。研究发现，在等速流动范围内，扰动包括声学、涡量和熵扰动。首先研究一维扰动，一维扰动中线性波是单一空间变量和时间的函数，在等截面管道中传播。利用合理的边界条件，可以确定模态振型和共振频率。通过逐步引入影响燃气轮机燃烧室的不同变量，逐步完善分析研究，这些影响包括非定常加热、平均温度梯度和平均流动速度。我们研究了这些影响因素如何改变振荡频率和模态振型。本章重点进行燃气轮机燃烧室的声学分析。火焰模型的讨论在第 12 章，作为示例，我们考虑了非定常热释放与燃空比的关系，而燃空比被广泛认为是 LPP 燃烧室中导致燃烧不稳定的主要因素。然而，我们描述的技术可以与任何火焰模型一起使用，以适应其他燃烧室构型。

一维例子中引入了很多关键概念，但是要进行拓展后方可用于环形燃烧室。如果燃烧室最长尺寸是周长，那么最低的共振频率与沿周向传播的模态有关。因此，我们把模态振型分析扩展到环形和圆柱形结构。然后，声波的轴向相位速度通常是频率的函数，一些模态被截止，随着轴向距离呈指数衰减。

在 LPP 燃烧室中，从压气机出口到涡轮入口的声学特性会影响燃烧不稳定性。我们关注如何用一系列环形和圆柱形管表示这样的燃烧系统，同时研究这些管道如何连接，以确定复杂系统的共振频率[5-10]。当几何构型不再是轴对称时，会发生模态耦合，我们将研究模态耦合对不稳定频率和模态振型的影响。当声波与非稳态燃烧相互作用而获得的能量超过燃烧室边界上损失的能量时，会发生自激燃烧振荡。加装声学吸收器（比如多孔板和亥姆霍兹共振器）会使得燃烧室内的声波阻尼足够大，从而可以消除这种不稳定性。我们将讨论这种被动阻尼器的作用及设计要求。

最后，我们注意到，根据线性理论，振荡随时间呈指数增长或者衰减。非线性很快成为影响扰动增长的重要因素，并导致稳定的、有限振幅的极限环振荡。我们展示了如何利用基于描述函数法的简单理论，能够预测极限环振荡的频率和振幅，并强调其中重要的物理本质。

13.2　线性运动方程

我们将从完整的运动方程出发，推导出其线性形式。对可压缩黏性流体，在无外部力存在时，由质量和动量守恒可以得到 N–S 方程

$$\frac{D\rho}{Dt} + \rho \nabla \cdot \boldsymbol{u} = 0 \tag{13-1a}$$

$$\rho \frac{D\boldsymbol{u}}{Dt} = -\nabla p + \frac{\partial \sigma_{i,j}}{\partial x_j} \boldsymbol{e}_i \tag{13-1b}$$

式中，p 是压力，ρ 是密度，$\boldsymbol{u}$ 是速度，$\sigma_{i,j}$ 是黏性应力张量。这里 D/Dt 是物质导数 $\partial/\partial t + \boldsymbol{u} \cdot \nabla$，$\boldsymbol{e}_i$ 是 i 坐标方向的单位矢量。对于理想气体，有气体状态方程 $p = R_{gas}\rho T$，其中 T 是温度；$R_{gas} = c_p - c_V$ 是气体常数，c_p 和 c_V 分别是比定压热容和比定容热容。单位质量内能 $e = c_V T$，焓 $h = c_p T = e + p/\rho$。根据能量守恒可以得到以下能量方程

$$\rho \frac{D}{Dt}\left(e + \frac{1}{2}\boldsymbol{u}^2\right) = -\nabla \cdot (p\boldsymbol{u}) + q + \nabla \cdot (k\nabla T) + \frac{\partial}{\partial x_j}(\sigma_{i,j}u_i) \tag{13-2}$$

式中，k 是热导率；q 是流体中单位体积的加热速率。通过式（13-1b），方程（13-2）可以改写为

$$\rho \frac{Dh}{Dt} = \frac{Dp}{Dt} + q + \nabla \cdot (k\nabla T) + \sigma_{i,j}\frac{\partial u_i}{\partial x_j} \tag{13-3}$$

我们用热力学关系式 $Dh = TDS + (1/\rho)Dp$ 来定义熵 S。因此，方程（13-3）可以写成

$$\rho T \frac{DS}{Dt} = q + \nabla \cdot (k\nabla T) + \sigma_{i,j}\frac{\partial u_i}{\partial x_j} \tag{13-4}$$

显示热释放、热传递和黏性作用，会导致质点的熵增。利用方程（13-1a），对方程（13-1b）求旋度，可以给出涡量发展方程，$\boldsymbol{\xi} = \nabla \times \boldsymbol{u}$

$$\frac{D}{Dt}\left(\frac{\xi}{\rho}\right)=\left(\frac{\xi}{\rho}\cdot\nabla\right)\boldsymbol{u}+\frac{1}{\rho^3}\nabla\rho\times\nabla p+\frac{1}{\rho}\nabla\times\left(\frac{1}{\rho}\frac{\partial\sigma_{i,j}}{\partial x_j}\boldsymbol{e}_i\right)\tag{13-5}$$

右边第一项描述了涡线的拉伸如何加强当地涡量，最后一项清楚地显示了受黏性作用产生的涡量。第二项表明当压力梯度和密度梯度不匹配时会产生涡量。举例来说，声压脉动存在与火焰锋面（密度梯度）正交的分量，这样，周向波会在燃烧区产生涡量。

现在我们讨论无黏流体（$\sigma_{i,j}\equiv0$），同时假设流体是理想气体（即除了具备理想气体的性质外，还不导热），令 c_p 和 c_V 为常数。从前面熵的定义，可以知道 $S=c_V\log(p/\rho^\gamma)$（加一个任意常数，设为 0），其中 $\gamma=c_p/c_V$ 是比热［容］比。我们认为流体是一个定常均匀流动（用上标 ¯ 标记）和一个小扰动（用 ′ 标记）的组成

$$p(\boldsymbol{x},t)=\bar{p}+p'(\boldsymbol{x},t)\tag{13-6}$$

同样地，其余流动参数作类似处理。从方程（13-1）、方程（13-4）和方程（13-5），可以得到这些扰动的线性方程

$$\frac{\bar{D}\rho'}{Dt}+\bar{\rho}\nabla\cdot\boldsymbol{u}'=0\tag{13-7a}$$

$$\frac{\bar{D}u'}{Dt}+\frac{1}{\bar{\rho}}\nabla p'=\boldsymbol{0}\tag{13-7b}$$

$$\bar{\rho}\bar{T}\frac{\bar{D}S'}{Dt}=q'\tag{13-7c}$$

$$\frac{D\boldsymbol{\xi}'}{Dt}=\boldsymbol{0}\tag{13-7d}$$

式中，$\bar{D}/Dt=\partial/\partial t+\bar{\boldsymbol{u}}\cdot\nabla$，并利用了 $\bar{\boldsymbol{\xi}}=0$。联立方程（13-7a）～ 方程（13-7c），并利用 $S'=c_V p'/\bar{p}-c_p\rho'/\bar{\rho}=0$，可以推出非齐次波动方程

$$\frac{1}{\bar{c}^2}\frac{\bar{D}^2 p'}{Dt^2}-\nabla^2 p'=\frac{\gamma-1}{\bar{c}^2}\frac{\bar{D}q'}{Dt}\tag{13-8}$$

式中，c 是声速。我们看到，涡量方程（13-7d）不与压力或者熵耦合。对于非稳态热释放，压力方程（13-8）和熵方程（13-7c）同样是不耦合的。那么，任何扰动都可以认为是下面三种扰动的和[11]：①一个等熵且无旋的声学扰动；②一个不可压缩且无旋的熵扰动；③一个不可压缩且等熵的涡量扰动。这三种扰动是相互独立的，可以单独考虑。对于压力（声学）扰动，我们有 $S'=0$ 和 $\boldsymbol{\xi}'=\boldsymbol{0}$，因此有 $\rho'=p'/\bar{c}^2$。因为 $q'=0$，方程（13-8）变成 p' 对流的波动方程

$$\left(\frac{1}{\bar{c}^2}\frac{\bar{D}^2}{Dt^2}-\nabla^2\right)p'=0\tag{13-9}$$

相应地，$\boldsymbol{u}'$ 可由方程（13-7a）给出，这种类型的扰动是声波，相对于流体，它们以声速传播。对于熵扰动，有 $p'=0$ 和 $\boldsymbol{u}'=0$。从方程（13-7c）中我们可以看出，相较流体，这个扰动是固定的，也就是说，跟随流体流动进行传播。这个扰动也可被当成一个熵波，有时也可被认为是一个随流体迁移的热斑。对于涡量扰动，有 $p'=\rho'=0$ 和 $\nabla\cdot\boldsymbol{u}'=0$，方程（13-7d）显示，这种类型的扰动（涡波）同样跟随流体流动进行传播。如果平均流为 0，那么只有声学扰动会传播。

13.2.1 火焰区的条件

我们考虑 $x=0$ 平面处薄层火焰的影响，把单位面积的释热率记作 Q_A，通过火焰的流动参数会出现不连续性；分别用下标 1 和 2 表示 $x=0_-$ 和 $x=0_+$ 处。根据方程（13-1）和方程（13-3），可以得到

$$\rho_2 u_2 = \rho_1 u_1 \qquad (13\text{-}10a)$$

$$p_2 + \rho_2 u_2^2 = p_1 + \rho_1 u_1^2 \qquad (13\text{-}10b)$$

$$\rho_2 u_2 H_2 = \rho_1 u_1 H_1 + Q_A \qquad (13\text{-}10c)$$

式中，$H = h + \dfrac{1}{2} u^2$ 是滞止焓。为了计算平均流，假设 $\overline{Q}_A$ 已知（通过燃料类别、当量比等得到），火焰模型用来描述 Q_A' 对流动扰动的依赖（见第 12 章）。

13.2.2 边界条件

在燃烧系统的入口和出口，存在扰动必须满足的边界条件。如果出口与大气或者一个巨大的集气室相连（燃烧室试验台通常是这种设置），我们可以把这种情况模拟为一个开放端，并认为 $p'(r, \theta, t) = 0$。如果进气由一个集气室提供，我们也可以把它当作一个开放端 $[p'(r, \theta, t) = 0]$。另外，假设不存在熵或者涡量扰动，燃气轮机的压气机出口和涡轮入口可分别模拟为燃烧系统的阻塞入口和阻塞出口。涡轮入口的喷嘴导流叶片被阻塞，也就是说，平均流速会加速到当地声速。燃气轮机燃烧室压气机出口流动接近阻塞工况（意味着质量流量和能量流率近似常数，不受下游压力扰动影响），这样就可以用阻塞入口做近似处理。阻塞出口处，无量纲质量流量（定义为质量流量乘以滞止温度的平方根并除以滞止压力，$\dot{m}T^{0.5}/p$）是常数，且对于一维扰动，Marble 和 Candel[12]研究显示，在紧凑型阻塞出口，这个条件可简化为

$$2\frac{u'}{\bar{u}} + \frac{\rho'}{\bar{\rho}} - \frac{p'}{\bar{p}} = 0 \qquad (13\text{-}11)$$

Stow 等[13]研究表明，这个条件对窄的环形间隙中周向变化的扰动（窄的环形间隙几何构型中的扰动讨论见 13.4.3 节）也适用。

对于紧凑型阻塞入口，Stow 等[13]考虑了激波位置与流动扰动之间的相互作用（同样可见 Yang 和 Culick[14]、Culick 和 Rogers[15]的研究），研究发现，对于一维扰动，在激波后质量通量和能量通量的扰动为零，对于窄的环形间隙中的周向扰动，角速度扰动同样是零。根据质量、能量和角动量守恒，在位于阻塞平面下游处直管（内部时均流动的马赫数 $\overline{Ma}_1$ 较小）的起始端，这些变量也同样为零。这可以给出入口边界条件

$$\frac{\rho'}{\bar{\rho}} + \frac{u'}{\bar{u}} = \frac{p'}{p} - \frac{\rho'}{\rho} + (\gamma-1)\overline{Ma}_1 \frac{u'}{\bar{u}} = \omega' = 0 \qquad (13\text{-}12)$$

对于一个微弱的激波，可以认为几乎没有熵生成。但是，方程（13-12）揭示入口下游的熵扰动（通常忽略）事实上与声学振荡相当。在随激波运动的参照系中，声学扰动确实比熵波扰动大得多，但是从接近激波位置的静止参照系来看，这个扰动又不是那么大。当面积增大到低马赫数区域之后，声学扰动变得更小，与熵波扰动同一量级。对于周向变化的扰动，同时会产生一个相当大的涡量扰动。

对于其他分析的入口和出口边界条件，比如声学封闭端（$u'=0$）或者半无限（无反射）管，也可以使用。或者，可以通过麦克风和涵盖一个频率段的声源来试验测量

入口或者出口的声学阻抗。这个方法与 13.5.2 节描述的测量预混合器传递矩阵的方法类似。

13.3　一维扰动

13.3.1　平面波的解

作为示例，我们先来考虑一个具有均匀横截面积、平均温度和没有平均流密度的管道，其中非定常流动参数仅是轴向坐标 x 和时间 t 的函数。那么波方程（13-9）的一般解可以表达为下式

$$p'(x,t)=f(t-x/\bar{c})+g(t+x/\bar{c}) \tag{13-13}$$

式中，函数 $f(t)$ 和 $g(t)$ 是任意函数。根据线性动量方程（13-7b）的一维形式，质点在 x 方向的速度为

$$\frac{\partial u'}{\partial t}=-\frac{1}{\bar{\rho}}\frac{\partial p'}{\partial x}=\frac{1}{\bar{\rho}\bar{c}}\frac{\partial}{\partial t}f(t-x/\bar{c})-\frac{1}{\bar{\rho}\bar{c}}\frac{\partial}{\partial t}g(t+x/\bar{c}) \tag{13-14a}$$

也就是

$$u'(x,t)=\frac{1}{\bar{\rho}\bar{c}}(f(t-x/\bar{c})-g(t+x/\bar{c})) \tag{13-14b}$$

对于角频率为 ω 的扰动，为了方便，写作 $f(t)=\mathrm{Re}(\hat{f}e^{i\omega t})$，其中符号"ˆ"表示复振幅。由此可得

$$\hat{p}(x)=\hat{f}e^{-i\omega x/c}+\hat{g}e^{i\omega x/c} \tag{13-15a}$$

$$\hat{u}(x)=\frac{1}{\bar{\rho}\bar{c}}(\hat{f}e^{-i\omega x/c}-\hat{g}e^{i\omega x/c}) \tag{13-15b}$$

共振频率随管道两端边界条件而变化。例如，$x=0$ 处接一个大的腔室，$x=l$ 处受限时，如图 13-1 所示，边界条件可表示为

$$\hat{p}(0)=\hat{u}(l)=0 \tag{13-16}$$

根据方程（13-15a）可得到 $\hat{f}=-\hat{g}$，然后直接由方程（13-15b）可得

$$\cos\left(\frac{\omega l}{\bar{c}}\right)=0 \tag{13-17a}$$

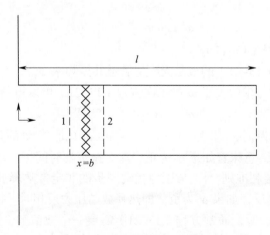

图 13-1　模型问题的边界条件

其解为

$$\omega = \omega_n = \left(n - \frac{1}{2}\right)\frac{\pi \bar{c}}{l} \qquad (13\text{-}17\text{b})$$

式中，n 为大于等于 1 的整数，ω_n 为管道的共振频率，用来描述没有衰减的压力振荡，相应的模态振型是

$$\hat{p}(x) = A_n \sin\left(\frac{(2n-1)\pi x}{2l}\right) \qquad (13\text{-}18\text{a})$$

$$\hat{u}(x) = \frac{iA_n}{\bar{\rho}\bar{c}}\cos\left(\frac{(2n-1)\pi x}{2l}\right) \qquad (13\text{-}18\text{b})$$

式中，A_n 为任意常数。

13.3.2 非定常加热

利用单位体积的加热速率 $q(x, t)$，压力扰动满足一维非齐次波动方程，将 $\bar{u} = 0$ 代入方程（13-8）可以得到

$$\frac{1}{\bar{c}^2}\frac{\partial^2 p'}{\partial t^2} - \frac{\partial^2 p'}{\partial x^2} = \frac{\gamma - 1}{\bar{c}^2}\frac{\partial q'}{\partial t} \qquad (13\text{-}19)$$

方程的右侧项描述了非定常加热如何产生压力扰动。对于给定的释热率 $q'(x, t)$，可以求解这个非齐次波动方程来确定声场。但是，当热释放速率受到它所产生的流动扰动影响时，该反馈会导致燃烧不稳定发生。我们可以通过简单模型来阐述这些影响和作用。

我们再次考虑满足方程（13-16）边界条件的流动，但是，现在我们假设释热率以一种给定的方式响应流动。

示例 1：

假设热释放速率扰动 $q'(x, t)$ 受当地压力的影响，但是存在滞后，延迟时间为 τ，为了方便，将比例常数写为 $2\alpha/(\gamma - 1)$，也就是

$$q'(x, t) = \frac{2\alpha}{\gamma - 1}p'(x, t - \tau) \qquad (13\text{-}20)$$

压力扰动的形式可以通过将 $q'(x, t)$ 代入方程（13-19），求独立解 $p'(x,t) = \mathrm{Re}(\hat{p}(x)\mathrm{e}^{i\omega t})$ 得到。应用边界条件后，可以得到方程（13-18）中给出的 $\hat{p}(x)$ 形式，并得到共振频率 ω 的方程

$$\omega^2 + 2i\omega\alpha\,\mathrm{e}^{-i\omega\tau} - \omega_n^2 = 0 \qquad (13\text{-}21)$$

式中，ω_n 的定义见方程（13-17）。

当 $\alpha = 0$ 时，方程（13-21）的根是无阻尼管道共振频率 ω_n。

当 $\alpha \neq 0$、$\tau = 0$ 时，求解关于 ω 的二次方程（13-21）可以得到

$$\omega = -i\alpha \mp (\omega_n^2 - \alpha^2)^{1/2} \qquad (13\text{-}22)$$

此时，ω 是复数。因为时间相关项是 $\mathrm{e}^{i\omega t}$，$-\mathrm{Im}(\omega)$ 是扰动的增长率。这里的 $\mathrm{e}^{i\omega t} = \exp\left[\alpha t \mp i(\omega_n^2 - \alpha^2)^{-1/2}\right]$，意味着如果 α 为正，那么振荡随时间指数增长。我们可以从这个特殊例子中重新得到瑞利准则[2]，与压力扰动同步的非定常热释放会导致失稳，且有增加扰动振幅的趋势；相反，如果 α 为负，即热释放与压力反相时，振荡会阻尼。

当 $\alpha \neq 0$、$\tau \neq 0$、时，通常方程（13-21）需要一个数值解，部分结果如图 13-2 所示。在图 13-2 及后续的结果中，依次使用了归一化频率 $f_N = \mathrm{Re}(\omega)/\omega_1$ 和归一化增长率

$g_N=-\mathrm{Im}(\omega)/\omega_1$。而解的一般特性可以通过考虑小 α 和通过迭代决定的根来研究得到。我们注意到，当 $\alpha=0$ 时，方程（13-21）的一个根是 $\omega=\omega_n$。对于小 α 值，这个根会变为 $\omega=\omega_n+\varepsilon$，其中 ε 很小；代入方程（13-21）可以得到

$$\varepsilon=-\mathrm{i}\alpha e^{\mathrm{i}\omega_n\tau}=-\mathrm{i}\alpha\cos(\omega_n\tau)-\alpha\sin(\omega_n\tau) \tag{13-23}$$

可以看出，任何 $\alpha\cos(\omega_n t)>0$ 都会导致正的增长率，也就是说 $-\pi/2<\mathrm{phase}(\hat{q}/\hat{p})<\pi/2$ 的非定常热释放有产生不稳定的作用。同时，很明显当 $\alpha\cos(\omega_n t)\neq0$，共振频率就会位移。与压力脉动相位正交（±90°）的非定常释热率会改变频率，而且当非定常热释放领先压力脉动（+90°）时会使频率变大，当它滞后压力脉动时频率会减小，这个影响被瑞利观察到[2]。这些小 α 的分析预测，如图 13-2 中所示的数值结果所证实。当 $\alpha>0$ 时，对 $\cos(\omega_1\tau)>0$，即 $(2n-1/2)\pi<\omega_1 t<(2n+1/2)\pi$，增长率变大；$\cos(\omega_1\tau)$ 为负时，增长率变小。同样，当 $\sin(\omega_1\tau)>0$ 时，频率减小，当 $\sin(\omega_1\tau)<0$ 时，频率增大；当 α 为负值时，这些现象都会反过来。对于非零 τ，方程（13-21）变为超越方程，并且有额外的解，此解主要与 τ^{-1} 有关，而不是与下游几何有关。比如，对于 $|\alpha|$ 较小的条件，α 为负，$\mathrm{Im}(\omega)\to\infty$，$\mathrm{Re}(\omega)\sim2m\pi/\tau$；$\alpha$ 为正，$\mathrm{Re}(\omega)\sim(2m+1)\pi/\tau$，其中 m 是一个整数。这些解是关于对流时间 τ 的偶次谐波和奇次谐波。方程（13-19）中右侧项与左侧第一项的平衡决定奇偶性；左侧的第一项比第二项大很多，第二项代表轴向变化，即几何的影响。

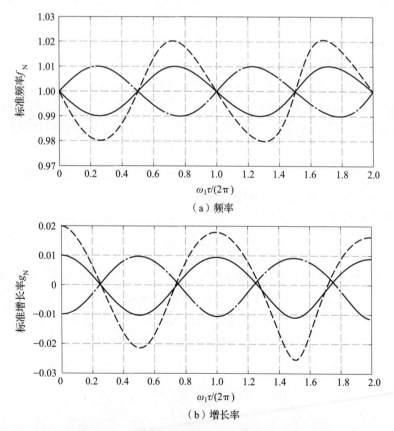

（a）频率

（b）增长率

图 13-2 ω_1 附近方程（13-21）的根随 τ 的变化

——表示 $\alpha/\omega_1=0.01$；— —表示 $\alpha/\omega_1=0.02$；— – –表示 $\alpha/\omega_1=0.01$

这个简单的例子阐明了燃烧不稳定实际上是一个耦合问题。所以必须同时考虑声学和不稳定燃烧。它们之间的耦合也会影响频率以及对自激振荡的敏感性。在特定条件下，预测到线性扰动随时间指数增长。实际中，非线性效应，其中最显著的通常是对热释放响应的饱和[16]，导致了有限振幅的极限环振荡。

但是，第一个例子是对实际发生的一种过度简化。在 LPP 燃气轮机中，对释热率产生最大影响并不是非定常压力。更确切地说，释热率与瞬时燃空比有关，而瞬时燃空比受燃料喷射点处空气速度的影响最大。参见第 12 章中关于引起不稳定燃烧的主要原因的讨论。此外，从示例 1 中可以看出，热释放是局部的而不是沿管道分布的，我们可以再通过一个例子来讨论这些因素的影响。

示例 2：

现在我们考虑一个集中在单个轴向平面 $x=b$ 处，与来流空气速度有关且存在一个时间延迟 τ 的非定常热释放

$$q'(x,t) = Q'(t)\delta(x-b) \tag{13-24a}$$

$$Q'(t) = -\frac{\beta\bar{\rho}\bar{c}^2}{\gamma-1}u_1'(t-\tau) \tag{13-24b}$$

式中，$Q'(t)$ 是单位面积的释热率，下标 1 表示位于这个热释放区域的上游处，也就是说，$u_1(t)=u(b^-,t)$。第 12 章讨论了非定常热释放的形式，本章中，我们规定无量纲数 β 可由 0 变到 10；在 LPP 系统中，τ 一般指从燃料喷射到燃烧的对流传输时间，简便起见，u_1' 定义为接近火焰上游处的速度。但是，为统一起见，当 τ 为燃料传输时间时，火焰模型应参考燃料喷射点处的扰动，跟示例 5 中一致。但是，相比波长，这些点之间的距离一般很短，所以它们之间的相位差很小，虽然按面积比它们可能会很不同。

利用方程（13-24a）中的释热率 $q'(x,t)$，方程（13-19）在 $x<b$ 和 $x>b$ 区域内可简化为齐次波动方程。对方程（13-7b）和方程（13-19）在 $x=b$ 处进行积分得到

$$[p']_{x=b^-}^{x=b^+} = 0 \tag{13-25a}$$

$$\left[\frac{\partial p'}{\partial x}\right]_{x=b^-}^{x=b^+} = -\frac{\gamma-1}{\bar{c}^2}\frac{\mathrm{d}Q'}{\mathrm{d}t} \tag{13-25b}$$

方程（13-25b）等价于

$$[u']_{x=b^-}^{x=b^+} = \frac{\gamma-1}{\bar{\rho}\bar{c}^2}Q'(t) \tag{13-25c}$$

把体积膨胀与瞬时释热率联系起来，将特定的 $Q'(t)$ 代入方程（13-24b）中，我们可得到

$$u'(b_+,t) = u'(b_-,t) - \beta u'(b_-,t-\tau) \tag{13-26}$$

我们将考虑时间相关项为 $e^{i\omega t}$ 的解，并求解共振频率 ω 和模态振型。

当 $x<b$ 时，满足入口边界条件 $\hat{p}(0)=0$ 的齐次波动方程的解是

$$\hat{p}(x) = A\sin(kx) \tag{13-27a}$$

$$\hat{u}(x) = \frac{i}{\bar{\rho}\bar{c}}A\cos(kx) \tag{13-27b}$$

式中，$k=\omega/\bar{c}$ 为波数，复数 A 尚待确定。类似地，$x>b$ 时，边界条件 $\hat{u}(l)=0$ 给出

$$\hat{p}(x) = B\cos[k(l-x)] \tag{13-28a}$$

$$\hat{u}(x) = \frac{i}{\rho c} B \sin\left[k(l-x)\right] \qquad (13\text{-}28b)$$

那么压力跃变条件方程（13-25a）可表示为

$$A\sin(kb) = B\cos\left[k(l-b)\right] \qquad (13\text{-}29)$$

速度跃变条件方程（13-26）除以方程（13-29），可得

$$\tan(kb)\tan\left[k(l-b)\right] = 1 - \beta e^{-i\omega\tau} \qquad (13\text{-}30)$$

共振频率随方程（13-30）的数值解变化，图 13-3 和图 13-4 显示了它们随 β 和 τ 的变化。

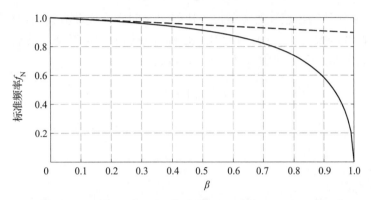

图 13-3　方程（13-30）在 ω_1 附近的根对应的频率随 β 的变化，取 $\tau=0$、$b=l/10$：
——表示精确解；— —表示一阶伽辽金（Galerkin）近似式（13-39）

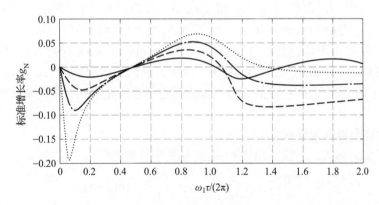

图 13-4　方程（13-30）在 ω_1 附近增长率随 τ 的变化，取 $b=l/10$：
——表示 $\beta=0.2$；— —表示 $\beta=0.4$；— – –表示 $\beta=0.6$；……表示 $\beta=0.8$

当 $\beta=0$ 时，$\omega=\omega_n$ 为方程的根。当 β 变化时，对 $\tau=0$，释热率与压力扰动（注意方程（13-27）中 p' 和 u' 之间的 90° 相位差）相位呈正交关系，仅振荡频率会变化。为使系统不稳定，非定常热释放需要一个时间延迟。$\tau \neq 0$ 时，非定常热释放同时影响增长率和振荡频率。在无阻尼系统中，如果扰动随时间增长，那么释热率有一个与压力扰动同相的分量。很明显，从方程（13-24b）中热释放的形式和方程（13-28）中的模态振型发现

$$-\pi < \mathrm{Re}(\omega\tau) - \mathrm{phase}\left[\beta\cot(kb)\right] < 0 \qquad (13\text{-}31)$$

这些不稳定频段在图 13-4 中显而易见。

模态振型通过将方程（13-29）中 B 代入方程（13-28）中得到，形式如下

$$\hat{p}(x) = \begin{cases} C\sin(kx)/\sin(kb) & 0 \leqslant x \leqslant b \\ C\cos(k(l-x))/\cos[k(l-b)] & b \leqslant x \leqslant l \end{cases} \qquad (13-32)$$

式中，常数 C 是任意值。

13.3.3 伽辽金级数

求解非齐次波动方程（13-19）的另一种方法是利用伽辽金展开。伽辽金展开是将压力扰动展开为伽辽金级数的形式

$$p'(x,t) = \sum_{m=1}^{\infty} \eta_m(t)\psi_m(x) \qquad (13-33)$$

式中，$\psi_m(x)$ 函数是满足相同边界条件（比如 p'）时齐次波动方程的本征解或者正态振型。一般地，这些函数是正交的，我们用 ω_m 标记它们的本征频率。然后，将方程（13-33）的压力扰动代入方程（13-19）中，可以得到

$$\sum_{m=1}^{\infty} \left(\frac{\mathrm{d}^2\eta_m}{\mathrm{d}t^2} + \omega_m^2\eta_m \right)\psi_m(x) = (\gamma - 1)\frac{\partial q'}{\partial t} \qquad (13-34)$$

然后乘以 $\psi_n(x)$，并对 x 进行积分，由 $\psi_n(x)$ 的正交性，方程（13-34）可变为

$$\frac{\mathrm{d}^2\eta_n}{\mathrm{d}t^2} + \omega_n^2\eta_n = \frac{\gamma - 1}{E_n}\int_0^1 \frac{\partial q'}{\partial t}\psi_n(x)\mathrm{d}x \qquad n = 1,\cdots \qquad (13-35)$$

式中，$E_n = \int_0^l \psi_n^2$。方程（13-35）是一个复杂的方程组系统，因为 $q'(x,t)$ 与当地流动有关，因而涉及所有未知系数 $\eta_m(t)$。

为了便于分析，通常假设 $\partial q'/\partial t$ 幅度很小，仅需进行近似评估。Culick 和 Yang[17] 描述了该方法。当 $\partial q'/\partial t=0$，第 n 阶模态是 $\hat{p}(x) = \eta_n(x)\psi_n(x)$，频率为 ω_n。当评估 $\partial q'/\partial t$ 时，可以使用声学近似：分别用 $\eta_n(x)\psi_n(x)$ 和 $\dot{\eta}_n(t)/\bar{\rho}\omega_n^2)\mathrm{d}\psi_n/\mathrm{d}x$ 替代压力和速度扰动，其中圆点"·"表示一阶时间求导。如果振幅的二阶导数增大，可以用零阶近似，$\ddot{\eta}_n(t) \approx -\omega_n^2\eta_n(t)$ 替代。这些近似处理带来的误差可通过在示例 2 中应用该方法来求解振荡的最低频率来检验。

示例 2 中使用伽辽金级数：

运用伽辽金法则后，方程（13-24）中的释热率可推得

$$\frac{\partial q'}{\partial t}(x,t) = \frac{\beta \bar{c}^2}{\gamma-1}\eta_1(t-\tau)\frac{\mathrm{d}\psi_1}{\mathrm{d}x}(b)\delta(x-b) \qquad (13-36)$$

代入方程（13-35）可以得到

$$\frac{\mathrm{d}^2\eta_1}{\mathrm{d}t^2} + \omega_1^2\eta_1 = \frac{\beta \bar{c}^2}{E_1}\eta_1(t-\tau)\frac{\mathrm{d}\psi_1}{\mathrm{d}x}(b)\psi_1(b) \qquad (13-37)$$

齐次波动方程的解 $\psi_n(x)$ 可由方程（13-18）给出，且 $\psi_1(x)=\sin(\pi x/2l)$，得到 $E_1=(1/2)l$。因此，方程（13-37）可简化为

$$\frac{\mathrm{d}^2\eta_1}{\mathrm{d}t^2} + \omega_1^2\eta_1 = \frac{\beta \bar{c}^2\pi}{l^2}\eta_1(t-\tau)\cos\left(\frac{\pi b}{2l}\right)\sin\left(\frac{\pi b}{2l}\right) \qquad (13-38)$$

把 $\eta_1(t)=Ce^{\mathrm{i}\omega t}$ 代入方程（13-38），可以得到振荡频率 ω

$$\omega^2 = \omega_1^2 - \frac{\beta \bar{c}^2\pi}{2l^2}e^{-\mathrm{i}\omega\tau}\sin\left(\frac{\pi b}{l}\right) \qquad (13-39)$$

对特殊情况 $\tau=0$，方程的根如图 13-3 中的虚线所示。与方程（13-30）给出的精确解比较表明，$\beta=0$ 时，一阶伽辽金展开能够求出正确的频率和梯度，但是随着 β 增大，它迅速偏离了精确解。这种偏离其实并不意外，这种方法处理时，假设频率的变化很小，但对于典型 LPP 系统中的燃烧响应，该方法具有实质性的意义。Dowing[18]研究了一阶伽辽金展开用于更复杂模型问题时的不足。Annaswam 等[19]注意到，要模拟反馈控制的系统动力学，需要使用三阶伽辽金级数。

13.3.4　温度梯度

目前为止，我们的例子在一定程度上都是人为的，它们都有一个非定常热释放 $q'(x,t)$，同时平均温度都是均匀的。事实上，热释放是与温度梯度有关的，平均温度和密度是位置的函数。通过讨论平均流动速度为零的例子，可引入这些影响。动量方程（13-1b）保证平均压力是均匀的，在无黏流体中，对于线性扰动，有

$$\bar{\rho}\frac{\partial \boldsymbol{u}'}{\partial t}=-\nabla p' \tag{13-40}$$

在附录中我们给出了质量守恒方程（13-1a），联立熵方程（13-4）可以得到

$$\frac{1}{\bar{\rho}\,\bar{c}^2}\frac{\partial p'}{\partial t}=\nabla\cdot\boldsymbol{u}'+\frac{\gamma-1}{\bar{\rho}\,\bar{c}^2}q' \tag{13-41}$$

当忽略热传导和黏性作用时，从方程（13-40）和方程（13-41）中消掉 $\boldsymbol{u}'$，可以得到

$$\frac{1}{\bar{c}^2}\frac{\partial^2 p'}{\partial t^2}-\bar{\rho}\,\nabla\cdot\left(\frac{1}{\bar{\rho}}\nabla p'\right)=\frac{\gamma-1}{\bar{c}^2}\frac{\partial q'}{\partial t} \tag{13-42}$$

在这个方程中，$\bar{\rho}$ 和 $\bar{c}$ 随位置变化，但是如果忽略 γ 随温度产生的微小差异，那么 $\bar{\rho}\,\bar{c}^2=\gamma\bar{p}$ 是均匀的。通过把示例 2 扩展到其他例子（跨越热释放区域 $x=b$ 处的平均温度由 $\bar{T}_1$ 升至 $\bar{T}_2$，相应地，声速和平均密度也发生变化），我们可以阐述温度变化的影响。

示例 3：

考虑频率为 ω 的一维线性扰动，系统见图 13-5。跟示例 2 一样，这里我们也采用边界条件式（13-16）和火焰模型式（13-24）。

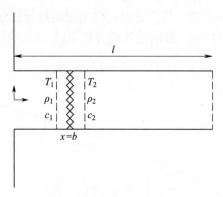

图 13-5　示例 3 系统

火焰区域 $x=b$ 之外，满足合适的边界条件的齐次波动方程（13-42）的解，在采用局部平均流量的条件下，与示例 2 有相同的形式。因此，根据方程（13-27）和方程（13-28），我们可以得到，当 $x<b$ 时，有

$$\hat{p}(x) = A\sin(k_1 x) \tag{13-43a}$$

$$\hat{u}(x) = \frac{\mathrm{i}}{\bar{\rho}_1 \bar{c}_1} A\cos(k_1 x) \tag{13-43b}$$

并且，$x > b$ 时，有

$$\hat{p}(x) = B\cos(k_2(l-x)) \tag{13-43c}$$

$$\hat{u}(x) = \frac{\mathrm{i}}{\bar{\rho}_2 \bar{c}_2} B\sin(k_2(l-x)) \tag{13-43d}$$

式中，$k_1 = \omega/\bar{c},\ k_2 = \omega/\bar{c}_2$。

在横穿区域 $x=b$ 处，联立方程（13-40）和方程（13-42），以及 $q'(x,\ t) = Q'(t)\delta(x-b)$，有

$$\left[p' \right]_{x=b^-}^{x=b^+} = 0 \tag{13-44a}$$

$$\left[\frac{1}{\rho} \frac{\partial p'}{\partial x} \right]_{x=b^-}^{x=b^+} = -\frac{\gamma-1}{\bar{\rho}_1 \bar{c}_1^2} \frac{\mathrm{d}Q'}{\mathrm{d}t} \tag{13-44b}$$

方程（13-44b）等价于

$$\left[u' \right]_{x=b^-}^{x=b^+} = \frac{\gamma-1}{\bar{\rho}_1 \bar{c}_1^2} Q'(t) \tag{13-44c}$$

把 $Q'(t)$ 代入方程（13-24b），并利用方程（13-43），我们可以得到

$$\tan(k_1 b)\tan(k_2(l-b)) = \frac{\bar{\rho}_2 \bar{c}_2}{\bar{\rho}_1 \bar{c}_1}(1 - \beta e^{-\mathrm{i}\omega t}) \tag{13-45}$$

与方程（13-30）进行比较可以看出，温度变化的影响不仅体现在波数 k_1 和 k_2（主要影响传播），还体现在因子 $\bar{\rho}_2 \bar{c}_2/(\bar{\rho}_1 \bar{c}_1)$（描述了通过火焰区的阻抗变化）。图 13-6 中的实线展现了温度变化如何影响共振频率。典型的 LPP 燃气轮机燃烧室运行时的温度比通常约为 3（$\bar{T}_1 \sim 700\mathrm{K}$，$\bar{T}_2 \sim 2000\mathrm{K}$）。

到目前为止，我们都是假设火焰是紧凑的，也就是说，与扰动波长相比，火焰在轴向是很短的。如果火焰不是紧凑的，我们会把火焰离散为一系列紧凑火焰，其中每一个离散火焰都具备前面描述的火焰形式，从而获得近似的轴向热释放分布。假设这些离散火焰之间没有热释放，这样就可以使用一般的波传播方程（13-15）。图 13-6 中的虚线和点画线给

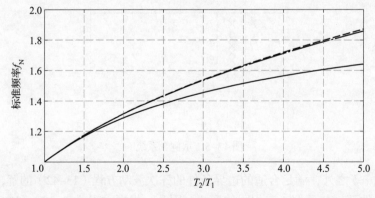

图 13-6　当 $\beta=\tau=0$，$b=l/10$：ω_1 附近的频率随着平均温度比的变化：——表示方程（13-45）的解；— —表示在 $x=0$ 和 $x=2b$ 之间温度跃变为 10 模拟均匀分布热释放；– – –表示方法相同，温度跃变为 5

出了应用这个近似后的结果，即我们用在 $x=0$ 和 $x=2b$ 均匀分布的热释放取代 $x=b$ 处的紧凑火焰。当温度比为 3 时，频率出现 6% 的变化。另一个替代方法是寻找一个连续解析解。对于特殊温度分布（比如线性变化和幂函数）[20-25]，以及给定面积变化[26-27]，可以找到精确解。

13.3.5　平均流

大多数燃烧系统均涉及一种平均流动，它将新鲜反应物带入燃烧区域。来流的马赫数非常小（一般小于 0.1），以致很容易忽略平均流速度。本节将会讨论引入这一近似假设所带来的误差。

平均流有两个重要影响。一般来说，它会影响声波的传播速度，在一维扰动下，向下游传播速度变为 $\bar{c}+\bar{u}$，向上游传播的速度变为 $\bar{c}-\bar{u}$。另外，平均流可导致随流动而传播的熵波和涡波出现。这些模态由横穿热释放区域前后的质量、动量和能量守恒耦合而成。

示例 4：

把示例 3 进行扩展，使其包含一个平均流，就可以用来阐述这些影响。便于定义，此处我们又采用一个开口端入口边界条件 $p'(0)=0$。假设下游端面积受限，流动在此处于阻塞状态，这样方程（13-11）就是正确的边界条件。注意，当 $\bar{u}\to 0$ 时，可以从方程（13-11）中得到壁面边界条件 $u'=0$。热释放则再次假设集中在指定平面 $x=b$ 处。单位截面积的释热率表示成 $Q'(t)$，从特定的火焰模型方程（13-24）中可以得到 $Q'(t)$。

在热释放区域上游，声波沿两个方向进行传播，流动是等熵的。压力扰动是根据含对流的波动方程（13-9）的通用解，对频率为 ω、马赫数 $\overline{Ma}_1=\bar{u}_1/\bar{c}_1$ 的扰动，可以给出

$$p'(x,t)=Ae^{i\omega t}\{e^{-i\omega x/[\bar{c}_1(1+\overline{Ma}_1)]}-e^{i\omega x/[\bar{c}_1(1-\overline{Ma}_1)]}\} \tag{13-46}$$

对于等熵流动，有 $\rho'=p'/\bar{c}_1^2$；对理想气体，有 $c_p T'=p'/\bar{\rho}$。可以直接从动量方程（13-7b）得到速度脉动

$$\bar{\rho}_1\bar{c}_1 u'(x,t)=Ae^{i\omega t}\{e^{-i\omega x/[\bar{c}_1(1+\overline{Ma}_1)]}+e^{i\omega x/[\bar{c}_1(1-\overline{Ma}_1)]}\} \tag{13-47}$$

通过方程（13-46）和方程（13-47），进入燃烧区的质量、动量和滞止焓通量（定义见方程（13-10））可以表示成未知复数 A 的形式。

热释放区域的下游，除了平面声波，可能还会有一个熵波，所以，对 $b\leqslant x\leqslant l$ 和 $\overline{Ma}_2=\bar{u}_2/\bar{c}_2$，有

$$p'(x,t)=e^{i\omega t}\{Ce^{-i\omega x/[\bar{c}_2(1+\overline{Ma}_2)]}+De^{i\omega x/[\bar{c}_2(1-\overline{Ma}_2)]}\} \tag{13-48a}$$

$$\bar{\rho}_2\bar{c}_2 u'(x,t)=e^{i\omega t}\{Ce^{-i\omega x/[\bar{c}_2(1+\overline{Ma}_2)]}-De^{i\omega x/[\bar{c}_2(1-\overline{Ma}_2)]}\} \tag{13-48b}$$

$$\rho'(x,t)=\frac{p'(x,t)}{\bar{c}_2^2}-\frac{S\bar{\rho}_2}{c_p}e^{i\omega(t-x/\bar{u}_2)} \tag{13-48c}$$

$$c_p T'(x,t)=\frac{p'(x,t)}{\bar{\rho}_2}+\frac{S\bar{c}_2^2}{(\gamma-1)c_p}e^{i\omega(t-x/\bar{u}_2)} \tag{13-48d}$$

式中，C 和 D 都是声波的振幅，S 是熵波或者迁徙热斑的振幅，在这个一维例子中没有涡量波产生。根据方程（13-10a）～方程（13-10c），波振幅 C、D 和 S 可以表示成 A 的表达式。

从方程（13-10）中恢复零平均流动的跳跃条件时需要谨慎。$\bar{u}_1$、$\bar{u}_2\to 0$ 时，很明显，方程（13-10b）可以简化成 $p_2=p_1$，即零平均流动的跳跃条件（方程（13-25a）和方程（13-44a））。

乍看上去，可以假设：当$\bar{u}_1$、$\bar{u}_2 \to 0$时，由方程（13-10a）可以得到$\bar{\rho}_2 u_2' = \bar{\rho}_1 u_1'$，但这是错误的，要注意到它与方程（13-44c）是不相容的。这个明显矛盾性的解决方案为，熵波S的强度仅以$\bar{u}_2 S$的乘积形式进入跳跃条件（方程（13-10））。当$\bar{u}_2 \to 0$时，$S \to \infty$，这样才可以保证乘积$\bar{u}_2 S$，以及$\bar{u}_2 \rho_2'$和$\bar{u}_2 T_2'$是有限的。对于低马赫数平均流动，在火焰区下游发生很大的熵脉动。为了用数学方式表达这些脉动，首先运用方程（13-10a）把方程（13-10c）改写为以下形式

$$\bar{\rho}_2 \, \bar{u}_2 (c_p \, T_2' + \bar{u}_2 u_2') = Q' + \bar{\rho}_1 \, \bar{u}_1 (c_p \, T_1' + \bar{u}_1 u_1') - (\bar{H}_2 - \bar{H}_1)(\bar{\rho}_1 u_1' + \rho_1' \bar{u}_1) \qquad (13-49)$$

对于线性扰动，利用方程（13-48d）扩展$c_p \, T_2'$，并使$\bar{u} \to 0$，该方程可简化为

$$\frac{\bar{\rho}_2 \, \bar{u}_2 \, \bar{c}_2^2}{c_p(\gamma - 1)} S e^{i\omega(t - b/\bar{u}_2)} = Q' - c_p(\bar{T}_2 - \bar{T}_1) \bar{\rho}_1 u_1' \qquad (13-50)$$

从物理上讲，方程（13-50）表示，在燃烧区无论何时只要$Q' \neq c_p(\bar{T}_2 - \bar{T}_1)\bar{\rho}_1 u_1'$，即单位质量的热增加速率是非定常的，就会产生非定常熵。特别地，确认了前面结论的正确性，即对于小$\bar{u}$，$\bar{u}S$保持是有限的。方程（13-48c）清楚地显示，在这个极限中，方程（13-50）的左边等于$-\bar{u}_2 \, \bar{c}_2^2 \rho_2' / (\gamma - 1)$，因此，方程可以重新整理成

$$\bar{u}_2 \rho_2' = -\frac{\gamma - 1}{\bar{c}_2^2} Q' + (\bar{\rho}_1 - \bar{\rho}_2) u_1' \qquad (13-51)$$

式中，我们利用理想气体关系式把$c_p(\gamma - 1) \times (\bar{T}_2 - \bar{T}_1)\bar{\rho}_1 / \bar{c}_2^2$写作$\bar{\rho}_1 - \bar{\rho}_2$。最后，在质量守恒方程中替代$\bar{u}_2 \bar{\rho}_2'$，可以得到

$$\bar{\rho}_2 u_1' = \bar{\rho}_2 u_2' - \frac{\gamma - 1}{\bar{c}_2^2} Q' \qquad (13-52)$$

从而重新得到零平均流的跃变条件方程（13-44c）。

通过火焰模型和以波形式表示的线性流扰动，Q'可以与非稳定流联系起来，然后就可以重新整理通过火焰区的三个守恒方程（质量、动量和能量），从而得到用上游波振幅A表示的下游波振幅C、D和S。

根据已知的波振幅，管道内任一点的流动扰动可以利用方程（13-48）来表示。对于一般的ω值，流动不满足出口边界条件方程（13-11）。因此，有必要对ω进行迭代，找到满足出口边界条件的ω复数值，所得即为热声振荡的频率。只有这些特定频率才可以作为管道或者火焰的自由模态存在。运用这个线性理论可以得到模态振型，但是不能得到振荡的强度。换句话说，一个独立波的振幅A是任意的，而其余所有波的振幅都可以用A来表示。

燃烧通常发生在低马赫数流动中，对于高频扰动，熵波的波长$2\pi \bar{u}_2 / \omega$甚至会非常短。然后，随着向下游对流传播，湍流的掺混扩散趋于于消除熵脉动。结果，虽然在火焰区会产生一个强熵脉动，但是高频熵扰动的振幅可能在熵波到达燃烧室出口之前会变得可忽略不计。基于混合与对流时间的比值，需要做出判断，以决定是否只要下游收缩就有熵波存在。如果在该距离内不存在，那么ρ'应该由它下游边界条件方程（13-11）的声学贡献$\bar{p}/\bar{c}^2$替代。如果必须考虑熵脉动的话，我们认为其在最低频声学模态才具有重要因素。图13-7显示了熵波在出口收缩前扩散时，平均流对振荡最低频率声学模态的影响。频率随马赫数的变化很小，也就是说，变化量级是马赫数的平方，当马赫数是0.2时，变化大约是5%。

平均流的一个附加结果是：它允许有一个更低的共振频率不同的振荡模态（典型地，对航空发动机一般是 $40 \sim 150Hz$），其中振荡周期受熵脉动从火焰区到出口喷嘴的对流时间和声波反馈到上游的传播控制[28]。这个声波会作用于入口速度，进而产生不稳定燃烧。不稳定燃烧会导致熵波和局部热斑产生。在这些低频率下，熵波的波长很长，衰减很小，当它们对流经过下游收缩段后会产生声波。因此，声波传播到上游完成一个循环。这个模态仅有前几阶谐波会出现，因为正如前面所讨论的，在高频率下熵波会逐渐阻尼掉。图 13-7 中的虚线表示的就是一个对流模态的例子，频率近似与马赫数成正比。

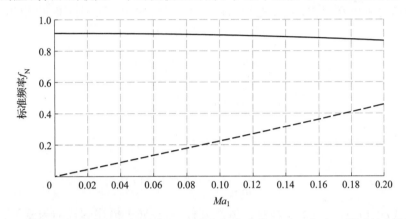

图 13-7 当 $\bar{Q} = 0$ 时，最低模态频率随着马赫数的频率变化：——表示 ω_1 附近的当熵波通过燃烧室出口发生衰减时声学模态；— —表示包括熵波的模态，即低频对流模态

这节中，我们引入了一些影响燃气轮机燃烧室中一维声波的变量。在多数工业燃气轮机中，燃烧室都很长，大多数不稳定模态其实是平面模态，但是即便是这类燃烧室也支持更复杂的模态解。航空发动机燃烧室一般是环形的，轴向长度很小，于是，最低频模态（通常也是最不稳定的）与周向波有关。我们在下一节讨论这些更普遍的模态。

13.4 模态的解

现在，我们考虑三维扰动。我们考虑跟燃气轮机相关的两种几何结构：一是圆柱形管道，二是环形管道。当环形间隙较小时，应特别注意，这种极端情况（环形间隙较小）经常发生在实际应用中，声波有一种特别简单的形式。

13.4.1 圆柱形管道

使用圆柱极坐标 x、r 和 θ，我们感兴趣的是一段圆柱直管道 $0 \leqslant r \leqslant b$。由于假设平均流是均匀的，必然有 $\bar{v} = \bar{w} = 0$。我们寻找前面讲到的三种不同形式扰动的独立解，通用解是每个独立解的和。

我们首先考虑一个压力扰动，把 $p' = F(t)X(x)B(r)\Theta(\theta)$ 代入方程（13-9）求独立解，可以得到

$$\frac{F''}{F} + 2\bar{u}\frac{F'X'}{FX} + \bar{u}^2\frac{X''}{X} - \bar{c}^2\left(\frac{X''}{X} + \frac{(rB')'}{rB} + r^{-2}\frac{\Theta''}{\Theta}\right) = 0 \tag{13-53}$$

式中，上撇号（ $'$ ）表示对相应自变量的导数。可以看出，解的形式是 $F(t) = e^{i\omega t}$、$X(x) = e^{ikx}$ 和 $\Theta(\theta) = e^{in\theta}$，有

$$(rB')' + (\lambda^2 - n^2 r^{-2})rB = 0 \tag{13-54}$$

式中，$\lambda^2 = (\omega + \bar{u}k)^2/\bar{c}^2 - k^2$。对于连续 θ 值，周向波数 n 必定是整数，轴向波数 k 和复频率 ω 可能是任意复数值，但是它们都是相关的。方程（13-54）通用解是 $B(r) = c_1 J_n(\lambda r) + c_2 Y_n(\lambda r)$，其中 J_n 和 Y_n 分别是第一类和第二类 Bessel 函数。因为 Y_n 在 $r=0$ 处为奇异值，所以必然有 $c_2=0$，同时由硬壁边界条件 $v(b) = 0$，可得

$$\frac{\mathrm{d}J_n}{\mathrm{d}r}(\lambda b) = 0 \tag{13-55}$$

对于一个给定的 n，可以给出 λ 的无穷多个离散解，都是实数解[29]，在不失一般性的条件下可以认为 $\lambda \geqslant 0$。定义 $\lambda_{n,m}$ 是第 $m+1$ 个解，全解可以表示成下面形式的声波[30]

$$p' = A_{\pm} \mathrm{e}^{i\omega t + in\theta + ik_x x} B_{n,m}(r) \tag{13-56a}$$

$$\rho' = \frac{1}{\bar{c}^2} A_{\pm} \mathrm{e}^{i\omega t + in\theta + ik_x x} B_{n,m}(r) \tag{13-56b}$$

$$u' = -\frac{k_{\pm}}{\bar{\rho}\alpha_{\pm}} A_{\pm} \mathrm{e}^{i\omega t + in\theta + ik_x x} B_{n,m}(r) \tag{13-56c}$$

$$v' = \frac{i}{\bar{\rho}\alpha_{\pm}} A_{\pm} \mathrm{e}^{i\omega t + in\theta + ik_x x} \frac{dB_{n,m}}{dr}(r) \tag{13-56d}$$

$$w' = -\frac{n}{r\bar{\rho}\alpha_{\pm}} A_{\pm} \mathrm{e}^{i\omega t + in\theta + ik_x x} B_{n,m}(r) \tag{13-56e}$$

式中，$B_{n,m}(r) = J_n(\lambda_{m,n}r)$。（注意：虽然方程（13-56）描述的扰动为复数，但是可以假设我们取其中实部。）这里，$\alpha_{\pm} = \omega + \bar{u}k_{\pm}$

$$k_{\pm} = \frac{\overline{Ma}\omega \mp (\omega^2 - \omega_c^2)^{1/2}}{\bar{c}(1 - \overline{Ma}^2)} \tag{13-57}$$

$\overline{Ma}$ 是平均马赫数（假设小于 1）。同时，$\omega_c = \bar{c}\lambda_{m,n}(1 - \overline{Ma}^2)^{1/2}$ 是管道复截止频率，同时，$A_{\pm}$ 为波的振幅，可能为复数。当 $\omega > \omega_c$ 时，A_+ 表示向下游传播的波，A_- 表示向上游传播的波；当 $\omega < \omega_c$ 时，波会截止。定义方程（13-57）中的平方根是一个负的虚数，此时，A_+ 就表示一个下游的衰减扰动，A_- 表示一个上游的衰减扰动。对于复数 ω，可以看到这些现象的组合。

当 $p' = u' = v' = w' = 0$ 时，熵扰动的独立解为以下形式的熵波

$$\rho' = -\frac{1}{\bar{c}^2} A_E \mathrm{e}^{i\omega t + in\theta + ik_\varphi x} E(r) \tag{13-58}$$

式中，$k_0 = -\omega/\bar{u}$；$E(r)$ 为 r 的任意函数。对于一个涡量扰动，解可以认为是两种涡波的和，其中一个的径向速度为 0，另一个的周向速度为 0[13]。第一种形式可表示成

$$u' = -\frac{n}{\bar{\rho}\bar{c}} A_V \mathrm{e}^{i\omega t + in\theta + ik_\varphi x} V(r) \tag{13-59a}$$

$$w' = -\frac{k_0 r}{\bar{\rho}\bar{c}} A_V \mathrm{e}^{i\omega t + in\theta + ik_\varphi x} V(r) \tag{13-59a}$$

$p' = \rho' = v' = 0$ 时成立。而第二种形式的扰动可以表示成

$$u' = \frac{1}{\bar{\rho}\bar{c}r} A_W \mathrm{e}^{i\omega t + in\theta + ik_\varphi x} \frac{\mathrm{d}W}{\mathrm{d}r}(r) \tag{13-60a}$$

$$v' = -\frac{ik_0}{\bar{\rho}\bar{c}r} A_W \mathrm{e}^{i\omega t + in\theta + ik_\varphi x} W(r) \tag{13-60b}$$

$p'=\rho'=w'=0$ 时成立。$V(r)$ 和 $W(r)$ 唯一的限制是 $V(0)=W(0)=W(b)=0$。

这一节中我们假设管道壁面是刚性的。Eversman[30] 研究了管道壁面是软质，而且平均流是非均匀的情况。

13.4.2　环形管道

很多燃气轮机，特别是航空发动机，都是环形结构。因此，我们考虑在两个刚性壁面同心圆柱（$a \leq r \leq b$）的间隙内发生的扰动。声波与圆柱形管道内的声波相同，除了[31]

$$B_{m,n}(r) = \frac{dY_n}{dr}(\lambda_{n,m}b)J_n(\lambda_{n,m}r) - \frac{dJ_n}{dr}(\lambda_{n,m}b)Y_n(\lambda_{n,m}r) \tag{13-61}$$

式中，$\lambda_{n,m} \geq 0$ 是以下方程的第 $m+1$ 个解

$$\frac{dJ_n}{dr}(\lambda_{n,m}a)\frac{dY_n}{dr}(\lambda_{n,m}b) = \frac{dJ_n}{dr}(\lambda_{n,m}b)\frac{dY_n}{dr}(\lambda_{n,m}a) \tag{13-62}$$

上式由 $r=a$ 和 $r=b$ 处的刚性壁面边界条件得出，（采用与 Watson[29] 给出的类似方法，证明只有实零点，可以证明，方程（13-61）的解同样都是实数），熵波保持不变。对于涡量波，函数 $V(r)$ 没有限制，而对于 $W(r)$，有 $W(a)=W(b)=0$。

13.4.3　窄的环形间隙

在环形燃机中，一般燃烧室的径向间隙小于轴向长度，远小于周向长度。在这种情况下，我们可以将流动近似为下面这种情况：环形间隙很窄，即 $a \approx b$。对于 $m=0$，$B_{n,0}(r)$ 可近似为常数；因此，特别地，对 $v'=0$，有 $\lambda_{n,0} \approx n/R$，其中，$R=(a+b)/2$。更高阶的径向模态，$m>0$，大部分都被截止（意味着径向衰减特别快），可以忽略。与全解的对比验证了预期的径向独立性。对于熵波和涡波，$E(r)$ 和 $V(r)$ 都应被看作是常数，而 $W(r)$ 应被忽略。更多关于这种近似处理的细节和应用见 Stow 等的文献[13]。

现在我们用一个例子来阐明模态解，特别是窄的环形间隙中的周向模态。像之前一样，我们考虑一个均匀直管道，长度是 l。但是，现在我们加入一个平均流，同时把入口和出口边界条件改变为阻塞边界。另外，我们假设管道截面是窄环形，熵波（$n \neq 0$ 时，还包括涡波）在入口产生，并随着平均流对流传播到出口，并在出口与声波发生交互作用。然而，因为熵波和涡波的波长都很短（见方程（13-58）～方程（13-60）），如果管道很长，那么在到达燃烧室出口之前，它们很有可能随掺混过程消散。因此，一开始，我们忽略这些波在下游边界的影响。当管道内的马赫数很小时，根据阻塞入口和出口边界条件可以得到 $u' \approx 0$。因而对于平面波，有 $n=0$，整数 m 的管道共振模态可以近似为管道共振

$$\omega \approx \tilde{\omega} = \frac{m\pi\bar{c}}{l} \tag{13-63a}$$

$$\hat{p}(x) \approx A_m\cos\left(\frac{m\pi x}{l}\right) \tag{13-63b}$$

$$\hat{u}(x) \approx -\frac{iA_m}{\bar{\rho}\bar{c}}\sin\left(\frac{m\pi x}{l}\right) \tag{13-63c}$$

式中，可认为 $p'(t,x,\theta)=\hat{p}(x)e^{i\omega t+in\theta}$。对于周向波，$n \neq 0$，对于整数 m，ω 可写成

$$\omega \approx (\tilde{\omega}_m^2+\omega_c^2)^{1/2} \tag{13-63d}$$

式中，$\omega_c = n\bar{c}/R$ 是管道的截止频率，模态振型可由方程（13-63b）和方程（13-63c）近

似描述。特别地，对于给定的 n，模态最低频率接近截止频率，同时会有一个压力扰动，该扰动在轴向是大致均匀的。$n=0$ 和 1 时模态的频率（$=\mathrm{Re}(\omega)/(2\pi)$）和生长速率（$=-\mathrm{Im}(\omega)$）如图 13-8 中的圆圈所示。在 $n=1$ 时的第二阶模态（$m=1$）的一个振荡周期（$T=1/$频率）内的时间序列的压力扰动见图 13-9。轴向上模态是一个驻定的半波，而在周向上是一个旋转的整波。所有模态的增长率都为负值，因为入口和出口都是阻塞

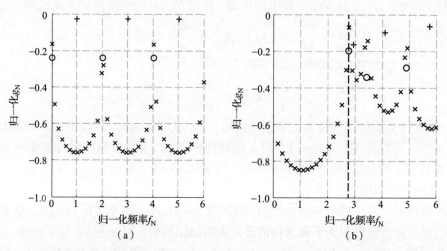

（a）　　　　　　　　　　　　（b）

图 13-8　出口阻塞管道的共振模态的频率和增长率：（a）$n=0$ 和（b）$n=1$。× 表示入口阻塞，有熵波和涡波；○表示具有耗散对流波的阻塞入口；+ 表示入口为开口；——表示 $n=1$ 时管道的截止频率

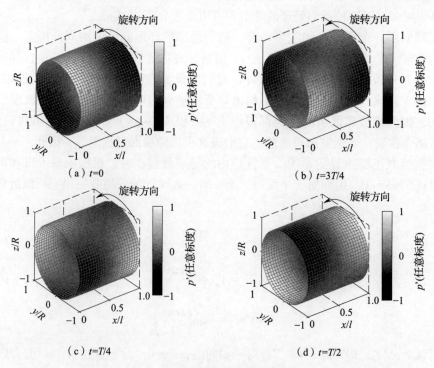

（a）$t=0$　　　　　　　　　　　　（b）$t=3T/4$

（c）$t=T/4$　　　　　　　　　　　　（d）$t=T/2$

图 13-9　对应图 13-8（b）中第二种模态的薄环形管道中压力扰动的时间序列
（具有耗散对流波的阻塞入口）

边界条件，无法对声波进行全反射，因而成为了一个阻尼源。如果考虑熵波和涡波的传播，会发现更多模态，如图 13-8 中 × 号所示。这些模态频率的间隔是 $\bar{u}/(2l)$ Hz，即 $\text{Re}(\Delta\omega) \approx \pi\,\bar{u}/l$。可以发现，最不稳定的模态，也就是那些具有最大增长率的模态，与忽略熵波和涡波时的那些模态相近。与前面的例子相比较，开放入口 / 阻塞出口的结果见图中的 + 所示。如同我们预测的，频率处于阻塞入口 / 阻塞出口频率之间。这种情况下，由于入口开放，故熵波和涡波均不会产生，所以管道中也没有这两种波。同时，此时的负增长率较小，因为开放入口没有阻尼作用。

13.5　燃气轮机燃烧室中的应用

目前为止，我们描述了简单的圆柱形和环形管道的模态分析，同时展示了在适当边界条件下，如何运用该分析得到共振频率。然而，燃气轮机燃烧室的几何构型却远非那么简单，从压气机入口到燃烧室出口的声学特性会对燃烧不稳定起重要作用。典型几何构型见图 13-10，压气机出口的高速气流在扩压器中降速，并变得均匀，为燃料的加入和燃烧做准备。在扩压器的下游，空气通过预混段加速，燃料亦由预混段喷入；随后，预混的燃料和空气进入燃烧室中进行燃烧。尽管这个结构很复杂，但是它是由一系列环形和圆柱形管道组成的。压气机出口的流道是环形的，它的横截面很小，只有一维波可以通过；燃烧室可能是环形或者圆柱形的。因此，只要我们知道如何连接不同截面积的管道，我们之前的分析就很有意义。通过讨论一个简单的准一维几何，我们可以阐述该方法，如图 13-11 所示。

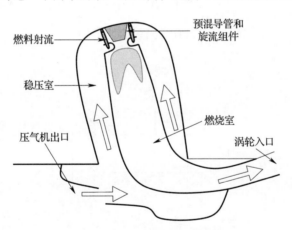

图 13-10　典型燃机几何结构

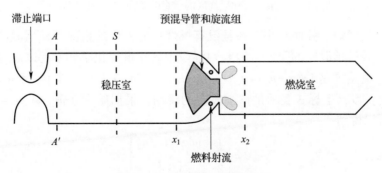

图 13-11　简单准一维燃烧室

13.5.1 腔室

我们研究了在腔室、预混段和燃烧室几何构型中线性扰动的形式。在这个例子中，我们假设振动频率足够小，这样仅有平面波携带声学能量，所有高阶模态沿轴向方向指数衰减。

在燃烧室入口，也就是压气机出口，流动接近阻塞，形成频率为 ω 的线性波入口边界条件（见 13.2.2 节中的讨论）。截面 A—A' 处波的相对强度也就完全确定了（见图 13-11）。

方程（13-7c）、方程（13-7d）和方程（13-9）描述了这些波如何沿着腔室发展，因此决定了预混段入口的非定常流动。

13.5.2 预混段和火焰

有两个主要方法把腔室与燃烧室中的扰动联系起来：一种是纯声学方法，通常依赖经验输入；然而，第二种方法是合理应用质量、动量和能量守恒方程建立模型。

声学方法涉及从试验[32]或者简单模型[33-34]中确定传递矩阵 $N(\omega)$，矩阵 $N(\omega)$ 关联了预混段入口（下标 1）到燃烧区下游（下标 2）的压力和速度扰动

$$\begin{bmatrix} \hat{p}_1 \\ \hat{u}_1 \end{bmatrix} = N(\omega) \begin{bmatrix} \hat{p}_2 \\ \hat{u}_2 \end{bmatrix} \tag{13-64}$$

示意图见图 13-12，2×2 的矩阵 N 取决于几何细节与 x_1 和 x_2 之间的流动情况。例如，基于等截面管道，可忽略平均流的流动以及方程（13-24b）描述的火焰模型，我们发现（见方程（13-25a）和方程（13-26））

$$N = \begin{bmatrix} 1 & 0 \\ 0 & (1-\beta e^{-i\omega\tau})^{-1} \end{bmatrix} \tag{13-65}$$

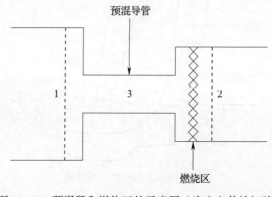

图 13-12　预混段和燃烧区的示意图（为定义传输矩阵）

在预混段长度短、截面积小，并且没有燃烧反应发生的情况下，预混段中的流体是不可压缩的，通过预混段的压差可以与预混段中的动量变化率联系起来。对平均流可忽略不计而言，关系式是 $A_3(\hat{p}_1-\hat{p}_2) = (\partial/\partial t)(AL\rho u)_3 = i\bar{\omega}\rho A_3 L_3 \hat{u}_3$，其中，$A$ 表示横截面积；L 是有效轴向长度；下标 3 表示是预混段内的流动。根据质量守恒，$A_1 \hat{u}_1 = A_2 \hat{u}_2 = A_3 \hat{u}_3$，所以，我们可以得到

$$N = \begin{bmatrix} 1 & i\bar{\omega}\bar{\rho}A_2 L_3/A_3 \\ 0 & A_2/A_1 \end{bmatrix} \tag{13-66}$$

对更多的实际条件而言，可以通过谨慎选择试验对 N 进行研究。通常，这些试验都会在上游 S 点处引入一个声源，见图 13-11。声源可以是安装在管内的旋笛（Siren）或者固定在壁面上的扬声器。在一定频率范围内运行声源，就可以测得 $\hat{p}_1(\omega)$、$\hat{u}_1(\omega)$、$\hat{p}_2(\omega)$ 和 $\hat{u}_2(\omega)$。但是，阻抗 $Z_2(\omega)=\hat{p}_2/\hat{u}_2$ 是由下游几何决定的，所以，对于一个特定的下游几何构型，只能研究 $N[Z_2,1]^{\mathrm{T}}$ 的乘积。如果想找到全部 4 个系数，需要在两个不同下游阻抗的条件下进行测量。在实践中，这可以通过改变下游长度进行测量，或者在下游长度不变的条件下设置两个不同的出口条件，比如开口和受限出口来实现。这种方法的优点是：结果不依赖于任何模型，只假设扰动是线性的。因此，它给出了通过任意几何形状的预混段和燃烧区的跃变或连接条件的准确表示。它的缺点是：它提供了较少的物理内涵，测量的前提是必须用 x_1 和 x_2 之间的流动代表全尺寸条件，不但对几何有要求，同时要求正确的入口温度、压力、质量流量和燃烧速率。这个方法已经被 Paschereit 等成功应用[32]，用来研究类似图 13-11 中几何构型下通过预混段和燃烧区的压力与速度之间的关系。

另外一种方法是基于守恒方程[35-38]。预混段的几何构型可以由一些通过直管连接的紧凑变截面来模拟。面积增大时，质量流和能量流保持不变，壁面的轴向力增大动量流，所以，我们可以得到

$$A_2\rho_2 u_2 = A_1\rho_1 u_1 \tag{13-67a}$$

$$H_2 = H_1 \tag{13-67b}$$

$$A_2 p_2 + A_2\rho_2 u_2^2 = A_2 p_1 + A_1\rho_1 u_1^2 \tag{13-67c}$$

式中，下标 1 和 2 分别代表面积变化前后的流动参数和区域。这里突扩处压力是 p_1；然而，可以用损失系数包含部分压力恢复。为了得到面积增大后的扰动，按常规方法对方程（13-67）进行线性处理，以给出一个联系上下游流动的传递矩阵。

假设面积减小是等熵的，有

$$p_2/\rho_2^{\gamma} = p_1/\rho_1^{\gamma} \tag{13-68}$$

而且，根据质量和能量守恒可得到方程（13-67a）和方程（13-67b）。对无平均流，任何面积变化处的阶跃条件均可简化成

$$[p]_1^2 = [Au]_1^2 = 0 \tag{13-69}$$

假设火焰还是紧凑的，那么方程（13-10）就可以使用。然而，这个方法需要一个把瞬时释热率与来流联系起来的火焰模型。第 12 章中讨论了火焰模型，但是这里我们注意到，它们既可以通过火焰动力学的解析表述[9, 39]，也可以通过对入口流动扰动下的非稳态燃烧进行数值[36]或试验研究[40-42]来得到火焰模型。在低压和高压下进行的测量结果形式相似[42]，但幅值不同，从而支持论点：可以通过适当缩比试验或者局部计算流体力学（CFD）来研究火焰传递函数。

13.5.3　燃烧室

如果已知燃烧室中主燃区下游的质量、动量和能量通量，那么就可以计算出线性波的强度。方程（13-7c）、方程（13-7d）和方程（13-9）描述了那些波如何沿燃烧室发展，

从而决定了出口流动。对于频率 ω 的一般值，将不满足下游边界条件，共振频率是指那些满足下游边界条件的 ω 值。

示例 5：

现在我们考虑一个完整系统的例子，类似图 13-11 中的结构，包括一个腔室、预混系统和燃烧室，不同的是燃烧室出口是开放的，几何细节如表 13-1 所示。在燃烧室初始位置采用简单火焰模型

$$\frac{\hat{Q}}{Q} = -k\,\frac{\hat{m}_i}{m_i}\mathrm{e}^{-\mathrm{i}\omega\tau} \qquad (13\text{-}70)$$

式中，m_i 是燃料喷射点（认为是预混喷嘴的起始处）的空气流量。图 13-13 中的圆圈表示 $k=0$ 时的几何共振模态。因为没有非定常热释放，可以看到的模态都是稳定的，这与我们的设想一致。预混段提供了足够大的阻塞，对腔室中的扰动来说相当于一个硬端边界（此处 $u'=0$，压力振幅最大），也就是说，存在包含腔室所有共振频率的谐振频率族。图中，这些共振出现在 110、203、289、416 和 511Hz 处，其中第一个是基频半波模态，其余是它的谐波，337Hz 处是燃烧室模态族的第一阶模态。把燃烧室的前面当做封闭端处理，只能给出一个相当粗略的近似值，因为燃烧室与预混喷嘴之间的面积差异对腔室来说不够大。燃烧室共振的 1/4 波与半波之间存在一个模态（它的模态振型与图 13-14（f）中所示非常相似）。30Hz 处的低频模态是整个几何结构的共振，是 1/4 波。

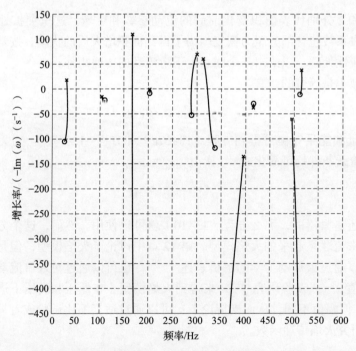

图 13-13　简单燃烧室的共振模态：× 表示 $k=1$ 时的模态；○ 表示 $k=0$ 时的模态，
此时没有非定常热释放；—表示两个值之间的变化

表 13-1　简单燃烧室的几何和流动条件（基于常压试验台）

类　　型	数　　值
阻塞入口质量流量 / (kg · s^{-1})	0.05
阻塞入口温度 /K	300
稳压室横截面积 / m^2	0.0129
稳压室长度 / m	1.70
预混合器横截面积 / m^2	0.0142
燃料喷射点燃料输运时间 / s	0.006
预混合器长度 /m	0.0345
燃烧室横截面积 / m^2	0.00385
火焰区燃烧后温度 /K	2000
燃烧室长度 /m	1.0
尾气出口压力 /Pa	101000

现在，我们通过设置 $k=1$，来引入非定常热释放。结果模态在图 13-14 中用 × 示意（线条表示 $k=0$ 和 1 之间的变化）。非定常热释放对一些模态影响很小，但是，通常来说，增长率会增加，使模态趋向不稳定。除了原始模态，一系列新模态均与火焰模型有关。这些模态与示例 1 中的非零 τ 时的附加模态联系极为紧密。它们的频率约为 $1/\tau$、$2/\tau$ 和 $3/\tau$，且当 $k \to 0$ 时，它们的增长率变得很大并且为负，$k=1$ 时的模态振型见图 13-14。

13.5.4　环形燃烧室

现在，我们考虑环形燃气轮机，如前所述，其腔室和燃烧室的横截面都为一个窄的环形间隙。因此，为得到周向模态的振型，我们引入扰动。如同前面的介绍（见 14.4 节），波在腔室和燃烧室中的传播见方程（13-7c）、方程（13-7d）和方程（13-9）。当连接不同内外径的环形管道时，在窄扇形过渡区内考虑守恒定律，对平面波而言，会得到相同的通量关系式，且角动量通量不变[10]。所以，如果预混区域也是环形几何结构，可以通过前面描述平面波时同样的方式发现周向模态的扰动。但是，通常情况下，预混段包括大量沿周向均匀布置的相同的预混管道。所以，存在轴对称损失，我们可以预料，这会与腔室中的周向波相互作用，从而产生其他阶次的周向波，也就是说，会发生模型耦合。事实上，任何附加模态都是更高阶的，并且沿轴向快速衰减（见 13.4 节）。因此，在腔室中仅考虑一个选定阶次的单独周向波是合理的。预混段通常是环形的，但是，它们的截面比腔室和燃烧室要小得多，所以，对于感兴趣的频率，它们中的扰动应该是一维的。腔室中的周向波在管道中产生相同的扰动，但扰动间存在相位偏移。联系腔室中的扰动与预混段中扰动的方程，与简单面积减小时的方程相似，但存在由于从周向扰动到一系列一维扰动的改变带来的调整。跟之前观察到的一样，这些一维扰动沿预混段发展。在燃烧室入口，相位偏移的一维扰动环产生一个与腔室中阶次相同的周向波。通过研究该周向波在燃烧室中的传播，同时通过满足下游边界条件获取共振频率，可以找到该阶周向波的谐振模态。

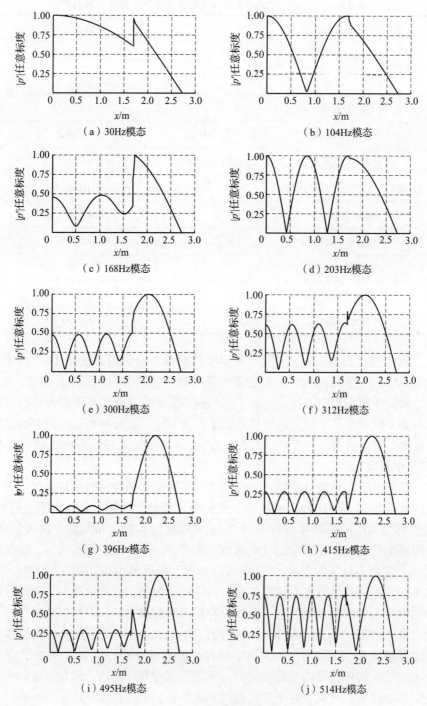

图 13-14　$k=1$ 时简单燃烧室的模态振型

13.6　模态耦合

在均匀的圆柱形和环形管道中，方程（13-56）的解对不同的 n 和 m 是独立的，可以分开考虑。但是，非均匀性会导致这些模态耦合。举例来说，如果管道存在面积变化，但仍是轴对称的，不同 n 值下，周向模态仍是独立的；但是不同 m 值下，径向模态会发生耦合。例如，考虑一个在 $x=0$ 处存在面积突扩的圆形管道，$x<0$ 时，用上标 1 表示；$x>0$ 时，用上标 2 表示，那么管道就可以表示成：当 $x<0$，$r \leqslant b^{(1)}$；当 $x>0$，$r \leqslant b^{(2)}$（$b^{(2)}>b^{(1)}$）。对无平均流，只存在声波，那么根据方程（13-56），对于给定的 n，当 $x<0$ 时，有

$$p' = \mathrm{e}^{\mathrm{i}\omega t+\mathrm{i}n\theta} \sum_{m=1}^{\infty} (A_{n,m}^{+(1)} \mathrm{e}^{\mathrm{i}k_{n,m}^+x} + A_{n,m}^{-(1)} \mathrm{e}^{\mathrm{i}k_{n,m}^-x}) B_{n,m}(r) \qquad （13\text{-}71\mathrm{a}）$$

当 $x>0$ 时，有

$$p' = \mathrm{e}^{\mathrm{i}\omega t+\mathrm{i}n\theta} \sum_{m=1}^{\infty} (A_{n,m}^{+(2)} \mathrm{e}^{\mathrm{i}k_{n,m}^+x} + A_{n,m}^{-(2)} \mathrm{e}^{\mathrm{i}k_{n,m}^-x}) B_{n,m}(r) \qquad （13\text{-}71\mathrm{b}）$$

与其他流动变量的表达形式类似。Miles[43] 和 Alfredson[44] 从平面波角度考虑这个问题，但是向 $n \neq 0$ 的扩展是直接的（因为是向环形管道的扩展）。在 $x=0$ 处，对于 $0 \leqslant r \leqslant b^{(1)}$，$p'$ 和 u' 必须是连续的（根据 p' 的连续性可以得到 ρ'、v' 和 ω' 的连续性）；在刚性壁上，即 $0 \leqslant r \leqslant b^{(1)}$，$b^{(1)} \leqslant r \leqslant b^{(2)}$，可以得到 $u'=0$。这个连续性可以得到关联 $A_{n,m}^{\pm(1)}$ 和 $A_{n,m}^{\pm(2)}$ 线性方程组。每个 m 值的幅值依赖于所有其他 m 值的幅值，即径向模态存在耦合。在方程（13-71）中，我们包含了所有的径向模态，但是，实际上，m 足够大，波很有可能会被截断，会被忽略。所以，我们可以近似利用有限的径向模态，比如 $0<m<M$ 即可。一个面积翻倍的管道内，$n=0$ 的模态的结果如图 13-15 所示。

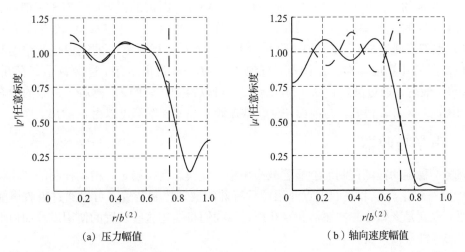

（a）压力幅值　　　　　　　　　　　（b）轴向速度幅值

图 13-15　对于 $n=0$ 和 $n=5$ 时的径向变化：——表示 $x=0+$；— —表示 $x=0-$；以及— — —表示 $r=b^{(1)}$

图中展示了面积变化两侧压力和轴向速度幅值的径向变化；实线和虚线分别代表更大和更小面积区域的值。这些结果是 $M=5$ 时的值，因为包含了更多径向模态，匹配变得更好，求解更为精确。

Akamatsu 和 Dowling[45] 采用了一种类似的方法来考虑带有一圈预混段的圆柱形燃烧室中三维燃烧不稳定。假设预混段内的振动是一维的，当与火焰筒连接时被认为是点源，这里径向对称性的损失造成燃烧室中径向模态的耦合。可能意外的是，因为预混喷嘴相同且沿周向均匀布置，所以周向模态没有发生耦合。类似地，Evesque 和 Polifke[46] 发现，当燃烧室的预混段不同时，周向模态会发生耦合。事实上，一圈相同的预混段不会引发周向模态的耦合，N 小于管道数量一半时才会发生。换句话说，在沿轴向距离快速衰减的高

阶模态中发生的任何耦合没有实际研究意义。

Stow 和 Dowling[47] 研究了窄的环形间隙里周向模态的耦合。几何结构中亥姆霍兹共振器的存在破坏了燃烧室几何结构的轴对称性，从而使得模态耦合成为可能。现在我们描述他们的解决方法，因为通常情况下，方法应该适用于求解模型耦合问题中的线性共振。我们记 $p'(t,x,\theta) = \hat{p}(x-\theta)\,e^{i\omega t}$ 以及 $\hat{p}(x,\theta) = \sum_{n=-\infty}^{\infty} \hat{p}_n(x)\,e^{in\theta}$，其他变量也是类似的。$|n|$ 很大时（比如 $|n|>N$），模态很有可能被截断。所以，与之前径向模态类似，我们通过 $\hat{p}(x,\theta) = \sum_{n=-N}^{N} \hat{p}_n(x)\,e^{in\theta}$ 近似求解周向模态。在几何结构入口，有独立适用于每个模态的边界条件。这些定义了每个周向模态 n 的扰动，除了未知参数 λ_n。例如，如果是一个开放端，对所有 θ，都有 $\hat{p}=0$，也就意味着对所有 n 都有 $\hat{p}_n=0$，所以我们可以设定 $A_n^+ = -A_n^- = \lambda_n$（没有熵波和涡量波）。这里 $\lambda = [\lambda_{-N}, \cdots, \lambda_N]^T$ 用来描述模态在入口处的相对幅值和相位，必须作为解的一部分求出。类似地，出口也有一个应用于每个模态的独立边界条件。我们把 μ_n 定义为周向模态 n 在这个边界条件下的误差；例如，对于一个开口端，我们可以认为 $\mu_n = \hat{p}_n$。对于给定的 ω 和 λ，入口所有周向分量是已知的。我们可以在每个阶段通过几何计算所有周向模态，然后进入下一步。对于这样找到的解，每个模态在出口都有一个误差 μ_n。我们必须找到满足 $\mu_n=0$ 的 ω 和 λ，从而得出几何结构的共振。对于一个给定的 ω，我们定义矩阵 M，$M_{n,m}$ 为 $\lambda_i = \delta_{i,m}$ 时解的误差 μ_n。对于一般的 λ，因为扰动是线性的，$\mu_n = M_{n,m}\lambda_m$。因此，对于正确的 ω 和 λ 值，有 $M\lambda=0$。如果解存在，那么 $\lambda \neq 0$，也就意味着 $\det(M)=0$。因此，求解一个共振复频率 ω 的流程是：首先假设一个 ω 值，然后计算矩阵 M，迭代 ω，直到 $\det(M)=0$ 为止。有了这个 ω 值，存在 λ，使得 $M\lambda=0$。最后，通过反迭代法（$M\lambda_{new}=\lambda_{old}$）可以得到正确的 λ。然后，共振的模态振型可以利用这个 λ 计算得到。与前面一样，共振频率和增长率都可以由 ω 给出。

13.7 声学吸收器

燃烧不稳定的被动控制能够显著减小振幅，使模态变得稳定。被动控制的使用将在第 17 章中进行讨论。本节我们重点介绍两种特殊的被动控制装置，可以通过吸收声能来抑制振动，也就是亥姆霍兹共振器和穿孔声衬。我们将描述这些装置的使用以及如何纳入前面介绍的线性模型中去。

亥姆霍兹共振器由一个较大的共鸣腔和一条较短的颈部通道相连，颈部通道与诸如燃烧室这类振荡发生的管道区域相连。颈部内的空气质量和共鸣腔内空气的刚度，共同形成了一个类似质量 – 弹簧的系统。该系统的共振频率主要受共鸣腔的体积、颈部的长度和横截面积，以及声速的影响（举例见参考文献［50］）。如果管道内的扰动接近该共振频率，颈部入口处的压力脉动会导致共振器内外很大的速度振荡。这些速度振荡会阻尼能量，从而抑制管道内产生声学扰动。该阻尼源具有非线性作用[51]，依赖于颈部的速度振荡产生足够大的振幅，这样才可以阻尼掉形成的非定常射流中显著的动能。具体来说，颈部速度振荡的声能会转化成涡能，最终以热能形式阻尼掉。如果管道中压力扰动的振幅很小，那么这种机制几乎不会产生抑制作用。所以，该机制可以减小已经存在的不稳定的振幅，但是无法使模态保持稳定。

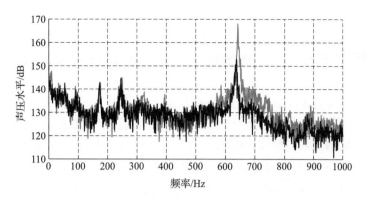

图 13-16　一个体积可调的亥姆霍兹共振器的功率谱试验结果：灰色实线，共振器腔室体积最小，
所以抑制不起作用；黑色实线，共振器腔室可以抑制振荡

在燃气轮机应用中，燃烧室中有平均流存在，因而也会穿过亥姆霍兹共振器的颈部，就需要对共振器进行冷却，这样会给颈部引入额外的流动，这些流动会激发附加的阻尼源。在这种情况下，声波会调制颈部的涡脱落，并激发一个线性阻尼源，从某种意义上讲，声能被吸收的比例与声压无关。因此，该机制有稳定模态的可能。但是，这种结构也存在一个风险：在一些频率段，因为涡从颈部上游的边缘脱落，然后冲击到下游的边缘，可能会产生声音而不是吸收。这个问题可以通过使用一个圆形、不带锐边的下游边缘来解决。另一种方法是通过颈部向燃烧室内部引入一股足够强大的冷却流，这样也可以解决该问题，因为，涡会被带走，离开下游边缘。

为了在之前的声学计算中引入一个亥姆霍兹共振器，需要考虑两点之间的非定常质量、动量和能量守恒，一个点在管道中，刚好处于共振器上游，另一个点则刚好处于下游。但是，还应考虑通过共振器颈部进入管道中的质量流量扰动 $\hat{m}$。在无平均流中，正如前面所述，非线性影响很重要，所以不是简单的振荡幅值成线性比例关系。因此，需要进行非线性计算，比如在下一节中考虑的描述函数法。对于一个平均横向流和 / 或颈流（neckflow），系统还是保持线性，之前描述的计算技术还可以直接采用。在这个方案中，燃烧室和共振器中的压力扰动分别记作 $\hat{p}_1$ 和 $\hat{p}_2$，我们可以用定义颈部的瑞利传导系数 κ

$$\kappa = \frac{\mathrm{i}\omega\,\hat{m}}{\hat{p}_2 - \hat{p}_1} \tag{13-72}$$

共振器内质量减小速率必须等于 $\hat{m}$，于是，假设等熵条件，就有 $\hat{m} = -\mathrm{i}\omega V\,\hat{p}_2/\bar{c}^2$，这里 V 和 $\bar{c}$ 分别代表共振器的容积和内部的声速。通过颈部的平均流比横向流大得多时，对颈部长度进行修正后，可以利用 Howe 等[52] 关于圆孔的瑞利传导系数。相反，如果颈部只有平均流，可以采用 Howe[53] 的研究结果。Dupere 和 Dowling[54] 研究了横向流和贯穿流相当时的情况，Dupere 和 Dowling[55] 给出了关于有无平均流时亥姆霍兹共振器模型的详细内容，以及在真实燃烧室中的应用讨论。

亥姆霍兹共振器的安装位置是一个重要考虑因素。为能起到最大作用，应该把它布置在压力振荡幅值高的地方，而在压力节点处它们不能起到抑制作用。因为这个影响，在环形燃烧室中只布置单个共振器对周向模态是起不到抑制作用的。生成一个周向驻波（顺时针和逆时针旋转的周向模态之间相互耦合产生的），该波与自身耦合会在共振器的颈部处形成一个压力节点。因此，至少需要两个共振器来抑制这种振荡。为了对周向波起到最佳抑制作用，Stow 和 Dowling[47] 针对共振器周向放置位置进行了研究。使用亥姆霍兹共振器的一个缺点是，它们仅会在一个相对窄的频率段内产生良好的抑制作用。如果不稳定模态有很多种，就需要布置多个共振器。但是，如果在不同运行工况下只有一个主频，且当运行条件发生变化时主频也跟着变化（连续的或者间断的），那么使用一个亥姆霍兹共振器是一个有意义的替代选项，它会不断调节自身来抑制当前的不稳定。Wang[56] 研究了这种主动调节被动抑制法或者半主动的控制法。图 13-15 给出了一个常压试验台的试验结果，该试验台与图 13-11 中所示条件很相似，包括一个附加在火焰筒上的体积可调的亥姆霍兹共振器。采用反馈算法来调节共振器，可以达到使峰值振幅降低超过 15dB 的效果。（感谢剑桥大学工程部的 Wang Chuan-han 博士允许我们使用该图片。）

与亥姆霍兹共振器相比，带偏流的声衬拥有在更广频率范围内抑制振荡的潜能。Eldredge 和 Dowling[57] 研究了针对平面波的此种类型的声学吸收器，发现吸收率高于 80%。Eldredge[58] 后来又在更高阶模态扩展了研究，结果如下：用一个布置有多排孔的声衬替代一段我们希望降低振荡的管道（比如燃烧室），通过这些小孔会向管道内引入一股平均流，这股流体是管道冷却气的一部分；在声衬的另一侧，可以简单布置一个管道、一个大的腔室、一个或者多个额外的声衬来提供这股流体。这个装置改变了声衬的性能，但是没有改变其基本的抑制机理。该吸收机制类似于亥姆霍兹共振器中通过颈部引入一个平均流，也就是说，声能通过涡脱落转化为涡能，最后阻尼掉。但是，声衬不依赖于与共振频率的匹配，可以在一个很广的频率范围内起吸收作用。与亥姆霍兹共振器相同，声衬如果放置在一个压力振荡较大的区域最有效。为了在前面讨论过的线性模型中引入这样的声衬，需要把声衬沿轴向进行离散处理。例如，可以用一段包含多个离散孔的直管道来代替声衬。通过这些孔的瑞利传导系数可以计算这些孔区域的扰动，与带颈部流体的亥姆霍兹共振器计算方法相同；主要不同是对声衬另一侧扰动的处理。如果声衬的另一侧是一个很大的腔室，我们可以假设压力振荡为零；如果另一侧是一个管道或者是一个二次声衬，那么就必须纳入线性模型的一部分进行计算。

在一个线性声学模型中使用声学阻尼器的例子中，我们考虑在示例 5（k=1）中增加一个亥姆霍兹共振器。共振器布置在燃烧室中部，假设颈流速度为 10m/s（与此相比，燃烧室中的横向流可以忽略不计）。颈部半径为 7mm，长度为 30mm，内部温度为 1000K。我们希望抑制最不稳定的模态，即 168Hz，所以，我们设计一个共振频率为 168Hz 的亥姆霍兹共振器，其体积为 $1.24 \times 10^{-3}\text{m}^3$。在图 13-17 中，圆圈代表采用共振器后的模态，没有共振器的模态用 × 表示（也可见图 13-17）。我们发现，目标模态的增长率降低了，表明起到了抑制作用，同时发现在频率上发生了微小变化，由 168Hz 变为了 166Hz。另外，出现了一个频率为 159Hz 的新模态；这个模态与共振器有关，被极大地抑制了。共振器对其余模态频率的影响非常微小，但是，对增长率的影响非常显著。这种变化可能有点意外，特别是在增长率变大的地方，这是因为带颈部有平均流动的亥姆霍兹共振器永远不会自发产生声学能量。该作用是因为颈部内空气质量的惯性导致共振器改变燃烧室的声学性质而引起，与任何阻尼效应无关。虽然这个惯性对频率的影响非常小，但是却足够改变燃烧室边界上获得的声能与损失的声能之间的差异，该差异非常敏感，这会对增长率产生直接影响。

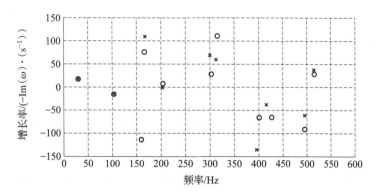

图 13-17　简单燃烧室的共振模态：○表示有亥姆霍兹共振器；×表示无亥姆霍兹共振器

13.8　极限环预测

现有的模型都应用于小扰动的线性振荡中，还没有应用于燃气轮机中导致问题的那些大振幅极限环振荡。这些线性模型可以提供很有用的信息。首先，这些模型可以预测线性失稳边界。一个振荡在开始发生的时候都是很小的，如果它是线性稳定的，就不会发展成极限环振荡。其次，线性模态的频率通常提供了极限环频率很好近似。破坏经常是由于振荡频率接近燃机某部件的结构共振频率，所以了解潜在的频率是非常有用的。

然而，为了预测振荡的幅值，必须模拟非线性的影响，因为它限制了扰动的大小。极限环通常包括压力扰动相对于平均压力较小，且脉动速度远小于声速的振荡。这些情况保证了声波仍然是线性的。主要的非线性通常是：燃烧对速度和当量比脉动的响应，可能达到平均值的量级。时域伽辽金方法可以拓展应用于包含非线性的问题中，因此可以用来求解极限环[59]。传递矩阵和守恒方法可以转换成时域方法（至少对平面波而言），因此类似地，只要包含非线性影响，这些（传递矩阵和守恒方法）就可以用来预测极限环。但是，一种更快更简单的方法是，保留频域并采用下述描述函数法（见 Dowling[16]）。决定极限环幅值的主要影响可能是火焰热释放振荡的饱和。考虑火焰受一个单一频率的时变输入（比如燃料喷射点的空气质量流量 m_i）的激励。火焰热释放的周期与这个频率是相同的，但是在较高的强迫幅值下，响应可能包含多个频率，这是因为，非线性会产生很多的激振频率的谐波。然而，我们预测火焰对高频扰动的响应相对较小，认为这些谐波在热释放与几何声学的反馈回路中不重要。因此，可以采用一个非线性火焰传递函数来描述火焰，该方程把激振频率的热释放分量与用频率和振幅表示的流动扰动联系起来。例如

$$\frac{\hat{Q}}{\bar{Q}} = T(\omega, A)\frac{\hat{m}_i}{\bar{m}_i} \qquad (13-73)$$

式中，T 是非线性传递函数；$A = |\hat{m}_i|/\bar{m}_i$ 是激励振幅。一般增加 A 会由于饱和效应而降低 T 的幅值，然而对 T 相位的影响通常不太显著。在示例 5 中我们发现，减小火焰传递函数的增益会起到稳定作用。对于一个线性不稳定模态，振幅在最初是随着时间增加的，从而减小增益，导致增长率减小。最终我们找到一个增长率为零的点。这个模态是一个稳定的极限环；在振幅比极限环模态的振幅低时，振荡仍会增长；在比极限环模态的振幅高时，振荡就会衰减。可以假设，在几何构型的其他位置，非线性的影响不是很重要，线性模

型在那里仍然适用。不像线性问题中需要求解复数的 ω，现在求解是为了找到为实数的 ω 和 A，使得满足出口边界条件。这种求解会得到极限环的频率、振幅和空间模态振型。

现在我们给出一个关于非线性火焰传递函数的简明例子，写成时域形式，方程（13-70）中的线性火焰模型可以写成

$$Q'_L(t) = -k \frac{m'_i(t-\tau)}{\bar{m}_i}\bar{Q} \qquad (13\text{-}74)$$

式中，下标 L 表示这是一个线性结果，也可以考虑当量比、对流时间和火焰响应的非线性影响（见 Stow 和 Dowling[60]）；然而，这里我们将假设一个 $Q(t)$ 的简单饱和

$$Q'(t) = \begin{cases} Q'_L(t) & |Q'(t)| \leq \alpha\bar{Q} \\ \alpha\bar{Q}\,\text{sign}(Q'_L(t)) & |Q'(t)| > \alpha\bar{Q} \end{cases} \qquad (13\text{-}75)$$

这个非线性火焰模型与 Bellucci 等[61]利用时域方法得到的火焰模型非常相似。为了得到非线性传递函数，我们需要把它转化到频域中。令 $m'_i(t) = A\cos(\omega t)\bar{m}_i$，通过计算频率 ω 时的 $Q'(t)$ 分量得到传递函数

$$T(\omega, A) = \frac{\omega}{\pi A \bar{Q}} \int_0^{2\pi/\omega} Q'(t)\,\mathrm{e}^{-\mathrm{i}\omega t}\,\mathrm{d}t \qquad (13\text{-}76)$$

在这个模型中，当 $A \leq \alpha/|k|$ 时，没有饱和发生，所以传递函数与线性时一样，也就是说，有 $T(\omega, A) = T_L(\omega) = -k\mathrm{e}^{-\mathrm{i}\omega\tau}$。当 $A > \alpha/|k|$ 时，可以写成

$$T(\omega, A) = -\frac{2\omega\mathrm{e}^{-\mathrm{i}\omega\tau}}{\pi A}\left(\int_{-\varphi/\omega}^{\varphi/\omega} \alpha\mathrm{e}^{-\mathrm{i}\omega t}\,\mathrm{d}t + \int_{\varphi/\omega}^{(\pi-\varphi)/\omega} |k|A\cos(\omega t)\mathrm{e}^{-\mathrm{i}\omega t}\,\mathrm{d}t\right) \qquad (13\text{-}77)$$

式中，$\varphi = \cos^{-1}(1/\beta)$，这里 $\beta = |k|A/\alpha$ 是一个比例振幅参数。通过积分计算以及与低幅值结果的合并，可以得到

$$T(\omega, A)/T_L(\omega) = \begin{cases} 1 & \beta \leq 1 \\ 1 - \dfrac{2\cos^{-1}(1/\beta)}{\pi} + \dfrac{2(1-1/\beta^2)^{1/2}}{\pi\beta} & \beta > 1 \end{cases} \qquad (13\text{-}78)$$

图 13-18 给出了 T/T_L 随 β 的变化。我们可以看到，当 $A > \alpha/|k|$ 时，火焰响应单调递减，在振幅最大处趋近于零。注意到，在这个模型中，热释放的相位不受振幅的影响。

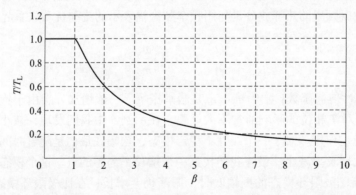

图 13-18　非线性火焰传递函数（采用线性值做基准进行了无量纲化）随幅值参数 $\beta = |k|A/\alpha$ 的变化

为了说明，现在我们考虑示例 5 所示几何构型的极限环计算。在线性计算中，我们发现，$k=1$ 时，火焰模型有很多不稳定模态。描述函数法不严格适用，除非极限环中只有一个主频，所以这种情况下使用该方法是有问题的。但是，如果我们考虑 $k=0.4$ 的情况，那么在考虑的频率范围内，仅会有一个线性不稳定模态出现。在频率为 290Hz 时，增长率为 $30s^{-1}$。采用方程（13-78）中的非线性火焰模型，令 $\alpha=0.1$ 时，我们发现，相应的极限环的频率为 288Hz，振幅 $A=0.65$，空间模态振型如图 13-19 所示。

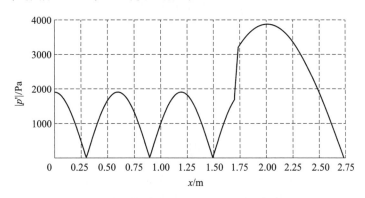

图 13-19　简单燃烧室的极限环的模态形状

13.9　总结

本章为了阐明燃气轮机燃烧系统中不同部件的声学分析，研究了一系列简单几何结构的模型问题。

阐述了热释放与非定常流动之间的耦合形式对振荡频率有决定性影响。想要确定典型燃气轮机燃烧室的非稳态燃烧响应的频移，单项伽辽金级数展开是不够的。横跨主燃区的平均温比的影响非常大，马赫数小于 0.2 时，平均流的影响不明显；但是，平均流可能导致频率更低的新振荡模态生成的可能性，该模态的振荡周期主要受熵波或者迁移热斑的控制。在环形和圆柱形管道中更高阶模态可能会被截断。我们描述了如何通过一系列圆柱形和 / 或环形管道建立和分析一个典型的 LPP 燃烧系统。在很多几何结构中，预混段提供了足够的阻塞，这样振荡模态就接近腔室和燃烧室的分离模态，其中预混喷嘴内的速度边界条件是近似不变或者不变的。同时我们还注意到，当几何结构不是轴对称时，可能会发生模型耦合，我们还阐明了如何往这些模型中加入声学吸收器。

本章讨论的线性模型仅与小幅振荡有关，所以，这些模型可以预测模态稳定性，但是不能给出导致极限环振荡的振幅。但是，这些模型仍可以给燃气轮机设计者和运行者提供重要的信息。更进一步，通过描述函数分析，我们知道可以对这些模型进行扩展来预测振幅。本章讨论的所有方法的最大优点是他们的速度，可以对不同燃烧室几何结构和运行条件下的燃烧不稳定性进行快速评估。

13.10　附录：方程（13-41）的导数

当忽略热传导和黏性作用时，熵方程（13-4）可以简化为

$$\rho T \frac{DS}{Dt} = q \tag{13-A1}$$

用理想气体表达式 $S=c_V\log p - c_p\log\rho$ 替代上式中的 S，可以得到

$$\frac{\rho T c_V}{p}\frac{\mathrm{D}p}{\mathrm{D}t}=-c_p T\frac{\mathrm{D}\rho}{\mathrm{D}t}+q \qquad (13-\mathrm{A}2)$$

式中，c_p、c_V 分别是比定压热容和比定容热容。

利用质量守恒方程替代 $\mathrm{D}\rho/\mathrm{D}t$，可以导出

$$\frac{c_V}{R_{\mathrm{gas}}}\frac{\mathrm{D}p}{\mathrm{D}t}=c_p T\rho\,\nabla\cdot\boldsymbol{u}+q \qquad (13-\mathrm{A}3)$$

因为 $c^2=\gamma R_{\mathrm{gas}}T$ 和 $R_{\mathrm{gas}}/c_V=\gamma-1$，上式也等价于

$$\frac{\mathrm{D}p}{\mathrm{D}t}=c^2\rho\,\nabla\cdot\boldsymbol{u}+(\gamma-1)q \qquad (13-\mathrm{A}4)$$

式中，c 为声速。

方程（13-41）是方程（13-A4）的线性形式。

参考文献

[1] Dowling, A. P., and Stow, S. R., "Acoustic Analysis of Gas Turbine Combustors," Journal of Propulsion and Power, Vol. 19, No. 5, 2003, pp. 751-764.

[2] Rayleigh, L., The Theory of Sound, 2nd ed., Vol. 2, Macmillan, London, 1896, pp. 226-227.

[3] Yang, V., and Anderson, W. E. (eds.), Liquid Rocket Engine Combustion Instability, Vol. 169, Progress in Astronautics and Aeronautics, AIAA, New York, 1995.

[4] De Luca, D., Price, E. W., and Summerfield, M. (eds.), Nonsteady Burning and Combustion Stability of Solid Propellants, Vol. 143, Progress in Astronautics and Aeronautics, AIAA, New York, 1992.

[5] Keller, J. J., "Thermoacoustic Oscillations in Combustion Chambers of Gas Turbines," AIAA Journal, Vol. 33, No. 12, 1995, pp. 2280-2287.

[6] Hsiao, G. C., Pandalai, R. P., Hura, H. S., and Mongia, H. C., "Combustion Dynamic Modeling for Gas Turbine Engines," AIAA Paper 98-3380, July 1998.

[7] Hsiao, G. C., Pandalai, R. P., Hura, H. S., and Mongia, H. C., "Investigation of Combustion Dynamics in Dry-Low-Emission (DLE) Gas Turbine Engines," AIAA Paper 98-3381, July 1998.

[8] Lovett, J. A., Chu, W.-W., and Shah, S. N., "Modeling of Combustion Chamber Acoustics and Control of Combustion Instabilities in Gas Turbines," 6th International Congress on Sound and Vibration, July 1999.

[9] Dowling, A. P., and Hubbard, S., "Instability in Lean Premixed Combustors," Journal of Power and Energy, Vol. 214, No. 4, 2000, pp. 317-332.

[10] Stow, S. R., and Dowling, A. P., "Thermoacoustic Oscillations in an Annular Combustor," American Society of Mechanical Engineers, Paper 2001-GT-0037, June 2001.

[11] Chu, B.-T., and Kovasznay, L. S. G., "Non-linear Interactions in a Viscous Heat

Conducting Compressible Gas," Journal of Fluid Mechanics, Vol. 3, Feb. 1958, pp. 494–514.

[12] Marble, F. E., and Candel, S. M., "Acoustic Disturbance from Gas Non-uniformities Convected Through a Nozzle," Journal of Sound and Vibration, Vol. 55, No. 2, 1977, pp. 225–243.

[13] Stow, S. R., Dowling, A. P., and Hynes, T. P., "Reflection of Circumferential Modes in a Choked Nozzle," Journal of Fluid Mechanics, Vol. 467, Sept. 2002, pp. 215–239.

[14] Yang, V., and Culick, F. E. C., "Analysis of Unsteady Inviscid Diffuser Flow with a Shock Wave," Journal of Propulsion and Power, Vol. 1, No. 3, 1985, pp. 222–228.

[15] Culick, F. E. C., and Rogers, T., "The Response of Normal Shocks in Diffusers," AIAA Journal, Vol. 21, No. 10, 1983, pp. 1382–1390.

[16] Dowling, A. P., "A Kinematic Model of a Ducted Flame," Journal of Fluid Mechanics, Vol. 394, Sept. 1999, pp. 51–72.

[17] Culick, F. E. C., and Yang, V., "Overview of Combustion Instabilities in Liquid-Propellant Rocket Engines," Liquid Rocket Engine Combustion Instability, edited by V. Yang, and W. E. Anderson, Vol. 169, Progress in Astronautics and Aeronautics, AIAA, New York, 1995, pp. 3–37.

[18] Dowling, A. P., "The Calculation of Thermoacoustic Oscillations," Journal of Sound and Vibration, Vol. 180, No. 4, 1995, pp. 557–581.

[19] Annaswamy, A. M., Fleifil, M., Hathout, J. P., and Ghoniem, A. F., "Impact of Linear Coupling on Design of Active Controllers for Thermoacoustic Instability," Combustion Science and Technology, Vol. 128, No. 1–6, 1997, pp. 131–160.

[20] Cummings, A., "Ducts with Axial Temperature Gradients: An Approximate Solution for Sound Transmission and Generation," Journal of Sound and Vibration, Vol. 51, 1977, pp. 55–67.

[21] Jones, H., "The Mechanics of Vibrating Flames in Tubes," Proceedings of the Royal Society of London Series A, Vol. 353, No. 1675, 1977, pp. 459–473.

[22] Sujith, R. I., Waldherr, G. A., and Zinn, B., "An Exact Solution for One-dimensional Acoustic Fields in Ducts with an Axial Temperature Gradient," Journal of Sound and Vibration, Vol. 184, No. 3, 1995, pp. 389–402.

[23] Kumar, B. M., and Sujith, R. I., "Exact Solution for One-dimensional Acoustic Fields in Ducts with Polynomial Mean Temperature Profiles," Journal of Vibration and Acoustics, Vol. 120, No. 4, 1998, pp. 965–969.

[24] Karthik, B., Kumar, B. M., and Sujith, R. I., "Exact Solutions to One-dimensional Acoustic Fields with Temperature Gradient and Mean Flow," Journal of the Acoustical Society of America, Vol. 108, No. 1, 2000, pp. 38–43.

[25] Sujith, R. I., "Exact Solutions for Modeling Sound Propagation Through a Combustion Zone," Journal of the Acoustical Society of America, Vol. 110, No. 4, 2001, pp. 1839–1844.

[26] Eisenberg, N. A., and Kao, T. W., "Propagation of Sound Through a Variable-Area Duct

with Steady Compressible Flow," Journal of the Acoustical Society of America, Vol. 49, No. 1, 1971, pp. 169-175.

[27] Subrahmanyam, P. B., Sujith, R. I., and Lieuwen, T., "A Family of Exact Transient Solutions for Acoustic Wave Propagation in Inhomogeneous, Non-uniform Area Ducts," Journal of Sound and Vibration, Vol. 240, No. 4, 2001, pp. 705-715.

[28] Zhu, M., Dowling, A. P., and Bray, K. N. C., "Self-excited Oscillations in Combustors with Spray Atomisers," Journal of Engineering for Cas Turbines and Power, Vol. 123, No. 4, 2001, pp. 779-786.

[29] Watson, G. N., A Treatise on the Theory of Bessel Functions, 2nd ed., Cambridge University Press, Cambridge, England, UK, 1944, p. 482.

[30] Eversman, W., "Theoretical Models for Duct Acoustic Propagation and Radiation," Aeroacoustics of Flight Vehicles: Theory and Practice, edited by H. H. Hubbard, Vol. 2, Acoustical Society of America, New York, 1994, pp. 101-163.

[31] Tyler, J. M., and Sofrin, T. G., "Axial Compressor Noise Studies," SAE Transactions, Vol. 70, No. 31, 1962, pp. 309-332.

[32] Paschereit, C. O., Schuermans, B., Polifke, W., and Mattson, O., "Measurement of Transfer Matrices and Source Terms of Premixed Flames," Journal of Engineering for Cas Turbines and Power, Vol. 124, No. 2, 2002, pp. 239-247.

[33] Ohtsuka, M., Yoshida, S., Inage, S., and Kobayashi, N., "Combustion Oscillation Analysis of Premixed Flames at Elevated Pressures," American Society of Mechanical Engineers, Paper 98-GT-581, June 1998.

[34] Hobson, D. E., Fackrell, J. E., and Hewitt, G., "Combustion Instabilities in Industrial Gas Turbines-Measurements on Operating Plant and Thermoacoustic Modeling," Journal of Engineering for Cas Turbines and Power, Vol. 122, No. 3, 2000, pp. 420-428.

[35] Dowling, A. P., "Thermoacoustic Instability, 6th International Congress on Sound and Vibration," July 1999, pp. 3277-3292, http: // icsv6.dat.dtu.dk.

[36] Kruger, U., Hürens, J., Hoffmann, S., Krebs, W., and Bohn, D., "Prediction of Thermoacoustic Instabilities with Focus on the Dynamic Flame Behavior for the 3A-Series Gas Turbine of Siemens KWU," American Society of Mechanical Engineers, Paper 99-GT-111, June 1999.

[37] Krüger, U., Hürens, J., Hoffmann, S., Krebs, W., Flohr, P., and Bohn, D., "Prediction and Measurement of Thermoacoustic Improvements in Gas Turbines with Annular Combustion Systems," American Society of Mechanical Engineers, Paper 2000-GT-0095, May 2000.

[38] Lovett, J. A., and Uznanski, K. T., "Prediction of Combustion Dynamics in a Staged Premixed Combustor," American Society of Mechanical Engineers, Paper GT-2002-30646, June 2002.

[39] Ni, A., Polifke, W., and Joos, F., "Ignition Delay Time Modulation as a Contribution to Thermo-acoustic Instability in Sequential Combustion," American Society of Mechanical

Engineers, Paper 2000-GT-0103, May 2000.

[40] Lawn, C. J., "Interaction of the Acoustic Properties of a Combustion Chamber with Those of Premixture Supply," Journal of Sound and Vibration, Vol. 224, No. 5, 1999, pp. 785-808.

[41] Krebs, W., Hoffmann, S., Prade, B., Lohrman, M., and Buchner, H., "Thermoacoustic Flame Response of Swirl Flames," American Society of Mechanical Engineers, Paper GT-2002-30065, June 2002.

[42] Cheung, W. S., Sims, G. J. M., Copplestone, R. W., Tilston, J. R., Wilson, C. W., Stow, S. R., and Dowling, A. P., "Measurement and Analysis of Flame Transfer Function in a Sector Combustor under High Pressure Conditions," American Society of Mechanical Engineers, Paper GT-2003-38219, June 2003.

[43] Miles, J., "The Reflection of Sound Due to a Change in Cross Section of a Circular Tube," Journal of the Acoustical Society of America, Vol. 16, No. 1, 1944, pp. 14-19.

[44] Alfredson, R. J., "The Propagation of Sound in a Circular Duct of Continuously Varying Cross-sectional Area," Journal of Sound and Vibration, Vol. 23, No. 4, 1972, pp. 433-442.

[45] Akamatsu, S., and Dowling, A. P., "Three Dimensional Thermoacoustic Oscillation in an Premix Combustor," American Society of Mechanical Engineers, Paper GT-2001-0034, Tune 2001.

[46] Evesque, S., and Polilke, W., "Low-Order Acoustic Modelling for Annular Combustors: Validation and Inclusion of Modal Coupling," American Society of Mechanical Engineers, Paper GT-2002-30064, June 2002.

[47] Stow, S. R., and Dowling, A. P., "Modelling of Circumferential Modal Coupling Due to Helmholtz Resonators," American Society of Mechanical Engineers, Paper GT-2003-38168, June 2003.

[48] Gysling, D. L., Copeland, G. S., McCormick, D. C., and Proscia, W. M., "Combustion System Damping Augmentation with Helmholtz Resonators," Journal of Engineering for Cas Turbines and Power, Vol. 122, No. 2, April 2000, pp. 269-274.

[49] Bellucci, V., Flohr, P., Paschereit, C. O., and Magni, F., "On the Use of Helmholtz Resonators for Damping Acoustic Pulsations in Industrial Gas Turbines," Journal of Engineering for Cas Turbines and Power, Vol. 126, No. 2, April 2004, pp. 271-275.

[50] Dowling, A. P., and Ffowcs Williams, J. E., Sound and Sources of Sound, Ellis Horwood, London, 1983.

[51] Cummings, A., "Acoustic Nonlinearities and Power Losses at Orifices," AIAA Journal, Vol. 22, No. 6, 1984, pp. 786-792.

[52] Howe, M. S., Scott, M. L, and Sipcic, S. R., "The Influence of Tangential Mean Flow on the Rayleigh Conductivity of an Aperture," Proceedings of the Royal Society of London Series A, Vol. 452, 1996, pp. 2303-2317.

[53] Howe, M. S., "On the Theory of Unsteady High Reynolds Number Flow Through a Circular

Aperture," Proceedings of the Royal Society of London Series A, Vol. 366, 1979, pp. 205–223.

[54] Dupère, I. D. J., and Dowling, A. P., "The Absorption of Sound by Helmholtz Resonators with and Without Flow," AIAA Paper 2002–2590, June 2002.

[55] Dupère, I. D. J., and Dowling, A. P., "The Use of Helmholtz Resonators in a Practical Combustor," Journal of Engineering for Cas Turbines and Power, Vol. 127, No. 2, April 2005, pp. 268–275.

[56] Wang, C.-H., "Actively–Tuned Passive Control of Combustion Instabilities," Ph. D. Thesis, Cambridge Univ. Cambridge, England, U.K., 2004.

[57] Eldredge, J. D., and Dowling, A. P., "The Absorption of Axial Acoustic Waves by a Perforated Liner with Bias Flow," Journal of Fluid Mechanics, Vol. 485, June 2003, pp. 307–335.

[58] Eldredge, J. D., "On the Interaction of Higher Duct Modes with a Perforated Liner System with Bias Flow," Journal of Fluid Mechanics, Vol. 510, July 2004, pp. 303–331.

[59] Culick, F. E. C., "Some Recent Results for Nonlinear Acoustics in Combustion Chambers," AIAA Journal, Vol. 32, No. 11, Jan. 1994, pp. 146–169.

[60] Stow, S. R., and Dowling, A. P., "Low–Order Modelling of Thermoacoustic Limit Cycles," American Society of Mechanical Engineers, Paper GT–2004–54245, June 2004.

[61] Bellucci, V., Schuermans, B., Nowak, D., Flohr, P., and Paschereit, C. O., "Thermoacoustic Modeling of a Gas Turbine Combustor Equipped with Acoustic Dampers," American Society of Mechanical Engineers, Paper GT–2004–53977, June 2004.

第 14 章　燃气轮机燃烧动力学的三维线性稳定性分析

Danning You, Vigor Yang, and Xiaofeng Sun
（Pennsylvania State University，University Park，Pennsylvania）

符　号　表

英文术语

c	混合物中的声速
C	液相热容
C_f	源项模型的系数，式（14-33）
C_h	源项模型的系数，式（14-33）
C_J	第一类贝塞尔函数的系数，式（14-20），式（14-25）
c_p	两相混合物的比定压热容
C_Y	第二类贝塞尔函数的系数，式（14-21）
f	频率，式（14-12）
h	波动方程中的源项
I	声强，式（14-62）
Im	虚部
J_m	第一类的 m 阶贝塞尔函数
k_{mm}	mn 模态的特征值
L	腔室长度
M	周向模态数量
Ma	马赫数（原版为 M）
N	径向模态数量
NT	单元总数
p	压力，压强
$\boldsymbol{q}$	热通量矢量
$\dot{Q}$	释热率
R	两相混合物的气体常数
Re	实部
R_c	圆形腔室的半径
R_h	环形腔的中心半径
$R_p R_u$	燃烧响应系数，式（14-47）
$\boldsymbol{r}$	位置矢量

r	径向坐标
S	横截面积
s	熵
T	温度
t	时间
$\boldsymbol{u}$	气相速度
u	轴向速度
v	径向速度
w	周向速度
x	轴向坐标
x_0	在单元界面的 x 坐标
Y_m	第二类 m 阶贝塞尔函数

希腊文术语

α	轴向波数
β_a	反射系数，式（14-66）
β_s	反射系数，式（14-68）
ρ	两相混合物的密度
δ	克罗内克符号
ψ	法向模态函数
θ	周向坐标
η	傅里叶级数系数，式（14-35）
γ	混合物比热［容］比
Ω	频率
$\dot{\upsilon}$	熵产生速率

术语上标

$-$	平均量
$'$	扰动量
$\wedge$	脉动幅值
$+$	下游行波
$-$	上游行波

术语下标

i	虚部
j	单元指数
l	轴向模态
m	周向模态
n	径向模态
r	实部
T	横向平面

14.1　引言

正如本书第 1~第 9 章所述，燃烧不稳定性是一种燃烧室中发生的有规律的流动振荡的现象，并且已经成为燃气轮机发展过程中的一个严重问题。这种不稳定性会引起过度振动和传热，因此对燃烧室运行极其不利，甚至在极端工况下会引起灾难性事故。人们做了大量的努力来理解、分析和预测各种工况和试验系统中的燃烧不稳定性特性。目前已经发展并实施了两种一般性的理论方法：数值模拟和解析分析，两种方法各有千秋，相辅相成。完备守恒方程的数值积分为适定性问题提供了更精确和全面的结果，并成为验证近似方法有效性的主要手段。同时，在单个和多个喷嘴的流动和燃烧动力学方面也取得了实质性进展。Huang 等和 Menon 已在第 10 章和第 11 章中对最近的进展做了简要的综述。

现有大多数处理燃烧不稳定性的分析模型都是基于某种表征腔体内振荡流场的波动方程，这种方程及其边界条件可通过格林函数（Green's function）[1-2]或者伽辽金法（Galerkin method）[3-5]进行求解。后者被认为是研究固体推进剂火箭发动机燃烧不稳定性的标准方法[6]，其假设平均流动特性和马赫数变化都非常小。在这种情况下，非稳态运动的频率和空间变化与相同几何条件下得到的经典声场偏差不大，但缺少源项。声场可以简便地表示为振幅随时间变化的正则模态的合成。然而，对于许多实际的燃烧装置，如燃气轮机的主燃烧室和增压器，腔室中较大的马赫数和平均流动特性变化限制了标准伽辽金法的使用。虽然近期已经有一些关于燃气轮机的燃烧不稳定性分析，但大多数都针对几何形状相对简单的一维热声不稳定性，对于运行系统中经常观察到的三维振荡的认知还很有限。

本章的目的是建立能够处理具有平均流动梯度、复杂几何中的声学振荡问题的三维线性稳定性分析。这项工作补充了 Dowling 和 Stow 在第 13 章中描述的声学分析，其中对直管和模型燃气轮机中的纵向扰动，以及圆柱形和环形腔中的三维波都给出了精选的案例。本章通过讨论非定常释热、平均温度梯度、对流速度和声学共振器对声波运动的影响，将介绍不稳定特性的几个关键概念。本章所介绍的一般性方法能让我们解决更多诸如结构复杂、流动分布不均匀等燃气轮机燃烧室运行过程中存在的代表性问题。方法分几个步骤展开：首先，推导燃气轮机燃烧室中包含各种分布和边界源项的广义波动方程。其次，为考虑几何和流动变化的影响，腔室沿轴向被离散为若干圆形或环形单元，并假设每个单元内平均流动特性的横截面分布和轴向分布是均匀的。采用模态扩展和空间平均技术相结合的方法求解单元内的非定常运动。下一步将根据守恒定律来匹配相邻单元间的振荡流场。最后，结合界面条件和边界条件建立一系列方程组。这一流程最终确定所研究的整个系统的稳定性特征。这一分析针对定义明确的问题进行了验证，这些问题的封闭解或者数值解都是可以得到的。同时，针对模型燃烧室中造成不稳定性的潜在机制进行参数化研究。

14.2　理论公式

为了便于说明，我们考虑一个一般性的燃气轮机燃烧室，如图 14-1 所示。燃料和空气的混合物通过喷嘴进入主燃区。由于面积的减小以及化学反应的热量释放，气流在腔室中加速，在离开燃烧室时近乎阻塞。冷却空气从穿过燃烧室内衬的外部通道进入二次燃烧区。因此，流动不均匀性和温度梯度存在于整个燃烧室。在某些设计中，被动控制装置（如声腔）可用于燃烧室腔壁以抑制振荡。

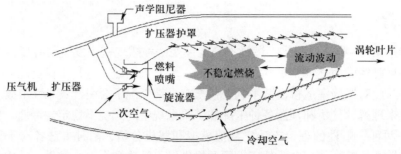

图 14-1 燃气轮机燃烧室示意图

14.2.1 波动方程

此处推导表征燃烧室中两相混合物声学运动的广义波动方程。根据 Culick 和 Yang 的方法[4-5]，质量、动量和能量守恒方程可以以如下形式表示气相特性

$$\frac{\partial \rho}{\partial t}+\boldsymbol{u}\cdot\nabla\rho=\mathcal{W} \tag{14-1}$$

$$\rho\frac{\partial \boldsymbol{u}}{\partial t}+\rho\boldsymbol{u}\cdot\nabla u=-\nabla p+\mathcal{F} \tag{14-2}$$

$$\frac{\partial p}{\partial t}+\boldsymbol{u}\cdot\nabla p=-\gamma p\nabla u+\mathcal{P} \tag{14-3}$$

式中，$\boldsymbol{u}$ 和 p 分别是气相的速度和压力，而 ρ 和 r 是冷凝相和气相的质量平均值。源项 $\mathcal{W}$、$\mathcal{F}$ 和 $\mathcal{P}$ 包括黏性耗散、释热和两相相互作用的影响。它们的显式表达式见参考文献［4］和［5］。

为了推导波动方程，将每个因变量分解为一个时间平均量和一个脉动量

$$\boldsymbol{u}(\boldsymbol{r},t)=\bar{\boldsymbol{u}}(\boldsymbol{r})+\boldsymbol{u}'(\boldsymbol{r},t)$$

$$\rho(\boldsymbol{r},t)=\bar{\rho}(\boldsymbol{r})+\rho'(\boldsymbol{r},t) \tag{14-4}$$

$$p(\boldsymbol{r},t)=\bar{p}(\boldsymbol{r})+p'(\boldsymbol{r},t)$$

密度脉动由两部分组成：以声波形式传播的等熵部分、由熵振荡产生并随着当地平均流对流的非等熵部分。因此，根据状态方程，有

$$\mathrm{d}\rho=\left(\frac{\partial \rho}{\partial p}\right)_s\mathrm{d}p+\left(\frac{\partial \rho}{\partial s}\right)_p\mathrm{d}s \tag{14-5}$$

在对一阶近似进行了一些简单的运算后，密度脉动可以写成

$$\rho'=\frac{1}{\bar{c}^2}p'-\frac{\bar{\rho}}{c_p}s' \tag{14-6}$$

式中，c_p 是混合物的比定压热容。同理，温度脉动可以写成

$$T'=\frac{1}{\bar{\rho}c_p}p'+\frac{\bar{c}^2}{(\gamma-1)c_p^2}s' \tag{14-7}$$

将分解后的变量代入方程（14-2）和方程（14-3），并对结果进行线性化，得到

$$\nabla\rho'=-\bar{\rho}\frac{\partial \boldsymbol{u}'}{\partial t}-\bar{\rho}(\bar{\boldsymbol{u}}\cdot\nabla)\boldsymbol{u}'-\bar{\rho}(\boldsymbol{u}'\cdot\nabla)\bar{\boldsymbol{u}}-\rho'(\bar{\boldsymbol{u}}\cdot\nabla)\bar{\boldsymbol{u}}+\mathcal{F}' \tag{14-8}$$

$$\frac{\partial \rho'}{\partial t}+\bar{\boldsymbol{u}}\cdot\nabla p'+\boldsymbol{u}'\cdot\nabla p'=-\bar{\gamma}(\bar{p}\cdot\nabla\boldsymbol{u}'+p'\cdot\nabla\bar{\boldsymbol{u}})+\mathcal{P}' \tag{14-9}$$

对式（14-9）进行时间微分，代入式（14-8）替换 $\partial\boldsymbol{u}'/\partial t$，得到两相混合物中控制振荡场

的波动方程

$$\nabla^2 p' - \frac{1}{\bar{c}^2}\frac{\partial^2 p'}{\partial t^2} = h \tag{14-10}$$

式中，非齐次项 h 的形式如下

$$h = h_{\mathrm{I}} + h_{\mathrm{II}} + h_{\mathrm{III}} \tag{14-11}$$

其中

$$h_{\mathrm{I}} = -\nabla\left(\bar{\rho}\frac{\partial \boldsymbol{u}'}{\partial t}\right) - \nabla[\bar{\rho}(\bar{\boldsymbol{u}}\cdot\nabla)\boldsymbol{u}'] - \nabla[\bar{\rho}(\boldsymbol{u}'\cdot\nabla)\bar{\boldsymbol{u}}] - \nabla\left[\frac{p'}{\bar{c}^2}(\bar{\boldsymbol{u}}\cdot\nabla)\bar{\boldsymbol{u}}\right] +$$

$$\frac{1}{\bar{c}^2}\frac{\partial}{\partial t}(\bar{\boldsymbol{u}}\cdot\nabla p') + \frac{1}{\bar{a}^2}\frac{\partial}{\partial t}(\boldsymbol{u}'\cdot\nabla\bar{p}) + \frac{\bar{\gamma}}{\bar{c}^2}\frac{\partial}{\partial t}(\bar{p}\nabla\cdot\boldsymbol{u}') + \frac{1}{\bar{c}^2}\frac{\partial}{\partial t}(p'\nabla\cdot\bar{\boldsymbol{u}}) \tag{14-11a}$$

$$h_{\mathrm{II}} = \nabla\left[\frac{\bar{\rho}s'}{\bar{c}_p}(\bar{\boldsymbol{u}}\cdot\nabla)\bar{\boldsymbol{u}}\right] \tag{14-11b}$$

$$h_{\mathrm{III}} = -\frac{1}{\bar{c}^2}\frac{\partial}{\partial t}\mathcal{P}' + \nabla\mathcal{F}' \tag{14-11c}$$

第一项 h_{I} 代表线性气动效应；第二项 h_{II} 源于熵脉动；第三项 h_{III} 与过程有关，如两相相互作用、燃烧释热和黏性耗散。由式（14-10）可知，燃烧不稳定性可以看作受腔室中各种源项干扰的经典声学运动。与其他源项相比，非定常释热对振荡场能量的贡献非常大，因此不可避免地成为主要的激励源。

14.2.2　边界条件

式（14-10）的边界条件设定在 p' 的梯度上，其是通过取外法矢量与扰动动量方程（式（14-8））的标量积求得的

$$\boldsymbol{n}\cdot\nabla p' = -f = \boldsymbol{n}\cdot\left[-\bar{\rho}\frac{\partial \boldsymbol{u}'}{\partial t} - \bar{\rho}(\bar{\boldsymbol{u}}\cdot\nabla)\boldsymbol{u}' - \bar{\rho}(\boldsymbol{u}'\cdot\nabla)\bar{\boldsymbol{u}} - \rho'(\bar{\boldsymbol{u}}\cdot\nabla)\bar{\boldsymbol{u}} + \mathcal{F}'\right] \tag{14-12}$$

可以通过使用声导纳函数 A_{d} 方便地处理上式，此函数将当地速度脉动及对应压力联系起来

$$A_{\mathrm{d}} = \boldsymbol{n}\cdot\frac{\boldsymbol{u}'/\bar{c}}{p'/\gamma\bar{p}} \tag{14-13}$$

如果所有的扰动都不存在（h 函数和 f 函数均消失），则可复原为具有刚性壁面的封闭体中的经典声学波动方程。

14.2.3　模态扩展和空间平均

波动方程包含所有三个空间方向导数的混合项。在非齐次边界条件下直接处理这个方程会带来严峻挑战，这些挑战源于复杂的几何结构、平均流梯度，以及各种关注的分布式和边界源项。为了绕过这个障碍，燃烧室沿轴向被划分成若干个单元，如图 14-2 所示，这样每个单元内的横截面和轴向流动特性都是均匀的。此外，大多数实际系统中平均流动马赫数和横向（径向和周向）流动特性的变化非常小。因此，横向平面上非定常运动的空间结构与相同单元几何条件下得到的无源经典声场有轻微偏差。每个单元内的声场可以根据横截面 ψ 的特征函数，以及时间和轴向的变化，合成为傅里叶级数。在柱坐标系下，展开式可以表示为

$$p'(\boldsymbol{r},t) = \sum_{n=0}^{\infty}\sum_{m=-\infty}^{\infty}\left[\psi_{mn}(\theta,r)\eta_{mn}(x,t)\right] \tag{14-14}$$

式中，下标 m 和 n 分别表示周向和径向的空间变化，于是问题就变成了求解级数系数 $\eta_{mn}(x,t)$。

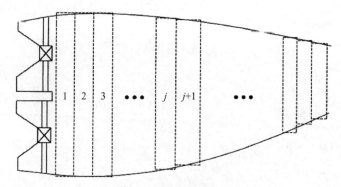

图 14-2　燃烧室轴向单元的离散

特征函数，又称正则模，在横向平面上满足亥姆霍兹方程

$$\nabla_{\mathrm{T}}^2 \psi_{mn} + k_{mn}^2 \psi_{mn} = 0 \tag{14-15}$$

对于沿燃烧室壁的刚性表面，必须满足下列边界条件

$$\boldsymbol{n} \cdot \nabla_{\mathrm{T}} \psi_{mn} = 0 \tag{14-16}$$

式中，k_{mn} 为波数，柱坐标系下的横向拉普拉斯算子 ∇_{T}^2 定义为

$$\nabla_{\mathrm{T}}^2 = \frac{1}{r}\frac{\partial}{\partial r}\left(r\frac{\partial}{\partial r}\right) + \frac{1}{r^2}\frac{\partial^2}{\partial \theta^2} \tag{14-17}$$

特征函数 ψ_{mn} 可以构造为正交的

$$\iint \psi_{mn}\psi_{m'n'}\mathrm{d}s = \delta_{mm'} \cdot \delta_{nn'} \tag{14-18}$$

式中，积分是在整个横截面上进行的，δ 代表克罗内克函数。

对于内外径分别为 R_{t} 和 R_{h} 的环形管道，特征函数可表示为

$$\psi_{mn}(\theta,r) = \frac{1}{\sqrt{2\pi}}\exp(im\theta)\left[C_{Jmn}J_m(k_{mn}r) + C_{Ymn}Y_m(k_{mn}r)\right] \tag{14-19}$$

其中

$$C_{Jmn} = \left\{\frac{R_{\mathrm{t}}^2}{2}\left[1 - \frac{m^2}{k_{mn}^2 R_{\mathrm{t}}^2}\right]B_{m,\mathrm{t}}^2 - \frac{R_{\mathrm{h}}^2}{2}\left[1 - \frac{m^2}{k_{mn}^2 R_{\mathrm{h}}}\right]B_{m,\mathrm{h}}^2\right\}^{-1/2} \tag{14-20}$$

$$C_{Ymn} = -C_{Jmn}\left[\frac{\mathrm{d}J_m(k_{mn}r)/\mathrm{d}r}{\mathrm{d}Y_m(k_{mn}r)/\mathrm{d}r}\right]_{r=R_{\mathrm{t}}} \tag{14-21}$$

系数 $B_{m,\mathrm{t}}$ 和 $B_{m,\mathrm{h}}$ 为

$$B_{m,\mathrm{t}} = J_m(k_{mn}R_{\mathrm{t}}) + Y_m(k_{mn}R_{\mathrm{t}})\left[\frac{\mathrm{d}J_m(k_{mn}r)/\mathrm{d}r}{\mathrm{d}Y_m(k_{mn}r)/\mathrm{d}r}\right]_{r=R_{\mathrm{t}}}$$

$$B_{m,\mathrm{h}} = J_m(k_{mn}R_{\mathrm{h}}) + Y_m(k_{mn}R_{\mathrm{h}})\left[\frac{\mathrm{d}J_m(k_{mn}r)/\mathrm{d}r}{\mathrm{d}Y_m(k_{mn}r)/\mathrm{d}r}\right]_{r=R_{\mathrm{h}}} \tag{14-22}$$

利用边界条件式（14-16），可以确定内外壁面上的特征值 k_{mn}

$$\left[\frac{\mathrm{d}J_m(k_{mn}r)}{\mathrm{d}r}\bigg|_{r=R_{\mathrm{t}}}\cdot\frac{\mathrm{d}Y_m(k_{mn}r)}{\mathrm{d}r}\bigg|_{r=R_{\mathrm{h}}}\right]-\left[\frac{\mathrm{d}J_m(k_{mn}r)}{\mathrm{d}r}\bigg|_{r=R_{\mathrm{h}}}\cdot\frac{\mathrm{d}Y_m(k_{mn}r)}{\mathrm{d}r}\bigg|_{r=R_{\mathrm{t}}}\right]=0 \qquad (14\text{--}23)$$

对于半径为 R_{c} 的圆形管道，其横向特征值有如下形式

$$\psi_{mn}(\theta,r)=\frac{1}{\sqrt{2\pi}}\exp(\mathrm{i}m\theta)C_{Jmn}J_m(k_{mn}r) \qquad (14\text{--}24)$$

其中

$$C_{Jmn}=\left\{\frac{R_{\mathrm{c}}^2}{2}\left[1-\frac{m^2}{k_{mn}^2R_{\mathrm{c}}^2}\right]J_m^2(k_{mn}R_{\mathrm{c}})\right\}^{-1/2} \qquad (14\text{--}25)$$

特征值 k_{mn} 可以由如下壁面条件得到

$$\frac{\mathrm{d}}{\mathrm{d}r}J_m(k_{mn}r)=0,\qquad r=R_{\mathrm{c}} \qquad (14\text{--}26)$$

在得到特征函数 ψ_{mn} 后，将等效于伽辽金方法的空间平均技术应用于横向平面求解级数系数 η_{mn}。将式（14–15）乘以 p'、式（14–10）乘以 ψ_{mn}，二者乘积相减，然后对横截面积分，可得

$$\iint\left[p'\nabla_{\mathrm{T}}^2\psi_{mn}+p'k_{mn}^2\psi_{mn}-\psi_{mn}\nabla^2p'+\psi_{mn}\frac{1}{c^2}\frac{\partial^2p'}{\partial t^2}\right]\mathrm{d}s=-\iint\psi_{mn}h\mathrm{d}s \qquad (14\text{--}27)$$

应用格林定理，将边界条件式（14–12）和式（14–16）代入式（14–27）得

$$\iint\left[p'k_{mn}^2\psi_{mn}-\psi_{mn}\frac{\partial^2p'}{\partial x^2}+\psi_{mn}\frac{1}{c^2}\frac{\partial^2p'}{\partial t^2}\right]\mathrm{d}s=-\iint\psi_{mn}h\mathrm{d}s-\oint\psi_{mn}f_{\mathrm{T}}\mathrm{d}l \qquad (14\text{--}28)$$

式中，壁面处有 $f_{\mathrm{T}}=-n\cdot\nabla_{\mathrm{T}}p'$。沿横截面的表面进行线积分 $\oint\mathrm{d}l$。将式（14–14）代入式（14–28），整理得

$$\left[k_{mn}^2\eta_{mn}-\frac{\partial^2\eta_{mn}}{\partial x^2}+\frac{1}{c^2}\frac{\partial^2\eta_{mn}}{\partial t^2}\right]\iint\psi_{mn}^2\mathrm{d}s=-\iint\psi_{mn}h\mathrm{d}s-\oint\psi_{mn}f_{\mathrm{T}}\mathrm{d}l \qquad (14\text{--}29)$$

对于线性稳定性分析，每个脉动量可以分解为空间和时间谐波的时间部分，即

$$\eta_{mn}(x,t)=\hat{\eta}_{mn}(x)\cdot\exp(\mathrm{i}\Omega t),\qquad h(r,t)=\hat{h}(r)\cdot\exp(\mathrm{i}\Omega t)\cdots \qquad (14\text{--}30)$$

上标 ^ 表示空间坐标的复函数，特征模态频率 Ω 也为复变量

$$\Omega=\Omega_{\mathrm{r}}+\mathrm{i}\Omega_{\mathrm{i}} \qquad (14\text{--}31)$$

实部 Ω_{r} 表示振荡的角频率，虚部 Ω_{i} 称为耗散系数，因为它的值决定了某一特定声学模态的衰减速度。最终，得到轴向变化的控制方程如下

$$\frac{\mathrm{d}^2\hat{\eta}_{mn}}{\mathrm{d}x^2}+\left(\frac{\Omega^2}{c^2}-k_{mn}^2\right)\hat{\eta}_{mn}=\left[\iint\psi_{mn}\hat{h}\mathrm{d}s+\oint\psi_{mn}\hat{f}_{\mathrm{T}}\mathrm{d}l\right] \qquad (14\text{--}32)$$

源项 $\hat{h}$ 和 $\hat{f}_{\mathrm{T}}$ 是平均和振荡流动特性的函数，后者由一系列横向声学模态组成。为实现合理近似，计算式（14–32）中源项时忽略声学模态耦合，因为与这些模态相关的长度尺度是不一致的。容易看出，交叉耦合项要小得多，而且只有关注的特定模态占主导地位。因此，为了便于公式的推导，可以将式（14–32）右边的面、线积分建模为轴向变化系数 $\hat{\eta}_{mn}$ 与系数 $C_{\mathrm{h},mn}$ 和 $C_{\mathrm{f},mn}$ 的乘积，通过空间平均将给定截面上的所有分布影响和表面影响都考虑在内

$$\iint \psi_{mn}\hat{h}\mathrm{d}s = C_{\mathrm{h},mn}\hat{\eta}_{mn}(x)$$

$$\oint \psi_{mn}\hat{f}_{\mathrm{T}}\mathrm{d}l = C_{\mathrm{f},mn}\hat{\eta}_{mn}(x) \tag{14-33}$$

将式（14-32）化为常系数二阶常微分方程，其解 $\hat{\eta}_{mn}(x)$ 的形式为

$$\hat{\eta}_{mn}(x) = p_{mn}^{+}\exp(\mathrm{i}\alpha_{mn}^{+}x) + p_{mn}^{-}\exp(\mathrm{i}\alpha_{mn}^{-}x) \tag{14-34}$$

式中，P_{mn}^{-} 和 P_{mn}^{+} 分别为上游和下游行波的复振幅。轴向波数 $\alpha_{mn}^{\pm}$ 与频率 Ω、特征值 k_{mn} 和源项系数有关

$$(\alpha_{mn}^{\pm})^{2} = \frac{\Omega^{2}}{\bar{c}^{2}} - k_{mn}^{2} - C_{\mathrm{h},mn}(\alpha_{mn}^{\pm},\cdots) - C_{\mathrm{f},mn}(\alpha_{mn}^{\pm},\cdots) \tag{14-35}$$

到目前为止，利用正则模展开，波动方程的解以式（14-14）的形式给出，特征函数由式（14-19）或式（14-24）给出。通过在每个横向平面上应用空间平均，可得到用式（14-34）表示的轴向变化。因此，每个单元内的声压都可以结合这些结果来显式表达

$$p'(\boldsymbol{r},t) = \mathrm{e}^{\mathrm{i}\Omega t}\sum_{n=0}^{\infty}\sum_{m=-\infty}^{\infty}\left[\psi_{mn}(\theta,r)(p_{mn}^{+}\mathrm{e}^{\mathrm{i}\alpha_{mn}^{+}x} + p_{mn}^{-}\mathrm{e}^{\mathrm{i}\alpha_{mn}^{-}x})\right] \tag{14-36}$$

轴向速度脉动 u' 可由线性化的 x 动量方程得到

$$u'(\boldsymbol{r},t) = -\frac{1}{\bar{\rho}}\sum_{n=0}^{\infty}\sum_{n=-\infty}^{\infty}\left[\mathrm{e}^{\mathrm{i}\Omega t}\psi_{mn}(\theta,r)\left(\frac{\alpha_{mn}^{+}p_{mn}^{+}\mathrm{e}^{\mathrm{i}\alpha_{mn}^{+}x}}{\Omega+\bar{u}\alpha_{mn}^{+}} + \frac{\alpha_{mn}^{-}p_{mn}^{-}\mathrm{e}^{\mathrm{i}\alpha_{mn}^{-}x}}{\Omega+\bar{u}\alpha_{mn}^{-}}\right)\right] \tag{14-37}$$

同样地，将式（14-37）代入线性化的径向和周向动量方程，分别得到径向和周向速度脉动

$$v'(\boldsymbol{r},t) = \frac{\mathrm{e}^{\mathrm{i}\Omega t}}{\bar{\rho}}\sum_{n=0}^{\infty}\sum_{n=-\infty}^{\infty}\left[\mathrm{i}\frac{\partial\psi_{mn}(\theta,r)}{\partial r}\cdot\left(\frac{p_{mn}^{+}\mathrm{e}^{\mathrm{i}\alpha_{mn}^{+}x}}{\Omega+\bar{u}\alpha_{mn}^{+}} + \frac{p_{mn}^{-}\mathrm{e}^{\mathrm{i}\alpha_{mn}^{-}x}}{\Omega+\bar{u}\alpha_{mn}^{-}}\right)\right] \tag{14-38}$$

$$w'(\boldsymbol{r},t) = -\frac{\mathrm{e}^{\mathrm{i}\Omega t}}{\bar{\rho}r}\sum_{n=0}^{\infty}\sum_{n=-\infty}^{\infty}\left[m\psi_{mn}(\theta,r)\cdot\left(\frac{p_{mn}^{+}\mathrm{e}^{\mathrm{i}\alpha_{mn}^{+}x}}{\Omega+\bar{u}\alpha_{mn}^{+}} + \frac{p_{mn}^{-}\mathrm{e}^{\mathrm{i}\alpha_{mn}^{-}x}}{\Omega+\bar{u}\alpha_{mn}^{-}}\right)\right] \tag{14-39}$$

除声场外，火焰区产生的熵脉动也必须小心处理。运用如下的输运方程

$$\frac{\mathrm{D}s}{\mathrm{D}t} = -\frac{\nabla\cdot\boldsymbol{q}}{\rho T} + \sigma \tag{14-40}$$

右边的第一项代表热通量 $\boldsymbol{q}$ 引起的熵变化率，第二项代表不可逆性，如果只考虑热量释放 $\dot{Q}$ 产生的熵，可以这样建模

$$\dot{\sigma} = \frac{\dot{Q}}{\rho T} \tag{14-41}$$

按照参考文献[7]所述的步骤，可以得到熵振荡输运的控制方程

$$s' = \exp(\mathrm{i}\Omega t)\exp(-\mathrm{i}\Omega x/\bar{u})\left\{\sum_{m=-\infty}^{\infty}\sum_{n=0}^{\infty}\left[(\hat{s}_{mn} + C_{\mathrm{s},mn})\psi_{mn}(r,\theta)\right]\right\} \tag{14-42}$$

式中，$\hat{s}_{mn}$ 是熵扰动的幅值，$C_{\mathrm{s},mn}$ 是与以压力和速度脉动为代表的非定常释热有关的系数

$$C_{\mathrm{s},mn}(x,r,\theta) = \frac{Q}{\rho T}\frac{x}{\bar{u}}\left\{\left[\frac{R_{p}}{\bar{p}} - \frac{\alpha_{mn}^{+}R_{u}}{\bar{\rho}\bar{c}(\Omega+\bar{u}\alpha_{mn}^{+})}\right]\mathrm{e}^{\mathrm{i}\alpha_{mn}^{+}x}p_{mn}^{-} + \left[\frac{R_{p}}{\bar{p}} - \frac{\alpha_{mn}^{-}R_{u}}{\bar{\rho}\bar{c}(\Omega+\bar{u}\alpha_{mn}^{-})}\right]\mathrm{e}^{\mathrm{i}\alpha_{mn}^{-}x}p_{mn}\right\} \tag{14-43}$$

熵脉动与平均流动梯度之间的相互作用如式（14-11b）所示，它是造成燃烧不稳定性的一个重要源项，尤其是在低频范围内。这种现象经常发生在速度迅速变化的区域，如阻塞的喷嘴处[8]。

14.2.4　非齐次项的处理

稳定性分析需要对式（14–32）中的源项 $\hat{h}$ 和 $\hat{f}_\mathrm{T}$ 以及后续式（14–35）中的系数 $C_{\mathrm{f},mn}$ 和 $C_{\mathrm{h},mn}$ 进行显式建模，以确定每个单元中的波特征。这些源项依赖于所关注的特定过程，因此开发涵盖所有可能发生情况的通用表达式是不切实际的。原则上，这些项可用平均量和脉动量来表示。然后将结果代入式（14–33），确定系数 $C_{\mathrm{f},mn}$ 和 $C_{\mathrm{h},mn}$，以便使模型封闭。例如，平均流动产生的源项、燃烧释热以及边界条件的公式如下。

（1）平均流动效应

如果只考虑轴向均匀平均流动，则波动方程式（14–10）中的非齐次项就变为

$$h = \frac{2\bar{u}}{\bar{c}^2}\frac{\partial^2 p'}{\partial x \partial t} + \frac{2\bar{u}}{\bar{c}^2}\frac{\partial^2 p'}{\partial x^2} \tag{14-44}$$

将式（14–44）代入式（14–43）得到

$$C_{\mathrm{h},mn}^{\pm} = \iint \psi_{mn}^2\left(-\frac{2M\Omega}{\bar{c}}\alpha_{mn}^{\pm} - \bar{M}^2\left(\alpha_{mn}^{\pm}\right)^2\right)\mathrm{d}s \tag{14-45}$$

（2）燃烧释热效应

第二种情况考虑燃烧加热，表示为

$$h = -(\gamma-1)\mathrm{i}\Omega\,\dot{Q}'/\bar{c}^2 \tag{14-46}$$

按照惯例，振荡释热率可以方便地与当地压力和速度脉动联系起来，如下

$$\frac{\dot{Q}'}{\bar{Q}} = R_p\frac{p'}{\bar{p}} + R_u\frac{u'}{\bar{c}} + R_v\frac{v'}{\bar{c}} + R_w\frac{w'}{\bar{c}} \tag{14-47}$$

式中，R_p 和 R_u、R_v 和 R_w 是复变量，通常分别称为压力耦合响应函数和速度耦合响应函数。将振荡流动特性方程（14–36）~方程（14–39）代入式（14–47）中，然后运用式（14–33）可得到

$$C_{\mathrm{h},mn}^{\pm} = \iint \psi_{mn}G_{\mathrm{h},mn}^{\pm}\mathrm{d}s \tag{14-48}$$

其中

$$G_{\mathrm{h},mn}^{\pm} = -\frac{\mathrm{i}(\gamma-1)\Omega Q}{\bar{\rho}\,\bar{a}^2} \times$$

$$\left[\frac{R_p\bar{\rho}}{\bar{p}}\psi_{mn} - \frac{R_u\alpha_{mn}^{\pm}\psi_{mn}}{\bar{c}(\Omega+\bar{u}\alpha_{mn}^{\pm})} + \frac{\mathrm{i}R_v}{\bar{c}(\Omega+\bar{u}\alpha_{mn}^{\pm})}\frac{\partial\psi_{mn}}{\partial r} - \frac{mR_w\psi_{mn}}{\bar{c}r(\Omega+\bar{u}\alpha_{mn}^{\pm})}\right] \tag{14-49}$$

构建燃烧响应函数后，公式就可以封闭。为了反映燃气轮机燃烧室的燃烧响应，人们建立并应用了一些经验模型和解析模型，包括时滞模型[9]和火焰响应模型[10-11]。

（3）表面条件效应

第三种情况是处理边界效应，其是抑制燃气轮机发动机振荡的被动控制装置（如亥姆霍兹谐振器和1/4波长管等）产生的。Richards 等所编写章节（见第17章）中给出了有关声耗散器使用的详细信息。由于这些装置通常安装在燃烧室壁上，所以它们最好能被建模为波动方程的边界条件。如果忽略平均流动的影响，式（14–12）可简化为

$$f_\mathrm{T} = \bar{\rho}\frac{\partial v'}{\partial t} = \bar{\rho}(\mathrm{i}\Omega)\hat{v} \tag{14-50}$$

式中，v' 为谐振腔入口的径向速度脉动，通过式（14–13）中定义的声导纳函数与当地压

力脉动相关联。于是，有

$$f_{\mathrm{T}} = \mathrm{i}\Omega A_{\mathrm{d}} \hat{p} / \bar{c} \qquad (14\text{-}51)$$

将式（14-51）代入式（14-33）可得系数 $C_{\mathrm{f},mn}$ 的表达式

$$C_{\mathrm{f},mn} = \oint (\psi_{mn}^2 \, \mathrm{i}\Omega A_{\mathrm{d}} / \bar{c}) \, \mathrm{d}l \qquad (14\text{-}52)$$

14.2.5 匹配条件

每个单元内的振荡场必须与相邻单元对应的振荡场相匹配，这通过在界面处施加守恒条件来实现。图 14-3 示意性地展示了 x_0 处两个具有不同横截面积的相邻单元间界面两侧的脉动量。匹配条件要求质量、动量和能量通量在 $0 \leqslant r \leqslant R_{\mathrm{c},j-1}$ 区域上连续。不失一般性，假设 $R_{\mathrm{c},j-1} \leqslant R_{\mathrm{c},j}$。

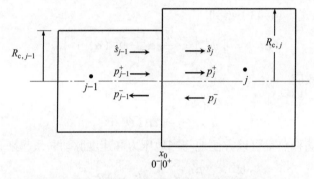

图 14-3　不同截面积的两个相邻单元示意图

质量通量

$$(\rho u)\big|_{j-1,x_0^-} = (\rho u)\big|_{j,x_0^+} \qquad (14\text{-}53)$$

动量通量

$$(p + \rho u^2)\big|_{j-1,x_0^-} = (p + \rho u^2)\big|_{j,x_0^+} \qquad (14\text{-}54)$$

能量通量

$$\left(c_p T + \frac{1}{2} u^2\right)\bigg|_{j-1,x_0^-} = \left(c_p T + \frac{1}{2} u^2\right)\bigg|_{j,x_0^+} \qquad (14\text{-}55)$$

因为在界面处不允许质量流通过固体域 $R_{\mathrm{c},j-1} \leqslant R_{\mathrm{c},j}$

$$(\rho u)\big|_{j,x_0^+} = 0, \qquad R_{\mathrm{c},j-1} \leqslant r \leqslant R_{\mathrm{c},j} \qquad (14\text{-}56)$$

式（14-56）必须与质量连续性方程（14-53）结合，才能满足质量平衡条件。

这些匹配条件的一般形式可以用波振幅 p_{mn}^+、p_{mn}^- 和 $\hat{s}_{mn}$ 和相应系数来导出。推导过程如下：①将式（14-53）~式（14-56）中的变量分解为平均值和脉动值；②对结果进行线性化；③将式（14-6）、式（14-7）、式（14-36）、式（14-37）和式（14-42）给出的脉动量代入线性方程组；④合并同类波幅的项

$$\left[\sum_{m'=-\infty}^{\infty} \sum_{n'=0}^{\infty} (A_{m'n'}^+ p_{m'n'}^+ + A_{m'n'}^- p_{m'n'}^-) + A_{sm'n'} \hat{s}_{m'n'}\right]_{j-1} +$$
$$\left[\sum_{p=-\infty}^{\infty} \sum_{q=0}^{\infty} (A_{pq}^+ p_{pq}^+ + A_{pq}^- p_{pq}^-) + A_{spq} \hat{s}_{pq}\right]_j = 0 \qquad (14\text{-}57)$$

上式中系数的显式表达式见参考文献［7］。

由式（14-57）可知，界面匹配条件包含未知声波和熵波振幅（p^+_{mn}、p_{mn} 和 $\hat{s}_{mn}$）无限求和。实际上，有限阶模态就已经足够，因为更高阶模态要么被截断，要么被耗散衰减。因此，周向模态总数 M 和径向模态总数 N 可以用于提供一个可靠解。每个单元内与波幅有关的未知数数量是 $3MN$，因此每个界面都需要 $3MN$ 个方程。然而到目前为止，仅建立了三个方程，即式（14-53）~式（14-55）。利用特征函数的标准正交性质，可以按照后面给出的步骤构造附加方程。参考文献 [7] 给出了详细的推导过程。

式（14-57）给出了动量和能量界面条件的一般形式（14-54）和式（14-55），通过将其与特征函数 $\psi_{mn,j-1}$ 相乘，并将结果对截面区域 S_{j-1} 积分，这步操作可得到

$$\iint_{S_{j-1}} \left[\sum_{m'=-\infty}^{M-1} \sum_{n'=0}^{N-1} (A^+_{m'n'} p^+_{m'n'} + A^-_{m'n'} p^-_{m'n'}) + A_{sm'n'} \hat{s}_{m'n'} \right] \psi_{mn,j-1} \mathrm{d}S +$$

$$\iint_{S_{j-1}} \left[\sum_{p=-\infty}^{M-1} \sum_{q=0}^{N-1} (A^+_{pq} p^+_{pq} + A^-_{pq} p^-_{pq}) + A_{s,pq} \hat{s}_{pq} \right]_j \psi_{mn,j-1} \mathrm{d}S = 0 \qquad （14-58）$$

由于横向特征函数的正交性，见式（14-18）、式（14-58）中左侧第一项 m' 和 n' 的二重积分求和后相互抵消，从而可得

$$\left[(B^+_{mn} p^+_{mn} + B^-_{mn} p^-_{mn}) + B_{smn} \hat{s}_{mn} \right]_{j-1} + \iint_{S_{j-1}} \left[\sum_{p=-\infty}^{M-1} \sum_{q=0}^{N-1} (A^+_{pq} p^+_{pq} + A^-_{pq} p^-_{pq}) + A_{s,pq} \hat{s}_{pq} \right]_j \psi_{mn,j-1} \mathrm{d}S = 0$$
$$m = 0,1,\cdots,M-1$$
$$n = 0,1,\cdots,N-1 \qquad （14-59）$$

式（14-59）可整理为

$$\left[(B^+_{mn} p^+_{mn} + B^-_{mn} p^-_{mn}) + B_{smn} \hat{s}_{mn} \right]_{j-1} + \left[\sum_{p=-\infty}^{M-1} \sum_{q=0}^{N-1} (B^+_{pq,mn} p^+_{pq} + B^-_{mn} p^-_{mn}) + B_{s,pq} \hat{s}_{pq} \right]_j = 0$$
$$m = 0,1,\cdots,M-1$$
$$n = 0,1,\cdots,N-1 \qquad （14-60）$$

同理，质量界面条件式（14-57）的一般形式，即式（14-53）和式（14-56），通过乘以特征函数 $\psi_{mn,j}$，再对结果在截面区域 S_j 上进行积分，可以整理为

$$\left[\sum_{m'=-\infty}^{M-1} \sum_{n=0}^{N-1} (B^+_{m'n',mn} p^+_{m'n'} + B^-_{m'n',mn} p^-_{m'n'}) + B_{s,m'n',mn} \hat{s}_{m'n'} \right]_{j-1} +$$

$$\left[(B^+_{mn} p^+_{mn} + B^-_{mn} p^-_{mn}) + B_{smn} \hat{s}_{mn} \right]_j = 0 \qquad \begin{array}{l} m = 0,1,\cdots,M-1 \\ n = 0,1,\cdots,N-1 \end{array} \qquad （14-61）$$

因此，$3MN$ 的匹配条件由质量、动量和能量平衡得到，并由式（14-60）和式（14-61）给出。

14.2.6　边界条件

燃烧室进出口处的声学边界条件对整个系统的稳定性有着重要的作用，必须仔细处理。利用声导纳函数 A_d 可以有效地衡量边界对系统的影响，A_d 量化了穿过边界的能量流的大小和方向，如声强表达式 I 所示

$$I = p'u' = A_\mathrm{d} \cdot p'^2 / (\bar{\rho}\bar{c}) \qquad （14-62）$$

显然，如果压力脉动和速度脉动是同相的，能量会传递到系统中，从而产生不稳定影响。更严格的线性燃烧稳定性理论清楚地表明：振荡的增长速率和频率分别依赖于导纳函数的实部和虚部[4]。

将压力和速度脉动的表达式（14-36）和式（14-37）代入式（14-13），并对结果进行处理，得到燃烧室入口处的条件

$$\left[A_d+\bar{c}\,\frac{\alpha_{mn}^{+}}{\Omega+\bar{u}\alpha_{mn}^{+}}\right]p_{mn}^{+}+\left[A_d+\bar{c}\,\frac{\alpha_{mn}^{-}}{\Omega+\bar{u}\alpha_{mn}^{-}}\right]p_{mn}^{-}=0 \tag{14-63}$$

假设燃烧室入口处的熵脉动为零

$$\hat{s}_{mn}=0 \tag{14-64}$$

在燃烧室出口，通过反射系数可以方便地确定边界条件。从边界反射回来的声波包含入射声扰动和熵扰动的影响。这样，反射波压力有如下形式

$$p^{-}=p_a^{-}+p_s^{-}=\beta_a p^{+}+\beta_s\hat{s}\cdot(\gamma\bar{p})/c_p \tag{14-65}$$

式中，声反射系数定义为

$$\beta_a=p_a^{-}/p^{+} \tag{14-66}$$

它与导纳函数的关系如下

$$\beta_a=-\left[1+\frac{\bar{c}\alpha_{mn}^{+}}{A_d(\Omega+\alpha_{mn}^{+}\bar{u})}\right]\Big/\left[1+\frac{\bar{c}\alpha_{mn}^{-}}{A_d(\Omega+\alpha_{mn}^{-}\bar{u})}\right] \tag{14-67}$$

熵反射系数 β_s 定义为

$$\beta_s=(p_s^{-}/\gamma\bar{p})/(\hat{s}/c_p) \tag{14-68}$$

在燃烧室出口处应用式（14-65），可以将出口边界方程表示为：入射声波振幅、反射声波振幅以及熵脉动

$$\beta_a\exp(\mathrm{i}\alpha_{mn}^{+}\mathrm{d}x)p_{mn}^{+}-\exp(\mathrm{i}\alpha_{mn}^{-}\mathrm{d}x)p_{mn}^{-}+\beta_s\frac{\gamma\bar{p}}{\bar{c}_p}\hat{s}_{mn}\exp(-\mathrm{i}\Omega\mathrm{d}x/\bar{u})=0 \tag{14-69}$$

式中，$\mathrm{d}x$ 是边界单元的轴向长度。

声导纳函数或反射系数是由边界本身特性决定的。例如，当边界与诸如扩压器这样的静压腔室连接时，压力脉动会变化，导纳函数会变得无穷大。如果边界是刚性的，速度脉动为零也会导致导纳函数为零。对于这两个极端之间的情况，可以通过试验或解析得到导纳函数。

如果燃烧室出口被紧凑型喷管阻塞，则喷管入口（或出口）的轴向脉动量满足以下关系[8]

$$\frac{2u'}{\bar{u}}+\frac{\rho'}{\bar{\rho}}-\frac{p'}{\bar{p}}=0 \tag{14-70}$$

同样的条件也适用于窄环形间隙内的周向变化扰动[12]。在阻塞条件下，对式（14-70）进行简单的处理就可以得到喷嘴入口的反射系数

$$\beta_a=\frac{1-(\gamma-1)\overline{Ma}/2}{1+(\gamma-1)\overline{Ma}/2}\quad\text{和}\quad\beta_s=\frac{-\overline{Ma}/2}{1+(\gamma-1)\overline{Ma}/2} \tag{14-71}$$

在马赫数为零的极限情况下，β_a 和 β_s 分别趋近于 1 和 0，表示声学上的封闭边界。

14.2.7 系统方程

上文已经证明，每个单元内的振荡流场中，与波幅 p_{mn}^{+}、p_{mn}^{-}、$\hat{s}_{mn}$（$n=0,1,\cdots,N-1$；$m=0,1,\cdots,N-1$）有关的未知数的数量为 $3MN$，其中 M 和 N 分别为切向和径向的声学模态数量。如果燃烧室沿腔室长度被分割为 NT 个单元，那么除频率 Ω 之外，未知数的总数量为 $3\cdot M\cdot N\cdot T$ 个。结合以式（14-60）表示的（$3\cdot N\cdot M$）·（$NT-1$）个界面匹配条件的形式，联合式（14-63）、式（14-64）和式（14-69）给出的 $3MN$ 个进、出口边界条件，得到方程数量也为 $3\cdot M\cdot N\cdot N\cdot T$ 个。最后，整个系统声学特性的一系列控制方程如下

$$\begin{pmatrix} C^1 & \cdots & \cdots & \cdots & \cdots & \cdots \\ \vdots & & & & & \vdots \\ \cdots & \cdots & C^{j-1} & \cdots & \cdots & \cdots \\ \cdots & \cdots & \cdots & C^{j} & \cdots & \cdots \\ \vdots & & & & & \vdots \\ \cdots & \cdots & \cdots & \cdots & \cdots & C^{NT} \end{pmatrix} \begin{pmatrix} D^1 \\ \vdots \\ D^{j-1} \\ D^{j} \\ \vdots \\ D^{NT} \end{pmatrix} \qquad (14\text{-}72)$$

式中，C^j 表示在单元 j-1 和 j 之间的界面处，由式（14-60）中的匹配条件的系数 B 组成的矩阵。列矢量 D^j 包含未知变量 p_{mn}^+、p_{mn}^- 和 $\hat{s}_{mn}$，为寻找非零解 D，矩阵 C 的行列式必须为零。这个条件建立了特征值频率 Ω 的特征方程。一旦频率已知，声波和熵波的空间分布可以直接由式（14-72）得到。

14.3　求解过程

上一节介绍了燃气轮机燃烧不稳定性的一般三维线性声学分析。整个方法可以总结为以下步骤：

（1）定义所关注的区域。

（2）通过数值模拟或试验测量获得平均流动特性。

（3）确定燃烧室进、出口的声学边界条件。

（4）根据平均流动分布和燃烧室几何形状，沿轴向将燃烧室离散成若干个单元。

（5）计算每个单元内的整体流动特性。

（6）确定由体积效应和边界效应引起的源项。

（7）构建系统方程，并对表征稳定性的特征频率进行数值计算。

（8）基于预测的振荡频率计算声场和熵场。

14.4　样本研究

运用前面章节发展的分析方法来计算各种环境下的声学振荡。如果可能的话，将结果与解析解或数值解进行比较，以评估整个方法的有效性。首先，获得具有几何和平均温度变化的腔室纵向声波。当前分析预测到的频率、模态与精确解之间具有良好的一致性。详细讨论可以在参考文献［7］中找到。在其他情况中，对具有温度突变的阶梯管和直管中的三维声场进行处理，以进一步验证当前的分析。本节还研究了模型燃气轮机燃烧室的稳定性特性，以检验引起不稳定性的潜在机制。

14.4.1　阶梯管内的声场

如图 14-4 所示，本例处理的是均匀平均温度下阶梯管内的声流场。横截面面积比值为 4，以作为一个具有挑战性的测试问题。该导管被离散成两个单元，且每个单元的截面积是均匀的。研究了三种不同的声学模态：第一纵向（1L）、第一切向（1T）和第一切向 / 第一径向（1T/1R）混合模态。如果所有源项都不存在，且忽略平均流马赫数，振荡频率只与声速和腔室结构有关。换句话说，在适当的边界条件下，每个单元的声学特性可以由如下亥姆霍兹方程确定

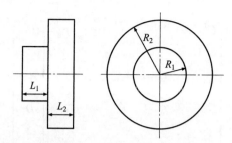

图 14-4　突变腔室示意图

表 14-1　阶梯管声学振荡频率（$R_2/R_1=2$，$L_1=L_2=R_1$）

模　态		1T	1T/1R
频率 $\Omega R_2/\bar{c}$	ANSYS 分析	1.95	4.38
	当前分析	1.96	4.40

$$\frac{\mathrm{d}^2\,\hat{\eta}_{mn}}{\mathrm{d}x^2}+\left(\frac{\Omega^2}{\bar{c}^2}-k_{mn}^2\right)\hat{\eta}_{mn}=0 \tag{14-73}$$

如果管道是声封闭的，则 1L 模态的频率可以由下式解析确定

$$R_1^2\tan(\Omega L_1/\bar{c})+R_2^2\tan(\Omega L_2/\bar{c})=0 \tag{14-74}$$

式中，L_1、L_2、R_1、R_2 分别表示小单元、大单元的长度和半径。当前分析预测了与式（14-74）的解析解相关的纵向模态频率。

通过有限元软件 ANSYS 分析计算[13]，验证了横向振动的结果。表 14-1 比较了从本文分析和 ANSYS 分析得到的 1T 模态和 1T/1R 模态的频率，差异小于 1%。采用两种周向模态（即 $M=3$）和两种径向模态（即 $N=3$）来描述每个单元内的波动。图 14-5 展示了计算得到的两种模态下的声压场。对于温度均匀的直管中的纯横向振荡，式（14-35）中的轴向波数为零。简单小单元和大单元的 1T 模态经 c/R_2 归一化后的振荡频率分别为 3.68 和 1.84。对于 1T/1R 模态，大单元的归一化频率为 5.33。然而，由于几何结构变化，面积变化的管道的轴向波数 α_{mn} 不可能为零。对于 1T 模态，较大单元内的声场决定了整个腔室内的波动。频率 1.96 十分接近直径为 R_2 的简单单元的频率（即 1.84）。这个频率在小单元中产生了一个非零的复轴向波数以满足边界条件，从而导致 1T 波的轴向衰减。换句话说，1T 模态在小单元中被截断，其中振荡幅值较大单元要低得多，如图 14-5(a) 所示。同样，对于整个腔室中的 1T/1R 模态，大单元中普遍存在的波动会导致小单元内的截止现象，如图 14-5（b）所示。整个管道的归一化频率 4.40 在 3.68（即简单小单元的 1T 模态）和 5.33（即简单大单元的 1T/1R 模态）之间。

在单频（4.40）下，小单元中 1T 模态对应的结构与大单元中 1T/1R 模态对应的结构共存，表现出一种模态耦合现象。在本例中，耦合源于横截面面积的突变，导致了轴向的模态转变。如图 14-6 所示，沿中心线纵向平面上的声压场分布情况可以证明这一点。这种转变受单元长度的影响，例如，当两个单元的长度都减少一半，整个管道在 1T 模态下的频率变为 2.13，在 1T/1R 模态下频率为 4.75。上述频率增加是由于较短的长度引起了较强的转变。然而，当管道长度增加时，横向振动频率如预测的那样减小。在任何情况下，整个管道的频率总是介于两个独立单元的频率之间。

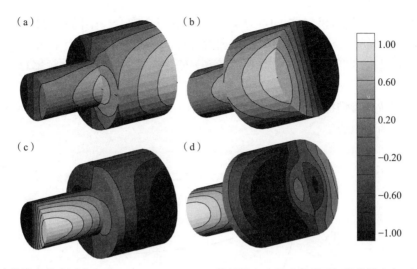

图 14-5　阶梯管内的声压分布（$R_2/R_1=2$，$L_1=L_2=R_1$，扩展轴向坐标以获得更好的分辨率）：（a）和（b）不同视角下的第一切向模态（$\Omega R_2/\bar{c}=1.96$）；（c）和（d）不同视角下第一切向模态与第一径向模态之比（$\Omega R_2/\bar{c}=4.4$）

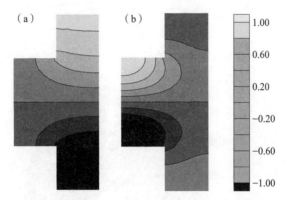

图 14-6　模态转变的阶梯管内声压分布（$R_2/R_1=2$，$L_1=L_2=R_1$）：（a）第一切向模态（$\Omega R_2/\bar{c}=1.96$）和（b）第一切向/第一径向模态（$\Omega R_2/\bar{c}=4.4$）

14.4.2　有温度突变的直管声场

第二个案例研究了在 $x=L_1$ 时声波在温度阶跃变化的等面积管道中的传播特性，如图 14-7 所示，当 $x \leqslant L_1$ 时，有 $T=T_1$；当 $x>L_i$ 时，$T=T_2$。其他条件仍与第一个案例相同，计算只涉及两个单元，分别对应低温区和高温区。1L 模态的频率可以通过如下公式得到

$$\bar{c}_1/\tan(\Omega L_1/\bar{c}_1)+\bar{c}_2/\tan(\Omega L_2/\bar{c}_2)=0 \qquad (14-75)$$

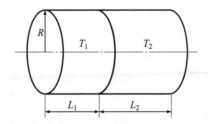

图 14-7　带有温度突变的直腔室示意图

当前分析的预测结果与式（14-75）的解析解完全吻合。不同单元长度 L_1 的归一化 1T 频率如图 14-8 所示。用两种周向模态和两种径向模态来表示每个单元内的波动。如果 $L_1=0$，这种情况相当于声波以 $\bar{c}_2$ 的速度在直管中传播。因此，归一化频率 $\Omega/(\bar{c}_2 k_{mn})$ 为 1。随着 L_1 的增加，低声速 $\bar{c}_1$ 的影响越来越强。当 $L_2 \to 0$ 时，频率逐渐减小并最终达到 $\bar{c}_1/\bar{c}_2$ 的最小值。与阶梯管情况类似，图 14-9 所示的声压场中也出现了模态转换现象。1T 模态在高温段是逐渐衰减的。

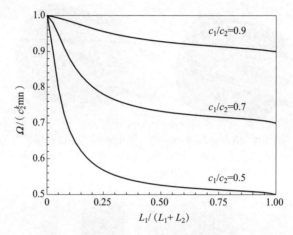

图 14-8　带有温度突变的直管中第一切向模态的归一化频率

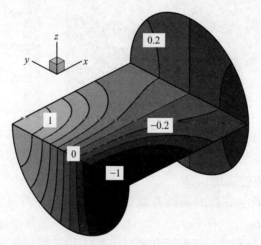

图 14-9　带温度突变的直管中第一切向模态的声压场（$\bar{c}_1/\bar{c}_2=0.5$，$L_1=L_2=R$；截面 $x=0$ 处（$z>0$ 没有展示），$x=L$，$z=0$）

14.4.3　旋流稳定燃烧室的燃烧不稳定性

本例研究的是在典型燃气轮机中应用的贫燃预混旋流稳定燃烧室的燃烧不稳定性。如图 14-10 所示，模型包括一个轴对称腔室，其连接了一个上游入口环管和一个下游阻塞喷嘴。Broda 等[14] 对该燃烧室进行了大量的试验，得到了有助于不稳定性发生的运行工况的稳定性图。当入口空气温度超过阈值，当量比下降到一定范围时，会出现较大的压力振荡，其极限振幅约为平均量的 20%。Huang 等在本书第 10 章中详细讨论了引起不稳定的根本机制。

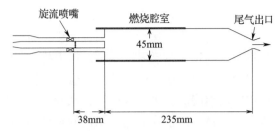

图 14-10　旋流稳定燃烧室示意图

　　这里将研究两种情况：情况 1 对应的是一个入口温度为 600K 的稳定运行工况，情况 2 对应的是入口温度 660K 的不稳定工况，两种情况下的当量比都保持在 0.573。图 14-11 为所关注的物理域，腔室长度的选择是为了方便指定边界条件，在入口处，通过旋流器阻抗管试验可以得到导纳函数[14]，在出口处，应用如式（14-71）所示的阻塞紧凑型喷嘴的边界条件。平均流特性可以通过对雷诺平均 N-S 方程（RANS）或者大涡模拟方程（LES）的数值模拟得到[15]。图 14-12 展示了对于两个不同入口温度，纵向平面上的平均温度等值线和流线。由于旋流效应和几何形状的因素，两种情况下都存在中心回流区和角回流区。在情况 1 中，火焰从中心体的拐角延伸至壁面；在情况 2 中，火焰同时被角回流和中心回流驻定，形成紧凑的包络形状，这与情况 1 的形状形成鲜明对比。

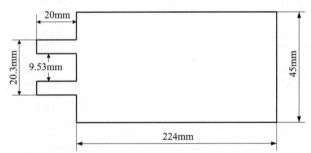

图 14-11　燃烧室模型的物理域（示意图）

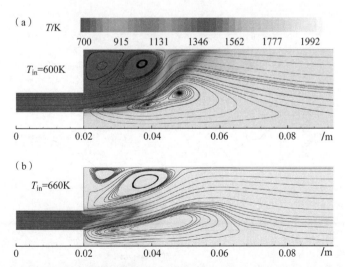

图 14-12　旋流稳定燃烧室的平均温度等值线及流线：（a）简单火焰（T_{in}=600K，S=0.76，ϕ=0.57，p=0.463MPa）；（b）包覆火焰（enveloped flame）（T_{in}=660K，S=0.76，ϕ=0.57，p=0.463MPa）

You 等[11]全面分析了这两种火焰在声扰动下的燃烧响应，考察了影响非定常释热的所有已知因素，包括反应热、密度、火焰速度和火焰表面积。简单地说，反应热脉动源于流动扰动引起的混合物当量比的变化。密度脉动主要由压力扰动引起，与其他三种因素相比，对非定常热释放的影响较小。火焰速度的振荡与反应热的振荡类似，同样是由给定燃烧室和流动条件下的当量比脉动引起的。火焰表面积脉动的机理相对比较复杂，主要受当地速度扰动的影响。参考文献［11］中推导的响应函数的解析形式，考虑了腔室几何和平均流场空间变化的影响，并可以有效地纳入到目前的稳定性分析中。

计算区域分别离散为进气道的一个轴向单元和燃烧室的 6 个轴向单元。由于可以忽略频率大于 1R 模态的振荡，因此每个单元中只需考虑两个周向模态（$M=3$）和两个径向模态（$N=3$）。为了对比，也进行了另一个涉及 14 个单元的计算。在两种情形下，预测频率仅有 0.6% 的轻微差异，这证实了使用 7 个单元来确定系统稳定性特性的有效性。表 14-2 总结了两种不同入口温度下第一纵向、第一切向和第一径向模态计算出的振荡频率和耗散系数。情形 1 中的声运动是稳定的，而情形 2 中的声运动是不稳定的，这一现象与试验观测结果[14]和数值模拟结果[16]一致。案例中 2 计算出的频率为 1753Hz，与试验值 1750Hz 非常接近。图 14-13 表明了 1L 模态的空间分布，进一步证明了当前分析的有效性。1T 和 1R 模态的空间分布如图 14-14 和图 14-15 所示。Huang 等在本书第 10 章中详细讨论了引起燃烧室燃烧振荡的潜在机理。

表 14-2 旋流稳定燃烧室的计算振荡频率和耗散系数

模态	案例 1（T_{in}=600K）		案例 2（T_{in}=660K）	
	频率 /Hz	耗散系数 /s^{-1}	频率 /Hz	耗散系数 /s^{-1}
1L	1645	2.1	1735	−21
1T	10610	0.9	11310	−3.3
1R	22297	3.5	24236	−4.5

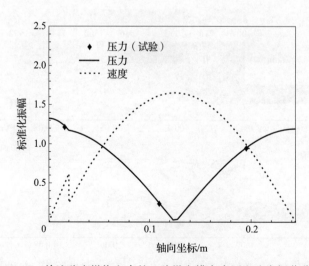

图 14-13 旋流稳定燃烧室中的一阶纵向模态声压和速度振荡分布

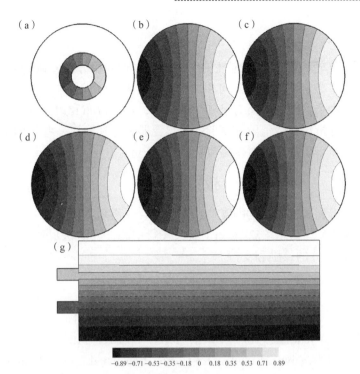

图 14-14　旋流稳定燃烧室内声压分布；第一切向模态：（a）~（f）x=0、0.02、0.04、0.08、0.16 和 0.24m 处截面上的等高线；（g）x–r 平面上的等值线

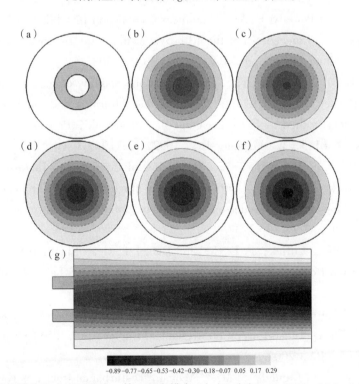

图 14-15　旋流稳定燃烧室内声压分布：第一径向模态：（a）~（f）x=0、0.02、0.04、0.08、0.16 和 0.24m 处截面上的等高线；（g）x–r 平面上的等值线

14.5 结论

本章建立了燃气轮机燃烧不稳定性的三维线性声学分析方法，该研究为理解、分析、预测燃气轮机燃烧室稳定性特性随几何和平均流的变化提供了一种有效手段，目的是建立一个总体框架，在这个框架内，所有已知量的影响，包括分布和边界源项，都可以定量地评估。该方法已被分析解、数值解和试验测量广泛验证，还通过一些算例研究了腔室几何形状、平均流分布和非定常释热对振荡流场特性的影响。

致　谢

本章研究工作得到了以下机构的支持：罗尔斯－罗伊斯（Rolls-Royce）公司，空军科学研究办公室，NASA 马歇尔（Marshall）航天飞行中心，宾夕法尼亚州立大学。感谢 M. S. Anand 和 B. B. Bullard 的鼓励和支持。

参 考 文 献

［1］Culick，F. E. C.，"Stability of High-Frequency Pressure Oscillations in Rocket Combustion Chambers," AIAA Journal，Vol.1，No.5，1963，pp.1097-1104.

［2］Mitchell，C. E，"Analytical Models for Combustion Instability," Liquid Rocket Engine Combustion Instahility，edited by V. Yang and W. E. Anderson，Progress in Astronautics and Aeronautics，Vol.169，AIAA，Washington，DC，1995，pp.403-430.

［3］Zinn，B. T.，and Powell，E. A.，"Nonlinear Combustion Instability in Liquid Propellant Rocket Engines," Proceedings of the 13th Symposium（International）on Combustion，Combustion Institute，Pittsburgh，PA，1971，pp.491-503.

［4］Culick，F. E. C.，and Yang，V.，"Prediction of the Stability of Unsteady Motions in Solid Propellant Rocket Motors," Chapter 18，Nonsteady Burning and Combustion Stahility of Solid Propellants，edited by L. De Luca and M. Summerfield，Progress in Astronautics and Aeronautics，Vol.143，Washington，DC，1992，pp.719-779.

［5］Culick，F. E. C.，and Yang，V.，"Overview of Combustion Instabilities in Liquid Propellant Rocket Engines," Chapter1，Liquid Rocket Engine Combustion lnstahility，edited by V. Yang and W. E. Anderson，Progress in Astronautics and Aeronautics，Vol.169，Washington，DC，1995，pp.3-37.

［6］Nickerson，G. R.，Culick，F. E. C.，and Dang，L. G.，"Standard Stability Prediction Method for Solid Rocket Motors," Air Force Rocket Propulsion Lab，AFRPLTR-83-017，1983.

［7］You，D.，"A Three-Dimensional Linear Acoustic Analysis of Gas-Turbine Combustion Instability," Ph. D. Thesis，Dept. of Mechanical Engineering，Pennsylvania State Univ.，University Park，PA，2004.

［8］Marble，F. E.，and Candel，S. M.，"Acoustic Disturbance from Gas Non-Uniformities Convected Through a Nozzle," Journal of Sound and Vihration，Vol.55，No.2，1977，pp.225-243.

［9］Crocco, L., and Cheng, S. I., Theory of Combustion Instability in Liquid Propellant Rocket Motors, AGARD Monograph No.8, Butterworths Scientific Publications, London, 1956.

［10］Dowling, A. P., "A Kinematic Model of a Ducted Flame," Journal of Fluid Mechanics, Vol.394, 1999, pp.51–72.

［11］You, D., Huang, Y., and Yang, V., "A Generalized Model of Acoustic Response of Turbulent Premixed Flame and Its Application to Gas–Turbine Combustion Instability Analysis," Combustion Science and Technology, Vol.177, 2005, pp.1109–1150.

［12］Stow, S. R., Dowling, A. P., and Hynes, T. P., "Reflection of Circumferential Modes in a Choked Nozzle," Journal of Fluid Mechanics, Vol.467, 2002, pp.215–239.

［13］ANSYS, Inc. Corporate（2003）, "The ANSYS 7.1 Users Documents," http://www.ansys. com/services/ documentation/index.htm.

［14］Broda, J. C., Seo, S., Santoro, R. J., Shirhattikar, G., and Yang, V., "An Experimental Study of Combustion Dynamics of a Premixed Swirl Injector," Proceedings of the Combustion Institute, Pittsburgh, PA, Vol.27, 1998, pp.1849–1856.

［15］Huang, Y., Sung, H., Hsieh, S., and Yang, V., "Large–Eddy Simulation of Combustion Dynamics of Lean–Premixed Swirl–Stabilized Combustor," Journal of Propulsion and Power, Vol.19, No.5, 2003, pp.782–794.

［16］Huang, Y., and Yang, V., "Bifurcation of Flame Structure in a Lean–Premixed Swirl–Stabilized Combustor: Transition from Stable to Unstable Flame," Combustion and Flame, Vol.136, No.3, 2004, pp.383–389.

第15章 在设计中实现不稳定性预测：阿尔斯通方法

Christian Oliver Paschereit
（Hermann-Föttinger-Institute，Berlin University of Technology，Berlin, Germany）
Bruno Schuermans, Valter Bellucci, and Peter Flohr
（ALSTOM Power，Ltd，Baden，Switzerland）

15.1 引言

对于固定式燃机而言，过去几十年内对氮氧化物低排放的需求，促进了贫燃预混燃烧器和对流冷却燃烧室的广泛应用。这些技术变革降低了火焰锚定的稳定性和声学耗散。因此，现代燃气轮机更加容易受到燃烧振荡的影响，而热声现象在燃气轮机燃烧室中的重要性显著增加。

为了防止声学不稳定，需要准确的模型来描绘燃烧过程的不稳定特性和声波的传播。这一信息甚至还可以应用于燃烧室的设计过程，以优化燃烧室设计。了解燃烧室的稳定边界可以允许我们定义燃气轮机的运行规范，使其不超过可能损害燃烧室的不稳定振幅。另一个好处是减少调试时间和昂贵且耗时的发动机测试。

与 Munja[1] 和 Polifke 等[2] 描述的方法类似，可以将热声系统构建成一个声学单元网络。确定一个包含实测传递函数的声网络的稳定边界，无须传递函数的瞬态特征；因此，只需要将传递矩阵作为频率实部的函数来进行测量。Dowling 和 Stow 在第 13 章中给出了详细的描述，既可以在频域又能在时域中对整个系统进行评估。

对于燃气轮机制造厂商，稳定边界至关重要。由于运行工况，如功率、火焰温度、值班与预混燃料比例，会影响燃烧室的脉动行为，因此对燃烧室稳定性图谱的了解是使发动机平稳运行最重要的一点。压力脉动振幅和模态分布的模型构建是燃烧室机械完整性评估的载荷输入，因此是寿命计算的基础。现代燃气轮机需要在两次大修之间增加运行小时数。在设计过程中使用先进的模拟工具可以使交付的燃烧室性能超出客户的需求。

Schuermans 等[3] 提出了一种在频域中预测复杂热声系统稳定性的通用方法。用于求解稳定性边界的方法是基于 Lang 等描述的方法[4]，并依赖于对所得系统复特征值的求解。然而，这些方程是通过数值法和图解法来求解的，这使得人们能够找到任何复杂网络系统的稳定边界。预测了具有可变长度和可变出口条件的大气燃烧试验设施的稳定边界，并与试验结果进行了对比。测量了燃烧过程的热功率对传递函数的影响，结果符合热声过程的基本物理认知。

尽管构建燃烧室声学网络模型和评估燃烧室稳定性的方法需要快速有效的模型，但燃烧室稳定性建模的主要任务仍然是正确描述燃烧器和火焰。对相关认知的匮乏使得我们在使用这些工具时底气不足。为了增加对模拟的信心，需要将火焰作为其运行参数的一个函数进行适当的描述。

Lieuwen 在第 12 章详细讨论了描述声波和燃烧过程相互作用的热声火焰模型的构建。然而，由于旋流稳定燃烧中流场的高度三维化，以及释热与流场的相互作用，这些火焰模型通常是不真实的。因此，传递矩阵的试验测定仍是首选。测量出的传递矩阵可直接用于网络模型，也可用于验证解析得出的传递函数。

Paschereit 等[5-6]和 Schuermans 等[7]开发了一种通过试验来确定旋流稳定火焰的传递矩阵方法，该方法基于 Cremer[8]、Bodén 和 Åbom[9]以及 Lavrentjev 和 Åbom[10]描述的技术，他们将这些技术用于描述流动管道中风扇的声学特性。将"喷嘴和火焰"这个单元看作一个黑匣子，它考虑到了湍流、流动不稳定性和非稳态释热之间的复杂相互作用。通过测量其源项，考虑了由于喷嘴流动不稳定性和非稳态释热相互作用发声特性而形成的燃烧器。

本章将描述如何通过使用计算流体力学（CFD）来扩展这些方法，以确定解析传递函数中的主要参数，描述如何在快速而有效的模拟中来整合燃烧室的脉动特性，并演示其在实际发动机上的应用。

15.2　热声系统的网络表征

热声系统可以用声学单元网络来表示，每个单元给出其两侧声学量之间的简单线性关系。例如，燃气轮机燃烧系统包含空气源、喷嘴、燃料源、火焰、燃烧室、冷却空气通道等可以构建成这些单元的一个网络。在这项工作中，喷嘴被定义为发生燃料喷射和燃料空气混合的一个单元，"火焰"则被定义为释热区。图 15-1 给出了这些单元，它针对的是一个非常简单的燃烧系统。这种网络表征也可以包含由传感器、控制器和执行器组成的主动控制反馈回路。

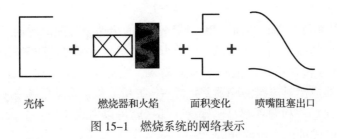

| 壳体 | 燃烧器和火焰 | 面积变化 | 喷嘴阻塞出口 |

图 15-1　燃烧系统的网络表示

描述燃气轮机系统的网络将更加复杂，包括环形管道单元，并有侧面分支，例如，冷却通道和燃料供应管线。求解含平均流动的一维波动方程可得到黎曼（Riemann）不变量关系式。这些黎曼不变量可被视为沿上游和下游方向传播的声波，并分别通过 $\hat{p}(\omega,t)=f+g$ 和 $\hat{u}(\omega,t)=f-g$ 两式关联到声压和声速。根据这一定义，p 代表声压（单位：Pa），并由特征阻抗 ρc 归一化。

在数学上，网络中的每个单元都可以由其传递矩阵进行描述：采用一个 2×2 的矩阵给出单元两侧声压和声速脉动之间的线性不变关系式，如式（15-1）所示。声学单元的输入和输出黎曼不变量由一个称为散射矩阵的矩阵所关联，如式（15-2）所示

$$\begin{pmatrix} \hat{p}_\mathrm{d} \\ \hat{u}_\mathrm{d} \end{pmatrix} = \begin{pmatrix} T_{11} & T_{12} \\ T_{21} & T_{22} \end{pmatrix} \begin{pmatrix} \hat{p}_\mathrm{u} \\ \hat{u}_\mathrm{u} \end{pmatrix} + \begin{pmatrix} p_\mathrm{s} \\ u_\mathrm{s} \end{pmatrix} \tag{15-1}$$

$$\begin{pmatrix} f_{\rm d} \\ g_{\rm u} \end{pmatrix} = \begin{pmatrix} SC_{11} & SC_{12} \\ SC_{21} & SC_{22} \end{pmatrix} \begin{pmatrix} f_{\rm u} \\ g_{\rm d} \end{pmatrix} + \begin{pmatrix} f_{\rm s} \\ g_{\rm s} \end{pmatrix} \tag{15-2}$$

这里，下标 u 和 d 表示上游和下游。传递矩阵（式（15-1））和散射矩阵（式（15-2））中的元素是复数的，并且角频率 ω 的函数。这两种描述是等价的，并且可以相互转换。式中假设了声波是纵向的并且是一维传播的。这一假设是有效的，因为所关注频率范围对应的波长远大于试验台的非轴向尺寸，公式中符号的上标（^）表示声压和声速的复数振幅。

包含火焰的喷嘴传递矩阵至关重要，因为声扰动和火焰释热之间的相互作用（这可能是热声不稳定的激励因素）发生在该单元中。这种相互作用可能是相干涡积聚和分解的结果，导致火焰表面积脉动并引起热释放脉动。这种耦合也可能由喷嘴位置处的压力和速度脉动引起，导致燃空比脉动，从而导致释热率振荡。

式（15-1）和式（15-2）中的传递矩阵和散射矩阵描述了一个被动单元，也就是该单元本身不产生声音，但是它会放大、反射或传输输入信号。如果一个声学单元包含一个独立的声能量源，那么这些关系将不再有效，因为该单元产生的声音必须附加到它的出射声波中。

在燃气轮机燃烧室中，源项包括燃烧室和火焰中的湍流流动产生的噪声，并可能涉及大尺度流动结构。源项由湍流引起的"有色"噪声构成，预计它存在一个依赖于斯特劳哈尔数的偏好频率，并且其幅值取决于平均流速。如果能够通过解析法或试验法找到声网络中所有单元的这些关系式，如式（15-1）和式（15-2）所示，那么这些关系式就可以与适当的边界条件一起组成一个线性方程组（15-3）

$$Sr = q \tag{15-3}$$

式中，S 表示系统矩阵，即包含所有单一网络单元的传递矩阵和散射矩阵的系数方阵；r 表示未知数矢量，包括每个网络节点的以下未知量：黎曼不变量（f 和 g）或声压和声速（p 和 u），强迫矢量 q 包含系统的激励信号或输入，它们可以是源项，也可以是激励信号，例如，一个扬声器或燃料流量激励器。矩阵 S、矢量 r 和 q 均是角频率 ω 的函数。如果所有网络单元的传递矩阵和源项都是已知的，那么就可以由式（15-3）求出 r，从而得到系统对声激励的响应或进行稳定性分析。

系统的稳定性可以通过网络分析法导出的齐次方程组来确定，或者通过评估开环传递函数的奈奎斯特（Nyquist）图和使用 Polifke 等[2] 开发的方法来分析判定。如果该系统不稳定或接近不稳定边界，预期可能产生极高的幅值。然而，即使满足了稳定性准则，如果由于不均匀性产生的激励与系统的某个稳定的特征模态共振，则振荡的幅度可能高得无法接受。为了确定这种情况下的压力振幅，必须计算系统对源项的响应，这等价于求解右边源项的非齐次方程组。如果源项的一个首选频率接近于系统的一个共振频率，就会产生高振幅。

15.3　传递矩阵和源项的试验测定

由于流场的高度三维化和流动（不稳定性）、热释放和声学间的相互作用，难以推导出燃烧室和火焰的传递矩阵与源项的解析关系。本文发展了一种通过试验来确定这些元素的传递矩阵和源项的方法。Paschereit 给出了该测量方法和试验设施的详细解释[5]。该燃烧试验装置（见图 15-2）在燃烧室的上游和下游都装有扬声器，以对流动施加声激励，采用水冷式麦克风测量燃烧室两侧的压力脉动。

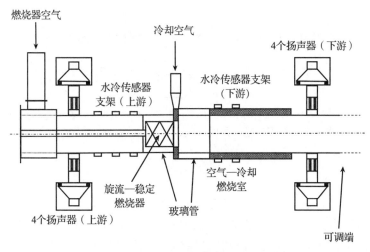

图 15-2 燃烧测试设备的试验布置

燃烧室下游末端有一个可变的几何形状，以调节该端的反射系数。较低的反射系数会引起边界处更多的声能损失，从而促使更稳定的燃烧和更低的压力脉动。为了实现散射矩阵的精确测量，选择了一个低反射系数的出口以保证稳定的燃烧。测量传递矩阵时，使用麦克风测量系统对扬声器声学激励的响应。然而，麦克风不仅测量了扬声器产生的声音，还测量了燃烧噪声以及麦克风位置处局部湍流引起的压力脉动。因此，压力信号可以被看成三部分贡献的叠加，如公式（15-4）所示

$$p = p^e + p^s + p^r \tag{15-4}$$

贡献项 p^e 表示系统对扬声器激励响应产生的声信号，这一部分声信号用来确定传递矩阵。由于激励系统时采用的是一系列不同频率的纯音，所以 p^e 也是由纯音组成，p^e 的振幅可以由激励信号与麦克风信号之间的平均互功率谱求得。

贡献项 p^s 表示系统对源项响应产生的声信号。源项包括通过燃烧室的湍流产生的噪声以及旋流稳定火焰产生的噪声。这部分噪声是独立的，因此，与扬声器信号不相关。然而，这部分噪声并不是随机的，它在某种意义上是相关的，因为在不同轴向间隔的麦克风位置上，这部分信号具有高度相关性，这一部分声是用来确定源项的，仅当扬声器不产生激励时，p^s 项可以从麦克风信号和参考麦克风信号之间的平均互功率谱得到。

贡献项 p^r 表示由随机噪声引起的声信号，例如，由局部湍流在麦克风位置产生的压力脉动引起，这部分与扬声器信号和源项无关。由于湍流的局部特性，只有在麦克风轴向间距很小的情况下这些信号才具有较高的相关性。如果麦克风之间的轴向间距足够大，通过取麦克风信号和参考信号之间的平均互功率谱，这部分噪声将被平均化。

在图 15-3 中，系统的输入是声源 e、s 和 r。麦克风信号 p_1 和 p_2 是系统对所有三个输入的响应。燃烧室的一维传递函数是 H、G_1 和 G_2，它们描绘了声波如何被几何结构传递和反射。传递函数 H 和源项 s 现在必须由两个麦克风信号确定。由于 s 和 r 与激励信号 e

不相关，在对激励信号和麦克风信号进行互功率谱平均时，这些贡献项将消失，从而可以从该信号中得出 p^e。使用公式（15-5）可以很容易地得到传递函数 H

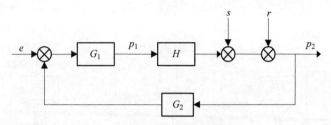

图 15-3　燃烧系统的简化表示，显示了对压力信号的三种不同贡献：p^e 表示外部激励引起的声信号；p^s 表示燃烧室本身产生的声信号，源项；p^r 表示局部湍流引起的随机噪声，如示例所示

$$H = \frac{\hat{p}_2^e}{\hat{p}_1^e} \qquad\qquad (15\text{-}5)$$

通过计算麦克风信号和第三个参考麦克风信号之间的互功率谱，只有随机噪声会被平均掉。用这种方法可以得到 $p^{e,s}$：它是麦克风信号的一部分，是对源项和扬声器信号的响应。如公式（15-6）所示，现在可以利用先前确定的传递矩阵 H 得出源项

$$s = \hat{p}_2^{e,s} - \hat{H} p_1^{e,s} \qquad\qquad (15\text{-}6)$$

一旦找到传递矩阵 H，也可以从二次测量中确定源项，在第二次测量中，扬声器是关闭的。公式（15-6）在这种情况下仍然有效，唯一不同的是 $e=0$。

上述方法可推广到具有 4 端传递或散射矩阵的系统。采用多麦克风法从多个轴向分布的麦克风获取黎曼不变量，Paschereit 给出了有关这项技术的更多细节[5]。利用式（15-2），从扬声器信号的互相关信号中可以计算出散射矩阵。因为这些信号与扬声器信号是互相关的，且信号不包含源项的任何响应，因此式（15-2）减少了源项。

由于必须找到散射矩阵的 4 个元素，并且由于式（15-2）不包含源项，只能提供两个方程，所以至少需要两个独立的测试状态来求解方程组。这两个独立的测试状态是通过激励燃烧室下游和上游的扬声器产生的，其结果是一个方程组（15-7），要获取散射矩阵的 4 个复值元素必须求解该方程组

$$\begin{pmatrix} f_{dA}^e & f_{dB}^e \\ g_{uA}^e & g_{uB}^e \end{pmatrix} = \begin{pmatrix} SC_{11} & SC_{12} \\ SC_{21} & SC_{22} \end{pmatrix} \begin{pmatrix} f_{uA}^e & f_{uB}^e \\ g_{dA}^e & g_{dB}^e \end{pmatrix} \qquad (15\text{-}7)$$

在这里，下标 A 和 B 分别表示测试状态 A（上游激励）和 B（下游激励）。如前所述，散射矩阵的元素是角频率 ω 的函数。在找到散射矩阵之后，可以使用公式（15-8）从与参考麦克风互相关的信号中获取源项

$$\begin{pmatrix} f_s \\ g_s \end{pmatrix} = \begin{pmatrix} f_d^{e,s} \\ g_d^{e,s} \end{pmatrix} - \begin{pmatrix} SC_{11} & SC_{12} \\ SC_{21} & SC_{22} \end{pmatrix} \begin{pmatrix} f_u^{e,s} \\ g_d^{e,s} \end{pmatrix} \qquad (15\text{-}8)$$

若扬声器未激励（$e=0$），该公式仍然成立。

确定散射矩阵 4 个元素和源项的一个更直接的方法是使用三个独立的测试状态 A、B、C 来求解公式（15-9）

$$\begin{pmatrix} f_{dA}^{e,s} & f_{dB}^{e,s} & f_{dC}^{e,s} \\ g_{uA}^{e,s} & g_{uB}^{e,s} & g_{uC}^{e,s} \end{pmatrix} = \begin{pmatrix} SC_{11} & SC_{12} \\ SC_{21} & SC_{22} \end{pmatrix} \begin{pmatrix} f_{uA}^{e,s} & f_{uB}^{e,s} & f_{uC}^{e,s} \\ g_{dA}^{e,s} & g_{dB}^{e,s} & g_{dC}^{e,s} \end{pmatrix} + \begin{pmatrix} f_s \\ g_s \end{pmatrix} (1 \ 1 \ 1) \qquad (15-9)$$

上述三种独立的测试状态可以通过在燃烧室上游、下游和同时在两端的扬声器来激励产生。

试验验证（原文 A）

上述方法已经用于测量特定工况下旋流稳定预混燃烧室的源项和散射矩阵。将燃烧试验装置构建为一个声学单元的网络模型，将这种方法获得的结果与测量结果进行比较，即可完成该方法的第一个验证。测试装置的声学网络包括测得的反射系数、带流动的管道、燃烧室和火焰散射矩阵、源项、带流动的管道以及反射系数。

反射系数是通过计算燃烧系统入口和出口黎曼不变量的比值来确定的。采用计算机程序对该网络进行模拟，该程序将声学网络的所有元素（由解析或试验获得）组合成一个方程组。然后求解非齐次方程组，得到系统对源项激励的响应。由于采用线性方法，如果系统是稳定的，振荡的幅值与源项的幅值成正比。如果系统是不稳定的，则不能用这种线性方法来预测振荡的绝对值。

为了验证测量方法和网络模型的有效性，对方程组进行求解，以获得燃烧室内某一位置的脉动频谱。其中一个麦克风信号的频谱与该模拟的结果一同绘制在图 15-4 中。通过将实际频率除以测量到的最高频率，对频率尺度进行归一化，最高频率对应的斯特劳哈尔数为 $Sr=2.68$。通过将模拟和试验得到的压力谱除以测量谱中的最大值，对压力标度进行归一化。考虑了两种情况：①无反射边界条件和②反射边界条件。在试验中，通过试验台出口处的一个孔板实现无反射边界条件[11]。无反射边界条件的模拟与实测数据几乎一致（见图 15-4（a）），这个结果并不奇怪，因为网络模型的几乎所有组件都由测量元素构成。然而，结果显示在处理原始试验数据以获得传递矩阵、源项和反射系数时没有出现误差；同时，这也表明利用实测的传递矩阵和源项构建声网络模型可得到有效的结果。

对该方法预测能力的实际检验是通过改变试验台的某一边界条件，然后将测量的压力谱与用调整后的反射系数和先前确定的燃烧室传递矩阵和源项获得的计算结果进行对比。出口边界已被改为几乎全反射末端，并在相同的工况下测量试验台的压力谱，预测频谱与实测频谱的对比如图 15-4（b）所示。

结果再一次表明模型预测值与试验数据之间存在良好的一致性。通过比较测试装置中使用反射末端和无反射末端条件测量的频谱，不仅可以观察到更高的整体振幅，而且还可以看到共振频率的偏移。通过改变末端的几何形状，反射系数的绝对值以及参数存在差别，反射系数的相位变化会引起共振频率的移动。

图 15-4（a）和图 15-4（b）中的压力幅值是归一化的，但是所有图的缩放系数是相同的。频谱中的两个主导峰值大致对应于燃烧室的 1/4 波和 3/4 波共振模态。在峰值频率附近，预测的绝对数值与试验数据没有较好地吻合。对这个不匹配现象的解释是系统声学状态处于非常高的振幅时，其线性假设不再满足，特别是源项或传递矩阵。在一个由源项激励的系统中，其响应也就是观测到的压力谱，遵循源项中的非线性变化。在自激不稳定性的情况下，高振幅引起的传递矩阵的变化将导致非线性的极限环振荡。

通过对系统施加两种不同的激励水平来评估系统的线性度，图 15-5 显示了传递函数的 T_{22} 元素，并证明了其线性度。

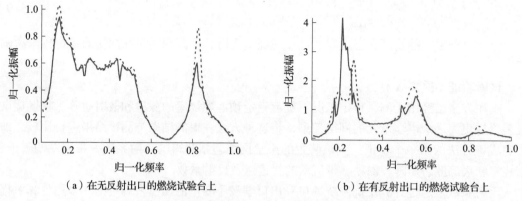

（a）在无反射出口的燃烧试验台上   （b）在有反射出口的燃烧试验台上

图 15-4　预测（虚线）和实测（实线）的压力脉动频谱

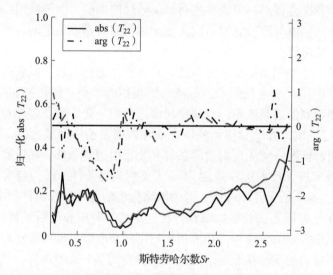

图 15-5　两个不同激励振幅下测量的传递函数中 T_{22} 元素的比较

15.4　燃烧室传递矩阵建模

如图 15-6 所示，考虑了一个与燃气轮机燃烧室重要特性类似的通用预混燃烧室。预热的压缩空气从燃烧室稳压腔体进入混合装置，在混合器中，气流显著加速，燃料注入并与流过的气流均匀混合。为了提高混合效率，常在燃烧室气流上施加额外的旋流。随后，燃料—空气的混合物进入燃烧室，火焰可以稳定在流动扩张处形成的回流区，与强旋流相关的内部回流区域还可以充当火焰稳定器。燃料—空气混合物的不均匀性从燃料喷射点（i）对流输运至火焰锋面。每个燃料喷嘴都可以与一个特定的时间延迟相关联，该时间延迟对应于燃料质点的局部传输时间，图中展示了中心燃料喷嘴处湍流扩散的附加拖尾效应。

15.4.1　通过燃烧室喷嘴的有损流动

燃烧室单元中的流动可用非定常不可压缩伯努利方程进行描述，在该模型中，非定常脉动的影响与惯性功有关，通过采用积分损失系数可以考虑燃烧室内部复杂三维流动引起的损失

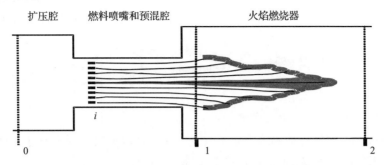

图 15-6　预混燃烧室的示意图。显示了燃烧室上游和下游的参考点 0 和 1，以及火焰锋面的上游和下游的参考点 1 和 2

$$\begin{pmatrix} \hat{p}_1 \\ \hat{u}_1 \end{pmatrix} = \begin{bmatrix} 1 & \rho_0 c_0 \left\{ M_0 \left(1 - \zeta - \left(\dfrac{A_0}{A_1} \right)^2 \right) - \mathrm{i} \dfrac{\omega}{c_0} L_{\mathrm{red}} \right\} \\ 0 & \dfrac{A_0}{A_1} \end{bmatrix} \begin{pmatrix} \hat{p}_0 \\ \hat{u}_0 \end{pmatrix} \tag{15-10}$$

其中

$$L_{\mathrm{red}} = \int_0^1 \frac{A_0}{A(s)} \mathrm{d}s = \int_0^1 \frac{u(s)}{u_0} \mathrm{d}s \tag{15-11}$$

是燃烧室内部振荡空气柱的虚拟长度。公式（15-10）的推导基于紧凑性假设，即燃烧室元件的物理长度为零。测量了燃烧室冷态的传递函数，并与前面描述的模型进行了比较，结果吻合较好。

15.4.2　火焰模型

真实的火焰在燃烧室中并没有稳定的位置，而是其位置不断变化，模型中考虑了这种脉动。火焰靠预混的燃料—空气流来维持，燃料的注入发生在燃烧室内火焰锋面之前的位置 i 处，火焰锋面的上游和下游分别规定为 1 和 2，如图 15-6 所示。构建这种火焰声学行为建模的常见方法是基于假设：火焰锋面处的声波与释热释放脉动和燃料喷口处声扰动引起的燃料—空气混合物的脉动耦合。这意味着存在一个特征时滞 τ，在此之后，燃料微元到达火焰位置；因此，对于燃料—空气混合物 ϕ 和它随时间的脉动 $\phi'(t)$ 有

$$\frac{\phi'_1(t)}{\phi'_1} = \frac{\phi'_i(t-\tau)}{\phi_i} \tag{15-12}$$

火焰释热量 Q 可以写为

$$Q = \phi_1 \rho_1 S_f h_{\mathrm{fuel}} \tag{15-13}$$

湍流火焰速度并不是假设为恒定的，而是假设受到燃料供应的线性影响，$S_f \sim \phi$，这对贫燃火焰是合理的（$\phi < 1$），结果表明式（15-13）得到的扰动是线性的

$$\frac{Q'}{Q} = 2 \frac{\phi'_1}{\phi_1} + \frac{\rho'_1}{\rho_1} \tag{15-14}$$

利用火焰的兰金－雨贡纽跳跃条件和上述方程，我们可以将火焰模型表示为

$$\begin{pmatrix} \hat{p}_2 \\ \hat{u}_2 \end{pmatrix} = \begin{bmatrix} 1 & \rho_1 c_1 \left(\dfrac{T_2}{T_1} - 1 \right) M_1 (1 - 2e^{-i\omega\tau}) \\ 0 & 1 - \left(\dfrac{T_2}{T_1} - 1 \right) 2e^{-i\omega\tau} \end{bmatrix} \begin{pmatrix} \hat{p}_1 \\ \hat{u}_1 \end{pmatrix} \tag{15-15}$$

特别地，横跨火焰的速度脉动幅值发生了改变，这一点很重要，因为不存在自由变量（如 n-τ 模型中的相互作用系数 n）来校正这个条件。

该模型仍以时间延迟 τ 为基础。这对于真实火焰来说是一种过度简化，在这种情况下，燃料喷嘴在燃烧室内沿轴向分布，火焰是非平面的，或者两者兼有。如下所示，时滞分布的影响实际上会显著影响燃烧室系统的稳定性特征。通过将燃烧室的燃料入口点划分为 p 个子模型，可以将这种影响纳入火焰模型（另一种方法是对火焰锋面本身划分模型，这里不做讨论）。每个入口点的燃料经过一定的时间延迟 τ_j 后到达火焰，因此可以推导出跨越火焰前后的速度脉动的关系式

$$\hat{u}_2 = \left(1 - \sum_{j=1}^{p} c_j \frac{2}{p} \left(\frac{T_2}{T_1} - 1 \right) e^{-i\omega\tau_j} \right) \hat{u}_1 \tag{15-16}$$

这里，只考虑燃料喷口均匀分布的燃烧室结构，因此每个入口点的权重因子为 $a_j = 1$。

为了证明模型的效果，考虑了一个线性分布的时间延迟，如 $\tau_j \varepsilon [\tau_{max} - \Delta\tau; \tau_{max}]$。在这种情况下，火焰的速度模型可以写为

$$\hat{u}_2 = \left[1 - 2 \left(\frac{T_2}{T_1} - 1 \right) \left(\frac{1}{i\omega\Delta\tau} \right) \right] \left(e^{-i\omega(\tau_{max} - \Delta\tau)} - e^{-i\omega\tau_{max}} \right) \hat{u}_1 \tag{15-17}$$

该双参数模型对恒定时滞方法的改进如图 15-7 所示，图中两种模型均用于拟合试验结果。

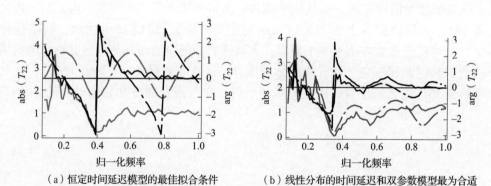

（a）恒定时间延迟模型的最佳拟合条件　　　（b）线性分布的时间延迟和双参数模型最为合适

图 15-7　具有实测值（实线）和模拟值（虚线）的火焰传递函数元素 T_{22}

15.4.3　时间延迟的 CFD 分析

接下来采用燃烧室流动的计算流体力学（CFD）方法来确定传递矩阵函数（式（15-16））中的模型参数 τ_j 或其分布 f_τ 作为模型（式（15-17））的输入。该方法极具吸引力，因为它只涉及稳态计算的后处理，并可直接提供模型参数。这里所采用的方法或许应该与瞬态 CFD 进行对比，在瞬态 CFD 中，直接从受激扰动的非稳态响应中获得完整的传递函数

（例如，见 Polifke 等文献[12]），这里不需要假设时间延迟机制；其他潜在的重要效应，如涡脱落或火焰锋面运动学，也可以求解，然而这种计算方法非常耗时，超出了本研究的范围，这里只给出一个概述，详细信息参见 Flohr 等的文章[13]。

（1）数值模拟设置

试验用预混燃烧室的 CFD 计算是基于稳态三维 N–S 方程的二阶精度有限体积求解器。喷嘴的几何结构如图 15-8 所示，加热的压缩空气通过锥壳上两个周向进气槽进入旋流器，导致在出口附近出现旋流破裂，形成回流区。气态燃料沿着燃烧室的狭缝喷入经过的气流中，火焰稳定在涡破裂形成的内回流区和突扩平面形成的外回流区。采用非结构化混合网格建立燃烧室和上游腔体模型，网格单元数约 60 万。在 CFD 模拟中，喷油器未被考虑作为替代，使用在喷射平面下游不远处设置数值源项来模拟燃料喷射模型（见图 15-9）。这是一个对实际构型的近似，其中燃料从一个喷射孔中喷出，进入经过的横向空气气流中。燃料通过数值源项注入网格单元，该位置处的预期燃料穿透深度已经从适当的校正和参考试验中得出，这样既能考虑混合分数的局部变化，又能保持合理的计算成本。

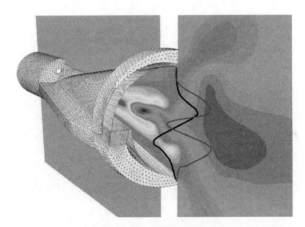

图 15-8　燃烧室模型

湍流采用标准 k-ε 模型来模拟，将燃烧纳入其中，采用湍流火焰速度封闭模型[14]。在该模型中，燃烧过程由反应进度变量 c 来描述，c 的值介于 0（新鲜混合物）和 1（燃烧产物）之间；温度场与反应进度变量和局部（平均）燃料浓度有关。

时间延迟 τ_{j} 由收敛解得出，方法是通过在喷油处向气流中注入粒子，然后跟踪粒子的轨迹并测量其到达火焰锋面的时间。火焰锋面的定义有些随意，其中 c=0.5 表示反应进度。我们假设燃料示踪粒子在这一位置完全燃烧，并且我们不考虑由于火焰模型本身不确定性导致的局部释热变化的影响。

为了考虑湍流扩散对每个燃料喷口处的燃料颗粒位移的影响，在 CFD 计算得到的平均对流速度 u 上加上一个随机速度。湍流位移速度由高斯白噪声过程 $\mathrm{d}W(t)$ 模拟，它是采用流动中的局部湍动能 k 进行模化的，这样，燃料颗粒的总位移 $\mathrm{d}x$ 满足 $\mathrm{d}x = u\mathrm{d}t + \sqrt{2k/3}\,\mathrm{d}W(t)$，所选时间步长 $\mathrm{d}t$ 使得燃料粒子在每个时间步长内的移

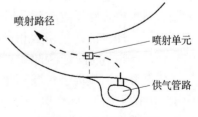

图 15-9　入口的剖面图

动距离都小于局部网格分辨率。

随后给出的每个分布都是通过跟踪沿着燃料喷口分布的 $q=128$ 个粒子喷射点得到的。在我们添加了湍流扩散效应的位置处，每个注入位置满足 $n=10$（$n=100$ 也被用来检查统计中的收敛性）。

（2）CFD 结果的分析

图 15-10 显示了燃烧室流场的 4 种延迟时间分布。如前所述，CFD 模拟中，喷油器没有被考虑取而代之的是在距喷射平面下游较近处设置源项（用于确定延迟时间分布的燃料颗粒被注入同一位置）进行模拟。A–C 分布（见图 15-10 上部）明确地研究了燃料穿透性变化的影响，分布 B 为参考模拟，预测与试验吻合最佳，A 和 C 分别为燃料穿透深度较短和较长的模拟，可以与诸如较小和较大的燃料口相关联。燃料穿透的变化会改变对流时间 τ_j，因为不同的燃料穿透会导致燃烧室内燃料供给的流线不同，火焰形状也随之改变。

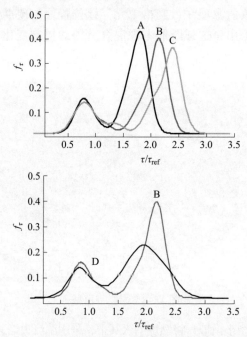

图 15-10　上图：从粒子轨迹获得时间延迟的归一化分布；下图：针对构型 B，
显示了湍流扩散效应对重新分布粒子轨迹的影响（D）

所有三种变化都表现出相同的特征行为，即有两个明显峰值的分布式时间延迟，一个在 $\tau/\tau_{ref} \approx 1$ 处，一个在 $\tau/\tau_{ref} \approx 2 \sim 2.5$ 处，只有当峰值处于较大的时间延迟时才会受到燃料射流深度造成的影响，而这种影响实际上与火焰形状的变化有关，在这里没有显示。遗憾的是，当这些分布合并到公式（15-16）的火焰模型时，发现其与试验结果的一致性太差，高频模态的耗散没有得到适当的捕捉。另外，不稳定性的主模态也未被适当捕捉，该模态下，测量的传递函数相位与频率轴在归一化频率 $S_r=0.26$ 处相交；随后将会解释，CFD 通常有高估时间延迟的倾向。

如果考虑湍流混合对燃料颗粒轨迹的影响，情况会发生改变，至少会部分改变（见图 15-10 的下图）。同样地，分布密度函数 f_τ 右侧的峰值受到主要影响。如果包含了湍流扩散，它就会平坦得多。在 $\tau/\tau_{ref} \approx 1$ 处的峰似乎对燃料穿透或湍流扩散的变化相当不敏感。这一结果的原因可能是，这些粒子非常迅速地到达火焰，以至于粒子路径的局部偏离对结果没有显著影响。

图 15-11 给出了带有湍流扩散的时滞分布火焰传递函数，与实测结果吻合较好，它很好地捕捉了高频耗散的一般趋势。

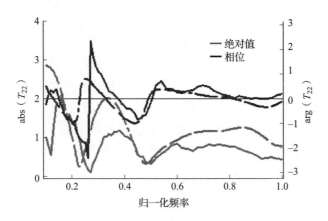

图 15-11　由图 15-10 中的时间延迟分布得到的 T_{22} 火焰传递函数元素；
测量值（实线）和模拟值（虚线）

剩下的差异与 CFD 计算中的误差有关，这些误差很可能是由于计算速度场的湍流模型的选取所造成的。众所周知，$k\text{-}\varepsilon$ 湍流模型由于扩散性太强而无法完全捕捉轴向燃烧室流动的峰值，导致对时间延迟的过高预测。这一误差通过对比研究得出，在对比研究中，比较了不同湍流模型对该燃烧室流动的研究结果，参见 Flohr 等的文章[15]，该论文的结论是燃烧室喷嘴内火焰锋面之前的峰值速度没有被 $k\text{-}\varepsilon$ 模型正确地捕捉；因此，可以认为此处的时滞被高估。图 15-12 展示了该特性的一种示例，其中对不同湍流模型的 CFD 分析与水通道的 LDA 测量进行了对比。

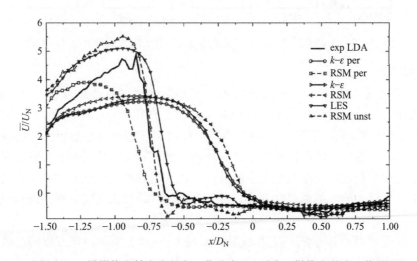

图 15-12　沿燃烧室轴方向的归一化速度；0 对应于燃烧室的出口位置

15.5 复杂热声系统的降阶建模

将燃烧系统集总到几个子系统中，并将这些子系统组合到一个声学单元网络中，可以实现不同建模方法的组合。集总单元表征法并不新颖，Lang 等[4]、Dowling[16]、Schuermans 等[7]，以及 Pankiewitz 和 Sattelmayer[17] 做过类似的研究，这里仅列举了其中几个例子。然而，在这种新方法中，一种包括任何复杂几何模型的方法得以开发，所产生的系统可以用一种高效、直接的方式进行分析。

首先，我们演示了如何在不燃烧的情况下获得几何的状态空间表征。例如，导出了环形管道的状态空间表征，并与有限元分析结果进行了比较。通过线性分数变换，将几个系统互联成一个声学系统的网络。然后通过评估互联系统的特征频率来进行稳定性分析。第二步，在一个非常简单的一维热声系统上验证了该方法的有效性。对特征频率进行了解析求解，并与模态展开和线性分数变换得到的结果进行了比较。第二个验证是在一个由两个环形管和一维管道相互连接组成的系统中进行的，其特征频率与有限元分析结果进行了比较。于是得出了一个环形、多头部燃气轮机燃烧室网络模型。

15.5.1 网络互联

为了建立燃气轮机燃烧系统声学特性模型，在声学单元网络中需要对声学传递函数进行组合。随后可以对所得到的系统进行分析，以评估其稳定性，从而计算稳定性边界或计算频谱。这里将讨论两种不同的系统互联和后续分析。第一种是典型的频域方法，第二种方法产生一个状态空间表达式，既可以进行频域分析，也可以进行时域分析。图 15–13 显示燃烧子系统的连接，注意所有箭头代表输入或输出信号的方向，这里讨论了燃烧系统的集总单元表示法，作为这两种方法的示例。

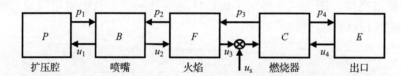

图 15–13 燃烧子系统的连接，注意所有箭头代表输入或输出信号的方向

15.5.2 频域方法

我们假定公式（15–13）中所有传递矩阵都是关于频率的已知函数，为了简单起见，本例中只考虑一维波的传播。图 15–13 中的元素除了 P 和 E（它们都是 1×1 的传递函数）以外都是 2×2 传递矩阵。我们同样假设所有的传递矩阵和函数是稳定的，这种假设通常是合理的；热声不稳定性的问题不在于某一传递函数不稳定，而是相互关联的系统在一定条件下可能变得不稳定。一个线性稳定的系统可由它的脉冲响应或其频率响应进行完整表征，频率响应是脉冲响应的傅里叶变换。此处利用这一特性来确定互联系统的稳定性和稳定性边界。

所有的传递函数可以组成一个方程组，如式（15–18）所示。该方程的左侧由一个包含传递矩阵的大矩阵 $S(\omega)$ 和一个包含未知压力和速度的矢量 $\hat{P}(\omega)$ 组成。该方程的右侧包含源项信号 $\hat{f}(\omega)$。在这个例子中，唯一的非零项是 u_s。

$$
\begin{pmatrix}
P & -1 & & & & & & \\
B_{11} & B_{12} & -1 & 0 & & & & \\
B_{21} & B_{22} & 0 & -1 & & & & \\
& & F_{11} & F_{11} & -1 & 0 & & \\
& & F_{11} & F_{11} & 0 & -1 & & \\
& & & & C_{11} & C_{11} & -1 & 0 \\
& & & & C_{11} & C_{11} & 0 & -1 \\
& & & & & & E & -1
\end{pmatrix}
\begin{pmatrix}
p_1 \\ u_1 \\ p_2 \\ u_2 \\ p_3 \\ u_3 \\ p_4 \\ u_4
\end{pmatrix}
=
\begin{pmatrix}
0 \\ 0 \\ 0 \\ 0 \\ 0 \\ u_s \\ 0 \\ 0
\end{pmatrix}
\tag{15-18}
$$

该系统的特定频率似乎可以直接求解，因为其解由 $\hat{p}(\omega)=S^{-1}(\omega)\hat{f}(\omega)$ 给出，然而，在解释结果时须非常小心。只有当方程组是稳定的时候，结果才有直接的物理解释。如果系统是稳定的，那么解 $\hat{p}(\omega)$ 表示压力和速度信号的傅里叶变换；然而，如果系统是不稳定的，这个傅里叶变换是无定义的（不收敛）。一个非常恼人的结果是，系统越不稳定，$\hat{p}(\omega)$ 就越小。因此，在解释这种分析结果之前，评估系统的稳定性极其重要。系统的稳定性可以通过分析系统的复特征值进行评估，那些使矩阵 $S(\omega)$ 成为零的 $\omega \in C$ 就是特征值。

如果所有的传递函数都是复 ω 平面内的已知函数，则 $\det(S(\omega)=0)$ 可以用数值求根程序进行求解。如果所有根 ω_n 的虚部均大于零，则系统是稳定的。如果一个或多个根有负的虚部，则系统是不稳定的。因此，找到方程的所有根是至关重要的。如前所述，所测得的已知传递函数仅针对实值频率。有两种方法可以规避这个问题。第一种可能的方法是将一个函数拟合到测量的传递函数中。一旦得到该函数，其复数值即可代替实数频率。选择试验数据的拟合函数时必须非常小心。为了在物理和数学上有意义，当虚频率小于零时该函数应该是解析的，实际应用中，满足这些条件可能非常困难，因此，此处对这个方法不做进一步讨论。第二种可能性是寻找系统的稳定性边界作为运行参数的函数，如火焰温度和功率，而不是求解参数。结果是一张参数图，其中显示系统从稳定变为不稳定的参数值（如温度、燃烧室长度或时间延迟）。这里将证明，只需获知关于频率实部的传递函数即可找到稳定性边界。如果频率的虚部等于零，则称系统处于稳定性边界上。因此，求解公式（15-19）可以得到对于任意参数 τ 在 $\Re(\omega)$ 处的稳定性边界；显然，不需要关于依赖频率虚部的信息

$$
\det\left[S\{\Re(\omega),\Im(\omega)=0,\tau\}\right]=0
\tag{15-19}
$$

公式（15-19）为复数，是两个参数的函数。通常，矩阵 S 包含几个复指数，这使得求解这个方程组变得更加困难。像牛顿 – 莱富森（Newton–Rhapson）算法这样的数值技术不能直接应用，因为这个方程通常有很多解。如果方程组加括号的方式不恰当，该算法可能无法在一定范围内找到所有的复数根，因此，本文采用数值 – 图解法求解方程组。Schuermans 和 Paschereit 详细地讨论了这种方法[18]，所得到的稳定性图显示了关于单一参数 τ 的函数稳定性区域。然而，该方法还被扩展到两参数函数稳定性图中。该方法本质上是一样的，但对于二维情形，我们在另外一个参数的不同取值范围内计算了某一个参数

的稳定性边界，并将这些结果绘制在同一张图上，从而形成一个稳定性图谱。

虽然这一方法提供了系统的稳定性边界，但它没有提供关于系统边界哪一边稳定或不稳定的信息。如果仅知道系统中以频率实部为函数的某些传递函数，那么要确定系统在边界的哪一边稳定，哪一边不稳定，在数学上是不可能的。然而，人们可以通过物理论据来确定稳定性出现在边界的哪一边。例如，可以在系统中引入额外的耗散，并推断出代表稳定区域的面积将增加，不稳定区域的面积将减少。

另一种可能性是明确地确定系统在边界每一侧单一点上的稳定性，奈奎斯特图通常用于此目的。奈奎斯特图是一种确定动态系统稳定性的图解方法。如图 15–13 所示，为了计算奈奎斯特图，闭环系统需要被"切割"以获得开环系统，然后对开环传递函数的参数图进行分析。如果开环系统本身是稳定的，当复平面内没有点 $-1+i$ 的顺时针环绕，则系统是稳定的（简化的奈奎斯特准则）。由于只需要知道以实值频率为函数的传递函数，因此这种方法是适用的。然而，该准则仅在开环系统本身是稳定的情况下才有效。这就给稳定性分析带来了一个问题：由于开环系统是否稳定是未知的，因此没有任何附加假设时这种方法无法使用。

15.5.3　燃气轮机燃烧室的频域稳定性分析

上述稳定性分析方法已应用于燃气轮机燃烧系统。通过结合传递函数的解析模型与试验所得传递函数的拟合结果，得到了燃烧系统的网络模型，所作的稳定性图谱是模型中几个参数的函数。

（1）操作点的影响

为了使燃气轮机燃烧室在全负荷范围内稳定运行，研究系统如何随着功率和火焰温度的变化而变化是有意义的。之前已经证明线性时滞模型（$\Delta\tau$，$\tau_{\max}$）捕获了试验传递函数的重要特征。通过将该模型拟合到各个工况点，并在这些工况点之间使用二次插值，我们在图 15–14 中展示了一张稳定性图谱。在该图中，可以识别出不稳定和稳定的区域（对于最不稳定的频率）。黑色区域表示稳定性边界；随着计算次数的显著增加，该边界的厚度会减少。从图中可以明显看出，该系统的稳定区域和不稳定区域都可以被预测到，这一结果与试验观察一致。这也为通过改变功率水平和火焰温度来使系统稳定和失稳开拓了新途径，并可以指导机器操作者避开不稳定燃烧区域。

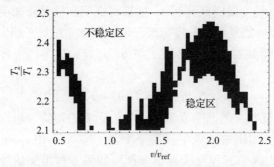

图 15–14　典型测试平台的系统稳定性；显示了燃烧室中速度（即功率）
随火焰温度变化的稳定边界，模拟基于线性时间延迟模型

（2）时滞分布的影响

图 15–15 展示了一种假想燃烧室设计构思在给定典型工况点的稳定性分析结果，其

中 $\tau_{\max}$ 和 $\Delta\tau$ 均可以任意改变，该仿真基于线性时滞模型。不出意外的是系统的稳定性强烈依赖于最大延迟时间，对于特定的 $\tau_{\max}$，$\Delta\tau$ 增加（图中以归一化形式 $\Delta\tau_{n}=\Delta\tau/\tau_{\max}$ 表示）可以显著改变燃烧室的稳定性，这一结果为改进给定的燃烧室构型提供了可能性。

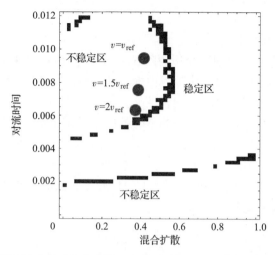

图 15-15　典型测试平台的系统稳定性；显示了时间延迟分布与对流时间（即 1/功率）变化的稳定性边界

15.5.4　时域方法

虽然频域中的系统分析看起来非常直接，但严格地说，如果没有函数与频率虚部相关的信息，评估系统的稳定性是不可能的。即使在整个复频率平面内定义了所有传递函数，稳定性分析也并不简单，因为需要对所有可能的特征值进行数值搜索。特别是，如果热声系统建模被扩展到多输入多输出系统，如多燃烧室系统，数值求根过程的成本可能非常昂贵。确定频域热声模型稳定性的问题会引出该问题的时域表达，其思想是将所有传递函数表示为微分方程，并将它们合并成一个方程组。通过使用状态空间表达式和 Redheffer 星积，这种互联可以非常巧妙而直接地完成。动态系统的状态空间表达式是一个一阶微分方程组，相当于一个高阶微分方程。使用状态空间系统的优点是，它们在数值上非常鲁棒，可以直接扩展到多输入多输出系统。线性时不变状态空间系统的一般结构如公式（15-20）所示

$$\dot{x}(t) = Ax(t) + Bu(t)$$
$$y(t) = Cx(t) + Du(t)$$

（15-20）

式中，u 和 y 是输入和输出信号的矢量，x 是内部状态矢量，矩阵 A、B、C 和 D 表示系统。此类系统的任何互联都会产生一个总体结构相同但具有不同 A、B、C、D 矩阵的系统。这些矩阵是实值的，并且与时间或频率无关。因此，这种状态空间系统的稳定性分析非常简单直接：如果矩阵 A 的特征值实部均为负，则系统稳定，用线性代数中可用的标准方法计算实矩阵的特征值。

这样一来，就可以将子系统的所有输出与它们相邻系统的输入互相连接以构建整个系统的模型。通过使用 Redheffer 星积，这些子系统可以非常方便地互相连接。Redheffer 星积是基于线性分数变换的矩阵运算[19]，在控制理论中，它经常被用来构建系统的不确定

性模型，但也可以用来连接状态空间系统的任何网络。两个管道（或任何其他系统）H 和 G 的互联简单地由 $H \star G$ 给出，其中 ★ 表示 Redheffer 星积，定义为

$$H \star G = \begin{bmatrix} \mathcal{F}_1(H, G_{11}) & H_{12}(I - G_{11}H_{22})^{-1}G_{12} \\ G_{21}(I - H_{22}C_{11})^{-1}H_{21} & \mathcal{F}_u(G, H_{22}) \end{bmatrix}$$

式中，$\mathcal{F}_u(\ )$ 和 $\mathcal{F}_1(\ )$ 表示上、下线性分式变换，定义为：$F_1(M, g) := M_{11} + M_{12}g(I - M_{22}g)^{-1}M_{21}$。

因此，图 15-13 随时系统很容易用矩阵 $S = P \star B \star F \star C \star E$ 来表示。该系统没有输入或输出，虽然模型中的确可以添加，但稳定性分析不需要它们。当 S 的所有特征值的实部都为负时，系统的稳定性要求得到满足。

在这种方法中，不仅稳定性分析是非常直接的，时域模拟，甚至包括非线性元素和频率响应可以很容易地执行。

15.5.5　模态展开

在本节中，对具有多个输入和多个输出（MIMO）的几何形状，推导了其声学传递函数。从面源而不是体源的有源波动方程开始

$$c^2 \nabla^2 p' - \frac{\partial^2 p'}{\partial t^2} = 0 \tag{15-21}$$

$$\hat{n} \cdot \nabla p' = -f \tag{15-22}$$

利用格林函数可以得到一个解。如 Culick[20] 所示，体积中任意一点的声压可以写成声源、模态特征值 ω_n、声速 c 和特征矢量 ψ 的函数

$$\hat{p}(x) = \sum_{n=0}^{\infty} \frac{c^2 \psi_n(x)}{\Lambda(\omega^2 - \omega_n^2)} \oint_s \psi(x_s)\hat{f}(x_s)\,dS \tag{15-23}$$

式中，$\Lambda = \int \psi^2 dV$。对于简单的几何图形，特征函数和特征频率 ω_n 可以用解析的方法得到，对于更复杂的系统，可以用数值的方法（如有限元法）得到。若源函数为边界上的声速源，则可表示为：$\hat{f}(\omega, x_s) = i\omega\rho\,\hat{u}_s(\omega, x_s)$。

声传递函数可以定义为体积中某一位置 x 处的声压与边界 x_0 中心区域 A_s 上的输入声速之比。如果 A_s 区域的范围与波长相比较小，则可以重写公式（15-23），得到 $\hat{p}(x)$ 与 $\hat{u}_s(x_0)$ 之间的传递函数 $H(\omega)$

$$H(\omega) = \frac{\hat{p}(x)}{\hat{u}_s(x_s)} = i\omega\rho A_s c^2 \sum_{n=0}^{\infty} \frac{\psi_n(x)\psi_n(x_s)}{\Lambda(\omega^2 - \omega_n^2)} \tag{15-24}$$

方程（15-24）将一个位置的声压与另一个位置的声速联系起来。这种对应于声阻抗的单输入单输出（SISO）表示方法可以很容易地推广到一般的 MIMO 情况下。在 x_{in} 处的 K 速度与在 x_{out} 处的 J 压力通过 $J \times K$ 传递矩阵 H：$p(x_{out}) = Hu(x_n)$ 联系起来，其中 H 的元素由以下公式给出

$$H_{jk} = -i\omega\rho A_k c^2 \sum_{n=0}^{\infty} \frac{\psi_n(x_j)\psi_n(x_k)}{\Lambda(\omega^2 - \omega_n^2)} \tag{15-25}$$

（1）状态空间表达式

由于传递矩阵 H 的所有元素具有相同的特征值（ω_n），所以传递矩阵可以更方便地用状态空间表达式表示。公式（15-24）SISO 系统一种模态可以表示为

$$\dot{x}(t) = A_n x(t) + B_n u(t)$$

$$\frac{p_n(t)}{\rho c} = C_n x(t) + D_n u(t)$$

$$A_n = \begin{bmatrix} -\alpha_n & -\omega_n \\ \omega_n & -\alpha_n \end{bmatrix}, \qquad\qquad B_{nj} = \begin{bmatrix} 0 \\ \psi_n(x_j) \end{bmatrix} \qquad\qquad (15-26)$$

$$C_{nk} = \begin{bmatrix} 0 & \dfrac{cA_k}{\Lambda}\psi_n(x_k) \end{bmatrix}, \qquad\qquad D = [0]$$

注意，这里已经引入了模态耗散 α，这里假设 α 的值小于 ω_n。一个系统可能有许多不同的状态空间表达式，此处所选表达式的优点是它可以很容易地扩展到 MIMO 情况。系统的状态采用 2×1 矢量 x_n 表示（这个符号与控制理论中的符号相一致，不要与几何位置 x 相混淆）。对于有 N 个模态、J 个输入和 K 个输出的一般情况下，方程的结构与公式（15-26）相同。而矩阵 A 变为 $2N \times 2N$ 分块对角矩阵，矩阵 B 和 C 分别变为 $2N \times J$ 和 $K \times 2N$ 矩阵

$$\begin{bmatrix} \dot{x}_1 \\ \vdots \\ \dot{x}_{2N} \end{bmatrix} = \begin{bmatrix} A_1 & & \\ & \ddots & \\ & & A_N \end{bmatrix}\begin{bmatrix} x_1 \\ \vdots \\ x_{2N} \end{bmatrix} + \begin{bmatrix} B_{11} & \cdots & B_{1J} \\ \vdots & \ddots & \vdots \\ B_{N1} & \cdots & B_{NJ} \end{bmatrix}\begin{bmatrix} u_1 \\ \vdots \\ u_j \end{bmatrix}$$

$$\qquad\qquad (15-27)$$

$$\frac{1}{\rho c}\begin{bmatrix} p_1 \\ \vdots \\ p_K \end{bmatrix} = \begin{bmatrix} C_{11} & \cdots & C_{1N} \\ \vdots & \ddots & \vdots \\ C_{K1} & \cdots & C_{KN} \end{bmatrix}\begin{bmatrix} x_1 \\ \vdots \\ x_{2N} \end{bmatrix} + \begin{bmatrix} 0 & \cdots & 0 \\ \vdots & \ddots & \vdots \\ 0 & \cdots & 0 \end{bmatrix}\begin{bmatrix} u_1 \\ \vdots \\ u_j \end{bmatrix}$$

对于一个燃烧系统的真实声学模型，必须考虑到声学损失或耗散。最重要的声损失是系统边界上的耗散（如送风系统、高马赫数燃烧室出口），以及由于声能转化为涡的过程造成的。后一种机制对燃烧室建模非常重要，且与燃烧室的平均流动损失系数直接相关。与边界和燃烧室元件上的声损失相比，单纯与燃烧室声传播有关的声损失（考虑式（15-26）中的参数 α）通常很小。因此，在网络模型中明确地考虑了声损失，与 Annaswamy 等[21] 所使用的方法相比，这是一个优势，例如，他们的模型没有考虑声损失。

（2）环形管道的状态空间表达式

为了得到某些几何形状的声传递函数或矩阵，需要知道特征频率 ω_n 和接口处的特征矢量值 $\psi_n(x)$。对于实际系统（通常非常复杂），特征频率和矢量可以通过有限元分析得到。在有限元分析中只需要模态分析，这在计算上是非常高效的。此外，仅要求接口处单一位置的模态值，因此，只需要很少的输出。对于更简单的几何形状，特征频率和矢量可以通过解析法得到。作为实例，此处推导了一个环形管道的传递函数。燃气轮机的燃烧室可以表示为一个有 J 个输入和输出端口的环形管道，J 为燃烧室数量。

输入—输出关系由 J 个输入到 J 个输出的传递矩阵给出。长度为 L、平均直径为 D、高度为 h 的环形薄管道所需要的特征值和矢量为

$$\omega_{n,m} = \sqrt{\left(\frac{2cm}{D}\right)^2 + \left(\frac{\pi cn}{L}\right)^2}$$

$$\psi_{n,m} = \cos\left(\frac{\pi nx}{L}\right)\begin{cases} \cos(m\phi) \\ \sin(m\phi) \end{cases}$$

$$\Lambda_{n,m} = \begin{cases} \dfrac{LD_{\pi h}}{(2-\delta_{\text{kron}}(n))(2-\delta_{\text{kron}}(m))} \\[4mm] \dfrac{LD_{\pi h}}{2(1+\delta_{\text{kron}}(n))\delta_{\text{kron}}(m)} \end{cases} \tag{15-28}$$

式中，n 和 m 分别为纵向和周向模态数，因此，模态在这里表示为 (n, m)。

由于环形管道的旋转对称性，除 $n=0$ 外，所有的特征值都是二重简并的，并且有两个正交的特征模态。将式（15-28）代入式（15-26）和式（15-27），得到管道一侧布有输入输出的环形薄管道的状态空间表达式

$$A_{n,m} = \begin{bmatrix} -\alpha & \omega_{n,m} & & \\ \omega_{n,m} & -\alpha & & \\ & & -\alpha & \omega_{n,m} \\ & & \omega_{n,m} & -\alpha \end{bmatrix}$$

$$B_{n,m} = \begin{bmatrix} 0 & \cdots & 0 \\ \cos(m\phi_1) & \cdots & \cos(m\phi_j) \\ 0 & \cdots & 0 \\ \sin(m\phi_1) & \cdots & \sin(m\phi_j) \end{bmatrix} \tag{15-29}$$

$$C_{n,m} = \frac{(2 \ \delta_{\text{kron}}(n))(2-\delta_{\text{kron}}(m))}{JL} B_{n,m}^{\text{T}} \tag{15-30}$$

D 矩阵是空的。对环形管道传递函数或阻抗的模态展开表达式和分析解与商业有限元软件包 Sysnoise 获得的解进行了比较（见图 15-16）。对于 $N=M= \infty$ 的情况，模态展开表达式和解析解在数学上是等价的。然而，图 15-16 所示的结果中采用了 $N=2$ 和 $M=4$。在 Sysnoise 中，零赫［兹］模式是不计算的，因为它会造成数值上的困难[22]。因此，Sysnoise 在非常低的频率区域计算出的频率响应是不正确的。

这种表达式可以很容易地扩展到在管道两边（$x=0$ 和 $x=L$）都有输入和输出的更一般情况。这样操作时，应用 B、C 和 D 矩阵进行如下分割将有所帮助

$$\dot{x} = Ax + B_1 u_1 + B_r u_r$$

$$\frac{p_1}{\rho c} = C_1 x + D_{11} u_1 + D_{1r} u_r \tag{15-31}$$

$$\frac{p_r}{\rho c} = C_r x + D_{r1} u_1 + D_{rr} u_r$$

式中，l 和 r 分别表示左边和右边的输入和输出，矩阵 A 与单面管道相同，矩阵 B_1 和 C_1 包含了管道左侧特征矢量的值，与式（15-29）中的矩阵 B 和 C 相同，矩阵 B_r 和 C_r 包含 $x=L$ 处特

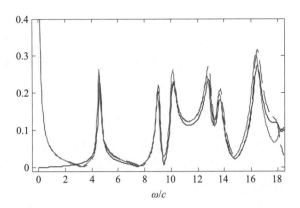

图 15-16　环形管道的频率响应：Sysnoise（实线）、解析解（点线）和模态展开解（虚线）

征矢量的值，当 $x=L$ 时，$\cos(\pi nx/L)=(-1)^n$，则 $\boldsymbol{B}_r$ 和 $\boldsymbol{C}_r$ 在环形管道中得到如下表达式

$$\boldsymbol{B}_{rn,m}=(-1)^n\boldsymbol{B}_{1n,m}$$

$$\boldsymbol{C}_{rn,m}=(-1)^n\boldsymbol{C}_{1n,m}$$

虽然 $\boldsymbol{D}$ 矩阵仍然为空，但在这里所示的矩阵与更一般情况下分区状态空间系统的表示法是一致的

$$H=\begin{bmatrix}H_{11}&H_{12}\\[2mm]H_{21}&H_{22}\end{bmatrix}=\begin{bmatrix}A&B_1&B_r\\C_1&D_{11}&D_{1r}\\C_r&D_{r1}&D_{rr}\end{bmatrix}$$

15.5.6　源和非线性的建模

另一个问题是考虑系统的输入，这里考虑两种类型的系统输入：

（1）燃烧过程中固有的声源：它们由湍流产生的声波构成，这些声波传播至声学远场区域，但是声波产生的本身不受声场影响。

（2）带有燃料流量激励器的外部激励，它是主动控制的必要条件。

Schuermans 已经通过试验确定了燃烧源项的频谱[3]，用传递函数 H_{source} 拟合出频谱的幅值。然后，采用传递函数 H_{source} 白噪声信号 $\omega(t)$ 进行滤波，即可得到时域源信号。在一个多燃烧室构型中，根据定义，单个燃烧室的源项是线性无关的。因此，必须为每个燃烧室生成不同的白噪声序列。

到目前为止，整个系统被认为是线性的，实际的系统很可能不是线性的，特别是当线性化的系统不稳定时。因此，模型中包含了热释放信号的非线性饱和，类似于 Pankiewitz 和 Satellitemaver 所采用的方法[17]。

15.5.7　范例

（1）筒形燃烧室

作为第一个例子，对 Lang 等[4]描述的一维热声系统进行了分析。该系统包括一个直管道，一边封闭，另一边开口，火焰稳定于管道中间，假定火焰片前后压降可以忽略。声速跳跃用所谓的 n-τ 模型进行模化：$u_2(t)=u_1(t)+nu_1(t-\tau)$，其中 τ 为延迟时间，n 称为相互作用系数；开口端阻抗为 $Z_3=0$，n-τ 模型包含延迟，因此是无限阶的。为了避免无限阶系统，用控制理论中常用的帕德近似（Padé approximation）法来逼近系统的时间延迟。上游管道用一个类似公式（15-24）的传递函数表示，但由于 m 在一维情况下为零，所以变得更简单。通过采用 Redheffer 星积，该系统可以表示为：$S=P*F*C*Z$。系统的本征频率或极点是矩阵 S 的复特征值。计算了多个 τ 值下，S 的特征值对应的第一共振模态。根据 Lang 等研究[4]，该系统的特征值是用下式的根进行表示

$$\cos\left(2\frac{\omega L}{c}\right) - \sin^2\left(\frac{\omega L}{c}\right) n e^{-i\omega\tau} = 0 \qquad (15-32)$$

这需要进行数值搜索。通过模态展开得到的结果和公式（15-31）的根均绘制在图 15-17 中，其中 ω_0 是 $n=0$ 时的共振频率。当 $\omega_0\tau$ 值较大时，两条曲线都有偏差，因为帕德（Padé）近似的阶数相对较低（6）。

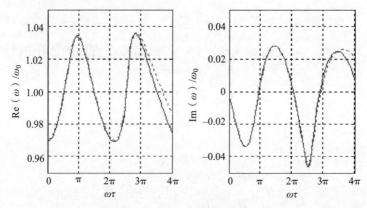

图 15-17　一维燃烧系统的特征频率与归一化时间延迟 τ 的函数；左侧：频率实部；右侧：频率虚部；实线为解析解，虚线为模拟结果

（2）环形管道的互联

使用状态空间表达式和线性分数变换，复杂的 MIMO 系统可以以一种简单的方式相互连接。例如，两个环形管道由 24 个较小的一维管道相互连接，与 Evesque 和 Polifke 的管道非常相似[23]。它在本质上代表了燃气轮机燃烧室的几何形状：第一个环形管道对应于进气室，较小的管道代表燃烧室，第二个环形管道代表燃烧室，第二环形管道中的温度与第一环形管道中的温度不同。该几何形状已在 Sysnoise 中建模，并通过计算 $P*B*C$ 进行了评估，其中 P 代表上游冷态环形管道，B 代表 24 个平行的一维管道，C 是下游的热态环形管道。因此，P 和 C 有 24 个输入和 24 个输出，而 B 有 2×24 个输入和 2×24 个输出。另一种可能性是计算包含上游几何形状和一维管道的本征模态，并计算下游几何结构（仅由热态环形管道组成）。这两个几何结构可以在 Sysnoise 中单独计算，并在计算后进行耦合。这些模态可以直接用于模态展开，并表示状态空间中的两个子系统。如果 PB 是上游系统，C 是下游系统，则互联系统可以表示为：$PB*C$。注意，一旦获得特定温度下几何形状的特征频率 $\omega_{n,\text{ref}}$，则不同温度下的特征频率能够很容易地从 $\omega_n = (c/c_{\text{ref}})\omega_{n,\text{ref}}$ 中获得。标度化的特征矢量 $\psi/\sqrt{\Lambda}$ 保持不变。虽然以这种方式连接的系统接近数值解，但即使是非常高阶的系统也不能完美吻合，这是因为每个交接面位置的互联是一维的，而靠近交接面处一些重要的三维效应被忽略了。这种现象在亥姆霍兹共振器理论中是众所周知的：必须应用一个长度校正因子（虚拟长度）来补偿势场的局部变形，我们可以通过在互联处添加一个一维管道元素轻松地做到这一点，虚拟长度非常小，因此，零阶或一阶展开就足够

了。如 Rienstra 和 Hirschberg 所述[24]，长度修正的值设置为 $(A_i/n)^{1/2}$。用三种不同方式计算的耦合环形导管的本征频率绘制在图 15-18 中，x 轴上的值对应于模态的编号。

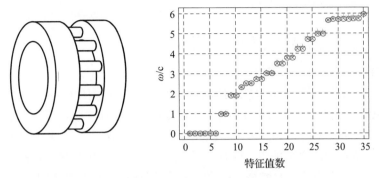

图 15-18　基于数值获得的特征矢量（x）；使用解析获得的特征矢量（+）模态展法；
通过 Sysnoise（o）直接获得的带有温度变化的耦合管道特征频率

（3）环形燃烧系统

基于前面两个例子，环形燃气轮机燃烧室的表示只需要一小步，环形燃烧系统的集总元素表示如图 15-13 的模块框图所示。

燃烧室将采用 L-ζ 模型进行建模，如 Schuermans 等所述[25]，该模型由非定常伯努利方程推导而来。参数 L 可以衡量燃烧室喷嘴内的空气脉动量，参数 ζ 表示声能耗散对平均流场的影响。L-ζ 模型的框图如图 15-19 所示，其中，$L\zeta(s) = [-(L/c)/s + M(1-\zeta-(A_1/A_2)^2)]^{-1}$，$L$ 和 ζ 的值是从测量的传递函数拟合中得到的，如 Schuermans 等[7] 所述。对于单个燃烧室，该元素（用 B 表示）有两个输入（p_1 和 p_2）和两个输出（u_1 和 u_2）；在一个带有 J 个燃烧室的多燃烧室构型中，必须形成一个分块对角矩阵：$B = \mathrm{diag}[B_1, B_2, \cdots, B_J]$，如果使用几何结构不同的燃烧室，元素 B_j 会不同。

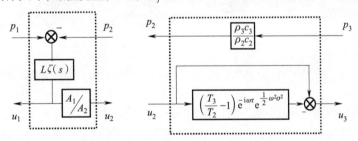

图 15-19　燃烧室模型框图（左侧），火焰模型的框图（右侧）

模拟燃烧过程与声场相互作用的火焰模型再次使用 n-τ 模型进行建模。然而，这里假设的不是只有一个延迟，而是一个时间延迟的分布，如图 15-19 中的框图所示。火焰前后的声速关系由 $\hat{u}_2(s) = \left(1 - n\int_0^\infty \xi(\tau)\mathrm{e}^{-s\tau}\mathrm{d}\tau\right)\hat{u}_1(s)$ 给出，其中 τ 为燃料喷射与消耗之间的对流时间延迟，$\xi(\tau)$ 为时间延迟的概率密度分布函数，相互作用系数由 $n = 1 - T_2/T_1$ 给出。时间延迟的分布可以从数值上得到[13,26]，也可以从试验拟合得到[27]。如果假定时间延迟为具有平均值 τ 和标准偏差 σ_τ 的高斯分布，那么在进行积分后，火焰模型可以写成 $\hat{u}_2(s) = (1 - n\mathrm{e}^{s^{1/2}\sigma_\tau^2}\mathrm{e}^{-s\tau})\hat{u}_1(s)$，在这种情况下，$\tau$ 或 σ_τ 的值是通过对试验所得火焰传递函数的频率响应进行拟合获得。火焰模块的互联如图 15-19 所示，火焰子系统用 F 表示，包

含 J 火焰传递函数的对角方程组用 F 表示。

将进气室内以环形管道 P 表示，燃烧室以 C 表示，可以将所有子模块组合为 $S=P*B*F*C$。

15.6 在燃气轮机燃烧室中的应用

阻尼器在筒形燃烧室中的应用

将该方法应用于阿尔斯通 GT11N2 筒形燃气轮机燃烧室（见图 15-20）。GT11N2 的电输出功率约为 115MW，运行压比为 15.5∶1，排气质量流量为 399kg/s。该网络模型包括燃烧室的不对称性和耗散单元的不对称排列。亥姆霍兹共振器用于新增耗散，并采用解析的非线性模型进行建模。头部罩壳和燃烧室采用三维有限元（FEM）模态展开的方法来表示。对于燃烧室的 L-ζ 表达式，采用有限元法对燃烧室—喷嘴—整流罩模型进行末端修正，并通过阻抗管声测量得到损失系数。火焰是基于前述气体动态不连续性构建模型的，其传递函数的测量是在常压燃烧试验台中进行的，随后使用火焰传递函数的时间延迟模型对试验数据进行了拟合。

将整流罩和燃烧室的有限元模态分析应用到实际几何结构中。例如，图 15-21 展示了两种模态。

图 15-20　阿尔斯通 GT11N2 燃气轮机　　　　图 15-21　燃烧室和罩壳的模态

带防护罩的供气通道和燃烧室出口假定为声学"封闭"。供气通道和罩子之间具有较大的面积突变，且燃烧室出口处的流动马赫数很大，证明了这一假设的正确性。对于远大于燃烧室和共振器尺寸的声波波长，假设在以 x_j 为边界中心的开口区域 A_j 上声压 $\hat{p}_j$ 和法向声速 $\hat{u}_j$ 是均匀的（见图 15-22）。

亥姆霍兹共振器的冷却空气由整流罩提供，并通过位于共振器体积上的开口进入共振器，共振器颈口直接与燃烧室相通。共振器颈口和腔体均被模化为管道，其中声波以平面波传播。管道末端 1 和 2 的声阻抗关系式由 Tijdeman 给出[28]

$$Z_1 = \frac{\dfrac{i}{\Gamma}(e^{kl\Gamma} - e^{-kl\Gamma}) + Z_2(e^{kl\Gamma} + e^{-kl\Gamma})}{(e^{kl\Gamma} + e^{-kl\Gamma}) + Z_2(e^{kl\Gamma} - e^{-kl\Gamma})} \tag{15-33}$$

式中，Γ 因子由基尔霍夫（Kirchhoff）解给出。

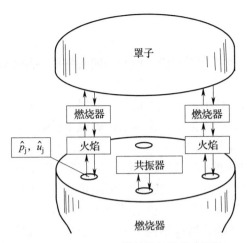

图 15-22　GT11N2 燃气轮机的热声网络

$$\Gamma = i + \frac{i+1}{\sqrt{2}\,Sh}\left(1 + \frac{\gamma-1}{\sqrt{Pr}}\right) \tag{15-34}$$

式中，Sh 和 Pr 分别为剪切波数和普朗特（Pradtl）数，通过强制 $\hat{p}$ 和 $\hat{u}A$ 的连续性来模拟颈部和谐振器腔体之间的面积突变。此外，在颈部两端，必须考虑一个额外的传递函数，以考虑端部声阻性和端部声抗性，端部声阻性是由面积变化改变压降引起的，端部声抗性考虑了燃烧室内的流体质量，它与颈部内的空气脉动有关。亥姆霍兹耗散器也在阻抗实验室进行了大气条件下的测试，结果与理论非常吻合[29]。

模型中考虑了两种不同的设置，并与发动机数据进行了比较：

（1）亥姆霍兹阻尼器设计用于抑制两个不稳定的模式，在斯特劳哈尔数 $Sr \approx 0.7$ 时观察到强烈的不稳定性。

（2）设计了另一个亥姆霍兹阻尼器用于抑制第三个不稳定模态。

安装共振器的容量有限，追加的耗散功率也受此限制。因此，设计任务的延伸目标是通过最有效地布置耗散元件来抑制不稳定性，结果如图 15-23 所示，模型与测量结果吻合良好，追加的亥姆霍兹阻尼器有效抑制了第三个不稳定模态。

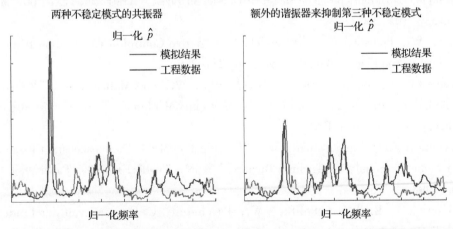

图 15-23　状态—空间模型在筒形燃气轮机燃烧室中的应用。左图：由亥姆霍兹阻尼器控制的两个不稳定模式；右图：通过额外的阻尼器抑制第三种不稳定模式

15.7 结论

本章提出了一种热声网络分析方法，该网络同时使用燃烧系统各部件的测量传递函数和解析推导传递函数。试验中，采用扬声器对燃烧系统施加激励，得到了燃烧室和火焰的传递函数，然后利用互相关技术从麦克风信号中获得传递函数。该系统假定为线性非时变系统。通过试验确定了不同声压下的传递函数，验证了燃烧室与火焰声学的线性假设，火焰特性在感兴趣的振幅范围内是线性的。

基于测得的燃烧室和火焰传递函数，建立了常压燃烧试验装置，验证了网络模型方法，利用该模型预测了边界条件变化的影响，预测频谱与实测频谱吻合得很好。

通过确定系统的特征频率，开展了稳定性分析。分析表明，在一定的燃烧室长度和一定的声出口条件下，热声系统会变得不稳定。在一个具有可变长度的燃烧装置上进行的试验表明，对于一些燃烧室长度，当系统被预测为不稳定时，会出现非常高的压力幅值。本文提出的线性方法可用于预测不稳定性，但将无法预测在这些不稳定频率下的压力振幅，这是由于振幅受到非线性的限制。

研究了燃烧过程热功率对传递函数的影响。根据经典的 n-τ 模型，燃料颗粒从燃烧室内部的燃料喷射到火焰内燃料消耗的输运时间将导致燃烧室处速度脉动与火焰内声致放热之间的相位偏移。由于燃料—空气混合物在燃烧室中的速度与功率成正比（在恒定的当量比下），燃烧过程的特征时间延迟预计随功率的增加而减少。在对比几个热功率下测量的传递函数时可以清楚地看出这种普遍特性。本文还证明了考虑火焰三维特性的火焰模型与测量的传递函数是一致的。

参考文献

[1] Munjal, M. L., Acoustics of Ducts and Mufflers, John Wiley & Sons, New York, 1986.

[2] Polifke, W., Paschereit, C. O., and Sattelmayer, T., "A Universally Applicable Stability Criterion Complex Termo-Acoustic Systems," VDI-Berichte, 1997, pp.455-460.

[3] Schuermans, B., Polifke, W., and Paschereit, C. O., "Prediction of Acoustic Pressure Spectra in Gas Turbines Based on Measured Transfer Matrices," ASME Turbo Expo'00, Munich, Germany, May 2000.

[4] Lang, W., Poinsot, T., and Candel, S., "Active Control of Combustion Instability," Combustion and Flame, Vol.70, 1987, pp.281-289.

[5] Paschereit, C. O., Schuermans, B., Polifke, W., and Mattson, O., "Measurement of Transfer Matrices and Source Terms of Premixed Flames," ASME Turbo Expo'99, Indianapolis, IN, June 1999.

[6] Paschereit, C. O., and Polifke, W., "Investigation of the Thermoacoustic Characteristics of a Lean Premixed Gas Turbine Burner," ASME Turbo Expo'98, Paper 98-GT-582, June 1998.

[7] Schuermans, B. B. H., Polifke, W., Paschereit, C. O., and van der Linden, J., "Prediction of Acoustic Pressure Spectra in Combustion Systems Using Swirl Stabilized Gas Turbine Burners," ASME Turbo Expo'00, Munich, Germany, May 2000.

［8］Cremer, L., "The Second Annual Fairy Lecture: The Treatment of Fans as Black Boxes," Journal of Sound and Vibration, Vol.16, 1971, pp.1-15.

［9］Bodén, H., and Åbom, M., "Modelling of Fluid Machines as Sources of Sound in Duct and Pipe Systems," Acta Acustica, 1995, pp.549-560.

［10］Lavrentjec, J., and Åbom, M., "Characterization of Fluid Machines as Acoustic Multiport Sources," Journal of Sound and Vibration, Vol.197, 1996, pp.1-16.

［11］Paschereit, C. O., Gutmark, E., and Weisenstein, W., "Excitation of Thermoacoustic Instabilities by the Interaction of Acoustics and Unstable Swirling Flow," AIAA Journal, Vol.38, 2000, pp.1025-1034.

［12］Polifke, W., Poncet, A., Paschereit, C. O., and Dobbeling, K., "Reconstruction of Acoustic Transfer Matrices by Instationary Computational Fluid Dynamics," Journal of Sound and Vibration, Vol.245, 2001, pp.483-510.

［13］Flohr, P., Paschereit, C. O., and van Roon, B., "Using CFD for Time-Delay Modeling of Premix Flames," ASME Turbo Expo'01, New Orleans, LA, June 2001.

［14］Polifke, W., Flohr, P., and Brandt, M., "Modeling of Inhomogeneously Premixed Combustion with an Extended TFC Model," ASME Turbo Expo'00, Munich, Germany, May 2000.

［15］Flohr, P., and Paschereit, C. O., "Mixing Prediction in Premix Burners Using Industrial LES Tools," Symposium on Computational Modeling of Industrial Combustion Systems, ASME International Mechanical Engineering Congress and Exposition, New Orleans, LA, Nov. 2002.

［16］Dowling, A. P., "The Calculation of Thermoacoustic Oscillations," Journal of Sound and Vibration, Vol.180, 1995, pp.557-581.

［17］Pankiewitz, C., and Sattelmayer, T., "Time Domain Simulation of Combustion Instabilities in Annular Combustors," ASME Turbo Expo'02, GT-2002-30063, Amsterdam, The Netherlands, June 2002.

［18］Schuermans, B., and Paschereit, C. O., "Investigation of Thermoacoustic Oscillations in Combustion Systems using an Acoustic Network Model," Acoustics of Combustion; EUROTHERM Seminar No.67, Univ. of Twente, Enschede, The Netherlands, July 2000.

［19］Zhou, K., and Doyle, C., Essentials of Robust Control, Prentice-Hall, Upper Saddle River, NJ, 1998.

［20］Culick, F., "Combustor Dynamics: Fundamentals, Acoustics and Control," Active Control of Engine Dynamics, Von Karman Institute for Fluid Dynamics, Rhode-Saint-Genese, Belgium, RTO-EN-20, May 2001.

［21］Annaswamy, A., Fleifil, M., Rumsey, J., Prasanth, R., Hathout, J., and Ghoniem, A., "Thermoacoustic Instability: Modelbased Optimal Control Design and Experimental Validation," IEEE Transactions Control Systems Technology, Vol.8, No.6, 2000.

［22］LMS International, "SYSNOISE Revision 5.4 documentation, Version 1.0," LMS International, Leuven, Belgium, May 1999.

[23] Evesque, S., and Polifke, W., "Low−Order Acoustic Modelling for Annular Combustors: Validation and Inclusion of Modal Coupling," ASME Turbo Expo'02, No.GT−2002−30064, Amsterdam, The Netherlands, June 2002.

[24] Rienstra, S., and Hirschberg, A., "An Introduction to Acoustics," Report IWDE.99−02, TU Eindhoven, 1999.

[25] Schuermans, B., Paschereit, C. O., and Polifke, W., "Modeling Transfer Matrices of Premixed Flames," ASME Turbo Expo'99, Indianapolis, IN, June 1999.

[26] Polifke, W., Kopitz, J., and Serbanovic, A., "Impact of the Fuel Time Lag Distribution in Elliptical Premix Nozzles on Combustion Stability," 7th AIAA/CEAS Aeroacoustics Conference, Maastricht, The Netherlands, May 2001.

[27] Bellucci, V., Paschereit, C. O., Flohr, P., and Schuermans, B., "Thermoacoustic Simulation of Lean Premixed Flames Using an Enhanced Time−Lag Model," 31th AIAA Fluid Dynamics Conference (Aeroacoustics Section), Anaheim, CA, June 2001.

[28] Tijdeman, H., "On the Propagation of Sound Waves in Cylindrical Ducts," Journal of Sound and Vibration, Vol.39, 1975, pp.1−33.

[29] Bellucci, V., Schuermans, B., Nowak, D., Flohr, P., and Paschereit, C. O., "Thermoacoustic Modeling of a Gas Turbine Combustor Equipped with Acoustic Dampers," ASME Turbo Expo'04, No.2004−GT−53977, Vienna, Austria, June 2004.

第16章 燃烧不稳定性的试验诊断

Jong Guen Lee and Domenic A. Santavicca
（Pennsylvania State University，University Park，Pennsylvania）

16.1 引言

不稳定燃烧问题一直是制约航空发动机和燃气轮机燃烧室发展和地面发电应用的关键问题[1-2]。在很大程度上，不稳定燃烧是预混燃烧室增加使用的结果，与非预混燃烧室相比，预混燃烧室本身更容易发生不稳定燃烧。要开发能够在整个运行范围内稳定运行的燃烧室，必须从本质上了解触发和维持不稳定燃烧的机制，以及它们在不同运行条件下的相对重要性。

不稳定燃烧是指处于或接近燃烧室声学频率的自维持燃烧振荡，是释热率脉动与压力脉动闭环耦合的结果。众所周知，释热率脉动会导致压力脉动[1-6]，但压力脉动导致释热率脉动的机制却不为人所知。一般认为，火焰—涡相互作用[7-8]、供给—系统耦合[9-13]和喷雾—流动相互作用[2]是最重要的燃气轮机不稳定性激励机制。

火焰—涡相互作用是指火焰锋面与燃烧室入口处周期性脱落的涡之间的相互作用，当涡穿过火焰锋面时，火焰被涡拉伸。取决于火焰拉伸率和局部当量比，这种相互作用可以增加火焰面积，从而增加释热率，也可以导致局部猝熄，从而减少释热率。

供给—系统耦合是指由燃烧室和燃料供给系统内压力脉动引起的燃料流量调节。这种调节导致脉动的燃料浓度对流到火焰锋面，进而产生释热率脉动。如果燃料脉动与压力脉动到达火焰锋面相位相同，则由此产生的释热率脉动会加剧振荡；反之，如果燃料脉动与压力脉动到达火焰锋面时相位相反，则由此产生的释热率脉动会减弱振荡。

喷雾—流动相互作用是指引起不稳定燃烧的几种现象，包括液滴雾化和液滴蒸发的振荡、喷雾—涡相互作用，任何这些现象都可能导致燃料浓度和／或燃料分布的变化，从而引起释热率的脉动。

为了理解不稳定燃烧过程中火焰—涡相互作用、供给—系统耦合和喷雾—流动相互作用的机制及其相对重要性，必须通过测量来表征机制和由此产生的不稳定性，还有两者之间的相互关系。其中特别重要的是压力、释热、燃料浓度和火焰结构的脉动测量。本章将讨论几种用于此类测量的诊断技术。大多数技术需要光学窗口，因此仅限于在实验室规模的燃烧室或可带有光学窗口的全尺寸单喷嘴燃烧室测试台架中使用。本文旨在讨论这些技术在燃烧不稳定性研究中的应用，特别是展示如何使用这些技术来加深对气体和液体燃料燃烧室中不稳定燃烧机理的了解。到目前为止，这些技术主要被用于对极限循环条件下不稳定燃烧的机理研究，很少有研究涉及从稳定燃烧到不稳定燃烧过渡状态的机理。

16.2 压力测量

探测和表征不稳定燃烧的方法有很多种，燃烧室中最基本的测量是动态压力，这种测量通常使用具有高频响应（高达250kHz）和水冷的压电压力传感器，压力脉动的幅度、相位和频率，以及各种统计特性[14-15]可以通过测量燃烧室压力随时间变化来确定。

图16-1（a）展示了在实验室尺度的贫燃预混燃烧室中纵向模态不稳定性的典型压力变化，图16-1（b）给出了相应的频率谱。这种特别的不稳定性表现为：峰—峰值的压力脉动约为2psi，频率为360Hz，而在二次和三次谐波（720Hz和1080Hz）时的压力脉动较弱。对这些测量的合理解释需要了解不稳定性的模态，这种模态决定了压力振荡的波节和波腹的位置。不稳定性模态可以通过测量燃烧室几个位置的压力来确定[16]，例如，识别和表征一个纵向模态至少需要三个位于燃烧室长度方向的传感器，即在入口、出口和中间。为了识别横向或周向模态，有必要将多个传感器布置在特定的周向位置。

有时可用于识别模态的更简单的方法是估计不同模态的声学频率，由燃烧室中的声速除以燃烧室的相应尺寸得到，并与测量频率进行比较。如果不同模态的声学频率被很好地分解，通常可以将测量的频率与特定模态的频率相匹配，从而识别不稳定性模态。

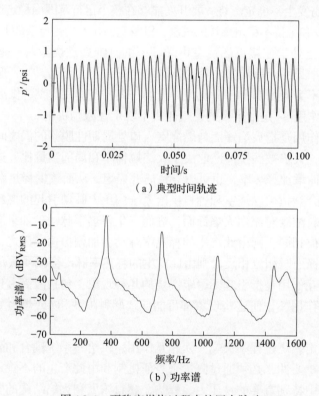

（a）典型时间轨迹

（b）功率谱

图16-1　不稳定燃烧过程中的压力脉动

为了精确测量燃烧室压力脉动，压力传感器应该安装在与燃烧室内壁齐平的位置。在某些燃烧室中，燃烧室的设计无法实现这种情况，或者可能担心将传感器暴露在燃烧高温下。在这种情况下，有必要在传感器和燃烧室之间设置一个圆柱形缩进通道，进行凹槽安装使传感器和燃烧室隔离。当用这种方式安装压力传感器时，考虑通道的声学特性很重要，因为它们可以改变被测压力信号的幅值和相位[16]。在进行压力测量时，另一个需要考虑的问题是，火焰和压力波之间的相互作用会在火焰附近形成一个三维声场。在某些情况下，经常测量的燃烧室壁面压力的幅值和相位可能与火焰处压力相差20%之多[17-18]。

燃烧室压力测量经常与其他测量相结合以表征不稳定燃烧，后续章节将给出这些测量的实例。当燃烧室压力测量与其他测量相结合时，非常重要的一点是需要其他测量与压力振荡测量的相位同步，在这种情况下，通常需要对压力信号进行电子滤波以消除压力信号中的高次谐波和噪声。当使用电子滤波器时，必须考虑滤波器引入的相位延迟，以正确同步两个测量。

除了测量燃烧室的压力脉动外，同时测量喷嘴和燃料管路中的压力脉动是有用的。这些脉动会导致燃料流量的脉动，前面已讨论过这种现象，称为供给—系统耦合[9-13]。这些测量结果为评估供给—系统耦合作为激励或抑制不稳定性机制的作用提供了有价值的信息。当试图改进喷嘴或燃料系统的几何形状，以改变当量比和释热率脉动的相对相位来抑制不稳定性时，这些测量也具有一定指导意义。该方法已在单喷嘴研究型燃烧室[19]和配备单个工业喷嘴的燃烧室[20]中得到成功验证，这导致压力振荡的衰减和不稳定性范围的转变。例如，图 16-2 展示了两种不同几何结构的燃料管道的燃烧室压力脉动 p_c 和燃料管道压力脉动 p_f 的相位差与当量比的关系[20]。在这种情况下，几何形状的变化涉及改变燃料喷嘴和上游壅塞孔之间的燃料管道的长度。该燃烧室稳定性特性的相应变化如图 16-3 所示，结果表明，不稳定燃烧的范围已向更高的当量比偏移。比较图 16-2 和图 16-3 可以

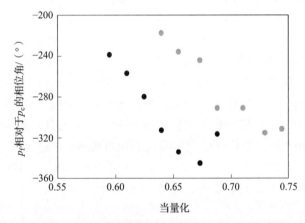

图 16-2　燃料管路压力（p_f）和燃烧室压力（p_c）脉动的相位差与当量比之间的关系（●表示原长度燃料管道，●表示加长燃料管道）

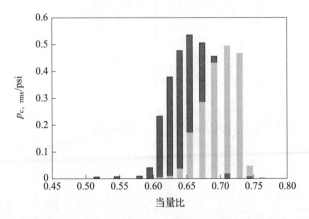

图 16-3　燃烧室压力的均方根脉动与当量比的关系（■表示原长度燃料管道，▨表示加长燃料管道）

发现，对于两种燃料管道几何结构，不稳定性强度随着燃料管道和燃烧室压力脉动的相位差变化（从 $-250°$ 到 $-300°$）而增加，这表明了供给—系统耦合的重要性，并提出了抑制这种不稳定性的策略。

16.3　化学发光测量

第二种测量方法是自然发生的火焰化学发光的测量，它被证明对表征不稳定燃烧非常有用。化学发光是通过化学反应形成的电子激发态组分的辐射发射[21-22]。化学发光的发射强度与电子激发态组分的浓度直接相关，是由产生激发组分的化学反应与碰撞猝灭反应之间的竞争来决定。正如后文所述，贫燃预混碳氢化合物火焰的化学发光强度已经显示可作为释热率的指标，因此，该技术已广泛应用于测量贫燃预混燃烧室在稳定和不稳定运行条件下的局部和总体释热率。

贫燃碳氢火焰中最强的化学发光来自 CH^*、OH^* 和 CO_2^*（星号表示激发态的组分），然而，在富燃碳氢火焰中，最强的化学发光来自 C_2^*。图 16-4 显示了测量的化学发光光谱，图 16-5 显示了实验室尺度带光学窗口的贫燃预混燃烧室[23]，该燃烧室的运行条件为：当量比为 0.8 的天然气，压力 100kPa，入口温度 400℃。如图 16-4 所示，CH^*（431nm）和 OH^*（309nm）的化学发光间隔明显不同，且波长相对较窄，而 CO_2^* 的化学发光位于宽波长范围（350～600nm），并与 CH^* 和 OH^* 化学发光光谱重叠。对于诊断应用，在选择 CH^*、OH^* 和 CO_2^* 化学发光时需要牢记几点。首先，可以使用一个宽带滤波器，例如，$\Delta\lambda=100～200nm$，测量的 CO_2^* 化学发光信号强度显著高于 OH^* 和 CH^*。其次，为了探测 OH^* 化学发光，发生在 350nm 以下，必须使用紫外光学元件。最后，想要在 OH^* 或 CH^* 化学发光测量中消除 CO_2^* 化学发光的影响，需要独立测量 CO_2^* 化学发光作为参考背景。大多数已经报告的 OH^* 和 CH^* 化学发光测量中还未实现对 CO_2^* 化学发光背景的独立测量，因此，这些测量中包含了 CO_2^* 化学发光的相当贡献。

贫燃预混火焰化学发光测量已经在许多研究中被用来指示反应区的位置，并用于推断局部和总体的释热率[24-40]。这种测量的基本原理通常是基于这样的试验观察：当量比一

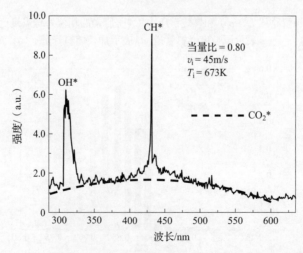

图 16-4　在入口温度为 673K、当量比为 0.8、100kPa 的天然气条件下，贫燃预混燃烧室的化学发光光谱

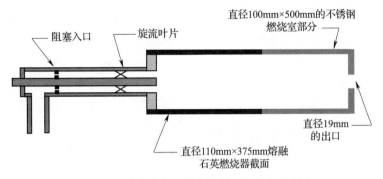

图 16-5　带光学窗口的贫燃预混燃烧室示意图

定时，整个火焰的化学发光强度（即总体化学发光）随燃料流量线性增加，而其斜率随当量比的增加而增大[24-28]。图 16-6 展示了在入口温度为 650K、压力为 100kPa 的条件下，在 0.45～0.70 之间的固定当量比范围内，天然气贫燃预混燃烧室的总体 CO_2^* 化学发光与燃料流量的关系。这些结果是在图 16-5 所示的实验室尺度的带光学窗口的贫燃预混燃烧室中得到的。CO_2^* 化学发光是通过将整个火焰成像到光电倍增管上来探测的，该光电倍增管前放置了透射波长为 325～650nm 的玻璃滤片（BG-40）。图 16-6 所示的结果表明总体化学发光强度是燃料流量（即总体释热率）和当量比的函数（对于使用总体化学发光发射强度来衡量不稳定燃烧期间的总体释热率，这一观察结果具有重要意义）。图 16-7 更清楚地展示了当量比对整个化学发光的影响，这是在恒定入口温度 650K 和恒定入口速度 67m/s 的情况下，除以燃料流量的总体化学发光强度与当量比的曲线图。这些测量是在前述的相同燃烧室中进行的，结果表明，在贫燃条件下，总体化学发光随当量比呈指数增长，这可以归因于 CO_2^* 生成反应速率的指数温度依赖性[41]。

　　事实上，影响着化学发光强度的是火焰温度，而不是当量比本身，这可通过总体化学发光随着当量比或入口温度增加而增加这一试验观察来证明[23-41]。在相同燃烧室中的总体 OH^* 化学发光和 CH^* 化学发光的测量结果，也显示了对燃料流量的线性依赖和对

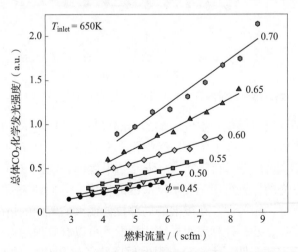

图 16-6　在 100kPa、入口温度 650K 的天然气条件下，贫燃预混燃烧室中
总体 CO_2 化学发光强度与燃料流量的关系

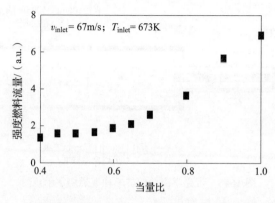

图 16-7　除以燃料流量的总体 CO_2 化学发光强度与当量比的关系

当量比的指数依赖[23]。在这些测量中，OH^* 化学发光是通过一个半峰全宽（FWHM）为 10nm、中心波长为 307nm 的带通滤波器来探测的；CH^* 化学发光是通过使用 FWHM 为 10nm、中心波长为 430nm 的带通滤波器来探测的。

　　除了燃料流量和当量比的影响外，有研究表明湍流降低了总体化学发光的强度[24,27]。在前述的相同贫燃预混燃烧室（见图 16-5）进行的试验中，没有观察到这种影响，结果如图 16-8 所示，在入口温度为 650K、压力为 100kPa 的当量比下，除以燃料流量的总体 CO_2^* 化学发光强度和燃烧室入口速度的曲线图。如图 16-7 所示，入口速度增加了 2 倍，相应的雷诺数从 9000 变化到 18000，而总体化学发光强度没有明显下降。

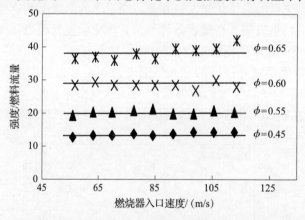

图 16-8　除以燃料流量的总体 CO_2 化学发光强度与燃烧室入口速度的关系

　　为了研究贫燃预混层流甲烷—空气火焰的局部释热率（HR_{local}）（即单位火焰面积释热率）与局部化学发光（I_{local}）（即单位火焰面积化学发光速率）之间的关系，我们进行了包括详细化学动力学计算的一些研究[41-44]。研究结果表明，CH^*、OH^* 和 CO_2^* 发生在反应区内，显示了化学发光的位置可用于表示反应区的位置。它们还表明了 OH^* 和 CO_2^* 的化学发光和局部释热率存在相关性。在极端的局部拉伸或火焰弯曲的情况下，这两种结果会出现例外，例如，在尖点处，计算表明局部化学发光可以有效地趋近于零而不会导致火焰的局部熄灭。这些研究还表明，大部分燃料的反应路径包含 CO_2^* 的形成，表明了 CO_2^* 化学发光应该是一个很好的释热率标识物。最后，研究表明，局部释热率和局部化学发光受

到非定常拉伸和火焰弯曲的影响，而且随温度指数级增加，导致局部化学发光发射与局部释热率呈幂律关系，即

$$I_{\text{local}} \propto (\text{HR}_{\text{local}})^{\alpha} \tag{16-1}$$

式中，指数 α 是一个正数，其值取决于火焰温度（由当量比、未燃气体温度、稀释和辐射损失决定）、非定常拉伸和火焰弯曲的影响[41]。

为了确定总体化学发光（I_{overall}）与总体释热率（$\text{HR}_{\text{overall}}$）之间的关系，需要在火焰面积上对局部值进行积分，即

$$I_{\text{overall}} = \int_A I_{\text{local}} \mathrm{d}A_{\text{flame}} \quad \text{和} \quad \text{HR}_{\text{overall}} = \int_A \text{HR}_{\text{local}} \mathrm{d}A_{\text{flame}} \tag{16-2}$$

如果火焰温度，即当量比、未燃气体温度、稀释和辐射损失是恒定的，而拉伸和火焰弯曲的影响可以忽略或恒定，则火焰上的 I_{local}、HR_{local} 和 α 是恒定的。这些定常数值则导致总体化学发光与总体释热率成正比，即

$$I_{\text{overall}} = C\text{HR}_{\text{overall}} \tag{16-3}$$

式中，常数 C 依赖于火焰温度（即当量比、未燃烧气体温度、稀释和辐射损失），以及拉伸和弯曲的影响。该结果和图 16-6 中的试验结果是一致的，显示了对于固定的当量比和入口温度，总体化学发光随燃料流量（即总体释热率）线性增加，而其斜率取决于当量比。类似地，如图 16-7 所示，除以燃料流量的总体化学发光随当量比呈指数增长，该结果与详细的化学动力学计算预测一致。最后，非定常拉伸和火焰弯曲会影响局部化学发光，这与湍流可以降低总体化学发光的观测结果是一致的。

如果当量比和/或拉伸与弯曲的影响在火焰表面是变化的，那么总体化学发光与总体释热率之间的关系更为复杂。例如，在部分预混湍流火焰中，当火焰表面上的当量比不恒定，就会出现更复杂的关系。在这种情况下，局部化学发光与局部释热率的关系式中的指数 α 随火焰表面位置的变化而变化，这反过来又影响了总体化学发光与总体释热率的关系。在某种程度上，这种变化很可能被平均化，从而总体化学发光和总体释热率之间的关系可以用平均当量比来表示，图 16-9 的数据支持这一结论，这是在固定的总体当量比下，总量 CO_2^* 化学发光与一个参数（称为预混百分比）的曲线图[23]。

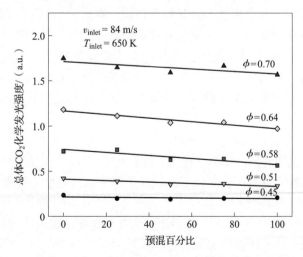

图 16-9　燃料—空气不完全混合对 CO_2^* 总体化学发光强度的影响

这些测量是在图 16-5 所示的燃烧室中进行的，条件是压力为 100kPa，入口温度为 650K，入口速度为 84m/s。在 100% 预混的情况下，燃料和空气完全混合；然而，在"0% 预混"的情况下，环形混合段的当量比存在着梯度，例如，在总体当量比为 0.6 时，该梯度从 0.3 变化到 0.9（注意，燃料分布的测量是冷流非燃烧状况下的混合段出口进行的）。不完全混合会增加总体化学发光，这与化学发光对当量比的指数依赖性有关；然而，这种不完全混合的影响很小，即从 100% 预混到 0% 预混只有 10% 的增长。

另一个影响总体化学发光和总体释热率的因素是火焰面积。任何引起火焰面积变化的因素，如火焰—涡相互作用，会导致总体化学发光和总体释热率的变化。只要火焰温度、拉伸和弯曲的影响是恒定的，则火焰面积的变化不会改变总体化学发光与总体释热率之间的关系。换句话说，随着火焰面积的变化，总体化学发光和总体释热率均随面积变化成比例变化。另一方面，当火焰面积改变，如果拉伸和 / 或弯曲的影响随着火焰表面而变化，正如在火焰—涡相互作用中表现的那样，总体化学发光和总体释热率之间的关系可能会随着火焰面积变化而变化。

一般来说，详细的化学动力学研究结果支持在贫燃预混燃烧中使用化学发光发作为局部和总体释热率的度量，但研究也清楚地表明，应该谨慎解释得到的测量结果。（已提出的另一种定量测量释热率的技术是 HCO 荧光测量[43-44]，此技术将在 16.5 节中讨论）

在贫燃预混燃烧室的不稳定燃烧研究中，化学发光已经被众多研究者用来描述总体释热率瞬时脉动[12, 20, 30-31, 35, 38-40]和局部释热率的空间分布[7, 12, 20, 30-32, 34-35, 37, 39]。正如前面的讨论表明，在解释这些测量结果时必须小心。例如，在进行总体化学发光测量时，重要的是要认识到燃料流量的变化和当量比的变化独立影响总体化学发光，而只有燃料流量的变化才会影响总体释热率。这一点可以通过考虑两个燃烧室来说明，这两个燃烧室的入口当量比由于不同的原因而脉动。在第一种情况下，当量比脉动是空气流量脉动的结果，而燃料流量是恒定的。在这种情况下，总体化学发光会发生脉动，但总体释热率保持恒定（这里不要混淆局部释热率，即局部火焰速度，随局部当量比的变化。这种差异可以通过火焰面积的变化来弥补，这样总释热率就保持不变）。在第二种情况下，当量比脉动是燃料流量脉动的结果，而空气流量是恒定的，在这种情况下，总体化学发光会发生脉动，这部分由当量比脉动造成，部分由燃料流量脉动造成。在这种情况下，仅依赖于化学发光脉动会导致高估总体释热率脉动。唯一能将总体化学发光脉动单独归因于总体释热率脉动的情形是当量比恒定。一般来说，这种情况只能在实验室燃烧室中实现，而在实际燃烧室中，可能会出现某种程度的供给—系统耦合，从而导致当量比脉动。这种情况下测量总体化学发光脉动而不同时测量当量比脉动，可能会得到总体释热率脉动的振幅和相位的错误信息。

当使用化学发光作为局部释热率的度量时，还需要考虑其他问题。最直接的考虑是，化学发光测量是一种视线测量，即测量视线上的总发光积分。可以通过使用景深极短的光学装置显著降低这种影响；然而，这种降低是以显著降低信号强度为代价的[37]。如果火焰是轴对称的，另一种方法是使用反卷积技术，从视线化学发光图像中重建二维（2D）发光场（这种方法将在本节稍后部分进行讨论和说明）。重要的是要认识到，通过这种方式获得的二维化学发光图像实际上并不代表局部化学发光强度，即火焰厚度的尺度。由于化学发光测量的视线性质，二维化学发光的结果是三维（3D）火焰发光的积分。也就是说，在二维化学

发光图像（I_{2D}）中显示的化学发光强度代表着局部化学发光和局部火焰面积的乘积，即

$$I_{2D} = I_{local} \cdot \bar{A}_{local} \qquad (16-4)$$

式中，$\bar{A}_{local}$ 是由视线测量的分辨率所定义体积内的火焰面积。

同样地，可以定义二维释热率（HR_{2D}），它表示局部释热率与局部火焰面积的乘积，即 $HR_{2D} = HR_{local} \cdot \bar{A}_{local}$。我们感兴趣的是二维化学发光与二维释热率之间的关系。使用上述方程可得出 $I_{2D} = (I_{local}/HR_{local}) HR_{2D}$。利用前面讨论的局部化学发光与局部释热率之间的幂律关系，得到如下关系

$$I_{2D} = (HR_{local})^{\alpha-1} \cdot HR_{2D} = C_{2D} \cdot HR_{2D} \qquad (16-5)$$

式中，C_{2D} 取决于局部火焰温度和任何影响火焰温度的因素。因此，二维化学发光图像所示的化学发光强度代表了二维释热率；然而，由于火焰温度和任何影响火焰温度因素的变化，它也可以独立于释热率而变化。与总体化学发光测量一样，最可能的问题是，在部分预混火焰中，局部当量比变化可能导致对局部释热率的不准确估计。

测量不稳定燃烧过程中的总体释热脉动的一个示例见图 16-5 所示的可视化贫燃预混燃烧室，结果如图 16-10（a）所示的 CO_2^* 化学发光，同步测量的压力脉动如图 16-10（b）所示。如图 16-10（a）所示，通过前述的适当带通滤波器将整个火焰成像到光电倍增管上，可以测量总体 CO_2^* 化学发光。在进行这种测量时，必须小心收集整个火焰的化学发光，以准确指示总释热率，并避免由于火焰在拍摄视场内外移动而引起的错误脉动。同步测量如图 16-10（a）和 16-10（b）所示的总体释热率和压力，用来确定与系统总体耗散和增益特性相关的释热和压力脉动之间的相位差[3]。这样的测量也提供了火焰热量释放对压力脉动的响应信息。例如，图 16-11 展示了在不稳定燃烧过程中，由平均总释热量（用 CO_2^* 化学发光测量）归一化得到的总体释热脉动均方根与燃烧室压力脉动均方根的关系图。这些测量是在一个带光学视窗的单喷嘴试验台进行的，试验台配备了全尺寸工业燃料喷嘴（solar turbine centaur 50），运行工况为天然气入口温度 660K、压力 110kPa、入口速度范围 75 ~ 100m/s，以及当量比范围 0.575 ~ 0.70。这一结果表明，归一化的释热脉动随压力脉动的增大呈线性增加，直至达到高压力脉动的饱和状态，这说明不稳定燃烧过程中压力与释热脉动之间存在非线性关系[45-46]。对贫燃预混火焰对压力脉动的非线性响应的更全面评估可以从声强迫激励响应研究中得到：在强迫激励响应研究中，测量了在一定频率和振幅范围内由外部施加的压力脉动引起的释热率脉动的振幅和相对相位[40]。

化学发光也可以通过使用增强电荷耦合装置（CCD）相机来记录，以获得不稳定燃烧时火焰结构的图像，图像代表火焰释热的空间分布。图 16-12（a）给出了这种测量的一个示例，展示了实验室尺度的天然气燃料贫燃预混突扩式燃烧室（见图 16-5）中火焰的 CO_2^* 化学发光图像，图像上方的灰度表示化学发光强度的量级。与化学发光图像叠加的线图表示中心体、突扩平面以及图像在 110mm 直径石英燃烧室内的位置。这幅图以及随后所有化学发光图像中的流动方向是从左到右。对于这种测量，图像采集与压力振荡相位同步，取 30 张相同相位角的单独图像进行平均，得到如图 16-12（a）所示的相平均图像，该图像记录了化学视线积分的发光强度，因此并没有揭示火焰的截面结构。如果假定火焰是轴对称的，可以使用反卷积的方法来重建二维火焰结构，包括"剥洋葱"（onion-peeling）法、Abel 变换法以及滤波反投影法[47]。对图 16-12（a）所示的视线图像进行了

Abel 反卷积处理，得到的图像如图 16-12（b）所示，揭示了在原始视线图像中不明显的火焰二维结构。

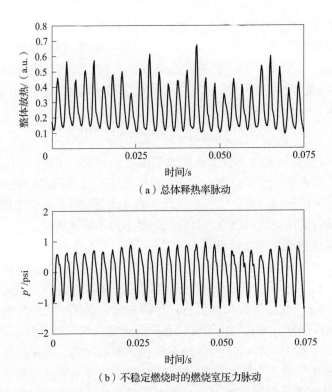

（a）总体释热率脉动

（b）不稳定燃烧时的燃烧室压力脉动

图 16-10　不稳定燃烧时燃烧室压力脉动和总体释热率脉动对的同步测量

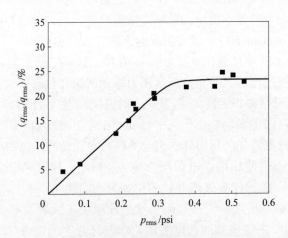

图 16-11　不同不稳定运行工况下贫燃预混燃烧室中，平均释热归一化后的均方根
释热率脉动与均方根压力脉动的关系

反卷积处理的一个基本假设是图像是轴对称的。由于图 16-12（a）中的视线图像不是完全轴对称的，因此在应用 Abel 反演之前要对图像的上下半部分进行平均，以创建一个轴对称图像。这种重建轴对称视线图像的过程通常是必要的，而且必须小心处理重建后的图像。如果视线观测的图像大致沿轴线对称，那么从重建的二维图像中得到的信息通常

能够抵消基于轴对称近似带来不确定性。遗憾的是，没有办法量化这种权衡，因此，必须始终小心地解释重建的二维图像。

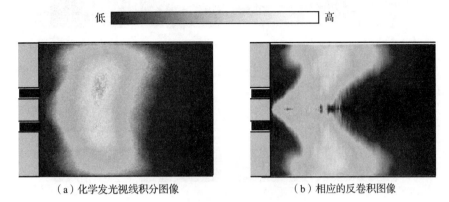

低　　　　　　　　　　　　　　　　　　　　高

（a）化学发光视线积分图像　　　　　　　（b）相应的反卷积图像

图 16-12　火焰化学自发光图像的处理

图 16-13 展示了之前提到的实验室尺度的贫燃预混突扩燃烧室中，在一个 235Hz 的不稳定周期内记录的 12 个相平均二维 CO_2^* 化学发光图像组成的序列，相位角增量为 30°。此时燃烧室工作在 100kPa 下，入口温度为 673K，入口流速为 45m/s，当量比为 0.45。此外，如图 16-5 所示，燃烧室出口不受限制；因此，与前面给出的结果相比，失稳频率发生了明显的变化。需要注意的是，由于重建图像是轴对称的，所以只展示火焰的上半部分。还要注意，每个图像左侧的线图说明了图像相对于燃烧室的位置。图 16-13 还包含一个周期内的突扩平面上测量的燃烧室压力—时间图，其中标记表示每幅图像被记录的时间。二维火焰结构图像序列揭示了火焰结构在燃烧振荡过程中的时间演化，并提供了燃烧振荡现象相关的理解。例如，图 16-13 中的图像展示了一个锚定在中心体上的火焰，它向外延伸到回流区，一直延伸到燃烧室壁面。在不稳定过程中，火焰的总体形状几乎保持不变，但火焰总体释热强度有明显变化，这表明最小释热发生在压力最小的时候，如图 16-9 ~图 16-11 所示。连接中心体和回流区之间的火焰也有周期性的断裂，这也发生在压力和总体释热处于最低水平时。

图 16-14（a）和图 16-14（b）所示的两个火焰结构图像序列分别对应同一贫燃预混燃烧室（见图 16-5），在相同运行条件下（T_{inlet}=623K，v_{inlet}=59m/s，p=100kPa，ϕ=0.58），但不同入口燃料分布对应的不稳定性。在图 16-14（a）中，燃料和空气在进入燃烧室之前已经完全混合，而在图 16-14（b）中，尽管总体当量比相同，但随混合段环形出口半径的增加，当量比增大。同样地，由于重建的图像是轴对称的，所以只展示图像的上半部分。在这两种情况下，振荡频率大约为 350Hz。图像与燃烧室入口压力振荡是相位同步的，且相位角增量是 24°，一个周期内有 15 幅图像，每幅图像均为在给定相位角下获取的 30 幅独立图像的平均值。两种情况都展示了火焰—涡相互作用，但相互作用的细节有明显的不同。图 16-14（a）中的火焰似乎被涡缠绕着，这导致火焰区域的拉伸和收缩，而图 16-14（b）中的火焰似乎被包含在涡中，整个反应区表现出周期性的熄灭和重新点火。

图 16-13 和图 16-14 所示的二维火焰结构图像揭示了一个不稳定周期内的火焰释热的位置和强度及其时间演变，将这些信息与测量的压力脉动相结合，就可以计算出瑞利指数分布 $R(x,y)$，可由下式给出

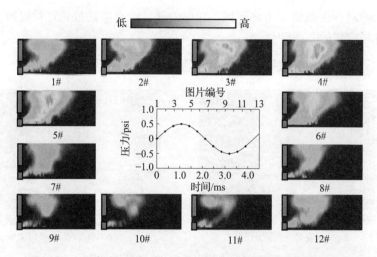

图 16-13　频率为 235Hz 的一个不稳定燃烧周期的火焰结构演化

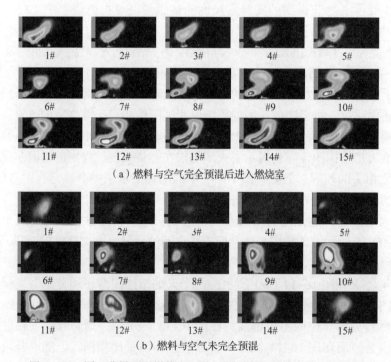

（a）燃料与空气完全预混后进入燃烧室

（b）燃料与空气未完全预混

图 16-14　同一贫燃预混燃烧室两种不同工况下在频率为 350Hz 的
一个不稳定燃烧周期内的火焰结构演变

$$R(x,y) = \frac{1}{T} \int_{\pi} p'(x,y,t) q'(x,y,t) \mathrm{d}t \qquad (16-6)$$

式中，$q'(x,y,t)$ 为由二维火焰结构图像确定的局部释热率脉动，$p'(x,y,t)$ 为局部压力脉动[7, 20, 30-32, 34-35, 38]。由于压力振荡波长往往远大于火焰长度，因此在这种情况下，可以假定压力在释热区域内是空间均匀的，所以压力只视为时间的函数。

　　瑞利指数衡量的是释热率脉动和压力脉动之间的相关性，因此，代表了二者耦合的强度。瑞利指数为正，表明释热和压力脉动是同相的。在这种情况下，释热率脉动放大了压力脉动；瑞利指数为负，表明释热率脉动与压力脉动是不同相的，此时释热率脉动起到了抑制压力脉动的作用。

图 16-14（a）和图 16-14（b）所示二维火焰结构图像对应的瑞利指数分布如图 16-15（a）和图 16-15（b）所示，其中灰色和白色分别代表瑞利指数的负和正。瑞利指数分布可以用来识别振荡被放大的位置，即正的瑞利指数区域，以及振荡被抑制的位置，即负的瑞利指数区域，有助于理解不稳定现象。图 16-15（a）展示了两个抑制区域，一个位于中心体后方的回流区，另一个位于下游的回流区；而较大的正瑞利指数区域位于抑制面与中心回流区之间的剪切层。图 16-15（b）展示了明显不同的瑞利指数分布：在抑制面回流区中心有很大的正瑞利指数区域，而在抑制面下游有较小的抑制区域。比较最小和最大瑞利指数的位置（即抑制和增益的位置）与火焰图像序列，有助于了解不稳定性现象的机理及其激励机制。

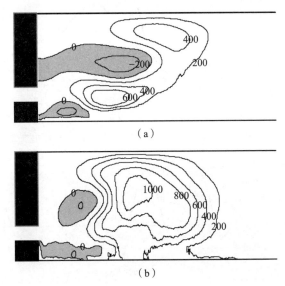

图 16-15　对应图 16-14（a）和图 16-14（b）所示的不稳定火焰的瑞利指数分布
（白色表示正瑞利指数；灰色表示负瑞利指数）

从化学发光测量得到的信息可用于利用二次燃料喷射调节来抑制不稳定燃烧以优化主动燃烧控制系统。例如，研究表明，如果燃料被喷射到瑞利指数分布中指示的最大耗散区域，则可以用较少的二次燃料实现对不稳定性的有效抑制[48]。化学发光成像也可用于确定采用二次燃料流动调节的主动燃烧控制系统的最佳延迟相位[48]。当二次燃料脉冲喷入燃烧室时，它能产生可探测化学发光改变，称为火焰响应，表示二次燃料到达火焰锋面并燃烧。用这个信号来表示二次燃料脉冲燃烧产生的释热，可以用下面的公式来计算所谓的火焰响应瑞利指数

$$火焰响应瑞利指数 = \frac{1}{T} \int_{t_0}^{t_0+T} p' q'_{二次} \mathrm{d}t \tag{16-7}$$

式中，T 为二次燃料流动调节周期，t_0 是压力信号为零时和二次燃料阀触发信号之间的时间延迟；p' 为测量的压力信号，$q'_{二次}$ 为火焰响应函数。一个火焰响应函数的例子如图 16-16（a）所示[48]，这里燃料二次喷射频率为压力脉动的次谐波，即二次燃料喷射频率是不稳定性频率的 1/4。如图 16-16（b）所示，火焰响应函数随压力振荡而变化。

图 16-16（b）还展示了二次燃料控制阀的控制信号，以及该信号与压力信号为零之间的延时。火焰响应瑞利指数是衡量二次燃料释热对不稳定性影响的指标。如果其值是正的，则二次燃料的作用是放大不稳定性，反之，负值表示它的作用是抑制不稳定性，其中最佳相位延迟对应的是最大抑制。对于图 16-16（b）所示的火焰响应函数和压力振荡，将其火焰响应瑞利指数作为延迟时间 t_0 的函数绘制在图 16-16（c）中。结果显示，压力振荡过零点与最大耗散的阀触发信号耗散之间的时间延迟约为 1.25ms，这与试验确定的最大程度上抑制这种不稳定性的延迟时间（大约为 1 ms）相当。

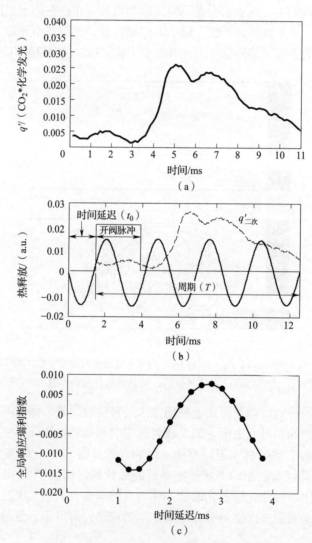

图 16-16 （a）火焰响应函数；（b）叠加在不稳定压力迹线上的火焰响应函数和
（c）火焰响应瑞利指数与时间延迟预测

16.4 红外吸收测量

激光吸收技术被用来测量气体浓度、温度、压力和速度等各种流场参数[12, 20, 49-61]。其基本技术包括将已知波长和强度的激光通过目标介质，测量由于特定原子或分子共振吸

收而引起的光的衰减，吸收过程由比尔 – 朗伯定律描述，即

$$\frac{I}{I_0} = 10^{-\int_0^l \varepsilon c \mathrm{d}x}$$

（16-8）

式中，I_0 为入射光强；I 为透射光强；ε 为十进制摩尔吸收系数 mol/cm^2；l 是吸收路径长度（cm）；c 是吸收组分的摩尔浓度（mol/cm^3）。由于吸收系数的变化，衰减还依赖于温度和压力。这种技术的主要局限性是它是一种视线测量，也就是说，测量的衰减是整个光束路径吸收的积分结果，因此，这是一种沿光束路径平均流场特性的度量。

　　燃烧动力学研究中最有价值的激光吸收测量技术是一种碳氢化合物燃料浓度的红外吸收测量，基于 $3.39\mu m$ 波长的红外 He-Ne 激光与碳氢分子的振动 – 转动能级跃迁的恰好匹配[49-51]。在这种情况下，吸收分子是稳定组分，因此，定量测量浓度的最简单方法是根据经验确定吸收系数的压力和温度的依赖性。甲烷的经验确定法实例如图 16-17（a）和图 16-17（b）所示。图 16-17（a）为归一化透射率（I/I_0）随温度变化的曲线；图 16-17（b）为在不同温度下，归一化透射率（I/I_0）随压力的变化情况[12]。这些测量是在已知条件下的均质甲烷 – 空气混合物的流动池中进行的。以 He-Ne 激光器（3mW）的 $3.39\mu m$ 输入作为光源，采用电致冷却砷化铟（InAs）探测器探测透射光。已知归一化透射率后，十进制摩尔吸收系数 ε 可由比尔 – 朗伯定律求得，即

$$\varepsilon = -\frac{1}{cl}\log_{10}\left(\frac{I}{I_0}\right)$$

（16-9）

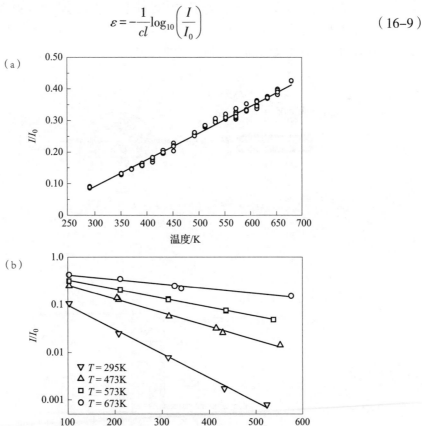

图 16-17　$3.39\mu m$ He-Ne 激光束通过均相甲烷—空气混合物的
归一化透射率（I/I_0）（a）温度与（b）压力的关系

利用图 16-17 所示的数据，可以得到甲烷的十进制摩尔吸收系数与压力和温度的函数关系[12]

$$s = 84737 \left(\frac{p_0}{p} \right) \left(\frac{T}{293K} \right) \left[C_1 + C_2 \left(\frac{p}{p_0} - 1 \right) \right] \tag{16-10}$$

其中

$$C_1 = -0.1131 + 1.1875(293K/T)$$
$$C_2 = 0.712 - 1.536\exp(-2.118 \times [293K/T])$$

红外吸收技术在燃烧不稳定性研究中的一个重要应用是测量由供给—系统耦合引起的当量比时间脉动。图 16-18 展示了单喷嘴试验台的红外吸收测量试验设置，其配备了以天然气为燃料的全尺寸、工业贫燃预混喷嘴（solar turbines centaur 50）[20]。如图 16-18 所示，3.39μm 的激光光束通过了喷嘴的环形混合段，位于燃烧室入口的上游。光束通过环形混合部分需要对喷嘴进行修改，以便为激光束提供两侧的光学通道。需要注意的是，红外光束的传输需要蓝宝石窗口。实际测量的是入射激光束的归一化透射率，即透射与入射激光功率的比值。为了将这个比值转换为当量比，需要对归一化透射率与总体当量比进行在线标定。这种标定包括在一定压力和温度下，且在不燃烧的情况下，对一定范围内的当量比进行测量。要在其他压力和温度下使用此标定，必须考虑之前讨论过的十进制摩尔吸收系数的压力和温度依赖性。此外，因为吸收测量实际上测量的是燃料浓度而不是当量比，所以必须考虑到密度会随压力和温度而变化。

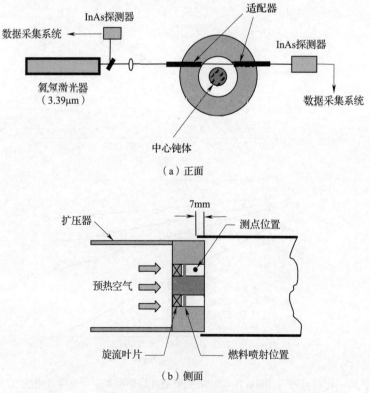

（a）正面

（b）侧面

图 16-18　使用红外吸收技术的当量比测量装置示意图

图 16-19（a）展示了用红外吸收技术测量的在图 16-18 所示燃烧室的一个 465Hz 不稳定性周期内的当量比随时间的变化情况。这里，燃烧室以天然气为燃料，压力为 110kPa，入口温度为 658K，入口速度为 100m/s。假设喷嘴内的混合物温度恒定，因此当将测量的透射率转换为当量比时，只考虑压力脉动。这一结果清楚地表明，供给—系统耦合在这种不稳定性中发挥了重要作用，导致当量比的峰—峰值脉动约为 ±0.05，平均值约为 0.65。图 16-19（d）给出了与这些脉动相对应的频谱。当量比脉动的主频为 465Hz，在高次谐波处出现较弱的振荡。图 16-19（b）和图 16-19（c）所示是对这种不稳定性的相位同步压力和释热测量，图 16-19（e）和图 16-19（f）展示了对应的频谱。尽管在二次谐波振荡的相对幅度上有显著的差异，但当量比、压力和释热率脉动的主频率显然是相同的，即 465Hz。最值得注意的是，当量比脉动的一次、二次谐波之间有 10dB 差异，以及释热率脉动的一次、二次谐波之间有 23dB 差异。这表明火焰是空间分布的，它的作用是平均当量比中的高频脉动。同样要注意的是，压力、当量比和释热率脉动对于这种不稳定性的相对量级分别是平均值的 3%、5% 和 23%。

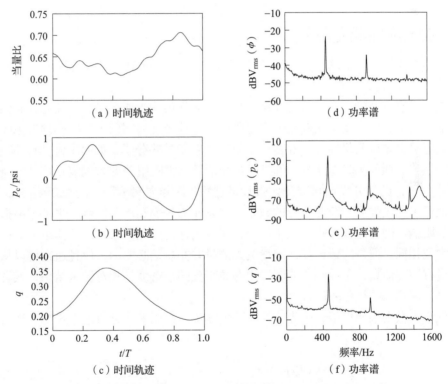

图 16-19　不稳定燃烧阶段一个周期 T 的当量比 ϕ、燃烧室压力 p_c 和释热 q 的
（a）~（c）时间轨迹，（d）~（f）功率谱

压力、释热和当量比脉动的同步测量可以用来确定这些过程之间的相位延迟或时间滞后。特别值得关注的是，当量比脉动和释热率脉动之间的时间滞后，因为它在评估供给—系统耦合的作用方面很重要。要估计供给—系统耦合产生的当量比脉动是否与释热率脉动同时到达火焰锋面，必须估算燃料喷射位置与火焰锋面之间的对流时间。对流时间估算中最困难的部分是燃料从燃烧室入口到燃料燃烧处的火焰锋面所需的时间。如图 16-19（a）

和图 16-19（c）所示，当量比和释热率脉动之间的相位延迟或时间延迟就是该量的直接测量。

3.39μm 的 He-Ne 激光吸收技术也已在光纤探针[52,57]和快速响应取样探针[59]中实现。这一方法的主要优点是可实现空间分辨测量，也就是说，空间分辨率在 1mm 的量级，这种探测器已成功地用于测量实验室尺度和商用单喷嘴贫燃预混燃烧室的燃料空间分布和当量比的脉动。

最后，需要注意的是，He-Ne 激光吸收技术可用于测量贫燃预混燃烧室中气体或液态碳氢燃料的浓度；然而，在使用液体燃料的燃烧室中，如果存在液滴，这项技术就不能应用。换句话说，所有的燃料都必须被汽化，否则由于液滴 Mie 散射而引起的激光束衰减将导致错误的结果，除非考虑到液滴散射光的影响[62]。红外 He-Ne 激光吸收技术也可应用于燃料在空间上分布不均匀的情形，例如，在非预混或部分预混燃烧室。然而，使用这种激光吸收技术需要在大量光束路径上进行吸收测量，并且需要使用层析成像重建技术[47,63]。如果流动稳定，这样的测量是复杂和耗时的；如果流动不稳定，这种测量是不切实际的。将在 16.5 中讨论的激光诱导荧光法是一种更佳测量燃料浓度空间分布的技术。

16.5　激光诱导荧光测量

激光诱导荧光技术的基本原理是利用激光辐射，通过激光吸收过程，选择性地将目标原子或分子组分激发到高电子状态[64]。激发之后紧接着是光子的自发辐射，即被激发的原子或分子衰变回到一个较低的能级，自发辐射称为荧光或激光诱导荧光，其强度与目标组分的数密度有关。要量化荧光强度与吸收组分数密度之间的关系，必须考虑吸收原子或分子的能级分布以及碰撞猝灭和再分布效应。对于某些分子，如 OH 和 CH，研究表明，通过选择适当的激发/探测方案，可使得荧光信号与吸收组分的浓度成正比[65]。相似地，对于某些分子，已经开发出可以测定温度的激发/探测方案[66]。对于稳定组分，可以通过简单地标定荧光强度与荧光组分的数密度关系作为温度和压力的函数来考虑碰撞猝灭和再分布的影响。因为碰撞猝灭取决于组分，所以当标定荧光测量时，总体组分应该与实际测量时大致相同。但是，请记住，定量荧光测量并非总是必要的，而且通常可以从定性测量中获得有用的信息，定性测量能够提供有关组分的数密度的相对测量结果，或者在某些情况下仅显示感兴趣组分的位置。

在低激光激发辐照度下，荧光信号 S_f（焦耳每平方厘米）可通过下式与荧光组分的摩尔分数 χ_{abs} 联系起来

$$S_f \propto (E/h\nu)\left(\chi_{abs}\frac{p}{T}\right)\sigma(\lambda,T)\phi(\lambda,p,T) \tag{16-11}$$

式中，E 为激光强度（J/cm^2）；h 为普朗克常数；ν 为激光频率；χ_{abs} 为荧光组分的摩尔浓度；$\sigma(\lambda,T)$ 为荧光组分的分子吸收截面；$\phi(\lambda,p,T)$ 为荧光量子产率。在该方程中，假设气体混合物组分对荧光率的影响是恒定的。在固定激发波长和等温、等压条件下，荧光信号仅与产生荧光组分的摩尔分数成正比。然而，在温度和压力变化的流动中，必须考虑能级分布、碰撞猝灭和重分布对吸收截面和荧光量子产率的影响，因此，如前所述，荧光信号必须考虑在内。

激光诱导荧光可实现具有亚毫米空间分辨率的点测量，或二维测量（也称为平面

激光诱导荧光（PLIF）测量）[67-68]。在点测量中，激光束通过球面透镜聚焦到一个小直径的光腰上，通过光阑使束腰成像到光电倍增管上以探测荧光信号。在进行二维测量时，激光束通过柱面和球面透镜的组合产生一个薄的激光片，通过 ICCD 相机来记录荧光信号。在这两种情况下，都使用适当的干涉滤波器来隔离和选择性地探测所需的荧光波长。气相荧光测量的荧光信号强度通常很低，需要使用高能脉冲激光器，这里根据荧光组分及其浓度，通常可以进行单脉冲测量。遗憾的是，高能脉冲激光器的脉冲频率相对较低，通常为 10 ~ 20Hz。因此，该技术不能实现荧光组分浓度的连续测量。一种特殊的情况是，针对于如不稳定燃烧的周期性现象，测量可以与不稳定性相位同步并重建周期性行为。

激光诱导荧光在燃烧动力学研究中的一个应用是对燃料—空气混合的表征。由于燃料—空气混合的时间和空间分布对燃烧室的稳定性特性都有重要的影响，所以燃料—空气混合的测量非常重要[32]。然而许多感兴趣的燃料并不适用于荧光测量，所以一种常见的方法是在燃料中添加少量的荧光种子，这里假定用荧光技术测量的发射荧光组分浓度可作为燃料浓度的指示，使用发射荧光组分的一个优点是它的浓度是可控的。此外，可以选择具有最佳物理和光谱性质的发射荧光组分，这使定量的当量比测量成为可能。众多组分已被用作燃料—空气混合研究的发射荧光组分，其详细的荧光特性信息可在参考文献 [69] ~ [74] 中找到。在选择用于表征混合的荧光种子时必须考虑几个因素，包括沸点、自燃温度、吸收和荧光特性、质量扩散系数、成本和毒性。

作为气体燃料，丙酮通常被用作发射荧光组分，这是由于其沸点低（1atm 下为 50℃）和蒸气压高（20℃时 184Torr），这使得其具有易撒布、组分密度高的特点。丙酮的光谱特征也是众所周知的，它的吸收波长范围很宽（225 ~ 320nm），最大吸收波长在 270 ~ 280nm，荧光发射波长为蓝色（350 ~ 550nm），荧光寿命短（$\tau \approx 4ns$），荧光效率为 0.2%[71-74]。

由于丙酮是一种稳定的分子，压力和温度对其吸收截面和荧光产率的影响根据经验来解释。图 16-20（a）和图 16-20（b）分别展示了在 266nm（即 Nd：YAG 激光器的 4 倍频输出）激发下丙酮荧光信号的温度和压力影响。每个坐标系画出两条曲线，实心圆表示实际测量值，实心正方形表示被修正为常数密度。测量是在丙酮体积分数固定在 1% 的流动池中进行的，因此压力和温度的变化会导致密度变化从而影响荧光信号。实际测量结果表明，荧光信号随温度升高而减弱，随压力升高而增强。然而，在校正密度变化后，荧光信号与压力无关，但随着温度升高而减弱。压力和温度对荧光信号的影响与它们对密度的影响无关，这一点对于正确理解荧光测量是至关重要的。不同激发波长的丙酮激光诱导荧光随温度和压力的变化可以在参考文献 [71] ~ [74] 中找到。

如图 16-21（a）所示，使用丙酮 PLIF 测量天然气燃料实验室尺度的突扩燃烧室的燃料分布[75]。这个特殊的燃烧室具有允许系统地改变燃料分布的独特能力，它被用于研究燃烧室入口燃料分布对燃烧稳定性和排放的影响。系统调节是通过在三个喷射位置（标注为图 16-21（a）中的（1）、（2）、（3））中的一个或多个喷射燃料来实现的。在丙酮荧光测量中，燃料被替换为添加了 0.5% 体积比丙酮的空气（测量过程中没有燃烧）。将空气预热到 100℃，用喷嘴将丙酮喷入空气中以确保丙酮完全汽化。还要注意的是，在喷射位置（2）和（3），模拟燃料的流量设为与实际燃料喷嘴的动量通量相匹配，以正确地模拟混合特性。

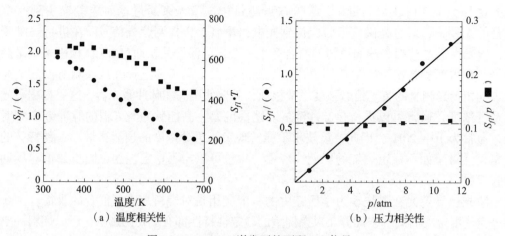

（a）温度相关性　　　　　　　　（b）压力相关性

图 16-20　266nm 激发下的丙酮 LIF 信号

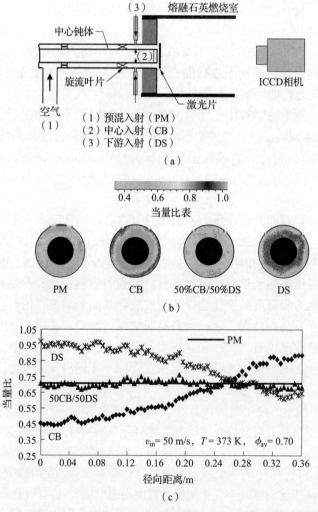

（a）

（b）

（c）

图 16-21　（a）可视化轴向突扩燃烧室侧视图和 PLIF 装置示意图；
（b）处理后的丙酮 PLIF 图像；（c）燃烧室入口环形混合段的当量比分布

激发源为脉冲 Nd：YAG 激光的 4 倍频（266nm）输出，脉冲能量为 40mJ/pulse，脉冲持续时间为 7ns。激光束被整形为 0.5mm 厚、40mm 高的薄片，该薄片位于穿过环形混合段出口的突扩平面下游约 1mm 处。荧光信号由位于燃烧室下游垂直于激光片的 ICCD 摄像机记录，对每张丙酮 PLIF 图像减法背景噪声和均匀场校正。此外，图像校正了脉冲间激光能量的脉动，图 16-21（b）展示了 4 种不同燃料分布的处理后的图像，其中只展示了整个环形混合段的燃料分布，并用灰度值表示当量比，这些结果是 30 张独立图像的平均值，代表了平均燃料分布。在所有情况下，总体当量比相同，即 0.7，此时燃烧室入口速度为 50m/s、入口温度为 373K、入口压力为 100kPa。在标记为 PM 的情形中，燃料和空气在燃烧室上游充分预混，在这种情况下，燃料被认为是完全均匀分布的。在标记为 CB 的情形中，所有的燃料都是通过中心体的孔注入，这些孔在位置（2）处突扩平面上游大约 25mm 的位置。此时，燃料贯穿到混合段外壁上，沿外壁出现富燃状态，沿中心体出现贫燃状态。在标记为 DS 的情形中，所有的燃料都是通过位置（3）、距离突扩平面上游约 25mm 处的混合段外壁上的孔注入的。在这种情况下，燃料贯穿到中心体，其结果是沿中心体呈富燃状态，沿混合段外壁呈贫燃状态。还需要注意，在图 16-21（b）所示的"DS"图像所展现的 6 叶旋流器对燃料分布影响。最后，在标记为 50%CB/50%DS 的情形中，一半燃料通过位于中心体位置（2）的孔注入，一半燃料通过位于混合段外壁位置（3）的孔注入，由此产生的燃料分布非常均匀。进一步通过计算每种情形下的平均径向燃料分布量化这些结果。该计算是包括 12 个径向剖面、围绕燃烧室轴间隔 30°的径向燃料分布平均的结果，这些结果如图 16-21（c）所示。

图 16-22 为图 16-21 中 PM、CB、DS 燃料分布对应的 CO_2^* 化学发光火焰结构图。需要注意的是，这三种情况下的速度、温度和总当量比都是相同的，并且燃烧室在这些条件下是稳定的。在 PM 情形下，火焰稳定在中心体上，并向外一直延伸到燃烧室壁面。对于 CB 情形，火焰最强烈的区域向燃烧室外壁发生了明显的转移，这与燃料浓度最大的地方离中心体最远的事实相一致。对于 DS 情形，火焰最强烈的区域已经靠近中心，那里的燃料浓度最大。燃料分布对稳定性特性也有影响，预混喷射（PM）在较低入口速度时燃烧稳定，但随着入口速度的增加燃烧变得不稳定，而中心体喷射（CB）则相反，即随着入口速度的降低燃烧变得不稳定。因为速度对燃料分布的影响很小，可以认为，不同火焰形状对速度变化敏感性的差异可以解释这些结果。

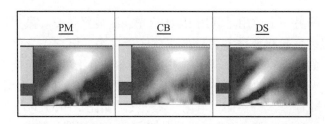

图 16-22　进气燃料分布对如图 16-21 所示 PM、CB 和 DS 燃料分布下的火焰结构影响

对于需要进行丙酮 PLIF 测量但不具备可视化条件的燃烧室，可以使用光纤探头进行当量比的点测量，从而确定燃料分布。光纤激光荧光当量比探头已被成功开发并应用[76]。探头总体直径是 16mm，长度可以根据不同的燃烧室而定，探头包括一个不锈钢水冷套，

套内装有两根熔融石英光纤，分别用于传导激光束和采集的荧光信号，测量体积约为直径 1mm，长度 3mm，位于探头侧面 25mm 处，且面向上游。该探头已被用于数个工业和研究型燃气轮机燃烧室中以测量燃料—空气的空间和时间分布，燃烧室压力高达 10atm，入口温度高达 673K，包括燃烧和不燃烧的情况。

激光诱导荧光法最为成功的应用是气体燃料燃烧室中的燃料浓度测量。这种测量也可以在液体燃料燃烧室中进行，但还有许多问题需要考虑，一个是测量区域中存在液滴，在这种情况下，液滴的 Mie 散射通常会比荧光信号强几个数量级，这种散射需要使用一个具有很好的杂散光抑制能力的带通滤波器，其在透射荧光的同时还能反射 Mie 散射。与液滴存在相关的另一个问题是：荧光信号强度与荧光组分的密度成比例，因而液体燃料的荧光信号强度大约比气体燃料高三个数量级，当进行 PLIF 测量时，这种差异实际上允许人们根据强度区分主要包含液体燃料和主要包含气体燃料的区域。使用图像分割过滤器或两个摄像机，可以实现用 Mie 图像来识别荧光图像中液滴的位置，实现二维 Mie 散射（见 16.6 节）和荧光的同步测量。然而，对于这两种方法中的任何一种，在含有蒸气和液体混合物的区域都很难进行定量测量。（注意，专门发展了复合激发荧光技术用于区分液体和蒸气荧光，这种技术比较有局限性，因为猝灭效应导致它不能在有氧气的情况下使用[77]。）

液体燃料测量存在另一个问题涉及多组分燃料，这是最符合实际的液体燃料，在这种燃料中，单组分的汽化特性和荧光特性的差异使得极难定量测量燃料浓度。解决这个问题的一种方法是，使用由非荧光燃料组成的模拟燃料，典型的是烷烃，它的汽化特性与实际燃料中的成分相似；以及发射荧光组分，典型的是酮，它们的沸点与单个燃料组分的沸点相匹配[78]。表 16-1 给出了沸点范围从 50℃到 150℃（1atm）三组分燃料体系的例子。只要使用其中一种荧光示踪剂，就可以追踪任何单个燃料组分。

表 16-1　燃料组分的近似替代成分及匹配的荧光示踪剂

燃料成分	$T_{BP}/℃$	荧光示踪剂	$T_{BP}/℃$
2,3-二甲基丁烷	57.95	丙酮	56.15
异辛烷	99.25	3-戊酮	102.05
壬烷	150.85	4-庚酮	144.05

激光诱导荧光的另一个应用是利用 HCO 荧光来测量释热率。虽然这项技术还没有被用于测量贫燃预混燃气轮机燃烧室的局部或总体释热率，但它作为化学发光技术的替代方法经常被提及，因此值得讨论。与化学发光技术相比，HCO 荧光技术有两个优点：即使在非定常拉伸和火焰弯曲的情况下，HCO 摩尔分数也已被证明是火焰释热的准确指标；荧光测量是空间分辨的[43-44]。然而，与化学发光技术相比，HCO 荧光测量也有许多缺点。首先，它需要激光器和探测器，而化学发光技术只需要探测器。其次，它需要双面（90°）光学窗口，而化学发光技术只需要一个方向的光学窗口。第三，由于所需的激光系统的脉冲频率有限，测量频率最多为 20Hz，而化学发光测量可以连续进行。第四，由于 HCO 荧光信号非常微弱，在典型的燃烧室尺度上不太可能实现具有足够信噪比的二维荧光测量。由于这些原因，尽管化学发光技术只提供了释热率的定性测量，但它是在贫燃预混燃烧室

试验中测量释热率的一种更有效的方法。

最后，激光诱导荧光技术的另一个应用是，利用 OH 平面激光诱导荧光测量不稳定燃烧过程中详细的二维火焰结构[79-81]。贫燃预混燃烧室的反应区被认为主要在所谓的褶皱层流火焰区[82-84]，此处要排除容易发生局部熄火的情况，例如，高拉伸区域和 / 或弯曲区域，而且尤其是接近贫燃极限时。在褶皱层流火焰区，反应区锋面（即火焰锋面）的特征是 OH 浓度存在较大的梯度。然而，因为 OH 的寿命相对较长，所以它可以在火焰锋面下游的高温产物中存在[65]。OH 浓度剧变的位置可指示反应区或火焰锋面的位置，因为 OH PLIF 信号强度通常很强，因此单次测量即可提供二维火焰结构的详细空间和时间解析图。

图 16-23（a）显示了采用图 16-5 的实验室尺度突扩燃烧室的 OH PLIF 图像，这里只展示了燃烧室的上半部分[79]。这是在不稳定燃烧过程中，在一个特定的相位角下拍摄的单次测量图像，该图清楚地表明火焰是驻定在中心体上。它还展示了明确的和高度褶皱的火焰锋面，这表明燃烧发生在所谓的褶皱层流火焰区[82]。最后，有明显的证据表明，火焰锋面与从突扩平面肩部脱落的涡之间存在相互作用，因为火焰面积直接与火焰的释热率有关，所以这种相互作用对火焰面积的影响特别有意义。

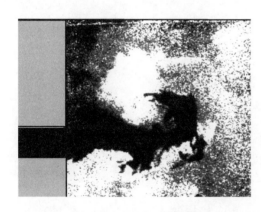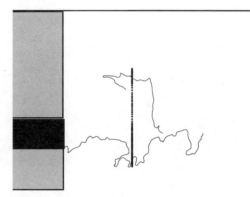

（a）归一化的OH PLIF图像　　　　　　　　　（b）阈值火焰表面

图 16-23　火焰表面面积计算步骤

计算火焰面积的第一步是确定火焰锋面的位置，这涉及对拍摄到的图像进行单脉冲激光能量的变化、背景噪声和激光片不均匀性的校正。因为火焰锋面上存在着 OH 浓度的显著增加，所以通过对校正后的图像应用一个阈值就很容易确定它的位置。在这种情况下，阈值不是基于 OH 荧光强度，而是基于 OH 荧光强度的局部梯度来确定的[79]。使用这个量是为了避免错误地将燃烧产物和未燃反应物之间的边界识别为火焰锋面，该边界是由产物和反应物在突扩燃烧室的回流区内的混合产生的。对图 16-23（a）中的 OH PLIF 图像进行该阈值处理，得到图 16-23（b）所示的火焰锋面。确定了火焰锋面后可通过将火焰锋面绕燃烧室中心线旋转来计算总火焰面积，这个计算的假设是，由 OH PLIF 图像确定的火焰锋面代表了火焰其他截面上的火焰锋面。此外，因为 OH PLIF 图像是单帧图像，所以必须计算若干这样的图像的面积，从中可以确定平均火焰面积。

为了解不稳定燃烧过程中火焰面积变化的作用，有必要获取一个不稳定性周期内不同时期的 OH PLIF 图像。然而，OH PLIF 图像的采集速率远低于典型的不稳定性频率。因此，有必要获取不同周期里不同相位角的图像来重建图像序列。图 16-24 展示了在 378Hz 不稳定性的一个周期内，由单帧 OH PLIF 图像确定的火焰锋面序列。这些测量是在前述的实验室尺度的燃烧室中进行，天然气当量比为 0.9，入口速度为 59m/s，入口温度为 623K，压力为 100kPa。这些结果清楚地展示了火焰锋面与涡相互作用的演变，以及由此引起的火焰长度变化。在每个相位角下获取 5 张 OH PLIF 图像，然后按照前述方法计算每张图像的火焰面积，计算出每个相位角下的平均火焰面积。图 16-25 展示的是单个不稳定性周期内产生的火焰面积与相位角的关系，包括测量到的总体释热率脉动，即总体 CO_2^* 化学发光的脉动。在这种情况下，面积脉动与释热率脉动非常接近同相，表明火焰—涡相互作用引起的火焰面积变化在这种不稳定性中起着重要作用，这些结果有助于理解不稳定燃烧现象，并可以指导不稳定燃烧降阶模型的发展[46]。

详细的二维 OH 火焰结构测量也可以用于计算局部火焰表面密度，可用来测量湍流火焰的局部反应速率。在稳定工况和不稳定工况下的贫燃预混燃烧室中进行了测量，这与释热率的 OH^* 化学发光测量吻合良好[80]。

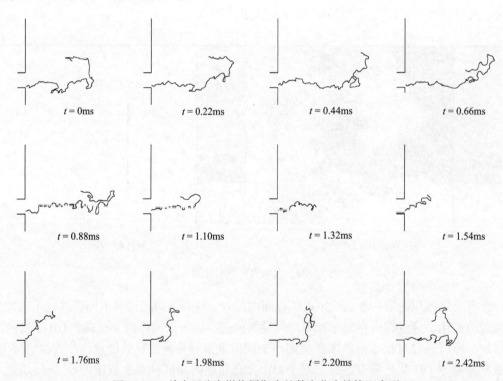

$t = 0$ms $t = 0.22$ms $t = 0.44$ms $t = 0.66$ms

$t = 0.88$ms $t = 1.10$ms $t = 1.32$ms $t = 1.54$ms

$t = 1.76$ms $t = 1.98$ms $t = 2.20$ms $t = 2.42$ms

图 16-24　单个不稳定燃烧周期内的数字化火焰锋面序列

16.6　激光 Mie 散射

在液体燃料燃烧室中，喷雾特性决定了燃烧室中的燃料分布，因而对燃烧室稳定性能有重要影响。有意义的研究包括稳定工况下的喷雾特性，不稳定工况下喷雾对声学脉动的响应，以及主动燃烧控制中喷雾对燃料流量调节的响应。

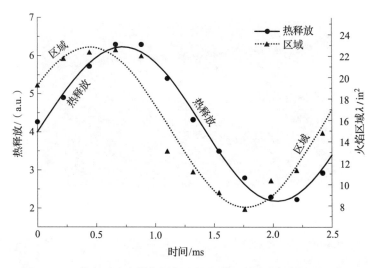

图 16-25　单个不稳定燃烧周期内的火焰面积和释热随时间的变化

激光 Mie 散射是一种用于可视化液体燃料喷雾的技术。Mie 散射是一种弹性散射，即散射光的波长与入射光的波长相同，这发生在散射光的物体尺寸大于入射光的波长时。在进行激光 Mie 散射测量时，一个典型的方法通常使用波长接近 0.5μm 的激光，例如，氩离子激光或两倍频 Nd：YAG 激光，而在典型的燃气轮机喷雾中的液滴直径的范围为 1 ~ 100μm。实际上，很难探测到远小于 5 ~ 10μm 的液滴。造成这种困难的原因是 Mie 散射强度随液滴直径的平方而变化[85]。因此，在液滴直径分布广泛的喷雾中，很难实现具有足够动态范围的测量以检测大液滴和小液滴。

激光 Mie 散射通常以二维技术的形式实现，其中激光束形成通过喷雾的薄片，用与激光片成 90° 角的数码相机探测到位于激光片中液滴的 Mie 散射。与直接摄影相比，二维激光 Mie 散射的优点是，由于测量是在二维平面上进行，因此可以揭示喷雾的内部结构。

当使用二维 Mie 散射来表征喷雾时，视场通常大到可以看到整个喷雾，在这种情况下，数码相机上每个像素的视场中通常有不止一个液滴。因此，每个像素探测到的信号强度是像素视野中所有液滴 Mie 散射的总和。因为 Mie 散射的强度与液滴表面积成正比，所以每个像素所探测到的信号是像素视野中液滴总表面积的度量，而不是液滴的总体积或质量。

图 16-26 所示为由横向注入空气的横向液体射流产生喷雾的二维 Mie 散射图像示例[86]。对于该测量，激光片厚度为 3mm，并通过喷雾的中心线，喷嘴直径是 1.27mm，液体为水。在对 Mie 散射强度施加一个阈值后，可以定义喷雾上边缘的贯穿性，该定义虽然有点主观，但如果激光能量、相机光增益和阈值保持不变，则可以得到运行工况对贯穿性影响的相关有用信息[86-87]。除了贯穿性之外，还可以获得关于喷雾的分散和汽化速度的信息。例如，图 16-27 展示了两组二维 Mie 散射图像，在该测量中，激光片位于垂直于喷射中心线和喷射位置下游不同距离处。在这两种情况下，液体都是丙酮，液气动量通量比为 18。唯一的区别是空气温度，上方序列是 18℃，下方序列是 250℃。在表示非汽化情况的上部图像中，清楚地展示了喷雾的贯穿和分散。在代表汽化情况的下部图像中，清楚地显示了由于汽化的影响，喷雾中的液体量随着下游距离增大而减少。

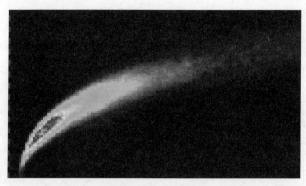

图 16-26　横喷液体射流二维 Mie 散射图像

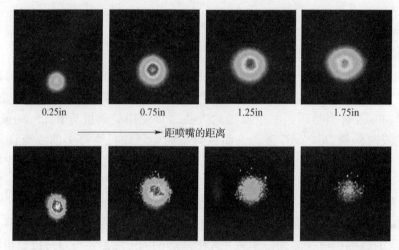

图 16-27　非汽化（上部）和汽化（下部）喷雾二维 Mie 散射图像

理解 Mie 散射图像时，请记住，Mie 散射强度是液滴表面积而不是液滴体积的表征。例如，在比较同一喷嘴在两种不同运行工况下的 Mie 散射图像时，特定位置的 Mie 信号强度差异表明，该位置液滴的总表面积在图像中越小，强度越小。这种差异并不一定意味着液体更少，也可能表明更差的雾化，即等量的液体包含于更少且更大的液滴中，因此，必须谨慎地解释 Mie 散射喷雾图像。这里要注意的是，当使用这些数据进行模型验证时不需要担心这个问题，因为喷雾模型能够根据计算出的液滴大小分布和数量密度计算出液滴的表面积。

二维 Mie 散射也可以用来表征不稳定燃料喷雾的特性。在燃烧动力学研究中特别感兴趣的是喷雾调制，这是由于喷雾与声学流场的相互作用或为了主动燃烧控制而对燃料流量调节而引起的。图 16-28 给出了这种测量的一个示例，展示了增量为 36° 相位角的一系列液体射流相位平均 Mie 散射图像，该射流调制频率 100Hz、占空比 20%。每幅图像是在相同相位角下获取的 30 幅图像的平均值。这样的图像序列，尤其是当作为动画放映时，可以提供相当多关于调制喷雾行为的理解和洞见，例如，在每个循环中喷雾如何通过混合部分的宽度。

调制喷雾的一个特别有趣的方面是所谓的燃料传递函数。一般来说，传递函数定义为系统输入和系统输出之间的函数关系。在由声场调制的喷雾中，系统输入可能是喷嘴位置处混合段的压力随时间的函数，然而在由燃料流量调制的喷雾中，系统输入可以是喷嘴出口处燃料的质量流量随时间的函数。在这两种情况下，系统输出都可以是燃烧室入口的燃料量与时间的函数，即燃料到达燃烧室入口的时间[88]。

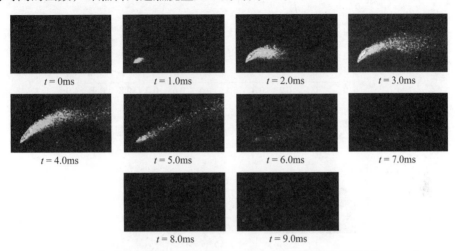

图 16-28　横喷调制射流的 Mie 散射图像相位平均序列（调制周期：10ms）

图 16-29 示例为测量喷嘴出口处燃料流量随时间变化，这是在一个调制周期内离开喷嘴的液体燃料的体积分数随时间的函数图[88]。这里通过使用位于喷嘴上游的直径 0.27mm 的自动燃料喷嘴，燃料流量调制频率为 80Hz，占空比 50%。该测量通过使用旋转式喷雾分布测量技术实现。进入燃烧室中随时间变化的燃料量就是系统对这一输入的响应输出。该数量是通过到达时间 Mie 散射技术进行测量的，具体示意图见图 16-30。如图所示，激光片位于在燃烧室入口附近的位置，垂直于横向流动。液滴通过激光片的 Mie 散射，被与激光片平面呈 30° 的光电倍增管（PMT）探测。基于图 16-29 中的系统输入，得到的到达时间 Mie 散射测量结果如图 16-31 所示。图 16-31 所示结果的唯一区别是横向流动速度的运行工况，其中下图是 50m/s，上图是 90m/s。这两种结果的显著差异可以从雾化改进的角度来解释，即当横向流动速度增加，韦伯（Weber）数增加，液滴尺寸变小。例如，更小的液滴尺寸对应更窄的液滴尺寸分布。结果表明，在 90m/s 情况下，液滴分散程度小，也就是说，输出（见图 16-31）保持了输入（见图 16-29）的形状，如图 16-29 和图 16-31 所示，这些关于燃料传递函数测量的详细讨论，可在参考文献［88］中找到。

除了可视化燃料喷雾，Mie 散射还可以用于在气体中撒布微小颗粒（如烟雾）来可视化气体流动。该技术被应用于多个涡脱落的主动燃烧控制研究[89]。这种情况下的火焰是由中心空气射流和周围乙烯射流所产生的扩散火焰。空气流量和燃料流量独立调节，这样可以产生燃料涡和空气涡。通过向空气或燃料中撒布颗粒，可以可视化燃料和空气涡。使用传统的白光光源照射烟雾，并使用像增强相机记录 Mie 散射图像。通过在调制周期内的不同相位角度的像增强摄像机进行门控，可以监测燃料和空气涡的演化和相互作用，并确定最佳燃料—空气混合所需的相位。

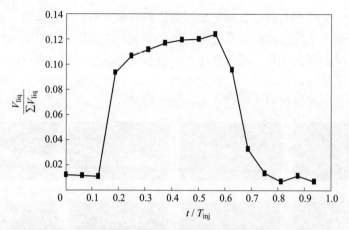

图 16-29　在一个 50% 占空比、80Hz 调制频率的调制周期内，
液体离开喷嘴的体积分数随时间的变化

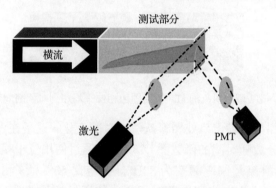

图 16-30　Mie 散射到达时间的测量试验设置

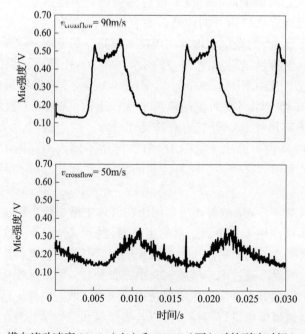

图 16-31　横向流动速度 90m/s（上）和 50m/s（下）时的到达时间 Mie 散射测量

16.7　相位多普勒粒子分析

液滴大小分布在稳定燃料喷雾[86]和调制燃料喷雾[88]中都起着重要作用。有几种技术被用于测量液体燃料喷雾中液滴的大小，然而，在这方面应用最广泛的技术是相位多普勒粒子分析（phase Doppler particle analysis，PDPA）[90]。PDPA 技术可以在液滴通过由两束激光交汇而确定的测量体积时测量单个液滴的大小和速度。PDPA 技术的主要优点是空间分辨测量，而且可以同时测量液滴的速度和尺寸。PDPA 技术的主要局限性是它不能用于浓度较大的喷雾特性测量，由于动态范围的限制，它通常会错过小液滴，并且因为它是点测量，因此测量整个喷雾场是非常耗时的。PDPA 技术在稳定工况下的燃气轮机燃料喷雾中得到了广泛的应用，可以详细地确定喷雾特性随工况的变化规律[91]。喷雾特性决定了燃烧室中的燃料分布，而燃料分布对燃烧室的稳定性特性有显著的影响，这些信息在燃烧不稳定性研究中提供了有用的信息。然而，无论是出于主动燃烧控制的目的，还是因为与声场的相互作用，例如，在不稳定燃烧期间，利用 PDPA 测量调制燃料喷雾中的液滴尺寸都没有被报道过。

16.8　结论

化学发光、红外吸收、激光诱导荧光、激光 Mie 散射和 PDPA 测量技术，特别是结合到相位同步的压力脉动测量时，可以用于获得气体或液体燃料的燃气轮机燃烧室不稳定燃烧的详细特性及其潜在机制。

化学发光测量可以用来监测不稳定燃烧过程中的火焰总体释热脉动和火焰结构脉动。同时，总体释热和压力脉动的测量提供了与总体系统增益和耗散相关的信息。相位同步化学发光火焰结构测量揭示了火焰释热的空间和时间演化，并提供了关于不稳定性现象的理解，例如，展示了火焰—涡相互作用或周期性熄灭或重新点火的有力证据。同步的火焰结构和压力测量可以用来计算瑞利指数分布，从中可以识别增益和耗散区域。

化学发光也可以用来表征和优化由一次或二次燃料流量调制产生的调制释热的位置和时间，以达到主动控制燃烧的目的。

红外吸收可用于测量气体或汽化液体燃料不稳定燃烧过程中燃烧室入口当量比脉动的频率和幅度。当这些测量同时与压力和总体释热率脉动测量相结合时，可以用来量化供给—系统耦合的作用，并评估不稳定性控制策略的有效性。

激光诱导荧光测量可用于表征燃料—空气混合和由此产生的在燃烧室入口的燃料分布，而相位同步 OH PLIF 测量可用于获得不稳定性周期内的火焰结构及其演变的详细信息。例如，OH PLIF 的测量可以用来计算火焰面积，当同时进行释热率和压力脉动测量时，还可提供有关不稳定性周期内火焰面积变化作用的定量信息。

二维激光 Mie 散射可以用来表征实际或模拟燃气轮机燃料喷雾中液体燃料的时间和空间演化，其中 Mie 散射强度与测量体积中液滴的总表面积成正比。这种技术也可以用来测量液体燃料到达指定下游位置处燃料喷雾调制的时间。将这些信息与注入燃料流量随时间的关系结合起来，可以确定燃料传递函数，用于主动燃烧控制算法。

PDPA 可用于测量稳定和调制的燃气轮机燃料喷雾中的液滴大小分布，这些信息非常重要，因为液滴大小分布对燃料分布有重要影响，进而影响燃烧室的稳定特性。

利用这些测量技术获得的详细信息对于提高我们对不稳定燃烧的理解，对不稳定燃烧的降阶模型的构建和验证，以及对不稳定燃烧抑制策略的识别和优化都是至关重要的。

致　谢

我们感谢为本章所述工作做出贡献的许多研究生和博士后，包括 R. Bandaru, S. Berksoy, J. M. Deepe, E. Gonzalez, K. Kim, S. Miller, L. Preston, J. Samperio, D. Simons, J. Stenzler, K. K. Venkataraman。我们也感谢能源部先进燃气轮机系统研究项目、空军科学研究办公室、海军研究办公室、NASA 格伦研究中心、通用电气、普惠公司、西门子、太阳能涡轮机和联合技术研究中心提供的财政支持。

参考文献

［1］Lieuwen, T., and McManus, K. (eds.), "Combustion Dynamics in Lean-premixed Prevaporized (LPP) Gas Turbines," Journal of Propulsion and Power, Vol.19, No.5, 2003, pp.721-829.

［2］Yang, V., and Anderson, W. E. (eds.), Liquid Rocket Engine Combustion Instability, Progress in Astronautics and Aeronautics, Vol.169, AIAA, Washington, DC, 1992.

［3］Oran, E. S., and Gardner, J. H., "Chemical-Acoustic Interactions in Combustion Systems," Progress in Energy and Combustion Science, Vol.11, No.4, 1985, pp.253-276.

［4］Candel, S. M., and Poinsot, T. J., "Interactions Between Acoustics and Combustion," Proceedings of the Institute of Acoustics, Vol.10, Inst. of Acoustics, Hertfordshire, U.K., 1988, pp.103-153.

［5］Keller, J. J., "Thermoacoustic Oscillations in Combustion Chambers of Gas Turbines," A1AA Journal, Vol.33, No.12, 1995, pp.2280-2287.

［6］Dowling, A. P., "The Calculation of Thermoacoustic Oscillations," Journal of Sound and Vibration, Vol.180, No.4, 1995, pp.557-581.

［7］Poinsot, T., Trouve, A., Veynante, D., Candel, S., and Esposito, E., "Vortex-Driven Acoustically Coupled Combustion Instabilities," Journal of Fluid Mechanics, Vol.177, 1987, pp.265-292.

［8］Schadow, K. C., Gutmark, E., Parr, T. P., Parr, D. M., Wilson, K. J., and Crump, J. E., "Large-Scale Coherent Structures as Drivers of Combustion Instability," Combustion Science and Technology, Vol.64, 1989, pp.167-186.

［9］Straub, D., Richards, G., Yip, M. J., Rogers, W. A., and Robey, E. H., "Importance of Axial Swirl Vane Location on Combustion Dynamics For Lean Premix Fuel Injectors," AIAA Paper 98-3909, July 1998.

［10］Richards, G. A., and Janus, M. C., "Characterization of Oscillations During Premixed Gas Turbine Combustion," ASME Journal of Engineering for Gas Turbines and Power, Vol.120, No.2, 1998, pp.294-302.

［11］Lieuwen, T., and Zinn, B. T., "The Role of Equivalence Ratio Oscillations in Driving Combustion Instabilities in Low NO$_x$ Gas Turbines," Proceedings of the Combustion

Institute, Vol.27, The Combustion Inst., Pittsburgh, PA, 1998, pp.1809-1816.

[12] Lee, J. G., Kim, K., and Santavicca, D. A., "Measurement of Equivalence Ratio Fluctuation and Its Effect in Heat Release During Unstable Combustion," Proceedings of the Combustion Institute, Vol.28, The Combustion Inst., Pittsburgh, PA, 2000, pp.415-421.

[13] Lieuwen, T., Torres, H., Johnson, C., and Zinn, B. T., "A Mechanism of Combustion Instability in Lean Premixed Gas Turbine Combustors," ASME Transactions, Vol.123, No.l, 2001, pp.182-189.

[14] Lieuwen, T. C., "Experimental Investigation of Limit-Cycle Oscillations in an Unstable Gas Turbine Combustor," Journal of Propulsion and Power, Vol.18, No.1, 2002, pp.61-67.

[15] Lieuwen, T. C., "Statistical Characteristics of Pressure Oscillations in a Premixed Combustor," Journal of Sound and Vibration, Vol.260, No.1, 2003, pp.3-17.

[16] Hanje, D. T., and Reardon, F. H. (ed.), "Liquid Propellant Rocket Combustion Instability," NASA SP-194, 1972, pp.467-468.

[17] Lieuwen, T., and Zinn, B. T., "On the Experimental Determination of Combustion Process Driving in an Unstable Combustor," Combustion Science and Technology, Vol.157, 2000, pp.111-127.

[18] Lee, D. H., and Lieuwen, T., "Acoustic Nearfield Characteristics of a Conical, Premixed Flame," Journal of the Acoustic Society of America, Vol.113, No.1, 2003, pp.167-177.

[19] Richards, G. A., Straub, D. L., and Robey, E. H., "Passive-Active Control of Combustion Oscillations," Spring Meeting of the Central States Section of the Combustion Institute, Knoxville, TN, April 2002.

[20] Lee, J. G., Kim, K., and Santavicca, D. A., "A Study of the Role of Equivalence Ratio Fluctuation During Unstable Combustion in a Lean Premixed Combustor," AIAA Paper 2002-4015, July 2002.

[21] Gaydon, A. G., Spectroscopy of Flames, Chapman and Hall, London, 1974.

[22] Gaydon, A. G., and Wolfhard, H. G., Flames, Their Structure, Radiation and Temperature, Chapman and Hall, London, 1979.

[23] Miller, S. A., "Development of a Flame Chemiluminescence Probe for Determination of Primary Zone Equivalence Ratio in Gas Turbine Combustors," M. S. Thesis, Pennsylvania State Univ., University Park, PA, 1999.

[24] John, R., and Summerfield, M., "Effect of Turbulence on Radiation Intensity From Propane-Air Flames," Jet Propulsion, Vol.27, 1957, pp.169-178.

[25] Clark, T., "Studies of OH, CO, CH and C_2 Radiation From Laminar and Turbulent Propane-Air and Ethylene-Air Flames," NACA Technical Note 4266, 1958.

[26] Diederichsen, J., and Gould, R. D., "Combustion Instability: Radiation From Premixed Flames of Variable Burning Velocity," Combustion and Flame, Vol.9, 1965, pp.25-31.

[27] Hurle, I. R., Price, R. B., Sugden, T. M., Thomas, R. R. S., and Thomas, A., "Sound Emission From Open Turbulent Premixed Flames," Proceedings of the Royal Society of London, Series A: Mathematical and Physical Sciences, Vol.303, 1968, pp.409-427.

[28] Price, R., Hurle, I., and Sugden, T., "Optical Studies of the Generation of Noise in Turbulent Flames," Proceedings of the Combustion Institute, Vol.12, The Combustion Inst., Pittsburgh, PA, 1968, pp.1093–1102.

[29] Hedge, E. G., Reuter, D., Daniel, B. R., and Zinn, B. T., "Flame Driving of Longitudinal Instabilities in Dump Type Ramjet Combustors," Combustion Science and Technology, Vol.55, 1987, pp.125–138.

[30] Langhorae, P. J., "Reheat Buzz: An Acoustically Coupled Combustion Instability. Part 1. Experiment," Journal of Fluid Mechanics, Vol.193, 1988, pp.417–443.

[31] Samaniego, J. M., Yip, B., Poinsot, T., and Candel, S., "Low–Frequency Combustion Instability Mechanisms in a Side–Dump Combustor," Combustion and Flame, Vol.94, 1993, pp.363–380.

[32] Shih, W.–P., Lee, J. G., and Santavicca, D. A., "Stability and Emissions Characteristics of a Lean Premixed Gas Turbine Combustor," Proceedings of the Combustion Institute, Vol.26, The Combustion Inst., Pittsburgh, PA, 1996, pp.2771–2778.

[33] Bandaru, R. V., Miller, S., Lee, J. G., and Santavicca, D. A., "Sensors for Measuring Primary Zone Equivalence Ratio in Gas Turbine Combustors," Proceedings of SPIE– The International Symposium on Industrial and Environmental Monitors and Biosensors, Vol.3535, Society of Photo–Optical Instrumentation Engineers, Bellingham, WA, Nov. 1998, pp.104–114.

[34] Broda, J. C., Seo, S., Santoro, Shirhattakar, G., and Yang, V., "An Experimental Study of Combustion Dynamics of a Premixed Swirl Injector," Proceedings of the Combustion Institute, Vol.27, The Combustion Inst., Pittsburgh, PA, 1998, pp.1849–1856.

[35] Venkataraman, K. K., Preston, L. H., Simons, D. W., Lee, B. J., Lee, J. G., and Santavicca, D. A., "Mechanism of Combustion Instability in a Lean Premixed Dump Combustor," Journal of Propulsion and Power, Vol.15, No.6, 1999, pp.909–918.

[36] Haber, L., Vandsberger, U., Saunders, W., and Khanna, V., "An Examination of the Relationship Between Chemiluminescence Light Emissions and Heat Release Rate Under Non–adiabatic Conditions," Proceedings of the International Gas Turbine Institute, 2000– GT–0121, 2000.

[37] Ikeda, Y., Kojima, J., Nakajima, T., Akamatsu, F., and Katsuki, M., "Measurement of the Local Flame–Front Structure of Turbulent Premixed Flames by Local Chemiluminescence," Proceedings of the Combustion Institute, Vol.28, The Combustion Inst., Pittsburgh, PA, 2000, pp.343–350.

[38] Lieuwen, T., and Neumeier, Y., "Nonlinear Pressure–Heat Release Transfer Function Measurements in a Premixed Combustor," Proceedings of the Combustion Institute, Vol.29, The Combustion Inst., Pittsburgh, PA, 2002, pp.99–105.

[39] Paschereit, C. O., and Gutmark, E. J., "Enhanced Performance of a Gas–Turbine Combustor Using Miniature Vortex Generators," Proceedings of the Combustion Institute, Vol.29, The Combustion Inst., Pittsburgh, PA, 2002, pp.123–129.

［40］Bellows, B. D., Zhang, Q., Neumeier, Y., Lieuwen, T., and Zinn, B. T., "Forced Response Studies of a Premixed Flame to Flow Disturbances in a Gas Turbine Combustor," AIAA Paper 2003-824, Jan. 2003.

［41］Samaniego, J. M., Egolfopoulos, F. N., and Bowman, C. T., "CO_2* Chemiluminescence in Premixed Flames," Combustion Science and Technology, Vol.109, No.1, 1995, pp.183-203.

［42］Dandy, D., and Vosen, S., "Numerical and Experimental Studies of Hydroxyl Radical Chemiluminescence in Methane-Air Flames," Combustion Science and Technology, Vol.82, No.1, 1992, pp.131-150.

［43］Najm, H. N., Paul P. H., Mueller, C. J., and Wyckoff, P. S., "On the Adequacy of Certain Experimental Observables as Measurements of Flame Burning Rate," Combustion and Flame, Vol.113, No.3, 1998, pp.312-332.

［44］Najm, H. M., Knio, O. M., Paul, P. H., and Wyckoff, R. S., "A Study of Flame Observables in Premixed Methane-Air Flames," Combustion Science and Technology, Vol.140, No.3, 1998, pp.369-403.

［45］Dowling, A. P., "Nonlinear Self-Excited Oscillations of a Ducted Flamed," Journal of Fluid Mechanics, Vol.346, 1997, pp.271-290.

［46］Peracchio, A. A., and Proscia, W. M., "Nonlinear Heat-Release/Acoustic Model for Thermoacoustic Instability in Lean Premixed Combustors," American Society of Mechanical Engineers, Paper 98-GT-269, 1998.

［47］Dasch, C. J., "One-Dimensional Tomography: a Comparison of Abel, Onion-Peeling, and Filtered Backprojection Methods," Applied Optics, Vol.31, No.8, 1992, pp.1146-1152.

［48］Kim, K., Lee, J. G., and Santavicca, D. A., "Optimization of the Spatial and Temporal Fuel Distribution for Active Control of Combustion Dynamics in Lean Premixed Combustors," AIAA Paper 2002-4024, July 2002.

［49］Mallard, W. G., and Gardiner, W. C. Jr., "Absorption of the 3.39μm He-Ne Laser Line by Methane from 300 to 2400K," Journal of Quantitative Spectroscopy and Radioactive Transfer, Vol.20, No.2, 1978, pp.135-149.

［50］Philippe, L. C., and Hanson, R. K., "Laser Diode Wavelength-Modulation Spectroscopy for Simultaneous Measurement of Temperature, Pressure and Velocity in Shock-Heated Oxygen Flows," Applied Optics, Vol.32, No.30, 1993, pp.6090-6103.

［51］Yoshiyama, S., Hamamoto, Y., Tomita, E., and Minami, K., "Measurement of Hydrocarbon Fuel Concentration by Means of Infrared Absorption Technique with 3.39μm He-Ne Laser," JSAE Review, Vol.17, No.4, 1996, pp.339-345.

［52］Mongia, R. K., Tomita, E., Hsu, F. K., Talbot, L., and Dibble, R. W., "Use of an Optical Probe for Time-Resolved In situ Measurement of Local Air-to-Fuel Ratio and Extent of Fuel Mixing with Applications to Low NO_x Emissions in Premixed Gas Turbines," Proceedings of the Combustion Institute, Vol.26, The Combustion Inst.,

Pittsburgh, PA, 1996, pp.2749–2755.

[53] Koenig, M., and Hall, M. J., "Measurements of Local In–Cylinder Fuel Concentration Fluctuations in a Firing SI Engine," Society of Automotive Engineers, Paper 971644, 1997.

[54] Wehe, S. D., Baer, D. S., and Hanson, R. K., "Tunable Diode–Laser Absorption Measurements of Temperature, Velocity and H_2O in Hypersonic Flows," AIAA Paper 97–3267, July 1997.

[55] Mihalcea, R. M., Baer, D. S., and Hanson, R. K., "Diode–Laser Sensor for Measurements of CO, CO_2 and CH_4 in Combustion Flows," Applied Optics, Vol.36, No.33, 1997, pp.8745–8752.

[56] Seitzman, J. M., Tamma, R., and Vijayan, R., "Infrared Absorption Based Sensor Approaches for High Pressure Combustion," AIAA Paper 97–0318, Jan. 1997.

[57] Mongia, R. K., Dibble, R. W., and Lovett, J., "Measurement of Air–Fuel Ratio Fluctuations Caused by Combustor Driven Oscillations," American Society of Mechanical Engineers, Paper 98–GT–304, 1998.

[58] Mihalcea, R. M., Baer, D. S., and Hanson, R. K., "Advanced Diode Laser Absorption Sensor for In–Situ Combustion Measurements of CO_2, H_2O and Gas Temperature," Proceedings of the Combustion Institute, Vol.27, The Combustion Inst., Pittsburgh, PA, 1998, pp.95–101.

[59] Mongia, R., Torres, J., Dibble, R., Lee, D., Anderson, T., and Sowa, W., "Fast Response Extraction Probe for Measurement of Air–Fuel Ratio Fluctuations in Lean Premixed Combustors," American Society of Mechanical Engineers, Paper 99–GT–277, 1999.

[60] Ebert, V., Fernholz, T., Giesemann, C., Pitz, H., Teichert, H., and Wolfrum, J., "Simultaneous Diode–Laser–Based In–Situ–Detection of Multiple Species and Temperature in a Gas–Fired Power–Plant," Proceedings of the Combustion Institute, Vol.28, The Combustion Inst., Pittsburgh, PA, 2000, pp.423–430.

[61] Webber, M. E., Wang, J., Sanders, S. T., Baer, D. S., and Hanson, R. K., "In–situ Combustion Measurements of CO, CO_2, H_2O and Temperature Using Diode Laser Absorption Sensors," Proceedings of the Combustion Institute, Vol.28, The Combustion Inst., Pittsburgh, PA, 2000 pp.407–413.

[62] Drallmeier, J., "Hydrocarbon–Vapor Measurements in Pulsed Fuel Sprays," Applied Optics, Vol.33, No.33, Nov.1994, pp.7781–7788.

[63] Edwards, J. L., Gouldin, F. C., and MacDonald, M. A., "High Speed Absorption Tomography with Advanced Reconstruction Algorithms," AIAA Paper 2003–1013, Jan.2003.

[64] Eckbreth, A. C., Laser Diagnostics for Combustion Temperature and Species, 2nd ed. Gordon and Breach, New York, 1996.

[65] Nguyen, Q.–V., and Paul, P. H., "The Time Evolution of a Vortex–Flame Interaction Observed via Planar Imaging of CH and OH," Proceedings of the Combustion Institute, Vol.26, The Combustion Inst., Pittsburgh, PA, 1996, pp.357–364.

［66］Seitzman, J. M., Kychakoff, G., and Hanson, R. K., "Instantaneous Temperature Field Measurements Using Planar Laser-Induced Fluorescence," Optics Letters, Vol.10, No.9, 1985, pp.439-441.

［67］Hanson, R. K., "Combustion Diagnostics: Planar Flowfield Imaging," Proceedings of the Combustion Institute, Vol.21, The Combustion Inst., Pittsburgh, PA, 1986, pp.1677-1691.

［68］Hanson, R. K., "Planar Laser-Induced Fluorescence Imaging," Journal of Quantitative Spectroscopy and Radiative Transfer, Vol.40, No.3, 1988, pp.343-362.

［69］Pringsheim, P., Fluorescence and Phosphorescence, Interscience Publishers, New York, 1949.

［70］Berlman, I. B., Handbook of Fluorescence Spectra of Aromatic Molecules, Academic Press, New York, 1971.

［71］Lozano, A., Yip., B., and Hanson, R. K., "Acetone: A Tracer for Concentration Measurements in Gaseous Flows by Planar Laser-Induced Fluorescence," Experiments in Fluids, Vol.13, 1992, pp.369-376.

［72］Thurber, M. C., and Hanson, R. K., "Simultaneous Imaging of Temperature and Mole Fraction Using Acetone Planar Laser Induced Fluorescence," Experiments in Fluids, Vol.30, 2001, pp.93-101.

［73］Koch, J. D., and Hanson, R. K., "Ketone Photophysics for Quantitative PLIF Imaging," AIAA Paper 2000-0413, Jan.2001.

［74］Thurber, M. C., and Hanson, R. K., "Pressure and Composition Dependence of Acetone Laser-Induced Fluorescence with Excitation at 248, 266 and 308nm," Applied Physics B: Lasers and Optics, Vol.69, 1999, pp.229-240.

［75］Samperio, J. L., Lee, J.G., and Santavicca, D. A., "Characterization of the Effect of Inlet Operating Conditions on the Performance of Lean Premixed Gas Turbine Combustors," AIAA Paper 2003-0825, Jan. 2003.

［76］Lee, J. G., and Santavicca, D. A., "Fiber-Optic Probe for Laser-Induced Fluorescence Measurements of the Fuel-Air Distribution in Gas-Turbine Combustors," Journal of Propulsion and Power, Vol.13, No.3, 1997, pp.384-387.

［77］Melton, L. A., "Exciplex-Based Vapor/Liquid Visualization Systems Appropriate for Automotive Gasolines," Applied Spectroscopy, Vol.47, No.6, 1993, pp.782-786.

［78］Tong, K., Quay, B. D., Zello, J. V., and Santavicca, D. A., "Fuel Volatility Effects on Mixture Preparation and Performance in a GDI Engine During Cold Start," Society of Automotive Engineers, Paper 2001-01-3650, Sept. 2001.

［79］Venkataraman, K. K., "An Investigation of the Instability Mechanism in Lean Premixed Dump Combustors, Ph. D. Thesis, The Pennsylvania State University, University Park, PA, 2000.

［80］Lee, S.-Y., Seo, S., Broda, J. C., Pal, S., and Santoro, R. J., "An Experimental Estimation of Mean Reaction Rate and Flame Structure During Combustion Instability in a

Lean Premixed Gas Turbine Combustor," Proceedings of the Combustion Institute, Vol.28, The Combustion Inst., Pittsburgh, PA, 2000, pp.775–782.

[81] Santhanam, V., Knopf, F. C., Acharya, S., and Gutmark, E., "Fluorescence and Temperature Measurements in an Actively Forced Swirl–Stabilized Spray Combustor," Journal of Propulsion and Power, Vol.18, No.4, 2002, pp.855–865.

[82] Peters, N., "Laminar Flamelet Concepts in Turbulent Combustion," Proceedings of the Combustion Institute, Vol.21, The Combustion Inst., Pittsburgh, PA, 1986, pp.1232–1250.

[83] Buschmann, A., Dinkelacker, F., Schafer, T., and Wolfrum, J., "Measurement of the Instantaneous Detailed Flame Structure in Turbulent Premixed Combustion," Proceedings of the Combustion Institute, Vol.26, The Combustion Inst., Pittsburgh, PA, 1996, pp.437–445.

[84] Dunkelacker, F., Soika, A., Most, D., Hofman, D., Leipertz, A., Polifke, W., and Dobbeling, K., "Structure of Locally Quenched Highly Turbulent Lean Premixed Flames," Proceedings of the Combustion Institute, Vol.27, The Combustion Inst., Pittsburgh, PA, 1998, pp.857–865.

[85] Grehan, G., Gouesbet, G., and Rabasse, C., "Monotonic Relationships Between Scattered Powers and Diameters in Lorenz–Mie Theory for Simultaneous Velocimetry and Sizing of Particles," Applied Optics, Vol.20, No.5, March 1981, pp.796–799.

[86] Stenzler, J. N, Lee, J. G., and Santavicca, D. A., "Penetration and Dispersion of Liquid Jets in a Heated Crossflow," AIAA Paper 2003–1327, 2003.

[87] Lin, K. C., Kennedy, P. J., and Jackson, T. A., "Penetration Heights of Liquid Jets in High–Speed Crossflows," AIAA Paper 2002–0873, Jan. 2002.

[88] Stenzler, J. N., Lee, J. G., Deepc, J. M., Santavicca, D. A., and Lee, W., "Fuel Transfer Function Measurements in Modulated Liquid Jets," ASME International Congress, IMECE 2004–60673, 2004.

[89] Yu, K. H., Wilson, K. J., Parr, T. P., and Schadow, K. C., "Active Combustion Control Using Multiple Vortex Shedding," AIAA Paper 96–2760, July 1996.

[90] Bachalo, W. D., and Houser, M. J., "Development of the Phase/Doppler Spray Analyzer for Liquid Drop Size and Velocity Characterizations," AIAA Paper 84–1199, June 1984.

[91] Wang, H., McDonnell, V. G., Sowa, W. A., and Samuelsen, S., "Experimental Study of a Model Gas Turbine Combustor Swirl Cup. I – Two–Phase Characterization. II – Droplet Dynamics," Journal of Propulsion and Power, Vol.10, No.4, 1994, pp.441–452.

第Ⅴ部分　燃烧不稳定性与控制

第17章 地面燃气轮机燃烧不稳定性的被动控制

Geo A. Richards and Douglas L. Straub

（U. S. Department of Energy，Morgantown，West Virginia）

Edward H. Robey

（Parsons Project Services，Morgantown，West Virginia）

符 号 表

G	相对放热与相对声压之间的传递函数（－）
H	相对声压与相对放热之间的传递函数（－）
L	长度 /m
Ma	马赫数（原版为 *M*）
P	时均压力 /Pa（原版保留）
Q	时均释热率 /W
R	圆柱形单元结构的声学传递矩阵
S	突扩结构的声学传递矩阵
T	阻尼器的声学传递矩阵
T	气体温度 /K
Z	声阻抗 /（Pa·s/m³）
c	声速 /（m/s）
f	频率 /Hz
k	滞止压力损失系数（－）
p'	声压扰动 /Pa
q'	热释放扰动 /W
q''	释热率 /W
s	横截面积 /m²
γ	比热［容］比
ζ	声速与面积之比 /（ms）⁻¹
μ	整体气流速度 /（m/s）
v	声学质量速度 /（kg/s）
ρ	气体密度 /（kg/m³）
ψ	声压与速度源的传递函数 /（Pa·s/kg）
τ	整体延迟时间 /s
ω	角频率，2π*f* /（rad/s）

17.1　引言

燃烧不稳定性已成为低排放发动机运行中的一个重要问题。尽管发动机开发人员和操作人员已经学会了如何在极低排放的情况下实现稳定燃烧，然而达到这种性能的运行工况区间很窄。对运行范围的限制导致了其他问题，如限制了可产生的最大功率[1]，对燃料成分有更严格的要求[2]和例行重新调整燃料分配[3]。这些复杂性是开发成功的主动控制系统的动机，这在本书的其他章节有所描述。主动控制可以重新调整燃烧不稳定性，以适应不断变化的环境条件、燃料成分或发动机磨损等问题。尽管主动控制概念具有巨大的潜力，可能成为未来稳定策略的首选，但目前大多数发动机开发商都在使用被动控制方法来实现稳定燃烧。

本章将总结常用的提高地面燃气轮机低排放燃烧室稳定性的被动控制方法。本章的大部分内容已在之前的文章中展示过[4]，但也有一些明显的修改，例如，对火焰传递函数的讨论有明显的缩减，本书第4章对这个主题进行了更详细的描述。本章另一个值得注意的地方是增加了声学耗散器设计的详细案例，以及如何使用这些耗散器来稳定燃烧。

在17.2节中将介绍在文献中常见的简单控制模型概念，17.3节将讨论时滞修正法在求解动力学问题中的应用，17.3节还将描述17.2节中介绍的控制概念与时滞模型之间的相似之处。此外，诸如使用多个时滞火焰或添加值班火焰的提高稳定性的技术也将在17.3节中进行讨论。在17.4节中，我将回顾近年来声学耗散器在稳定燃烧室中的应用，并讨论声学耗散器设计的实例计算。

17.2　控制系统模型

燃烧不稳定性是声压扰动（p'）和热释放扰动（q'）相互作用的结果。这种相互作用可以描述为一种闭环反馈，如图17–1所示。p'与火焰相互作用，使q'发生变化。热释放扰动可以产生Chu所描述的声波[5]，在物理封闭的体积中，如燃烧室，在边界条件处建立驻波，可以在放热速率中产生一个周期性的热释放扰动q'。如果压力和释热率变化的时间（相位）和幅度（增益）产生正向反馈，系统将不稳定。这种反馈过程类似于传统的反馈控制系统，图17–1所示的过程对应于控制系统部件，图17–1左侧所示的G和H命名法以及求和圆圈直接来自控制系统文献，将在下文进行更为详细讨论。

由于反馈类比，控制系统模型已经成为表征和诊断燃烧不稳定性的热门工具。综合各种方法[8]可以在控制系统模型中包含不同层级的细节，从降阶模型[6]到计算流体力学[7]，最后到整机模型。许多作者已经论证了这些模型的实际应用[1, 6, 8-10]。尽管目前尚未设计出一个完整的模型解决某个特定的问题，但从许多试验研究中开发的被动控制方法可以用控制系统的思想来解释，这有助于人们理解控制的概念。因此，在接下来的内容中，将简单展示燃烧不稳定性控制模型，并将其作为后续讨论的框架。

17.2.1节和17.2.2节提供一些背景信息，这样就不需要读者预先学习控制理论方面的知识，在17.2.3节

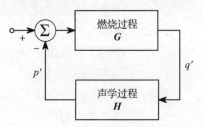

图17–1　动态热声系统的框图

将讨论一个示例计算来演示反馈模型的使用；第二部分，17.2.4 节将综述导致火焰响应的物理过程，17.2.5 节回顾用于预测燃烧系统稳定性的各种计算方法。

17.2.1　操作图框：总体概述

图 17-2 显示了一个典型的燃料—空气预混喷嘴和燃烧室的示意图。声波是由火焰热释热率 q'' 变化而产生的，通过不稳定的释热产生声音是一个复杂的过程[5]，简单地说，热释放扰动 q' 会造成气体的膨胀和收缩进而产生压力波。这些压力波传播至燃烧室壁面并反射回火焰处，继续与火焰相互作用，因此在燃烧室中形成了驻波。

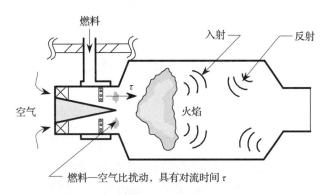

图 17-2　不稳定预混燃烧过程的示意图

在图 17-1 中，反馈元件（H）表示热释放变化转化为压力扰动，如果能周期性地控制放热，则 H 模块的输出信号将代表在火焰区域产生的压力，以及由系统声学产生的压力。

在图 17-1 中，系统元件 G 表示从压力变化到释热率变化的转换。许多机制都可以导致不同的释热率，这些机制可能包括火焰表面积的周期性变化[11]、当量比的变化[1, 12-17]、涡脱落[18-23]、总体流量的变化[24]和火焰驻定的变化[25-27]。这些机制中哪一种机制促进燃烧振荡是一个重要的实际问题，将在下文讨论。然而，人们的注意力往往集中在当量比变化上，因为它通常伴随着所有其他机制。通过预混喷嘴空气通道的压降通常是操作压力的几个百分点。因此，燃烧室压力的轻微扰动将导致预混喷嘴空气流量的显著变化，并随后在预混喷嘴中产生燃空比的变化。在经过对流延迟时间 τ 后，燃料—空气混合物的变化影响火焰，产生热释放扰动，这可能会加强其他机制（如火焰表面积变化）所产生的扰动。

17.2.2　运行的传递函数：总览

要对图 17-1 所示的系统进行稳定性分析，必须对其物理过程模型有足够详细的了解。运算传递函数是一个简单的数学模型，它将运算块的输出（即在图 17-1 中的 G 或 H）与输入进行关联。接下来的几段回顾了与传递函数有关的基本思想，以便在没有控制理论先验知识的情况下理解后续的讨论。

图 17-3（a）显示了传递函数的示意图，输入信号 $A\cos(\omega t)$ 从左边进入，结果信号 $B\cos(\omega t+\phi)$ 从右边输出。考虑一个频率 ω 的范围，比值 B/A 是传递函数的增益，ϕ 是相角，考虑与这些实数相对应的复数在代数上要简单得多（见图 17-3），在本例中，输入和输出分别是 $Ae^{j\omega t}$ 和 $Be^{j(\omega t+\phi)}$。通过这种表示法，可以将常数 B 重新定义为一个包含相角

（$B' =Be^{j\phi}$）的复值，这样，在反馈循环分析中就不需要时间依赖性，因为所有的模块都有相同的时间依赖性 $e^{j\omega t}$。因此，传递函数是输出与输入的复比，或 B'/A。

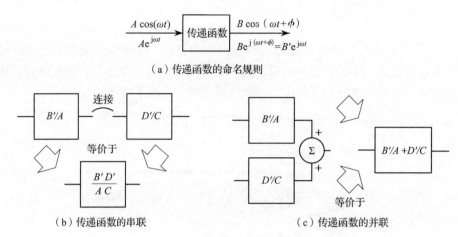

（a）传递函数的命名规则

（b）传递函数的串联　　　　　　　　　　（c）传递函数的并联

图 17-3　传递函数命名法和框图操作的图示

通过将传递函数按顺序相乘分析序列过程，其中前一个传递函数的输出是后一个传递函数的输入。如图 17-3（b）所示，如果前面描述的 B'/A 过程与 D'/C 过程相连接，则净传递函数为（B'/A）*（D'/C）。信号也可以用代数方法添加，因为我们关注的是一个线性系统，例如，一个给定的输入可能同时给到 A–B' 传递函数和 C–D' 传递函数，则总的输出是两者的输出之和（见图 17-3（c））。组合系统响应是一个复和，即（B'/A）+（D'/C）。通过添加或相乘单个传递函数，可以将更复杂的物理过程简化为一个前向传递函数（通常表示为 G）和一个反馈传递函数（通常表示为 H）。

17.2.3　问题举例：线性稳定分析

一旦描述了各种过程并将问题简化成图 17-1 所示的形式，就可以考虑系统对扰动的响应。如图 17-1 所示，在求和点处对信号添加一个扰动，本文将 H 产生的反馈从干扰中减去，这种操作在控制理论中被定义为负反馈，根据这个命名法，在求和点的扰动将通过 G 和 H 对振幅和相位进行修正。注意，相位为 180°（π）对应的是乘以 –1 [即 cos（π）]。从直观上看，如果从绝对幅度较大且带负号的 H 返回扰动，则原扰动经过求和点后将有较大的振幅。注意，当来自反馈模块的信号通过求和点的负分支时，信号要乘以 –1。在这种理想状态下，扰动每次经过环路时幅度都会增大，系统将变得不稳定。

这种直观的理解可以通过正式的分析来配合，从而得出稳定性的标准。信号的输出经过 G 和 H，但没有经过求和点返回，称为开环频率响应。开环频率响应可用于下面将介绍的伯德（Bode）图和奈奎斯特（Nyquist）图进行稳定性评估。

将对图 17-4 所示的两个燃烧室实例进行分析，从左边的燃料—空气预混喷嘴到火焰稳定的区域在结构上有一个台阶突扩。火焰被看作是位于扩张的台阶下游的一个薄圆盘。燃烧室的其余部分是一个长管，包括第二个台阶突扩，然后到达一个封闭的声学边界。这些例子与在燃烧测试设备中通常遇到的情况很接近，其中下游边界可以代表一个背压控制阀。选取压力、温度、流量和燃空比等参数以代表实际的燃气轮机燃烧室。

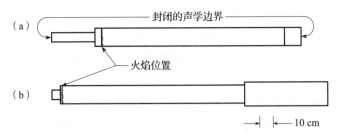

图 17-4　示例里使用的燃烧室几何形状的示意图

将火焰视为与声波相互作用的间断点，使用一维声学分析来确定施加热释放扰动所产生的声压。对于显示的几何图形，采用 Chu[5] 提出的火焰—声学相互作用，并采用传递矩阵法建立声学模型[28]。传递矩阵法可以考虑平均流的影响和突扩处的声能损失，附录中列出了这些计算的概要。

（1）伯德稳定性分析

设 p 和 Q 表示燃烧室内时均压力和时均释热率的稳态值或平均值，使用附录中所示的方法，归一化压力响应（p'/P）与归一化热释放扰动（q'/Q）之比如图 17-5（a）所示，这些结果与图 17-4 中的燃烧室几何形状相一致。图中显示，在 ≈ 240Hz 处，系统的声学对热释放扰动产生强烈的响应，这个最大振幅对应于系统的固有频率。从图 17-5（a）也可以看出，在 ≈ 140Hz 处，系统在火焰附近有一个压力波节，在这个频率下，火焰对释热率扰动没有压力响应，在接近 140Hz 时，相位突然从 –90° 变化到 +90°，这是声学节点处可预计的行为。当频率接近 240Hz 时，随着振幅的增加，相位开始减小。相角表现出另一种从 +90° 到 –90°

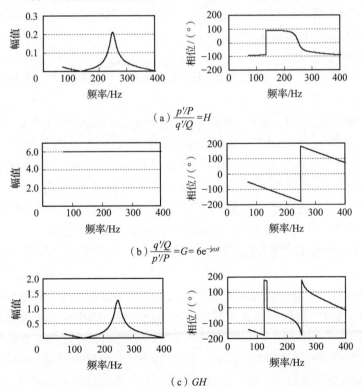

图 17-5　在第一个示例问题中使用单一声学模态（见图 17-4（a））的传递函数的频率响应（伯德图）

的转变，这是典型的共振频率。振幅峰值的大小和相变宽度（相位滚动（phase-roll））都与系统中的声损失或耗散有关。在这个例子中，声损失是由燃烧室结构突扩、平均流动和平均热释放引起的。对于本例，图 17-5（a）表示图 17-1 中的 **H** 传递函数。

燃烧对声压扰动的响应也需要进行分析。在实际应用中，这种响应必须考虑到后面将描述的各种机制（即燃空比变化、火焰表面积变化）。对于该例，我们将考虑一个简单的火焰传递函数。再次参考归一化扰动（p'/P 和 q'/Q），火焰将被认为具有 6 倍的恒定增益，但相对于火焰处的声压有一个 $\tau=2ms$ 的时间延迟，这个传递函数是 $6.0e^{-j2\pi f}$。因此，归一化压力扰动产生 6 倍大的放热速率扰动，且时间滞后 2ms，这在实际系统中很容易实现。该燃烧响应的传递函数如图 17-5（b）所示，图 17-5（b）中的相位图代表了所有时滞系统，由于相角 $\theta=-2\pi\tau f$，相角随频率线性减小，在该图中，相角绘制在 -180° 到 +180° 的范围内。同样的信息也可以在 0°~360° 的范围内绘制，从而避免了在 ±180° 处的突然间断。

本实例中的开环响应是 **G** 和 **H** 传递函数串联后的响应。如前所述（见图 17-3），在这种串联中计算的是各个增益函数之积以及各个相角之和，得到的频率响应如图 17-5（c）所示。注意，在约 240Hz 时，幅度大于 1，相位角为 ±180°。如果 **GH** 输出连接到图 17-1 中的求和点（即闭环），如前所述系统将不稳定，也就是说，在每次循环中扰动的幅值都会增长。如果在 ±180° 的相角下开环增益小于 1，系统将是稳定的，因为在每次循环中从求和点返回的信号值将小于初始的扰动值。这种推理还不完全，因为还有其他复杂的因素，比如增益曲线是否多次穿过 1.0。这个问题可以通过使用奈奎斯特分析来解决，下面将予以讨论。接下来的陈述是 Fannin 等[29]做的一些分析，但有一些改动。尽管在以下段落中简要描述了奈奎斯特稳定性标准，但并不是一个完整的教程，奈奎斯特分析的更完整描述可以参考相关的控制理论教科书[30]。

（2）奈奎斯特稳定分析

奈奎斯特分析需要绘制与伯德图相同的数据信息，但这些数据是绘制在极坐标系中。在极坐标系中，半径等于增益，与 x 正半轴的夹角等于相位角。例如，相位 0°、幅度为 1.0 对应正实 x 轴上的点（1, $0j$），相位 90°、幅度为 1.0 是正虚轴上的点（0, $1j$）。

图 17-6 展示的是图 17-5 中三种不同时滞案例下的奈奎斯特图，图 17-6（b）描述的是图 17-5（c）所述案例的奈奎斯特图，延迟时间为 2ms。圆形波瓣对应于 200~300Hz 之间的频率，在这个频率范围内，开环响应具有相当大的幅度。为了清楚起见，波瓣上显示了三个频率，通过仔细观察伯德图（见图 17-5（c）），可以找到相应的点（相位、幅度和频率）。注意，在这个案例中，波瓣代表一个很小的频率范围。

正如控制理论教科书中解释的那样，系统的稳定性可以通过计算奈奎斯特图环绕 x 轴上的点 -1 的次数来评估。环绕的定义是相当复杂的，必须参考控制教科书才能了解完整的细节[30]。总而言之，包围圈的方向（顺时针或逆时针）必须计算为正包围圈或负包围圈，并将所有正包围圈数和负包围圈数相加得出净包围圈数。图中也需要考虑负频率的信息，本质上是伯德图在负频率轴上的反映，开环系统本身必须是稳定的。在这个示例问题中，这些细节不在讨论之列，但在对更复杂的问题使用奈奎斯特分析之前，应该考虑这些细节。在完整的奈奎斯特分析预测中，如果净包围数大于零，系统将是不稳定的。图 17-6（b）显示奈奎斯特图确实在实轴上绕 -1 旋转，因此系统是不稳定。

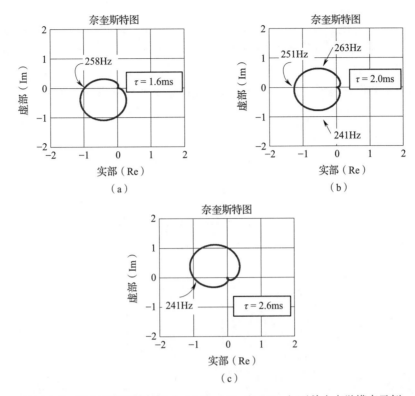

图 17-6　三种不同延迟时间（τ=1.6、2.0、和 2.6ms）下单个声学模态示例
（见图 17-4（a））的奈奎斯特图

当评估不同的时滞如何影响系统稳定性时，奈奎斯特分析的好处变得非常明显。图 17-6 显示了在三个不同的延迟时间 τ=1.6、2.0、2.6ms 的开环系统 GH。注意，增加延时使波瓣顺时针旋转。注意到在振幅显著的小频率范围内（230～270Hz），相位角 θ= $-2\pi\tau f$ 的变化主要由 τ 的变化决定。τ 的变化使得波瓣上的每个点旋转大约相同的角度，从而导致波瓣的旋转。

奈奎斯特图也可用于研究系统的稳定边界。例如，图 17-6 所示的短时间滞后和长时间滞后几乎都围绕着实轴上的 −1 点。几乎产生 −1 点包络的 τ 值是系统的稳定边界。每一个稳定边界或者 τ 值在波瓣与负实轴相交时具有相应的频率。在本例中，在 τ=1.6ms 和 2.6ms 时，系统分别在频率为 258Hz 和 241Hz 时将不稳定。波瓣的频率范围和大小取决于相位角函数中的滚降。对于声能损失较大的问题，共振频率附近的相位滚降可能会覆盖更大的频率范围，奈奎斯特图中的波瓣也会覆盖更大的频率范围。

如果这个例子中的系统实际上是在闭环模式下工作，则极限环频率可以从所谓的描述函数理论中被估计出来[30]。在实值描述函数的假设下，极限环频率将对应于奈奎斯特图与负实轴相交的频率。从图 17-6 的时滞序列可以看出，当时滞从 1.6ms 增加到 2.6ms 时，频率从 258Hz 减小到 241Hz。这种频移随着时滞的变化是奈奎斯特分析的一般特征，如前所述，频率的范围取决于具体情况，稍后将展示关于频移的一个试验案例。

（3）多个共振频率

在图 17-5 和图 17-6 中，燃烧室的声学响应特征都为单一声学模态。图 17-4 所示的第二例其几何长度略长，并有另一个结构突扩，图 17-4 的计算与前一个例子以完全相同的方式进行。为了方便起见，燃烧增益从 6.0 降低到 1.0。因此，传递函数的 **G** 部分简单地表示为 $e^{-j2\pi\tau f}$，τ=1.5ms 时得到的伯德图如图 17-7 所示。第二个例子在 185Hz 和 410Hz 附近有很强的声学响应，注意，在这两个共振频率上，幅值都大于 1，因此，仅基于伯德图很难观察系统的稳定极限，这是一个很容易使用奈奎斯特分析的案例。

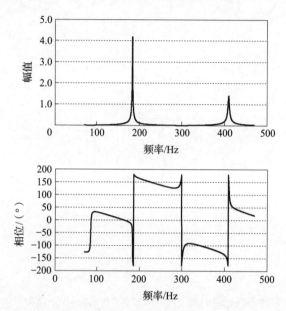

图 17-7　具有两个共振声学模式（图 17-4（b））示例的开环频率响应（伯德图），τ=1.5ms

图 17-8 显示了三种不同时滞下的奈奎斯特分析。和之前一样，增加时间延迟会使波瓣顺时针旋转。从 τ=0.9ms 开始，系统是稳定的，但接近高频稳定边界（411Hz）；实轴上的 -1 点几乎被包围，增加延迟时间到 τ-1.5ms 会导致系统不稳定模态变成 408Hz 的高频模态。注意，高频波瓣环绕实轴上的 -1 点，但低频模态不环绕。进一步增加延迟时间到 τ=2.0ms，会导致不稳定的频率模态发生改变，在 184Hz 时变得不稳定。

这些波瓣的旋转解释了一个基本问题，也即通过改变燃烧延迟时间（即通过改变相位）来获得稳定性。时间延迟的变化只会改变振荡的频率，而不会产生稳定性。即使燃烧室只有单一的主声学模式，相位滚动的宽度也会在与所选择的时滞范围相对应的频率范围内产生振荡，如图 17-6 所示。总之，在试图通过调整时滞来解决动力学问题之前，必须仔细考虑声学模式。

前面的例子假设火焰响应幅值不变，在实际应用中，传递函数的幅值和相位取决于火焰对声扰动的响应。如前所述，这种反应可能涉及通常难以区分的多种物理过程。17.2.4 节将回顾与火焰响应有关的物理过程和用来描述燃烧传递函数的各种方法。

17.2.4　对燃烧传递函数有贡献的物理过程

预混火焰热释放是反应物被火焰消耗和反应放热的产物，释放热量可表示为

$$Q=\rho Y_f S A_f \Delta H \tag{17-1}$$

式中，ρ 为反应物的密度；Y_f 为燃料在预混气体中的质量分数；S 为火焰速度；A_f 为火焰面积；ΔH 为单位质量燃料的反应热。根据该方程，热释放明显会随反应物密度、燃料质量

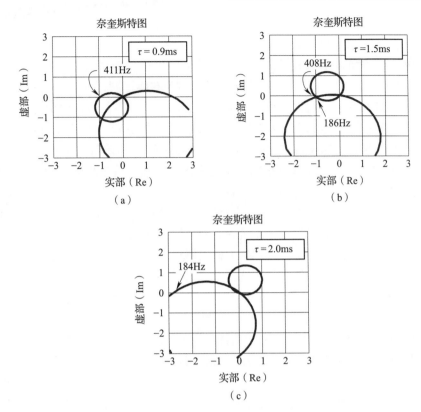

图 17-8　在两个共振声学模态（图 17-4 下图）、三个不同的延迟时间
（τ=0.9、1.5 和 2.0ms）案例下的奈奎斯特图

分数、火焰速度和火焰面积的扰动而变化。在燃气轮机燃烧中，由声压引起的密度扰动通常比其他项小得多，常常被忽略。另一方面，非定常空气动力学等因素可能会对火焰面积产生显著的调制，这是不可忽视的。同样地，燃料和 / 或空气流量的变化将改变燃料质量分数和火焰速度。

简而言之，许多机制可以在火焰的热释放中产生扰动。在大多数实际应用中，很难分离和控制这些机制来实现稳定燃烧。然而，本节旨在讨论其中一些物理过程，并试图建立燃烧—传递函数的模型。在下面的段落中，我们将讨论以往对燃空比恒定的简单预混火焰的理解。在此讨论之后，将考虑燃料—空气变化和火焰面积响应的综合问题。

（1）简单预混火焰

许多学者对完全预混火焰的传递函数进行了研究。Blackshear[31] 提出了一个预混燃烧室对声学扰动响应的模型，是最早的几个模型之一，该工作表明，火焰面积的变化会促进或抑制加在燃烧室上的声波。配套的试验表明，火焰响应与平均流动速度和燃空比有很大关系。Merk[32] 提出了一种改进的预混燃烧火焰分析方法，可以推导出火焰传递函数的显式表达式，如式（17-2）所示

$$A' = \frac{1}{1+j\omega\tau_1}u' \tag{17-2}$$

这里，扰动量由它们对应的稳态值归一化。这个传递函数表示了无量纲火焰面积 A' 与无量纲供给速度 u' 之间的一阶响应，分析确定了一个特征时间 τ_1，它代表了可燃气体从燃

烧室流出到被火焰锥面消耗的平均流动时间。为了表述清晰，我们使用 τ_1 符号来区分图 17-2 中所示的对流时间滞后 τ。注意，对流时滞 τ 包括预混过程。

注意，对于较大的 $\omega\tau_1$，式（17-2）预测了火焰面积响应幅值将远小于 1，且相位角接近 $-90°$。这与在案例中所述的纯时间延迟响应 $e^{j\omega\tau}$ 有所不同，在案例中对于大的 $\omega\tau$ 将会有任意大小的相位角，这种区别将会在后面与试验的比较重新进行讨论。

前人对火焰传递函数进行了进一步的探索，包括分析工作和试验数据[11, 33-37]。Mugridge[35] 报告使用了 Hadvig[38] 发明的技术进行火焰传递函数测量的初步尝试，虽然给出的试验细节很少，但在相对较小的频率范围内，传递函数在响应相位上表现出相当大的变化，这与模型的预测结果有很大的差别。

Matsui[36] 研究了三种多端口预混燃烧室结构的试验数据，再次确定了火焰传递函数中的特征时间延迟，Matsui 比较了已发表的各种传递函数，发现它们的增益大小是接近的，但相位角却有很大的不同。注意 Matsui 的传递函数包括一个带有纯时滞项（$e^{j\omega\tau}$）的乘数，如前所述，这一纯时滞项允许传递函数在大的 $\omega\tau$ 时达到大的相位角。

最近，Fliefil 等[11] 发展了火焰传递函数的解析模型，该模型描述了在火焰底部施加的速度扰动下火焰表面面积的畸变。与早期研究不同[31-32, 36]，该模型通过跟踪振荡流动中火焰运动学来考虑火焰表面的畸变。热释放的变化也是由于火焰表面面积的变化造成的。预测的传递函数在定性上与早期模型相似，可以近似为一阶系统。然而，没有试验数据可以用来验证这个预测。

使用与 Fliefil 等非常相似的理论模型[11]，Ducruix 等[37] 比较了在振荡预混气体供应下测量和预测本生火焰的火焰传递函数。与理论模型相比，在两种不同的燃烧室配置和不同的操作条件下，传递函数的增益得到了较好的预测。相反，对于频率超过 30Hz 的振荡火焰，传递函数相位的预测很差。对高于 30Hz 的频率，响应的相位显著地取决于平均流速和燃烧室尺寸。另外，没有试验报道表明，必须考虑火焰底部的空间速度分布，以改进模型预测。

虽然前面的讨论仅限于相对简单的预混本生灯或射流火焰，但准确预测火焰传递函数的困难是显而易见的。在钝体或台阶稳定的火焰中（如加力燃烧室或突扩燃烧室），火焰面积的变化可能源于剪切层的振荡和涡的合并[18-24, 39]。在旋流稳定火焰中，这些气动现象更为复杂，旋流角度、燃烧室突扩台阶的尺寸和燃烧室长度都对流体力学有影响。因此，对于稳定的旋流火焰，没有一种通用的方法来估计火焰面积变化对火焰响应的贡献。下面将讨论最近一些测量或预测旋流火焰传递函数的尝试性工作。

（2）实际的旋流稳定火焰

除了空气动力学过程，在燃料喷嘴（见图 17-2）内发生燃空比的变化将在一个对流时滞 τ 之后导致热释放 q' 的变化。尽管供给—系统动力学不是火焰传递函数正式的一部分，然而将供给—系统的动力学加入到燃烧响应中是很容易的。有很多关于火箭、工业燃烧室和燃气轮机的文献[1, 14, 40-44] 描述了供给—系统动力学的重要性，最近的几篇论文指出，在描述供给—系统动力学时，也有必要考虑预混喷嘴中燃料—空气扰动的分布。

对于一些燃烧室，火焰面积的变化与供给—系统的动力学过程是同时发生的。例如，Peracchio 和 Proscia[6] 提出了一个包括火焰面积和燃空比同时变化的模型。在选择合适经验参数的情况下，该方法较好地比较了压力扰动对热释放响应的测量。此外，Peracchio 和 Proscia 评论说，火焰面积变化的作用非常重要，可能比一个简单的火焰模型所预期的更大。这些观察是基于对火焰的目视观察和未发表的流体动力学计算结果得出。相比之下。其他试验[47]表明，实际燃机火焰在振荡过程中结构变化不大。然而，这一结果并不普遍，因为在常压下测试时，同一燃烧室表现出显著的火焰面积变化[47]。

除了火焰面积效应外，火焰驻定方法在燃烧—传递函数中也起着重要作用。Kendrick 等[26]比较了两种不同燃料—空气预混喷嘴的动力学特性，发现火焰驻定方法会显著影响火焰响应。一个预混喷嘴使用中心回流区气动力学稳定火焰，第二个预混喷嘴使用钝体稳定（带旋流）火焰，通过气动力学稳定的火焰其驻定较弱，允许火焰反应区在整个压力周期内的流动中进行轴向振荡，这种轴向运动可能给火焰传递函数增加另外的复杂性。Schuermans 和 Polifke[25]也注意到有必要在火焰响应的分析模型中考虑火焰的空间运动。

最近几篇论文试图测量低排放燃气轮机特有的预混旋流稳定火焰的动态响应[48-52]，例如，Khanna[51] 和 Khanna 等[52]测量一个旋流稳定火焰的传递函数，其燃料—空气预混方式与实际应用的燃气轮机类似（见图 17-9），图中给出了三种不同当量比下（范围为 0.55 ~ 0.65）的数据。请注意，增益幅值曲线非常复杂，有多个峰值和最小值，这表明部分响应与近场声学有关，而在局部声压 p' 和热释放之间的简单反馈模型中没有考虑这个因素。相位角和频率的大幅下降表明响应是有时间延迟的，这一点也在其他相应的分析中提到[51-52]。相位图也显示了相位随当量比的显著变化。注意，从 ϕ=0.6 ~ 0.55 的变化引起了相位的突变，这一显著的变化会改变前文所述的奈奎斯特图中波瓣方向，这也是火焰动力学在运行工况变化相对较小的情况下发生明显改变的一个例子。

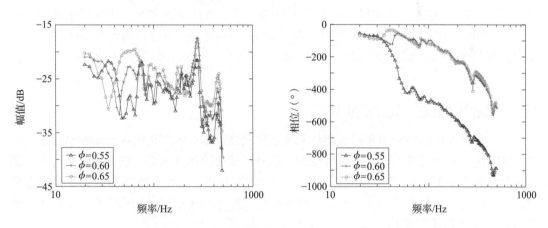

图 17-9　Khanna 测量的声速当量比扰动对火焰的响应

17.2.5　使用计算流体力学（CFD）模拟和有限元分析（FEA）进行稳定性分析

许多研究已经使用计算流体力学（CFD）来预测火焰响应[7-8, 53-57]。然而，由于 CFD 解在时域收敛，因此必须将结果转换到频域，以便用前述方法进行稳定性分析。一些作者已经使用 CFD 来模拟火焰对反应物流动阶跃变化的瞬态响应[8, 54-55]，利用傅里叶变换获得所需的频域火焰响应，与有限的试验数据相比，该方法需要一些经验滤波，以与试验产生合理的一致性[55]。Krueger 等[55]将同样的技术进行扩展以包括燃烧室供给系统的频率响应，为整个发动机提供稳定性分析。Zhu 等[57]采用了一种略有不同的方法，利用 CFD

预测了几种不同类型的输入流动扰动信号（正弦信号、随机二进制信号、正弦和信号）下火焰的响应。通过傅里叶分析，计算了对应于输入信号的频域响应，与单一频率下的直接时域响应相比，不同的输入信号在预测传递函数的精度或计算速度方面具有各种优势。虽然没有将结果与试验数据进行比较，但预测的传递函数类似于式（17–2）的一阶响应。Zhu 等[57]的分析适用于喷雾火焰燃烧室，且局限于相对较低的脉动频率（<120Hz）。

为了在稳定性分析中使用详细的模型，必须准确地知道传递函数 G 和 H。为了计算 H，需要知道燃烧室的声学响应，有限元方法已经用于预测声学响应[58-59]，但很难将这些声学分析与火焰响应的预测结合起来，特别是在多喷嘴燃烧室中。在包括耦合声学模态的情况下会出现较为复杂的情况，例如，在环形燃烧室中，纵向和周向的声模态可能同时存在，并且模态可以发生耦合。线性声学模型通常不考虑这种耦合，但是最近开发的低阶模型可捕捉该细节[60-61]。考虑到这种耦合，可以改进对单个燃烧室的声压和速度的描述。17.3.2 节将会指出，单个燃烧室的响应可以被当作一种被动控制方法，这种方法应当加以利用以提高稳定性。

Pankiewitz 和 satelmayer[60]开发了一个在时域求解的声学模型，然后指定了燃烧室单元的热释放（即火焰响应）模型，Pankiewitz 和 satelmaver 没有使用奈奎斯特分析，而是从有限扰动的增长或衰减来评估稳定性，类似于火箭发动机分析[9]。一个有趣的结果是对燃烧室内旋转声模态的预测，即压力节点围绕环形几何结构旋转，这些旋转模式已在商用环形燃烧室中观测到[62]，在今后的分析中值得进一步考虑。

综上所述，17.2 节展示了如何使用控制模型来评估燃烧系统的稳定性。燃烧过程可以视为正向传递函数 G，系统声学可以在反馈路径 H 中表示。对燃烧响应的物理过程以及用于描述传递函数的测量和模型进行了回顾。奈奎斯特分析表明，通过调整燃烧时间延迟来获得稳定性，既有潜在的好处，也有潜在的问题。特别是，频率的变化和模态的改变会导致解决燃烧动力学问题的尝试失败，这将在 17.3 节结合试验数据进行更详细的讨论。

17.3 提升燃烧稳定性的方法

虽然各种方法已经被用来提高燃烧系统的稳定性，本章内容集中在被动控制技术，被动控制方法通常是硬件设计或操作规程的一部分，被动控制方法的一些例子包括：①改变平均对流时间延迟[12-13, 63-65]；②通过引入多个时间延迟[14, 63, 66]或组合使用不同动态响应的燃料喷嘴[67]来改变时滞分布；③改变火焰位置和使用值班稳定火焰[27, 64]；④修改供给系统的动态响应[68-69]。

如前所述，几种不同的机制可能同时对火焰动力学做出贡献，而每一种贡献的大小在实际问题中通常是未知的。然而，无论是试验还是发动机测试都表明，燃料—空气变化在燃烧动力学中起着重要作用，特别是对于预混燃烧系统[12-13, 63-65]，动力学问题的实际解决方案往往集中在对流时滞 τ 上。

相对简单的模型已经成功地用来描述对流时滞的影响。这些模型是奈奎斯特分析中的部分描述。17.3.1 节将描述时滞模型，并讨论与奈奎斯特分析的联系。17.3.2 节将研究增加时滞分布和使用多个时滞的影响。本节的其余部分将描述其他改善燃烧稳定性的被动方法，如改变火焰几何形状，引入扩散值班燃料，以及修改供给系统的动态响应。

17.3.1　对流时滞模型和修改平均时滞的方法

在燃烧动力学中，各种时滞的重要性已有充分的文献记载，可以追溯到 20 世纪 50 年代。Putnam[41] 总结了其中的许多观点，并使用基于瑞利准则的简单论证来确定系统何时会振荡或稳定。简而言之，瑞利准则指出，释热扰动 q' 与压力扰动 p' 同相时会强烈地激励振荡；同样地，当 p' 和 q' 不同相时，振荡受到强耗散作用。

考虑燃烧室中燃料喷嘴对正弦压力扰动的响应情况。假设当燃烧室压力正弦值达到最大值时，燃料喷射位置处的局部燃空比取较高的值。稍微富燃的扰动随后以对流时滞 τ 传递到下游的火焰中。额外的时滞可以表征燃烧过程（如燃烧反应物所需的时间），并可以包含在总体时滞中。对于本示例，假定富燃的燃料扰动到达火焰面立即增加释热率。为了使释热扰动与下一个压力峰值重合，对流时滞应等于一个声学周期，$T=1/f$，其中 f 是正弦压力扰动的频率。对流延迟时间也可以等于两个周期、三个周期等，这样压力和释热率的扰动仍然是同相的。因此，振荡可能在满足以下条件时发生

$$\frac{\tau}{T}=\tau f=1,2,3,\cdots \tag{17-3}$$

式（17-3）所表示的不稳定判据与 17.2 节所述的奈奎斯特稳定判据类似。就是说，如果预混喷嘴中富燃的燃空比扰动和随后增加的热释放之间的延迟时间满足燃烧不稳定的条件，那么奈奎斯特图上应该有一个能包围实轴上 –1 点的圈，式（17-3）提出的概念表达了同样的思想，例如，如果 p' 导致的释热率脉动 q'，能够将下一个周期（即 $\tau f=1$），或随后周期（即 $\tau f=2$，3，$\cdots$）中的 p' 进一步放大，那么就会发生不稳定，序列 1、2、3 仅适用于所描述的简单示例，正如 Putnam[41] 所指出的，为了满足瑞利准则，p' 和 q' 扰动没有必要完全同相位。原则上，当 τf 处于以前述指数为中心的一定范围内（例如 ±0.25）时，可能会发生振荡。

根据燃料系统和预混喷嘴内空气通道的声响应，在燃烧室内相对于压力 p' 的不同相位角可以产生富燃或贫燃的混合气。例如，如果预混喷嘴响应在燃烧室压力最小时产生富燃的混合气，那么只需要 1/2 的声学周期使 q' 与下一个压力最大值保持同步。因此，相应的序列将是

$$\frac{\tau}{T}=\tau f=0.5,1.5,2.5,\cdots \tag{17-4}$$

由于缺乏预混喷嘴响应的细节，因此无法预知在给定的应用下，什么样的数字序列将描述振荡区域。更复杂的是，τ 仅仅是燃料喷射到燃烧的平均延迟时间。正如 Lieuwen 等所讨论的[65]，这种时滞取决于火焰的位置和火焰的形状。在实际系统中，火焰的位置和形状都不容易测量或预测。由于这些原因，式（17-3）和式（17-4）中描述的序列通常是通过试验确定的，尽管计算流体力学的一些应用显示了对时滞和相关稳定区域有较好的预测[8, 12, 50]。

Richards 和 Janus[13] 以及 Straub 和 Richards[63] 讨论了之前描述的时滞模型的试验测量。一个筒形燃烧室试验台（见图 17-10）被用来测量预混式燃气轮机燃料喷嘴的动态压力。模块化预混喷嘴设计（见图 17-11）允许在 A、B、C 三个位置改变燃料喷射位置，或者通过同时改变三个位置中的两个来改变燃料喷射位置。因此，可以通过改变体积流速和物理距离 L 来研究时滞的变化。在一定范围的运行工况下进行数据采集，每一种情况的时滞已经通过使用固定的火焰抬升高度进行估计。

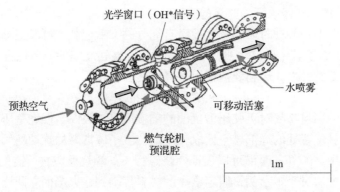

图 17-10　燃烧试验台的示意图（参考文献［13］）

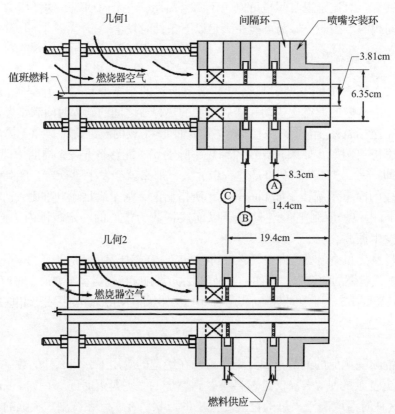

图 17-11　用于通过时滞变化研究被动控制方法的燃料—空气预混喷嘴配置示意图，
同时显示了燃料喷射点 A、B 和 C

图 17-12 显示了观察到的压力均方根随 τf 的变化，这些数据表明振荡发生在 0.45＜τf＜0.7 范围内，这个区域的边界称为稳定边界。这个图可以用来理解喷管几何形状的变化，如增加预混喷嘴长度，将如何影响稳定性。对于稳定运行在 τf=0.4 的燃烧室，图 17-12 表明，以固定速度向上移动喷嘴的位置将增加 τf，从而导致振荡，Richards 和 Janus 已经在试验中证明了这一点［13］。也可以将燃料时滞增加到足够大（但不一定是明智的），以达到上稳定边界，Straub 和 Richards［63］已经在试验中讨论了这种燃料时滞增加的情况，这将在后面进行更详细的讨论。

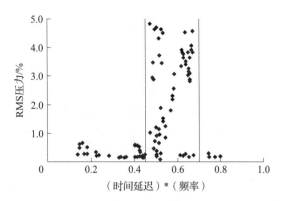

图 17-12　数据显示了使用参考文献［13］中的时滞模型来确定试验中的稳定性边界

　　理解 τf 图和控制模型分析之间的关系是很有用的。在奈奎斯特分析中，图中的波瓣随着时滞改变而旋转。正如前面所讨论的（见图 17-6（a）~（c）），如果包络发生在特定的频率（即 f_1），时滞的小幅增加将继续使得奈奎斯特图旋转，进而导致不稳定的频率下降，直到波瓣不在较低的频率（即 f_2）下包络 –1 点。试图通过调整时滞来解决不稳定问题，必须认识到频率会随着时滞的变化而变化。

　　虽然在 τf 图中的稳定边界清楚地被识别出来（见图 17-12），但增加时滞将导致低频振荡，这取决于共振频率的带宽。当使用类似图 17-12 的图时，带宽经常被忽视或误解，但奈奎斯特分析却非常清楚地指出了这一点（见图 17-6（a）~（c））。还要注意，假设燃烧系统有单一共振频率，那图 17-12 所示的左侧稳定边界通常伴随着更高频率的振荡。

　　这一讨论表明，在应用被动控制技术控制燃烧动力学时，声学响应的带宽是一个重要的考虑因素。如果声学响应的带宽较大，则奈奎斯特图的波瓣覆盖的频率范围较宽，需要显著改变 τ 值才能跨越稳定性边界。Fannin 等［29］对奈奎斯特稳定边界和简单时滞模型进行了更详细的比较。

　　多个声学模态给时滞模型带来了另外的复杂性。当系统在几个声学频率产生强烈的响应时，试图修改时滞可能会导致频率之间的跳跃，而不是产生稳定性。这一点在图 17-8 所示的奈奎斯特图示例中得到了证明，奈奎斯特图的波瓣随着时滞的增加（或减少）而旋转并环绕 –1 点。这个概念也可以用图 17-13 所示的图解来描述。在图 17-13 中，纵轴是频率，横轴是时滞，发生不稳定的指数被绘制成具有假定宽度的区域（即 $0.5 < \tau f < 0.75$，等）。图中还显示了通过燃烧室的固有声学频率水平线，这些阴影区域内的 τf 组合具有满足瑞利准则的正确相位，并可能产生不稳定条件。如果给定的燃烧室在频率为 f_1 且 $\tau = 1\mathrm{ms}$ 时表现出振荡，一个建议的解决方案可能是增加时滞。但由于多种声学模态共同存在，这种方法有可能使系统到达稳定边界 $\tau f_1 = 0.75$ 的边缘，然后下降到 $\tau f_2 = 0.50$。可以想象，持续增加时滞到 $\approx 2\mathrm{ms}$ 可以产生稳定，但稍大的时滞可以跳回到 $\tau f_1 = 1.50$ 或 $\tau f_3 = 0.50$。因此，必须在充分了解声学模态频率间隔的情况下，才能进行时滞的调整。类似的结论可以从正式的奈奎斯特分析中得出，在奈奎斯特图上多个固有频率产生多个波瓣。

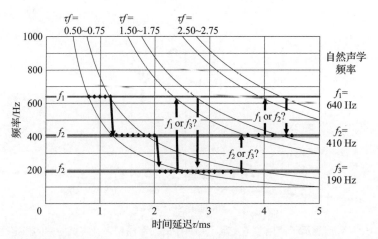

图 17-13　时滞模型的稳定性边界对应频率与时滞的关系，图中显示了三种不同的频率模式，
这些模式可以通过更改时滞使控制燃烧振荡的方法复杂化

　　这里所述的频率切换行为的试验演示由 Straub 和 Richards 提出[63]，在不同的总流速范围（30～60m/s）和不同燃料喷射位置 A、B 或 C 的情况下，研究了图 17-11 所示的模块化的喷嘴，产生了一个从 1.8～7.3ms 的净时滞变化。图 17-14 是所有试验数据的曲线图，表明该燃烧室有两个强响应频率，分别在 160Hz 和 220Hz 附近。根据计算，这些频率接近（但不等于）燃烧室预期的固有频率，τf 图如图 17-15 所示。正如预期的那样，尽管研究了多种声学模态和范围宽泛的时间滞后，振荡仍被限制在 τf 图的相对较小区域。注意，在 τf 峰之间的稳定区域内的数据点很少。在稳定区域内没有数据点是一个频率切换的例子，如图 17-13 所示。为了阐明这一点，图 17-16 给出了振荡的主频随喷嘴构型 C 的时滞和当量比的变化而变化的曲线。随着时滞的增加，频率略有下降，且接近 $\tau f=0.80$ 的稳定边界。在这种情况下，均方根压力高度依赖于当量比，当当量比改变时，260Hz 附近的弱振荡与 160Hz 处的强振荡相互转换。进一步增加时滞会引起频率的增加，并使系统移动到下一个 τf 波段，在这个波段上振幅再次变大，时滞的进一步增加还伴随着振荡频

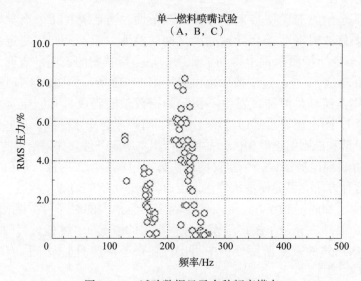

图 17-14　试验数据显示多种频率模态

率的降低。所有的试验观察都与时滞模型和 17.2 节的奈奎斯特分析一致。然而，与只考虑系统时间（相位）的时滞模型相反，奈奎斯特分析同时考虑了系统的增益和相位。

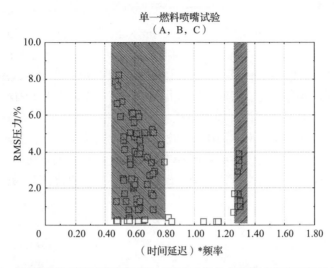

图 17-15　数据显示了使用时滞模型通过试验确定的多频模式燃烧室的稳定性边界

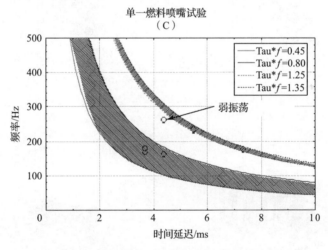

图 17-16　试验数据显示 τf 波段和不同频段之间的过渡

本讨论表明，通过调整时滞来解决动力学问题可能会因多个 τf 波段和多个声模态而变得复杂。如果相邻声学模态之间的频率间隔 Δf 满足模态转换条件（见图 17-13），那么改变时滞可能会导致频移而不是稳定燃烧。这一结论取决于各种模态下的增益，但它确实表明以下的经验法则：如果模态间距 Δf 满足 $\Delta f\tau$：约 <0.5，改变时滞可能会导致模态切换。在这种情况下，不应该通过修改 τ 来达到稳定性，而应该考虑增加时滞的分布或修改燃烧室的声学响应。

17.3.2　增加时滞分布的方法

前面的讨论显示了离散的时滞变化是如何影响系统稳定性，并且还讨论了与此方法相关的一些潜在问题。在前面的讨论中，使用了一个对流延迟时间（即平均值），然而，在实际中各种机制（如湍流扩散、火焰位置、火焰形状等）都会产生时滞分布。这种时滞分布也可以通过供给系统的设计来改变（如多个喷油位置、调整流量分配、具有不同燃料喷射位置的多个喷嘴）。本节将讨论修改时滞分布以提高燃烧稳定性的概念，并特别关注燃料供给系统的设计方法。

使用多个时滞来解决燃烧振荡的概念已经被 Kelle 所注意到[14]，并且是一项商业专利的主题[70]。同时使用两个（或多个）轴向喷油点（即位置 A 和 B 或位置 A 和 C，如图 17-11 所示）可以产生多个时滞，这两个燃料喷射点都能根据预混气流的变化产生更富和更贫的燃料—空气混合扰动。然而，这些扰动中只有一个能产生与压力扰动相一致的释热率扰动；另一个扰动可以被设计成与声压反相。反相扰动给系统增加了相当多的耗散，这种方法的好处已经在 Straub 和 Richards 的试验中得到了证明[63]，在这些试验中，通过使用图 17-11 所示的几何结构，将单点燃料喷射与多点燃料喷射进行了比较，得到的稳定性图如图 17-17 所示，横轴为当量比和预混气总体速度，垂直高度表示压力振荡的均方根

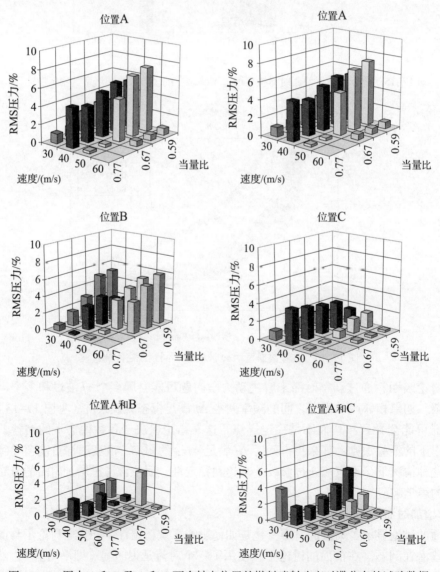

图 17-17　图中 A 和 B 及 A 和 C 两个轴向位置的燃料喷射改变时滞分布的试验数据

值，注意从点 A、B 或 C 喷射燃料带来的压力振幅几乎普遍高于同时从点 A 和 B 或 A 和 C 喷射燃料带来的压力振幅。Fannin 等[29]利用奈奎斯特分析去研究这些试验结果，表明多个时滞可以显著降低振荡压力，奈奎斯特分析表明，多重时间延迟会造成燃料—空气混合扰动幅度的降低和相位的调整。

Berenbrink 和 hoffman 演示了多重滞后概念的一个有趣的实际应用[67]，这些作者认识到可以在单个燃料喷嘴上调整时滞，从而使总的燃烧反应更加稳定。其与单喷嘴多喷料点的设计方法相比更有优势，因为这种方法更易于优化每个喷料点处的燃料—空气混合物。在一个有 24 个喷嘴的燃烧室上，共有 20 个喷嘴加装延长管以产生不同的时滞。经过发动机测试表明，采用这种方法可以在以前受动态振荡限制的工况下运行发动机。

此外，使用非对称燃烧室[67]的方法也能带来较好的稳定性，不对称燃烧室是简单地将不同的喷嘴放置于燃烧室流动方向的不同角度上，由此产生的火焰形状的不对称性抑制了声学的均匀耦合，并对不同方向的喷嘴改变其火焰位置，总的效果还是在不同喷嘴中产生不同的时滞分布。

Lovett 和 Uznanski[66]采用了一种不同的概念在单燃料喷嘴中产生多个时滞，他们的方法允许燃料在主通道和二级预混喷嘴通道之间分流，每个预混通道都有不同的时滞。因此，可以通过调整燃料分配来调节总的响应，在选定的二次燃料流量下，这种方法可以减少不稳定性。

如上所述，有意引入多个时滞是提高燃烧稳定性的一种方法。另一种方法是利用燃料喷射过程中的混合过程，由于燃料—空气扰动是由预混喷嘴中的湍流过程混合而成的，单一的时滞并不能完全描述预混喷嘴对流动扰动的响应。为了考虑湍流混合，即使对于单点喷油，时滞分布也能更好地反映这种响应。Scarinci 和 Freeman[45]研究表明，预混喷嘴内的湍流可以显著分散燃料—空气的扰动，同时建议采用较长的预混喷嘴，这样分散作用可以降低燃烧室振荡幅度。

Satelmayer[46]还表明，时滞分布在降低热释放振荡的总体幅度方面可以发挥关键作用。因此，改善燃烧稳定性的尝试需要认识到在预混过程和火焰几何结构中时滞分布的作用，这些火焰几何结构的影响将在下面描述。

17.3.3　火焰结构的影响

另一个对时滞分布有影响的因素是火焰的几何形状，这种影响可以理解为：燃料—空气扰动会到达并分布在整个圆锥形火焰表面，锥形的几何形状意味着燃料扰动的传递将产生一种燃烧释热响应，这种反应将分布在火焰表面，并处在一定的时滞范围内。Putnam[41]认识到了这些几何特征的重要性，并通过对火焰表面的积分来修正时滞。最近，Lieuwen 等[41]开发了一个类似的积分分析，并将其直接应用于燃气轮机燃烧室感兴趣的火焰几何形状，分析表明，该方法对时滞的修正系数可达 1.5，且修正系数对火焰形状敏感。

由于与描述涡轮燃烧火焰的位置和形状有关的不确定性，为了描述火焰响应有必要进行时滞试验测量。Straub 等[71]在实际尺寸的燃烧室中对火焰时滞的测量进行了初步的尝试，但在这方面还需要做更多的工作。Krebs 等[50]在燃气轮机燃烧室的常压模型中测量了时滞，表明需要一个时滞分布来描述测量的响应，延迟分布需要考虑火焰的形状。

17.3.4 火焰锚定和值班火焰稳定效果

火焰通过驻定来建立火焰的瞬时位置，这也是降低火焰不稳定性的另一个重要考虑因素。如 17.2.1 节所述，Kendrick 等[26]认为，较差的火焰驻定会使火焰位置发生变化，这样时滞就会有利于激励振荡。Paschereit 等[27]研究表明，不稳定的火焰驻定是影响燃烧系统动力学的主要因素，通过在需要稳定的火焰驻定区域引入值班火焰，这一问题得到了解决。

添加值班火焰是降低火焰不稳定性的一种常用方法[26]，但其稳定机制往往不确定。Kendrick 等[26]和 Paschereit 等[27]都认为值班火焰通过改善火焰的驻定来提高稳定性，但值班火焰能够提高稳定性还有其他原因。值班火焰通常是扩散火焰或部分预混火焰，它可能比纯预混火焰有较低的动态响应。在扩散火焰中，局部反应速率是由局部混合过程控制的，而不是由整体燃空比控制。因此，燃料或空气供应的瞬间扰动不会导致反应速率发生明显的变化。反应速率由局部混合过程控制降低了扩散火焰振荡的可能性，这也解释了为什么可以使用扩散值班火焰来抑制振荡。虽然还需要开展更多的工作来理解值班火焰的稳定效果，但扩散值班火焰往往是不希望被采用的，因为它们会显著地增加 NO 和 NO_2 的排放。

17.3.5 修改供给系统动态响应的方法

尽管时滞分布有助于减少燃料—空气扰动的影响，但只有当燃料—空气扰动是导致不稳定的唯一原因时，这一特性才有保证。扰动作为不稳定的唯一原因，在许多情况下可能不成立，因为即使是完全预混的火焰也可以表现出对混合流动变化的动态响应。如17.2.4.1 节所述，非定常气动力学可以产生由火焰面积的变化或涡脱落 / 合并引起的放热变化。这些火焰不稳定性可以在燃空比不受任何干扰的情况下发生。在这些情况下，奈奎斯特分析表明，添加燃料—空气扰动可以抑制由火焰面积变化所产生的振荡。扰动可以抑制振荡，这是利用燃料扰动进行主动燃烧控制的基础。

主动控制系统改变燃料系统反馈的幅值和相位，通过控制机械激励的燃料扰动的到达来产生稳定性。一个类似的想法已经被证明，即对供给系统的不稳定性特性进行被动调整，通过控制燃料—空气扰动的到达，在特定的条件下产生稳定性[43, 68-69]。

17.4 声学阻尼器

在涡轮燃烧的文献中，强烈地倾向于采用被动控制方法来稳定燃烧过程。虽然声学阻尼器通常用于稳定火箭和加力燃烧室中的燃烧，但在燃气轮机应用中，声学阻尼器的使用受到较少关注。在地面燃机中，阻尼器使用的差异可能与大多数涡轮应用中遇到的相对较低的频率有关（数百赫［兹］），而在火箭发动机中通常遇到的频率较高（千赫［兹］范围）。较低的频率需要尺寸更大的阻尼器，这将使得燃机封装更加复杂，这可能是一个潜在的缺陷。然而，在稳定燃烧的策略中，阻尼器不应该被忽视。

鉴于提出的改变燃烧响应变化（*G* 传递函数，见图 17–1）的难度，可以设计一种极有可能降低声反馈（*H* 传递函数，见图 17–1）的耗散器。这并不是说耗散器的设计很简单或者没有不确定性。然而，考虑到改造燃烧系统以产生预期的燃烧响应所需的成本，添加阻尼器可能值得考虑，下面将介绍这些阻尼器。

17.4.1 阻尼器的描述

最简单的阻尼器是一个孔，它可以将来自燃烧室的声能释放出来，否则这些声能就会返回到热声反馈回路。从业的燃烧工程师对这种方法的有效性非常熟悉，Putnam[41]为在工业燃烧室中遇到顽固的振荡问题的从业者提出以下建议："为了解决振荡燃烧问题，钻一个孔。如果不行的话，那就钻两个孔。"虽然这是一个幽默的轶事，它代表了真实的经验，即减少声增益可以稳定振荡的系统。

相反地，消除孔洞会导致燃烧不稳定。现今的预混燃烧室都是通过专门设计消除了掺混孔，这样消除了一个声耗散源。避免开孔是预混燃烧室在不稳定性方面存在问题的另一个原因，早期的扩散火焰燃烧室在火焰筒周边布置了很多掺混孔，这就提供了一个在预混燃烧室中所没有的声耗散源。

虽然钻孔在工业燃烧室中可能是一种可以接受的控制策略，但对于必须精确控制流量分配以满足性能目标的燃气轮机燃烧室来说，这不是一种好的选择。作为替代，封闭的共振器可以用来吸收声能，因为共振器是封闭的，所以它们不会影响设计的流量分配，这些类型的共振器已在火箭[9, 72]和加力燃烧室中广泛使用[73]。图 17-18 显示了燃气轮机中使用的两种常见的共振器几何形状，为了方便，两种共振器（即亥姆霍兹共振器和 1/4 波长共振器）都显示在图 17-18 中。然而，这两种几何结构在实践中不一定结合在一起使用，图 17-18 还显示了用于计算共振器固有频率 f_0 的公式和术语（图中 c 是声速）。

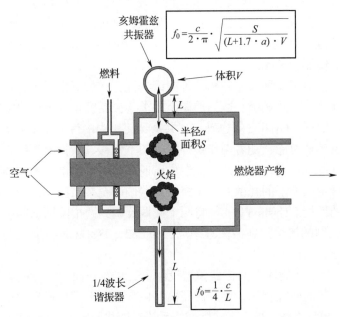

$$f_0 = \frac{c}{2 \cdot \pi} \cdot \sqrt{\frac{S}{(L + 1.7 \cdot a) \cdot V}}$$

$$f_0 = \frac{1}{4} \cdot \frac{c}{L}$$

图 17-18　用于抑制燃烧系统声学反馈的共振器概念示意图

当压力发生振荡时，流体来回地进出共振器出口。在入口和出口耗散的能量为系统提供了耗散。可以看出[9]，最大的振荡幅值将使能量损失最大；这种最大化是通过调谐共振器来实现的，即使其固有频率 f_0 接近需要抑制的燃烧室频率，对于给定 f_0，可以通过亥姆霍兹共振器的长度 L 和体积 V 来优化亥姆霍兹颈部面积 S，以满足燃机封装的空间要求。在 1/4 波长共振管的设计中，f_0 只能由管的长度确定。

共振器的实际性能取决于其几何形状和燃机运行工况。由于声能耗散发生在颈口附近的进 / 出口流体中，因此该区域的几何形状非常重要。Laudien 等[72]研究表明，共振器—

燃烧室连接处的圆形接口与方形接口产生了显著的声响应差异。此外，由于流过共振器的气体可能包括燃烧产物和吹扫冷却气体，所以声速是不确定的。这种不确定性使得针对特定固有频率共振器的设计更加复杂。仅靠分析通常无法获得正确的共振器设计和调制。在大多数火箭和后续的燃机应用中，共振器的特性是通过试验测试最终确定。

选择共振器的安装位置和数量也是一个重要的考虑因素。把共振器放在一个声学节点上没有益处。例如，在环形燃烧室中，周向声学模态（波沿环形方向传播）的特征是在特定位置有固定的波点。加在这些波点位置的共振器不会提供耗散，因为没有声压来激励共振器。试图在压力波腹位置安装共振器可能会因导致燃烧室内压力节点重新分布导致共振器无效。因此，安装多个共振器以保证产生相对于声学模态的不对称性是必要的。例如，三个共振器不可能都与只有两个节点的波结构对齐。关于共振器数量的决定是基于对声波波形的分析，以及在特定情况下所需的耗散，下一节将介绍一些例子。

17.4.2 声学阻尼器的应用

Gysling 等[74]研究了亥姆霍兹共振器在扇形燃烧室试验件中的使用。他们分析确定了安装共振器的许多重要设计变量。例如，共振器与燃烧室的体积比、共振器频率和共振器入口的损失系数都是实际声学阻尼器设计中需要考虑的重要因素。最终共振器的性能是通过现场测量来表征的，通过测量燃烧室压力和共振器压力之间的传递函数，并将理论参数与得到的数据拟合，获取共振器的性能信息。注意，这种匹配是在每个感兴趣的运行工况下进行的。如前所述，燃烧室内的气体温度和流动情况会影响共振器的固有频率和耗散，这需要在共振器的性能中考虑。

Gysling 等[74]报道了 5 种共振器和三种测试条件，在最好情况下，适当调谐共振器将振荡压力降低了几乎一个数量级。适当的调谐要求共振器容积约为燃烧室容积的 12%。基于理论模拟和试验数据，Gysling 等也确定了共振器使用中的许多重要考虑因素。

由于给定的发动机可能会随着工作条件发生频率偏移，共振器系统必须在一个频率范围内提供耗散。这种耗散可以通过使共振器失谐或使用多个调谐到不同频率的共振器来实现。这种方法在特定频率下的耗散要小于将共振器调谐至共振频率的最大耗散，但在各种工况下都有良好的性能。Gysling 等[74]将两个共振器调到两个不同的频率，成功地实现用两个共振器进行控制的演示。在振荡频率范围为 232~278Hz 的燃烧室应用中，可以观察到较好的振荡衰减。

Belluci 等[75]采用亥姆霍兹共振器模型设计了安装在地面燃气轮机筒形燃烧室的阻尼器。与 Gysling 等[74]的研究相比，该共振器模型包含了更多损耗机理的物理细节。再次使用试验测试来建立模型参数，然后为实际燃烧系统设计共振器。在燃烧室的入口端安装了 7 个共振器。与没有共振器的基准相比，压力振荡幅值降低了约 60%。该论文没有报道在其他频率或工作条件下共振器的性能，作者还使用了大量的吹扫气体来维持共振器处于低温。

作为共振器使用的最后一个例子，Pandalai 和 Mongia[3]报告了声学阻尼器在航改燃机中的应用。与之前的引文所述不同，这些作者在燃烧室上游的燃料—空气混合器前安装了阻尼管，阻尼管由直径 25.4mm 的管构成。在共振器入口处采用穿孔板控制共振器阻抗。虽然这些作者没有比较有无阻尼管时的振荡压力，但这些阻尼器现在已被广泛投入到商业使用中，累计在各种发动机中工作超过 10^5 h。广泛的商业应用案例说明了阻尼器在减少地面燃机的压力振荡中发挥重要作用。

在结束关于声学阻尼器的讨论之前，应该澄清几句话。有时人们忽略了阻尼器本身也参与燃烧室的整体声响应。当入口面积足够大的阻尼器容积占燃烧室体积的相当大一部分时，它们的存在会导致整个燃烧系统的固有频率发生变化，实际上可能会使原本稳定的系统变得不稳定。Gysling 等[74]注意到了这种可能性，在确定共振器尺寸和调谐之前应该仔细考虑。Mitchell[76]指出，在火箭阻尼器的应用中，在不了解燃烧室的声学结构时对共振器进行尺寸调整，可能会导致不太理想的结果。在 Mitchell 提供的例子中，最大的稳定性是通过使共振器频率和振荡频率失谐实现的，这种稳定性归因于增加共振器导致的波形变化。

17.4.3　声学阻尼器设计案例

本节描述一个具体的例子来说明声学阻尼器的设计方法及其潜在的优点。然而，这种分析是理论的，正如前面提到的，应该通过试验台试验测量来最终确定一个真正的设计应用。

图 17-4（b）所示燃烧室几何形状被用作这个案例的基准。回忆关于图 17-7 和图 17-8 的讨论，该燃烧室在 185Hz 和 410Hz 附近有强烈的共振，这两种模式可以在较宽的时滞 τ 范围内由燃烧反馈激发。如前所述，这种宽范围意味着改变时滞只会改变振荡频率，而不会导致稳定燃烧。因此，在这个问题中阻尼器是值得考虑的。

首先，要确定用共振器去抑制哪些模态。当然也可以为多个频率设计多个共振器。同样，针对一个频率使用多个共振器来减小共振器的尺寸也是可取的。这些决策是必须根据特定情况进行权衡决定，下面描述的方法可以很容易地扩展到这些情况。然而，在这个例子中，只考虑了增加一个共振器的情况。

为了便于说明，将设计单共振器来抑制图 17-4（b）中所示燃烧室的较高频率的振荡（410Hz）。抑制较低的频率必然需要一个较长的共振器，这在实际应用中可能带来对共振器组件进行封装的问题。

添加共振器的第一步是决定使用什么类型的共振器，正如 Laudien 等[72]所述，在高声压下，1/4 波长共振器在耗散性能方面有一些优势，因为 1/4 波长设计的损耗机制更容易预测。然而，1/4 波长频率所需的长度对于在地面燃机中遇到的典型频率来说是不可接受的。通常可以使用亥姆霍兹结构来设计一个较短的共振器，该共振器的几何形状和固有频率如图 17-18 所示。请注意，颈部横截面积 S、长度 L、体积 V 和颈部半径 a 都对固有频率有贡献，通过选择这些参数可以优化封装长度和共振器性能。

共振器在燃烧室上的安装位置是另一个需要考虑的设计问题。如前所述，在选择共振器位置时，设计者必须认识到系统中潜在的声压节点。放置在波节上的共振器几乎没有什么益处，因为需要声压来激励共振器中的流体。在本算例中，燃烧室声学分析表明，燃烧室突扩面附近是一个声压波腹区域。因此，共振器位于假定火焰位置的下游燃烧室。这个位置将允许热燃烧产物进入共振器，另外，如 Bellucci 等[75]所述的那样也需要进行冷却吹扫。或者，也可以将共振器安装到燃烧室端壁上，在那里（理想情况下）温度较低的压缩机排气将进入共振器。然而，仍然需要采取冷却防护措施，因为很小的振荡可能会导致燃烧产物进入共振器颈部。

这些因素指出了共振器设计的另一个难点。因为共振器腔内可能包括由低温吹扫气体和高温燃烧产物气体组成的混合物，导致很难预测实际的共振器固有频率。因此，设计计算应针对一定范围的固有频率进行，以确保在可能的工作条件下能够获得足够的耗散。

在这个例子中，共振器的设计最初是基于燃烧产物的气体特性。开始设计时，必须选择亥姆霍兹共振器体积 V，这个体积必须是燃烧体积的一个合理的分数，这样火焰产生的声能就可以交换到共振器。例如，已经证明，如果共振器的体积约为燃烧体积的 7%，就可以获得明显的振荡衰减[74]，因此，设计中将以该值作为起点。这里的燃烧体积定义为柱塞流停留时间达到 30ms 所需的圆柱形燃烧室长度，这个时间是预混式燃烧室完全氧化 CO 所需的一般时间。注意，共振器体积的具体几何形状不需要精确地定义。在这个例子中，共振器的体积是由一个长宽比为 1（即长度 = 直径）的圆柱形几何结构形成的。

共振器设计的固有频率等于需要衰减的燃烧室频率（410Hz），固有频率的计算公式如下

$$f_0 = \frac{c}{2\pi}\sqrt{\frac{S}{(L+1.7a)V}} \qquad (17\text{--}5)$$

通过使用前面描述的近似体积比和固有频率，剩下只有颈部长度 L 和横截面积 S 需要确定。假设颈部半径 a 是 S 的直接函数，可以研究 S 的取值范围。要使声能在燃烧室和共振器之间传递，S 必须占燃烧室截面的很大一部分。在这个例子中，S 被选为燃烧室截面的 10%，基于选择可以直接从式（17-5）计算长度 L。图 17-19 显示了相对于整个燃烧系统的共振器几何结构，注意，空间和封装方面的考虑可能会导致初始设计的变更，例如，采用颈部较短但体积更大的设计也能得到同样的固有频率。

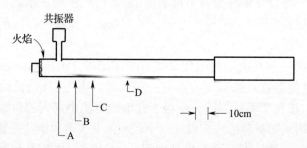

图 17-19　亥姆霍兹共振器的几何形状，在图 17-4（b）的示例燃烧室上大致按比例显示，位置 A ~ D 代表不同的共振器位置

在确定了共振器的几何形状后，可以使用示例问题中描述的系统模型来评估共振器的位置。在实际应用中试验验证是必要的，但是对于该示例，将使用附录中概述的模型来评估共振器安装位置的影响。本文将分析从 A 到 D 的 4 个共振器位置，以说明共振器的轴向位置对系统响应的影响。

如附录所述，通过添加一个包含共振器阻抗 Z_r 的传递矩阵，共振器可以包括在传递矩阵分析中。Laudien 等[72]给出了共振器阻抗的表达式

$$Z_r = \frac{2\pi f^2}{c} + \frac{4}{S}\left(\varepsilon + \frac{L}{2a}\right)\sqrt{\frac{\mu_{vis}\,\pi f}{\rho}} + j\cdot\frac{2\pi f(L+1.7a)}{S}\left(1-\frac{f_0^2}{f^2}\right) \qquad (17\text{--}6)$$

式中，f 为频率；f_0 为由式（17-5）计算得到的共振器固有频率；声速 c 和［动力］黏度

μ_{vis} 是基于（假设）共振器内气体条件计算的。无量纲项 ε 是一个阻力系数，它取决于孔口的质量和共振器颈口的非线性过程，这一项很难用分析方法来评估，它取决于振荡压力的大小，阻力系数 ε 已经被测量，其值通常在 $10 \sim 30$ 之间变化[72]，本研究选择的值为 20。另外，在进行试验测试之前，建议先针对该参数进行参数化研究，以界定其对共振器性能的可能影响范围。就本例而言，对 ε 参数的影响进行了探究（结果未予呈报），发现其对共振器的衰减作用影响有限。

给定上述描述的几何形状和参数选择，图 17-20 给出了不带共振器的燃烧室开环频率响应。注意，没有共振器的基准案例如图 17-20 的左图所示，回想一下，基准燃烧室声压谱线对应于图 17-7 的谱线，共振器调谐到 410Hz 后，高频的燃烧室模态的振幅被两个小得多的相邻模态所取代。Gysling 等[74]注意到共振器的增加产生了两个新的本征值，代表共振器与现有声学模态的相互作用。在本例中附加模态的出现并不是一个问题，因为它们的振幅很低。然而，当添加一个共振器时，在不同频率处产生振荡的可能性不应被忽视。如果在新的频率下燃烧增益更大，则可能发生振荡。注意，正如预期的那样，共振器对低频燃烧室模态的影响很小。

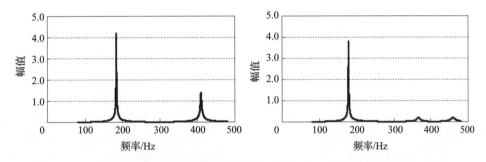

图 17-20　没有共振器的基线开环频谱（左图）与位置 A 的共振器（右图）的比较，
添加共振器，高频 410Hz 模态被两个幅值很小的模态替代

图 17-21 为燃烧室和共振器的奈奎斯特图，图 17-21 可以直接与图 17-8（a）进行比较。注意，共振器已经消除了围绕 -1 点的高频波瓣，因此，根据这个分析，燃烧室将是稳定的。然而，需要注意的是，较低的频率在较长的时滞下仍然是不稳定的，因为图 17-8 显示在较长的时滞下低频波瓣会旋转。

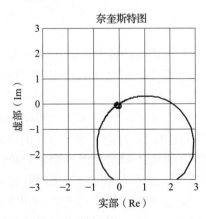

图 17-21　带共振器的开环频率响应奈奎斯特图，（这些结果与图 17-8（a）中的结果比较）

如前所述，在共振器设计中假定了几个参数。如果实际气体温度与假设温度不同，共振器的固有频率将与设计值不同。为了探讨这个问题，我们进行同样的计算来比较共振频率为 390、410 和 430Hz 的共振器，得到的伯德图如图 17-22 所示，为了清晰起见，相比于图 17-20 增加比例尺度，只显示了高频范围。注意，所有情况的增益幅值都小于 1，这意味着燃烧是稳定的。然而，如果假定燃烧室增益较大，一些新的频率可能会变得不稳定。例如，增加一个调谐到 390Hz 的共振器，在 420Hz 时产生 0.5 的峰值响应，这意味着如果燃烧室增益增加 2 倍，系统就可以在 420Hz 振荡。

图 17-23 显示了将 410Hz 共振器的轴向位置从图 17-19 中的 A 位置移动到 D 位置的结果。因为理想情况下共振器必须与火焰附近的声压波腹相互作用，沿轴移动会使得阻尼器的有效性降低。所有的增益仍然小于 1，这意味着稳定性，但这种稳定性还是取决于假定的燃烧增益和其他参数。

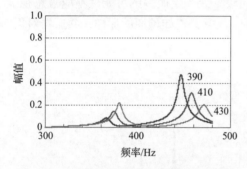

图 17-22　共振器调谐对高频范围的伯德图
影响，固有频率 390Hz 和 430Hz 的共振器
与基础线 410Hz 进行比较

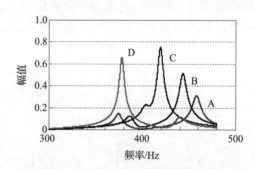

图 17-23　共振器位置对高频范围的伯德图影响，
（轴向位置 A ~ D 如图 17-19 所示）

总之，这些算例表明，通过选择一个固有频率和计划被抑制模态频率相等的共振器，耗散共振器的设计是可行的。基于附录中介绍的方法，将共振器阻抗 Z_r 加入到声学分析中来分析系统的响应，这些计算可以重复进行以评估各种设计参数的影响，如固有频率、损耗机制和共振器位置。虽然本例中的预测表明系统是由耗散器稳定的，但必须小心评估在增加共振器后可能激发新频率下燃烧响应的不确定性。

17.5　结论

本章介绍了稳定燃气轮机预混燃烧的各种被动控制方法。在 17.2 节中回顾的反馈控制模型，展示了火焰传递函数和反馈声学是如何在不稳定性问题中联系起来的；奈奎斯特分析说明了多种声学模态是如何通过改变对流时间滞后来消除燃烧不稳定性的方法；回顾了影响火焰响应的物理过程，并给出了实际火焰传递函数的一些复杂细节的例子。在 17.3 节中介绍了时滞修正的应用，并讨论了这些方法的局限性，试验结果显示了奈奎斯特分析预测的频移。此外，还讨论了时滞分布的稳定效果，并结合一些现场应用，证实了增加时滞分布的有利效果，也评述了通过修改火焰驻定和增加值班火焰以达到稳定性。在 17.4 节中声学耗散的回顾表明阻尼器可以有效地用于稳定预混燃烧，综述了一些实验室尺度和现场发动机的研究，显示了阻尼器具有优良耗散性能；示例计算展示了在规划增加阻尼器时需要考虑的各种因素，并演示了如何通过奈奎斯特分析预测阻尼器的性能。

在未来的燃气轮机应用中，不稳定性可能是一个值得关注的潜在问题，预测这些问题是很有趣的。通常认为，不稳定性问题仅限于使用预混燃烧的地面燃气轮机。然而，两种不同的整体煤气化联合循环电站最近在机组调试过程中也出现了不稳定性问题[77]。大多数先进的发电和航空发动机应用的趋势是提高运行压力以提高效率。同时，希望减少冷却气和掺混气，以提高性能或减少排放。在相同体积下，较高的运行压力释放更多的热量，增加热释放扰动的幅度。掺混或冷却气的减少流动也减少了来自火焰筒的声能损失。这些综合特性提高了发生不稳定潜在的可能性。因此，这一突出问题似乎很可能继续成为一个难题。将本文概述的被动控制策略和新兴主动控制策略相结合，为在设计新系统时缓解这些问题提供了机会。

致　谢

该项工作得到了美国能源部国家能源技术实验室的支持。我们感谢与弗吉尼亚理工学院和州立大学的同事（Will Saunders, Bill Baumann 和 Uri Vandsburger）进行的讨论，他们鼓励使用反馈控制建模来解决问题。

附　录

本附录介绍了生成图 17-5 ~图 17-8 时所用的计算方法：首先描述声学计算，然后推导系统对火焰处速度扰动源的响应，并结合火焰模型得出 **H** 传递函数。请注意：AB、C、D、E、F、G 表示燃烧室截面和相应截面的声传递矩阵，2×2 矩阵的元素通过下标 $A_{i,j}$ 来标识，其中 $i=0$，1；$j=0$，1。

表 17-A1　双模态燃烧室模型中使用的几何形状和气体条件

双模态燃烧室模拟参数	几何区域			
	$A+B$	D	E	G
直径 /m	0.06858	0.13335	0.13335	0.17780
长度 /m	0.06350	0.01270	1.39700	0.63500
面积 /m²	0.003694	0.013966	0.013966	0.024829
温度 /K	533.3	533.3	1811.1	1811.3
压力 /Pa	2020000	2020000	2020000	2020895
密度 / (kg/m³)	13.21	13.21	3.89	3.89
比热比 γ	1.4	1.4	1.3	1.3
摩尔分子量 /(kg(kg·mol))	29	29	29	29
声速 c / (m/s)	462.7	462.7	821.6	821.6
流速 U / (m/s)	28.87	7.64	25.93	14.58
马赫数 （－）	0.06240	0.01651	0.03156	0.01775

表 17-A1（续）

双模态燃烧室 模拟参数	几何区域			
	$A+B$	D	E	G
质量流量 /（kg/s）	1.409	1.409	1.409	1.409
标准体积流量 /scfh①	150000	150000	150000	150000
边界条件				
入口声压 p_{in}			$p_4=p_3$	
出口声速 v_{in}	$v_0=0$			
出口声压 p_{out}		$p_3=p_4$	$v_4=v_3\dfrac{\rho_4}{\rho_3}+v_s$	
出口声速 v_{out}				$v_9=0$
① scfh 是标准立方英尺每小时。				

一个"通用"的燃烧室几何结构如图 17-A1 所示，预混喷嘴由区域 A 和 B 表示，空气进入区域 A 的上游一侧，燃料进入 A 和 B 之间的平面。随后描述的计算中没有明确地包括空气和燃料混合的动力学过程，所以喷嘴区域将统称为 AB。燃料—空气混合物进入燃烧室的区域 D，然后继续向下游流动很小的距离到达 D 和 E 之间的火焰面。在这一章描述了双模态系统中，在区域 E 和 G 之间布置了一个突扩结构。编号为 0～9 的计算节点，也显示在图 17-A1 中。为了简化计算，假定在 0 和 9 处存在"硬"声学边界（即声学速度为零）。表 17-A1 列出了用于计算双模态系统时用到的具体几何形状和其他条件。

用声阻抗描述了模型燃烧室的声学特性，阻抗是各测点声压与质量速度的复比，使用声传递矩阵计算每个节点的阻抗。这些复数矩阵将当前节点与下一节点的声压和速度联系起来，这些关系是几何形状和局部气体条件的函数，例如

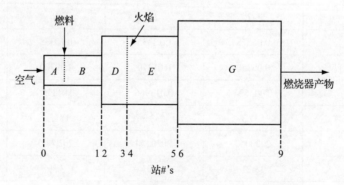

图 17-A1 通用燃烧室几何形状（不按比例）

$$\begin{pmatrix} p_1 \\ v_1 \end{pmatrix} = C \begin{pmatrix} p_2 \\ v_2 \end{pmatrix} \tag{17-A1}$$

$$\begin{pmatrix} p_0 \\ v_0 \end{pmatrix} = AB \begin{pmatrix} p_1 \\ v_1 \end{pmatrix} \tag{17-A2}$$

以及

$$\begin{pmatrix} p_2 \\ v_2 \end{pmatrix} = D \begin{pmatrix} p_3 \\ v_3 \end{pmatrix} \tag{17-A3}$$

声压 p 和声速 v 用复相量表示，2×2 矩阵 $\boldsymbol{AB}$、$\boldsymbol{C}$ 和 $\boldsymbol{D}$ 是它们各自区域的声传递矩阵。矩阵 $\boldsymbol{C}$ 和 $\boldsymbol{F}$ 并不对应于特定的区域，但分别代表了在区域 $\boldsymbol{AB}$ 和 $\boldsymbol{D}$ 以及区域 $\boldsymbol{E}$ 和 $\boldsymbol{G}$ 之间突扩结构的声传递矩阵。某一节点的声压和声速是下游相邻节点声压和声速的线性函数。由于火焰作为声源的存在，在第 3 和第 4 节点之间不存在类似的线性关系。

各种几何形状的 2×2 声传递矩阵的定义参见 Munjal[28] 的文献，对于简单的圆柱形单元结构

$$R(s,L,\mu,f,c) = \begin{pmatrix} \cos\left(\dfrac{2\pi f L}{c}\right) & \dfrac{jc}{s} \cdot \sin\left(\dfrac{2\pi f L}{c}\right) \\ \dfrac{js}{c} \cdot \sin\left(\dfrac{2\pi f L}{c}\right) & \cos\left(\dfrac{2\pi f L}{c}\right) \end{pmatrix} \cdot \exp\left(-\mathrm{j}\,\dfrac{\mu}{c}\,\dfrac{2\pi f}{c}L\right) \tag{17-A4}$$

对于 1 和 2 节点之间的突扩区域，传递矩阵为

$$\boldsymbol{S}(\zeta_a,\zeta_b,M_a,M_b,k,\gamma) := \begin{pmatrix} 1 & M_b \zeta_b \\ \dfrac{M_b}{\zeta_b} & 1 \end{pmatrix}^{-1} \begin{bmatrix} 1-\dfrac{kM_a^2}{1-M_a^2} & \dfrac{kM_a \zeta_a}{1-M_a^2} \\ \dfrac{(\gamma-1)kM_a^3}{(1-M_a^2)\xi_a} & 1-\dfrac{(\gamma-1)kM_a^2}{1-M_a^2} \end{bmatrix} \times \begin{pmatrix} 1 & M_a \zeta_a \\ \dfrac{M_a}{\zeta_a} & 1 \end{pmatrix} \tag{17-A5}$$

式中，阶跃膨胀的损失系数 k 为

$$k = \left(\frac{s_b}{s_a}-1\right)^2 \tag{17-A6}$$

从已知的边界条件出发，计算模型中各节点的声阻抗。在节点 0，$v_0=0$，那么有

$$Z_0 = p_0/v_0 = \infty \tag{17-A7}$$

在节点 1，$v_0 = 0 = AB_{1,0} * p_1 + AB_{1,1} * v_1$，即

$$Z_1 = p_1/v_1 = -AB_{1,1}/AB_{1,0} \tag{17-A8}$$

在节点 2

$$Z_1 = \frac{p_1}{v_1} = \frac{C_{0,0}p_2 + C_{0,1}v_2}{C_{1,0}p_2 + C_{1,1}v_2} \cdot \frac{\dfrac{1}{v_2}}{\dfrac{1}{v_2}} = \frac{C_{0,0}Z_2 + C_{0,1}}{C_{1,0}Z_2 + C_{1,1}} \tag{17-A9}$$

因此

$$Z_2 = \frac{-(Z_1 C_{1,1} - C_{0,1})}{(Z_1 C_{1,0} - C_{0,0})} \tag{17-A10}$$

同样地，在节点 3

$$Z_3 = \frac{-(Z_2 D_{1,1} - D_{0,1})}{(Z_2 D_{1,0} - D_{0,0})} \tag{17-A11}$$

在节点 9，$v_9=0$，那么有

$$Z_9 = p_9/v_9 = \infty \tag{17-A12}$$

在节点 6

$$Z_6 = \frac{p_6}{v_6} = \frac{G_{0,0}p_9 + G_{0,1}v_9}{G_{1,0}p_9 + G_{1,1}v_9} = \frac{G_{0,0}}{G_{1,0}} \tag{17-A13}$$

在节点 5

$$Z_5 = \frac{p_5}{v_5} = \frac{F_{0,0}p_6 + F_{0,1}v_6}{F_{1,0}p_6 + F_{1,1}v_6} = \frac{F_{0,0}Z_6 + F_{0,1}}{F_{1,0}Z_6 + F_{1,1}} \tag{17-A14}$$

在节点 4

$$Z_4 = \frac{E_{0,0}Z_5 + E_{0,1}}{E_{1,0}Z_5 + E_{1,1}} \tag{17-A15}$$

火焰被建模为位于节点 3 和节点 4 之间的平面上的声速源。该界面的边界条件为 $p_3=p_4$ 和 $v_4=v_3*(\rho_4/\rho_3)+v_s$。声压与速度源的传递函数，即

$$\psi = \frac{p_3}{v_s} \tag{17-A16}$$

由系统阻抗导出，从节点 4 阻抗的定义开始

$$Z_4 = \frac{p_4}{v_4} = \frac{p_3}{v_3\dfrac{\rho_4}{\rho_3}+v_s} = \frac{p_3}{v_3\dfrac{\rho_4}{\rho_3}+v_s} \cdot \frac{\dfrac{1}{p_3}}{\dfrac{1}{p_3}} = \frac{1}{\dfrac{1}{Z_3}\cdot\dfrac{\rho_4}{\rho_3}+\dfrac{1}{\psi}} \tag{17-A17}$$

因此

$$\psi = \frac{Z_3 Z_4}{Z_3 - \dfrac{\rho_4}{\rho_3}\cdot Z_4} \tag{17-A18}$$

通过将放热量与声速源联系起来，导出了声压与放热量变化的传递函数[25]

$$v_s = \frac{p_3}{\psi} = \left[\rho_4\left(\frac{T_4}{T_3}-1\right)\mu_3 s_3\right]\frac{q'}{Q} + \left[\rho_4\left(\frac{T_4}{T_3}-1\right)\mu_3 s_3\right]\frac{p_3}{P_3} \tag{17-A19}$$

方程（17-A19）提供了推导 H 所需的最后一个关系式，H 是相对压力对热量释放振荡的响应。H 传递函数的推导从方程（17-A19）开始，将 p_3 和 v_3 分开，然后除以 P_3 得到

$$\frac{p_3}{P_3}\left[\frac{1}{\psi}-\frac{1}{P_3}\left[\rho_4\left(\frac{T_4}{T_3}-1\right)\mu_3 s_3\right]\right] = \frac{q'}{Q}\left[\rho_4\left(\frac{T_4}{T_3}-1\right)\frac{\mu_3 s_3}{P_3}\right] \tag{17-A20}$$

因此

$$H = \frac{p_3/P_3}{q'/Q} = \frac{\{\rho_4[(T_4/T_3)-1](\mu_3 s_3/P_3)\}}{((1/\psi)-(1/P_3)\{\rho_4[(T_4/T_3)-1]\mu_3 s_3\})} \tag{17-A21}$$

采用形式简单的相对释热对压力脉动响应的传递函数 G 计算开环响应函数，假设函数 G 是一个简单的时滞，这里显示了增益为 1/2 的时滞模型

$$G = \frac{q'/Q}{p_3/P_3} = \frac{1}{2}e^{-1jw\tau} \tag{17-A22}$$

函数 G 的增益和时滞可以根据所建模的情况而变化。以本文正文中讨论的伯德图和奈奎斯特图为例，用 G 和 H 的方程来计算开环响应函数 $G*H$。

最后，为了讨论声耗散器，可以通过增加一个包含共振器颈口阻抗 Z_r 的声学矩阵 T 来考虑安装在燃烧室一侧的共振器的影响[28]

$$T = \begin{pmatrix} 1 & 0 \\ 1/Z_r & 1 \end{pmatrix} \qquad (17-A23)$$

这个矩阵简单地插入到组成燃烧室的圆柱矩阵之间的截面上（A4）。以这种方式，阻尼器可以很容易地添加，或在矩阵（图 17-A1 所示的 A、B、D、E 或 G）乘法中包含矩阵 T 来改变阻尼器的位置。在文中给出的计算案例中，共振器被添加到定义表示区域 E 的矩阵中。

参 考 文 献

［1］Hobson, D. E., Fackrell, J. E., and Hewitt, G., "Combustion Instabilities in Industrial Gas Turbines- Measurements on Operating Plant and Thermoacoustic Modeling," Journal of Engineering for Gas Turbines and Power, Vol.122, No.3, 2000, pp.420-428.

［2］Sholz, M. H., and Depietro, S. M., "Field Experience on DLN Typhoon Industrial Gas Turbines," American Society of Mechanical Engineers, Paper 97-GT-61, 1997.

［3］Pandalai, R. P., and Mongia, H. C., "Combustion Instability Characteristics of Industrial Engine Dry Low Emission Combustion Systems," AIAA Paper 98-3379, 1998.

［4］Richards, G. A., Straub, D. L., and Robey, E. H., "Passive Control of Combustion Dynamics in Stationary Gas Turbines," Journal of Propulsion and Power, Vol.19, No.5, 2003, pp.795-810.

［5］Chu, B. T. "On the Generation of Pressure Waves at a Plane Flame Front," Proceedings of the Combustion Institute, Pittsburgh, PA, Vol.4., 1953, pp.603-612.

［6］Peracchio, A. A., and Proscia, W. M., "Nonlinear Heat-Release/Acoustic Model for Thermoacoustic Instability in Lean Premixed Combustors," Journal of Engineering for Gas Turbines and Power, Vol.121, No.3, 1999, pp.415-421.

［7］Brookes, S. J., Cant, R. S., Dupere, I. D., and Dowling, A. P., "Computational Modeling of Self-Excited Combustion Instabilities," American Society of Mechanical Engineers, Paper 2000-GT-0104, 2000.

［8］Kruger, U., Huren, J., Hoffinan, S., Krebs, W., and Bohn, D., "Prediction of Thermoacoustic Instabilities with Focus on the Dynamic Flame Behavior for the 3A-Series Gas Turbine of Siemens KWU," American Society of Mechanical Engineers, Paper 99-GT-11, 1999.

［9］Hanje, D. T., and Reardon, F. H., "Liquid Propellant Rocket Combustion Instability," NASA SP-194, 1971.

［10］Arana, C. A., Sekar, B., and Mawid, M. A., "Determination of Thermoacoustic Response in a Demonstrator Gas Turbine Engine," Journal of Engineering for Gas Turbines and Power, Vol.124, No.1, 2000, pp.46–57.

[11] Fleifil, M., Annaswamy, A. M., Ghoneim, Z. A., and Ghoniem, A. F., "Response of a Laminar Flame to Flow Oscillations: A Kinematic Model and Thermoacoustic Instability Results," Combustion and Flame, Vol.106, 1996, pp.487–510.

[12] Steele, R. C., Cowell, L. H., Cannon, S. M., and Smith, C. E., "Passive Control of Combustion Instability in Lean Premixed Combustors," Journal of Engineering for Gas Turbines and Power, Vol.122, No.3, 2000, pp.412–419.

[13] Richards, G. A., and Janus, M. C., "Characterization of Oscillations During Premix Gas Turbine Combustion," Journal of Engineering for Gas Turbines and Power, Vol.120, No.2, 1998, pp.294–302.

[14] Keller, J. J., "Thermoacoustic Oscillations in Combustion Chambers of Gas Turbines," AIAA Journal, Vol.33, No.12, 1995, pp.2280–2287.

[15] Lieuwen, T., and Zinn, B. T., "The Role of Equivalence Ratio Oscillations in Driving Combustion Instabilities in Low NO_x Gas Turbines," Proceedings of the CombustionInstitute, Pittsburgh, PA, Vol.27, 1998, pp.1809–1816.

[16] Lee, J. G., Kim, K., and Santavicca, D. A., "Measurement of Equivalence Ratio Fluctuation and Its Effect on Heat–release During Unstable Combustion," Proceedings of the Combustion Institute, Pittsburgh, PA, Vol.28, 2000, pp.415–421.

[17] Mongia, R. K., Tomita, E., Hsu, F. K., Talbot, L., and Dibble, R. W., "Use of an Optical Probe for Time–Resolved in Situ Measurement of Local Air–to–Fuel Ratio and Extent of Fuel Mixing with Applications to Low NO_x Emission in Premixed Gas Turbines," Proceedings of the Combustion Institute, Pittsburgh, PA, Vol.26, 1996, pp.2749–2755.

[18] Schadow, K. C., and Gutmark, E., "Combustion Instabilities Related to Vortex Shedding in Dump Combustors and Their Passive Control," Progress in Energy and Combustion Science, Vol.18, 1992, pp.117–132.

[19] Smith, D. A., "An Experimental Study of Acoustically Excited, Vortex Driven Combustion Instability Within a Rearward Facing Step Combustor," Ph. D. Dissertation, California Inst. of Technology, Pasadena, CA, 1985.

[20] Sterling, J. D., and Zukoski, E. E., "Longitudinal Mode Combustion Instabilities in a Dump Combustor," AIAA Paper 87–0220, 1987.

[21] Gutmark, E., Schadow, K. C., Sivasegaram, S., and Whitelaw, J. H., "Interaction Between Fluid–Dynamic and Acoustic Instabilities in Combusting Flows Within Ducts," Combustion Science and Technology, Vol.79, 1991, pp.161–166.

[22] Poinsot, T. J., Trouve, A. C., Veynante, D. P., Candel, S. M., and Esposito, E. J., "Vortex Driven Acoustically Coupled Combustion Instabilities," Journal of Fluid Mechanics, Vol.177, 1987, pp.265–292.

[23] Langhorne, P. J., "Reheat Buzz: An Acoustically Coupled Combustion Instability, Part 1, Experiment," Journal of Fluid Mechanics, Vol.193, 1988, pp.417–443.

［24］YU, K. H., Trouve, A., and Daily, J. W., "Low-Frequency Pressure Oscillations in a Model Ramjet Combustor," Journal of Fluid Mechanics, Vol.232, 1991, pp.47-72.

［25］Schuermans, B. H., and Polifke, W., "Modeling Transfer Matrices of Premixed Flames and Comparison with Experimental Results," American Society of Mechanical Engineers, Paper 99-GT-132, 1999.

［26］Kendrick, D. W., Anderson, T. J., Sowa, W. A., and Snyder, T. S., "Acoustic Sensitivities of Lean-Premixed Fuel Injectors in a Single Nozzle Rig," Journal of Engineering for Gas Turbines and Power, Vol.121, No.3, 1999, pp.429-436.

［27］Pascheriet, C. O., Flohr, P., Knopfel, H., Geng, W., Steinbach, C., Stuber, P., Bengtsson, K., and Gutmark, E., "Combustion Control by Extended EV Burner Fuel Lance," American Society of Mechanical Engineers, Paper GT-2002-30462, 2002.

［28］Munjal, M. L., Acoustics of Ducts and Mufflers, Wiley, New York, 1987.

［29］Fannin, C. A., Baumann, W. T., Saunders, W. R., Richards, G. A., and Straub, D. L., "Thermoacoustic Stability Analysis for Mutli-Port Fuel Injection in a Lean Premixed Combustor," AIAA Paper 2000-0711, 2000.

［30］Phillips, C. L., and Harbor, R. D., Feedback Control Systems, 4th ed., Prentice-Hall, Upper Saddle River, NJ, 2000.

［31］Blackshear, P. L. "Driving Standing Waves by Heat Addition," Proceedings of the Combustion Institute, Pittsburgh, PA, Vol.4, 1953, pp.553-556.

［32］Merk, H. J. "An Analysis of Unstable Combustion of Premixed Gases," Proceedings of the Combustion Institute , Vol.6, 1956, pp.501-512.

［33］Becker, R., and Gunther, R., "The Transfer Function of Premixed Turbulent Jet Flames," Proceedings of the Combustion Institute, Pittsburgh, PA, Vol.13, 1971, pp.517-526.

［34］Baade, P. K., "Design Criteria and Models for Preventing Combustion Oscillations," Transactions of the American Society of Heating, Refrigerating and Air-Conditioning Engineers, ASHRAE 84, Part 1, 1978.

［35］Mugridge, B. D., "Combustion Driven Oscillations," Journal of Sound and Vibrations, Vol.70, No.3, 1980, pp.437-452.

［36］Matsui, Y., "An Experimental Study on Pyro-Acoustic Amplification of Premixed Laminar Flames," Combustion and Flame , Vol.43, 1981, pp.199-209.

［37］Ducruix, S., Durox, D., and Candel, S., "Theoretical and Experimental Determination of the Transfer Function of a Laminar Premixed Flame," Proceedings of the Combustion Institute, Pittsburgh, PA, Vol.28, 2000, pp.765-773.

［38］Hadvig, S., "Combustion Instability: System Analysis," Journal of the Institute of Fuel , Vol.44, 1971, pp.550-558.

［39］Hegde, U. G., Reuter, D., Daniel, B. R., and Zinn, B. T., "Flame Driving of Longitudinal Instabilities in Dump Type Ramjet Combustors," Combustion Science and Technology, Vol.55, 1987, pp.125-138.

［40］Fieler, C. E., and Heidmann, M. F., "Dynamic Response of Gaseous Hydrogen Flow Systems and Its Application to High-Frequency Combustion Instability,"NASA TN D-4040, 1967.

［41］Putnam, A. A., Combustion Driven Oscillations in Industry, Elsevier, New York, 1971.

［42］Janardan, B. A., Daniel, B. R., and Zinn, B. T., "Driving of Combustion Oscillations by Gaseous Propellant Injectors," Proceedings of the Combustion Institute , Pittsburgh, PA, Vol.17, 1977, pp.1353-1361.

［43］Lieuwen, T., and Zinn, B. T., "Theoretical Investigation of Premixed Combustion Instability Mechanisms," AIAA Paper 98-0641, 1998.

［44］Richards, G. A., Straub, D. L., and Robey, E. H., "Dynamic Response of A Premix Fuel Injector," American Society of Mechanical Engineers, Paper 2001-GT-036, 2001.

［45］Scarinci, T., and Freeman, C., "The Propagation of a Fuel-Air Ratio Disturbance in a Simple Premixer and Its Influence on Pressure Wave Amplification," American Society of Mechanical Engineers, Paper 2000-GT-0106, 2000.

［46］Sattlelmayer, T., "Influence of the Combustor Aerodynamics on Combustion Instabilities From Equivalence Ratio Fluctuations," American Society of Mechanical Engineers, Paper 2000-GT-0082, 2000.

［47］Anderson, T. J., Sowa, W. A., and Morford, S. A., "Dynamic Flame Structure in a Low NO_x Premix Combustor," American Society of Mechanical Engineers, Paper 98-GT-568, 1998.

［48］Paschereit, C. O., Polifke, W., Schuermns, B., and Mattson, O., "Measurement of Transfer Matrices and Source Terms of Premixed Flames," Journal of Engineering for Gas Turbines and Power, Vol.124, No.2, 2002, pp.239-247.

［49］Lawn, C. J., "Thermo-Acoustic Frequency Selection by Swirled Premixed Flames," Proceedings of the Combustion Institute, Pittsburgh, PA, Vol.28, 2000, pp.823-830.

［50］Krebs, W., Hoffman, S., Prade, B., Lohrmann, M., and Buchner, H., "Thermoacoustic Flame Response of Swirl-Stabilized Flames," American Society of Mechanical Engineers, Paper GT-2002-30065, 2002.

［51］Khanna, V. K., "A Study of the Dynamics of Laminar and Turbulent Fully and Partially Premixed Flames," Ph. D. Dissertation, Virginia Polytechnic Inst. and State Univ., Blacksburg VA, 2001.

［52］Khanna, V., Vandsburger, U., Saunders, W. R., and Baumann, W. T., "Dynamic Analysis of Swirl Stabilized Turbulent Gaseous Flame," American Society of Mechanical Engineers, Paper GT-2002-30061, 2002.

［53］Bohn, D., Deutsch, G., and Kruger, U., "Numerical Prediction of the Dynamic Behavior of Turbulent Diffusion Flames," Journal of Engineering for Gas Turbines and Power, Vol.120, No.4, 1998, pp.713-720.

［54］Bohn, D., Li, Y., Matouschek, G., and Kruger, W., "Numerical Prediction of the Dynamic Behavior of Premixed Flames Using Systematically Reduced Multi-Step Reaction

Mechanisms," American Society of Mechanical Engineers, Paper 97-GT-265, 1997.

[55] Kruger, U., Hoffman, S., Krebs, W., Judith, H., Bohn, D., and Matouschek, G., "Influence of Turbulence on the Dynamic Behavior of Premixed Flames," American Society of Mechanical Engineers, Paper 98-GT-323, 1998.

[56] Smith, C. E., and Leonard, A. D., "CFD Modeling of Combustion Instability in Premixed Axisymmetric Combustors," American Society of Mechanical Engineers, Paper 97-GT-305, 1997.

[57] Zhu, M., Dowling, A. P., and Bray, K. N. C., "Flame Transfer Calculations for Combustion Oscillations," American Society of Mechanical Engineers, Paper 2001-GT-0374, 2001.

[58] Walz, G., Krebs, W., Hoffmann, S., and Judith, H., "Detailed Analysis of the Acoustic Mode Shapes of an Annular Combustion Chamber," American Society of Mechanical Engineers, Paper 99-GT-113, 1999.

[59] Cronemyr, P. J. M., Hulme, C. J., and Troger, C., "Coupled Acoustic-Structure Analysis of an Annular DLE Combustor," American Society of Mechanical Engineers, Paper 98-GT-502, 1998.

[60] Pankiewilz, C., and Sattelmayer, T., "Time Domain Simulation of Combustion Instabilities in Annular Combustor," American Society of Mechanical Engineers, Paper GT-2002-30063, 2002.

[61] Evesque, S., and Polifke, W., "Low-Order Acoustic Modeling for Annular Combustors: Validation and Inclusion of Modal Coupling," American Society of Mechanical Engineers, Paper GT-2002-30064, 2002.

[62] Krebs, W., Walz, G., Flohr, P., and Hoffmann, S., "Modal Analysis of Annular Combustors: Effect of Burner Impedance," American Society of Mechanical Engineers, Paper 2001-GT-0042, 2001.

[63] Straub, D. L., and Richards, G. A., "Effect of Fuel Nozzle Configuration on Premix Combustion Dynamics," American Society of Mechanical Engineers, Paper 98-GT-492, 1998.

[64] Hermsmeyer, H., Prade, B., Gruschka, U., Schmitz, U., Hoffmann, S., and Krebs, W., "V64.3A Gas Turbine Natural Gas Burner Development," American Society of Mechanical Engineers, Paper GT-2002-30106, 2002.

[65] Lieuwen, T., Torres, H., Johnson, C., and Zinn, B. T., "A Mechanism of Combustion Instability in Lean Premixed Gas Turbine Combustors," Journal of Engineering for Gas Turbines and Power, Vol.123, No.1, 2001, pp.182-189.

[66] Lovett, J. A., and Uznanski, K. T., "Prediction of Combustion Dynamics in a Staged Premixed Combustor," American Society of Mechanical Engineers, Paper GT-2002-30646, 2002.

[67] Berenbrink, P., and Hoffmann, S., "Suppression of Dynamics Combustion Instabilities by Passive and Active Means," American Society of Mechanical Engineers, Paper 2000-

GT-0079, 2000.

[68] Richards, G. A., Straub, D. L., and Robey, E. H. "Control of Combustion Dynamics Using Fuel System Impedance," American Society of Mechanical Engineers, Paper GT-2003-38521, 2003.

[69] Lee, J. G., Kim, K., and Santavicca, D. A., A Study of the Role of Equivalence Ratio Fluctuations During Unstable Combustion in a Lean Premixed Combustor," AIAA Paper 2002-4015, 2002.

[70] Lovett, J. A., "Bluffbody Rameholders for Low-Emission Gas Turbine Combustors," U.S. Patent No.5,471,840, 1995.

[71] Straub, D. L., Richards, G. A., Baumann, W. T., and Saunders, W. R., "Measurement of Dynamics Flame Response in a Lean Premixed Single-Can Combustor," American Society of Mechanical Engineers, Paper 2001-GT-0038, 2001.

[72] Laudien, E., Pongratz, R., Pierro, R., and Preclik, D., "Experimental Procedures Aiding the Design of Acoustic Cavities," Liquid Rocket Engine Combustion Instability, Progress in Astronautics and Aeronautics, AIAA, Washington, DC, Vol.169, 1995, pp.377-399.

[73] Lewis, G. D., and Garrison, G. D., "The Role of Acoustic Absorbers in Preventing Combustion Instability," AIAA Paper 71-699, 1971.

[74] Gysling, D. L., Copeland, G. S., McCormick, D. C., and Proscia, W. M., "Combustion System Damping Augmentation with Helmholtz Resonators," American Society of Mechanical Engineers, Paper 98-GT-268, 1998.

[75] Bellucci, V., Paschereit, C. O., Flohr, P., and Magni, F., "On the Use of Helmholtz Resonators for Damping Acoustic Pulsations in Industrial Gas Turbines," American Society of Mechanical Engineers, Paper 2001-0039, 2001.

[76] Mitchell, C. E., "Analytical Models for Combustion Instability in Liquid Rocket Engine Combustion Instability," Liquid Rocket Engine Combustion Instability, Progress in Astronautics and Aeronautics, AIAA, Washington, DC, Vol.169, 1995, pp.403-430.

[77] DeBiasi, V., "Gasification on Track to Turn Problem Fuels into Electricity and Power," Gas Turbine World, Nov-Dec, 1999, pp.12-20.

第18章 不稳定燃烧室控制的影响因素

Jeffrey M. Cohen
（Pratt & Whitney，East Hartford, Connecticut）
Andrzej Banaszuk
（United Technologies Research Center，East Hartford, Connecticut）

符 号 表

G_0	表示燃烧室、燃料管路和阀门等动态特性的传递函数
G_c	控制器传递函数
N	随机输入描述函数
S	敏感性函数
b	表示阀门处于"开"的状态
k	在控制带宽外，决定开环传递函数衰减率的指数因子
$\Delta\omega_1$	性能带宽
$\Delta\omega_2$	控制带宽
Φ_{ii}	输入扰动的功率谱密度函数
Φ_{pp}	燃烧室压力的功率谱密度函数
ε	在性能带宽上敏感性函数所需的衰减程度
ϕ	燃料—空气当量比
μ	平均燃料—空气比
ω	角频率
ω_b	控制带宽的下边界
ω_c	控制带宽的上边界
σ	阀门控制的标准差
σ_r	不稳定极点的实部
τ	延迟时间

18.1 引言

低排放工业燃气轮机中采用的贫燃预混燃烧室设计往往容易产生燃烧不稳定性，前人已经报道了一些重要工作，利用主动控制技术来抑制这些不稳定性。美国联合技术研究中心的研究人员已经证实，全尺寸单头部燃烧室中燃烧不稳定性的抑制可高达 16dB[1-2]，而在三喷嘴扇形燃烧室中可以减少 6.5dB。西门子 KWU 公司的工程师们在一台全尺寸发动机上安装了一套主动不稳定性控制系统[3-4]，使得脉动压力减少多达 17dB。ABB 阿尔斯通的研究人员[5]对一台实验室尺寸的燃烧室进行了大量的研究，实现了多达 12dB 的抑制效果。别的研究机构也在其他类型的预混燃烧室中成功展示了类似水平的抑制效果，包括美国能源部[6]、霍尼韦尔[7]、西屋 / 佐治亚理工学院[7]。

基于这些成功案例，这种主动控制技术有望成为削弱燃烧不稳定性的有效手段。然而，影响（并且限制）主动不稳定性控制系统性能的因素尚未被充分研究。特别是在不同试验中，压力振荡降低的程度在 6 ~ 20dB 间变化。此外，在有些情况下，主频处振动的减弱会伴随着其他频率处振动的激发[1, 9, 11]。

大量因素决定了主动不稳定性控制系统的有效性，这些因素可以分为以下几类：燃烧室不稳定性、调控系统、传感器、控制器 / 算法，下面将对这些类别进行更为详细的讨论。

18.1.1 燃烧室不稳定性

控制目标的压力振荡特性对于控制系统的有效性至关重要，这种有效性包括系统是否是动态不稳定的（即处于极限环中），或者是否是由噪声激励下处于线性稳定等基本问题。任意一种情况下都可能存在大的相干压力振荡；另一个重要因素是非稳态热释放和压力相互耦合的机理，为得到一个有效的控制系统，理解这些耦合机理并理清其优先级是很重要的，以便能够设计出干涉其耦合的调控方案。如果有多种耦合机制起作用，那么同时处理多个机制可能会比较困难。有些机制可能不适合实用的调控方案，或者可能更适合被动控制方法，例如，声谐振器[12]。多种不稳定模态以及这些模态之间的相互作用（特别是非线性相互作用）也可能会削弱控制系统的性能。此外，燃烧室压力振荡行为如何随着发动机运行工况，以及发动机瞬态特性而变化的问题也会影响控制器的性能。

18.1.2 激励系统

为了使激励系统真正有效，必须要对燃烧不稳定性背后的物理机制进行干预。激励系统设计中最重要的考虑因素是形成对这些物理机理的理解。基于不稳定系统的测量结果往往难以理清其中的因果关系。任何一个系统中都可能存在大量潜在的耦合机制，通常需要通过建模和详细试验来获得这些信息。一旦明确了执行器的目标（即它会如何影响物理过程），就必须着手解决激励器及其激励系统的实际问题。在大多数系统中，燃料流量是通过某些种类的快速响应阀来控制的，该阀门在目标频率下调节燃料流量的响应必须足够快，并且需要工作在一定的潜在频率范围内，这个带宽要求为阀门的带宽和自然频率带宽设定了具体规格。此外，阀必须具有与系统供压和流量目标相一致的流通能力，但同时还必须代表系统流量计量孔口。此外，激励器与控制器的相互作用也是一个重要的因素。在具有迟滞或非线性响应的阀门中，可能需要阀门位置反馈。比例控制系统需要比例阀具有宽动态范围的流通能力。尽管阀门是控制系统的关键部件，但也不能忽视系统的其余部分，包括管道系统和燃料喷射系统。管道系统的声学特性很重要，甚至可以同时应用于[6, 13]液体和气体燃料。燃料供给系统的容量也会对燃烧室供油的时间变化产生严重影响，尤其是气体燃料系统，但对于有气蚀现象的液体燃料系统也会产生影响。燃料喷射技术也影响着激励器的效果，包括雾化、混合和输运作用。这些现象可能会对激励器发出的燃料脉冲起到减弱和 / 或延迟的效果，导致火焰面处响应变得极小。某些系统中可能需要多个激励器，这些激励器的布置以及它们之间的协调性也是需要考虑的重要因素。

18.1.3　传感器

尽管燃烧不稳定性的传感技术可能已经相当成熟（如高响应压力变送器或化学发光的光学测量），但这些传感器在控制系统中的应用对系统性能至关重要。注意，尽管测量不稳定系统的压力或热释放振荡相对简单，但利用控制系统来最大限度地减小这些振荡则会困难得多。如前所述，理解导致燃烧不稳定的物理机制是很重要的。传感器必须放置在相对于声模态振型的适当位置上，来正确识别相位信息，并最大限度地提高信噪比。还可能需要多个传感器来识别或适应模态以及模态振型的变化，这些传感器的振幅和相位必须进行很好的匹配。滤波、信号处理和平均也可能是必要的，其取决于所测信号的性质。为了设置控制系统参数，还可能需要对调控系统或者外部参数（燃料流量、入口温度等）进行次级传感。

18.1.4　控制器 / 算法

如果燃烧室的工作条件是固定的，信号传输延迟较小（远小于声学周期），激励器能力和带宽足够，并且已获得了压力对于燃料阀指令的响应模型，那么设计控制算法来处理压力传感器信号并向燃料阀发送指令信号来消除振荡就是比较常规的任务了。在这种情况下，控制算法需要为压力信号提供一个适当的相移，可通过几种方法来获得[2-3, 9, 11, 14-16]，包括时间延迟、超前滞后、线性二次调节器、H_∞（使得扰动能量到压力能量的增益最小化）、H_2（使得扰动能量到最大压力值的增益最小化），以及观测控制器。

基于模型的控制设计所面临的首要挑战是缺乏对燃烧系统响应的精确的、理论预测模型。因此，控制设计通常使用从试验数据获得或利用其校准的模型[2-3, 9, 11, 14-15]，或者运用自适应方案[17-20]来自动调节控制器参数，以减少压力振荡。特别是在无法获取基于数据的模型的情况下，需要自适应方案作为初步的控制算法。对于不稳定的工业燃烧室，上述情况将有可能出现在当其运行在很可能导致硬件损坏的工况区间，或者当运行条件发生变化（如工业燃气轮机的功率瞬变）或受到未知干扰（外部温度、电力负荷变化）时。固定参数和自适应控制方法都有各自的局限性，将在下面进行讨论。

如前所述，固定参数控制器所实现的抑制水平会在不同的试验中改变。我们可以利用控制理论方法来理解，较大的传输延迟（与声波周期相当）和有限的激励器带宽是如何降低压力振荡所能达到的衰减水平的。从本质上看，当存在较大延迟的时候，压力振荡在某些频带的衰减会伴随着相邻频带振荡的激发[15, 21-22]。有限的激励器带宽会阻止控制算法对该问题进行可能的修正。将最大压力幅值的放大系数定义为控制器引起的激励频带的函数，那么可以利用一个与控制器无关的函数下限[15, 21, 23-24]来表示某些频带内振荡的衰减与相邻频带内振荡的激发之间的折中关系。该下限是传输延迟的递增函数，是激励器带宽的递减函数[15, 21]。

自适应控制算法性能的局限性包括固定参数控制器的局限性，以及少数由自适应所引起的额外限制。首先，除非燃烧室瞬态时间尺度比自适应时间尺度高一个数量级，否则任何自适应方案的稳定性都得不到保证[25-27]（对于一些特别指定的自适应方案，即使在时间尺度分离的假设下，也不能确保稳定性）。然而，控制参数的自适应时间尺度不可能任意减小，来实现时间尺度的分离。特别是在工业应用中[17]，限制自适应速度的一个重要因素是压力时间轨迹中存在的噪声，其主要归因于声学模态对随机扰动（如湍流）的响应。

为了让控制算法能够将压力对控制输入的反应与其对随机干扰的响应区分开来，这种噪声需要被过滤掉。噪声滤波器的存在必然会减慢自适应速度，因为平均掉噪声效应所需的时间与信噪比成正比[17, 28]。这也解释了为什么在实验室规模燃烧室（低噪声）中验证的自适应控制器在实际工业（高噪声）环境中的表现可能没那么好。在自适应算法的性能、稳定性以及自适应速度之间也存在权衡取舍[28]。

本章将对其中几个因素进行更深入的探讨，包括燃料混合的调控、调控时间延迟，以及基本的控制限制。这些因素的选择是基于对它们在主动控制系统开发过程中重要性的评估。这一评估是基于试验诊断、详细的物理建模，以及低阶动力学建模的结果。

18.2　燃烧室的介绍

后续章节主要讨论两个不同燃烧室（见图 18-1 和图 18-2）的试验结果：以天然气为燃料的单头部预混火焰筒（功率 4MW）和以液体柴油为燃料的三头部扇形预混试验件（功率 12MW）。

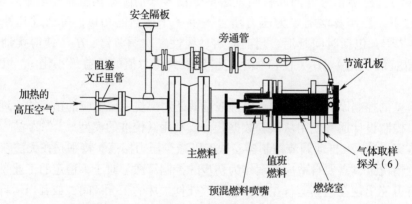

图 18-1　单喷嘴燃烧室火焰筒示意图，试验段直径为 15.2cm，共有 6 个采样探头，为清楚起见只展示了其中一个

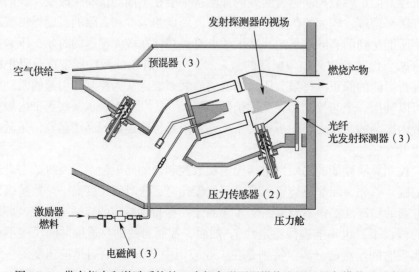

图 18-2　带有仪表和激励系统的三头部扇形预混燃烧室测试设备横截面示意图

　　试验在宽范围的当量比下进行，其入口温度和压力与实际发动机工况相当（分别为 710K 和 1.5MPa）。试验中采用了与实际发动机中尺寸相当的预混喷嘴模型。三喷嘴扇形试验件采用了发动机燃烧室内衬的一个 60° 扇形弧段，其侧壁采用对流冷却，参考文献 [1]、[2] 和 [29] 对燃烧室试验件进行了详细的讨论。

　　这些燃烧室中使用的预混燃料喷嘴已经由 Stufflebeam 等进行了详细描述[30]。图 18-3 展示了燃料喷嘴的示意图，空气通过两个在轴向上贯穿预混室的切向导风槽进入预混室。天然气燃料通过入口段的一排孔口注入到每个空气槽中。据 Stufflebeam 等介绍，他们对燃料—空气的混合进行了测量和优化，以实现低排放运行[30]。其液体燃料的改型喷嘴利用 6 个轴向喷管来进行雾化并将燃料注入预混喷嘴内部。

　　控制系统所针对的不稳定模态（约 200Hz）为 Helmholtz 模态（$n = 0$），此模态下燃烧室内的脉动压力是均匀的。压力脉动通过影响预混喷嘴输送的空气流量而与放热过程相耦

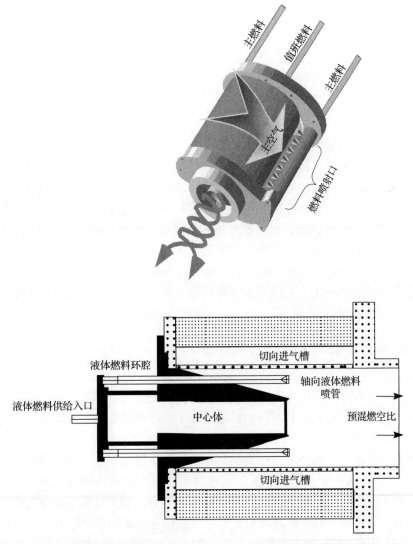

图 18-3　预混燃料喷嘴示意图，上图显示了切向空气旋流和气体燃料喷射方案，
下图显示了采用液体燃料喷射方案的喷嘴横截面

447

合。随时间变化的空气流量在喷管出口处产生随时间变化的当量比，从而导致了随时间变化的释热率。Peracchio 和 Proscia[31]详细地讨论了这种不稳定性的概念模型，许多其他学者也描述了这种现象[5-6, 32]。Lee 和 Anderson[33]通过在燃烧室中进行燃料浓度测量，证实了当量比脉动和压力脉动之间的联系。图 18-4 显示了在单喷嘴（火焰筒）型燃烧室中观察到的该不稳定性的脉动压力频谱。

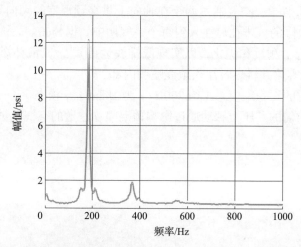

图 18-4　未被控制的燃烧不稳定性压力频谱，展示了约 200Hz 处的高幅值压力脉动

低排放燃烧室控制系统设计的根本问题是使系统对相关动态过程的控制能力达到最大化，同时使得燃烧室的排放最小化，并确保控制系统在一系列工况条件下的性能。主动控制系统由三部分组成：压力传感器、控制算法和激励器。由于燃烧室内脉动压力在空间上分布均匀，所以只需要进行一处燃烧室压力测量就可以描述非定常压力场，并且作为控制系统的输入。两个试验中，都针对一部分进入预混喷嘴的燃料流进行了开启 / 关闭的控制操作。发展了一种闭环控制算法，利用激励器的控制能力来抑制燃烧室压力振荡。所选择的控制算法在软件中嵌入了频率跟踪观测器（frequency-tracking observer），能从高响应的压力信号中识别出燃烧室压力振荡的频率和同相正交分量，之后，经过相移的压力振荡信号被反馈回开关控制阀。

18.3　调控燃料混合性能

在对实际发动机的主动不稳定性控制系统进行产品部署中，调控技术通常被认为是其中的关键项。在这一领域中，大多数成功的工作都把对某种燃料流动的调制作为调控技术。这些技术使用了现有的燃料系统组件或增加了二次燃料喷嘴。该调控技术存在的一个显著障碍是在高频燃烧不稳定性下（燃气轮机中通常为几百赫［兹］）对大流量燃料的调节能力。在某些情况下，需要通过调整燃料系统的声学特性，来弥补目标频率范围内激励器能力的不足[13]。另一个与调控相关的潜在障碍是调控过程的物理机制。一个有效的激励器必须具有干扰声压场与燃烧释热率耦合过程的能力，如果燃料喷射的方式无法使其干扰该耦合过程，那么调节燃料流动的激励器可能就没有显著的控制能力（有效性）。

图 18-5 是采用这种控制方案的效果示意图。燃料喷射控制系统通过调节进入预混喷嘴的燃料流量来减少预混喷嘴出口处的燃空比变化。该系统的目标是为了让输送至燃烧室

的燃空比保持时间和空间上的一致性。时间均匀性能抑制燃烧不稳定性的发展，而空间均匀性可以抑制氮氧化物（NO_x）的产生。完全消除燃空比的脉动需要实时调整燃料流量调节的幅值，本研究仅采用固定振幅（开/关）调控。

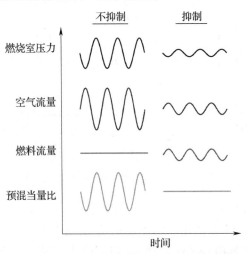

图 18-5　利用脉冲燃料喷射减少当量比脉动的调控技术示意图

　　经过改进，气体—燃料预混喷嘴可以包括 4 种不同的燃料喷射调控构型，如图 18-6 和图 18-7 所示。通过专门设计这些喷射构型，来调节燃料流和剩余预混反应物之间不同的混合程度。其中三种构型采用了轴向喷管，其安装于预混喷嘴的中心体上。通过改变喷管的长度和燃料喷射孔的数量来调整混合。第四种构型通过在螺旋空气入口处的主燃料喷射阵列中的两个喷射孔来调节流量。在所有情况下，燃料流量的激励幅度保持不变。

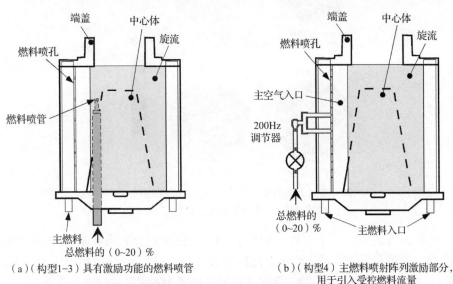

（a）（构型1-3）具有激励功能的燃料喷管　　　（b）（构型4）主燃料喷射阵列激励部分，用于引入受控燃料流量

图 18-6　具有燃料激励的预混燃料喷嘴剖面示意图

18.3.1　无反应条件下的喷嘴性能评估

　　无反应的丙酮平面激光诱导荧光（PLIF）技术可用来评估各种喷射方式的稳态混合特征[15]。这些测试中没有调节燃料流，在每次试验中，喷入预混喷嘴的总燃料中有 10% 是

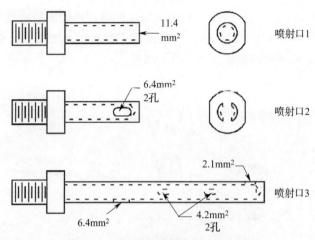

图 18-7　三种辐条喷射构型的详细视图

通过燃料喷射控制系统的。所有情况下，受控燃料流通过不同的方式喷射进入预混喷嘴中。这些测试的结果如图 18-8 所示，图中显示了每种构型下预混喷嘴出口处的浓度分布。对于三种喷嘴，可以观察到由局部喷射产生的不均匀性，在浓度分布图中体现为一个局部高浓度点。图 18-8 还体现了每种构型空间平均的未混合程度，可表示为浓度分布的标准差（σ）与平均浓度值（μ）的比值。

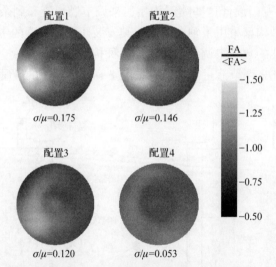

图 18-8　四种燃料喷射方案的预混喷嘴出口处的稳态燃料—空气浓度分布图，浓度值基于各结果的平均值进行了归一化

　　在 4 种喷射方案中，其中三种（构型 1～3）的稳态混合效果比基准预混喷嘴差。对于这些构型，通过在更大区域进行多点燃料喷射可以让混合效果得到改善。通过原始孔板阵列的喷射得到了最佳的混合效果，印证了该阵列确实为实现良好的混合效果进行了优化。

　　最佳混合构型使用了主喷射孔阵列（构型 4），对其进行了锁相 PLIF 的测量研究[29]。燃料控制系统中高速开关阀的激励频率为 200Hz，对 PLIF 成像相机与阀门调控进行了同步，并在 200Hz 下的整个喷射循环中使用了 5 种不同的时间—相位延迟，对于每个延迟设置，共采集 1800 张图像并进行平均，以得到在一个调控周期中预混喷嘴出口处代表性的、总体平均的浓度分布图像。图 18-9 显示了这些结果，表明空间浓度分布在一个周期内变化不大。图 18-10 显示了一个周期内空间平均浓度（燃空比）的变化情况。未混合程度（σ/μ = 标准偏差 / 平均值）在一个周期内的变化范围为 3.6% ~ 7.9%，表明整个过程中保持了相当良好的混合。丙酮的平均浓度在一个周期内的变化为 ±7%，而控制参数的变化为 ±10%。这些测试证明了喷油器构型 4 在控制预混喷嘴出口处燃空比时间特性上的能力，在任意时刻都不会让燃料—空气的空间混合度发生过多下降。

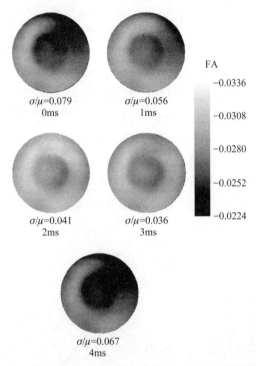

图 18-9　喷嘴构型 4 预混喷嘴出口处相平均的燃料—空气浓度分布图和未混合程度，燃料喷射的调节频率为 200Hz

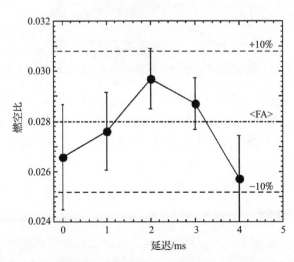

图 18-10　对于在 200Hz 下进行燃料流调制的构型 4，预混喷嘴出口处空间平均的燃空比在一个周期（5ms）内的变化，误差条表示各时刻平均值的空间方差

18.3.2　燃烧条件下的喷嘴性能评估

在有控制和无控制的条件下，每种燃料喷射控制方案都在燃气单喷嘴火焰筒燃烧室中进行了测试。在无控制工况下，燃料控制回路输送的燃料流量与有控制工况下相同。使用相同的燃料流量对于完全消除非稳态燃料喷射的影响十分必要。

对于燃料平稳、无调制地通过燃料控制系统的情况，三种混合效果较差的喷射方案的 NO_x 和 CO 排放量（相对于基准水平）均有所增加。当施加控制时（通过燃料控制系统的流量相同），这些排放量没有明显变化。一般来说，所观察到的 NO_x 水平增加与燃料—空气的未混合程度有关。试验中采用 6 个水冷采样探头组成的阵列在燃烧室出口处进行排放测量。

在这三种燃料喷射构型（1 ~ 3）中，还观察到了值班燃料对于稳定性的影响。当燃料控制系统输送恒定的燃料流量时，局部富燃会导致压力脉动的衰减。这种现象同在系统的值班级中采用扩散火焰时类似。采用值班火焰时，压力脉动会降低，但其代价是更高的 NO_x 排放。

构型 4 中的控制燃料由部分主燃料喷射阵列输送，当燃料控制系统稳定输送燃料流时，其压力脉动和排放与基准情况相比没有明显区别与预期一致。

图 18-11 表明，主导不稳定模态振幅降低的程度与混合性能有关，其中每种构型的振幅都是在最优的控制相延迟的时刻测得的。喷射方案的混合性能越好，其调控能力也就越强，因此构型 4 的振荡减少了 16dB（6.3 倍）。在此控制方案下，0 ~ 2kHz 频段的均方根压力脉动幅值水平降低了 2.4 倍。

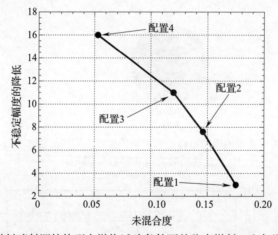

图 18-11　4 种不同的燃料喷射调控构型在燃烧试验条件下的稳态燃料—空气混合对激励器能力的影响

在构型 4 的控制条件下，NO_x 和 CO 的排放都得到了改善。NO_x 排放降低了 27%，CO 排放降低了 54%，这一趋势与 Cohen 等观察结果一致[2]。这很可能是控制系统通过降低当量比脉动，同时减少了燃烧室内局部的热斑和冷斑，从而分别减少了 NO_x 和 CO 的排放。这些效果较为显著，因为在低当量比下污染物生成率和火焰温度之间具有很强的非线性关系。

18.4　调控延迟时间

另一个影响调控系统能力的因素是激励器开始作动到在火焰面上观察到调控效果之间的时间延迟。采用液体燃料的三喷嘴扇形燃烧室[1]和单喷嘴火焰筒燃烧室对这一时间延迟进行研究，可以建立该系统的半经验不稳定性模型来解释这些效应的源头。

18.4.1　试验现象

考虑到调控更多的喷嘴可以增加激励器的能力，从而提升控制器的效能，因而对带有多个可同时调控燃料喷嘴的控制系统进行了测试。图 18-12 显示了相位优化（最小压力振荡）的单、双、三闭环控制燃料喷嘴的功率谱密度（PSD）图。对单喷嘴和双喷嘴的调控可以降低燃烧室压力振荡，但对全部三个喷嘴进行调控却没有进一步降低压力振荡，尽管在开环控制下有不同的结果。通过双喷嘴调控可以实现最佳控制，使得整体模态压力降低了 6.5dB（2.1 倍或 53%），并且宽频的均方根压力降低了 25%。与无控制工况相比，通过主动控制降低燃烧室压力振荡并没有带来不利的排放。由于压力谱峰分裂为两个较小的峰，脉动压力减少的幅度也因此受到限制。这种分裂行为在两喷嘴和三喷嘴调控的情况下都较为明显，但在三喷嘴的情况下，次峰的幅值更大。

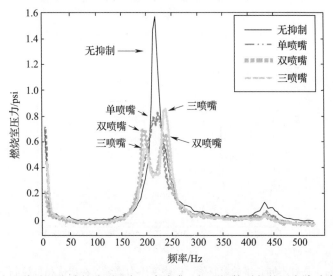

图 18-12　由于脉动压力峰的分裂现象，多喷嘴、闭环调控引起的压力脉动降低相对较小

在之后的燃气单喷嘴火焰筒燃烧室试验中，调控燃料阀与燃料喷射位置之间的管道长度从 2.8cm（1.1in）改变为 15.2cm（6in）以及 45.7cm（18in）。这些改变对控制系统性能的影响如图 18-13 所示。谱峰分裂的不利影响随着燃料管线的变长而增加。虽然没有直接

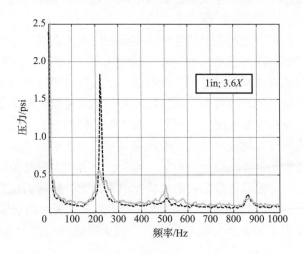

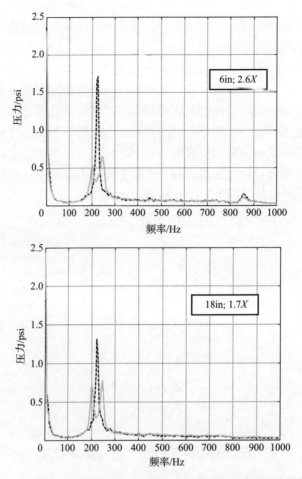

图 18-13　对于三种不同长度的燃料管，燃烧室压力谱峰值在最优相位控制下出现下降。
结果表明，在管道长度较长时，控制系统的能力由于双峰的出现而降低。
实线代表施加了控制的工况，虚线表示未施加控制的工况

测量不同构型方案的延迟时间，但增加燃料管线长度会增加调控系统时间延迟的假设是合理的，这一现象也已经被其他研究人员在试验中观察到[7]。

18.4.2　动态解释

对这一现象的解释可以追溯到燃烧室中观察到的压力振荡的基本性质。窄频带主导的燃烧室压力振荡可以用极限环模型或稳定噪声激励模型来解释。大多数文献将燃烧室的压力振荡归因于声学和热释放耦合系统的自激振荡，从而导致极限环行为。然而，将燃烧室作为一种由湍流噪声激励的轻度耗散、线性稳定的系统来建模，可以更好地解释无控制扇形燃烧室的行为，以及在控制工况中观察到的整体模态峰的分裂。注意，在小型实验室燃烧控制试验中观察到的行为与全尺寸的工业燃烧室存在着重要的差异。实验室燃烧室通常没有内衬，因此其耗散比工业燃烧室也更低。同时，与更大、更复杂的装置相比，实验室燃烧室的湍流强度也可能更低。在低耗散和低噪声水平下，显著的压力振荡的发生可能仅来源于自激极限环振荡[14]。在稳定、噪声激励的状态下，工业燃烧室可能表现出明显的压力振荡。因此，在很多情况下自激的模型并不是必要的。从这个意义上说，"燃烧不稳

定性"这个术语不太适合这种分析，因为它使用了扇形装置的稳定模型，并施加一个激励的宽频带随机干扰，用以解释所观察到的压力振荡。当然，在某些情况下，对工业燃烧室压力振荡采用自激模型比稳定激励模型更合适[2-3]。不过应注意，这两种情况都可能出现大幅值的燃烧室压力振荡。

通过试验获得的燃烧室压力对阀门调控电压的频率响应（见图 18-14）与典型带有时滞的线性系统的响应非常相似。在 150～400Hz 的频率范围内，使用带有延迟的二阶模型对这些动态特性进行拟合可以得到较为一致的结果。原则上说，要得出燃烧室动态特性在实际上是线性稳定的（而可能不是极限环行为）结论，这些经验拟合是必要而非充分条件，因为极限环系统可能产生类似受迫稳定系统的频率响应。然而，还有一些其他论点认为受迫稳定系统用以描述所观察到的行为确实是一个较好的模型。首先，无控制时的压力 PSD 与噪声激励的稳定模型的结果非常吻合。第二，从图 18-15 可以看出，试验得到的压

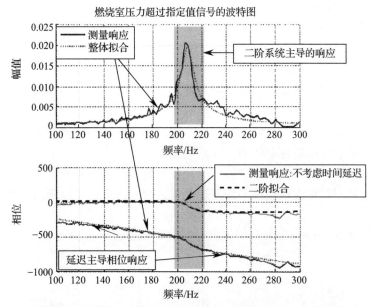

图 18-14　无控制时燃烧室压力与阀门控制信号之比的伯德图

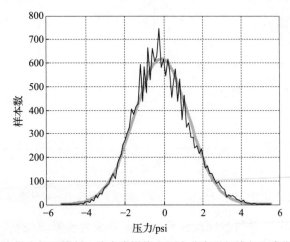

图 18-15　20000 个样本的无控制、非定常燃烧室压力分布（细线）和高斯分布拟合（粗线）

力概率分布近似为高斯分布，体现为由高斯输入激励线性系统的典型输出分布。由噪声激励的极限环系统会呈现双峰分布[22, 34-35]。最后，稳定受迫模型以较高精度的数据在模拟中再现了控制器的谱峰分裂效应。

通过调控三个喷管其中之一，进行开环正弦扫描试验，测量了燃烧室压力与阀门控制电压之间的传递函数。拟合测得传递函数的第一步是在220～260Hz频率范围内根据相位的斜率来确定时间延迟。接下来，将时间延迟导致的相位延后从试验相位延迟中减去得到一个近乎经典的二阶响应，其幅值响应峰的相位延后了180°。采用具有两个极点和一个零点的稳定二阶传递函数进行数值拟合。

图18-16所示为闭环仿真模块示意图，控制对象 $G_0(j\omega)$ 是代表燃烧室动态特性的带有延迟的经验性二阶系统。在控制器关闭时，在仿真中调整高斯白噪声的标准差，使之与试验压力数据的PSD相匹配。对于主导的扰动，其可能物理来源是湍流脉动，通过直接方式或者热释放过程来激励声学模态。

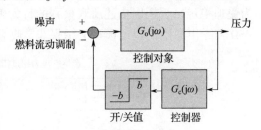

图18-16　闭环燃烧室仿真框图示意图，噪声在这里表示为燃空比的随机脉动

基于喷嘴数量对控制器的输出进行线性缩放可以模拟多喷嘴调控的作用，其结果与开环受迫试验一致。从图18-17可以看出，模拟结果呈现了与试验观察类似的谱峰分裂现象。主振荡频率处的振幅发生衰减，而由于调控了更多的喷嘴带来了更强的控制能力，导致次峰被放大。试验中，第三个阀门开启后出现了略微不对称的谱峰，这可能是由于第三个调控系统相对于前两个系统具有不同的相位延迟。事实上，这种不对称性在模型中的复现是通过给阀门3设置比阀门1和阀门2更大的延迟来实现的。

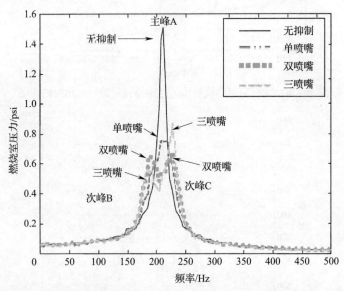

图18-17　在闭环仿真中，带有延迟的燃烧室二阶模型再现了谱峰分裂现象（见图18-12）

虽然由高斯白噪声扰动所激励的线性、稳定系统为扇形燃烧室试验提供了良好的模型，但使用开/关阀来控制使得闭环系统具有很强的非线性。因此，使用线性控制理论工

具[14]来分析谱峰分裂现象似乎显得不太相关。然而，Banaszuk 及同事认为[21-22]在出现大振幅噪声的情况下，使用随机输入描述函数的准线性分析适合研究带有开/关阀燃烧模型的非线性动态特性，比如此处的闭环反馈模型。在该技术中，模型中的信号可近似表示为常数、正弦以及呈高斯分布的随机分量之和。其静态非线性部分被随机输入描述函数命名的等效增益所取代[36]。系统中常数分量的值、正弦分量的振幅和频率以及高斯分量的标准差可以通过求解非线性方程组获得。

可以看出，图 18-16 所示具有高斯输入标准差的系统对于正弦信号开/关阀的有效增益很低，因此不能维持极限环振荡。因此，为了近似预测闭环控制下燃烧室压力的 PSD 必须对回路中的高斯过程进行平衡。使用 b 表示"开"的状态，则开/关阀的随机输入描述函数为

$$N(\sigma) = \sqrt{\frac{2}{\pi}} \frac{b}{\sigma} \qquad (18-1)$$

式中，σ 为阀门输入处高斯过程的标准差。可以看出，给定噪声输入 PSD，$\varPhi_{ii}(j\omega)$，σ 可以由高斯过程平衡方程得到

$$\sigma = \sqrt{\frac{1}{2\pi} \int_{-\infty}^{\infty} \left| \frac{G_0(j\omega) G_c(j\omega)}{1 + \sqrt{(2/\pi)/(b/\sigma)} \, G_0(j\omega) G_c(j\omega)} \right|^2 \varPhi_{ii}(j\omega) \, \mathrm{d}\omega} \qquad (18-2)$$

该方程可以进行数值求解。一旦得到 σ 的值，压力 PSD $\varPhi_{pp}(j\omega)$ 可以通过以下公式获得

$$\varPhi_{pp}(j\omega) = G_0(j\omega)/1 + N(\sigma) G_0(j\omega) G_c(j\omega) \varPhi_{ii}(j\omega) \qquad (18-3)$$

由噪声到压力的闭环传递函数为 $G_0(j\omega)[1 + G_0(j\omega) G_c(j\omega) N(\sigma)]$，表明当 $|1 + G_0(j\omega) G_c(j\omega) N(\sigma)| < 1$，压力振荡会被控制器放大，而当 $|1 + G_0(j\omega) G_c(j\omega) N(\sigma)| > 1$ 时，压力振荡会被控制器削弱。

图 18-18 展示了对于三个不同阀门的 b 值，$G_0(j\omega) G_c(j\omega) N(\sigma)$ 在复平面中的 Nyquist 图，在该图中，$G_0(j\omega) G_c(j\omega)$ 和 σ 是通过模型模拟而不是通过计算得到的。主要是由于试验和仿真中使用的控制器 $G_0(j\omega)$ 是基于频率跟踪扩展卡尔曼滤波器的非线性相移控制

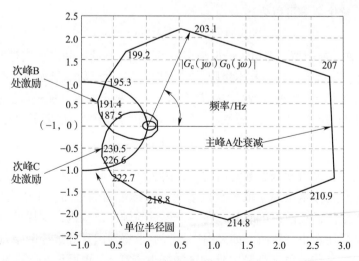

图 18-18 单喷嘴闭环控制在最优控制相位附近的 Nyquist 图，表明控制器激励了次峰（B 和 C），并且削弱了主峰（A）

器，尽管对于固定的中心振荡频率其可以用一个线性传递函数来近似，但并没有简单的线性传递函数。

通过分析图 18-18 的 Nyquist 图可以得出结论，控制器在放大某些频带的同时，削弱了约 208Hz（图 18-17 中的 A 峰）为中心频带处的压力振荡。对于大于 225Hz 和小于 195Hz 的频率，图中存在两个几乎对称的分支穿过以（−1，0）为中心的单位半径圆，是图 18-17 中出现次级峰 B 和 C 的根本原因。它们的产生是由于燃烧室传递函数存在较大的延迟，这导致开环传递函数 $N(\sigma)G_0(j\omega)G_c(j\omega)$ 的相位出现显著滚降。虽然增加更多的喷嘴，进而增加执行器的控制能力，能够增加衰减波段的控制增益，但也会增加激励波段的控制增益，限制了相移控制器的有效性。然而，喷嘴数量的增加与增益的增加并不成比例，因为在阀门输入处高斯过程的标准差 σ 是 b 的函数。

18.5 可达性能的基本边界

在上一节中，我们展示了增加燃料控制指令到其作用于燃烧过程的时间延迟，会降低对燃烧室内压力振荡的抑制作用。一个自然的问题是，延迟的增加是否可以通过选择不同的控制算法来补偿。Banaszuk 和同事们[21-22]（通过使用 Freudenberg 和 Iooze[23] 的方法）表明，不可能通过使用线性控制器来任意降低压力振荡的水平。本节将回顾这些结果，并针对燃烧室线性响应和线性控制器传递函数的情况给出基本极限的推导。本节的最后将讨论向非线性执行器情形的拓展。

燃烧室压力 PSD $\Phi_{pp}(j\omega)$ 可以从如下公式求得

$$\Phi_{pp}(j\omega) = |G_0(j\omega)S(j\omega)|^2 \Phi_{ii}(j\omega) \tag{18-4}$$

其中

$$S(j\omega) := \frac{1}{1+G_0(j\omega)G_c(j\omega)} \tag{18-5}$$

被称为灵敏度函数。注意，在任何给定频率下，灵敏度函数的平方是燃烧室压力 PSD 降低（或放大）的倍数。主动燃烧控制的目的是调整灵敏度函数，使其在燃烧室谐振频率 ω_r 处或附近很小，这个要求可以表述为

$$|S(j\omega)| < \varepsilon \quad 其中 \omega \in \Delta\omega_1 \tag{18-6}$$

式中，$\Delta\omega_1$ 被称作性能带宽，即包含谐振频率 ω_r 的区间，在此区间内，相对于无控制时的水平，压力振荡受控下降了 ε 倍。基本极限[23, 24]使得灵敏度函数的最大值存在与控制器无关的下界。假设燃烧室响应传递函数 $G_0(j\omega)$ 最多有一对不稳定的复共轭极点，实部用 σ_r 表示。如果燃烧室模型是稳定的，则定义 $\sigma_r=0$。一个基本极限的例子是灵敏度函数的伯德积分公式

$$\int_0^\infty \ln|S(j\omega)| d\omega = 2\pi\sigma_r \tag{18-7}$$

这个方程表明，灵敏度函数绝对值的对数曲线在一个频带内所覆盖的负面积（压力振荡相对于无控制燃烧室的衰减）必然伴随着另一个频带内的正面积（压力振荡放大）。如果控制带宽是无限的，正面积可能分布在一个很宽的频率范围内，这样可以把任何给定频率上的放大设计成任意小。然而，如果由于执行器带宽等因素导致控制带宽是有限的（使得 $G_0(j\omega)G_c(j\omega)$ 在某些低频和高频之外的区域接近于零），正面积必须存在于一个较窄的频带中（此时环路增益较高），这种调整必定会导致灵敏度函数达到峰值。如果峰值出现

在燃烧室响应—传递函数具有非零增益的区域，则灵敏度函数的峰值将会导致闭环响应的谱峰分裂，图 18-19 和图 18-20 说明了这一现象。

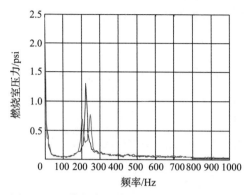

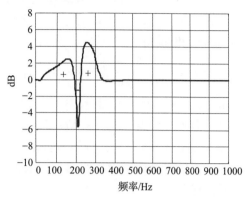

图 18-19　谱峰分裂现象，展示了受控条件下谱峰出现在无控制谱峰的两侧边带。实线表示受控情况，虚线表示无控制情况

图 18-20　典型的灵敏度函数，显示了有限控制器性能带宽引起的灵敏度调整现象

假设燃烧室传递函数 $G_0(j\omega)$ 至少是两个相对度（也即它的极点比零点至少多两个）。当燃烧室响应—传递函数中包含了执行器和传感器动力学特性的时候，这一假设通常可以满足。为了对有限控制带宽的影响进行建模，开环增益需要满足不等式

$$\left| G_0(j\omega) G_c(j\omega) \right| \leqslant \delta \left(\frac{\omega_c}{\omega} \right)^{1+k} \qquad \text{其中 } \omega > \omega_c \qquad (18-8)$$

这里假设 $\delta < 1/2$ 以及 $k > 0$（至少两个相对度），我们对环路增益施加相似的约束

$$\left| G_0(j\omega) G_c(j\omega) \right| \leqslant \delta \left(\frac{\omega}{\omega_b} \right)^{1+k} \qquad \text{其中 } \omega < \omega_b \qquad (18-9)$$

将控制带宽定义为 $\Delta\omega_2 := \omega_c - \omega_b$。图 18-21 展示了性能和控制带宽，用以说明有限带宽的性能条件。环路增益在高频和低频时的限制对灵敏度函数施加了额外的约束。因此，除了要满足 $\omega \in \Delta\omega_1$ 时的性能条件 $|S(j\omega) < \varepsilon|$，还必须满足控制带宽条件。

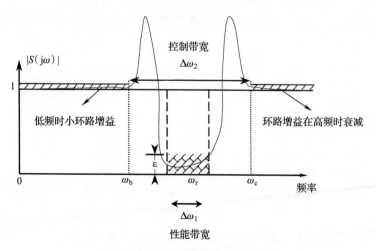

图 18-21　性能和控制带宽的图示

接下来计算灵敏度函数达到峰值时的性能极限。令 $\|S\|_\infty := \mathrm{Sup}_\omega |S(\mathrm{j}\omega)|$ 表示灵敏度函数的 H 无穷范数。注意，在控制系统导致的压力振荡相对于无控制响应出现放大的情况下，$\|S\|_\infty$ 表示此时所有频率的上确界，是对控制诱导峰值的衡量。在有限控制带宽的情况下，可以结合面积公式以及图 18-21 所示的约束条件和高频滚降特性（如同 Freudenberg 和 Iooze[23] 的研究）得到

$$\log\|S\|_\infty \geq \frac{1}{\Delta\omega_2 - \Delta\omega_1}\left\{2\pi\sigma_r + \Delta\omega_1\log\frac{1}{\varepsilon} - \omega_b\log\frac{1}{1-\delta} - \frac{3\delta\omega_c}{2k}\left(1 - \frac{1}{(1+\pi/\tau\omega_c)}\right)\right\} \qquad (18-10)$$

由上式可知，约束灵敏度函数上确界的因素如下：

（1）期望的性能，表示为 $\Delta\omega_1\log(1/\varepsilon)$ 的乘积。

（2）激励器带宽与所需性能带宽相比所受的限制，由放大项 $1/(\Delta\omega_2 - \Delta\omega_1)$ 表示。

（3）不稳定燃烧室极点的实部，该影响由 $2\pi\sigma_r$ 表示，极点的增长率越大，灵敏度函数的峰值越大。

（4）燃烧响应延迟 τ，可以证明灵敏度峰值的下界是延迟的递增函数（假设其他参数不变）。

根据灵敏度峰值的不等式，图 18-22 ~ 图 18-24 展示了灵敏度函数范数的下界。图中显示，随着控制带宽与性能带宽的比值降低，灵敏度峰值变得越来越明显。此外，随着延迟 τ 的增加，性能要求（较低的 ε）的增加，或开环控制对象 σ_r 的不稳定极点实部的增加，峰值也会愈发显著。

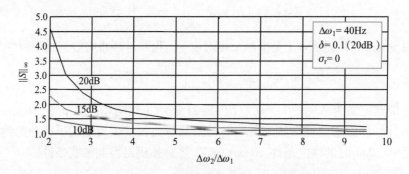

图 18-22 三个 ε 值对应的灵敏度函数范数的下界随控制带宽的变化关系

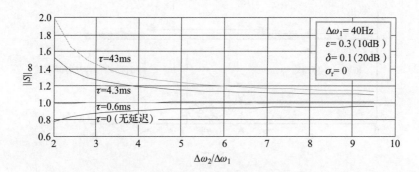

图 18-23 4个 τ 值对应的灵敏度函数范数的下界随控制带宽的变化关系

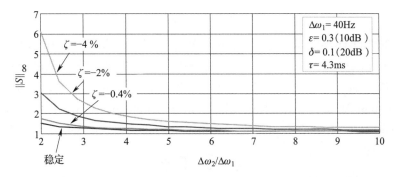

图 18-24　4 个燃烧室极点—耗散比值对应的灵敏度函数范数的下界随控制带宽的变化关系

利用前一节介绍的随机输入描述函数的概念，可以将基本极限扩展到控制对象或控制器都具有非线性特性的情况。例如，在用开 / 关阀控制的扇形燃烧室中，本节给出的基于灵敏度函数对数下界的基本极限适用于 $G_c(j\omega)$ 被 $G_c(j\omega)N(\sigma)$ 替代的情况，其中 $N(\sigma)$ 是开 / 关阀的随机输入描述函数，σ 是阀指令高斯分量的标准差。基本极限分析也可以拓展到更加一般非线性的燃烧室或控制器模型中，或高斯噪声源存在的情况，或者在极限环状态下运行的燃烧室反馈回路中。在每个特定情况下，都需要证明反馈回路中存在维持平衡的高斯信号和周期信号，并且需要检查解的稳定性，更多细节见参考文献 [21]。

18.6　结论

本章讨论了一些因素，可能会限制主动控制系统在燃烧不稳定性抑制方面的性能。识别并讨论了一系列广泛的因素，但是无论如何这些讨论还不够全面。可能依赖于系统，它们对某个系统至关重要，但对别的系统却无关紧要。系统依赖性可能会随着控制系统架构的本质以及受控的燃烧动态特性的改变而改变。本文对影响贫燃预混燃烧室设计的三个关键因素进行了详细的分析。

研究发现，燃料执行器影响压力—热释放耦合的物理机理，而该机理与受控燃料流和剩余预混反应物的混合程度密切相关。实际上，受控燃料流必须在时间和空间上实现高度的预混。

另一个限制因素与调控的时间延迟有关，即从燃料阀开始运动至燃料流调制实现不稳定热释放或燃烧室压力所需的时间。研究发现，较大的时间延迟会使得控制系统抑制压力振荡的频带变窄，并提供了一种可以放大该带宽之外压力振荡的机制。该发现引出了压力谱峰的分裂现象，限制了抑制压力振荡的程度。

为解决这些问题，对燃烧室压力振荡控制的基本极限进行了灵敏度函数分析。结果表明，利用线性控制器无法任意地降低压力振荡。这一极限受到系统时间延迟、控制带宽和性能带宽的强烈影响。

虽然这些问题代表了目前的局限性，但它们并不是仅有的影响不稳定控制系统性能的因素。其他类型的系统将面临不同的问题，可能会有不同的因素控制它们的性能。主动燃烧不稳定性控制已被充分证明是一种具有巨大潜力的技术。要使这项技术成熟到实际可应用的程度，未来的工作必须聚焦于这些限制因素，对它们进行量化，并提出相关的处理方法。

致　谢

本文所介绍的工作得到了美国国防预先研究计划局（合同 MDA972-95-C0009）、美国空军科学研究办公室（合同 F4962001-C-0021），以及联合技术公司的支持。我们要感谢在联合技术研究中心的同事们对这项工作的贡献，特别是 Clas Jacobson、William Proscia、Prashant Mehta、Alex Khibnik、John Stufflebeam、Torger Anderson、Thomas Rosfjord、Nancy Rey、Randy Hibshman、Matthew Maciolek、Jason Wegge 和 Jeffrey Walker。

参考文献

［1］Hibshman, J. R., Cohen, J. M., Banaszuk, A., Anderson, T. J., and Alholm, H. A., Active Control of Combustion Instability in a Liquid-Fueled Sector Combustor, American Society of Mechanical Engineers, Paper 99-GT-215, June 1999.

［2］Cohen, J. M., Rey, N. M., Jacobson, C.A., and Anderson, T. J., "Active Control of Combustion Instability in a Liquid-Fueled Low-NO, Combustor, Journal of Engineering for Gas Turbines and Power, Vol.121, No.2, 1999, pp.281-284.

［3］Seume, J. R., Vortmeyer, N., Krause, W., Hermann, J., Hantschk, C.-C., Zangl, P., Gleis, S., Vortmeyer, D., and Orthmann, A., "Application of Active Combustion Instability Control to a Heavy Duty Gas Turbine, Journal of Engineering for Gas Turbines and Power, Vol.120, No.4, 1998, pp.721-726.

［4］Hoffmann, S., Weber, G., Judith, H., Hermann, J., and Orthmann, A., "Application of Active Combustion Instability Control to Siemens Heavy Duty Gas Turbines," Symposium of the AVT Panel on Gas Turbine Engine Combustion, Emissions and Alternative Fuels, NATO Research and Technology Organization, Neuilly-Sur-Seine Cedex, France, Oct. 1998.

［5］Paschereit, C. O., Gutmark, E., and Weisenstein, W., "Control of Combustion Driven Oscillations by Equivalence Ratio Modulations," American Society of Mechanical Engineers, Paper 99-GT-118, June 1999.

［6］Richards, G. A., Yip, M. J., Robey, E., Cowell, L., and Rawlins, D., "Combustion Oscillation Control by Cyclic Fuel Injection," American Society of Mechanical Engineers, Paper 95-GT-224, June 1995.

［7］Anson, B. Critchley, I., Schumacher, J., and Scott, M., "Active Control of Combustion Dynamics for Lean Premixed Gas Fired Systems," American Society of Mechanical Engineers, Paper GT-2002-30068, June 2002.

［8］Sattinger, S. S., Neumeier, Y., Nabi, A., Zinn, B. T., Amos, D. J., and Darling, D. D., "Subscale Demonstration of the Active Feedback Control of Gas-Turbine Combustion Instabilities," Journal of Engineering for Gas Turbines and Power, Vol.122, April 2000, pp.262-270.

［9］Bloxsidge, G. J., Dowling, A. P., Hooper, N., and Langhorne, P. J., "Active Control of Reheat Buzz," AIAA Journal, Vol.26, 1988, pp.783-790.

［10］Langhorne, P. J., Dowling, A. P., and Hooper, N., "Practical Active Control System of

Combustion Oscillations," Journal of Propulsion and Power, Vol.6, pp.324–333, 1981.

[11] Fleifil, M., Annaswamy, A. M., Hathout, J. P., and Ghoniem, A. F., "The Origin of Secondary Peaks with Active Control of Thermoacoustic Instability," Combustion Scienceand Technology, Vol.133, June 1998, pp.227–260.

[12] Gysling, D. L., Copeland, G. S., McCormick, D. C., and Proscia, W. M., "Combustion System Damping Augmentation with Helmholtz Resonators," American Society of Mechanical Engineers, Paper 98–GT–268, June 1998.

[13] Hermann, J., Gleis, S., and Vortmeyer, D., "Active Instability Control (AIC) of Spray Combustors by Modulation of the Liquid Fuel Flow Rate," Combustion Science and Technology, Vol.118, Taylor & Francis, Philadelphia, 1996, pp.1–25.

[14] Saunders, W. R., Vaudrey, M. A., Eisenhower, B. A., Vandsburger, U., and Fannin, C. A., "Perspectives on Linear Compensator Designs for Active Combustion Control," AIAA Paper 99–0717, Jan. 1999.

[15] Banaszuk, A., Jacobson, C. A., Khibnik, A. I., and Mehta, P. G., "Linear and Nonlinear Analysis of Controlled Combustion Processes. Part I: Linear Analysis," Proceedings of Conference on Control Applications, IEEE Publications, Piscataway, NJ, Aug. 1999.

[16] Hathout, J. P., Annaswamy, A. M., Fleifil, M., and Ghoniem, A. F., "A Model-Based Active Control Design for Thermoacoustic Instability," Combustion Science and Technology, Vol.132, 1998, pp.99–105.

[17] Banaszuk, A., Aryiur, K. B., Krstic, M., and Jacobson, C. A., "An Adaptive Algorithm for Control of Combustion Instability," Automatica Vol.40, No.11, Nov. 2004, pp.1965–1972.

[18] Johnson, C. E., Neumeier, Y., Lubarsky, E., Lee, Y. J., Neumaier, M., and Zinn, B. T., "Suppression of Combustion Instabilities in a Liquid Fuel Combustor Using a Fast Adaptive Algorithm," AIAA Paper 2000–0476, Jan. 2000.

[19] Murugappan, S., Gutmark, E. J., and Acharya, S., "Application of Extremum-Seeking Controller to Suppression of Combustion Instabilities in Spray Combustion," AIAA Paper 2000–1025, Jan. 2000.

[20] Evesque, S., "Adaptive Control of Combustion Oscillations," Ph. D. Dissertation, Cambridge Univ., Cambridge, England, U.K., 2000.

[21] Banaszuk, A., Mehta, P. G., Jacobson, C. A., and Khibnik, A. I., "Limits of Achievable Performance of Controlled Combustion Processes," submitted to IEEE Transaction on Automatic Control (submitted for publication, 2005).

[22] Banaszuk, A., Jacobson, C. A., Khibnik, A. I., and Mehta, P. G., "Linear and Nonlinear Analysis of Controlled Combustion Processes. Part II: Nonlinear Analysis," Proceedings of Conference on Control Applications, IEEE Publications, Piscataway, NJ, Aug. 1999.

[23] Freudenberg, J. S., and Iooze, D. P., "A Sensitivity Tradeoff for Plants With Time Delay,"

IEEE Transactions on Automatic Control, Vol.AC-32, Feb.1987, pp.99-104.4

[24] Seron, M. M., Braslavsky, J. H., and Goodwin, G. C., Fundamental Limitations in Filtering and Control, Springer, New York, 1997.

[25] Ariyur, K. B., "Multivariable Extremum-Seeking Adaptive Control," Ph. D. Dissertation, University of California, San Diego, 2002.

[26] Krstic, M., and Wang, H. H., "Stability of Extremum Seeking Feedback for General Nonlinear Dynamic Systems," Automatica, Vol.36, April 2000, pp.595-601.

[27] Krstic, M., "Performance Improvement and Limitations in Extremum Seeking Control," Systems and Control Letters, Vol.39, April 2000, pp.313-326.

[28] Zhang, Y., "Stability and Performance Tradeoff with Discrete Time Triangular Search Minimum Seeking," Proceedings of the American Control Conference, IEEE Publications, Piscataway, NJ, June 2000.

[29] Cohen, J. M., Stufflebeam, J. H., and Proscia, W., "The Effect of Fuel/Air Mixing on Actuation Authority in An Active Combustion Instability Control System," Journal of Engineering for Gas Turbines and Power, Vol.123, No.3, 2001, pp.537-542.

[30] Stufflebeam, J. H., Kendrick, D. W., Sowa, W. A., and Snyder, T. S., "Quantifying Fuel/Air Unmixedness in Premixing Nozzles Using an Acetone Fluorescence Technique," American Society of Mechanical Engineers, Paper 99-GT-399, June 1999.

[31] Peracchio, A. A., and Proscia, W., "Nonlinear Heat-Release/Acoustic Model for Thermoacoustic Instability in Lean Premixed Combustors," Journal of Engineering for Gas Turbines and Power, Vol.121, No.3, 1999, pp.415-421.

[32] Lieuwen, T., Torres, H., Johnson, C., and Zinn, B., "A Mechanism for Combustion Instabilities in Premixed Gas Turbine Combustors," Journal of Engineering for Gas Turbines and Power, Vol.123, No.1, 2001, pp.182-190.

[33] Lee, D. S., and Anderson, T. J., Measurements of Fuel/Air - Acoustic Coupling in Lean Premixed Combustion Systems," AIAA Paper 99-0450, Jan. 1999.

[34] Lieuwen, T. C., "Experimental Investigation of Limit Cycle Oscillations in an Unstable Gas Turbine Combustor," Journal of Propulsion and Power, Vol.18, No.1, 2002, pp.61-67.35

[35] Mezic, I., and Banaszuk, A., "Comparison of Systems with Complex Behavior: Spectral Methods," Physica D, Nonlinear Phenomena, Vol.197, No.1-2, October 2004, pp.101-133.

[36] Gelb, A., and Vander Velde, W. E., Multiple-Input Describing Functions and Nonlinear System Design, McGraw-Hill, New York, 1968.

第19章 全尺寸燃气轮机燃烧室中的主动控制

Jakob Hermann

（IfTA GmbH，Groebenzell，Germany）

Stefan Hoffmann

（Siemens AG，Mülheim，Germany）

19.1 引言

  1995年，西门子在柏林的燃机测试基地对新的燃气轮机 Vx4.3A 进行了第一次测试。相比以前的筒形燃烧室，这次采用环形燃烧室以提高燃气轮机的功率密度和效率，并能够降低排放值。然而，在测试中，观测到了对燃气轮机可靠性运行不利的燃烧不稳定的出现。早在制定措施应对这一现象的过程中，就已经决定，为了避免这些不稳定情况，除被动措施以外，如调整运行参数，以及通过调整喷嘴设计以产生声学失谐等[1]这些主动措施，也应该被开发和测试。

  当时，主动燃烧控制还处于研究阶段，几篇综述文章对此进行了总结[2-6]。许多作者描述了基于实验室尺度燃烧室的成功试验，其热功率在 1~250kW 之间[7-9]。在所有这些文献中，燃烧振荡的衰减是通过扬声器产生的相移声信号实现的。除了该方法，还针对各种燃烧系统研究了其他类型的干预和控制策略。然而，所有的测试都是在实验室尺度下进行的[10-17]。基于这些经验，开发一个适用的传感器、控制器和激励器系统，以便能够抑制重型燃气轮机的燃烧不稳定性很有必要，该技术称为主动不稳定性控制（AIC），于1996年在西门子的测试基地中，首次对功率为 160MW 的 V84.3A 燃气轮机进行了全尺寸测试[18]。由于取得了积极的成果，该技术还被应用于该系列最大的燃气轮机——西门子 V94.3A，其输出功率为 267MW[19-20]。

  主动不稳定性控制技术在西门子 Vx4.3A 燃气轮机中的实现及其遇到的问题将在 19.2 节中讨论。AIC 取得的结果将在 19.3 节讨论。19.4 节和 19.5 节将介绍长期使用主动燃烧不稳定性控制（AIC）的丰富经验，并简要评估了 AIC 相较于被动措施所具有的优势。

19.2 AIC 在西门子 Vx4.3A 型地面燃气轮机上的应用

  图 19-1 显示了燃气轮机上半部分的纵向剖面图，与之前装有筒形燃烧室的西门子燃气轮机不同，该系列燃气轮机采用环形燃烧室（见图 19-2）。该燃气轮机共由 24 个西门子混合燃烧室组成，均匀分布在其环形燃烧室的周向上。

  图 19-3 是西门子混合燃烧室的简化图，这种燃烧室既可使用液体燃料，也可使用气体燃料。在起动和使用气体燃料时，燃烧室在扩散模式下运行（见图 19-12 中的燃气轮机运行图）。当达到特定的燃机功率时，将从纯扩散转换到所谓的混合运行模式。为达到这

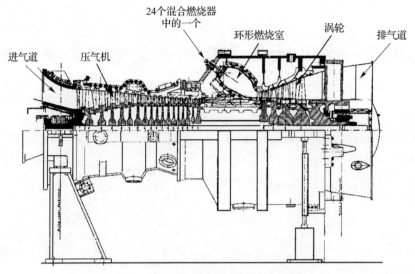

图 19-1 Vx4.3A系列燃气轮机半剖面图

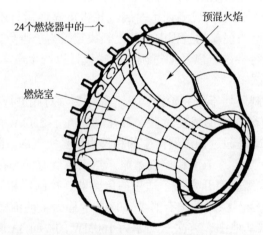

图 19-2 24 个燃烧器的 Vx4.3A 环形燃烧室三维图

个目的，需要采用扩散火焰和预混火焰相结合的方法。当燃烧室内的温度足够高以稳定纯预混火焰时，将从这种混合运行模式切换到纯预混运行模式。为了稳定预混火焰，每个西门子混合燃烧室都配备了一个额外的值班燃烧器，这是一个扩散燃烧器，提供了整个燃烧室单元约 10% 的热功率。

19.2.1 不稳定问题

在原型机的测试阶段和前文中描述的燃气轮机的调试阶段，因为对所使用混合燃烧器进行的修改，在不同功率范围内出现了自激燃烧振荡问题。因为该不稳定性的频率较低，这种现象有时被称为"嗡嗡声"。

Seume 等[18]对不稳定性燃烧的研究表明，在环形燃烧室内，自激燃烧振荡会产生驻波。根据这些波沿环形燃烧室圆周的传播方向，它们被称为"周向模态"。例如，图 19-4 显示了二次谐波的周向模态，其特征是共有 4 个节点和 4 个波腹。V94.3 型燃机是这种类型燃机中功率等级最高的一款，该特征模态被激发的频率约为 170Hz。

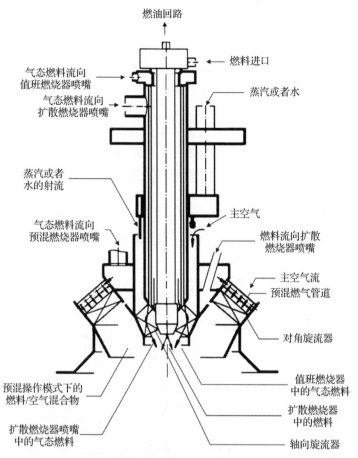

图 19-3　标准西门子混合燃烧器

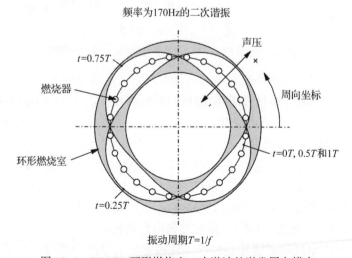

图 19-4　V94.3A 环形燃烧室二次谐波的激发周向模态

　　方程 $f=n \cdot c/(\pi \cdot d)$ 为所有类型环形燃烧室的特征声频率提供了理论估计。在燃烧室平均直径 d=3m 和声速 c=844m/s 的情况下（假设燃烧室平均温度为 1500℃），V94.3A 的二次谐波（*n*=2）频率为 179Hz，与试验测量的特征频率一致。对于该燃机系列的较小型号，因为它们的燃烧室直径更小（见参考文献［18］），由该方程计算出的燃烧振荡频率会更高。

19.2.2　AIC 安装

为了避免振荡问题，除了燃烧室设计改进等被动措施，还开发了这类燃气轮机的 AIC 系统[1]，图 19-5 提供了该 AIC 基本设计的简化原理图。

（1）传感器

该 AIC 系统采用在燃烧室法兰处测量的声压作为输入量，因燃烧室法兰处的壁温比燃烧室内的壁温低得多，这样就可以在不需要任何额外冷却的情况下使用高温压电压力传感器。一些试验已经验证了在燃烧室法兰处测量到的声压信号在振幅和相位上与燃烧室内的压力信号有足够好的相关性。

除了在燃烧室法兰进行声压测量，在一些初步测试中，还研究了光学探头用于测量 AIC 输入信号的可能性。然而，由于有限的观察角度和探测器安装的热问题，这种方法很快就被放弃了（更多细节见参考文献［18］）。

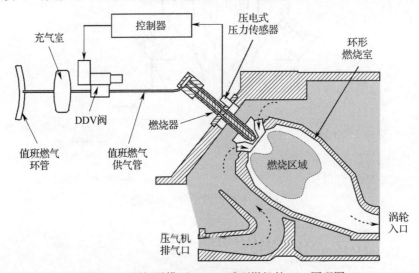

图 19-5　西门子模型 Vx4.3A重型燃机的 AIC 原理图

（2）激励器

实施 AIC 系统的关键问题是对燃烧进行积极的影响。由于 Vx4.3A 燃气轮机的空气和燃料体积流量的提高，无论是通过声学激励器，还是通过阀门，均不能充分调制这些流动。详细的研究表明，西门子混合燃烧器的主预混火焰，由不超过整个质量流量约 10% 的小得多的值班扩散火焰所控制，它能够非常精确地对值班火焰转换速率的脉动做出响应。因此，调节值班气体质量流量不仅可以控制值班火焰本身，还可以在很大程度上控制预混主火焰。值班火焰通过单独的燃料管路供应，由德国穆格公司专门开发的激励器是一种直接激励阀（DDV）（见图 19-6），集成在其燃料管路中。为了最大限度地控制主火焰，从而控制燃气轮机中出现的燃烧振荡，燃气轮机中的每个燃烧器都配备了自己的激励阀。因此，在燃气轮机的环形燃烧室周围总共安装了 24 个阀门。

在没有任何 AIC 信号时，DDV 将会有 50% 的开度，以便于维持正常预混运行所需的值班气体质量流量能够进入燃烧室。通过单独调节值班气体质量流量从而调节值班火焰，阀芯将围绕其 50% 的静态开度值移动，通过阀门的进一步打开或关闭以抑制燃烧振荡频率。燃料流量调节可以通过阀芯开度来确定。根据所使用阀门类型的频率响应（见图 19-7），可看出阀门可以控制频率高达 400Hz 的燃烧振荡。

在这一频率范围内移动阀芯，除了会调节气体质量流量外，值班燃气系统内还将产生声波，必须将由此产生的影响考虑在内，并且必须按照 Hermann 等[16] 和 Hantschk 等[17]所述对值班气体系统进行调整，以优化调制振幅。

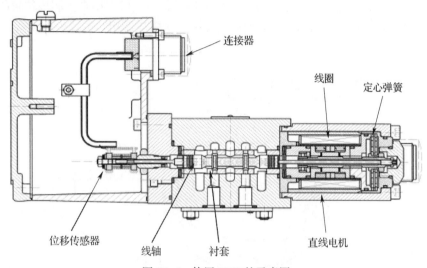

图 19-6　使用 DDV 的示意图

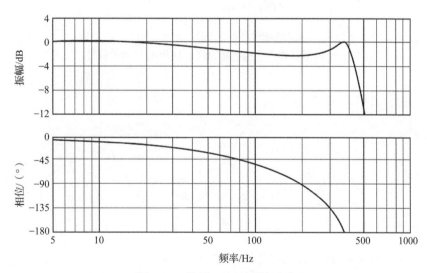

图 19-7　使用 DDV 的频率响应

（3）控制器

根据 Seume 等[18] 的阐述（见图 19-4），燃烧振荡在环形燃烧室中激发了周向模态。燃烧振荡激励沿燃烧室圆周激发的压力脉动具有不同振幅和不同相位，且沿环形燃烧室圆周均匀放置的燃烧器相应地位于具有不同振幅和相位值的位置。释热率振荡与压力振荡（自激）相耦合，因此在各个燃烧器中将发生不同振幅和相位的释热率振荡。由于 AIC 需要对不稳定火焰进行反相位和同振幅调控，单独控制每个燃烧器是必要的，即意味着必须能够独立控制每个燃烧器。因此，最简单的情况下，每个燃烧器需要一个传感器和一个反馈回路，这样就需要安装一个 24 个通道的 AIC 系统。

为了减少反馈回路的数目，利用了燃烧器内周向模态的对称性。如图 19-8 中一次谐波对应的周向模态所示，两个完全相对的燃烧室的声压脉动具有相同的振幅 $\hat{p}$ 和 180° 的相移 φ（见图 19-9）。正如图 19-9 所示，对于一个 AIC 系统，对于精确布置在完全相对位置的燃烧室，意味着一个传感器在一个特定位置测量到的信号，不仅可以用来控制该位置的激励器，还可以仅通过反向控制器的输出信号来精确地控制位于燃烧器相对位置的激励器。

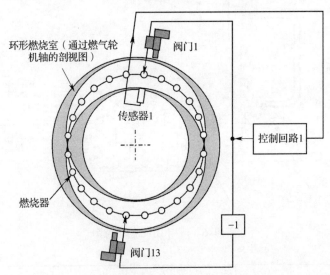

图 19-8　利用周向模态的对称性，例如，用于一次谐波，
一个传感器和一个控制器为两个 DDV 提供输入信号

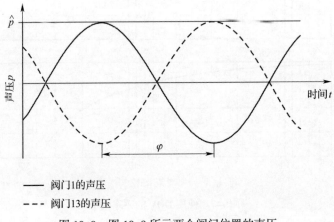

—— 阀门1的声压

--- 阀门13的声压

图 19-9　图 19-8 所示两个阀门位置的声压

在二次或更高次谐波中，反馈回路的数量可以进一步减少，如图 19-10 所示。在这里，4 个激励器由一个输入信号和一个反馈回路控制。对于 V94.3A 燃烧室的控制系统，选择图 19-8 所示的安装方式，因为这类燃气轮机会由于自激振荡而出现一次谐波。总的来说，这种类型的燃气轮机装有 12 个传感器和 12 个反馈回路。

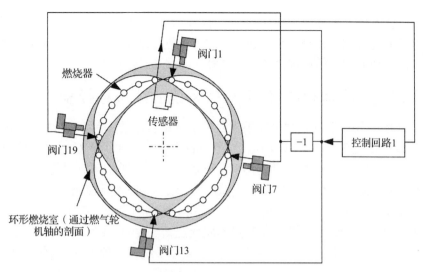

图 19-10　利用周向模态的对称性，例如，用于二次谐波，一个传感器和
一个控制器为 4 个 DDV 提供输入信号

这 12 个反馈回路是通过 6 个信号处理器来实现的，每个处理器处理两个输入信号，并为激励器（共 24 个）产生 4 个输出信号。该算法在频率范围内工作，可以简单特征化为移相器和放大器。由于它是在频域内实现的，所以控制器的工作速度非常快。此外，该算法允许对单个频率进行特定的控制，至多可适用于控制两个频率，因为其受限于信号处理器的计算能力。必要的控制参数取决于燃气轮机的运行参数，并在连续运行过程中自动设置，Hermann 等[20]对此控制系统进行了详细描述。

（4）技术实现

为了节约实施和调试的时间以及更方便运行维护，对硬件和软件进行了优化。图 19-11 显示了一个完整的 AIC 设置，包括一个控制器和一个电源柜的电子硬件正面视图。这些机柜是独立的，只需要最少数量的数据线来连接燃气轮机控制系统，因此它们可以很容易地被集成到现有控制系统。硬件和软件功能包括如下：模块化结构（容易扩展和服务）、用于自动诊断错误的硬件监测、激励器监测（阀门卡死、偏离理想的设定值、边

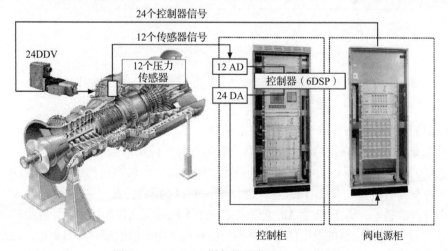

图 19-11　V94.3A 燃气轮机完整的 AIC 设置

界检查）、传感器监测（电缆和传感器的缺陷）、冗余电源（运行期间的互换性）、集成的液晶显示器和键盘用于监测和用户访问、燃气轮机控制系统的数据和控制接口、故障和数据记录系统，以及用于快速调试的专用工具。

19.3　在燃气轮机运行中使用 AIC 系统的结果和经验

前一节描述的 AIC 系统原型机在柏林西门子测试基地的一台 V84.3A 型燃机上进行了首次测试，该燃机能提供 170MW 的电力。Seume 等[18] 描述了 AIC 原型机结构以及详细的测试性能。由于这些测试的成功，AIC 系统随后被安装到 V94.3A 型燃机中进行现场测试，这些燃机可以提供 233～267MW 的电力。为此，V84.3A 所使用的电子系统和控制策略被完全重新设计，并进一步发展成 19.2.2 节（4）所述的工业级系统。

在现场测试中，AIC 系统应用在配置不同燃烧器的 V94.3A 燃机上，测试表明在不同的运行点出现了振荡问题。下面的章节将介绍 AIC 系统在 4 种不同的燃烧器结构 A、B、C 和 D 下抑制不稳定性的结果。这些燃烧器都是原型机，主要在旋流器、出口几何形状和燃料喷嘴结构布置上有所不同。

图 19-12 显示了燃气轮机运行图中相应的不稳定点，以便于理解不同的结果，19.2 节总结了在不同的 AIC 应用下，发动机燃烧器的工作模式，如图 19-12 所示。

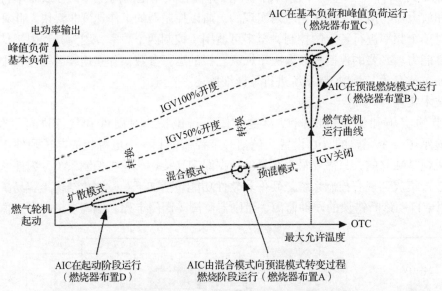

图 19-12　结合不同燃烧器类型观察到的燃烧不稳定性主动控制的几个工作点，具有稳定燃烧主动控制的燃气轮机操作图

19.3.1　燃烧器结构 A 在转换过程中的主动控制

燃烧器结构 A 主要在混合运行切换到预混运行时，即从扩散和预混火焰的组合过渡到纯预混火焰时，表现出了燃烧振荡。为了稳定预混火焰，在切换过程中打开了值班燃烧室。图 19-13 为没有激活 AIC 系统时的运行过程，图 19-14 为激活 AIC 系统时运行的过程。下面从上到下分别绘制了：基于 12 个 AIC 传感器在三个不同时间点发出信号所计算出的最大声压谱；根据 12 个 AIC 传感器的发出信号计算出声压的最大均方根值随时间的变化；切换过程中激励气体阀门的开度大小（以对应阀门的最大开启截面的百分比来表示）与时间的关系。

　　如图 19-13 所示，随着值班燃料进入燃烧室，在开启值班燃料主阀（在下图中标示为切换的开始）约 3.5s 后，会出现强烈的燃烧振荡。再过 2s 后，关闭扩散气体阀并且打开预混气体阀，在此过程中燃烧室内的热功率保持恒定。在开始切换后约 10.5s（t=15s），即扩散气阀关闭时，燃烧振荡振幅略有减弱，5s 后又返回到表示恒定运行时的值（见均方根信号，图 19-13）。在 t=20s 时，燃气轮机在完全稳定的预混模式下运行。从切换过程中不同时间测得的声压频谱可以很明显看出，开始时一阶谐波在 90Hz 左右占主导地位（t=9.7s）。当 t=13.7s 时，该频率下降到 80Hz 左右。由于非线性效应，当一次谐波的幅值

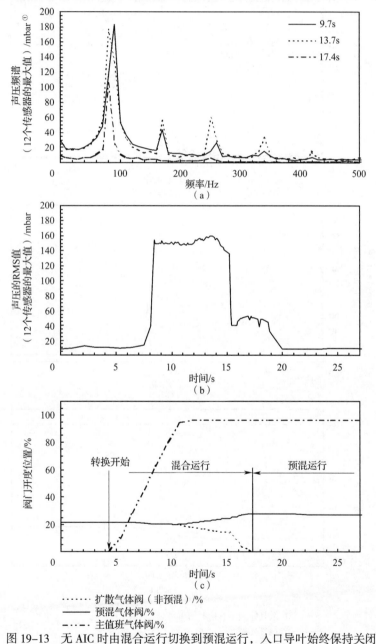

图 19-13　无 AIC 时由混合运行切换到预混运行，入口导叶始终保持关闭

---

① 1mbar（毫巴）=0.1kPa。——编辑注

较高时，将产生更高阶的谐波。

图 19-14 显示了激活 AIC 时同样的切换过程。从声压均方根值的历史记录可以看出，AIC 几乎实现了燃烧振荡的完全衰减。只有在扩散气体阀的一个特定位置（t=15.2s），才会产生一个持续约 0.5s 的短峰值，且其均方根值已经大幅降低。相应的频谱表明，被激发的谐波不再是一次而是三次，大约为 250Hz。为了通过 AIC 进一步抑制这种振荡，系统预置了两种频率（一次和三次谐波）。从 10min 后记录的另一次切换时的频谱可以看出，随

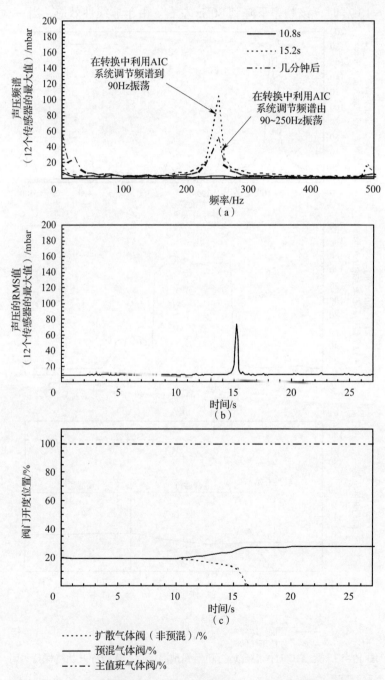

图 19-14　有 AIC 时由混合运行切换到预混运行，入口导叶始终保持关闭

着一次谐波被衰减，该振荡的振幅同时被进一步衰减。必须指出，AIC 所实现的衰减足以保证燃气轮机的安全运行。

19.3.2　燃烧器结构 B 预混运行中负荷变化时的主动控制

在以基本负荷 60%～100% 的功率范围内预混运行时，燃烧器结构 B 展现出了自激燃烧振荡的特点。如果该燃气轮机在无 AIC 的情况下运行，频率为 270Hz 的三次谐波的振幅可能最早在基本负荷的 60% 处就出现增加。在基本负荷的 80% 左右时，该频率移至 170Hz，对应燃烧室的二次谐波，因为此时燃气轮机已经达到了所允许的最大振荡等级，所以负荷不能继续增加以超过 80%。

通过激活 AIC 系统，振荡可被减弱，此时能够允许燃机安全运行至基本负荷。图 19-15 展示了负荷增加时的 AIC 运行，图 19-16 展示了负荷减少时的 AIC 运行。这两

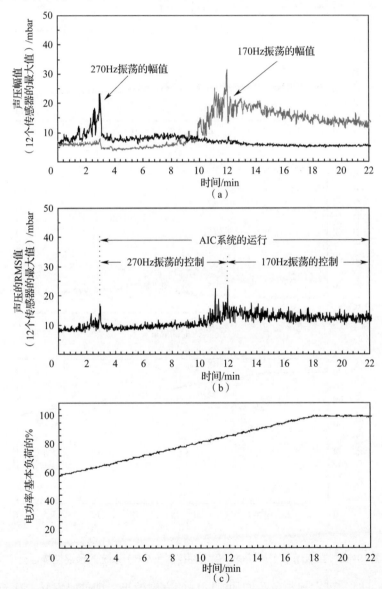

图 19-15　AIC 系统激活后在预混运行时负荷增加到基本负荷，当燃气轮机起动时，系统必须在燃气轮机停机之前启动（见图 19-16），AIC 系统也总是在基本负荷激活，以抑制燃烧不稳定性

幅图都显示了燃机的振荡和运行参数，且这些参数都被绘制为随时间变化的曲线，其分别为：基于 12 个 AIC 传感器的信号计算出的声压最大均方根值；AIC 所调谐的两个特征频率的最大声压振幅；燃气轮机的电力功率输出。首先，调谐 AIC 到约 270Hz 的三次谐波，并在 60% 的基本负荷功率下自动激活。AIC 激活后，振荡的振幅立即衰减约 65%，并维持在此水平。之后将负荷进一步增加到基本负荷功率的 80% 时，二次谐波在 170Hz 被激发，而三次谐波的振幅则继续下降。通过将 AIC 目标频率转换为二次谐波，其幅值则立即降低约 30%。将 AIC 从三次谐波切换到二次谐波是必需的，因为在运行测试时，AlC 系统还未实现过同时衰减偶数和奇数模态。

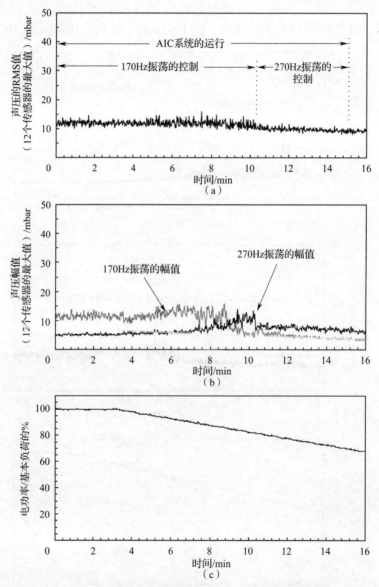

图 19-16　在启用了主动燃烧不稳定性控制（AIC）系统的预混燃烧运行中

　　当负荷降低时，可实现与负荷增加时同样的衰减效果，即使是在从二次至三次谐波的转换情况下，也没有产生任何显著的振幅，图 19-15 显示了这种 AIC 运行情况。

19.3.3　燃烧器结构 C 的燃气轮机基本负荷运行时的主动控制

由于燃烧器的改造，燃气轮机的自激燃烧不稳定性问题得到了显著的改善。然而，当负荷超过基本负荷的 97% 时仍然会出现问题，使得机组长期维持这一负荷水平运行存在困难。观察到的嗡嗡声频谱有两个主峰，分别在 170Hz 和 340Hz，均具有显著的振幅。

激活 AIC 系统后，负荷可增加到基本负荷的 102%，且不存在任何燃烧不稳定性问题。在更高的负荷时，由于值班气体系统和执行器的液压截面有限，AIC 系统无法成功抑制嗡嗡声的再次出现。图 19-17 和图 19-18 为该燃烧器所改造的附带 AIC 和不附带 AIC 的典型系统性能示例。

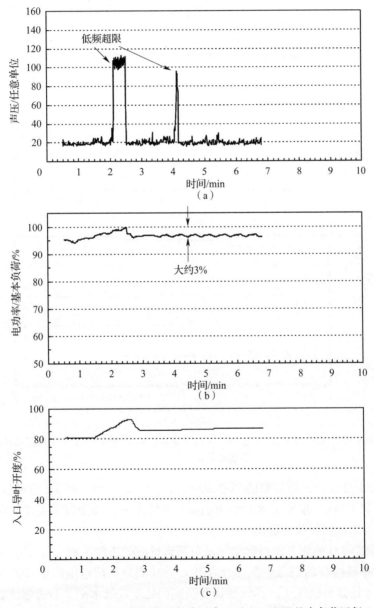

图 19-17　在 V94.3A 的长期现场演示中，无 AIC 配置基本负荷运行

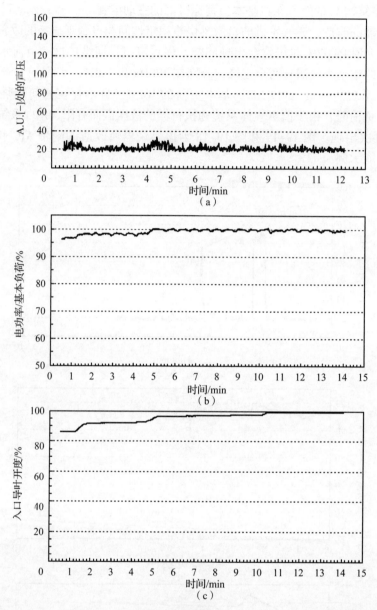

图 19-18　配置 AIC 的 V94.3A 进行长期现场演示，该系统自 1999 年 1 月起持续运作，
将基本负荷上限提高 5%

自 1999 年 1 月起，该燃烧器的原型机一直在阿根廷一台 V94.3A 燃机基本负荷运行，在降低氮氧化物（NO_x）排放（远低于 30ppm）的情况下，其提供了更高的功率输出，迄今为止没有报告出任何问题或退化。

19.3.4　燃烧器结构 D 的燃气轮机起动和低负荷运行时的主动控制

起动燃烧器结构 D 的燃气轮机，并在其较低的部分负荷范围内运行，且仅采用扩散火焰模式，在上述这种模式下，尽管燃烧器温度仍处于较低水平，但火焰更容易稳定。一旦达到一定的温度限制，便会切换到混合运行。在这种较低的部分负荷范围内，从起动切换到混合运行，燃烧器结构 D 会出现自激燃烧振荡问题，在其环形燃烧器内二次谐波和四次谐波会同时被激发。

　　尽管提出的 AIC 应用依赖于对值班气体质量流量和值班火焰的调节，在原则上来说其只在预混运行工况下被使用，但事实已经证明，即使在部分负荷运行中，AIC 系统也可以成功使用。为实现这一目的，值班燃烧器与扩散火焰被一起使用，并且激活 AIC 系统。该系统对两种受激频率进行了调整。

　　图 19-19 显示了在该点的运行范围内，配置 12 个 AIC 传感器和不配置 AIC 的最大频谱，其表明这两个激励频率几乎可以被完全抑制。对于二次和四次谐波，耗散水平分别为 20dB 和 14dB。

　　图 19-20 再次说明了前面所描述的 AIC 对两个本征模态分别的耗散。这张图将声压

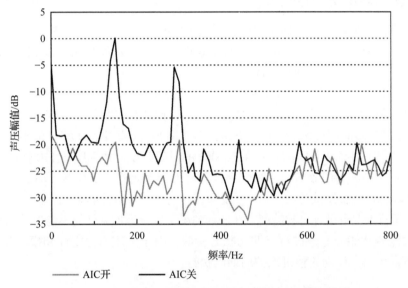

图 19-19　在部分负荷运行中通过 AIC 抑制两个频率峰值

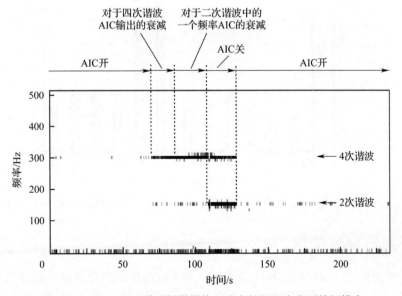

图 19-20　通过 AIC 单独耗散燃烧不稳定性的两个主要特征模态

绘制成了谱图（12 个传感器的最大值）与时间的关系。深色区域表示高幅值；浅色区域表示一般噪声等级。在完全关闭主动燃烧不稳定性控制（AIC）的情况下，两个水平条表示在这种情况下激发的两个特征模态，分别是 145Hz 和 290Hz。从 t=70s 开始，在 $70s<t<85s$ 范围内，通过缓慢降低用于抑制 290Hz 的四次谐波的 AIC 输出信号，四次谐波的振幅增加。在接下来的 23s 内，AIC 仅对 145Hz 的振荡进行抑制。在 t=108s 完全关闭 AIC 系统，二次谐波同样在 145Hz 被激发。通过 t=127s 时在两个频率上重新激活 AIC，这两个振荡再次被完全抑制。这个例子证明了这两个振荡可以相互独立地自激，而且一般来说，如果要完全避免燃烧振荡，必须使用 AIC 来抑制这两个振荡。

19.4　AIC 容错及长期经验

为了研究反馈回路失效（如压力传感器或阀门的损坏）对 AIC 抑制特性的影响，在测试运行期间，有意关闭了特定的回路。结果表明，将反馈回路数量减少到 10 个，即对应的控制阀不超过 20 个时，对抑制特性没有显著影响。

图 19-21 显示了用于抑制部分负荷或基本负荷工况下不稳定性的一些 AIC 系统运行小时数，时间跨度大约 3 年。在这两种情况下，运行时间都达到了 18000 h，而在基本负荷下，AIC 系统的运行时间要比部分负荷下多得多。例如，对频率为 170Hz 的不稳定性进行抑制，在这种情况下，意味着阀门必须在 18000h 的时间跨度内移动阀芯 110 亿次。然而，这期间没有发生控制和阀门故障，抑制效率也没有下降。此外，激励器运动部件的磨损也可以忽略不计。在这些长期试验中，AIC 系统与相应的燃气轮机控制单元一起自动运行，并必须在广泛的运行工况下进行自动控制，在任何情况下安全地抑制任何燃烧振荡的产生。

系统的监测功能应考虑进行定期的状态检修，由于上述的稳定性和模块化独立设计，维护活动通常可以在计划的整机维护周期内执行。

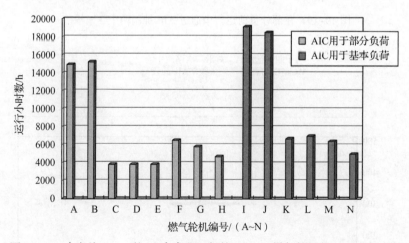

图 19-21　命名从 A ~ N 的 14 台商业运行的 V94.3A 燃气轮机的 AIC 运行小时

19.5　主动控制的优势

与被动控制相比，AIC 系统有许多优势。由于被动控制的抑制效果经常只能局限于燃烧系统的窄频率或关心的燃烧系统的运行范围内，而 AIC 具有高度的灵活性和广泛的运行范围。这些例子很明显地描述了，在各种运行情况下发生的不同类型的振荡问题是如何成功解决的。为了抑制低频振荡，许多被动措施，如亥姆霍兹共振器或消声器，需要大量的空间，从而导致许多不必要的设计复杂性，而 AIC 系统需要很少的空间，可以以相对简单的方式安装。此外，配备了 AIC 的发动机通常可以防止由于环境条件（如环境温度或燃料成分）变化而引起的燃烧不稳定性的突然发生。

AIC 的另一个优势是，基于目前的开发程度，它的安装时间和测试次数已明显减少。相应地，新型燃烧系统的调试速度更快，投放市场所需的时间也更短。相比之下，开发合适被动措施的方式仍然主要是一个反复试验的过程，需要大量的试验，这意味着时间和金钱。因此，AIC 系统所需的较高费用很快就会得到回报。

除了前面提到的 AIC 的优点外，该系统还可以使某些燃烧系统以较低的排放水平运行。在前面介绍的预混模式测试中，与没有该系统相比，使用激活的 AIC 可以在较低的值班气体流量水平上运行燃气轮机。由于值班火焰对燃气轮机 NO_x 排放的影响非常重要，AIC 系统在某些情况下可以将 NO_x 排放减少 60% 以上。

19.6　结论

AIC 成功地抑制了西门子 V94.3A 重型燃气轮机的自激燃烧振荡，该机型输出电功率为 267MW。这种抑制是通过开发一个最多有 12 个控制回路的多通道 AIC 系统来实现的，每个回路都有一个单独的传感器，在值班气体系统中总共有 24 个激励器。通过调节值班气体质量流量与火焰的释热率振荡不同步从而实现振荡抵消。因为自激振荡通常是由火焰释热率和声学之间的耦合所引起，消除释热率振荡也就消除了声学振荡。

在开发过程中，AIC 证明，无论燃烧室结构如何，即使在各种运行模式下，对燃料流量进行相对较小的调节，就可以抑制燃烧不稳定性：

（1）在最大允许负荷受不稳定性限制的情况下，可以实现负荷增加 >5%，允许发动机在额定功率输出下运行。

（2）在另一种情况下，由于 AIC 可实现燃料分流至值班喷嘴，NO_x 排放值可以降低 60%，降至 20ppm。

（3）在任何情况下，均成功消除了切换过程和部分负荷时产生的压力脉动，从而使切换更加平稳，并显著减少了调试时间。

长期测试的结果也表明，即使在苛刻的运行条件下，该系统也具有很高的可靠性。随着时间的推移，故障保护和基于状态的维护性能良好。燃气轮机稳态和非稳态运行的一系列试验结果表明，在较长的运行周期内，抑制能力都是可持续的。即使在 18000h 的运行后，激励器和控制器也表现出了优异的性能，证明 AIC 技术已经成熟。

独立系统的模块化和紧凑设计，与控制器的接口数量最小化，使其可以快速安装到现有系统，并使整体布置非常便于服务。通过对新发动机设计中的接口进行预设置，可以在发动机定期停机的时间范围内对 AIC 系统进行更新。

尽管使用 AIC 系统会产生成本，但前面提到的特性表明 AIC 具有非常强大的可降低风险的能力，可在市场中用于新的或改进后的燃烧系统，从而使新产品或动力升级的市场推广更加顺利。在 20 世纪 90 年代中期，每一个原始设备制造商（OEM）因为他们的高效架构所遇到的市场引入延迟问题，可以通过 AIC 的使用大大减少。

参考文献

[1] Berenbrink, P., and Hoffmann, S., "Suppression of Dynamic Combustion Instabilities by Passive and Active Means," American Society of Mechanical Engineers, Paper 2000-GT0079, May 2000.

[2] McManus, K. R., Poinsot, T., and Candel, S. M., "A Review of Active Control of Combustion Instability," Progress in Energy and Combustion Science, Vol.19, 1993, pp.1-29.

[3] Yang, V., and Schadwo, K. C., "AGARD Workshop on Active Combustion Control for Propulsion Systems," Proceedings of NATO-RTO Symposium on Cas Turbine Engines Combustion, Emissions and Alternative Fuels, RTO-MP-14, 1998, pp.36/1-36/20.

[4] Dowling, A. P., "Active Control of Instabilities in Gas Turbines," RTO NATO Conference, Braunschweig, Germany, May 2000.

[5] Annaswamy, A. M., and Ghoniem, A. F., "Active Control of Combustion Instability: Theory and Practice," IEEE Control Systems Magazine, Vol.22, No.6, Dec.2002, pp.37-54.

[6] Candel, S., "Combustion Dynamics and Control: Progress and Challenges. (Hottel Lecture)." 29th Proceedings of the Combustion Institute, Vol.29, Sapporo, Japan, 2002, pp.1-28.

[7] Lang, W., Poinsot, T., and Candel, S., "Active Control of Combustion Instability," Combustion and Flame, Vol.70, 1987, pp.281-289.

[8] Gulati, A., and Mani, R., "Active Control of Unsteady Combustion-Induced Oscilladons," Journal of Propulsion and Power, Vol.8, No.5, 1992, pp.1109-1115.

[9] Poinsot, T., Veynante, D., Bourienne, F., Candel, S., and Esposito, E., "Initiation and Suppression of Combustion Instabilities by Active Control," 22nd Symposium (International) on Combustion, The Combustion Inst., Pittsburgh, PA, 1988, pp.1363-1370.

[10] Bloxsidge, G., Dowling, A., Hooper, N., and Langhorne, P., "Active Control of Reheat Buzz," AIAA Journal, Vol.26, No.7, 1988, pp.783-790.

[11] Langhorn, P. J., "Reheat Buzz an Acoustically Coupled Combustion Instability," Journal of Fluid Mechanics, Vol.193, 1988, pp.417-443.

[12] Poinsot, T., Candel, S., Esposito, E., Lang, W., and Bourienne, F., "Suppression of Combustion Instabilities by Active Control," Journal of Propulsion and Power, Vol.5, No.1, Jan.-Feb.1989, pp.14-20.

[13] Wilson, K. J., Gutmark, E., and Schadwo, K. C., "Flame-Kernel Pulse Actuator for Active Combustion Control," ASME 1992, Active Control of Noise and Vibration, DSC-Vol.38, 1992, pp.75-81.

[14] Yu, K. H., Parr, T. P., Wilson, K. J., Schadow, K. C., and Gutmark, E. J., "Active Control of Liquid-Fueled Combustion Using Periodic Vortex-Droplet Interaction," 26th Symposium (International) on Combustion, Naples, Italy, 1996, pp.2843-2850.

[15] Yu, K., Wilson, K.J., and Schadow, K. C., "Scale-Up Experiments on Liquid-Fueled

Active Combustion Control," AIAA Paper 98–3211, July 12–15 1998.

[16] Hermann, J., Gleis, S., and Vortmeyer, D., "Active Instability Control (AIC) of Spray Combustors by Modulation of the Liquid Fuel Flow Rate," Combustion Science and Technology, Vol.118, 1996, pp.1–25.

[17] Hantschk, C., Hermann, J., and Vortmeyer, D., "Active Instability Control with Direct Drive Servo Valves in Liquid–Fuelled Combustion Systems," 26th Symposium (International) on Combustion, The Combustion Inst., Pittsburgh, PA, 1996.

[18] Seume, J. R., Vortmeyer, N., Krause, W., Hermann, J., Hantschk, C.-C., Zangl, P., Gleis, S., Vortmeyer, D., and Orthmann, A., "Application of Active Combustion Instability Control to a Heavy Duty Gas Turbine," American Society of Mechanical Engineers, Paper 97–AA–119, September 1997.

[19] Hoffmann, S., Weber, G., Judith, H., Hermann, J., and Orthmann, A., "Application of Active Combustion Control to Siemens Heavy Duty Gas Turbines," Presented at the Symposium of the AVT Panel on Gas Turbine Engine Combustion, Emissions and Alternative Fuels, Lisbon 12–16 Oct., RTO Meeting Proceedings 14, 1998, pp.40–1– 40–13.

[20] Hermann, J., Orthmann, A., and Hoffmann, S., "Application of Active Instability Control to a Heavy Duty Gas Turbine," XIV ISABE, 5–10 Sept., Florence, Italy, A99– 34186, 1999.